土 木 工 程 教 材 精 选

土力学地基基础

（第5版）

Soil Mechanics and Geotechnical Engineering

(Fifth Edition)

陈希哲　叶 菁　编著

Chen Xizhe　Ye Jing

清华大学出版社

北 京

内容简介

本书是一本适合土木工程专业所开设的“土力学与基础工程”或“土力学”和“基础工程”课程的教材。本书系统地阐明了土力学的基本理论，介绍了很多地基基础工程的经验，全书共分11章，包括绪论、工程地质、土的物理性质及工程分类、土的压缩性与地基沉降计算、土的抗剪强度与地基承载力、土压力与土坡稳定、工程建设的岩土工程勘察、天然地基上浅基础的设计、桩基础与深基础、软弱地基处理、特殊土地基、地震区的地基基础等。本次修订系按照正式颁布的中华人民共和国国家标准《建筑地基基础设计规范》(GB 50007—2011)、《建筑抗震设计规范》(GB 50011—2010)、《混凝土结构设计规范》(GB 50010—2010)、《建筑地基处理技术规范》(JGJ 79—2012)等相关规范，在第4版的基础上修订而成。全书内容简明扼要，重点突出，工程实例丰富，图文并茂，便于自学。各章附有复习思考题、习题及答案。

本书可作为各类高等院校土建、铁道、交通、地质、冶金、石油、农业、林业等相关专业本科和在职工程师进修班的教材，还可供从事土木工程勘察、设计和施工的技术人员参考。

图书在版编目(CIP)数据

土力学地基基础/陈希哲，叶菁编著. —5版. —北京：清华大学出版社，2013(2025.1重印)
(土木工程教材精选)
ISBN 978-7-302-32073-9

Ⅰ. ①土… Ⅱ. ①陈… ②叶… Ⅲ. ①土力学－高等学校－教材 ②地基－基础(工程)－高等学校－教材 Ⅳ. ①TU4

中国版本图书馆 CIP 数据核字(2013)第078802号

责任编辑：张占奎
封面设计：何凤霞
责任校对：刘玉霞
责任印制：曹婉颖

出版发行：清华大学出版社
网　　址：https://www.tup.com.cn，https://www.wqxuetang.com
地　　址：北京清华大学学研大厦A座　**邮　　编**：100084
社 总 机：010-83470000　**邮　　购**：010-62786544
投稿与读者服务：010-62776969，c-service@tup.tsinghua.edu.cn
质量反馈：010-62772015，zhiliang@tup.tsinghua.edu.cn

印 装 者：涿州汇美亿浓印刷有限公司
经　　销：全国新华书店
开　　本：203mm×253mm　**印　　张**：34.75　**字　　数**：856千字
版　　次：1982年5月第1版　2013年6月第5版　**印　　次**：2025年1月第19次印刷
定　　价：98.00元

产品编号：044353-08

第5版前言

新版《建筑地基基础设计规范》(GB 50007—2011)已于2012年8月1日开始实施。新版规范反映了近十年来我国地基基础工程实践经验和科研成果,较2002版规范在内容上更加充实、完善,在技术水平上有了较大的提高。同时,《建筑抗震设计规范》(GB 50011—2010)、《混凝土结构设计规范》(GB 50010—2010)、《建筑地基处理技术规范》(JGJ 79—2012)等相关规范也相继实施。

本书自出版以来受到了广大师生的欢迎和认可,仅第4版于2004年出版以来,已经累计印刷20次,共19.6万册。为了更好地满足教学需要,并作为工程界广大读者学习新规范的参考,参照新规范有关内容对本教材进行了修订。

本教材第5版与第4版比较,主要有以下内容进行了增减:

(1) 绪论:根据近年来国内建设领域因地基基础原因而引起的工程事故,选择了其中几个典型事例作了介绍,对事故的原因进行了分析。

(2) 第2章:增加了泥炭、泥炭质土的工程定义。

(3) 第3章:增加了回弹再压缩变形计算方法,对新版规范计算公式作了推导,并对其中回弹变形例题进行了补充和完善。

(4) 第6章:根据《岩土工程勘察规范》(GB 50021—2001)(2009版),对勘探点的布置、勘探孔深度、详细勘察的任务作了补充和修改,并对勘察报告的具体内容进行了充实。

(5) 第7章:增加了地基基础设计等级中基坑工程的相关内容;修订了建筑基础底面下允许冻土层最大厚度;增加了当扩展基础短边尺寸小于或等于柱宽加2倍基础有效高度的斜截面受剪承载力计算;补充了当柱下独立基础底面长短边之比大于或等于2、小于或等于3时,基础底板短向钢筋的布置方法;明确了扩展基础最小配筋率的要求。

(6) 第8章：修订了按桩身混凝土强度计算桩的承载力；补充了桩基础最终沉降量的计算。

(7) 第9章：补充了“水泥粉煤灰碎石桩(CFG桩)”设计和施工。

(8) 第10章：根据相关规范，对湿陷性黄土的分区、物理力学性质和评价作了修改和补充；取消了教材中湿陷性黄土地基承载力基本值的相关内容；补充了湿陷性黄土地基承载力特征值、地基稳定性计算的相关规定；对湿陷性黄土地基处理的要求作了进一步细化；对“冻土病害防治措施”作了补充。

(9) 第11章：修订了建筑场地类别划分标准；改进了场地土液化判别方法，并对教材中的例题进行了改写。

本教材第5版由张广祥高级工程师和郭继武高级工程师修订。其中，第2、3、7、8、11章由郭继武修订，其余内容由张广祥修订，全书由郭继武统稿，在此对二位的辛勤付出表示衷心的感谢！

衷心希望广大读者对本书提出批评意见和改进建议，以便进一步提高本教材的质量。

第4版前言

土力学和地基基础是高等院校土木工程专业四年制本科教育专业基础课的必修课。本书是在第3版的基础上并参照新修订的各种相关规范修订而成的，改编的过程中基本上保留了本书工程实例丰富、内容浅显的特点，同时对书中不合新规范的地方一一做了调整，并梳理了部分章节的逻辑顺序，对于一些文字上的差错和不妥之处，也进行了订正。

由于本书的原作者陈希哲老师不幸故去了，故此次修订是请北京寓新建筑设计公司的高级工程师郭继武、北京清华建筑工程咨询公司的高级工程师张广祥等专家完成的，在此表示衷心的感谢！

希望广大读者对本书提出批评和改进意见，以便进一步提高质量，使本书在培养土木工程师的工作中发挥更好的作用。

清华大学出版社

2003年11月

第3版前言

《土力学地基基础》是高等院校土木建筑有关专业的一门重要课程。随着世界科学技术的发展和超高层建筑与重型设备的兴建，土力学理论和地基基础技术更显得重要。据统计，各国发生的建筑工程事故中，以地基基础引起为首。因此，本课程是各有关专业的大学生和工程技术人员必须掌握的一门现代科学。

自从1925年美国土力学家太沙基发表第一部土力学专著，使土力学成为一门独立的学科以来，由于世界各地工程建设的推动，土力学发展迅速，资料浩瀚。作为初学者的大学教材，不宜包罗万象，而应当选用那些成熟的理论与典型的经验，使教材体现少而精。本书的内容与次序参照若干重点院校本课程的教学计划与教学大纲安排，选择了土力学中基本理论和地基基础工程设计和施工中常用的技术问题，分11章进行阐述。本书的特点之一为工程实例和计算例题多，引入最新技术和先进经验。

本教材参考了有关高等院校新编的同类教材[1-6]。在编著本书过程中，着重点放在理论紧密联系实际，语言通俗易懂，文字简明扼要，力求深入浅出，便于自学。本教材适合于讲课学时为80～100的大学本科与工程师进修班用。大专院校学时较少时，可适当删减理论性较强的若干内容，仍然适用。为使教学生动形象，作者编著一套工程实例教学幻灯片(250片)，由清华大学音像出版社出版，与本教材配套使用，效果更好。

为便于读者复习和练习，各章都附有复习思考题、习题及答案。这些内容除大部分为作者自编以外，参用了福州大学主编的《土力学与基础工程》讲义。

本书自1982年5月第一版问世以来，受到全国有关高等院校师生和工程师的欢迎，印刷5次，发行10万多册。1989年8月第二版，印刷11次，发行8万多册。鉴于近年来我国颁布了下列9本新规范：《土的分类标准》(GBJ 145—90)1992，《土工试验方法标准》(GBJ 123—88)1991，《岩土工程勘察规范》(GB 50021—94)1995,《软土地区工程地质勘察规范》(JGJ 83—91)1992,《建筑地基处理技术规范》(JGJ 79—91)1992,《湿陷性黄土地区建筑规范》(GBJ 25—90)1992,《膨胀土地区建筑技术规范》(GBJ 112—87)1989,《建筑桩基技术规范》(JGJ 94—94)1995,《建筑物增层与纠倾技术规范》1995,此外还有若干省市颁布了《建筑地基基础规范》。为使高等院校教学与国家上述新规范一致,同时将本书第二版出版以后国内外的最新理论与先进技术引进教材,作为本书第3版。限于时间和作者水平,书中错误和不当之处,欢迎读者批评指正。

本书在编著过程中,得到清华大学不少同志的关注。沈阳建筑工程学院李文仡老师提供素材,总参某部高级工程师叶朴帮助收集资料编写部分章节初稿并设计封面,清华大学建筑设计研究院叶菁帮助收集资料绘制部分插图,在此表示衷心感谢!

作　者

1997年1月1日

土力学及基础工程常用符号与单位

A	基础底面面积，m^2
A_p	桩身的横截面面积，m^2
a	土的压缩系数，kPa^{-1}
a_{1-2}	土样上的压力在100～200kPa区间土的压缩系数，kPa^{-1}
b	条形基础宽度，矩形基础短边，力矩作用方向的基础长度，m 条分法分条的宽度，m
C_c	土的曲率系数，土的压缩指数
C_u	土的不均匀系数
C_v	土的固结系数，cm^2/a
c	土的黏聚力，kPa
D	扩底桩底端直径，m
D_r	土的相对密实度
d	天然地面下基础埋深，m 土粒粒径，mm 桩的设计直径，mm
d_{60}	土的限定粒径，mm
d_{10}	土的有效粒径，mm
E	土的变形模量，kPa
E_s	土的压缩模量，kPa
e	土的孔隙比 偏心距，m
e_0	土的初始孔隙比

f_{ak}	修正后的地基承载力特征值,kPa
f_k	地基承载力特征值,地基承载力标准值,kPa
G	基础及其上回填土之总重力,kN
G_D	动水力,kN/m^3
G_s	土粒比重
H	土层厚度,m
	土样高度,cm
	挡土墙高度,m
H_g	自地面算起的建筑物高度,m
h	基础高度,m
	水头,m
I_L	土的液性指数
I_P	土的塑性指数
i	水力坡降
K	安全系数
	基床系数,kN/m^3
K_a	主动土压力系数
K_0	静止土压力系数
K_p	被动土压力系数
k	土的渗透系数,cm/s
L	房屋长度或沉降缝分隔的单元长度,渗径,m
l	基础底面长度,m
l_p	桩身长度,m
M	作用于基础底面的力矩,kN・m
N	作用于基础顶面的竖直荷载,kN
	桩顶轴向荷载,kN
N_c,N_d,N_q,N_γ	承载力系数
N_{10}	锤重 10kg 的轻便触探试验锤击数
$N(N_{63.5})$	锤重 63.5kg 的标准贯入试验锤击数
n	土的孔隙度,%
	桩的数量
P	集中荷载,kN
P_a	总主动土压力,kN

P_0	总静止土压力,kN
P_p	总被动土压力,kN
p	单位面积分布荷载,kPa
	基础底面平均压力,kPa
p_a	单位面积主动土压力,kPa
p_{cr}	地基的临塑荷载,kPa
p_0	基础底面平均附加压力,kPa
	单位面积静止土压力,kPa
p_p	单位面积被动土压力,kPa
p_s	静力触探比贯入阻力,kPa
p_u	地基极限荷载,kPa
Q	基础承受的剪力,kN
	单桩所受竖向力设计值,kN
Q	第四纪地质时代
q_p	桩端土的承载力标准值,kPa
q_s	桩周土摩擦力标准值,kPa
q_u	无侧限抗压强度,kPa
R	单桩竖向承载力设计值,kN
	土坡稳定圆弧法圆弧半径,m
R	单桩竖向承载力标准值,kN
s	地基最终沉降量,mm
	土体中某点任意面上的抗剪强度,kPa
s'	计算的地基变形值,mm
s_c	地基的固结沉降量,mm
s_d	地基的瞬时沉降量,mm
S_r	土的饱和度
s_s	地基的次固结沉降量,mm
s_t	经历时间 t 时的地基沉降量,mm
s_∞	地基最终沉降量,mm
t	时间,s 或 a
U_t	固结度,%
u	饱和土中孔隙水压力,kPa
	周边长度,m

u_p	桩身周长，m
V	体积，cm^3，m^3
v	渗透速度，cm/s
W	截面抵抗矩，m^3
	重力，kN
w	土的含水率，%①
w_L	液限，%
w_P	塑限，%
w_s	缩限，%
z	基础底面至地基中某点的距离，m
z_n	地基压缩层沉降计算深度，m
α	角度，(°)
	集中荷载作用下地基附加应力系数
α_c	矩形面积均布荷载作用下地基附加应力系数
α_{tc}	矩形面积三角形分布竖向荷载作用下地基附加应力系数
α_s	条形面积均布荷载作用下地基附加应力系数
α_{ts}	条形面积三角形分布竖向荷载作用下地基附加应力系数
$\bar{\alpha}$	地基平均附加应力系数
α_w	含水比
β	土的变形模量与压缩模量之比值
	挡土墙填土面倾斜角，(°)
	边坡坡角，(°)
γ	土的单位体积的重力，简称土的重度，kN/m^3
γ_d	土的干重度，kN/m^3
γ_m	基底水平面以上土的加权平均重度，kN/m^3
γ_{sat}	土的饱和重度，kN/m^3
γ_w	水的重度，kN/m^3
γ'	土的有效重度，或称浮重度，kN/m^3
γ_G	基础及其上填土的平均重度，kN/m^3
δ	土对挡土墙墙背的摩擦角，(°)
θ	地基的附加压力扩散角，(°)

① 很多教材亦称为含水率，此处采用《岩土工程基本术语标准》的规定。

λ	应变
μ	土的泊桑比,侧膨胀系数
	土对挡土墙基底的摩擦系数
ξ	土的侧压力系数(同 K_0)
σ	土体中某点任意面上的法向应力,kPa
σ_c	土的自重压力,kPa
σ_{cd}	基础底面处土的自重压力,kPa
σ_z	基底下深度 z 处地基附加应力,kPa
σ'	饱和土中有效应力,kPa
σ_1	土体中某点主平面上的最大主应力,kPa
σ_3	土体中某点主平面上的最小主应力,kPa
τ	土体中某点任意面上的切向应力,kPa
τ_f	土的抗剪强度,kPa
ϕ	土的内摩擦角,(°)
ϕ'	土的有效摩擦角,(°)
ω	沉降系数
η_b	基础宽度的承载力修正系数
η_d	基础埋深的承载力修正系数
ψ_s	沉降计算经验系数
ψ_t	采暖对冻深的影响系数

目　录

绪 论

土力学和地基基础是高等院校土木工程专业四年制本科的必修专业基础课。当人们开始学习这门课程时，不免思考：为什么要学本课程？本课程有什么特点？在土木建筑有关专业中究竟起到什么作用？倘若土力学理论掌握不好，地基基础工程设计处理不当，将会发生什么样的后果？

当人们了解国内外工程事故实例和成功的经验时，上述问题便可以获得答案。

0.1 国内外地基基础工程成败实例

1. 建筑物倾斜

(1) 意大利比萨斜塔(图 0.1)：这是举世闻名的建筑物倾斜的典型实例。该塔自 1173 年 9 月 8 日动工，至 1178 年建至第 4 层中部，高度约 29m 时，因塔明显倾斜而停工。94 年后，于 1272 年复工，经 6 年时间，建完第 7 层，高 48m，再次停工中断 82 年。于 1360 年再复工，至 1370 年竣工。全塔共 8 层，高度为 55m。

塔身呈圆筒形，1～6 层由优质大理石砌成，顶部 7～8 层采用砖和轻石料。塔身每层都有精美的圆柱与花纹图案，是一座宏伟而精致的艺术品。1590 年伽利略曾在此塔做落体实验，创建了物理学上著名的落体定律。斜塔成为世界上最珍贵的历史文物，吸引无数世界各地游客。

全塔总荷重约 145MN，基础底面平均压力约 50kPa。地基持力层为粉砂，下面为粉土和黏土层。塔曾向南倾斜，南北两端沉降差 1.80m，塔顶离中心线已达 5.27m，倾斜 5.5°，成为危险建筑。1990 年被封闭。

(2) 苏州市虎丘塔(图 0.2)[10]：此塔位于苏州市虎丘公园山顶，落成于宋太祖建隆二年(公元 961 年)，距今已有千余年的历史。全塔 7 层，高 47.5m。

塔的平面呈八角形，由外壁、回廊与塔心三部分组成。塔身全部用青砖砌筑，外形仿楼阁式木塔，每层都有 8 个壶门，拐角处的砖特制成圆弧形，建筑精美。1961 年 3 月 4 日，国务院将此塔列为全国重点文物保护单位。

1980 年进行的一项现场调查表明，塔身已向东北方向严重倾斜，不仅塔顶离中心线已达 2.31m，而且底层塔身发生不少裂缝，成为危险建筑而封闭。塔身的裂缝东北方向为竖直向，西南方向为水平向。勘察结果表明宝塔倾斜是由于地基覆盖层相差悬殊等原因造成的。

通过在塔四周建造一圈桩排式地下连续墙并对塔周围与塔基进行钻孔注浆和树根桩加固塔基等措施，对塔身倾斜的发展进行了有效控制。

图 0.1　意大利比萨斜塔

图 0.2　苏州市虎丘塔

(3) 南昌钢铁厂一烟囱(图 0.3、图 0.4)：南昌钢铁厂一轧车间东侧有一座大烟囱，1971 年建成，1975 年投产，使用正常。1981 年发现烟囱开裂与倾斜。1984 年该烟囱已发生 4 条大裂缝，缝长 2～5m，缝宽 10～20mm。烟囱的倾斜与开裂是因加热炉烟道高温烘烤引起的。

(4) 2007 年 7 月，武汉市长富公寓(2000 年建成)整栋楼向香港路方向倾斜 15°左右。据称是由于附近的中华世纪城施工降水，造成周边多处地面下沉所致。(图 0.5)

2. 建筑地基严重下沉

(1) 上海展览中心馆(图 0.6)：上海展览中心馆原称上海工业展览馆，位于上海市区延安中路北侧。展览馆中央大厅为框架结构，箱形基础；展览馆两翼采用条形基础。箱形基础为两层，埋深 7.27m。箱基顶面至中央大厅顶部塔尖，总高 96.63m。地基为高压缩性淤泥质软土。展览馆于 1954 年 5 月开工，当年年底实测地基平均沉降量为 60cm。1957 年 6 月，中央大厅四周的沉降量最大达 146.55cm，最小为 122.8cm。

图 0.3 南昌钢铁厂烟囱倾斜

图 0.4 南昌钢铁厂烟囱开裂

图 0.5 武汉市长富公寓倾斜(图片来源：新浪网)

1957 年 7 月，在仔细观察展览馆内严重的裂缝情况，分析沉降观测资料并研究展览馆勘察报告和设计图纸后，专家们作出展览馆将裂缝修补后可以继续使用的结论。

1979 年 9 月，展览馆中央大厅累计平均沉降量为 160cm。从 1957 年至 1979 年共 22 年的沉降量仅约 20cm，不及 1954 年下半年沉降量的一半，说明沉降已趋向稳定，展览馆开放使用情况良好。

但由于地基严重下沉，不仅使散水倒坡，而且建筑物室内外联结，内外网之间的水、暖、电管道断裂，都需付出相当的代价。

(2) 墨西哥市艺术宫(图 0.7)[11]：墨西哥国家首都墨西哥市艺术宫，是一座巨型的具有纪念性的早期建筑。此艺术宫于 1904 年落成，至今已有一百余年的历史。该市处于四面环山的盆地中，古代原是一个大湖泊。因周围火山喷发的火山灰沉积和湖水蒸发，经漫长年代，湖水干涸形成目前的盆地。

图 0.6 上海展览中心馆

图 0.7 墨西哥市艺术宫[11]

艺术宫地基表层为人工填土与砂夹卵石硬壳层，厚度 5m；其下为超高压缩性淤泥，天然孔隙比 e 高达 7～12，天然含水率 w 高达 150%～600%，为世界罕见的软弱土，层厚达 25m。因此，这座艺术宫严重下沉，沉降量竟高达 4m。临近的公路下沉 2m，公路路面至艺术宫门前高差达 2m。参观者需步行下 9 级台阶，才能从公路进入艺术宫。这是地基严重沉降的典型实例。下沉量为一般房屋的一层楼有余，造成室内外联结困难和交通不便，内外网管道修理工程量增加。

3. 建筑物墙体开裂

(1) 匈牙利一码头建筑物(图 0.8)[12]：匈牙利达纳畔特码头，位于多瑙河旁一座岛上的斜岸上。建筑物包括一个仓库和几个车间，宽约 24m，高 6m，为单层框架结构，建于 1952 年。

设计采用圆柱形独立基础，基础上置钢筋混凝土连续梁，承受外墙荷重。建筑物内墙采用条形基础。工程建成不久，所有内隔墙都严重开裂。

该建筑物地基表层为人工填土，厚约 3.8m；第二层为细砂与有机粉土，厚约 1.7m；第三层为密实粗砂层。上述建筑物外墙下独立基础埋深 6.5m，基础底面为粗砂层，沉降量很小。而内墙的条形基础埋深仅 0.8m，位于人工填土层，沉降量大。显然，一幢建筑物采用两类不同基础，埋深相差悬殊，持力层土质压缩性高低相差悬殊，引起严重的不均匀沉降，导致墙体严重开裂事故。

图 0.8 匈牙利一码头建筑物开裂

图 0.9 天津市人民会堂办公楼开裂

(2) 天津市人民会堂办公楼(图 0.9)：此办公楼东西向 7 个开间，长约 27.0m，南北向宽约 5.0m，高约 5.6m，为两层楼房。工程建成后，使用正常。

1984 年 7 月，在办公楼西侧，新建天津市科学会堂学术楼。此学术楼东西向 8 个开间，长约 34.0m，南北宽约 18.0m，高约 22.0m，为 6 层大楼。两楼外墙净距仅 30cm。当年年底，人民会堂办公楼西侧北墙发现裂缝，此后，裂缝不断加长、展宽。最大的一条裂缝，位于办公楼西北角，上下墙体断开并错位 150mm。在地面以上高 2.3m 处，开裂宽度超过 100mm，握拳可在裂缝处自由出入。这条裂缝朝东向下斜向延伸至地面，长度超过 6m。另一条裂缝，从北墙二层西起第一扇窗中部朝东向下斜向延伸至第二扇窗下部直至圈梁，长度超过 3m。

上述裂缝的原因是由于新建天津市科学会堂学术楼的附加应力扩散至原有人民会堂办公楼西侧软弱地基，引起严重下沉所致。这是相邻荷载影响导致事故的典型实例。

4. 建筑物基础开裂

(1) 南京分析仪器厂职工住宅(图 0.10)：该住宅位于南京市西部秦淮河以南太平南路西侧西一新村。住宅楼东西向长 37.64m，南北向宽 8.94m，5 层，建筑面积 1 721m^2。建筑场地地表为杂填土，较厚，设计采用无埋式筏板基础。1977 年 12 月开工，次年 5 月住宅楼主体工程施工至第 5 层时，于 5 月 13 日发现东起第五开间中部钢筋混凝土筏板基础南北向断裂。5 月 15 日工程停工。

经重新勘察和调查，当地原为一个大水塘，南北长 70m，东西宽 40～50m。附近的饭馆、茶炉、浴室用稻壳作燃料，烧烬的稻壳灰倾倒此塘，经几十年填平。1972 年曾作烧砖窑场，1977 年初整平，同年年底动工修建住宅楼。

第一次勘察，误将稻壳灰鉴别为一般杂填土。由于住宅楼西半部置于古水塘内，东半部坐落岸上，土质突变，造成钢筋混凝土筏板基础拦腰断裂的严重事故。

经有关方面多次研究讨论，比较四个方案后，最终采用卸荷处理方案，即拆去一层，后又拆去一层，将原 5 层住宅改为 3 层住宅。

图 0.10　南京分析仪器厂住宅板基断裂

(2) 北京大学汽轮机基座(图 0.11)：北京大学一座自备电厂，配套有 IC62 型汽轮机和 QF1.5-4 型发电机。汽轮机基座设计为 C20 混凝土，要求现场浇筑、留出的洞孔与预埋件位置正确。1990 年电厂施工，当年 11 月汽轮机基座完工拆模，发现基座混凝土有裂缝。1991 年 6 月准备安装汽轮机。经现场调查观测，发现汽轮机基座北起第二排两个预留洞孔混凝土开裂，裂缝长超过 400mm，缝宽 1mm 左右，东侧洞孔裂缝贯穿整个孔旁结构，局部有蜂窝。用回弹仪实测上述裂缝周围，混凝土强度等级低于 C8，低于设计要求 C20。尤其汽轮机地脚螺栓预留孔位置偏离 10～40mm，无法安装汽轮机，而且基座顶板明显凹凸不平，高差超过 20mm，不满足设计要求施工偏差不超过＋0mm 与－10mm 的标准。造成上述事故的原因，是施工队没有工业建筑的经验，且技术力量薄弱，不了解汽轮机基座的特性，没有质量监督制度，也无专人负责质量工作。

对于汽轮机基座事故的处理，首先清除混凝土开裂与质量低劣部位；然后在汽轮机预留洞孔

图 0.11 北京大学汽轮机基座处理

外缘增补钢筋，用高强早强混凝土修复凿去部分；最后采用新材料界面剂，使新老混凝土之间牢固联结。处理圆满成功，汽轮机顺利安装并正常运行。

5. 建筑物地基滑动

(1) 加拿大特朗斯康谷仓(图 0.12)[12]：该谷仓平面呈矩形，南北向长 59.44m，东西向宽 23.47m，高 31.00m，容积 36 368m^3。谷仓为圆筒仓，每排 13 个圆筒仓，5 排共计 65 个圆筒仓。谷仓基础为钢筋混凝土筏板基础，厚度 61cm，埋深 3.66m。

图 0.12 加拿大谷仓因地基滑动而倾倒

谷仓于 1911 年动工，1913 年秋完工。谷仓自身有 20 000t，相当于装满谷物后满载总重量的 42.5%。1913 年 9 月装谷物，10 月 17 日当谷仓已装了 31 822m^3 谷物时，发现 1 小时内竖向沉降达 30.5cm。结构物向西倾斜，并在 24 小时内谷仓倾倒，倾斜度离垂线达 26°53′，谷仓西端下沉 7.32m，东端上抬 1.52m，上部钢筋混凝土筒仓坚如磐石。

谷仓地基土事先未进行调查研究，而是根据邻近结构物基槽开挖试验结果，计算得到地基承载力为352kPa，并应用到此谷仓。1952年经勘察试验与计算，谷仓地基实际承载力为194～277kPa，远小于谷仓破坏时发生的压力329.4kPa，因此，谷仓地基因超载发生强度破坏而滑动。

(2) 美国纽约某水泥仓库(图0.13)[13]：这座水泥仓库位于纽约市汉森河旁，水泥仓库呈圆筒形，高约21m，仓库直径 $d=13\mathrm{m}$ 。一排圆筒仓库下部的基础为整块筏板基础，埋深2.8m。

图0.13 美国纽约水泥仓库超载倾倒

1940年水泥仓库装载水泥，使黏土地基超载，引起地基土剪切破坏而滑动。

水泥仓库地基滑动，使水泥筒仓倾倒呈45°，地基土被挤出地面高达5.18m。与此同时，离筒仓净距23m以外的办公楼受地基滑动影响，也发生了倾斜。

(3) 2009年6月27日，上海市闵行区莲花河畔景苑小区，一栋即将竣工的13层住宅楼轰然倒塌(图0.14)，造成一名工人死亡，由于该楼在主体完工后又在楼前挖地下车库，而把土方堆在房后达10m高，造成地基失稳。该楼6月26日发生倾斜，27日晨6时即行倒塌。

图0.14 上海闵行莲花河畔景苑小区一栋楼房倒塌(图片来源：新浪网)

6. 建筑物地基溶蚀

(1) 美国东南部亚拉巴马州净水工厂(图 0.15)[13]：它建在一座小山旁，厂区地基为残积土，下部基岩为石灰岩，裂隙发育。工厂开工一个月后，忽然听到隆隆声，过滤建筑物发生摇动。值班人员发现建筑物发生严重开裂，从屋顶一直裂到底部，同时建筑物一半发生倾斜。沉淀池底部出现宽达 1.5～3.0m 的大洞穴。

施工期间打破自来水总管，将容量 226m^3 的大水箱放空。大量水渗入地下，把残积土中的细颗粒带走，发生侵蚀破坏，导致这场灾难。这座净水工厂已完全破坏，无法使用。

(2) 徐州市区塌陷(图 0.16)：徐州市区东部新生街居民密集区，于 1992 年 4 月 12 日发生一次大塌陷。最大的塌陷长 25m、宽 19m，最小的塌陷直径 3m，共 7 处塌陷，深度普遍为 4m 左右。整个塌陷范围长达 210m，宽达 140m。

图 0.15 美国净水工厂墙体开裂、倾倒[13]

图 0.16 徐州市区发生塌陷
(刘成华摄)

塌陷造成灾情严重：位于塌陷内的房屋 78 间全部陷落倒塌。邻近塌陷周围的房屋墙体开裂达数百间。

1992 年 8 月上旬，发生第二次塌陷。塌陷区位于徐州市区东北部地藏里，大小塌陷十余处。

塌陷区地基为故黄河泛滥沉积的粉砂与粉土，厚达 22m。其底部即为古生代奥陶系灰岩，中间缺失老黏土隔水层，灰岩中存在大量溶洞与裂隙。徐州市过量开采地下水，水位下降使灰岩上的覆盖层粉土与粉砂形成潜蚀与空洞，并不断扩大。下大雨后雨水渗入地下，导致大型空洞上方土体失去支承而塌陷。

7. 建筑物基槽变位滑动

(1) 国外一座四层厚板结构楼(图 0.17)[12]：它在浇注二层地板时发生倒塌。其原因是边柱旁进行深挖方，使边柱侧向变位下沉，新浇筑的混凝土楼板荷重大部分落在第 2 根支柱上，造成超载而破坏，导致脚手架倒塌和混凝土楼板折断破坏。

图 0.17 国外一座厚板结构楼倒塌[12]

(2) 上海一幢18层科研楼(图0.18)[14]：上海市区西南徐家汇地区，某研究所新建一幢18层科研楼，地下1层，采用箱基加桩基方案。基槽开挖平面37m×26m，深5.4m。采用灌注桩护坡，灌注桩 ϕ650mm，长10m，中心距950mm。在桩净距300mm中加做 ϕ200mm 树根桩，长10m。护坡桩后设斜拉桩 ϕ180mm，长20m，间距1.5m。桩顶设置一道100cm×80cm钢筋混凝土圈梁，连成整体。1988年10月基槽开挖后不久，发现护坡桩内倾，基槽西侧三幢辅楼内产生3道大裂缝，缝宽靠基槽的两道为30～50mm，另一道5～10mm。墙体严重开裂，最大缝宽100～150mm，屋面开裂，严重漏雨，楼房150mm的上水管也被拉断。

图 0.18 基槽旁辅楼墙体开裂[14]

当地淤泥质软弱土厚度超过12m，护坡桩原设计桩长15m，为省钱将桩长改为10m。滑动圆弧从桩底通过，使扩坡桩失去作用，基槽边离辅楼仅2.5～5.0m，太近。楼房荷重促使土坡滑动，边坡稳定安全系数 $K=0.32\sim0.50$，必然发生滑动。

8. 土坡滑动

(1) 南京江南水泥厂(图0.19)：该厂位于南京市东北部、长江南岸栖霞山麓。山坡多次滑动。1975年夏，滑动土体达数万立方米，危及水泥厂3号窑头厂房，工厂停产处理滑坡事故。

栖霞山的山坡原是稳定的。建厂平整场地开挖坡脚，使山坡土体失去平衡。夏季雨量集中，

图 0.19 南京江南水泥厂 1975 年大滑坡

（江南水泥厂提供）

雨水渗入山坡残积土中，使土体含水率增加，抗剪强度降低，导致山坡滑动事故。本书作者于 1980 年 7 月专程到江南水泥厂调研，目睹大滑坡形成的山坡上的擦痕。为防止新的滑坡，在山麓修筑一道钢筋混凝土重力式挡土墙。

(2) 香港宝城大厦(图 0.20)[13]：香港地区人口稠密，市区建筑密集。新建住宅只好建在山坡上。1972 年 7 月，香港发生一次大滑坡，数万方残积土从山坡上下滑，巨大的冲击力正好通过一幢高层住宅——宝城大厦，顷刻之间，宝城大厦被冲毁倒塌。因楼间净距太小，宝城大厦倒塌时，砸毁相邻一幢大楼一角约五层住宅。宝城大厦冲毁时造成当场死亡 120 人的惨剧。

图 0.20 香港宝城大厦被滑坡冲毁成废墟，邻近大厦被砸毁一角[12]

(3) 云南省彝良县龙海乡镇河村，2012 年 10 月 4 日发生山体滑坡，约 16 万 m^3 土石将山脚下的田头小学掩埋，造成 18 名学生和一名村民死亡。该处不久前发生地震造成山坡土质松散，雨后造成滑坡(图 0.21)。

图 0.21 云南省彝良县龙海乡镇河村山体滑坡(图片来源：新浪微博)

9. 建筑物地基液化失效

(1) 日本新潟市 3 号公寓(图 0.22)[11]：新潟市位于日本本州岛中部东京以北，西临日本海，市区存在大范围砂土地基。1964 年 6 月 16 日，当地发生 7.5 级强烈地震，使大面积砂土地基液化，丧失地基承载力。新潟市机场建筑物震沉 915mm，机场跑道严重破坏，无法使用。当地的卡车和混凝土结构沉入土中。地下一座污水池被浮出地面高达 3m。高层公寓陷入土中并发生严重倾斜，无法居住。据统计，1964 年新潟市大地震，共毁坏房屋 2 890 幢，3 号公寓为其中之一，但其上部结构在震后保持完好。

图 0.22 日本新潟市 1964 年大地震使 3 号公寓倾斜成 65°[11]

(2) 河北省唐山矿冶学院书库(图 0.23)：该学院位于唐山市区西部，新华路路南。学院图书馆书库为一幢四层大楼，建成多年使用情况良好。1976 年 7 月 28 日凌晨，当地发生 7.8 级强烈地震，唐山市区位于地震震中极震区，地震烈度高达 10°～11°，唐山市区平地的建筑几乎全部遭到毁坏。矿冶学院教学楼、学生宿舍楼与学院办公楼均倒塌，呈现一片废墟。学院图书馆书库也发生了严重破坏。

地震导致该书库的墙体发生了贯穿性大裂缝，长度超过 3m，裂缝宽度超过 50mm。大楼整体显著倾斜。原以为书库为三层楼，从室外地面进入大楼竟是二层楼，震沉整整一层楼。这是由于砂土振动液化引起的。

10. 冻胀及其他事故

(1) 盘锦市房屋(图 0.24)：该市位于辽宁省中部，锦州市以东，辽河北岸。当地表层为黏土与粉质黏土，厚度 3.0～5.0m，第二层为灰色淤泥质粉砂很厚。地下水位仅 0.5～2.0m，属强冻胀土。盘锦市冬季寒冷，标准冻深为 1.1m。因下卧层软弱，一般房屋基础浅埋为 0.7～0.9m，小于冻深又无技术措施，造成冻胀而使墙体开裂。

图 0.23　唐山矿冶学院书库震沉一层

图 0.24　盘锦市房屋冻胀开裂

(2) 大连市金州石棉矿(图 0.25)：该矿位于大连市区东北金州区内，西临渤海。石棉矿床赋存于震旦系中绕白云质灰岩中，在地面下 100m 深度范围内，采用巷柱式采矿法。把巷内矿采空后又回收矿柱，形成大面积采空区且无支撑，导致大面积坍塌。

图 0.25 金州石棉矿采空引起坍陷

11. 不良地基处理成功实例

(1) 清华大学第四教室楼(图 0.26)：该教室楼位于清华大学中心区，南北干道西侧。教室楼东西向长 52.17m，南北向宽 31.10m，四层，局部五层，总高 20.0m，建筑面积 4 545m²。设计采用框架结构，独立基础，单柱荷载达 2 000～2 500kN。建筑场地大部分土质良好，地表下 2m 即为粉土、粉砂和粉质黏土，可以采用天然地基浅基础。场地西侧有一条小河流南北向贯穿而过，小河附近杂填土与淤泥软弱层厚度超过 7m。对于大部分土质良好的地基，选用浅基础方案；而对教室楼西侧位于软弱土层上的 3 排柱，选用了预制桩基础。通常在天然地基与桩基之间应设永久沉降缝，因框架结构教室大开间难以设沉降缝，经计算分析未设置沉降缝。1987 年教室楼建成使用良好，没有发现裂缝等异常现象。1990 年 7 月"首都规划勘察设计十年成就展览会"上，在科技进步专栏以"一幢大楼，两类基础"为题，展出了此成功的经验。

图 0.26 清华大学第四教室楼两类基础安然无恙

(2) 苏州市里河桥新村住宅(图 0.27)：该新村位于苏州市城区东南，3 号住宅为 6 层，建筑面积 2 800m^2。场地原为茭白田，施工时积水超过 50cm，水下为高压缩性饱和淤泥质土。该工程采用了挖除表层淤泥耕植土 45cm，铺一层块石挤入下层软土，铺中粗砂 20cm，用压路机压 3 遍，采用 30cm 厚钢筋混凝土筏板基础和上部结构设 22cm×12cm 圈梁等措施。住宅楼于 1979 年 7 月动工，快速施工，于 11 月竣工。其后使用情况良好，该方案当时计算比常规桩基方案节省 15 000元资金。

图 0.27 苏州市里河桥新村 6 层住宅

0.2 本课程的任务和作用

土力学地基基础是土木建筑有关专业的重要课程之一。其任务为保证各类建筑物既安全又经济，使用正常，不发生上述各类地基基础工程事故。因此，需要学习和掌握土力学的基本理论与地基基础设计原理和先进经验。

学习土力学的基本理论，宜从土的物理与力学特性着手。土与钢材、混凝土等连续介质材料有着本质的差别。土由固体矿物、水和空气三部分组成。土中固体颗粒之间的联结强度，远小于颗粒本身的强度；土中固体颗粒之间存在大量孔隙，为水和空气所充填；土是岩石经物理化学风化，并经搬运、沉积的产物。所以，土具有碎散性、多相性和天然性，在工程上其强度变形和渗透特性与其他材料有较大的区别。

土与工程建设的关系十分密切。归纳起来，土具有两类工程用途：一类作为建筑物的地基，在土层上修建厂房、住宅等工程，由地基土承受建筑物的荷载；另一类用土作建筑材料，修筑堤坝与路基。

地基与基础是两个不同的概念。

1. 地基

承受建筑物荷载的地层。地基的分类：

按地质情况分 { 土基 / 岩基 }

按设计施工情况分 { 天然地基 { 浅基 / 深基 } / 人工地基 }

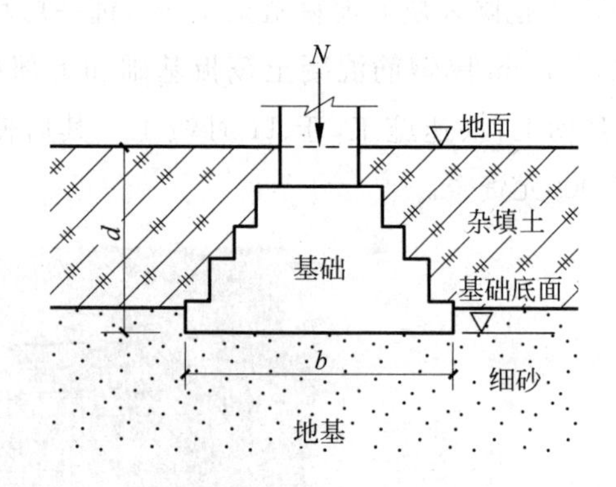

图 0.28 地基与基础

2. 基础

建筑物最底下的一部分(图 0.28)，由砖石、混凝土或钢筋混凝土等建筑材料建造。其作用是将上部结构荷载扩散，减小传给地基的应力强度。

3. 土力学

土力学是一门专业基础课。土力学研究的对象可概括为：研究土的本构关系以及土与结构物相互作用的规律。土的本构关系，即土的应力、应变、强度和时间这四个变量之间的内在关系。

地基与基础是建筑物的根基，又属于地下隐蔽工程，它的勘察、设计和施工质量，直接关联着建筑物的安危。据统计，在各类建筑工程事故中，以地基基础事故居首位。而且，一旦发生地基基础事故，因位于建筑物下方，补救非常困难。例如，苏州名胜虎丘塔向东北方向严重倾斜，造成塔身砖体开裂。从勘察、测试分析事故原因，讨论研究加固方案，到分期施工处理，前后花了七八年时间。

为确保建筑物的安全和使用良好，在地基与基础设计中必须同时满足以下两个技术条件：

(1) 地基的强度条件：要求建筑物地基保持稳定性，不发生滑动破坏，必须有一定的地基强度安全系数。

(2) 地基的变形条件：要求建筑物地基的变形不能大于地基变形允许值。例如，中压缩性土地基上 100m 高的烟囱基础的沉降量不得超过 200mm，基础的倾斜不得超过 0.005。又如高压缩性地基上框架结构相邻柱基的沉降差，不得超过 $0.003L$（L 为相邻柱基的中心距，单位：mm)。

0.3 本课程的内容与学习要求

本课程共分 11 章，学习土力学的基本理论，研究地基与基础工程设计和施工中常用的技术问题并配合理论介绍较多的工程实例。

(1) 第 1 章“工程地质”。要求了解主要造岩矿物的物理性质，常见三大类岩石的主要特征。

掌握第四纪沉积层分布规律和特性，不良地质现象与防治，地下水分类、运动规律及对工程的影响。

(2) 第2章“土的物理性质及工程分类”。这是本课程的基础。了解土的三相组成，掌握土的物理性质和土的物理状态指标的定义、物理概念、计算公式和单位。要求熟练地掌握物理性指标的三相换算。了解地基土的工程分类的依据与定名。

(3) 第3章“土的压缩性与地基沉降计算”。要求掌握地基中三种应力的计算方法，土的压缩性指标的测定方法和两种常用的地基沉降计算方法。了解饱和土的单向固结理论和地基沉降与时间的关系，了解地基变形值的概念和影响因素以及防止有害沉降的措施。

(4) 第4章“土的抗剪强度与地基承载力”。要求了解地基强度的意义与土的强度在工程中的应用。了解土的抗剪强度的来源与影响因素。掌握测定土的抗剪强度的各种方法与应用，掌握土的极限平衡条件的概念。计算地基的临塑荷载、临界荷载和极限荷载，掌握这三种荷载的物理意义和工程应用。

(5) 第5章“土压力与土坡稳定”。要求了解影响土压力大小的因素，掌握静止土压力、主动土压力和被动土压力产生的条件、计算方法和工程应用。掌握各种土压力理论的原理与计算方法。设计挡土墙的尺寸。掌握土坡稳定分析的原理、计算和方法。

(6) 第6章“工程建设的岩土工程勘察”。要求了解工程地质勘察的目的、内容与方法，了解工程地质勘察报告文字与图表的内容和应用。掌握验槽的目的、内容与注意事项。

(7) 第7章“天然地基上浅基础的设计”。要求了解浅基础的各种类型与应用。掌握地基承载力的概念和地基承载力特征值的确定方法，掌握基础的埋置深度和基础尺寸的设计。

(8) 第8章“桩基础与深基础”。要求了解桩基础与深基础的特点及适用条件，了解桩的类型。掌握单桩竖向承载力、群桩承载力和桩基设计。了解常用深基础的工作原理和优缺点。

(9) 第9章“软弱地基处理”。要求了解软弱土的种类与工程性质。掌握土的压实原理，各类加固地基方法的原理、适用条件和效果。

(10) 第10章“特殊土地基”。要求了解湿陷性黄土、膨胀土、红黏土和冻土的特性及其工程措施。

(11) 第11章“地震区的地基基础”。要求了解地震的成因类型、地震震级和烈度的概念，了解地基的震害与场地土和场地类别的关系。掌握地基土液化的物理概念和液化判别的方法，掌握地基基础抗震设计的基本原则、地基抗震验算和地基基础抗震设计。

本课程牵涉的自然科学范围很广，在学习材料力学、结构力学和弹性理论的基础上讲授，与钢筋混凝土课配合教学，并与弹塑性理论、流变理论以及地下水动力学等学科有密切关系。

本课程的学习要求：注意搞清概念，掌握原理，抓住重点，理论联系实际，学会设计计算，重在工程应用。

0.4 本学科发展简介

早在新石器时代,人类已建造原始的地基基础,西安市半坡村遗址的土台和石础即为一例。公元前2世纪修建的万里长城,后来修建的南北大运河、黄河大堤以及宏伟的宫殿、寺庙、宝塔等建筑,都有坚固的地基基础,经历地震强风考验,留存至今。隋朝修建的河北省赵州桥,为世界最早最长的石拱桥,全桥仅一孔石拱横越洨河,净跨达37.02m。此石拱桥两端主拱肩部设有两对小拱,结构合理,造型美观,节料减重,简化桥台,增加稳定性,桥宽8.4m,桥下通航,桥上行车。桥台位于粉土天然地基上,基底压力达500~600kPa,从1390年以来沉降与位移甚微,至今安然无恙。1991年赵州桥被列为"国际历史土木工程第12个里程碑"。公元989年建造开封开宝寺木塔时,预见塔基土质不均会引起不均匀沉降,施工时特意做成倾斜,待沉降稳定后塔身正好竖直。此外,在西北地区黄土中大量建窑洞,以及采用料石基垫、灰土地基等,积累了丰富的地基处理经验。

18世纪产业革命后,城市建设、水利工程和道路桥梁的兴建,推动了土力学的发展。1773年法国库仑根据试验,创立了著名的土的抗剪强度的库仑定律和土压力理论。1857年英国朗肯提出又一种土压力理论。1885年法国布辛尼斯克求得半无限空间弹性体,在竖向集中力作用下,全部6个应力分量和3个变形的理论解。1922年瑞典费伦纽斯为解决铁路滑坡,完善了土坡稳定分析圆弧法。这些理论与方法,至今仍在广泛应用。1925年美国土力学家太沙基发表第一部土力学专著,使土力学成为一门独立的学科。为了总结和交流世界各国的理论和经验,自1936年起,每隔4年召开一次国际土力学和基础工程会议。各地区也召开类似的专业会,提出大量论文与研究报告。

近年来,世界各国超高土石坝、超高层建筑与核电站等巨型工程的兴建,各国多次强烈地震的发生,促进了土力学的进一步发展。有关单位积极研究土的本构关系、土的弹塑性与黏弹性理论和土的动力特性。同时,各国研制成功多种多样的工程勘察、试验与地基处理的新设备,如自动记录静力触探仪、现场孔隙水压力仪、径向膨胀仪、测斜仪、自进式旁压仪、应用放射性同位素测土的物理性指标仪、薄壁原状取土器、高压固结仪、自动固结仪、大型三轴仪、振动三轴仪、真三轴仪、大型离心机、流变仪、震冲器、三重管旋喷器、深层搅拌器、粉喷机、塑料排水板插板机、扩底桩机械扩底机等,为土力学理论研究和地基基础工程的发展提供了良好的条件。

第1章

工程地质

1.1 概　　述

1.1.1 工程地质的内容与重点

工程地质与建筑物的关系十分密切。这是因为各类建筑物无不建造在地球表面。因此,地表的工程地质条件的优劣,直接影响建筑物的地基与基础设计方案的类型、施工工期的长短和工程投资的大小。

工程地质是一门独立的学科,是土木建筑专业必修的一门专业基础课。在部分院校土建专业的教学将工程地质的主要内容安排在土力学地基基础课程中扼要地叙述。

根据土木建筑工程的特点,本章将重点放在第四纪沉积层,即松散岩石——土,对矿物与岩石,只介绍最常见的一部分。为使建筑地基与基础安全可靠,本章还介绍不良地质现象对工程的危害,以及地下水的埋藏深度、运动规律与地下水水质对工程的影响。

1.1.2 建筑场地的形成

建筑场地的地形、地貌和组成物质(土与岩石)的成分、分布、厚度与工程特性,取决于地质作用。地质作用包括下列两种类型:

(1) 内力地质作用　这类地质作用由地球自转产生的旋转能等引起,表现为岩浆活动、地壳运动和变质作用。

(2) 外力地质作用　这类地质作用由太阳辐射能和地球重力位能引起,如昼夜和季节气温变化、雨雪、山洪、河流、冰川、风及生物等对母岩产生的风化、剥蚀、搬运与沉积作用。

上述两种地质作用互相联系,例如:地壳上升与剥蚀作用相联系;地壳下降则与沉积作用相联系。错综复杂的地质作用，形成了各种成因的地形，称为地貌。地表形态按其不同的成因，划分为相应的地貌单元。

1.1.3 地质年代

土与岩石的性质与其生成的地质年代有关。一般说来，生成年代越久，土与岩石的工程性质越好。根据地层对比和古生物学方法，把地质相对年代划分为5大代，下分纪、世、期，相应的地层单位为界、系、统、层。从古至今，地质年代划分为：

(1) 太古代——距今1 800百万～2 700百万年。

(2) 元古代——① 早元古代，距今950百万～1 800百万年；

② 晚元古代(长城纪、蓟县纪、青白口纪、震旦纪)，距今600百万～950百万年。

(3) 古生代——① 早古生代(寒武纪、奥陶纪、志留纪)，距今400百万～600百万年；

② 晚古生代(泥盆纪、石炭纪、二叠纪)，距今225百万～400百万年。

(4) 中生代——三叠纪、侏罗纪、白垩纪，距今70百万～225百万年。

(5) 新生代——① 早第三纪(古新世E_1、始新世E_2、渐新世E_3)，距今25百万～70百万年；

② 晚第三纪(中新世N_1、上新世N_2)，距今2百万～25百万年；

③ 第四纪Q(早更新世Q_1、中更新世Q_2、晚更新世Q_3)距今12 000年～2百万年；全新世Q_4距今小于12 000年(图1.1)。

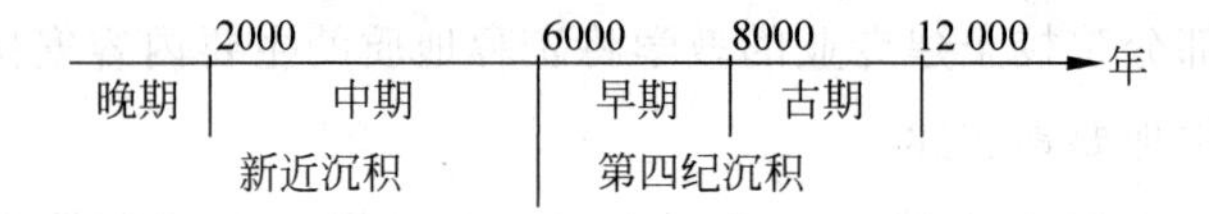

图1.1 全新世Q_4地质年代

1.2 矿物与岩石

1.2.1 主要的造岩矿物

矿物是组成岩石的细胞，它是地壳中具有一定化学成分和物理性质的自然元素或化合物。目前已发现的矿物有3 000多种。

岩石的特性很大程度上取决于它的矿物成分。组成岩石的矿物称为造岩矿物，常见的主要造岩矿物仅30多种。

1. 矿物的种类

1) 原生矿物　由岩浆冷凝而成，如石英、长石、角闪石、辉石、云母等。

2) 次生矿物　通常由原生矿物风化产生，如长石风化产生高岭石、辉石或角闪石风化生成绿泥石。次生矿物也有从水溶液中析出生成的，如方解石与石膏等。

2. 矿物的主要物理性质

1）形态　结晶体常呈规则的几何形状，如石英、方解石、正长石、斜长石、辉石、角闪石等。常见矿物的形态，有粒状（石英）、板状（长石）、片状（云母）和柱状（角闪石）等。

2）颜色　指矿物新鲜表面的颜色，取决于矿物的化学成分与所含杂质，例如：纯石英为无色透明，称水晶；石英中含锰便为紫色，含碳呈黑色。矿物的颜色，按深浅分为：浅色矿物——包括白色、浅灰色、粉红色、红色与黄色等颜色，如石英、方解石、长石等；深色矿物——包括深灰、深绿、灰黑、黑色等颜色，如角闪石、辉石等。

3）光泽　指矿物表面反射光线的强弱程度，可分为：金属光泽——如黄铁矿；非金属光泽——包括玻璃光泽（石英、长石）、油脂光泽（石英）、蜡状光泽（滑石）、珍珠光泽（云母）、丝绢光泽（绢云母）、金刚光泽（金刚石）和土状光泽（高岭土）。

4）硬度　指矿物抵抗外力刻划的能力。矿物的硬度由软至硬，分为10个等级（括号内的物品为代用品）：(1)滑石（软铅笔）；(2)石膏（指甲，略大于石膏）；(3)方解石（铜钥匙）；(4)萤石（铁钉，略小于萤石）；(5)磷灰石（玻璃）；(6)正长石（钢刀刃）；(7)石英；(8)黄玉；(9)刚玉；(10)金刚石。

矿物硬度7度以上则难以找到代用品。

5）解理　指矿物受外力作用时，能沿着一定方向裂开成光滑平面的性能。所裂开的光滑平面称解理面。

6）断口　指矿物受外力打击后断裂成不规则的形态。常见的断口有平坦状、参差状、贝壳状与锯齿状。

3. 矿物的鉴定方法

1）肉眼鉴定法　一般矿物可用小刀、放大镜和10%浓度的稀盐酸等简单物品，根据上述矿物的各项物理性质进行鉴定。

例如，鉴定甲、乙两种矿物，颜色都是白色，光泽都是玻璃光泽；硬度不同：甲矿物为3度，乙矿物为7度；解理也不同：甲矿物为完全解理，乙矿物无解理。最后将稀盐酸滴在矿物上，甲矿物起泡，乙矿物无反应。根据以上情况，结论为：甲矿物为方解石，乙矿物为石英。

2）偏光显微镜法　精密鉴定采用此法。

1.2.2 岩石的类型和性质

1. 岩石的类型

1）岩石按成因分为三大类

(1) 岩浆岩（火成岩）　由地球内部的岩浆侵入地壳或喷出地面冷凝而成。

① 矿物成分 浅色矿物(石英、正长石、斜长石、白云母等),深色矿物(黑云母、角闪石、辉石、橄榄石等)。

② 结构 根据矿物的结晶程度、颗粒大小和均匀程度,分为显晶质、隐晶质、玻璃质和斑状4种结构。

③ 构造 岩石的外貌具有:块状构造,流纹状构造,气孔状构造,杏仁状构造。

④ 名称 包括:(i)酸性、浅色的花岗岩、花岗斑岩和流纹岩;(ii)中性、浅色的正长岩、正常斑岩和粗面岩;(iii)中性、深色的闪长岩、玢岩和安山岩;(iv)基性、深色的辉长岩、辉绿岩和玄武岩;(v)超基性、深色的橄榄岩和辉岩。

(2) 沉积岩(水成岩) 岩石经风化、剥蚀成碎屑,经流水、风或冰川搬运至低洼处沉积,再经压密或化学作用胶结成沉积岩。沉积层分布很广,约占地球陆地面积的75%。

① 矿物成分 原生矿物(石英、长石与云母等);次生矿物(方解石、白云石、石膏、黏土矿物等)。

② 胶结物 主要有硅质(SiO_2)、钙质($CaCO_3$)、铁质(FeO或Fe_2O_3)和泥质4种。

③ 结构 按成因和组成物质不同,分为碎屑结构、泥质结构、化学结构和生物结构4种。

④ 构造 最显著的构造特征是具有层理构造。

⑤ 种类 包括碎屑岩(砾岩、角砾岩、砂岩)、黏土岩(泥岩、页岩)、化学岩和生物化学岩(石灰岩、白云岩、泥灰岩)4类。

(3) 变质岩 顾名思义,它是原岩变了性质的一类岩石。变质的原因为:由于地壳运动和岩浆活动,在高温、高压和化学性活泼的物质作用下,改变了原岩的结构、构造和成分,形成一种新的岩石。

① 矿物成分 除了石英、长石、云母、方解石等常见岩浆岩石沉积岩中的矿物外,还有由变质作用形成的特殊矿物,如滑石、绿泥石、蛇纹石和石榴石等。

② 结构 变质岩的结构多为结晶结构,与岩浆岩相似。为此,加“变晶”二字,以示区别。变质岩的结构主要有变晶结构(等粒、斑粒、鳞片)和变余结构两种。

③ 构造 分块状构造、板状构造、千枚状构造、片状构造和片麻状构造等5种。

④ 常见的变质岩 有块状的大理岩和石英岩、板状的板岩、片状的云母片岩、绿泥石片岩、滑石片岩、角闪石片岩和片麻状的片麻岩等。

2) 岩石按坚固性分为两类

(1) 硬质岩石 指饱和单轴极限抗压强度值 $f_r \geqslant 30$MPa 的岩石。常见的硬质岩石有花岗岩、石灰岩、石英岩、闪长岩、玄武岩、石英砂岩、硅质砾岩和花岗片麻岩等。

(2) 软质岩石 指 $f_r < 30$MPa的岩石。常见的软质岩石有页岩、泥岩、绿泥石片岩和云母片岩等。

3) 岩石按风化程度分为四等

(1) 未风化 岩质新鲜,偶见风化痕迹。

(2) 微风化 结构基本未变,仅节理面有渲染或略有变色,有少量风化裂隙。

(3) 中等风化 结构部分破坏,沿节理面有次生矿物,风化裂隙发育,岩体被切割成岩块。用镐难挖,岩芯钻方可钻进。

(4) 强风化 结构大部分破坏,矿物成分显著变化,风化裂隙很发育,岩体破碎,用镐可挖,干钻不易钻进。

2. 岩石的性质

常见10种岩石的若干物理力学性质经验指标如表1.1所示。

表1.1 岩石的物理力学性质经验指标

岩石名称	天然重度 /(kN/m³)	相对密度	抗压强度 /MPa	弹性模量 E/×10⁴ MPa	承载力 /MPa
花岗岩	26.3～27.3	2.5～2.8	75～110	1.4～5.6	3～4
闪长岩	25～29	2.6～3.1	120～200	2.2～11.4	4～6
砂　岩	22～30	1.8～2.75	47～180	2.78～5.4	2～4
页　岩	20～27	2.63～2.73	20～40	1.3～2.1	2～3
石灰岩	22～25	2.5～2.76	25～55	2.1～8.4	2～2.5
泥灰岩	23～25	2.7～2.8	3.5～60	0.38～2.1	1.2～4
白云岩	22～27	2.78	40～120	1.3～3.4	3～4
石英岩	28～30	2.63～2.84	200～360	4.5～14.2	6
大理岩	25～33	2.7～2.87	70～140	1.0～3.4	4～5
板　岩	25～33	2.7～2.84	120～140	2.2～3.4	4～5

注:表中数值为微风化的岩石性质。

1.3 第四纪沉积层

地表的岩石,经物理化学风化、剥蚀成岩屑、黏土矿物及化学溶解物质;又经搬运、沉积而成的沉积物;年代不长,未压密硬结成岩石之前,呈松散状态,称为第四纪沉积层,即“土”。根据岩屑搬运和沉积的情况不同,第四纪沉积层分为以下几种类型:残积层,坡积层,洪积层,冲积层,海相沉积层和湖沼沉积层。

1.3.1 残积层

母岩经风化、剥蚀,未被搬运,残留在原地的岩石碎屑,称为残积层。其中较细的碎屑已被风或雨水带走。残积层主要分布在岩石出露的地表,经受强烈风化作用的山区、丘陵地带与剥蚀平原(见图1.2)。

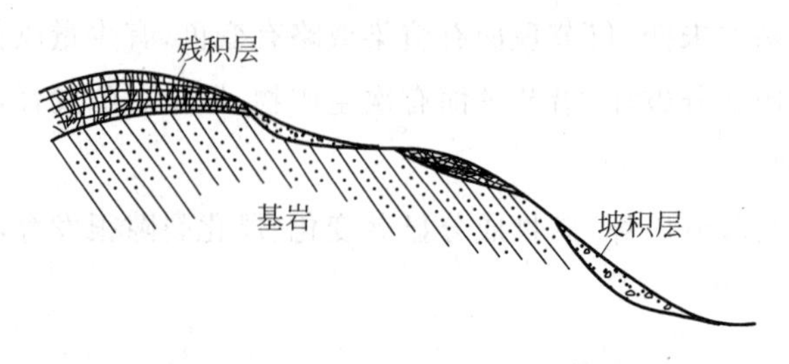

图 1.2 残积层与坡积层分布图

残积层的组成物质，为棱角状的碎石、角砾、砂粒和黏性土。残积层的裂隙多，无层次，平面分布和厚度不均匀。如以残积层作为建筑物地基，应当注意不均匀沉降和土坡稳定性问题。

1.3.2 坡积层

当雨水和融雪水洗刷山坡时，将山上的岩屑顺着斜坡搬运到较平缓的山坡或山麓处，逐渐堆积成坡积层。

坡积层搬运距离不远，物质来源于当地山上，颗粒由坡顶向坡脚逐渐变细，坡积层表面的坡度越来越平缓(参见图 1.2)。

坡积层的厚薄不均，土质也极不均匀。通常坡积层的孔隙大，压缩性高。如作为建筑物地基，应注意不均匀沉降和地基稳定性。

1.3.3 洪积层

由暴雨或大量融雪形成山洪急流，冲刷并搬运大量岩屑，流至山谷出口与山前倾斜平原，堆积而成洪积层。

洪积层在谷口附近多为大的块石、碎石、砾石和粗砂，谷口外较远的地带颗粒变细，这是因为谷口处的地形窄，流速大，谷口外地势越来越开阔，山洪的流速逐渐减慢之故。其地貌特征为：靠谷口处窄而陡，谷口外逐渐变为宽而缓，形如扇状，称为洪积扇，如图 1.3 所示。

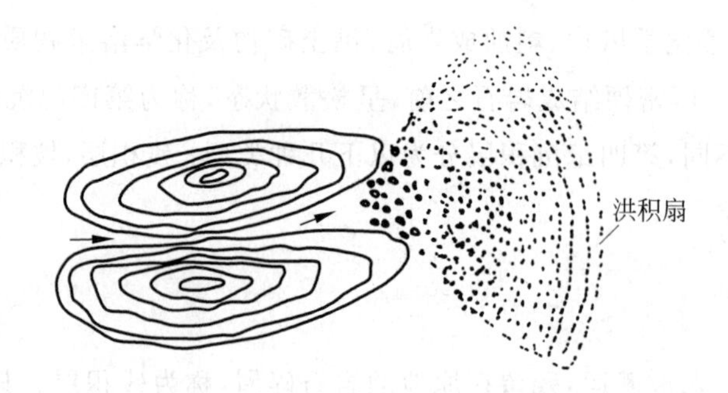

图 1.3 洪积层颗粒分布与洪积扇

由于山洪的发生是周期性的，每次山洪大小不同，堆积物的粗细也随之不同，因此，洪积层常为不规则的粗细颗粒交替层理构造。洪积层中往往存在黏性土夹层、局部尖灭和透镜体等产状。

若以洪积层作为建筑地基时，应注意土层的尖灭和透镜体引起的不均匀沉降，为此，需要精心进行工程地质勘察，并针对具体情况妥善处理。

1.3.4　冲积层

由河流的流水将岩屑搬运、沉积在河床较平缓地带，所形成的沉积物称为冲积层。

河流冲积层在地表的分布很广，主要类型如下。

1. 平原河谷冲积层

平原河谷冲积层(如图 1.4 所示)包括下列数种。

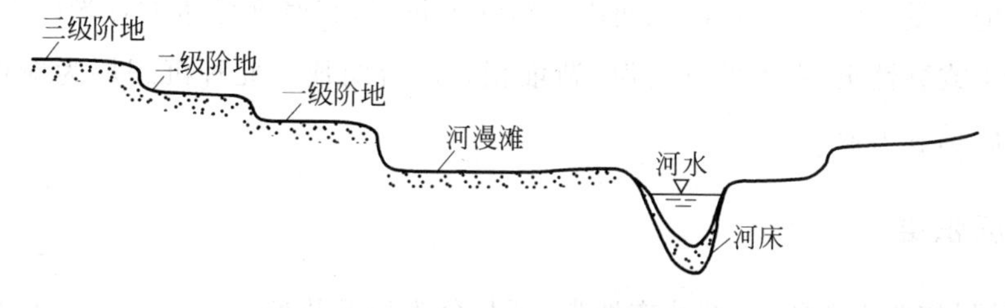

图 1.4　平原河谷冲积层剖面图

(1) 河床沉积层　上游河床颗粒粗，下游河床颗粒细。因岩屑经长距离搬运，颗粒具有一定的磨圆度。粗砂与砾石的密度较大，为良好的天然地基。

(2) 河漫滩沉积层　枯水季节河漫滩无水，洪水泛滥有水。此种沉积层常为上下两层结构，下层为粗颗粒土，上层为洪水泛滥的细粒土，并且往往夹有局部的有机土、淤泥和泥炭。

(3) 河流阶地沉积层　由地壳的升降运动与河流的侵蚀、沉积作用形成。由河漫滩向上，依次称为一级阶地、二级阶地、三级阶地。阶地的位置越高，它的形成年代越早，通常土质较好。一级阶地可能是粉土或粉砂。

(4) 古河道沉积层(如图 1.5 所示)　这是蛇曲的河流，截弯取直改道以后的牛轭湖，逐渐淤塞而成。这种沉积层通常存在较厚的淤泥、泥炭土，压缩性高，强度低，为不良地基。

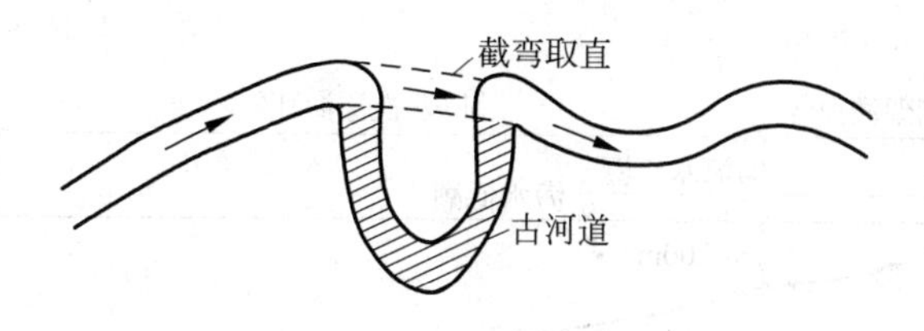

图 1.5　古河道沉积层

2. 山区河谷冲积层

山区河流坡度大、流速高,因而河谷冲积层多为粗粒的漂石、卵石与圆砾。冲积层的厚度一般不超过10～15m。山间盆地和宽谷中有河漫滩冲积层,主要为含泥的砾石,具有透镜体和倾斜层理构造。

3. 山前平原冲积洪积层

山前平原沉积层有分带性:近山一带,为冲积和部分洪积的粗粒物质组成;向平原低地,逐渐变为砂土和黏性土。

4. 三角洲沉积层

河流搬运的大量泥砂,在河口沉积而成三角洲沉积层,其厚度可达数百米以上,面积也很大。水上部分为砂土或黏性土,水下部分与海、湖堆积物混合组成。此种沉积层为新近沉积层,含水率大,压缩性高,承载力低。

1.3.5　海相沉积层

海相沉积层(如图1.6所示)按分布地带不同,分为如下几种。

(1) 滨海沉积层

海水高潮与低潮之间的地区,称为滨海地区。此地区的沉积物主要为卵石、圆砾和砂土,有的地区存在黏性土夹层。

(2) 大陆架浅海沉积层

海水的深度从0到200m左右,平均宽度为75km,地区,称为大陆架浅海地区。此地区的沉积物主要是细砂、黏性土、淤泥和生物沉积物。离海岸近,颗粒粗;离海岸越远,沉积物的颗粒越细。此种沉积物具有层理构造,密度小,压缩性高。

(3) 陆坡沉积层

浅海区与深海区的过渡地带,称为陆坡地区或次深海区,水深可达3 000m。此地区的沉积物主要为有机质软泥。

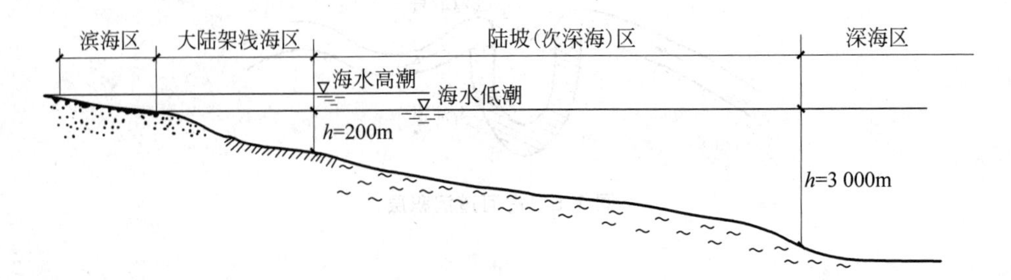

图1.6　海相沉积层

(4) 深海沉积层

海水深度 $h > 3\,000$m 的地区，称为深海区。此地区的沉积物为有机质软泥。

1.3.6 湖沼沉积层

湖沼沉积层可为如下两类：

(1) 湖相沉积层

湖泊沉积物称为湖相沉积层。湖相沉积层由两部分组成：

① 湖边沉积层　以粗颗粒土为主。

② 湖心沉积层　为细颗粒土，包括黏土和淤泥，有时夹粉细砂薄层的带状黏土。通常湖心沉积层的强度低、压缩性高。

(2) 沼泽沉积层

湖泊逐渐淤塞和陆地沼泽化，演变成沼泽。沼泽沉积物即沼泽土，主要由半腐烂的植物残余物一年年积累起来形成的泥炭组成。泥炭的含水率极高，透水性很小，压缩性很大，不宜作为永久建筑物的地基。

除了上述两类沉积层以外，还有由冰川的地质作用形成的冰碛层和由风的地质作用形成的风积层，因遇到的机会不多，从略。

1.4 不良地质条件

良好的地质条件对建筑工程是有利的，不良的地质条件则往往导致建筑物地基基础的事故，应当特别加以注意。下面介绍建筑工程中常见的不良地质条件。

1.4.1 断层

岩层在地应力作用下发生破裂，断裂面两侧的岩体显著发生相对位移，称为断层。断层显示地壳大范围错断，如图 1.7 所示。

断层对建筑工程的危害极大，例如北美洲沿太平洋东岸的圣安德烈斯大断层，长约 1 000km，该大断层经过美国加利福尼亚州，某酿酒厂建筑物恰巧建在此断层上，自 1948 年至 1969 年，断层每年错动 1cm 多，总计超过 25cm。

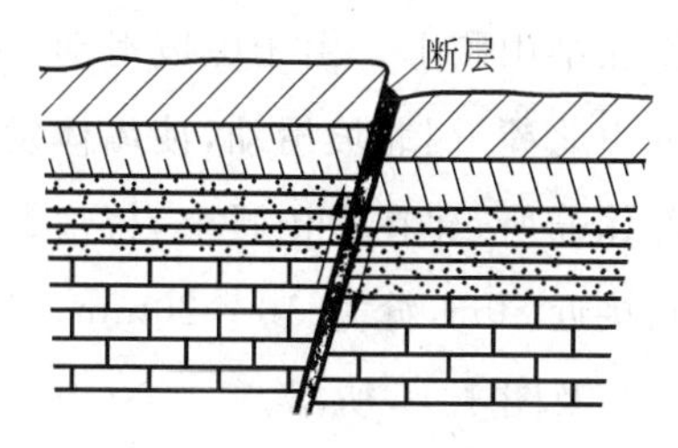

图 1.7 断层剖面图

一般中小断层数量多，应注意：断层形成的年代越新，则断层的活动可能性越大。永久性建筑物，尤其是水库大坝应避免横跨在断层上。一旦断层活动，破坏挡水坝，库水下泄，相当于人造洪水，后果不堪设想。

1.4.2 岩层节理发育的场地

岩层在地应力作用下形成断裂构造，但未发生相对位移时称为节理。通常节理的长度仅数米。互相平行的节理，称为一组节理。若岩层节理的密度较大，称为节理发育(如图1.8所示)，此时，岩体被节理切割成碎块，破坏了岩层的整体性。

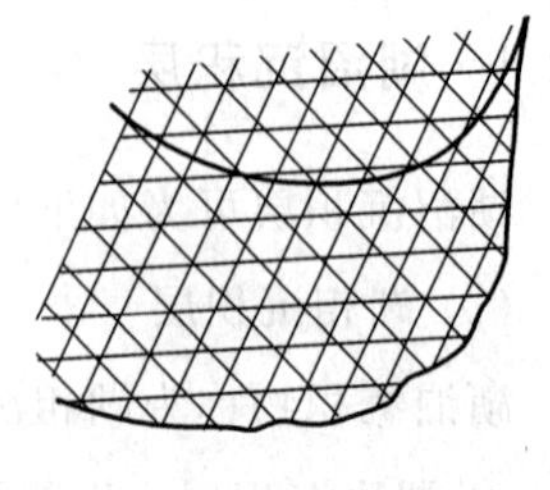

图1.8 三组节理

1.4.3 滑坡

我国人口多，耕地少，因此国家要求新建大工厂企业尽量靠山进山不占良田，山坡稳定性对建筑物的安危具有重要的意义。

1. 山坡失稳的原因

一般天然山坡经历漫长的地质年代，已趋稳定。由于下列原因，使原来稳定的山坡失稳而滑动。

(1) 人类活动因素

① 在山麓建房，为利用土地削去坡脚。

② 在坡上建房，增加坡面荷载。

③ 生产与生活用水大量入渗坡积物，降低土的抗剪强度。

(2) 自然环境因素

① 坡脚被河流冲刷，使原天然边坡变陡。

② 当地连降暴雨，大量雨水入渗，降低土的内摩擦角。

2. 山坡滑动实例

大连市南山滑坡：大连市发展很快，平地已缺建筑场地，一些建筑修在南山坡下，一些建筑修在半山腰上。由于山坡滑动，使若干工程发生墙体或地基开裂，例如，大连日报社库房位于南山北麓，因北坡滑动，使墙体发生3条裂缝，缝长约100cm，缝宽约15mm。又如辽宁省委干部休养所，建在半山腰上，楼房北侧地面因滑坡沉降达45cm，楼房北侧混凝土护面已拉裂，缝长接近50m，缝宽10～20mm。1985年8月19日南山发生大滑坡，吞没坡下四座民房，如图1.9及图1.10所示。

图 1.9 大连市南山坡脚削平建房、坡上建房引起滑坡

图 1.10 大连市南山滑裂体裂缝宽约 1m，滑裂深 3m

1.4.4 河床冲淤

平原河道往往有弯曲，凹岸受水流的冲刷产生坍岸，危及岸上建筑物的安全；凸岸水流的流速慢，产生淤积，使当地的抽水站无水可抽（如图 1.11 所示）。河岸的冲淤在多沙河上尤为严重，例如，在潼关上游黄河北干流，河床冲淤频繁，黄河主干流游荡，当地有“三十年河东，三十年河西”的民谣。渭河下游华县、华阴与潼关一段河床冲淤也十分严重。

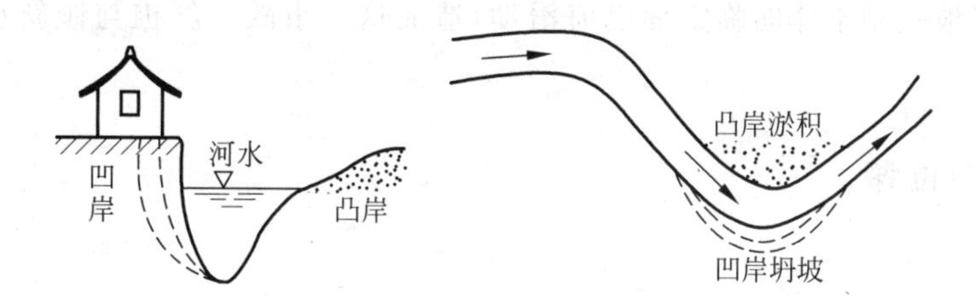

图 1.11 河床冲淤示意图

1.4.5 岸坡失稳

1. 原因

河、湖、海岸在自然环境中通常是暂时稳定的，若在岸边修建筑物，由于增加了工程的荷重，

可能使岸坡失稳,产生滑动。若地基土质软弱,还应考虑在地震动荷作用下,土的抗剪强度降低,岸坡可能产生滑动。

2. 实例

辽宁省中部辽河下游双台子河公路大桥,长约200m,宽8m,1972年建成,使用情况良好。1975年12月24日,辽宁省海城发生7.3级大地震,这座大桥位于震中西北,相距仅100km,此大桥被震毁(如图1.12所示)。1986年大桥桥墩发生明显的不均匀沉降、倾斜,部分桥墩基础开裂,无法修复,结果该桥墩被废物利用,改作过河管道。

图1.12 双台子河公路大桥震毁

一项有关唐山地震造成的建筑物地基基础震害专题研究发现,天津市塘沽轮机车间工地桩基与桩承台的倾斜毫无例外地朝向渤海方向。由此表明,轮机车间软弱地基,在地震动荷作用下抗剪强度降低,岸坡失稳土体向临空面渤海滑动,造成这一事故。斜桩与倾斜承台难以使用,只好移位重做。

1.4.6 河沟侧向位移

1. 危害

小河沟宽、深各仅数米,不起眼,但若靠近河沟修建筑物,当地基土为含水率高、密度低的黏性土,则此建筑物地基可能向河沟方向侧向位移,导致工程发生倾斜或墙体开裂事故。

2. 实例

南京市锅炉厂在厂区北侧新建双跨氧气瓶车间,设计采用天然地基,框架结构独立基础,1978年底厂房竣工,不久发现框架柱沉降与倾斜。1979年7月28日测量厂房三列柱基最大沉降量：南列柱为 37mm；中列柱 98mm；北列柱达 215mm，同时北列柱顶向北倾斜 40～60mm。计算柱基的沉降差已超过国家规范的允许值的 4 倍。此外，车间厂房的东山墙发生严重开裂，裂缝长约 10m，宽 10～20mm，与水平线约呈 35°方向延伸。

造成这一事故的原因：车间以北为农田，有一条东西向水渠与厂房平行，原设计厂房与北部边界有一定距离，施工时考虑厂房以北土地无法利用，把厂房北移，贴近边界水渠。厂房地基为软塑-流塑黏性土，承受厂房荷重后，向水渠临空面侧向位移，导致厂房全部柱基严重下沉。距水渠越近，侧向位移越大，并使北跨车间室内地坪普遍下沉 40cm。为此，不仅耗资加固处理，而且车间被迫降级使用。

1.5 地 下 水

1.5.1 地下水对工程的影响

地下水存在于地下似乎对工程无关紧要，实际上恰恰相反，地下水不仅与工程的设计方案、施工方法与工期、工程投资以及工程长期使用，都有着密切的关系，而且，若对地下水处理不当，还可能产生不良影响，甚至发生工程事故。地下水对建筑工程的主要影响如下。

(1) 基础埋深

通常设计基础的埋置深度 d 应小于地下水位深度 h_w。当寒冷地区基础底面的持力层为粉砂或黏性土，若地下水位埋藏深度低于冻深小于 1.5～2.0m，则冬季可能因毛细水上升而使地基冻胀，顶起基础，导致墙体开裂。

(2) 施工排水

当地下水位埋藏浅、基础埋深大于地下水位深度时，基槽开挖与基础施工必须进行排水。中小型工程水量不大，可以采用挖排水沟与集水井排水。重大工程地下水深度大、涌水量多时，应采用井点降低地下水位法，根据具体情况，选用轻型井点、管井井点或深井井点等[15]。如不排水或排水不好，基槽被踩踏，破坏地基土的原状结构，甚至地基成软烂泥或“橡皮土”，则地基承载力降低，形成工程的隐患，应当避免。

(3) 地下水位升降

地下水在地基持力层中上升，将使黏性土软化，增大压缩性；湿陷性黄土则产生严重湿陷；膨胀土地基吸水膨胀，将基础顶起。

反之，如地下水位在地基持力层中大幅度下降，则将使建筑物产生附加沉降，例如，浙江大学第六教学大楼，因附近两眼深井大量抽取地下水，引起大楼严重下沉和开裂的工程事故。

(4) 地下室防水

建筑物的地下室可用作文化娱乐、商店、旅馆或人防等活动场所。当地下室常年或雨季处在地下水位以下，则必须做好防水层。某大学一幢教职工五层住宅楼的地下室，因防水层质量差，夏季雨水下渗，邻近河水倒灌，造成地下室积水深达30cm，无法使用，翻修以后，仍然漏水，十分潮湿。

(5) 水质侵蚀性

当地下水中含有害的化学物质，如硫酸根离子、侵蚀性二氧化碳过多时，则对建筑基础具有侵蚀性，需采取必要的措施。

(6) 空心结构物浮起

地面下的水池与油罐等空心结构物，位于地下水位埋藏浅的场地，在竣工使用前，因地下水的浮力，可能将空心结构物浮起，需要进行计算并采取适当的措施来解决。

(7) 承压水冲破基槽

存在承压水的地区，基槽开挖的深度要计及承压水上面的隔水层的自重压力应大于承压水的压力，否则，承压水可能冲破基槽底部的隔水层，使承压水涌上基槽造成流土破坏。

1.5.2 地下水分类

地下水按埋藏条件不同可分为三类(如图1.13所示)。

(1) 上层滞水

积聚在局部隔水层上的水称为上层滞水。这种水靠雨水补给，有季节性。上层滞水范围不大，存在于雨季，旱季可能干涸。工程地质勘察时应注意与潜水区分。

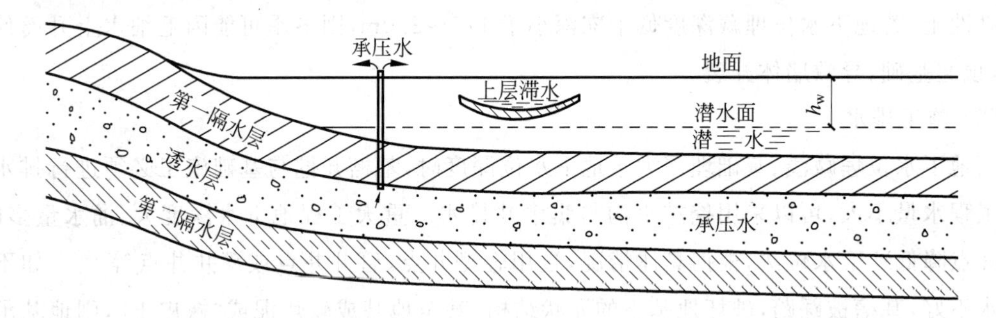

图1.13 地下水的埋藏条件

(2) 潜水

埋藏在地表下第一个连续分布的稳定隔水层以上，具有自由水面的重力水称为潜水。自由水面为潜水面，水面的标高称为地下水位。地面至潜水面的铅直距离 h_w 为地下水的埋藏深度。

潜水由雨水与河水补给，水位也有季节性变化。潜水的埋藏深度各地区不同，江南一些地区 $h_w < 1m$，西北黄土高原 $h_w = 100 \sim 200m$。

(3) 承压水

埋藏在两个连续分布的隔水层之间完全充满的有压地下水称为承压水，它通常存在于砂卵石层中。砂卵石层呈倾斜状分布,在地势高处砂卵石层水位高,对地势低处产生静水压力。若打穿承压水顶面的第一隔水层,则承压水因有压力而上涌,压力大的可以喷出地面。

1.5.3 地下水位

1. 实测水位

(1) 初见水位 工程勘察钻孔时,当钻头带上水时所测得的水位称为初见水位。

(2) 稳定水位 钻孔完毕,将钻孔的孔口保护好,待 24 小时后再测钻孔的水位为稳定水位,即实测地下水位。

建筑场地的地下水非固定不变值,夏秋季地下水位高,春冬季低,若施工季节与勘察季节不同时,应考虑季节变化。例如,辽宁省铁岭市新建一幢五层住宅,工程未完工,房屋西部第一排窗间砖墙从五层至一层,层层开裂,无法验收使用。事故的主要原因是枯水季勘察地下水位低,场地位于山麓,夏季施工地下水位高,基槽泡水软化地基,又未采取妥善措施,导致严重工程事故。

2. 历年最高水位

地下水位高低除了上述当年季节不同外,各年之间因有丰水年、枯水年之别,水位也不一样。在同一地区进行多年长期观测地下水位,将实测数据以时间为横坐标,水位深度为纵坐标,绘制地下水位时程曲线,由曲线可见,每年地下水位有一峰值位于夏季。在各年峰值中找出最高值,即为历年最高水位。

对重大工程,因基础工程开挖工程量大,地下室多层施工复杂,往往施工要跨年度,应考虑地下水历年最高水位,以保证工程顺利施工。

1.5.4 地下水的运动

地下水在重力作用下,一般由高处向低处流动。例如,基坑开挖至地下水位以下,进行排水施工,则地下水会源源不断地流向基坑。

地下水通过土颗粒之间的孔隙流动,土体可被水透过的性质称为土的渗透性,这是土的一个重要性质。

工程设计中,计算地基沉降速率,或地下水位以下施工需计算地下水的涌水量、选择排水方法等都需要应用土的渗透性指标。关于地下水的运动规律和地下水运动造成对工程的影响阐述如下。

1. 达西定律

法国学者达西(Darcy)于 1856 年通过砂土的渗透实验,发现地下水的运动规律,称为达西定律。实验装置如图 1.14 所示。

实验筒中部装满砂土。砂土试样长为 L（即渗径），截面积为 F，实验筒左端顶部注水，使水位保持固定，砂土试样两端各装一支测压管，测得前后两支测压管水头差为 h，实验筒右端底部留一个排水口，下接一个盛水容器。

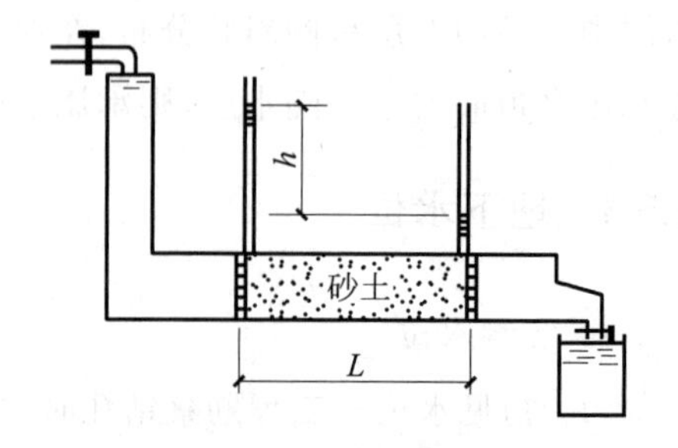

图 1.14　达西渗透实验

实验开始：经历时间 t 秒钟，水通过砂土试样的渗流量，即盛水容器 t 秒钟所接水量为 Q，则每秒钟的渗流量为 q。

达西由实验发现下列规律：

$$\frac{Q}{t}=q=kF\frac{h}{L}=kFi \tag{1.1}$$

上式等号两端除以试样截面面积 F，得达西定律如下：

$$\frac{q}{F}=v=ki \tag{1.2}$$

式中　v——渗透速度，cm/s；

k——土的渗透系数，cm/s；

i——水力坡降，$i=h/L$。

土的渗透系数 k 是一个待定的比例系数，其物理意义为单位水力坡降（即 $i=1$）时的渗透速度。k 值的大小与土的组成、粒径级配、孔隙比以及水的温度等因素有关。

渗透系数 k 的确定方法：(1)现场试验；(2)室内试验；(3)经验值。表 1.2 给出了部分土的渗透系数经验值。

表 1.2　土的渗透系数值

土的名称	渗透系数 k /cm/s	土的名称	渗透系数 k /cm/s
卵石	$1\times10^{-1}\sim6\times10^{-1}$	粉砂	$6\times10^{-4}\sim1\times10^{-3}$
圆砾	$6\times10^{-2}\sim1\times10^{-1}$	黄土	$3\times10^{-4}\sim6\times10^{-4}$
粗砂	$2\times10^{-2}\sim6\times10^{-2}$	粉土	$1\times10^{-4}\sim6\times10^{-4}$
中砂	$6\times10^{-3}\sim2\times10^{-2}$	粉质黏土	$6\times10^{-6}\sim1\times10^{-4}$
细砂	$1\times10^{-3}\sim6\times10^{-3}$	黏土	$<6\times10^{-6}$

2. 动水力 G_D

静水作用在水中物体上的力称为静水压力，水流动时作用的力与此不同。

1) 定义　土体中渗流的水对单位体积土体的骨架作用的力称为动水力。此动水力是水流对土体施加的体积力，单位是 kN/m^3，而非水流作用在土体表面的压力（kN/m^2）。动水力与水流受到土骨架的阻力大小相等而方向相反。

2）计算公式

$$G_D = i\gamma_w \tag{1.3}$$

式中 G_D ——动水力，kN/m^3；

i ——水力坡降；

γ_w ——水的重力密度，kN/m^3。

证明：沿水流方向取一土柱作为隔离体进行计算。土柱长为 L，横截面面积为 F，如图 1.15 所示。此土柱上下端测压管水头分别为 h_1,h_2，水位差为 Δh。现在分析土柱所受的各种力，如图 1.15(b)所示。

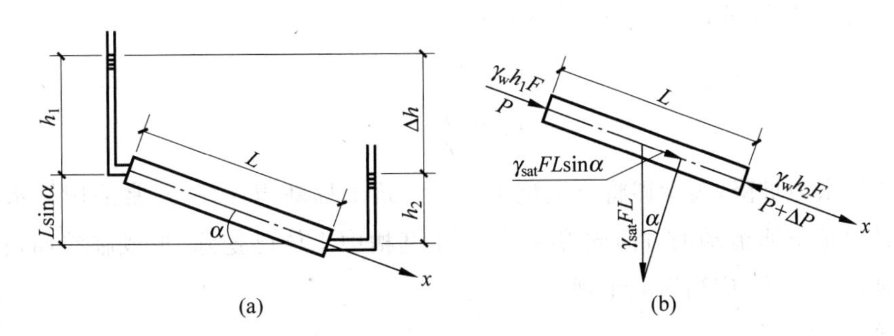

图 1.15 饱和土体的动水力

土柱上端作用力：总静水压力 $\gamma_w h_1 F$；法向力 P。

土柱下端作用力：总静水压力 $\gamma_w h_2 F$；法向力 $P+\Delta P$。

土柱自重沿 x 方向分力：$\gamma_{sat} FL\sin\alpha$。

令 x 方向的合力为零，即

$$\sum x = 0: \quad \gamma_w h_1 F + P - \gamma_w h_2 F - (P+\Delta P) + \gamma_{sat} FL\sin\alpha = 0$$

式中，$h_2 = h_1 + L\sin\alpha - \Delta h$，代入上式，化简得

$$-LF\gamma_w\sin\alpha + \gamma_{sat} FL\sin\alpha + \Delta h\gamma_w F - \Delta P = 0$$

即

$$\Delta P = LF(\gamma_{sat} - \gamma_w)\sin\alpha + \Delta h\gamma_w F$$

$$\Delta P = LF\gamma'\sin\alpha + \Delta h\gamma_w F \tag{1.4}$$

上式等号右边第一项 $LF\gamma'\sin\alpha$ 为土柱浮重度沿水流 x 方向的分力，式中右边第二项 $\Delta h\gamma_w F$ 与动水力有关，由渗流引起作用于土柱下端的力。将此力除以土柱的体积 LF，可得：

$$\frac{\Delta h\gamma_w F}{LF} = i\gamma_w = G_D \tag{1.5}$$

即证。由式(1.3)可知，动水力 G_D 的数值等于水力坡降 i 乘以水的重度。

3. 流土和管涌

(1) 流土

地下水流动时,若水流的方向为由上向下,此时动水力的方向与重力方向一致,使土颗粒压得更紧,对工程有利。反之,如水流由下向上流动,动水力的方向与重力方向相反。当动水力足够大时,会将土体冲起,造成破坏。当动水力 G_D 的数值等于或大于土的浮重度 γ' 时土体被水冲起的现象,称为流土。

由公式(1.4),令左端 $\Delta P=0$,得:

$$LF\gamma'\sin\alpha+\Delta h\gamma_w F=0$$

上式两端除以 LF,并以 $\alpha=90°$代入得:

$$\gamma'-i\gamma_w=0$$

此时

$$i_{cr}=\frac{\gamma'}{\gamma_w} \tag{1.6}$$

i_{cr}称为临界水力坡降,表示即将产生流土。在建筑工程基槽开挖时,常采用排水沟明排地下水的方法。此时地下水流动的方向向着基槽,由于基槽中土体已挖除,形成临空面,在动水力 G_D 作用下也可能产生流土,应当引起重视。

(2) 管涌

当土体级配不连续时,水流可将土体粗粒孔隙中充填的细粒土带走,破坏土的结构,这种作用称为管涌。长期管涌的结果,形成地下土洞,土洞由小逐渐扩大,可导致地表塌陷。

1.5.5 地下水水质

大多数地区地下水的水质洁净,不含有害化学物质,可作为饮用水或工业用水。

某些地区存在不良环境的地质条件,例如含有化学物的工业废水渗入地区,硫化矿、煤矿矿水渗入地区,盐湖与海水渗入地区,等等。地下水质对混凝土可能有侵蚀性。地下水水质侵蚀性可分为下列三种:

(1) 结晶性侵蚀

这种侵蚀指地下水中含硫酸离子过多对混凝土的侵蚀。

当地下水中氢离子浓度 pH≤6.5 且 SO_4^{2-}≥500mg/L,或 pH>6.5 且 SO_4^{2-}≥1 500mg/L,可判为结晶性侵蚀。

(2) 分解性侵蚀

这种侵蚀主要指地下水中 pH 值较低和侵蚀性 CO_2 含量过多时对混凝土的侵蚀。在弱透水层(黏性土)中当 pH≤4 时,或在强透水层(如中、粗砂)中 pH≤6.5 或侵蚀性 CO_2>15mg/L 时,均可判为分解性侵蚀。

(3) 结晶分解复合性侵蚀

这种侵蚀指同时具有上述两种侵蚀的性质。

在建筑场地工程地质勘察报告中，除了提供地下水位的数据外，必须同时提供地下水质的情况。如地下水质对混凝土具有侵蚀性，则工程设计时应采取必要的措施。在基础材料选用时不能用普通的硅酸盐水泥，可改用矿渣水泥或抗硫酸盐水泥等，以保证工程的安全。

复习思考题

1.1 工程地质包括哪些主要内容？工程地质作为一门独立的学科与土木建筑工程有何关系？

1.2 常见的矿物有哪些？原生矿物与次生矿物有何不同？

1.3 矿物的主要物理性质有哪些？鉴定矿物常用什么方法？怎样区分石英与方解石？

1.4 岩石按成因分哪几类？各类岩石的矿物成分、结构与构造有何区别？试举出各类岩石的三种常见岩石。花岗岩、闪长岩、砂岩、石灰岩、石英岩和板岩属于哪类岩石？

1.5 何谓第四纪沉积层？它是如何生成的？根据搬运与沉积条件不同，第四纪沉积层分哪几种类型？

1.6 何谓坡积层？坡积层有何特点？若建筑物造在坡积层上应注意什么问题？

1.7 冲积层有哪些主要类型和特点？平原河谷冲积层中，哪一种沉积层土质较好？哪一种沉积层土质最差？何故？

1.8 洪积层是怎样生成的？有何特性？以洪积层作为建筑物地基需注意什么问题？

1.9 沼泽沉积层有何演变过程？它由什么土组成？这种土的含水率、透水性和压缩性如何？如必须在沼泽沉积层上造永久性建筑物怎么办？

1.10 何谓不良地质条件？为什么不良地质条件会导致建筑工程事故？

1.11 什么是断层？断层与节理有何不同？两者对建筑工程各有什么危害？

1.12 在山麓或山坡上造建筑物，应注意什么问题？试举实例加以说明。

1.13 靠近河岸修建筑物，可能会发生什么工程事故？如何才能避免事故发生？

1.14 地下水对建筑工程的影响，包括哪些方面？怎样消除地下水的不良影响？

1.15 地下水运动有何规律？达西定律的物理概念是什么？何谓土的渗透系数？如何确定渗透系数的大小？

1.16 试阐述动水力、流土和管涌的物理概念和对建筑工程的影响。

习　题

1.1 如何鉴定矿物？准备一些常见的矿物，如石英、正长石、斜长石、角闪石、辉石、方解石、云母、滑石和高岭土等，进行比较与鉴定。

1.2 岩浆岩有何特征？准备若干常见的岩浆岩标本，如花岗岩、正长岩、闪长岩、辉绿岩、玄武岩、安山岩、玢岩和辉岩进行鉴定。

1.3 沉积岩最显著的特征是什么？准备多种常见的沉积岩标本，如砾岩、角砾岩、砂岩、凝灰岩、泥岩、页岩、石灰岩和泥灰岩等，进行对比与鉴定。

1.4 变质岩有什么特征？准备几种常见的变质岩，如大理岩、石英岩、板岩、云母片岩和片麻岩进行比较与鉴定。

1.5 新建一个钢筋混凝土水池，长度 50m，宽度 20m，高度 4m，池底板与侧壁厚度均为 0.3m。水池的顶面与地面齐平，地下水位埋藏深度 2.50m。侧壁与土之间的摩擦强度按 10kPa 计算。问水池刚竣工，尚未使用时是否安全？ （答案：安全）

1.6 某工程基槽开挖深度为 4.0m，地下水位深 5.0m。地基土的天然重度：水上 $\gamma = 20\text{kN/m}^3$，水下 $\gamma_{sat} = 21\text{kN/m}^3$。地面以下 6.0m 处存在承压水，承压水的水头为 3.2m。问基槽是否安全？ （答案：安全）

1.7 某工程的地基为粗砂进行渗透试验，已知试样长度为 20cm，试样截面面积为 5cm^2，试验水头为 50cm。试验经历 10s，测得渗流量为 5cm^3。求粗砂的渗透系数 k。

（答案：$k = 4 \times 10^{-2}\text{cm/s}$）

1.8 某土力学实验室进行粉砂渗透试验，试样长度为 15cm，试样截面面积为 5cm^2，试验水头为 20cm。试验经历 10s，测得渗流量为 3cm^3。求粉砂的渗透系数 k。

（答案：$k = 7.5 \times 10^{-4}\text{cm/s}$）

1.9 试用其他方法，证明动水力 G_D 的存在并计算其数值的大小。

1.10 某建筑工程基槽排水，引起地下水由下往上流动。水头差 70cm，渗径为 60cm，砂土的饱和重度 $\gamma_{sat} = 20.2\text{kN/m}^3$。问是否会发生流土？ （答案：发生流土）

第2章

土的物理性质及工程分类

2.1 土的生成与特性

2.1.1 土的生成

前面已经阐明土是由岩石，经物理化学风化、剥蚀、搬运、沉积，形成固体矿物、流体水和气体的一种集合体。

不同的风化作用形成不同性质的土，风化作用有下列三种：

(1) 物理风化

岩石经受风、霜、雨、雪的侵蚀，温度、湿度的变化，发生不均匀膨胀与收缩，使岩石产生裂隙，崩解为碎块。这种风化作用，只改变颗粒的大小与形状，不改变原来的矿物成分，称为物理风化。

由物理风化生成的土为粗粒土，如块碎石、砾石和砂土等，这种土总称无黏性土。

(2) 化学风化

岩石的碎屑与水、氧气和二氧化碳等物质相接触时，逐渐发生化学变化，原来组成矿物的成分发生了改变，产生一种新的成分——次生矿物。这类风化称为化学风化。

经化学风化生成的土为细粒土，具有黏结力，如黏土与粉质黏土，总称为黏性土。

(3) 生物风化

由动物、植物和人类活动对岩体的破坏称生物风化，例如：长在岩石缝隙中的树，因树根伸展使岩石缝隙扩展开裂。而人们开采矿山、石材，修铁路打隧道，劈山修公路等活动形成的土，其矿物成分没有变化。

2.1.2 土的结构和构造

1. 土的结构

1）定义

土颗粒之间的相互排列和联结形式称为土的结构。

2）种类

土的结构分为下列三种：

(1) 单粒结构　凡粗颗粒土(如卵石和砂土等)，在沉积过程中，每一个颗粒在自重作用下单独下沉并达到稳定状态，如图2.1(a)所示。

(2) 蜂窝结构　当土颗粒较细(粒径在0.02mm以下)时，在水中单个下沉，碰到已沉积的土粒，因土粒之间的分子引力大于土粒自重，则下沉的土粒被吸引不再下沉。依次一粒粒被吸引，形成具有很大孔隙的蜂窝状结构，如图2.1(b)所示。

(3) 絮状结构(二级蜂窝结构)　那些粒径极细的黏土颗粒(粒径小于0.005mm)在水中长期悬浮，这种土粒在水中运动，相互碰撞而吸引逐渐形成小链环状的土集粒，质量增大而下沉，当一个小链环碰到另一小链环时相互吸引，不断扩大形成大链环状，称为絮状结构。因小链环中已有孔隙，大链环中又有更大孔隙，形象地称为二级蜂窝结构，此种絮状结构在海积黏土中常见，如图2.1(c)所示。

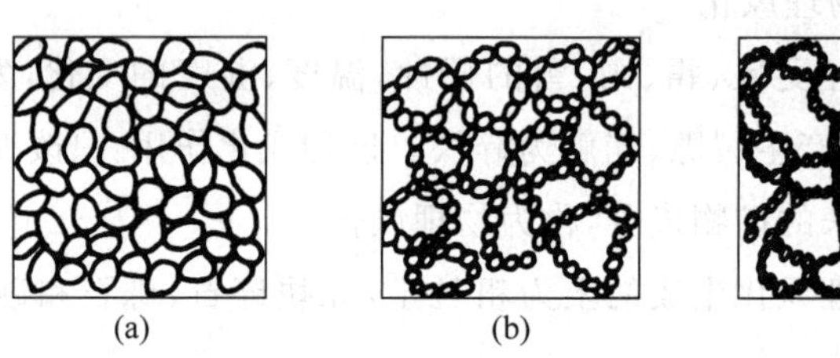

图2.1　土的结构

(a) 单粒结构；(b) 蜂窝结构；(c) 絮状结构

3）工程性质

以上三种结构中，以密实的单粒结构工程性质最好，蜂窝结构与絮状结构如被扰动破坏天然结构，则强度低、压缩性高，不可用作天然地基。

2. 土的构造

1）定义

同一土层中，土颗粒之间相互关系的特征称为土的构造。

2）种类

土的构造常见的有下列几种：

(1) 层状构造　土层由不同的颜色或不同的粒径的土组成层理，一层一层互相平行。平原地区的层理通常呈水平方向。这种层状构造反映不同年代不同搬运条件形成的土层，为细粒土的一个重要特征。

(2) 分散构造　土层中土粒分布均匀，性质相近，如砂与卵石层为分散构造。

(3) 结核状构造　在细粒土中混有粗颗粒或各种结核，如含礓石的粉质黏土、含砾石的冰碛黏土等，均属结构状构造。

(4) 裂隙状构造　土体中有很多不连续的小裂隙，某些硬塑或坚硬状态的黏土为此种构造。

3) 工程性质

通常分散构造的工程性质最好。结核状构造工程性质好坏取决于细粒土部分。裂隙状构造中，因裂隙强度低、渗透性大，工程性质差。

2.1.3　土的工程特性

土与其他连续介质的建筑材料相比，具有下列三个显著的工程特性：

(1) 压缩性高

反映材料压缩性高低的指标弹性模量 E(土称变形模量)，随着材料性质不同而有极大的差别，例如：

钢材　　　$E_1=2.1\times10^5$ MPa；

C20 混凝土　$E_2=2.6\times10^4$ MPa；

卵石　　　$E_3=40\sim50$ MPa；

饱和细砂　$E_4=8\sim16$ MPa。

由此可知：$E_1\geqslant 4\,200E_3$，$E_2>1\,600E_4$。

当应力数值相同，材料厚度一样时，卵石的压缩性为钢材压缩性的数千倍；饱和细砂的压缩性为 C20 混凝土的压缩性的数千倍，这足以证明土的压缩性极高。软塑或流塑状态的黏性土往往比饱和细砂的压缩性还要高很多。

(2) 强度低

土的强度特指抗剪强度，而非抗压强度或抗拉强度。

无黏性土的强度来源于土粒表面滑动的摩擦和颗粒间的咬合摩擦；黏性土的强度除摩擦力外，还有黏聚力。无论摩擦力还是黏聚力，均远远小于建筑材料本身的强度，因此，土的强度比其他建筑材料(如钢材、混凝土等)都低得多。

(3) 透水性大

材料的透水性可以用实验来说明：将一小杯水倒在木板上可以保留很长时间，说明木材透水性小。如将水倒在混凝土地板上，也可保留一段时间。若将水倒在室外土地上，则发现水很快不见了，这是由于土体中固体矿物颗粒之间具有许多透水的孔隙。因此土的透水性比木材、混凝土都大，尤其是粗颗粒的卵石或砂土，其透水性更大。

上述土的三个工程特性(压缩性高、强度低、透水性大)与建筑工程设计和施工关系密切,需高度重视。

2.1.4 土的生成与工程特性的关系

由于各类土的生成条件不同,它们的工程特性往往相差悬殊,下面分别加以说明。

1. 搬运、沉积条件

通常流水搬运沉积的土优于风力搬运沉积的土。

例如,北京西郊八宝山一带地基为卵石层,它是永定河的冲积层,工程性质非常好。该处卵石层范围很大,长宽各达数千米。当地设置很多砂石料场,开挖卵石,供首都基本建设作混凝土骨料之用。料场开挖深度一般为5~8m,安全开挖边坡为1∶0.3(边坡坡角73°18′),很陡,而且经历多年暴雨冲刷和冻融作用,砂石料场边坡保持稳定状态而不发生坍塌。用一种特制工具——钩连枪掏挖砂石料场坡脚时,当坡脚被掏空后,上面的卵石因失去支承而下滑,滑动后的新鲜剖面的边坡坡度仍为1∶0.3,卵石层很密实,为良好的天然地基。

又如陕北榆林、靖边县一带,地表普遍存在一层粉细砂,是由内蒙古毛乌素沙漠,经风力搬运沉积下来的风积层。这种粉细砂松散,工程性质差。这种风积层一踩一个脚印,很疏松,不能作为天然地基。当地西北大风搬运量惊人,整个榆林城曾被沙淹没,三次南迁。

2. 沉积年代

通常土的沉积年代越长,土的工程性质越好。例如,第四纪晚更新世 Q_3 及其以前沉积的黏性土,称为老黏性土,这种土密度大、强度高、压缩性低,为良好的天然地基。

第四纪全新世 Q_4 沉积的黏性土为常见的黏性土,它的工程性质好坏需要通过试验与分析确定。

至于沉积年代短的新近沉积黏性土,如在湖、塘、沟、谷、河漫滩及三角洲新近沉积土以及5年以内人工新填土,强度低,压缩性高,工程性质不良。

3. 沉积的自然地理环境

由于我国地域辽阔,全国各地的地形高低、气候冷热、雨量多少相差很悬殊,这些自然地理环境不同所生成的土的工程性质差异也很大。例如,沿海地区天津塘沽、连云港、上海、温州等地存在的深厚的淤泥与淤泥质软弱土,西北地区陇西、陇东、陕北、关中及山西等地的大面积的湿陷性黄土,西南地区云南、贵州、广西一带的红黏土,湖北、云南、广西、贵州、四川等省区的膨胀土以及高寒地区的多年冻土,都具有特殊的工程性质,详见第9章。

2.2 土的三相组成

土的三相组成是指土由固体矿物、水和气体三部分组成。土中的固体矿物构成土的骨架，骨架之间存在大量孔隙，孔隙中充填着水和空气。

土的三相比例：同一地点的土体，它的三相组成的比例是否固定不变？不是。因为随着环境的变化，土的三相比例也发生相应的变化。例如，天气的晴雨、季节变化、温度高低以及地下水的升降等等，都会引起土的三相之间的比例产生变化。

土体三相比例不同，土的状态和工程性质也随之各异，例如：

固体＋气体（液体＝0）为干土。此时黏土呈坚硬状态。

固体＋液体＋气体为湿土，此时黏土多为可塑状态。

固体＋液体（气体＝0）为饱和土。此时松散的粉细砂或粉土遇强烈地震，可能产生液化，而使工程遭受破坏；黏土地基受建筑荷载作用发生沉降，有时需几十年才能稳定。

由此可见，研究土的各项工程性质，首先需从组成土的三相（即固相、液相和气相）开始研究。

2.2.1 土的固体颗粒

土的固体颗粒是土的三相组成中的主体，是决定土的工程性质的主要成分。

1. 土粒的矿物成分

土粒中的矿物成分分为三类：

(1) 原生矿物

由岩石经物理风化而成，其成分与母岩相同，包括：单矿物颗粒——一个颗粒为单一的矿物，如常见的石英、长石、云母、角闪石与辉石等，砂土即为单矿物颗粒；多矿物颗粒——一个颗粒中包含多种矿物，如巨粒土的漂石、卵石和粗粒土的砾石，往往为多矿物颗粒。

(2) 次生矿物

母岩岩屑经化学风化，改变原来的化学成分，成为一种很细小的新矿物，主要是黏土矿物。黏土矿物的粒径 $d<0.005$mm，肉眼看不清，用电子显微镜观察为鳞片状。

黏土矿物的微观结构，由两种原子层（晶片）构成：一种是由 Si-O 四面体构成的硅氧晶片；另一种由 Al-OH 八面体构成的铝氢氧晶片。因这两种晶片结合的情况不同，黏土矿物可分为下列三种：

① 蒙脱石——两结构单元之间没有氢键，相互的联结弱，水分子可以进入两晶胞之间。因此，蒙脱石的亲水性最大，具有剧烈的吸水膨胀、失水收缩的特性。

② 伊利石——又称水云母，部分 Si-O 四面体中的 Si 为 Al、Fe 所取代，损失的原子价由阳离

子钾补偿。因此，晶格层组之间具有结合力，亲水性低于蒙脱石。

③ 高岭石——晶胞之间有氢键，相互联结力较强，晶胞之间的距离不易改变，水分子不能进入。因此，高岭石的亲水性最小。

次生矿物除上述黏土矿物外，还有次生二氧化硅与难溶盐等。

(3) 腐殖质

如土中腐殖质含量多，使土的压缩性增大。对有机质含量超过3%～5%的土应予注明，不宜作为填筑材料。

2. 土颗粒的大小与形状

自然界中土颗粒的大小相差悬殊，例如，巨粒土漂石，粒径 $d>200$mm，细粒土黏粒 $d<0.005$mm，两者粒径相差超过4万倍。颗粒大小不同的土，它们的工程性质也各异。为便于研究，把土的粒径按性质相近的原则划分为6个粒组，如图2.2所示。

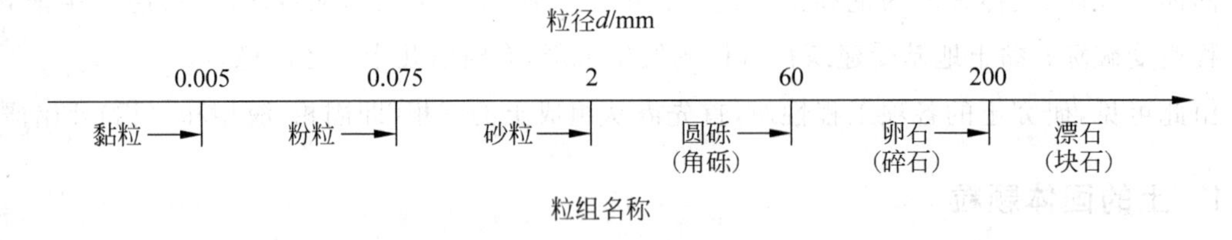

图2.2　土的粒径分组

每个粒组之内土的工程性质相似。定性而言，试问土的颗粒越粗，是否压缩性越高、强度越低？实际情况恰好相反。通常粗粒土的压缩性低、强度高、渗透性大。

至于颗粒的形状，有的土带棱角的形状表面粗糙，不易滑动，因而其抗剪强度比表面圆滑的高。

3. 土的粒径级配

自然界里的天然土，很少是一个粒组的土，往往由多个粒组混合而成，土的颗粒有粗有细。这类天然土如何表示它的组成？怎样定名？

工程中常用土中各粒组的相对含量，占总质量的百分数来表示，称为土的粒径级配。这是决定无黏性土的重复指标，是粗粒土的分类定名的标准。

粒径分析方法，工程中常用下列两种试验方法，互相配合使用。

(1) 筛析法

适用于土粒直径 $d>0.075$mm 的土。筛析法的主要设备为一套标准分析筛，筛子孔径分别为20，10，5，2.0，1.0，0.5，0.25，0.075mm。

取样数量：粒径 $d<20$mm，可取1 000～2 000g；

$d<10$mm，可取300～1 000g；

$d<2$mm，可取 100～300g。

将干土样倒入标准筛中，盖严上盖，置于筛析机上震筛 10～15min。由上而下顺序称各级筛上及底盘内试样的质量。

(2) 密度计法[16]

适用于土粒直径 $d<0.075$mm 的土。密度计法的主要仪器为土壤密度计和容积为 1 000mL 量筒。根据土粒直径大小不同，在水中沉降的速度也有不同的特性，将密度计放入悬液中，测记 0.5，1，2，5，15，30，60，120 和 1 440min 的密度计读数，计算而得。

颗粒分析试验结果，绘制土的粒径级配曲线，如图 2.3 所示，纵坐标表示小于某粒径的土占总质量的百分数；横坐标表示土的粒径，用对数尺度。

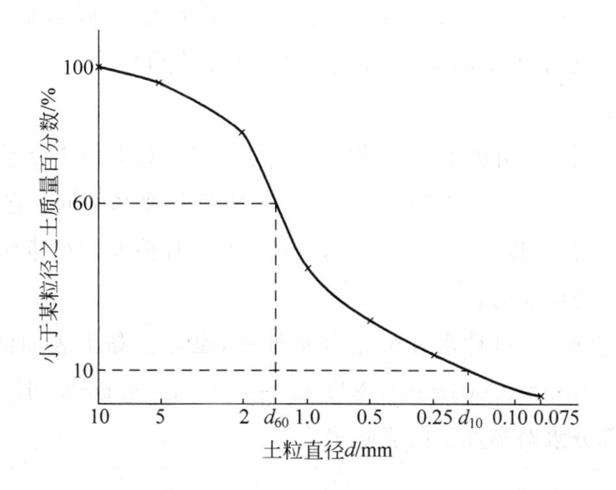

图 2.3 土的粒径级配曲线

例如，某工程的土样总质量为 1 000g，经筛析后，知全部试样通过筛孔为 10mm 的筛，因此在横坐标为 10mm 处，其纵坐标为 100，为一试验点。而在筛孔为 5mm 的筛子上的颗粒质量为 50g，因而 $d<5$mm 的颗粒质量为 950g 占总质量的 95%，由横坐标为 5mm 与纵坐标 95%之交点为第 2 个试验点。在筛孔为 2mm 的筛子上的颗粒质量称得为 150g，则 $d<2$mm的颗粒质量为 1 000－50－150＝800g，占总质量的 80%，因此，由横坐标为 2mm 与纵坐标 80%之交点为第 3 个试验点。依次类推，即得图 2.3 的粒径级配曲线。

粒径级配曲线上：纵坐标为 10%所对应的粒径 d_{10} 称为有效粒径；纵坐标为 60%所对应的粒径 d_{60} 称为限定粒径；d_{60} 与 d_{10} 的比值称为不均匀系数 C_u，即

$$C_u=\frac{d_{60}}{d_{10}} \tag{2.1}$$

不均匀系数 C_u 为表示土颗粒组成的重要特征。当 C_u 很小时曲线很陡，表示土均匀；当 C_u 很大时曲线平缓，表示土的级配良好。

曲率系数 C_c 为表示土颗粒组成的又一特征，C_c 按下式计算：

$$C_c=\frac{(d_{30})^2}{d_{10}\times d_{60}} \tag{2.2}$$

式中　d_{30}——粒径级配曲线上纵坐标为30%所对应的粒径。

砾石和砂土级配 $C_u\geqslant5$ 且 $C_c=1\sim3$ 为级配良好；级配不同时满足 C_u 与 C_c 两个要求，则为级配不良。

2.2.2　土中水

水是日常生活中不可缺少的物质，通常把水分为自来水、井水、河水与海水等。

如上所述，土的孔隙中有水，水分子 H_2O 为极性分子，由带正电荷的氢离子 H^+ 和带负电荷的氧离子 O^{2-} 组成。黏土粒表面带负电荷，在土粒周围形成电场，吸引水分子带正电荷的氢离子一端，使其定向排列，形成结合水膜，如图2.4所示。土中水可分为：

1）结合水

（1）强结合水（吸着水）　由黏土表面的电分子力牢固地吸引的水分子紧靠土粒表面，厚度只有几个水分子厚，小于0.003μm。这种强结合水的性质与普通水不同：它的性质接近固体，不传递静水压力，100℃不蒸发，密度 $\rho_w=1.2\sim2.4\text{g/cm}^3$，并具有很大的黏滞性、弹性和抗剪强度。当黏土只含强结合水时呈坚硬状态。

（2）弱结合水（薄膜水）　这种水在强结合水外侧，也是由黏土表面的电分子力吸引的水分子，其厚度小于0.5μm（1μm=0.001mm），密度 $\rho_w=1.0\sim1.7\text{g/cm}^3$。弱结合水也不传递静水压力，呈黏滞体状态，此部分水对黏性土的影响最大。

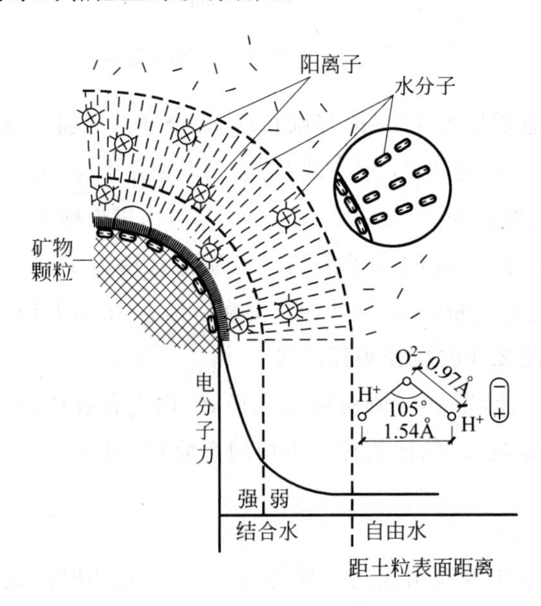

图2.4　黏土矿物和水分子的相互作用

2）自由水

此种水离土粒较远，在土粒表面的电场作用以外的水分子自由散乱地排列。自由水包括下列两种：

（1）重力水 这种水位于地下水位以下，具有浮力的作用，可从总水头较高处向总水头较低处流动。

（2）毛细水 这种水位于地下水位以上，受毛细作用而上升，粉土中孔隙小，毛细水上升高。

3）气态水

气态水即水汽，对土的性质影响不大。

4）固态水

当气温降至0℃以下时，液态的自由水结冰为固态水。水在冻结后会发生膨胀，使基础发生冻胀，寒冷地区基础的埋置深度要考虑冻胀问题。

2.2.3 土中气体

土的固体颗粒之间的孔隙中，没有被水充填的部分都是气体。土中气体分两种：

（1）自由气体

这种气体为与大气相连通的气体，通常在土层受力压缩时即逸出，故对建筑工程无影响。

（2）封闭气泡

封闭气泡与大气隔绝，存在黏性土中，当土层受荷载作用时，封闭气泡缩小，卸荷时又膨胀，使土体具有弹性，称为“橡皮土”，使土体的压实变得困难。若土中封闭气泡很多时，将使土的渗透性降低。

2.3 土的物理性质指标

土的物理性质指标反映土的工程性质的特征，具有重要的实用价值。

地基承载力数值的大小，与地基基础的设计和施工紧密相关。例如：地基粉土的孔隙比 $e=0.8$，含水率 $w=10\%$，则地基承载力特征值可达200kPa，通常多层房屋可采用天然地基；若孔隙比$e=1.6$，含水率 $w=70\%$，则地基承载力特征值很低，小于50kPa，为软弱地基，多层房屋无法采用天然地基，要考虑人工加固地基或采用桩基桩。由此可见，孔隙比 e 和含水率 w 的数值大小，影响建筑地基基础的方案不同，随之而来施工方法、工期、造价都不相同。

前已定性说明，土中三相之间相互比例不同，土的工程性质也不同。现在需要定量研究三相之间的比例关系，即土的物理性质指标的物理意义和数值大小。

为了阐述和标记方便，把自然界中土的三相混合分布的情况分别集中起来：固相集中于下部，液相居中部，气相集中于上部，并按适当的比例画一个草图，左边标出各相的质量，右边标明各相的体积，如图 2.5 所示。

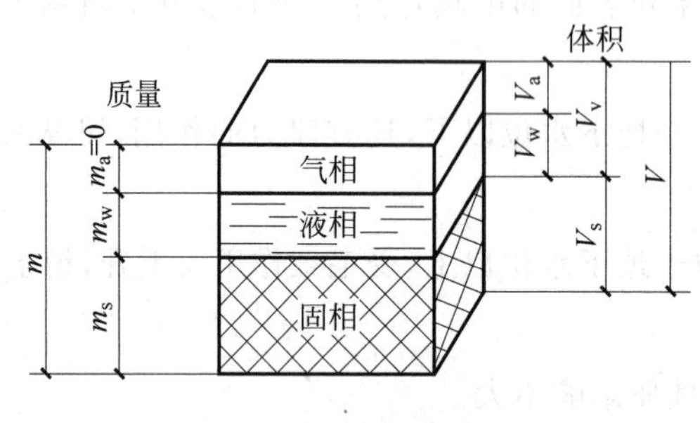

图 2.5 土的三相草图

下面分类阐述土的各项物理性质指标的名称、符号、物理意义、表达式、量纲、常见值及确定的方法。

2.3.1 土的三项基本物理性质指标

此三项土的基本物理性质指标，均由试验室直接测定。

1. 土的密度 ρ 和土的重度 γ

1) 物理意义

ρ 为单位体积土的质量，g/cm^3。

γ 为单位体积土所受的重力，即 $\gamma=\rho g=9.8\rho\approx10\rho$，$kN/m^3$。

2) 表达式

$$\rho=\frac{\text{土的总质量}}{\text{土的总体积}}=\frac{m}{V} \tag{2.3}$$

3) 常见值

$\rho=1.6\sim2.2g/cm^3$，$\gamma=16\sim22kN/m^3$。

4) 测定方法

(1) 环刀法　适用于黏性土和粉土。

用容积为 $100cm^3$ 或 $200cm^3$ 的环刀切土样，用天平称其质量而得。

(2) 灌水法[17]　适用于卵石、砾石与原状砂。

现场挖试坑，将挖出的试样装入容器，称其质量，再用塑料薄膜袋平铺于试坑内，注水入薄膜袋，直至袋内水面与坑口齐平，注入的水量即为试坑的体积。

2. 土粒相对密度 $G_s(d_s)$

1) 物理意义

土中固体矿物的质量与同体积4℃时的纯水质量的比值。

2）表达式

$$G_s = \frac{固体颗粒的密度}{纯水4℃时的密度} = \frac{\frac{m_s}{V_s}}{\rho_w(4℃)} \tag{2.4}$$

3）常见值

砂土 $G_s = 2.65 \sim 2.69$；

粉土 $G_s = 2.70 \sim 2.71$；

黏性土 $G_s = 2.72 \sim 2.75$。

土粒比重 G_s 的数值大小取决于土的矿物成分。

4）测定方法

（1）比重瓶法[17] 通常用容积为100mL玻璃制的比重瓶，将烘干试样15g装入比重瓶，用1/1 000精度的天平称瓶加干土质量。注入半瓶纯水后煮沸1小时左右以排除土中气体，冷却后将纯水注满比重瓶，再称总质量并量测瓶内水温。

（2）经验法 因各种土的比重值相差不大，仅小数后第2位不同。若当地已进行大量土粒比重试验，有时可采用经验值。

3. 土的含水率 w

1）物理意义

土的含水率表示土中含水的数量，为土体中水的质量与固体矿物质量的比值，用百分数表示。

2）表达式

$$w = \frac{水的质量}{固体颗粒质量} = \frac{m_w}{m_s} \times 100\% \tag{2.5}$$

3）常见值

砂土 $w = 0\% \sim 40\%$；

黏性土 $w = 20\% \sim 60\%$。

当 $w \approx 0$ 时，黏性土呈坚硬状态。

4）测定方法

土的含水率用烘箱法测定，适用于黏性土、粉土与砂土常规试验。取代表性试样，黏性土为15～30g，砂性土与有机质土为50g，装入称量盒内称其质量后，放入烘箱内，在105～110℃的恒温下烘干（对黏性土、粉土不得少于8h，对砂土不得少于6h），取出烘干后土样冷却后再称质量，含水率由式（2.5）计算而得。

2.3.2 反映土的松密程度的指标

1. 土的孔隙比 e

1）物理意义

土的孔隙比为土中孔隙体积与固体颗粒的体积之比。

2）表达式

$$e=\frac{\text{孔隙体积}}{\text{固体颗粒体积}}=\frac{V_v}{V_s} \tag{2.6}$$

3）常见值

砂土 $e=0.5\sim1.0$；

黏性土 $e=0.5\sim1.2$。

4）确定方法

根据 ρ、G_s 与 w 实测值计算而得，建筑工程应用很广。

2. 土的孔隙度(孔隙率)n

1）物理意义

土的孔隙度是用以表示孔隙体积含量的概念，为土中孔隙占总体积的百分比。

2）表达式

$$n=\frac{\text{孔隙体积}}{\text{土体总体积}}=\frac{V_v}{V}\times100\% \tag{2.7}$$

3）常见值

$n=30\%\sim50\%$。

4）确定方法

据 ρ、G_s 与 w 实测值计算而得。

2.3.3 反映土中含水程度的指标

1. 含水率 w

含水率 w 是表示土中含水程度的一个重要指标，其物理意义、表达式、常见值、测定方法见前文。

2. 土的饱和度 S_r

1）物理意义

土的饱和度表示水在孔隙中充满的程度。

2）表达式

$$S_r=\frac{\text{水的体积}}{\text{孔隙体积}}=\frac{V_w}{V_v} \tag{2.8}$$

3）常见值

$S_r=0\sim1$。

4）确定方法

据 ρ、G_s 和 w 计算而得。

5）工程应用

砂土与粉土以饱和度作为湿度划分的标准，分为稍湿的、很湿的与饱和的三种湿度状态，如

图 2.6 所示。

图 2.6 砂土与粉土的湿度标准[18]

2.3.4 特定条件下土的密度(重度)

1. 土的干密度 ρ_d 和土的干重度 γ_d

1) 物理意义

土的干密度为单位土体体积干土的质量 g/cm^3。土的干重度为单位土体体积干土所受的重力,即 $\gamma_d=\rho_d g=9.8\rho_d\approx10\rho_d kN/m^3$。

2) 表达式

$$\rho_d=\frac{固体颗粒质量}{土的总体积}=\frac{m_s}{V} \tag{2.9}$$

3) 常见值

$$\rho_d = 1.3 \sim 2.0g/cm^3, \quad \gamma_d = 13 \sim 20kN/m^3$$

4) 工程应用

土的干密度通常用作填方工程,包括土坝、路基和人工压实地基土体压实质量控制的标准。

土的干密度 ρ_d(或干重度 γ_d)越大,表明土体压得越密实,亦即工程质量越好。根据工程的重要程度和当地土的性质,设计规定一个合理的 ρ_d(或 γ_d)数值。例如,灰土基础压实的质量标准,要求灰土的最小干密度:粉土灰土 $\rho_d=1.55g/cm^3$,粉质黏土灰土 $\rho_d=1.50g/cm^3$,黏土灰土 $\rho_d=1.45g/cm^3$。又如北京密云水库白河主坝防渗斜墙粉质黏土施工压实质量标准为 $\rho_d\geqslant1.70g/cm^3$。

5) 测定方法

(1) 环刀法　具体方法见前环刀法。

(2) 放射性同位素法[19]　重大工程需大量反复测试干密度,为节约时间,可应用放射性同位素测试仪。例如,上述北京密云水库白河主坝高 66.39m,坝顶长 960.2m。大坝防渗斜墙粉质黏土施工时,采用分层碾压法,要求达到 $\rho_d=1.70g/cm^3$。质检采用环刀法环刀容积为 $500cm^3$ 左右,使测试的代表性更好。测土的密度 ρ,计算 ρ_d 耗时超过半小时,在质检期间大坝停止施工,要求在汛前修至 147m 拦洪高程,大坝施工与洪水赛跑。应用放射性同位素测土密度仪代替环刀法,效率提高约 20 倍,精度达到 $\pm0.01g/cm^3$,效果显著。

2. 土的饱和密度 ρ_{sat} 和土的饱和重度 γ_{sat}

1) 物理意义

土的饱和密度为孔隙中全部充满水时,单位土体体积的质量。土的饱和重度为孔隙中全部充满水时，单位土体体积所受的重力，即 $\gamma_{sat}=\rho_{sat}g=9.8\rho_{sat}\approx 10\rho_{sat}\text{kN/m}^3$。

2）表达式

$$\rho_{sat}=\frac{\text{孔隙全部充满水的总质量}}{\text{土体总体积}}=\frac{m_s+m_w+V_a\rho_w}{V} \tag{2.10}$$

3）常见值

$\rho_{sat}=1.8\sim 2.3\text{g/cm}^3$；$\gamma_{sat}=18\sim 23\text{kN/m}^3$。

3．土的有效重度(浮重度)γ'

1）物理意义

土的有效重度为地下水位以下，土体单位体积所受重力再扣除浮力。

2）表达式

$$\gamma'=\gamma_{sat}-\gamma_w \tag{2.11}$$

γ_w 为水的重度，可取 10kN/m^3。

3）常见值

$$\gamma'=8\sim 13\text{kN/m}^3$$

综上所述，土的物理性质指标：土的密度 ρ、土粒比重 G_s、土的含水率 w、土的孔隙比 e、土的孔隙度 n、土的饱和度 S_r、土的干密度 ρ_d 和土的饱和密度 ρ_{sat}，一共 8 个物理性指标，是否各自独立，互不相关呢？不是的。其中 ρ、G_s 和 w 由实验室测定后，其余 5 个物理性指标，可以通过三相草图换算求得。

三相草图计算物理性指标的方法：首先绘制三相草图，然后根据三个已知指标数值和各物理性指标的定义进行计算。把三相草图中左侧质量和右侧体积一共 8 个未知量，逐个计算出数值并填入草图，由此即可求得所需要的各指标值。

在三相草图计算中，根据情况令 $V=1$ 或 $V_s=1$ 等，常可使计算简化，因土的三相之间是相对的比例关系。下面给出例题进一步说明其中的计算方法。

【例题 2.1】 在某住宅地基勘察中，已知一个钻孔原状土试样结果为：土的密度 $\rho=1.80\text{g/cm}^3$，土粒比重 $G_s=2.70$，土的含水率 $w=18.0\%$。求其余 5 个物理性质指标。

【解】 (1) 绘制三相计算草图，如图 2.7 所示。

(2) 令 $V=1\text{cm}^3$。

(3) 已知 $\rho=\dfrac{m}{V}=1.80\text{g/cm}^3$，故

$$m=1.80\text{g}$$

(4) 已知 $w=\dfrac{m_w}{m_s}=0.18$，所以

$$m_w=0.18m_s$$

又知 $m_w+m_s=1.80\text{g}$，所以

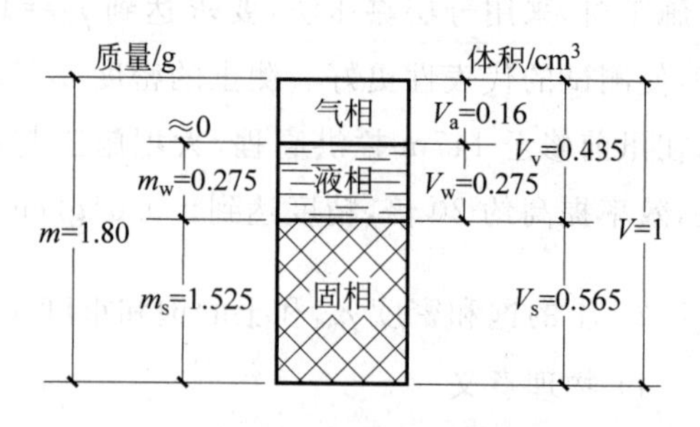

图 2.7 三相计算草图

$$m_s=\frac{1.80}{1.18}=1.525\text{g}$$

故 $m_w=m-m_s=1.80-1.525=0.275\text{g}$。

(5) $V_w=0.275\text{cm}^3$。

(6) 已知 $G_s=\frac{m_s}{V_s}=2.70$,所以

$$V_s=\frac{m_s}{2.70}=\frac{1.525}{2.70}=0.565\text{cm}^3$$

(7) 孔隙体积 $V_v=V-V_s=1-0.565=0.435\text{cm}^3$。

(8) 气相体积 $V_a=V_v-V_w=0.435-0.275=0.16\text{cm}^3$。

至此,三相草图中8个未知量全部计算出数值。

(9) 根据所求物理性质指标的表达式可得:

孔隙比 $$e=\frac{V_v}{V_s}=\frac{0.435}{0.565}=0.77$$

孔隙度 $$n=\frac{V_v}{V}=0.435=43.5\%$$

饱和度 $$S_r=\frac{V_w}{V_v}=\frac{0.275}{0.435}=0.632$$

干密度 $$\rho_d=\frac{m_s}{V}=1.525\text{g/cm}^3,\text{干重度 }\gamma_d=15.25\text{kN/m}^3$$

饱和密度 $$\rho_{sat}=\frac{m_w+m_s+V_a\rho_w}{V}=1.80+0.16=1.96\text{g/cm}^3$$

饱和重度 $$\gamma_{sat}=19.6\text{kN/m}^3$$

有效重度 $$\gamma'=\gamma_{sat}-\gamma_w=19.6-10=9.6\text{kN/m}^3$$

上述三相计算中,若设 $V_s=1\text{cm}^3$,与 $V=1\text{cm}^3$ 计算可得相同的结果。

应当指出:三相计算是工程技术人员的一个基本功,要求熟练地掌握。根据各物理性指标的定义,利用三相草图,可以很方便地计算所需的物理性指标。

若试验室工作需要大量进行土的物理性质指标计算时,可用表2.1所列公式计算。

表2.1 土的物理性质指标常用换算公式及常见值

名称	符号	表达式	单位	常见值	换算公式
密度	ρ	$\rho=\frac{m}{V}$	g/cm^3	1.6～2.2	$\rho=\rho_d(1+w)$
重度	γ	$\gamma\approx10\rho$	kN/m^3	16～22	$\gamma=\gamma_d(1+w)$
比重	G_s	$G_s=\frac{m_s}{V_s}$		砂土 2.65～2.69 粉土 2.70～2.71 黏性土 2.72～2.75	

续表

名 称	符号	表达式	单 位	常见值	换算公式
含水率	w	$w=\frac{m_w}{m_s}\times100$	%	砂土 0%～40% 黏性土 20%～60%	$w=\left(\frac{\gamma}{\gamma_d}-1\right)\times100\%$
孔隙比	e	$e=\frac{V_v}{V_s}$		砂土 0.5～1.0 黏性土 0.5～1.2	$e=\frac{n}{1-n}$
孔隙度	n	$n=\frac{V_v}{V}\times100$	%	30%～50%	$n=\left(\frac{e}{1+e}\right)\times100\%$
饱和度	S_r	$S_r=\frac{V_w}{V_v}$		0～1	
干密度 干重度	ρ_d γ_d	$\rho_d=\frac{m_s}{V}$ $\gamma_d=10\rho_d$	g/cm³ kN/m³	1.3～2.0 13～20	$\rho_d=\frac{\rho}{1+w}$ $\gamma_d=\frac{\gamma}{1+w}$
饱和密度 饱和重度	ρ_{sat} γ_{sat}	$\rho_{sat}=\frac{m_w+m_s+V_a\rho_w}{V}$ $\gamma_{sat}=10\rho_{sat}$	g/cm³ kN/m³	1.8～2.3 18～23	
有效重度	γ'	$\gamma'=\gamma_{sat}-\gamma_w$	kN/m³	8～13	

2.4 土的物理状态指标

上节已知土的11个物理性质指标。本节土的物理状态指标与物理性质指标不同，为进一步研究土的松密和软硬程度，按两大类土分别进行阐述。

2.4.1 无黏性土的密实度

无黏性土如砂、卵石均为单粒结构，它们最主要的物理状态指标为密实度。工程中以什么作为划分密实度的标准呢？

1. 用孔隙比 e 为标准

我国1974年颁布的《工业与民用建筑地基基础设计规范》中曾规定以孔隙比 e 作为砂土密实度的划分标准。

用一个指标 e 判别砂土的密实度，应用方便。同一种土，密砂的孔隙比 e_1，松砂的孔隙比 e_2，则必然 $e_1<e_2$。

但是仅用一个指标 e，无法反映土的粒径级配的因素。例如，两种级配不同的砂，一种颗粒均匀的密砂，其孔隙比为 e'_1，另一种级配良好的松砂，孔隙比为 e'_2，结果 $e'_1>e'_2$，即密砂孔隙比反而大于松砂的孔隙比。

2. 以相对密度 D_r 为标准

为了克服上述用一个指标 e，对级配不同的砂土难以准确判别的缺陷，用天然孔隙比 e 与同一种砂的最松状态孔隙比 e_{max} 和最密实状态孔隙比 e_{min} 进行对比，看 e 靠近 e_{max} 还是靠近 e_{min}，以此来判别它的密实度，即相对密度法。相对密度：

$$D_r = \frac{e_{max} - e}{e_{max} - e_{min}} \tag{2.12}$$

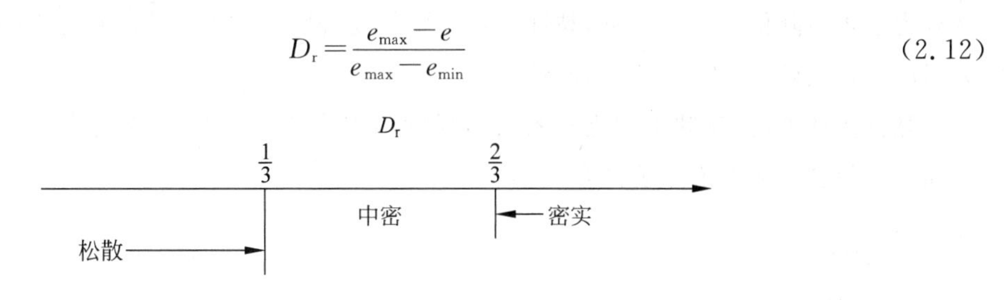

图 2.8 相对密度判别密实度标准

3. 以标准贯入试验 N 为标准

标准贯入试验，是在现场进行的一种原位测试，将在第 6 章“工程建设的岩土工程勘察”中详细介绍。这项试验的方法：用卷扬机将质量为 63.5kg 的钢锤，提升 76cm 高度，让钢锤自由下落击在锤垫上，使贯入器贯入土中 30cm 所需的锤击数，记为 N。N 值的大小，反映土的贯入阻力的大小，亦即密实度的大小，如图 2.9 所示。

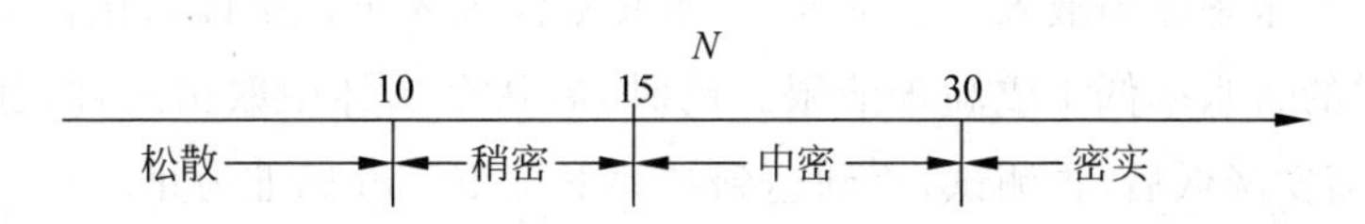

图 2.9 以标准贯入试验锤击数划分砂土密实度标准

2.4.2 黏性土的物理状态指标

黏性土的物理状态指标是否与砂土相似？是否也用孔隙比 e、相对密度 D_r 和标准贯入试验锤击数 N 作标准测定其密实度？

回答这两个问题，需要从黏性土和砂土的颗粒大小、土粒与土中水相互作用进行分析。

砂土颗粒粗，砂粒粒径 $d=0.075\sim2.0$mm，为单粒结构，土粒与土中水的相互作用不明显。因此，砂土可用 e、D_r 和 N 反映其密实度，以确定砂土的工程性质。

黏性土的颗粒很细，黏粒粒径 $d<0.005$mm，细土粒周围形成电场，电分子力吸引水分子定向排列，形成黏结水膜。土粒与土中水相互作用很显著，关系极密切。例如，同一种黏性土，当它的含水率小时，土呈半固体坚硬状态；当含水率适当增加，土粒间距离加大，土呈现可塑状态；如含水率再增加，土中出现较多的自由水时，黏性土变成流动状态，如图 2.10 所示。

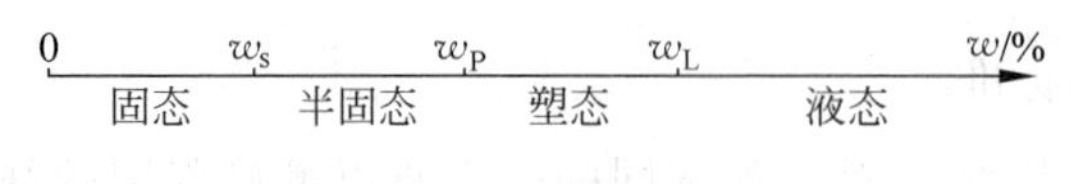

图 2.10 黏性土的稠度

黏性土随着含水率不断增加,土的状态变化为固态—半固态—可塑状态—液体状态,相应的承载力也逐渐降低。由此可见,黏性土最主要的物理特征并非 e、D_r,而是土的软硬程度或土对外力引起变形或破坏的抵抗能力,即稠度。

黏性土的稠度,反映土粒之间的联结强度随着含水率高低而变化的性质,其中,各不同状态之间的分界含水率具有重要的意义。

1. 液限 w_L(%)

1) 定义

黏性土呈液态与塑态之间的分界含水率称为液限 w_L。

2) 测定方法[17]

(1) 锥式液限仪 如图 2.11 所示。先将土样调制成土糊状,装入金属杯中,刮平表面,放在底座上,置于水平桌面。用质量为 76g 的圆锥式液限仪来测试:手持液限仪顶部的小柄,将角度为 30°的圆锥体的锥尖,置于土样表面的中心,松手,让液限仪在自重作用下沉入土中。此圆锥体距锥尖 10mm 处有一刻度。若液限仪沉入土中深度为 10mm,即锥体的水平刻度恰好与土样表面齐平,则此土样的含水率即为液限含水率 w_L。如液限仪沉入土样中以后锥体的刻度高于或低于土面,则表明土样的含水率低于或高于液限。此时,需从金属杯中取出土样,加少量水或反复搅拌使土样中水分蒸发降低后,再测试,直到达到锥尖下沉 10mm 标准为止。

(2) 碟式液限仪 如图 2.12 所示。将制备好的试样铺于铜碟前半部,用调土刀平铜碟前沿将试样刮成水平,试样厚度为 10mm。用特制开槽器由上至下,将试样划开,形成 V 形槽,以每秒两转的速度转动摇柄,使铜碟反复起落,撞击底座。试样受振向中间流动。当击数为 25 次,铜碟中 V 形槽两边试样合拢长度为 13mm 时,试样的含水率即为 w_L。

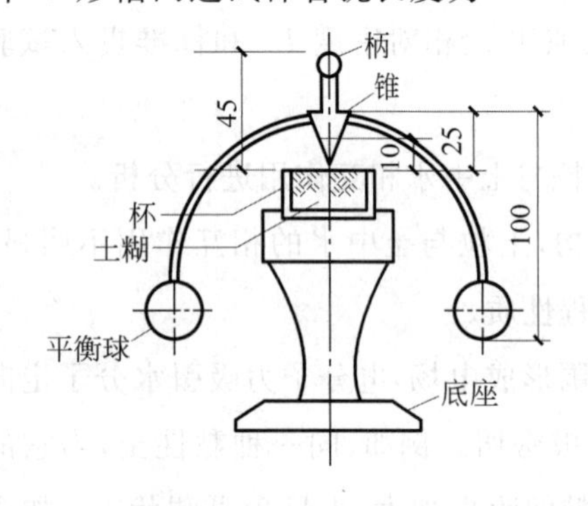

图 2.11 锥式液限仪

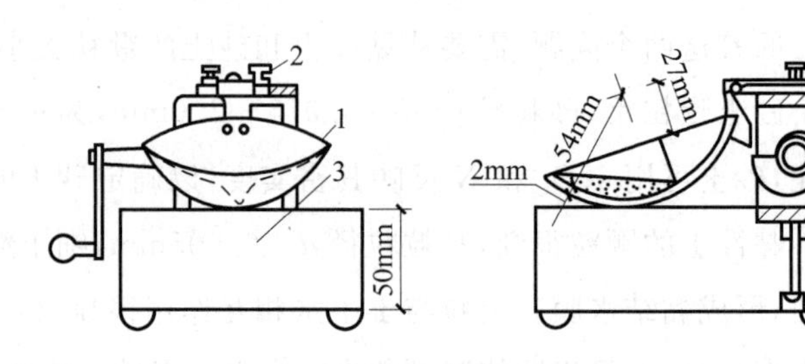

图 2.12 碟式液限仪

1—铜碟;2—支架;3—底架;4—锅形轴

2. 塑限 w_P(%)

1) 定义

黏性土呈塑态与半固态之间的分界含水率称为塑限 w_P。

2) 测定方法

(1) 滚搓法　取略高于塑限含水率的试样约 8～10g,用手搓成椭圆形土条,放在毛玻璃板上用手掌滚搓。要求手掌均匀加压在土条上,不得使土条在毛玻璃板上无力滚动。土条的水分被毛玻璃板吸去一部分而逐渐变干,同时土条的直径由粗逐渐搓细。当土条搓成直径为 3mm 时,产生裂缝并开始断裂,则此时土条的含水率即为塑限 w_P。若土条 $d<3$mm 不断或 $d>3$mm 已断裂,说明土条含水率大于或小于塑限,将此土条丢弃,重新取土样滚搓。将搓好的合格土条 3～5g 测定含水率即为所求 w_P。

滚搓法测塑限,如果手掌滚搓用力不易均匀,则测得的塑限值偏高。

(2) 液、塑限联合测定法　此法可以减少反复测试液、塑限时间。制备三份不同稠度的试样,试样的含水率分别为接近液限、塑限和两者的中间状态。用 76g 质量的圆锥式液限仪,分别测定三个试样的圆锥下沉深度和相应的含水率,然后以含水率为横坐标,圆锥下沉深度为纵坐标,绘于双对数坐标纸上,将测得的三点连成直线。

由含水率与圆锥下沉深度关系曲线上:查出下沉 10mm 对应的含水率即为 w_L;查得下沉深度为 2mm 所对应的含水率即为 w_P;取值至整数。

3. 缩限 w_s(%)

1) 定义

黏性土呈半固态与固态之间的分界含水率称为缩限 w_s。这是因为土样含水率减小至缩限后,土体体积不再发生收缩而得名。

2) 测定方法

用收缩皿法。

4. 塑性指数 I_P

1) 定义

液限与塑限的差值,去掉百分数符号,称塑性指数,记为 I_P。

$$I_P = (w_L - w_P) \times 100 \tag{2.13}$$

应当指出:w_L 与 w_P 都是分界含水率,以百分数表示。而 I_P 只取其数值,去掉百分数符号。例如某一土样 $w_L=32.6\%$,$w_P=15.4\%$,则 $I_P=17.2$,非 17.2%。为防止初学者发生错误,作者有意在公式(2.13)等号右边×100 即将%消去。

2）物理意义

细颗粒土体处于可塑状态下，含水率变化的最大区间。一种土的 w_L 与 w_P 之间的范围大，即 I_P 大，表明该土能吸附结合水多，但仍处于可塑状态，亦即该土黏粒含量高或矿物成分吸水能力强。

3）工程应用

用塑性指数 I_P 作为黏性土与粉土定名的标准。

5．液性指数 I_L

1）定义

黏性土的液性指数为天然含水率与塑限的差值和液限与塑限差值之比，即：

$$I_L = \frac{w - w_P}{w_L - w_P} \tag{2.14}$$

2）物理意义

液性指数又称相对稠度，是将土的天然含水率 w 与 w_L 及 w_P 相比较，以表明 w 是靠近 w_L 还是靠近 w_P，反映土的软硬程度不同。

3）工程应用

据液性指数 I_L 大小不同，可将黏性土分为5种软硬不同的状态，如图2.13所示。

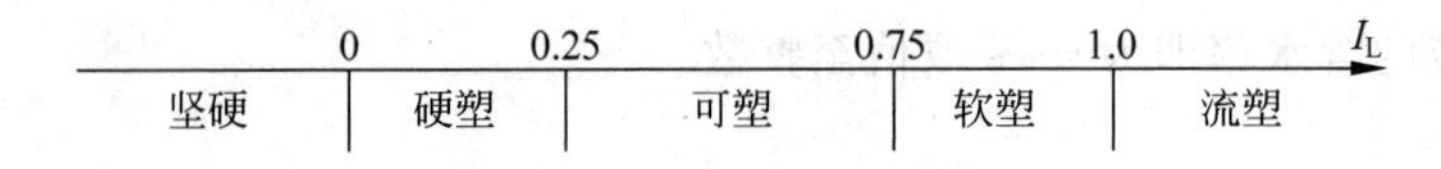

图2.13 黏性土的稠度标准

当 $w<w_P$ 时，公式(2.14)分子为负值，$I_L \leqslant 0$，土呈坚硬状态。当 $w>w_L$ 时，公式(2.14)的分子大于分母，即 $I_L>1$，土处于流塑状态。$I_L=0\sim1$ 之间为塑态，可分为4等分，靠近坚硬的为硬塑，靠近流塑的为软塑，中间为可塑状态。

6．活动度 A

1）定义

黏性土的塑性指数与土中胶粒含量百分数的比值，称为活动度 A，即：

$$A = \frac{I_P}{m} \tag{2.15}$$

式中 m——土中胶粒($d<0.002$mm)含量百分数。

2）物理意义

活动度反映黏性土中所含矿物的活动性。根据活动度的大小黏土可分为三种：

$A<0.75$ 不活动黏土

$0.75<A<1.25$　正常黏土

$A>1.25$　活动黏土

7. 灵敏度 S_t

1) 定义

黏性土的原状土无侧限抗压强度与原土结构完全破坏的重塑土(保持含水率和密度不变)的无侧限抗压强度的比值,称为灵敏度 S_t,即:

$$S_t=\frac{q_u}{q'_u} \tag{2.16}$$

式中　q_u——原状土的无侧限抗压强度,kPa;

q'_u——重塑土的无侧限抗压强度,kPa。

2) 物理意义

灵敏度反映黏性土结构性的强弱。根据灵敏度的数值大小黏性土可分为3类土:

$S_t>4$　高灵敏土

$2<S_t\leqslant 4$　中灵敏土

$S_t\leqslant 2$　低灵敏土

3) 工程应用

(1) 保护基槽　遇灵敏度高的土,施工时应特别注意保护基槽,防止人来车往践踏基槽,破坏土的结构,以免降低地基强度。

(2) 利用触变性　当黏性土结构受扰动时,土的强度就降低。但静置一段时间,土的强度又逐渐增长,这种性质称为土的触变性。这是由于土的结构逐步恢复。例如,在黏性土中打入预制桩,桩周土的结构受破坏,强度降低,使桩容易打入。当打桩停止后,土的一部分强度恢复,使桩的承载力提高。《建筑地基基础设计规范》(GB 50007—2011)[18]规定:单桩竖向静载荷试验在预制桩打入黏性土中,开始试验的时间不得少于15d,对于饱和软黏土不得少于25d。

2.5　地基土的工程分类

1. 土的分类与定名的必要性

从上面关于土的物理性质的阐述中,已知土的颗粒大小不同,例如砂土和黏性土,它们的工程性质很不相同。自然界的土,往往是各种不同大小粒组的混合物。在建筑工程的勘察、设计与施工中,需要对组成地基土的混合物,进行分析、计算与评价。因此,对地基土进行科学地分类与定名,是十分必要的。

2. 土的分类标准

世界各国、各地区、各部门，往往根据自己的地区、行业特点，制定自己的分类标准。

新中国成立后，对土的分类开始受到重视，但以各系统为标准。例如，塑性指数 $I_P=12$ 的黏性土，水利电力部定名为壤土，建设部定名为亚黏土，还有定名为粉质黏土的。2002 年颁布的国家标准[18]，将上述土统一定名为黏性土。全国各省市区，各部门统一分类定名，有利于总结与交流技术经验。

下面介绍《建筑地基基础设计规范》(GB 50007—2011)[18]，中地基土的工程分类标准，根据该规范，岩土分为岩石、碎石土、砂土、粉土、黏性土和人工填土，现对每一大类岩土扼要阐述其定义、分类依据、定名和工程性质。

2.5.1 岩石

1. 定义

颗粒间牢固联结、呈整体或具有节理裂隙的岩体称为岩石。作为建筑物地基，除应确定岩石的地质名称外，尚应划分其坚硬程度和完整程度。

2. 分类

1) 按坚固程度划分

岩石的坚硬程度应根据岩块的饱和单轴抗压强度标准值 f_{rk} 按表 2.2 分为坚硬岩、较硬岩、较软岩、软岩和极软岩。

表 2.2 岩石坚固程度的划分

坚固程度类别	坚硬岩	较硬岩	较软岩	软岩	极软岩
饱和单轴抗压强度标准值 f_{rk}/MPa	$f_{rk}>60$	$60\geqslant f_{rk}>30$	$30\geqslant f_{rk}>15$	$15\geqslant f_{rk}>5$	$f_{rk}\leqslant 5$

注：饱和单轴抗压强度标准值按《建筑地基基础设计规范》(GB 50007—2011)附录 J 确定。

2) 按风化程度划分

未风化 结构构造未变，岩质新鲜。

微风化 结构构造、矿物色泽基本未变，部分裂隙面有铁锰质渲染。

中等风化 结构构造部分破坏，矿物色泽有较明显变化，裂隙面出现风化矿物或出现风化夹层。

强风化 结构构造出现大部分破坏，矿物色泽有较明显变化，长石、云母等多风化成次生矿物。

全风化 结构构造全部部分破坏。

3) 按岩石完整程度划分

岩石完整程度应按表 2.3 划分为完整、较完整、较破碎、破碎和极破碎。

表 2.3 岩石完整程度划分

完整程度等级	完整	较完整	较破碎	破碎	极破碎
完整性系数	>0.75	0.75～0.55	0.55～0.35	0.35～0.15	<0.15

注：完整性系数为岩体纵波波速与岩块纵波波速之比的平方。选定岩体、岩块测定波速时应有代表性。

2.5.2 碎石土

1.定义

土的粒径 $d>2$mm 的颗粒含量超过全重 50%的土称为碎石土。

2. 分类依据

根据土的粒径级配中各粒组的含量和颗粒形状两者进行分类定名。

3. 定名

颗粒形状以圆形及亚圆形为主的土，由大至小分为漂石、卵石、圆砾 3 种，颗粒形状以棱角形为主的土，相应分为块石、碎石、角砾 3 种，共计 6 种，见表 2.4。

表 2.4 碎石土的分类

土的名称	颗粒形状	粒组含量
漂石	圆形及亚圆形为主	粒径 $d>200$mm 的颗粒含量超过全重的 50%
块石	棱角形为主	
卵石	圆形及亚圆形为主	粒径 $d>20$mm 的颗粒含量超过全重的 50%
碎石	棱角形为主	
圆砾	圆形及亚圆形为主	粒径 $d>2$mm 的颗粒含量超过全重的 50%
角砾	棱角形为主	

注：定名时应根据粒组含量栏从上到下以最先符合者确定。

4. 工程性质

碎石土的工程性质与其密实度紧密相关，根据密实度的不同，碎石土可分为以下四种。

1）密实碎石土

骨架颗粒含量大于总重的 70%，呈交错排列，连续接触。锹镐挖掘困难，井壁一般较稳定。钻进极困难，冲击钻探时钻杆、吊锤跳动剧烈。这种土为优等地基。

2）中密碎石土

骨架颗粒含量等于总重的 60%～70%，呈交错排列，大部分接触。镐可挖掘，井壁有掉块现象，从井壁取出大颗粒处，能保持颗粒凹面形状。钻进较困难，冲击钻探时钻杆、吊锤跳动不剧烈。这种土为优良地基。

3）稍密碎石土

骨架颗粒含量等于总重的55%～60%，排列混乱，大部分不接触。锹可以挖掘，井壁易坍塌，从井壁取出大颗粒后砂土立即坍落。钻进较容易，冲击钻探时，钻杆稍有跳动。这种土为良好地基。

4）松散碎石土

骨架颗粒含量小于总重的55%，排列十分混乱，绝大部分不接触。锹易挖掘，井壁极易坍塌。钻进很容易，冲击钻探时，钻杆无跳动，孔壁极易坍塌。这种土不宜直接用做地基，经密实处理后，可成为良好地基。

常见的碎石土，强度大，压缩性小，渗透性大，为优良的地基。

2.5.3　砂土

1. 定义

粒径 $d>2$mm 的颗粒含量不超过全重50%，且 $d>0.075$mm 的颗粒超过全重50%的土称为砂土。

2. 分类依据

根据土的粒径级配各粒组含量分类。

3. 定名

按土的粒径由大到小砂土分为砾砂、粗砂、中砂、细砂、粉砂五种，见表2.5。

表2.5　砂土的分类

土的名称	粒组含量
砾砂	粒径 $d>2$mm 的颗粒占总质量25%～50%
粗砂	粒径 $d>0.5$mm 的颗粒超过总质量50%
中砂	粒径 $d>0.25$mm 的颗粒超过总质量50%
细砂	粒径 $d>0.075$mm 的颗粒超过总质量85%
粉砂	粒径 $d>0.075$mm 的颗粒超过总质量50%

注：定名时应根据粒径分组含量栏由上到下以最先符合者确定。

4. 工程性质

1）密实与中密状态的砾砂、粗砂、中砂为优良地基；稍密状态的砾砂、粗砂、中砂为良好地基。

2）粉砂与细砂要具体分析：密实状态时为良好地基；饱和疏松状态时为不良地基。

【例题 2.2】 某住宅进行工程地质勘察时，取回一砂土试样。经筛析试验，得到各粒组含量百分比，如图 2.14 所示，试定砂土名称。

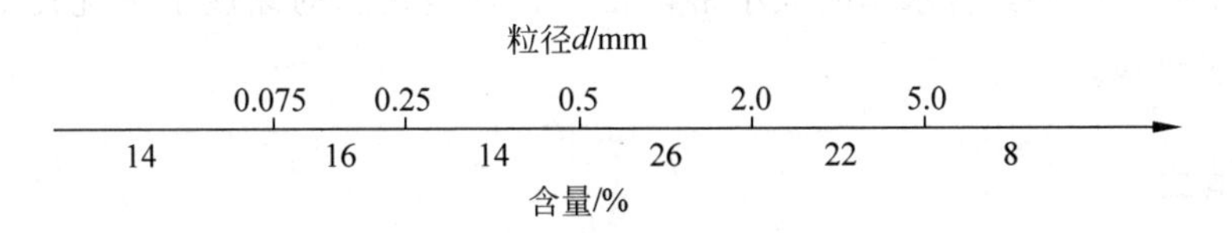

图 2.14 住宅砂样的粒径级配

【解】 由图 2.14 可知，按表 2.4 标准：

(1) 砂土粒径 $d>0.075$mm 含量占 86%>50%，定为粉砂；

(2) 粒径 $d>0.075$mm 含量占 86%>85%，可定为细砂；

(3) 粒径 $d>0.25$mm 含量占 70%>50%，可定为中砂；

(4) 粒径 $d>0.5$mm 含量占 56%>50%，可定为粗砂；

(5) 粒径 $d>2$mm 含量占 30%，在 25%～50%之间，也可定为砾砂。

此住宅地基的砂样可定名为 5 种砂，但只能定一种名称。请看表 2.3 的注，此砂样正确的定名就迎刃而解了。因此，应从判断是否为砾砂开始。

2.5.4 粉土

1. 定义

塑性指数 $I_P\leqslant 10$ 且粒径大于 0.075mm 的颗粒含量不超过全重 50%的土称为粉土。

2. 定名

国家标准中粉土的性质介于砂土与黏性土之间，单列为一大类。

3. 工程性质

密实的粉土为良好地基。饱和稍密的粉土，地震时易产生液化，为不良地基。

2.5.5 黏性土

1. 定义

土的塑性指数 $I_P>10$ 时，称为黏性土。

2. 分类依据

按塑性指数的大小来定名。

3. 定名

塑性指数 $I_P>17$，为黏土；

$10<I_P\leqslant 17$，为粉质黏土。

4. 工程性质

黏性土的工程性质与其含水率的大小密切相关。硬塑状态的黏性土为优良地基；流塑状态的黏性土为软弱地基。

2.5.6 人工填土

1. 定义

由人类活动堆填形成的各类土称为人工填土。人工填土与上述五大类由大自然生成的土性质不同。

2. 分类依据

按人工填土的组成物质和堆积年代进行分类定名。

3. 定名

1) 人工填土按其组成和成因，分为下列四种：

(1) 素填土　由碎石土、砂土、粉土、黏性土等组成的填土。例如，各城镇挖防空洞所弃填的土，这种人工填土不含杂物。

(2) 压实填土　经分层压实或夯实的素填土，统称为压实填土。

(3) 杂填土　凡含有建筑垃圾、工业废料、生活垃圾等杂物的填土，称为杂填土。通常大中小城市地表都有一层杂填土。

(4) 冲填土　由水力冲填泥砂形成的填土，称为冲填土。例如，天津市一些地区为疏濬海河时连泥带水，抽排至低洼地区沉积而成冲填土。

2) 按人工填土堆积年代，分以下两种：老填土——凡黏性土填筑时间超过10年，粉土超过5年，称为老填土；新填土——若黏性土填筑时间小于10年，粉土填筑时间少于5年，称为新填土。

4. 工程性质

通常人工填土的工程性质不良，强度低，压缩性大且不均匀。其中压实填土相对较好。杂填土因成分复杂，平面与立面分布很不均匀、无规律，工程性质最差。例如，北京圆明园西北方向肖家河一带，有一大片低洼不毛之地，作为北京市生活垃圾卸填区，经几十年时间逐渐填平。一家房地产开发公司买了这一大片土地修建别墅，未料疏松的生活垃圾厚达5～10m，使地基处理的费用高于地价。

以上六大类岩土，在工业与民用建筑工程中经常会遇到。此外，还有以下几种特殊性质的土与上述六大类岩土不同，需要特别加以注意。

1）淤泥、淤泥质土、泥炭和泥炭质土

（1）生成条件　淤泥为在静水或缓慢的流水环境中沉积并经生物化学作用而形成的黏性土，其天然含水率大于液限，天然孔隙比大于或等于1.5。当天然含水率大于液限而天然孔隙比小于1.5但大于或等于1.0的黏性土或粉土为淤泥质土。含有大量未分解的腐殖质，有机质含量大于60%的土为泥炭，有机质含量大于或等于10%且小于或等于60%的土为泥炭质土。

（2）工程性质　这类土压缩性高、强度低、透水性差，为不良地基。特别是泥炭、泥炭质土不应直接作为建筑物的天然地基的持力层，工程中遇到时应根据地区经验处理。

2）红黏土、次生红黏土

（1）生成条件　红黏土为碳酸盐岩系的岩石经红土化作用形成的高塑性黏土，其液限一般大于50%。红黏土经再搬运后仍保留其基本特征，其液限大于45%的土为次生红黏土。

（2）工程性质　红黏土、次生红黏土通常强度高、压缩性低，因受基岩起伏的影响厚度不均匀。

复习思考题

2.1　何谓土的结构？土的结构有哪几种？蜂窝结构如何形成、有何特点？试将各种土的结构的工程性质作一比较。

2.2　土的工程特性包括哪几项？土为何具有这些特性？试比较土与混凝土压缩性的区别。

2.3　土由哪几部分组成？土中次生矿物是怎样生成的？黏土矿物分哪几种？蒙脱石有什么特性？

2.4　土的粒组如何划分？何谓黏粒？各粒组的工程性质有什么不同？

2.5　何谓土的粒径级配？粒径级配曲线的纵坐标表示什么？不均匀系数$C_u>10$反映土的什么性质？

2.6　土体中的土中水包括哪几种？结合水有何特性？土中固态水（冰）对工程有何影响？

2.7　土的物理性质指标有哪些？其中哪几个可以直接测定？常用测定方法是什么？

2.8　土的密度ρ与土的重度γ的物理意义和单位有何区别？说明天然重度γ、饱和重度γ_{sat}、有效重度γ'和干重度γ_d之间的相互关系，并比较其数值的大小。

2.9　何谓孔隙比？何谓饱和度？用三相草图计算时，为什么有时要设总体积$V=1$？什么情况下设$V_s=1$计算更简便？

2.10　土粒比重G_s的物理意义是什么？如何测定G_s值？常见值砂土G_s大约是多少？黏土G_s一般是多少？

2.11　无黏性土最主要的物理状态指标是什么？用孔隙比e、相对密度D_r和标准贯入试验击数N来划分密实度各有何优缺点？

2.12 黏性土的物理状态指标是什么？何谓液限？如何测定？何谓塑限？如何测定？

2.13 塑性指数的定义和物理意义是什么？I_P 大小与土颗粒粗细有何关系？I_P 大的土具有哪些特点？

2.14 何谓液性指数？如何应用液性指数 I_L 来评价土的工程性质？何谓硬塑、软塑状态？$I_L>1.0$ 的黏性土地基，为什么还有一定的承载力？

2.15 已知甲土的含水率 w_1 大于乙土的含水率 w_2，试问甲土的饱和度 S_{r1} 是否大于乙土的饱和度 S_{r2}？

2.16 下列土的物理指标中，哪几项对黏性土有意义，哪几项对无黏性土有意义？

①粒径级配；②相对密度；③塑性指数；④液性指数；⑤灵敏度。

2.17 无黏性土和黏性土在矿物成分、土的结构、构造及物理状态诸方面，有哪些重要区别？

2.18 地基土分哪几大类？各类土划分的依据是什么？

2.19 何谓粉土？为何将粉土单列一大类？粉土的工程性质如何评价？

2.20 淤泥和淤泥质土的生成条件、物理性质和工程特性是什么？

习 题

2.1 某住宅工程地质勘察中取原状土做试验。用天平称 50cm³ 湿土质量为 95.15g，烘干后质量为 75.05g，土粒比重为 2.67。计算此土样的天然密度、干密度、饱和密度、天然含水率、孔隙比、孔隙度以及饱和度。 （答案：1.90，1.50，1.94g/cm³，26.8%，0.78，43.8%，0.918）

2.2 一工厂车间地基表层为杂填土厚 1.2m，第2层为黏性土厚 5m，地下水位深 1.8m。在黏性土中部取土样做试验，测得天然密度 $\rho=1.84\mathrm{g/cm^3}$，土粒比重 $G_s=2.75$。计算此土的 w,ρ_d，e 和 n。 （答案：39.4%，1.32g/cm³，1.08，52%）

2.3 某宾馆地基土的试验中，已测得土样的干密度 $\rho_d=1.54\mathrm{g/cm^3}$，含水率 $w=19.3\%$，土粒比重 $G_s=2.71$。计算土的 e,n 和 S_r。此土样又测得 $w_L=28.3\%$，$w_P=16.7\%$，计算 I_P 和 I_L，描述土的物理状态，定出土的名称。 （答案：0.76，43.2%，0.69；11.6，0.224，硬塑状态，粉质黏土）

2.4 一办公楼地基土样，用体积为 100cm³ 的环刀取样试验，用天平测得环刀加湿土的质量为 241.00g，环刀质量为 55.00g，烘干后土样质量为 162.00g，土粒比重为 2.70。计算该土样的 $w,S_r,e,n,\rho,\rho_{sat}$ 和 ρ_d，并比较各种密度的大小。 （答案：14.8%，0.60，0.67，40.0%；1.86g/cm³，2.02g/cm³，1.62g/cm³；$\rho_{sat}>\rho>\rho_d$）

2.5 有一砂土试样，经筛析后各颗粒粒组含量如下。试确定砂土的名称。

粒径/mm	<0.075	0.075～0.1	0.1～0.25	0.25～0.5	0.5～1.0	>1.0
含量/%	8.0	15.0	42.0	24.0	9.0	2.0

（答案：细砂）

2.6 已知甲、乙两个土样的物理性试验结果如下：

土样	$w_L/\%$	$w_P/\%$	$w/\%$	G_s	S_r
甲	30.0	12.5	28.0	2.75	1.0
乙	14.0	6.3	26.0	2.70	1.0

试问下列结论中，哪几个是正确的？理由何在？

① 甲土样比乙土样的黏粒（$d<0.005$mm 颗粒）含量多；

② 甲土样的天然密度大于乙土样；

③ 甲土样的干密度大于乙土样；

④ 甲土样的天然孔隙比大于乙土样。

（答案：①，④）

2.7 已知某土试样的土粒比重为 2.72，孔隙比为 0.95，饱和度为 0.37。若将此土样的饱和度提高到 0.90 时，每 1m^3 的土应加多少水？（答案：258kg）

2.8 一干砂试样的密度为 1.66g/cm^3，土粒比重为 2.70。将此干砂试样置于雨中，若砂样体积不变，饱和度增加到 0.60。计算此湿砂的密度和含水率。（答案：1.89g/cm^3，13.9%）

2.9 已知某土样的土粒比重为 2.70，绘制土的密度 ρ（范围为 $1.0\sim2.1\text{g/cm}^3$）和孔隙比 e（范围为 $0.6\sim1.6$）的关系曲线，分别计算饱和度 $S_r=0$、0.5、1.0 三种情况。（提示：三种饱和度分别计算，令 $V_1=1.0$，设不同 e，求 ρ。列表计算结果，以 ρ 为纵坐标，e 为横坐标，绘制不同 S_r 的三条曲线）

2.10 今有一个湿土试样质量 200g，含水率为 15.0%。若要制备含水率为 20.0%的试样，需加多少水？（答案：8.7g）

第3章

土的压缩性与地基沉降计算

本章介绍土的压缩性与地基沉降计算。这部分是土力学的重点内容之一。因为不少建筑工程事故,包括建筑物倾斜、建筑物严重下沉、墙体开裂和基础断裂等,都是土的压缩性高或压缩性不均匀,引起地基严重沉降或不均匀沉降造成的。

地基土承受上部建筑物的荷载,将会产生变形,从而引起建筑物基础的沉降。当建筑场地土质坚硬时,地基的沉降较小,尚不致影响工程的正常使用。但若地基为软弱土层或上部结构荷载分布不均时,基础将可能发生严重的沉降和不均匀沉降,使建筑物发生上述各类事故,影响建筑物的正常使用与安全。

例如,我国某钢铁公司新建的职工第一食堂,为二层楼房,1957年夏竣工尚未使用即已发生严重开裂。经本书作者到该食堂调研,发现食堂北墙裂缝宽达40mm。登上二楼察看,发现楼板裂缝有2~3指宽,从缝中可辨认出楼下谁在走动。究其原因,此钢铁公司曾大规模平整场地,第一食堂的地基为填土层,厚度为2~6m不等。这是造成地基很大沉降差的根本原因。而且食堂施工不注意工程质量,基坑开挖后未及时进行基础施工并回填,遇暴雨而使基坑内积水,泡软了松散的填土地基,且未经处理就砌基础和墙体,加剧了地基的沉降,以致食堂建筑物被严重损坏,难以使用。由此可见,建筑工程设计必须把地基的变形值控制在允许的范围以内。

分析地基土层发生变形的主要因素,可见其内因是土具有压缩性,外因主要是建筑物荷载的作用。因此,为了计算地基的沉降,必须研究土体的压缩性,同时要研究在上部荷载作用下地基中的应力分布情况。

学习本章的目的:根据建筑地基土层的分布、厚度、物理力学性质和上部结构的荷载,计算地基的变形值。

3.1 土的变形特性

3.1.1 基本概念

1. 土的压缩性大

前已阐明，土由固体颗粒、水和气体三相组成，具有碎散性，土的压缩性比其他连续介质材料如钢材、混凝土大得多。

2. 地基土产生压缩的原因

1）外因

（1）建筑物荷载作用，这是普遍存在的因素；

（2）地下水位大幅度下降，相当于施加大面积荷载 $\sigma=(\gamma-\gamma')h$（h 是水位下降值）；

（3）施工影响，基槽持力层土的结构扰动；

（4）振动影响，产生震沉；

（5）温度变化影响，如冬季冰冻，春季融化；

（6）浸水下沉，如黄土湿陷，填土下沉。

2）内因

（1）固相矿物本身压缩极小，物理学上有意义，对建筑工程来说是没有意义的；

（2）土中液相水的压缩，在一般建筑工程荷载 $\sigma=100\sim600\text{kPa}$ 作用下，很小，可忽略不计；

（3）土中孔隙的压缩，土中水与气体受压后从孔隙中挤出，使土的孔隙减小。

上述诸多因素中，建筑物荷载作用是外因的主要因素，通过土中孔隙的压缩这一内因发生实际效果，也即土的压缩主要是土孔隙的变化引起的。

3. 饱和土体压缩过程

连续固体介质如钢材与混凝土受压后，其压缩变形在瞬时内即已完成。但饱和土体与此不同。因饱和土的孔隙中全部充满着水，要使孔隙减小，就必须使土中的水被挤出。亦即土的压缩与土孔隙中水的挤出，是同时发生的。由于土的颗粒很细，孔隙更细，土中的水从很细的弯弯曲曲的孔隙中挤出需要相当长的时间，这个过程称为土的渗流固结过程，也是土与其他材料压缩性相区别的一大特点。

4. 蠕变的影响

黏性土实际上是一种黏弹塑性材料。黏性土在长期荷载作用下，变形随时间而缓慢持续的现象称为蠕变。这是土的又一特性。

3.1.2　土的应力应变关系

1. 土体中的应力

1）应力的基本概念

（1）6个应力分量

土体中任一点的应力状态，可根据所选定的直角坐标 xyz，用三个法向应力 $\sigma_x, \sigma_y, \sigma_z$ 和三对剪应力 $\tau_{xy}=\tau_{yx}, \tau_{yz}=\tau_{zy}, \tau_{zx}=\tau_{xz}$，一共6个应力分量来表示。

（2）法向应力的正负

材料力学中的法向应力 σ，以拉应力为正，压应力为负。土力学与此相反，以压应力为正，拉应力为负。这是因为土力学研究的对象，绝大多数都是压应力之故。例如，建筑物荷重对地基产生的附加应力，土体自重产生的自重压力，挡土墙墙背作用的土压力等都是压应力。

（3）剪应力的正负

材料力学中，剪应力的方向以顺时针为正。在土力学中与此相反，规定与逆时针方向为正，如图3.1所示。

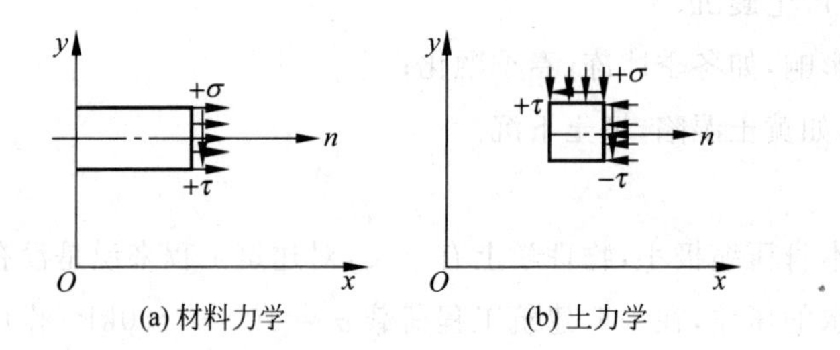

图3.1　应力方向图

2）材料的性质

（1）材料力学研究理想的均匀连续材料。

（2）土力学将土体宏观上视为均匀连续材料。土是由固体、水和气体三相组成的碎散性材料。严格地说，土力学不能应用材料力学中的应力概念。但从工程的角度看，土的颗粒很细小，通常比土样尺寸小得多。例如，粉粒的粒径范围 $d=0.05\sim0.005\text{mm}$，压缩试验土样直径 $d'\approx 80\text{mm}$，$d\approx\left(\frac{1}{1\,600}\sim\frac{1}{16\,000}\right)d'$。因此，工程上可以采用材料力学的应力概念。

3）水平土层中的自重应力

设地面为无限广阔的水平面，土层均匀，土的天然重度为 γ。在深度 z 处取一微元体 $\mathrm{d}x\mathrm{d}y\mathrm{d}z$，则作用在此微元体上的竖向自重应力 σ_{cz}（如图3.2所示）为

$$\sigma_{cz}=\gamma z \tag{3.1}$$

水平方向法向应力为

$$\sigma_{cx} = \sigma_{cy} = K_0\sigma_{cz} \tag{3.2}$$

式中　K_0——比例系数，称静止侧压力系数，$K_0=0.33\sim0.72$。

作用在此微元体上的剪应力为

$$\tau_{xy} = \tau_{yz} = \tau_{zx} = 0 \tag{3.3}$$

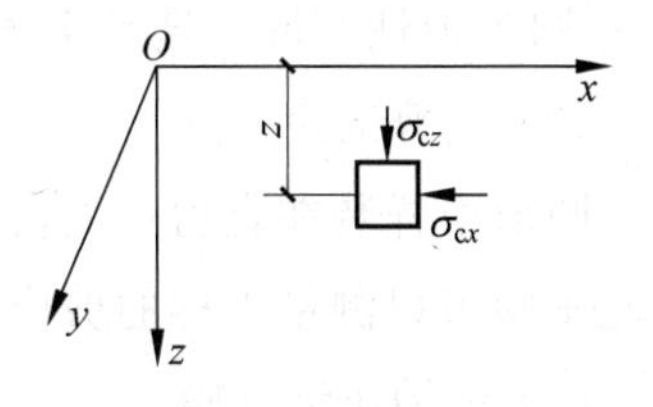

图 3.2　土中自重应力

4）主应力

在剪应力 $\tau=0$ 平面上的法向应力称为主应力 σ，此平面称为主应面。

5）莫尔圆

在 τ-σ 直角坐标系中，在横坐标上点出最大主应力 σ_1 与最小主应力 σ_3，再以 $\sigma_1-\sigma_3$ 为直径作圆，此圆称莫尔应力圆。微元体中任意斜截面上的法向应力 σ 与剪应力 τ，可用此莫尔应力圆来表示。详见“4.2　土的极限平衡条件”。

2. 土的应力与应变关系及测定方法

实验室常用的方法有下列几种：

（1）单轴压缩试验

圆钢试件在弹性范围内轴向受拉，应力与应变关系呈线性关系。$\sigma=0$ 时，$\varepsilon=0$；$\sigma=\sigma_1$ 时，$\varepsilon=\varepsilon_1$。卸荷后由原来的加载应力路径回到原点 O，即为可逆，如图 3.3(a)所示。钢材应力与应变之比值称为弹性模量 E。

圆柱土体轴向受压，应力与应变关系为非线性，如图 3.3(b)所示。

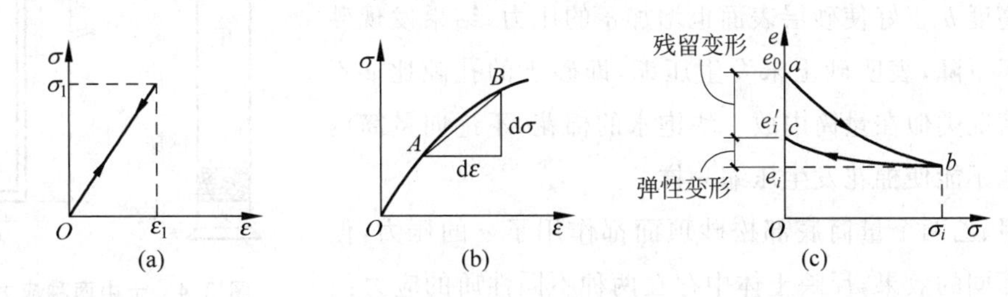

图 3.3　应力与变形关系

（2）侧限压缩试验

圆形土样面积为 50cm²，厚度为 20mm 的侧限土体竖直单向受压，土的孔隙比 e 减小，土体受压缩。此时，$\Delta\sigma_z/\Delta\varepsilon_z$ 的比值称为土的侧限压缩模量 E_s。由试验结果可绘制 e-σ 曲线，如图 3.3(c)所示。侧限压缩试验开始前 $\sigma=0$，孔隙比为 e_0，当 σ 加大时，孔隙比减小，呈曲线 $\overset{\frown}{ab}$。当压力为 σ_i 时，孔隙比减小为 e_i，然后卸除荷载 σ 至零，曲线用 $\overset{\frown}{bc}$ 表示，孔隙比增大为 e_i'。虽然此时应力为零，但孔隙比并未恢复到原始孔隙比 e_0。由图可见纵坐标 e_0-e_i' 为残留变形，即塑性变形，

e_i'-e_i 则为弹性变形。这是土体压缩的一个重要性质。

(3) 直剪试验

圆形土样装在直剪仪上盒与下盒之中部，当上盒固定、下盒移动时，土样受直接剪切而破坏。由此试验可以测量土样的剪应力、剪切变形和抗剪强度，详见“4.2 土的极限平衡条件”。

(4) 三轴压缩试验

圆柱体土样安装在三轴压缩仪中，土样施加周围压力 σ_3 后，施加偏差应力 σ_1-σ_3，直至土样破坏。由此试验可以测量土体的应力与应变关系和土的抗剪强度，详见“4.4 影响抗剪强度指标的因素”。

3.2 有效应力原理

有效应力原理是土力学中一个十分重要的原理，是使土力学成为一门独立学科的重要标志。

3.2.1 土中两种应力试验

准备甲、乙两个直径与高度完全相同的量筒，在这两个量筒底部放置一层松散砂土，其质量与密度完全一样，如图 3.4 所示。

在甲量筒松砂顶面加若干钢球，使松砂承受 σ 的压力，此时可见松砂顶面下降，表明砂土已发生压缩，即砂土的孔隙比 e 减小。

但是，乙量筒松砂顶面不加钢球，而是小心缓慢地注水，在砂面以上高度 h 正好使砂层表面也增加 σ 的压力，结果发现砂层顶面并不下降，表明砂土未发生压缩，即砂土的孔隙比 e 不变。这一情况类似在量筒内放一块饱水的棉花，不论向量筒内倒多少水也不能使棉花发生压缩一样。

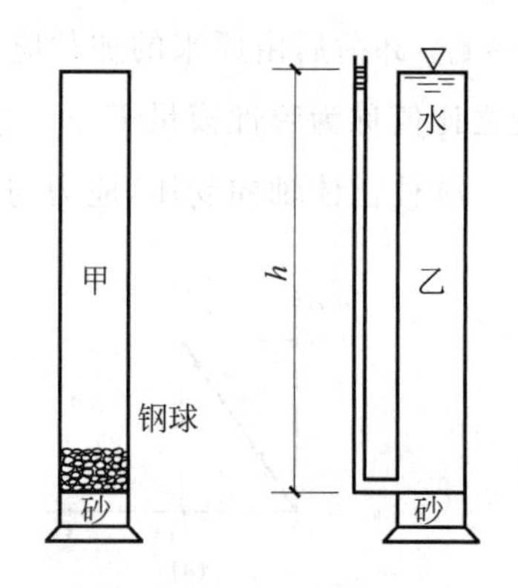

图 3.4 土中两种应力试验

上述甲、乙两个量筒底部松砂顶面都作用了 σ 的压力，但产生两种不同的效果，反映土体中存在两种不同性质的应力：

(1) 由钢球施加的应力，通过砂土的骨架传递的部分，称为有效应力，用 $\bar{\sigma}$ 表示。这种有效应力能使土层发生压缩变形，并使土的强度发生变化。

(2) 由水施加的应力通过孔隙中水来传递，称为孔隙水压力，用 u 表示。这种孔隙水压力不能使土层发生压缩变形。

3.2.2 有效应力原理

饱和土体所承受的总应力 σ 为有效应力 σ' 与孔隙水压力 u 之和，即：

$$\sigma = \sigma' + u \tag{3.4}$$

亦即
$$\sigma' = \sigma - u \tag{3.4$'$}$$

公式(3.4)称为有效应力原理。公式的形式很简单,却具有工程实际应用价值。当已知土体中某一点所受的总应力 σ,并测得该点的孔隙水压力 u 时,就可用公式(3.4)$'$计算出该点的有效应力 σ'。如上所述,土的变形和强度只随有效应力而变化,因此,通过有效应力分析土工建筑物或建筑地基的应力和变形是一个重要的手段。

3.2.3 现场应用实例

现举一现场应用有效应力原理的实例,进一步说明有效应力原理。如图 3.5 所示,对地面以上水深为 h_1、地面以下深度 h_2 处 A 点所受的应力情况进行分析:

作用在 A 点的竖向总应力为

$$\sigma = \gamma_w h_1 + \gamma_{sat} h_2 \tag{3.5}$$

A 点的孔隙水压力由测压管量得水位高为 h_A,可得:

$$u = \gamma_w h_A = \gamma_w (h_1 + h_2) \tag{3.6}$$

据公式(3.4)$'$可得 A 点的有效应力 σ' 为

$$\sigma' = \sigma - u = \gamma_w h_1 + \gamma_{sat} h_2 - \gamma_w (h_1 + h_2)$$
$$= \gamma_{sat} h_2 - \gamma_w h_2 = (\gamma_{sat} - \gamma_w) h_2 = \gamma' h_2 \tag{3.7}$$

水面
地面
h_1
h_2
h_A
A

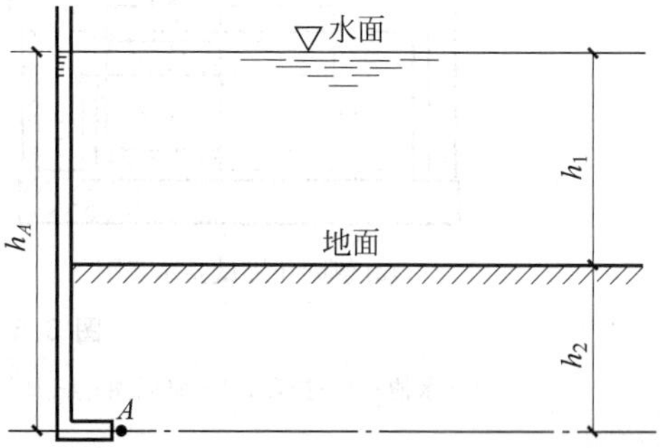

图 3.5 有效应力原理说明

从物理概念上也可知,A 点处土骨架所受的应力为 $\gamma' h_2$。据有效应力原理,可见地面以上水深 h_1 发生升降变化时,可以引起土体中总应力 σ 的变化。但有效应力 σ' 与 h_1 无关,不会随 h_1 的升降而发生变化,同时土的骨架也不发生压缩或膨胀。因此,研究压力与孔隙大小变化的关系,实质上也就是研究有效应力和孔隙大小变化的关系。

有效应力的数值无法直接量测,而孔隙水压力则可以通过计算或通过现场孔隙水压力计进行量测。根据有效应力原理公式(3.4)$'$,即可计算出相应的有效应力数值 σ'。

3.3 侧限条件下土的压缩性

侧限条件指侧向限制不能变形,只有竖向单向压缩的条件。

当自然界广阔土层上作用着大面积均布荷载时,地基土的变形条件近似为侧限条件。

土的压缩性的高低,常用压缩性指标描述。压缩性指标通常由工程地质勘察取天然结构的原状土样,进行侧限压缩试验测定。侧限压缩试验常简称为压缩试验,又称固结试验。

3.3.1 侧限压缩试验

1. 试验仪器

主要仪器为侧限压缩仪(固结仪),如图3.6所示。

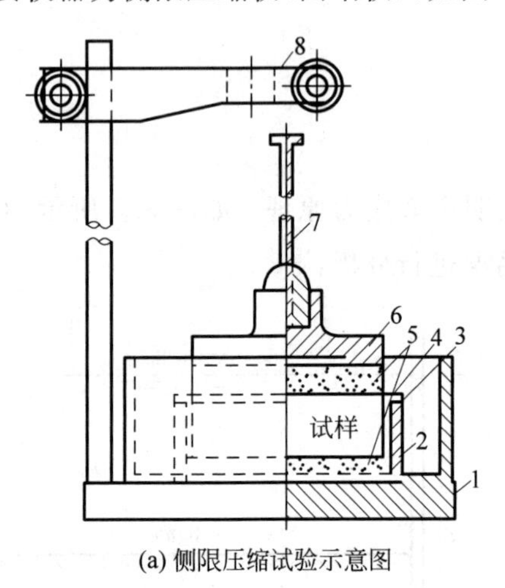

(a) 侧限压缩试验示意图

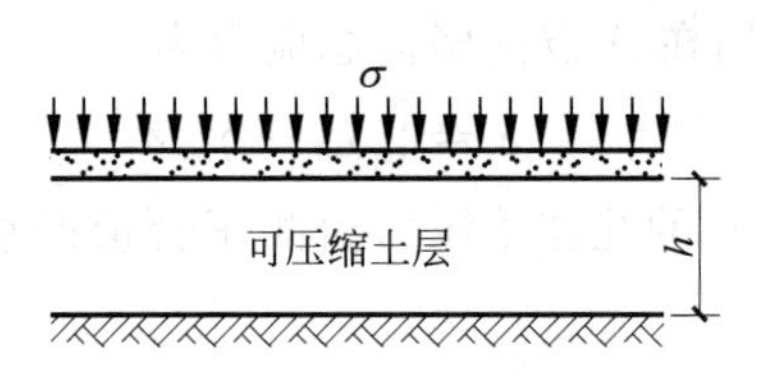

(b) 广阔土层随大面积均布荷载

图3.6 土的侧限条件的压缩

1—水槽；2—护环；3—坚固圈；4—环刀；5—透水石；6—加压上盖；7—量表导杆；8—量表架

2. 试验方法

(1) 用环刀切取原状土样,用天平称质量。

(2) 将土样依次装入侧限压缩仪的容器：先装入下透水石再将试样装入侧限铜环(护环)中,形成侧限条件；然后加上透水石和加压板,安装测微计并调零。

(3) 加上杠杆,分级施加竖向压力 σ_i 。一般工程压力等级可为25、50、100、200、400、800kPa。

(4) 用测微计(百分表)按一定时间间隔测记每级荷载施加后的读数。

(5) 计算每级压力稳定后试验的孔隙比 e_i 。

3. 试验结果

采用直角坐标系,以孔隙比 e 为纵坐标,以有效应力 σ' 为横坐标,绘制 e-σ' 曲线,参见图3.7。

每一个土样的试验结果,可得到一条 e-σ' 曲线。图3.7(a)同时绘制两个试验的两条 e-σ' 曲线,图中土样Ⅰ的 e-$\bar{\sigma}$ 曲线陡,表示该土的压缩性高；土样Ⅱ的 e-σ' 曲线平缓,表示该土的压缩性低。

3.3.2 侧限压缩性指标

1. 土的压缩系数 a

由侧限压缩试验结果 e-σ' 曲线形态的陡或缓,可以衡量该土压缩性的高低。当外荷引起的

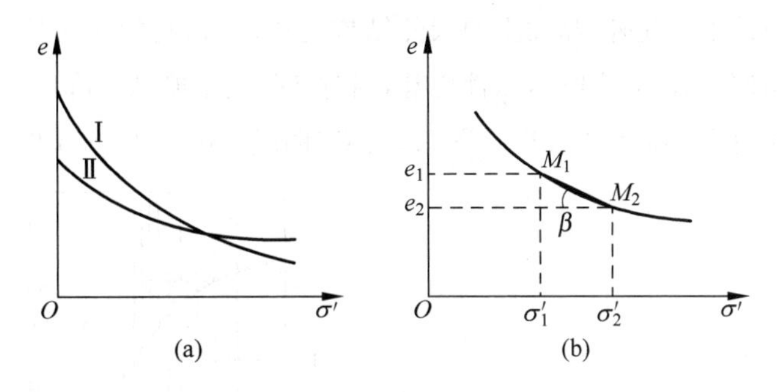

图 3.7 侧限压缩曲线

压力 σ 变化范围不大时，例如图 3.7(b)中从 σ_1' 到 σ_2'，压缩曲线上 $\widehat{M_1M_2}$ 一段，可近似地用直线 $\overline{M_1M_2}$ 代替。该直线的斜率为

$$\tan\beta = \frac{e_1 - e_2}{\sigma_2' - \sigma_1'} \times 1\,000 = a \tag{3.8}$$

式中 a——土的压缩系数，$\mathrm{MPa^{-1}}$；

β——$\overline{M_1M_2}$ 直线与横坐标的夹角，(°)；

1 000——单位换算系数(σ'的量纲为 kPa)。

由公式(3.8)不难看出：压缩系数 a 表示在单位压力增量作用下土的孔隙比的减小值。因此，压缩系数 a 值越大，土的压缩性就越大。

对于某一个土样，其压缩系数 a 是否为一个定值?

要正确回答此问题，需正确理解压缩系数 a 的物理概念。从图 3.7(b)可知 a 值即 $\tan\beta$，与 $\overline{M_1M_2}$ 的位置有关。若 $\overline{M_1M_2}$ 向右移动，随着压力 σ' 的增大，$\tan\beta$ 将减小，即 a 值减小。反之，如 $\overline{M_1M_2}$ 向左移动，则压力 σ' 减小，$\tan\beta$ 将增大，即 a 值增大。因此，上述问题的回答是否定的，即 e-σ' 曲线的斜率随 σ' 增大而逐渐变小，压缩系数 a 非定值而是一个变量。

为了便于各地区各单位相互比较应用，国家标准《建筑地基基础设计规范》(GB 50007—2011)[18]规定：取压力 $\sigma_1'=100\mathrm{kPa}$ 至 $\sigma_2'=200\mathrm{kPa}$ 这段压缩曲线的斜率 a_{1-2} 作为判别土的压缩性高低的标准，如图 3.8 所示。

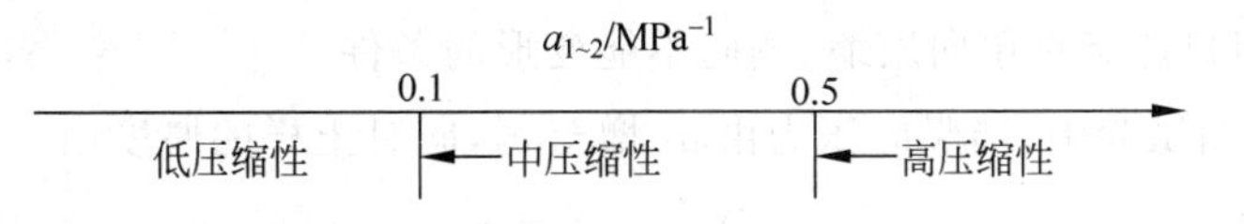

图 3.8 土的压缩性的标准

各类地基土压缩性的高低，取决于土的类别、原始密度和天然结构是否扰动等因素。通常土的颗粒越粗、越密实，其压缩性越低。例如，密实的粗砂、卵石的压缩性比黏性土为低。黏性土的压缩性高低可能相差很大。当土的含水量高、孔隙比大时，如淤泥为高压缩性土；若含水量低的硬塑或

坚硬的土，则为低压缩性土。此外，黏性土的天然结构受扰动后，它的压缩性将增大，特别对于高灵敏度的黏土，天然结构遭到破坏，影响压缩性更甚，同时其强度也剧烈下降。图3.9表示同一种黏性土原状结构和扰动后两条压缩曲线的比较。图3.9中(a)曲线为扰动样，图3.9中(b)曲线为原状样。

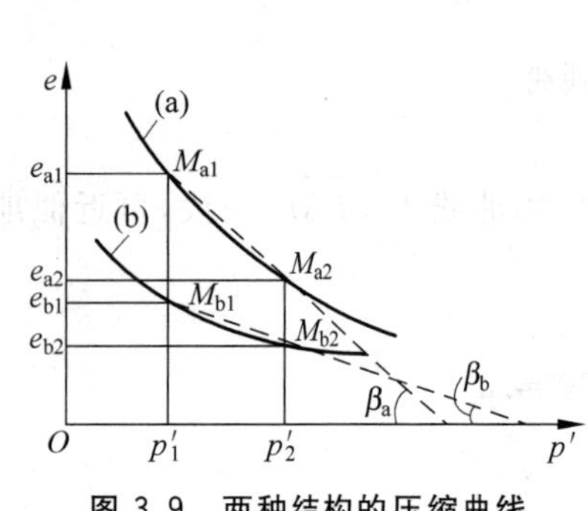

图3.9 两种结构的压缩曲线

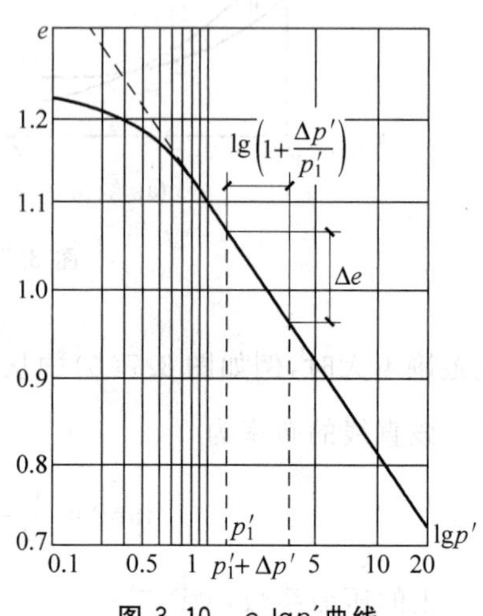

图3.10 e-lgp'曲线

2. 压缩指数 C_c

压缩试验结果以孔隙比 e 为纵坐标，以对数坐标为横坐标表示 $\lg p'$，绘制 e-$\lg p'$ 曲线，如图3.10所示。此曲线开始一段呈曲线，其后很长一段为直线段，即曲线的斜率相同，便于应用。此直线段的斜率称为压缩指数 C_c，即

$$C_c=\frac{e_1-e_2}{\lg p'_2-\lg p'_1}=\frac{e_1-e_2}{\lg\dfrac{p'_2}{p'_1}} \tag{3.9}$$

3. 侧限压缩模量 E_s

(1) 弹性模量 E　钢材或混凝土试件，在受力方向的应力与应变之比称为弹性模量 E。试验的条件：侧面不受约束，可以自由变形。

(2) 压缩模量 E_s　土的试样单向受压，应力增量与应变增量之比称为压缩模量 E_s。试验条件：为侧限条件，即只能竖直单向压缩、侧向不能变形的条件。

在上述侧限压缩试验中，当竖向压力由 σ'_1 增至 σ'_2，同时土样的厚度由 h_1 减小至 h_2 时，有：

压应力增量为
$$\Delta\sigma'=\sigma'_2-\sigma'_1$$

竖向应变为
$$\lambda_z=\frac{h_1-h_2}{h_1} \tag{3.10}$$

则侧限压缩模量为
$$E_s=\frac{\Delta\sigma'}{\lambda_z}=\frac{\sigma'_2-\sigma'_1}{h_1-h_2}\cdot h_1 \tag{3.11}$$

应当指出，土的侧限压缩试验中，竖向变形包括残留变形和弹性变形两部分，其中的残留变

形是在卸荷至零时土样仍保留的变形。由此可知，土的侧限压缩模量 E_s 与钢材或混凝土的弹性模量 E 有本质的区别。

试验表明，土样在完全侧限条件下，侧向压力 σ_3' 和竖向应力 σ_1' 之比，恒保持常值 K_0，此 K_0 称为侧压力系数(也可用 ξ 表示侧压力系数)。因此，上述完全侧限条件在土力学中也称为 K_0 条件。

4. 侧限压缩模量与压缩系数的关系

土的侧限压缩模量 E_s 与压缩系数 a，两者都是常用的地基土压缩性指标，两者都由侧限压缩试验结果求得，因此，E_s 与 a 之间并非相互独立，而是具有下列关系：

$$E_s = \frac{1+e_1}{a} \tag{3.12}$$

公式(3.12)在工程中应用很广，证明如下：

(1) 绘制土层压缩示意图，如图 3.11 所示。

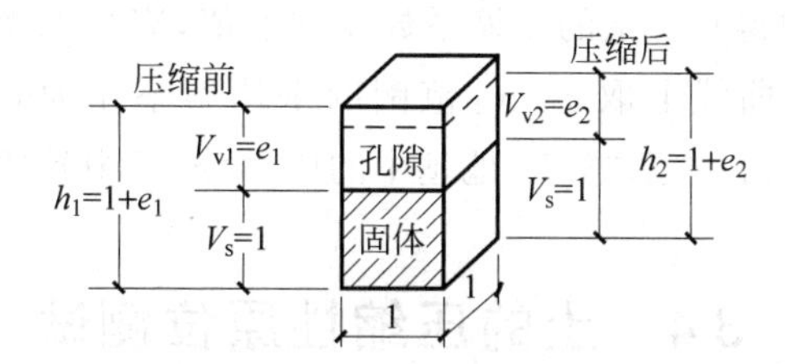

图 3.11 土层压缩示意图

(2) 压缩前：固体体积为 V_s，孔隙体积为 V_{v1}。令 $V_s=1$，则孔隙比 $e_1=V_{v1}$，总体积为 $1+e_1$，如图 3.11 左侧所示。

(3) 压缩后：土体受荷产生压缩，固体体积 V_s 不变，孔隙体积受压减小为 V_{v2}，压缩后孔隙比 $e_2=V_{v2}$，如图 3.11 右侧所示。

(4) 面积为 1 单元的土柱，受压过程中因侧限条件面积不变，土体的高度与体积的数值相等，因而土体的竖向应变为：

$$\lambda_z = \frac{h_1-h_2}{h_1} = \frac{e_1-e_2}{1+e_1} \tag{3.13}$$

将公式(3.13)代入公式(3.11)，得：

$$E_s = \frac{\Delta\sigma'}{\lambda_z} = \frac{\sigma_2'-\sigma_1'}{e_1-e_2}(1+e_1) \tag{3.14}$$

再将公式(3.8)代入上式，即得：

$$E_s = \frac{1+e_1}{a}$$

3.3.3 土层侧限压缩变形量

当土层承受竖向压应力增量 $\Delta\sigma'$ 发生侧限压缩时，其变形量 Δh 计算如下：

(1) 由公式(3.11)可得：

$$\Delta h = h_1 - h_2 = \frac{\sigma'_2 - \sigma'_1}{E_s} \cdot h_1 = \frac{\Delta\sigma'}{E_s} \cdot h_1 \tag{3.15}$$

由公式(3.15)可知：土层侧限压缩变形量 Δh，与压力增量 $\Delta\sigma'$ 成正比，与土层厚度成正比，与土的侧限压缩模量 E_s 成反比。

(2) 应用公式(3.12)，则从公式(3.15)可得：

$$\Delta h = \frac{a \cdot \Delta\sigma'}{1 + e_1} \cdot h_1 \tag{3.16}$$

(3) 应用公式(3.13)可得：

$$\Delta h = \frac{e_1 - e_2}{1 + e_1} \cdot h_1 \tag{3.17}$$

公式(3.15)、公式(3.16)与公式(3.17)是等价的。若已知 E_s 值，则用公式(3.15)；如已知 a 值，则用公式(3.16)；若有 e-σ' 曲线，就可用公式(3.17)。关于各公式中土层原有的厚度 h_1，可从勘察报告的地质剖面图中得到。土的压缩系数 a 的取值，应与承受的压应力 σ'_1 和 σ'_2 变化范围相对应，即在试验结果 e-σ' 曲线上取 σ'_1-σ'_2 范围的平均斜率作为 a 值。至于竖向压应力增量 $\Delta\sigma = \sigma'_2 - \sigma'_1$ 的计算方法，将在本章"3.5　地基中的应力分布"中阐述。

3.4　土的压缩性原位测试

上述土的侧限压缩试验操作简单，是目前测定地基土压缩性的常用方法。但遇到下列情况时，侧限压缩试验就不适用了：

(1) 地基土为粉、细砂，取原状土样很困难，或地基为软土，土样取不上来。

(2) 土层不均匀，土试样尺寸小，代表性差。

针对上述情况，可采用原位测试方法加以解决。建筑工程中土的压缩性的原位测试，主要有载荷试验和旁压试验。下面依次进行介绍。

3.4.1　载荷试验[18]

1. 试验装置与试验方法

(1) 在建筑工地现场，选择有代表性的部位进行载荷试验。

(2) 开挖试坑，深度为基础设计埋深 d，试坑宽度 $B \geqslant 3b$，b 为载荷试验压板宽度或直径。承压板面积不应小于 0.25m^2，对于软土不应小于 0.5m^2。

应注意保持试验土层的原状结构和天然湿度。宜在拟试压表面用不超过 20mm 厚的粗、中砂找平。

(3) 加荷装置与方法

① 在载荷平台上直接加铸铁块或砂袋等重物，如图 3.12(a)所示。试验前先将堆载工作完

成。试验时通过控制千斤顶的油进行加载。

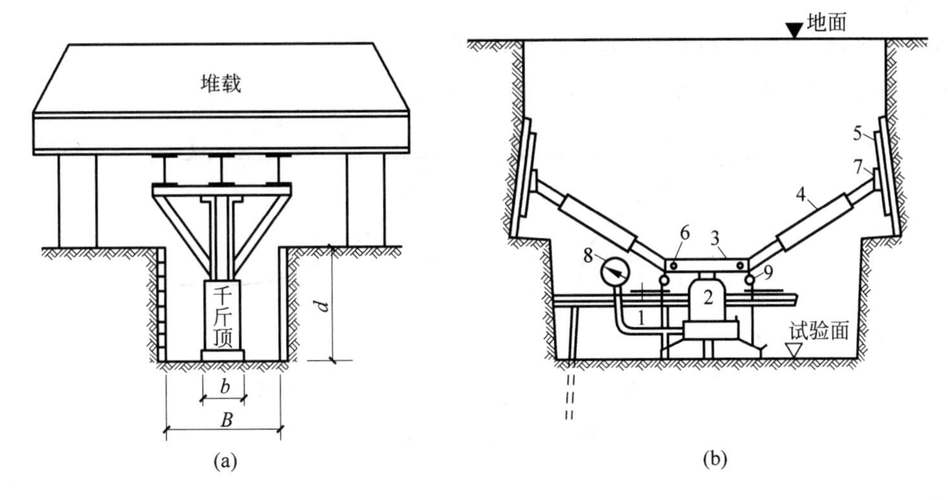

图 3.12 载荷试验装置示意图

② 用油压千斤顶加荷,反力由基槽承担,如图 3.12(b)所示。千斤顶 2 的反力通过支承板 3、斜撑杆 4、斜撑板 5 传至槽壁土体。这种装置适用于基础埋深较大的情况。

如基础埋深较浅,则千斤顶的反力可由堆载或锚桩反力提供。这是最常用的加载方式。

(4) 加荷标准

① 第一级荷载 $p_1 = \gamma D$,相当于开挖试坑卸除土的自重应力。

② 第二级荷载以后,每级荷载:松软土 $p_i = 10 \sim 25\text{kPa}$,坚实土 $p_i = 50\text{kPa}$。

③ 加荷等级不应少于 8 级。最大加载量不应少于地基承载力设计值的 2 倍,即 $\sum_{i=1}^{n} p_i \geqslant 2p_{设计}$。

(5) 测记压板沉降量

每级加载后,按间隔 10,10,10,15,15,30,30,30,30 分钟读一次百分表的读数。

(6) 沉降稳定标准

当连续两次测记压板沉降量 $s_i < 0.1\text{mm/h}$ 时,则认为沉降已趋稳定,可加下一级荷载。

(7) 终止加载标准

当出现下列情况之一时,即可终止加载:

① 沉降 s 急骤增大,荷载-沉降(p-s)曲线上有可判定极限承载力的陡降段,且沉降量超过 $0.04d$(d 为承压板直径);

② 在某一级荷载下,24 小时内沉降速率不能达到稳定;

③ 本级沉降量大于前一级沉降量的 5 倍;

④ 当持力层土层坚硬,沉降量很小时,最大加载量不小于设计要求的 2 倍。

(8) 极限荷载 p_u

满足终止加荷标准①、②、③三种情况之一时,其对应的前一级荷载定为极限荷载 p_u。

2. 载荷试验结果

(1) 绘制荷载-沉降(p-s)曲线,如图3.13(a)所示。

(2) 绘制沉降-时间(s-t)曲线,如图3.13(b)所示。

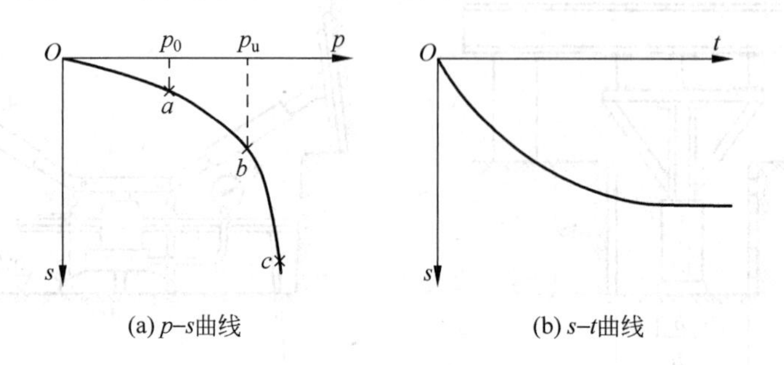

(a) p–s曲线 (b) s–t曲线

图3.13 载荷试验结果

3. 地基应力与变形关系

荷载与沉降量(p-s)典型曲线通常可分为三个变形阶段:

(1) 直线变形阶段(即压密阶段) 当荷载较小时,$p < p_0$(比例界限)时,地基被压密,相当于图3.13(a)中$\overline{Oa}$段,荷载与变形关系接近直线关系。

(2) 局部剪损阶段 当荷载增大时,$p > p_0$,即p-s曲线$\overset{\frown}{ab}$段。荷载与变形之间不再保持直线关系,曲线上的斜率逐渐增大,曲线向下弯曲,表明荷载增量Δp相同情况下沉降增量越来越大。此时,地基土在压板边缘下局部范围发生剪损,压板下的土体出现塑性变形区。随着荷载的增加,塑性变形区逐渐扩大,压板沉降量显著增大。

(3) 完全破坏阶段 当荷载继续增大时,在$p > p_u$后,压板连续急剧下沉,如p-s曲线上$\overline{bc}$段所示。地基土中的塑性变形区已联成连续的滑动面,地基土从压板下被挤出来,在试坑底部形成隆起的土堆,此时,地基已完全破坏,丧失稳定。

显然,作用在基础底面上的实际荷载不允许达到极限荷载p_u,而应当具有一定的安全系数K。通常$K = 2 \sim 3$。

4. 地基承载力的确定

1) 地基承载力特征值f_{ak}

由载荷试验结果确定地基承载力特征值f_{ak}的方法如下:

(1) 当p-s曲线上有比例界限a时,取该比例界限a点对应的荷载值;

(2) 当极限荷载p_u能确定,且$p_u < 2p_0$时,取极限荷载的一半,即$\frac{p_u}{2}$;

(3) 不能按上述①、②要求确定时,当压板面积为0.25~0.50m²,可取$s/d = 0.01 \sim 0.015$所

对应的荷载值，但其值不应大于加载量的一半。

2）地基承载力特征值 f_{ak}

载荷试验于同一土层进行的试验点，不应少于三处。当试验实测值的极差不得超过平均值的 30%时，取此平均值作为该土层的地基承载力特征值 f_{ak}，即 $f_{ak}=\frac{1}{3}(f_{ak1}+f_{ak2}+f_{ak3})$。

5. 地基土的变形模量 E

1）定义

地基土的变形模量，指无侧限情况下单轴受压时的应力与应变之比。如前所述，土的变形中包括弹性变形与残留变形两部分。因此，为与一般弹性材料的弹性模量相区别，土体的应力与应变之比称为变形模量或总变形模量。

2）计算公式

借用弹性理论计算沉降的公式，应用载荷试验结果 p-s 曲线进行反算。

（1）弹性理论沉降计算公式

在弹性理论中，当集中力 P 作用在弹性半无限空间的表面，引起地表任意点的沉降为

$$s=\frac{P(1-\mu^2)}{\pi Er} \tag{3.18}$$

式中　μ——地基泊松比；

r——地表任意点至竖向集中力 P 作用点的距离，$r=\sqrt{x^2+y^2}$。

公式(3.18)通过积分，可得均布荷载下地基沉降公式：

$$s=\frac{\omega(1-\mu^2)pB}{E} \tag{3.19}$$

式中　s——地基沉降量，cm；

p——荷载板的压应力，kPa；

B——矩形荷载的短边或圆形荷载的直径，cm；

ω——形状系数：刚性方形荷板 $\omega=0.88$，刚性圆形荷板 $\omega=0.79$；

E——地基土的变形模量，kPa；

μ——地基土的泊松比，参考表 3.1。

（2）地基土的变形模量计算公式

载荷试验第一阶段，当荷载较小时，荷载与沉降 p-s 曲线 $\overline{Oa}$ 段呈线性关系。用此阶段实测的沉降值 s，利用公式(3.19)即可反算地基土的变形模量 E，如下式：

$$E=\omega(1-\mu^2)\frac{p_0B}{s} \tag{3.20}$$

式中　p_0——载荷试验 p-s 曲线比例界限 a 点对应的荷载，kPa；

s——相应于 p-s 曲线上 a 点的沉降，cm。

表 3.1 土的侧压力系数 ξ 和泊松比 μ 参考值

土的名称	状态	ξ	μ
碎石土		0.18～0.25	0.15～0.20
砂土		0.25～0.33	0.20～0.25
粉土		0.33	0.25
粉质黏土	坚硬状态	0.33	0.25
	可塑状态	0.43	0.30
	软塑及流塑状态	0.53	0.35
黏土	坚硬状态	0.33	0.25
	可塑状态	0.53	0.35
	软塑及流塑状态	0.72	0.42

6. 土的变形模量与压缩模量的关系

1) E 与 E_s 的关系

$$E=\left(1-\frac{2\mu^2}{1-\mu}\right)E_s=\beta E_s \tag{3.21}$$

2) 公式(3.21)的证明

(1) 据压缩模量定义 $E_s=\frac{\sigma_z}{\lambda_z}$，可得竖向应变：

$$\lambda_z=\frac{\sigma_z}{E_s} \tag{a}$$

(2) 在三向受力情况下的应变：

$$\lambda_x=\frac{\sigma_x}{E}-\frac{\mu}{E}(\sigma_y+\sigma_z) \tag{b}$$

$$\lambda_y=\frac{\sigma_y}{E}-\frac{\mu}{E}(\sigma_z+\sigma_x) \tag{c}$$

$$\lambda_z=\frac{\sigma_z}{E}-\frac{\mu}{E}(\sigma_x+\sigma_y) \tag{d}$$

(3) 在侧限条件下，$\lambda_x=\lambda_y=0$，由式(b)、(c)可得：

$$\sigma_x=\sigma_y=\frac{\mu}{1-\mu}\sigma_z \tag{e}$$

将式(e)代入式(d)得：

$$\lambda_z=\left(1-\frac{2\mu^2}{1-\mu}\right)\frac{\sigma_z}{E} \tag{f}$$

(4) 比较式(a)与式(f)得：

$$\frac{1}{E_s}=\left(1-\frac{2\mu^2}{1-\mu}\right)\frac{1}{E} \tag{g}$$

即
$$E=\left(1-\frac{2\mu^2}{1-\mu}\right)E_s \tag{3.21}$$

3.4.2 旁压试验

上述载荷试验，如基础埋深很大，则试坑开挖很深，工程量太大，不适用。若地下水较浅，基础埋深在地下水位以下，则载荷试验无法使用。在这类情况下，可采用旁压试验。

旁压试验是一种地基原位测试方法。最初由法国梅纳尔于20世纪50年代末期研制出三腔式旁压仪。中国建筑科学研究院地基研究所于60年代初也研制成旁压仪。1980年由江苏溧阳县轻工机械厂和北京五机部勘测公司分别同期研制、改进并成批生产旁压仪后，旁压试验这一项新技术已在我国逐渐推广。旁压试验的示意图如图3.14所示。

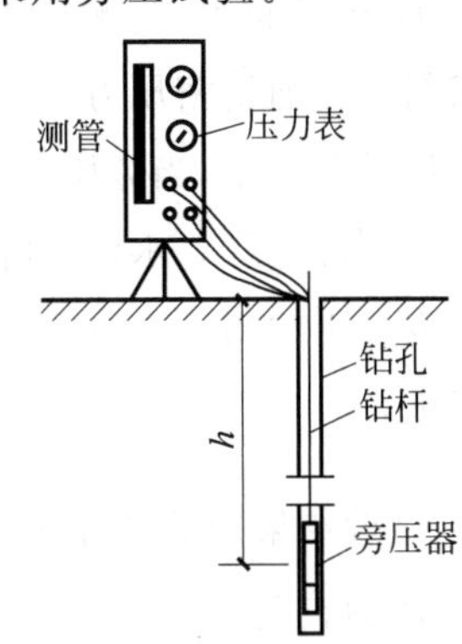

图3.14 旁压试验示意图

1. 试验原理

(1) 在建筑场地试验地点钻孔，将旁压器放入钻孔中至测试高程。

(2) 用水加压力，使充满水的旁压器圆筒形橡胶膜膨胀，压向四周钻孔孔壁的土体。

(3) 分级加压，并测记施加的压力与四周孔壁土体变形值。

(4) 计算地基土的变形模量、压缩模量和地基承载力。

2. 试验设备与操作方法

1) 成孔工具

通常用旁压仪配套的麻花钻或勺形钻。如地表有杂填土，麻花钻无法钻进时，可用北京铲，钻孔的直径宜略大于50mm。要求熟练工人操作，使钻孔竖直、平顺，深度超过测试点标高0.5m。

在软土中为避免成孔后缩颈，可采用自钻式旁压仪，即在旁压器下端装置钻头，使旁压器自行钻进。

2) 旁压器

关键设备旁压器，为一个三腔式圆筒形骨架，外套为弹性橡胶膜(与自行车内胎类似)。其中中腔为测试腔，长度为250mm，外径为50mm；上下腔的直径相同，长度稍短，与中腔压力相同，为辅助腔，使中腔消除边界影响。中腔与上下腔各设一根进水管和一根排气(排水)管，与地面旁压仪表盘上的测压管、压力表相通。

将旁压器顶端接上专用的小直径钻杆，竖向插入钻孔内，使中腔中心准确位于测点标高。

3) 加压稳压装置

(1) 加压　常用高压氮气瓶，或用手动打气筒，向贮气罐加压。要求压力超过试验最大压力的 100～200kPa。

(2) 稳压　采用调压阀，转动调压阀至试验所需压力值，逐级进行加压。由表盘上的精密压力表测记施加的压力值。

4) 土体变形量测系统

系统的测管和辅管由透明有机玻璃制成。测管子的内截面面积为 15.28cm²。测管旁边安装刻度为 1mm 的钢尺，量测测管中的水位变化。测管和辅管竖直固定在旁压仪的表盘上。各管的上端密封并接通精密压力表；其下端分别联结旁压器的中腔与上下腔。

旁压试验开始，当旁压器加压，橡胶膜向孔壁四周土体加压膨胀后，表盘上的透明有机玻璃测管中水位即下降。水位下降 1mm，相当于原钻孔直径为 50mm 时孔壁土体径向位移 0.04mm。

当表盘上的测管水位下降超过 35cm 时，应立即终止试验。如继续加压，旁压器的橡胶膜将可能胀破。

3. 试验结果的整理计算

1) 压力校正

每级试验的压力表读数，加上静水压力后为总压力，再扣除橡胶膜的约束力，即为实际施加在孔壁土体的压力值。

2) 土体变形校正

各级试验加压后，测管水位下降值扣除仪器综合变形校正值，即为实际土体压缩变形值。

3) 绘制旁压曲线

以校正后的压力 p 为横坐标，校正后的测管水位下降值 s 为纵坐标，在直角坐标上绘制 p-s 曲线，如图 3.15 所示。

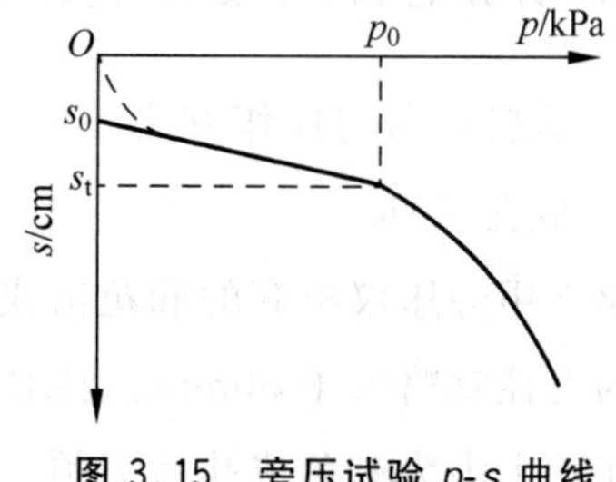

图 3.15　旁压试验 p-s 曲线

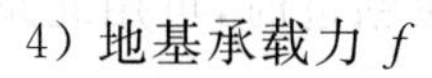

4) 地基承载力 f

地基承载力计算公式为：

$$f = p_0 - \xi \gamma h \tag{3.22}$$

式中　p_0 ——旁压曲线 p-s 曲线上，比例界限对应的压力值，kPa；

ξ ——土的侧压力系数，查表 3.1；

γ ——试验深度以上土的天然重度，kN/m³；

h ——试验深度，即中腔中心至地面距离，m。

5) 地基土的变形模量 E

地基土的变形模量 E，按下式计算：

$$E = \frac{p_0}{s_t - s_0}(1-\mu^2)r^2 m \tag{3.23}$$

$$r^2 = \frac{F s_0}{L \cdot \pi} + r_0^2 = \frac{15.28 s_0}{25\pi} + 2.5^2 = 0.195 s_0 + 6.25 \tag{3.24}$$

式中 s_t——与比例界限荷载 p_0 对应的测管水位下降值，cm；

s_0——旁压器橡胶膜接触孔壁过程中，测管水位下降值，由 p-s 曲线直线段延长与纵坐标交点即为 s_0 值，cm；

μ——土的泊松比，查表 3.1；

r——试验钻孔的半径，cm；

F——测管水柱截面积，$F=15.28\text{cm}^2$；

L——旁压器中腔长度，$L=25\text{cm}$；

r_0——旁压器半径，$r_0=2.5\text{cm}$；

m——旁压系数，1/cm；它与土的物理力学性质、试验稳定标准和旁压仪规格等因素有关。

6）地基土的压缩模量 E_s

对压缩模量 $E_s>5\text{MPa}$ 的黏性土与粉土，可用下式计算：

$$E_s=1.25\frac{p_0}{s_t-s_0}(1-\mu^2)r^2+4.2 \tag{3.25}$$

3.5 地基中的应力分布

为计算地基的沉降量与稳定性，需研究地基中应力的分布。地基中的应力并非一种，各自的物理意义和计算方法都不相同，分别阐述如下。

3.5.1 土层自重应力

1. 定义

在未修建筑物之前，由土体本身自重引起的应力称为土的自重应力，记为 σ_c。

2. 计算方法

在地面水平、土层广阔分布的情况下，土体在自重作用下无侧向变形和剪切变形，只有竖向变形。

地面下深度为 z 处土层的自重应力 σ_{cz}，等于该处单位面积上土柱的重量，如图 3.16 所示。可按下式计算：

$$\sigma_{cz}=\gamma_1h_1+\gamma_2h_2+\gamma_3h_3+\cdots+\gamma_nh_n=\sum_{i=1}^{n}\gamma_ih_i \tag{3.26}$$

式中 γ_i——第 i 层土的天然重度，kN/m^3，地下水位以下一般用浮重度 γ'；

h_i——第 i 层土的厚度，m；

n——从地面到深度 z 处的土层数。

通常土的自重应力不会引起地基变形，因为正常固结土的形成年代很久，早已固结稳定。只有新近沉积的欠固结土或人工填土，在土的自重作用下尚未固结，需要考虑土的自重引起的地基变形。

提问：某工厂建筑场地土质均匀，土的天然重度为 $\gamma = 20\text{kN/m}^3$。基坑开挖深度 2m，在基坑底面下 1m 处 M 点作用的土的自重应力为多少？参阅图 3.17。有人答：$\sigma_{cz} = 20\text{kPa}$；有人答 $\sigma_{cz} = 60\text{kPa}$。哪个答案正确？为什么？

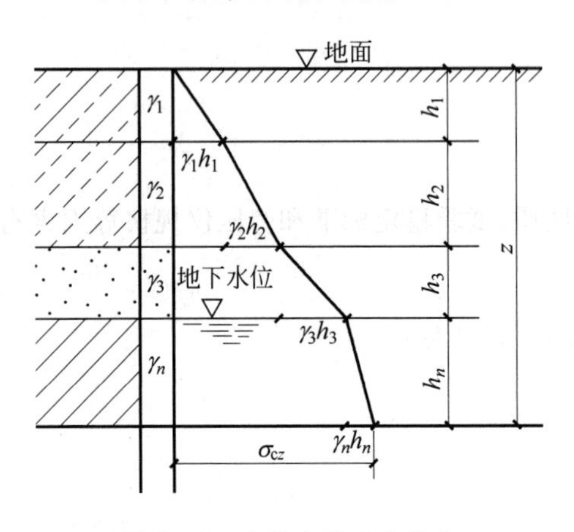

图 3.16　土的自重应力分布

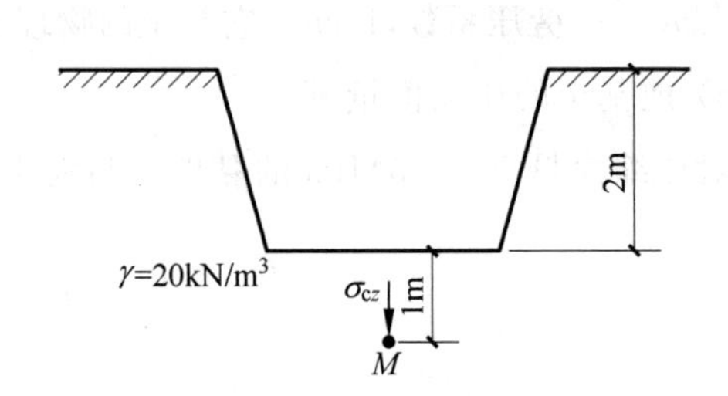

图 3.17　土的自重应力计算图

3.5.2　基础底面接触压力

基础底面接触压力的计算，是计算地基中的附加应力和进行基础结构设计所需。因为建筑物的荷载是通过基础传给地基的，为了计算上部荷载在地基土层中引起的附加应力，必须首先研究基础底面处(即地基土持力层顶面处)与基础底面接触面上的压力大小与分布情况。

1. 实测资料

试验表明，基础底面接触压力的分布图形取决于下列诸因素：①地基与基础的相对刚度；②荷载大小与分布情况；③基础埋深大小；④地基土的性质等。

1）柔性基础

土坝、路基、油罐薄板一类基础，本身刚度很小，在竖向荷载作用下几乎没有抵抗弯曲变形的能力，基础随着地基同步变形，因此柔性基础接触压力分布与其上部荷载分布情况相同。在均布荷载作用下基底反力为均匀分布，如图 3.18 所示。

2）刚性基础

大块整体基础本身刚度远超过土的刚度，这类刚性基础底面的接触压力分布图形很复杂，要求地基与基础的变形必须协调一致。

(1) 马鞍形分布　理论与试验证明，当荷载较小、中心受压时，刚性基础下接触压力呈马鞍形分布，如图 3.19(a)所示。

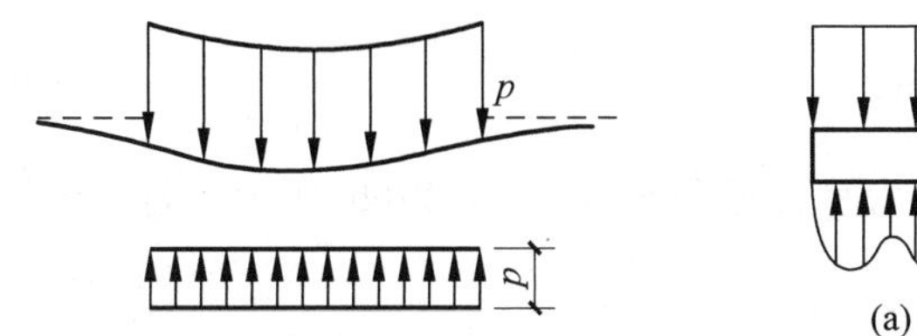

图 3.18　柔性基础接触压力分布图

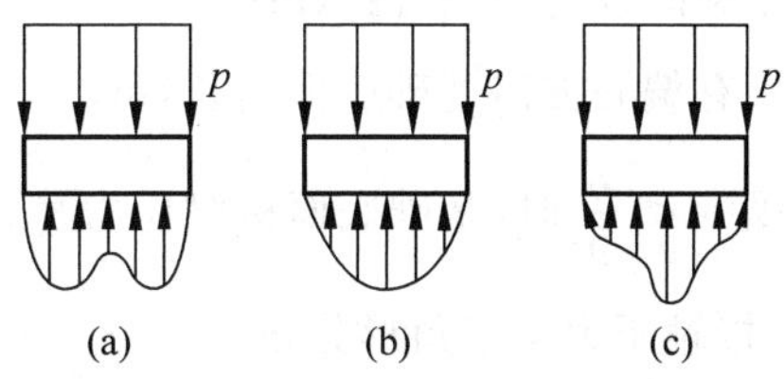

图 3.19　刚性基础接触压力分布图

(2) 抛物线分布　当上部荷载加大，基础边缘地基土中产生塑性变形区，即局部剪裂后，边缘应力不再增大，应力向基础中心转移，接触压力变为抛物线形，如图 3.19(b)所示。

(3) 钟形　当上部荷载很大、接近地基的极限荷载时，应力图形又变成钟形，如图 3.19(c)所示。

上述基础底面接触压力呈各种曲线，应用不便。鉴于目前尚无既精确又简便的有关基底接触压力的计算方法，在实用上通常采用下列简化计算法。

2. 工程简化计算

1) 中心荷载

当上部竖向荷载的合力通过基础底面的形心 O 点时，基础底面接触压力均匀分布，如图 3-20(a)所示，并按下式计算：

$$p=\frac{N+G}{A} \tag{3.27}$$

式中　p ——基础底面的平均压力，kPa；

N ——上部结构传至基础顶面的竖向力设计值，kN；

G ——基础自重和基础上土重之和，kN，$G=r_{G}Ad$，其中 r_{G} 为基础与回填土的平均重度，通常取 $r_{G}=20\text{kN/m}^3$。在地下水位以下的部分，取 $r'_{G}=10\text{kN/m}^3$。

A ——基础底面面积，m^2。

如为条形基础，基础长度大于宽度的 10 倍，通常沿基础长度方向取 1m 来计算。此时，公式(3.27)中的 N,G 为每延米内的相应值，A 即为基础宽度 b 。

2) 偏心荷载

常见的偏心荷载，作用于矩形基础底面的 x,y 两个主轴中的一个主轴上，此时基础底面边缘的压力按下式计算：

$$p_{\substack{\max\\ \min}}=\frac{R}{A}\left(1\pm\frac{6e}{b}\right) \tag{3.28}$$

式中　$p_{\max}$、$p_{\min}$ ——基础底面边缘的最大、最小压力设计值，kPa；

R ——作用在基础底面的竖向合力设计值，kN；

e——竖向合力的偏心距,m;

b——有偏心方向基础底面边长,m。

当偏心距 $e<\frac{b}{6}$ 时,基础底面接触压力呈梯形分布,如图3.20(b)所示。若 $e=\frac{b}{6}$ 时,$p_{\min}=0$,则基底面接触压力呈三角形分布。

式(3.28)也常表示为:

$$p_{\substack{\max \\ \min}}=\frac{N+G}{A}\pm\frac{M}{W}$$

式中 M——作用在基础底面处的力矩值;

W——抵抗矩,$W=\frac{b^2 l}{6}$,b 为力矩 M 作用方向的基础边长。

为了避免因地基应力不均匀,引起过大的不均匀沉降,通常要求 $\frac{p_{\max}}{p_{\min}}\leqslant 1.5\sim 3.0$。对压缩性高的黏性土应采用小值,对压缩性小的无黏性土可用大值。

作用于建筑物上的水平荷载,通常按均匀分布于整个基础底面计算。

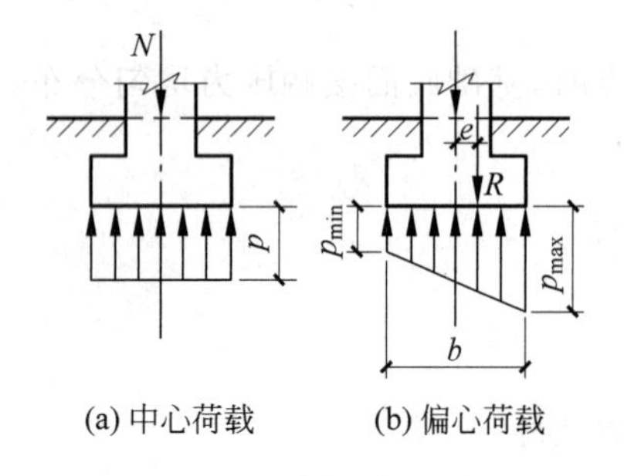

图3.20 基底接触压力简化图形

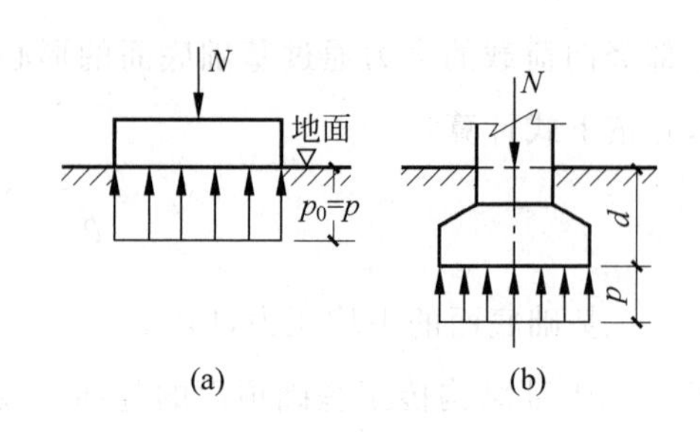

图3.21 基础底面附加压力

3.5.3 基础底面附加压力

建筑物荷载在地基中增加的压力称为附加压力。

1. 基础位于地面上

设基础建在地面上,如图3.21(a)所示,则基础底面的附加压力,即基础底面接触压力:$p_0=p$。

2. 基础位于地面下

通常基础建在地面以下。设基础的埋置深度为 d,在基础底面中心 O 点的附加压力为

$$p_0=p-\gamma_{\mathrm{m}}d \tag{3.29}$$

式中 p_0——基础底面的附加压力,kPa;

p——基础底面的接触压力,kPa;

γ_m——基础底面以上地基土的加权平均重度,地下水位以下取有效重度的加权平均值,kN/m^3。

公式(3.29)中,为何要将基底接触压力 p 减去 $\gamma_m d$?因为在未建基础之前,在 O 点早已存在土的自重压力 $\gamma_m d$。修基础时,将这部分土挖除后,再造基础,因此在 O 点实际增加的压力为 $p-\gamma_m d$,即超过自重压力 $\gamma_m d$ 的压力为附加压力。

3.5.4 地基中的附加应力

地基中的附加应力计算比较复杂。目前采用的地基中附加应力计算方法,是根据弹性理论推导出来的。因此,对地基作下列几点假定:①地基是半无限空间弹性体;②地基土是连续均匀的,即变形模量 E 和泊松比 μ 各处相等;③地基土是等向的,即各向同性的,同一点的 E 和 μ 各个方向相等。

严格地说,地基并不是连续均匀、各向同性的弹性体。实际上,地基土通常是分层的,例如,一层黏土、一层砂土、一层卵石,并不均匀,而且各层之间性质如黏土与卵石之间差别很大。地基的应力-应变特性,一般也不符合线性变化关系,尤其在应力较大时,更是明显偏离线性变化的假定。地基是弹塑性体和各向异性体。

试验证明,当地基上作用的荷载不大,土中的塑性变形区很小时,荷载与变形之间可近似为线性关系(如载荷试验 p-s 曲线 $\overline{Oa}$ 段),用弹性理论计算的应力值与实测的地基中应力相差并不很大,所以工程上仍常常采用这种理论。

下面介绍不同面积上,各种分布荷载作用下附加应力计算的方法。

1. 地表受竖向集中力作用

(1) 地基中附加应力扩散。为了说明问题,假设地基土粒为无数直径相同的、水平放置的刚性光滑小圆柱,则可按平面问题考虑。设地表受一个竖向集中力 $P=1$ 作用,如图 3.22 所示。

图中第一层由一个小圆柱受力,$P=1$;第二层两个小圆柱同时受力,各为 $\frac{P}{2}$;第三层三个小圆柱受力,两侧小圆柱各受力 $\frac{P}{4}$,中间小圆柱受 $\frac{2}{4}P$,……依次类推。由图可见,地表的竖向集中力传布越深,受力的小圆柱就越多,每个小圆柱所受的力也就越小。需要说明的

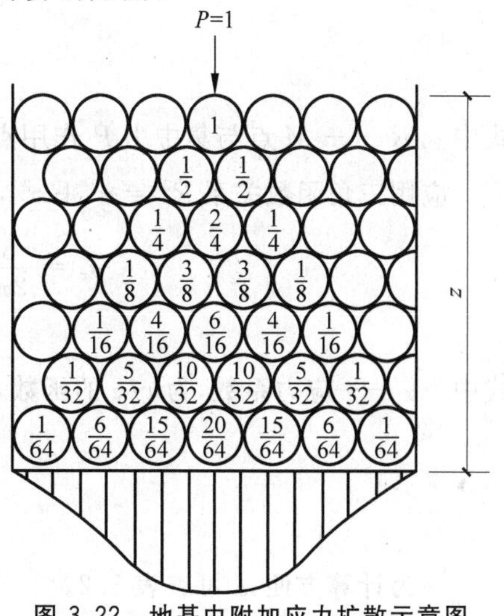

图 3.22 地基中附加应力扩散示意图

是,如果小圆柱的表面不是光滑的,圆柱之间将有摩擦作用。

为了清楚地表达地基中附加应力的分布规律,将底层小圆柱的受力大小按比例画出,如图3.22底部曲线所示。

地基中的附加应力分布具有下列规律:

① 在地面下任一深度的水平面上,各点的附加应力非等值,在集中力作用线上的附加应力最大,向两侧逐渐减小。

② 距离地面越远,附加应力分布的范围越广,在同一竖向线上的附加应力随深度而变化。超过某一深度后,深度越大,附加应力越小。

这些规律即地基中附加应力的扩散作用。此规律与一根柱体受集中荷载后情况完全不同。柱体受集中荷载后,沿柱体长度方向,各水平截面上的应力基本不变并未发生扩散作用。

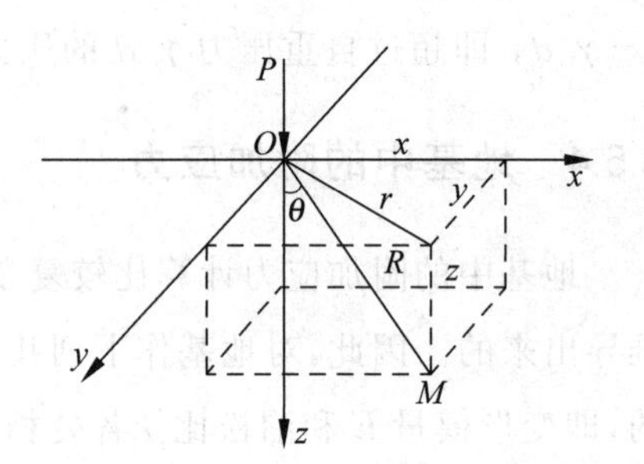

图3.23 半无限空间弹性体表面受集中力作用

(2) 地基中应力计算。将地基视为一个具有水平表面沿三个空间坐标 (x,y,z) 方向无限伸展的均质弹性体,亦即半无限空间弹性体。设此地基表面作用有一个竖向集中力 P(图3.23),地基中引起的应力如何计算?

法国学者布辛尼斯克(Boussinesq)将这一课题,用弹性力学方法求解出半空间弹性体内任意点 $M(x,y,z)$ 的全部应力 $(\sigma_x,\sigma_y,\sigma_z,\tau_{xy},\tau_{yz},\tau_{zx})$ 和全部位移 (u_x,u_y,u_z)。在这6个应力分量中,对建筑工程地基沉降计算直接有关的为竖向正应力 σ_z。地基中任意点 M 的竖向应力的表达式为

$$\sigma_z=\frac{3P}{2\pi}\cdot\frac{z^3}{R^5} \tag{3.30}$$

式中 R——M 点与集中力 P 作用点 O 之距离。

应用三角函数关系 $R^2=r^2+z^2$,即 $R=(r^2+z^2)^{\frac{1}{2}}$,代入公式(3.30),整理后可得:

$$\sigma_z=\frac{3P}{2\pi z^2}\cdot\frac{1}{\left[1+\left(\frac{r}{z}\right)^2\right]^{\frac{5}{2}}}=\alpha\frac{P}{z^2} \tag{3.31}$$

式中 α——应力系数,为 r/z 的函数,其值为

$$\alpha=\frac{3}{2\pi}\cdot\frac{1}{\left[1+\left(\frac{r}{z}\right)^2\right]^{\frac{5}{2}}}$$

为计算方便,α 可查表3.2。

表 3.2 集中荷载作用下应力系数 α 值

r/z	α	r/z	α	r/z	α	r/z	α
0.00	0.4775	0.50	0.2733	1.00	0.0844	1.50	0.0251
0.02	0.4770	0.52	0.2625	1.02	0.0803	1.54	0.0229
0.04	0.4756	0.54	0.2518	1.04	0.0764	1.58	0.0209
0.06	0.4732	0.56	0.2414	1.06	0.0727	1.60	0.0200
0.08	0.4699	0.58	0.2313	1.08	0.0691	1.64	0.0183
0.10	0.4657	0.60	0.2214	1.10	0.0658	1.68	0.0167
0.12	0.4607	0.62	0.2117	1.12	0.0626	1.70	0.0160
0.14	0.4548	0.64	0.2024	1.14	0.0595	1.74	0.0147
0.16	0.4482	0.66	0.1934	1.16	0.0567	1.78	0.0135
0.18	0.4409	0.68	0.1846	1.18	0.0539	1.80	0.0129
0.20	0.4329	0.70	0.1762	1.20	0.0513	1.84	0.0119
0.22	0.4242	0.72	0.1681	1.22	0.0489	1.88	0.0109
0.24	0.4151	0.74	0.1603	1.24	0.0466	1.90	0.0105
0.26	0.4054	0.76	0.1527	1.26	0.0443	1.94	0.0097
0.28	0.3954	0.78	0.1455	1.28	0.0422	1.98	0.0089
0.30	0.3849	0.80	0.1386	1.30	0.0402	2.00	0.0085
0.32	0.3742	0.82	0.1320	1.32	0.0384	2.10	0.0070
0.34	0.3632	0.84	0.1257	1.34	0.0365	2.20	0.0058
0.36	0.3521	0.86	0.1196	1.36	0.0348	2.40	0.0040
0.38	0.3408	0.88	0.1138	1.38	0.0332	2.60	0.0029
0.40	0.3294	0.90	0.1083	1.40	0.0317	2.80	0.0021
0.42	0.3181	0.92	0.1031	1.42	0.0302	3.00	0.0015
0.44	0.3068	0.94	0.0981	1.44	0.0288	3.50	0.0007
0.46	0.2955	0.96	0.0933	1.46	0.0275	4.00	0.0004
0.48	0.2843	0.98	0.0887	1.48	0.0263	4.50	0.0002
						5.00	0.0001

2. 矩形面积受竖向均布荷载作用

矩形面积在建筑工程中是常见的。如房屋建筑采用框架结构，立柱下面的独立基础底面通常为矩形。在中心荷载作用下，基底压力按均布荷载计算。此时，地基中的应力可根据地表受竖向集中力作用的公式(3.30)，通过积分求得。下面分两种情况说明。

1）矩形均布荷载角点下的应力

由公式(3.30)可计算地表作用一个集中力 P 时，地基中任意点 $M(x,y,z)$ 的竖向正应力 σ_z 。

应用应力叠加原理，可计算地表作用若干个集中力 $P_1, P_2, P_3, \cdots$ 时，地基中 M 点的应力 σ_z 数值，如图 3.24 所示。

在矩形均布荷载作用的情况下，也可用上述应力叠加原理来计算地基中的应力。具体方法：沿矩形长边 l 方向与短边 b 方向，分别切许多小条。取一微面积 $\mathrm{d}x\mathrm{d}y$，在此微面积上作用的力为 $\mathrm{d}p$，因微面积很小，可视为集中力，故可将此集中力 $\mathrm{d}p = p\mathrm{d}x\mathrm{d}y$ 代入公式(3.30)，计算 $\mathrm{d}p$ 在 M 点引起的应力 $\mathrm{d}\sigma_z$。经化简可得：

$$\mathrm{d}\sigma_z = \frac{3p\mathrm{d}x\mathrm{d}yz^3}{2\pi(x^2+y^2+z^2)^{\frac{5}{2}}}$$

整个矩形面积上的均布荷载 p，在地基中深 z 处的 M 点(如图 3.25 所示)所引起的附加应力 σ_z，可通过沿矩形的长边由 O 至 l 以及沿矩形的短边由 O 至 b 进行重积分而得其数值：

$$\begin{aligned}\sigma_z &= \frac{3pz^3}{2\pi}\int_0^l\int_0^b \frac{\mathrm{d}x\mathrm{d}y}{(x^2+y^2+z^2)^{\frac{5}{2}}} \\ &= \frac{p}{2\pi}\left[\arctan\frac{m}{n\sqrt{1+m^2+n^2}} + \frac{mn}{\sqrt{1+m^2+n^2}}\times\left(\frac{1}{m^2+n^2}+\frac{1}{1+n^2}\right)\right]\end{aligned} \tag{3.32}$$

式中，$m = \dfrac{l}{b}$，$n = \dfrac{z}{b}$。

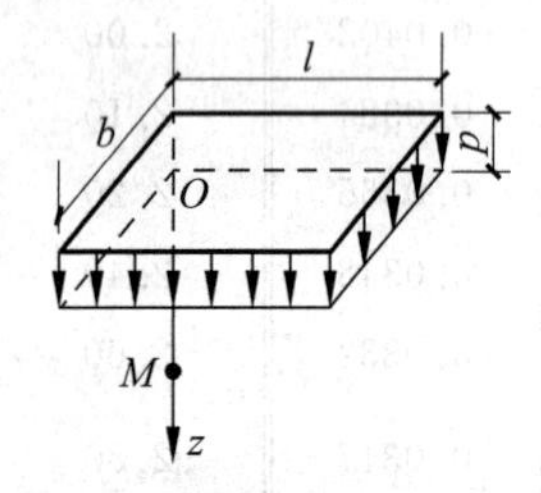

图3.24 矩形面积均布荷载角点下地基应力计算图

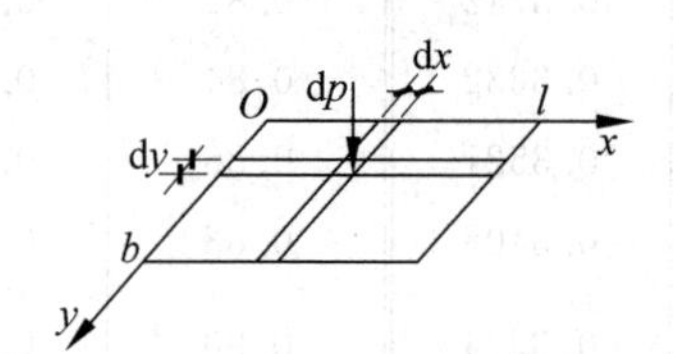

图 3.25 矩形面积均布荷载角点下用积分法计算地基应力

为计算方便，可令：

$$\alpha_c = \frac{1}{2\pi}\left[\arctan\frac{m}{n\sqrt{1+m^2+n^2}} + \frac{mn}{\sqrt{1+m^2+n^2}}\times\left(\frac{1}{m^2+n^2}+\frac{1}{1+n^2}\right)\right]$$

则

$$\sigma_z = \alpha_c p \tag{3.33}$$

式中 α_c ——应力系数，$\alpha_c = f\left(\dfrac{l}{b}, \dfrac{z}{b}\right)$，可由表 3.3 查得。

表 3.3 矩形面积受均布荷载作用时角点下应力系数 α_c 值

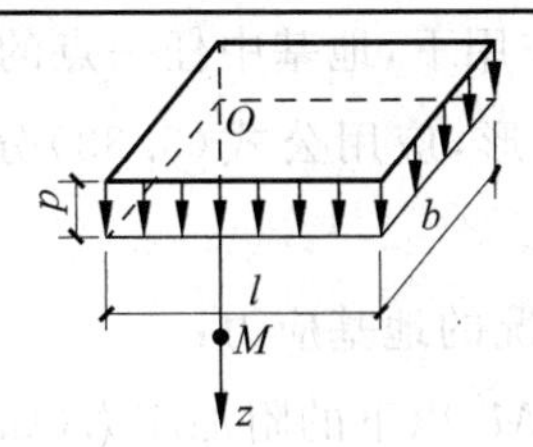

z/b \ l/b	1.0	1.2	1.4	1.6	1.8	2.0	3.0	4.0	5.0	6.0	10.0
0.0	0.2500	0.2500	0.2500	0.2500	0.2500	0.2500	0.2500	0.2500	0.2500	0.2500	0.2500
0.2	0.2486	0.2489	0.2490	0.2491	0.2491	0.2491	0.2492	0.2492	0.2492	0.2492	0.2492
0.4	0.2401	0.2420	0.2429	0.2434	0.2437	0.2439	0.2442	0.2443	0.2443	0.2443	0.2443
0.6	0.2229	0.2275	0.2300	0.2315	0.2324	0.2329	0.2339	0.2341	0.2342	0.2342	0.2342
0.8	0.1999	0.2075	0.2120	0.2147	0.2165	0.2176	0.2196	0.2200	0.2202	0.2202	0.2202
1.0	0.1752	0.1851	0.1911	0.1955	0.1981	0.1999	0.2034	0.2042	0.2044	0.2045	0.2046
1.2	0.1516	0.1626	0.1705	0.1758	0.1793	0.1818	0.1870	0.1882	0.1885	0.1887	0.1888
1.4	0.1308	0.1423	0.1508	0.1569	0.1613	0.1644	0.1712	0.1730	0.1735	0.1738	0.1740
1.6	0.1123	0.1241	0.1329	0.1396	0.1445	0.1482	0.1567	0.1590	0.1598	0.1601	0.1604
1.8	0.0969	0.1083	0.1172	0.1241	0.1294	0.1334	0.1434	0.1463	0.1474	0.1478	0.1482
2.0	0.0840	0.0947	0.1034	0.1103	0.1158	0.1202	0.1314	0.1350	0.1363	0.1368	0.1374
2.2	0.0732	0.0832	0.0917	0.0984	0.1039	0.1084	0.1205	0.1248	0.1264	0.1271	0.1277
2.4	0.0642	0.0734	0.0813	0.0879	0.0934	0.0979	0.1108	0.1156	0.1175	0.1184	0.1192
2.6	0.0566	0.0651	0.0725	0.0788	0.0842	0.0887	0.1020	0.1073	0.1095	0.1106	0.1116
2.8	0.0502	0.0580	0.0649	0.0709	0.0761	0.0805	0.0942	0.0999	0.1024	0.1036	0.1048
3.0	0.0447	0.0519	0.0583	0.0640	0.0690	0.0732	0.0870	0.0931	0.0959	0.0973	0.0987
3.2	0.0401	0.0467	0.0526	0.0580	0.0627	0.0668	0.0806	0.0870	0.0900	0.0916	0.0933
3.4	0.0361	0.0421	0.0477	0.0527	0.0571	0.0611	0.0747	0.0814	0.0847	0.0864	0.0882
3.6	0.0326	0.0382	0.0433	0.0480	0.0523	0.0561	0.0694	0.0763	0.0799	0.0816	0.0837
3.8	0.0296	0.0348	0.0395	0.0439	0.0479	0.0516	0.0646	0.0717	0.0753	0.0773	0.0796
4.0	0.0270	0.0318	0.0362	0.0403	0.0441	0.0474	0.0603	0.0674	0.0712	0.0733	0.0758
4.2	0.0247	0.0291	0.0333	0.0371	0.0407	0.0439	0.0563	0.0634	0.0674	0.0696	0.0724
4.4	0.0227	0.0268	0.0306	0.0343	0.0376	0.0407	0.0527	0.0597	0.0639	0.0662	0.0692
4.6	0.0209	0.0247	0.0283	0.0317	0.0348	0.0378	0.0493	0.0564	0.0606	0.0630	0.0663
4.8	0.0193	0.0229	0.0262	0.0294	0.0324	0.0352	0.0463	0.0533	0.0576	0.0601	0.0635
5.0	0.0179	0.0212	0.0243	0.0274	0.0302	0.0328	0.0435	0.0504	0.0547	0.0573	0.0610
6.0	0.0127	0.0151	0.0174	0.0196	0.0218	0.0238	0.0325	0.0388	0.0431	0.0460	0.0506
7.0	0.0094	0.0112	0.0130	0.0147	0.0164	0.0180	0.0251	0.0306	0.0346	0.0376	0.0428
8.0	0.0073	0.0087	0.0101	0.0114	0.0127	0.0140	0.0198	0.0246	0.0283	0.0311	0.0367
9.0	0.0058	0.0069	0.0080	0.0091	0.0102	0.0112	0.0161	0.0202	0.0235	0.0262	0.0319
10.0	0.0047	0.0056	0.0065	0.0074	0.0083	0.0092	0.0132	0.0167	0.0198	0.0222	0.0280

2）矩形均布荷载任意点下的应力

计算矩形面积受竖向均布荷载作用下，地基中任一点的附加应力时，可以加几条通过计算点的辅助线，将矩形面积划分为 n 个矩形，应用公式(3.33)分别计算各矩形上荷载产生的附加应力，进行叠加而得。此法称为角点法。

应用角点法，可计算下列三种情况的地基应力：

(1) 矩形受荷面积边上，任意点 M' 以下的附加应力(如图3.26(a)所示)：

$$\sigma_z = (\alpha_{c\text{I}} + \alpha_{c\text{II}})p$$

(2) 矩形受荷面积内，任意点 M' 以下的附加应力(如图3.26(b)所示)：

$$\sigma_z = (\alpha_{c\text{I}} + \alpha_{c\text{II}} + \alpha_{c\text{III}} + \alpha_{c\text{IV}})p$$

(3) 矩形受荷面积外，任意点 M' 以下的附加应力(如图3.26(c)所示)：

$$\sigma_z = (\alpha_{c\text{I}} + \alpha_{c\text{II}} - \alpha_{c\text{III}} - \alpha_{c\text{IV}})p$$

以上各式中 $\alpha_{c\text{I}}$、$\alpha_{c\text{II}}$、$\alpha_{c\text{III}}$ 和 $\alpha_{c\text{IV}}$ 分别为矩形 $M'hbe$、$M'fce$、$M'hag$ 和 $M'fdg$ 的角点应力系数；p 为作用在矩形面积上的均布荷载。

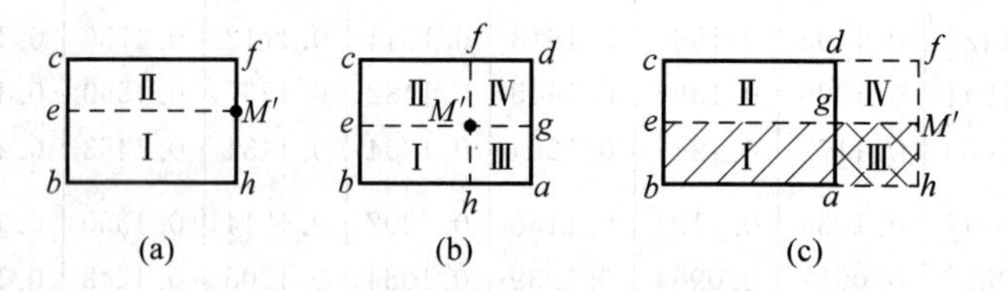

图3.26　应用角点法计算 M' 点下地基的附加应力

应用上述角点法时应注意几个问题：①划分的每一个矩形，都有一个角点为 M' 点；②所有划分的各矩形面积的总和，应等于原有受荷的面积；③所划分的每一个矩形面积中，l 为长边，b 为短边。

【例题3.1】 某矩形地基，长度为2.0m，宽度为1.0m，作用有均布荷载 $p=100\text{kPa}$，如图3.27所示。计算此矩形面积的角点 A、边点 E、中心点 O，以及矩形面积外 F 点和 G 点下，深度 $z=1.0\text{m}$ 处的附加应力。并利用计算的结果，说明附加应力的扩散规律。

【解】 1）计算角点 A 下的应力 σ_{zA}

因 $\dfrac{l}{b}=\dfrac{2.0}{1.0}=2.0$，$\dfrac{z}{b}=\dfrac{1.0}{1.0}=1.0$，由表3.3查得应力系数 $\alpha_c=0.1999$。所求的应力为

$$\sigma_{zA}=\alpha_c p = 0.1999\times 100 \approx 20\text{kPa}$$

2）计算边点 E 下的应力 σ_{zE}

作辅助线 IE，将原来矩形 $ABCD$ 划分为两个相等的小矩形 $EADI$ 和 $EBCI$。

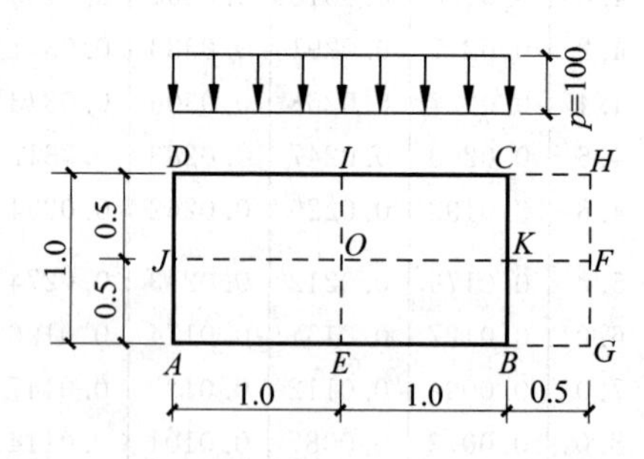

图3.27　【例题3.1】角点法计算图

在矩形 $EADI$ 中：$\frac{l}{b}=\frac{1.0}{1.0}=1.0$，$\frac{z}{b}=\frac{1.0}{1.0}=1.0$，由表3.3查得应力系数 $\alpha_c=0.1752$。所求的应力为

$$\sigma_{zE}=2\alpha_c p=2\times 0.1752\times 100\approx 35\text{kPa}$$

3）计算中心点 O 下的应力 σ_{zO}

作辅助线 $\overline{JOK}$ 和 $\overline{IOE}$，将原来矩形 $ABCD$，划分为四个相等的小矩形 $OEAJ$、$OJDI$、$OICK$ 和 $OKBE$。

在小矩形 $OEAJ$ 中：$\frac{l}{b}=\frac{1.0}{0.5}=2.0$，$\frac{z}{b}=\frac{1.0}{0.5}=2.0$，由表3.3查得应力系数 $\alpha_c=0.1202$。

所求的应力为

$$\sigma_{zO}=4\alpha_c p=4\times 0.1202\times 100\approx 48.1\text{kPa}$$

4）计算矩形面积外 F 点下的应力 σ_{zF}

作辅助线 $\overline{JKF}$、$\overline{HFG}$、$\overline{CH}$、$\overline{BG}$，将原矩形划分为两个长矩形 $FGAJ$、$FJDH$ 和两个小矩形 $FGBK$、$FKCH$。

在长矩形 $FGAJ$ 中：$\frac{l}{b}=\frac{2.5}{0.5}=5.0$，$\frac{z}{b}=\frac{1.0}{0.5}=2.0$，由表3.3查得应力系数 $\alpha_{c\text{I}}=0.1363$。

又在小矩形 $FGBK$ 中：$\frac{l}{b}=\frac{0.5}{0.5}=1.0$，$\frac{z}{b}=\frac{1.0}{0.5}=2.0$，由表3.3，查得应力系数 $\alpha_{c\text{II}}=0.0840$。

所求的应力为

$$\sigma_{zF}=2(\alpha_{c\text{I}}-\alpha_{c\text{II}})p=2(0.1363-0.0840)\times 100=10.5\text{kPa}$$

5）计算矩形面积外 G 点下的应力 σ_{zG}

作辅助线 BG，HG，CH，将原矩形 $ABCD$，划分为一个大矩形 $GADH$ 和一个小矩形 $GBCH$。

在扩大的矩形 $GADH$ 中：$\frac{l}{b}=\frac{2.5}{1.0}=2.5$，$\frac{z}{b}=\frac{1.0}{1.0}=1.0$，由表3.3查得应力系数 $\alpha_{c\text{I}}=0.2016$。

又在小矩形 $GBCH$ 中：$\frac{l}{b}=\frac{1.0}{0.5}=2.0$，$\frac{z}{b}=\frac{1.0}{0.5}=2.0$，由表3.3查得应力系数 $\alpha_{c\text{II}}=0.1202$。

所求应力为

$$\sigma_{zG}=(\alpha_{c\text{I}}-\alpha_{c\text{II}})p=(0.2016-0.1202)\times 100=8.1\text{kPa}$$

将上述 A，E，B，G 4点下深度 $z=1.0$m 处所计算的附加应力值，按比例绘出，如图3.28(a)所示。在矩形面积均布荷载作用下，地基中的附加应力有以下的规律：

(1) 不仅在受荷面积 $ABCD$ 竖直下方范围内产生附加应力，而且在荷载面积以外的地基土中（如 G 点下方）也产生附加应力。

(2) 在地基中同一深度处（如本例题中 $z=1$m）地基中的附加应力值，以中心点 O 下为最大；

离中心线越远的点，其附加应力 σ_z 值越小。

(3) 将此矩形面积中心点 O 下和 F 点下不同深度的附加应力数值计算出来，可绘成附加应力沿深度的分布曲线，如图3.28(b)所示。由图可知，地基中的附加应力 σ_z 值，通常随深度 z 的增大而减小。这是附加应力的扩散规律。

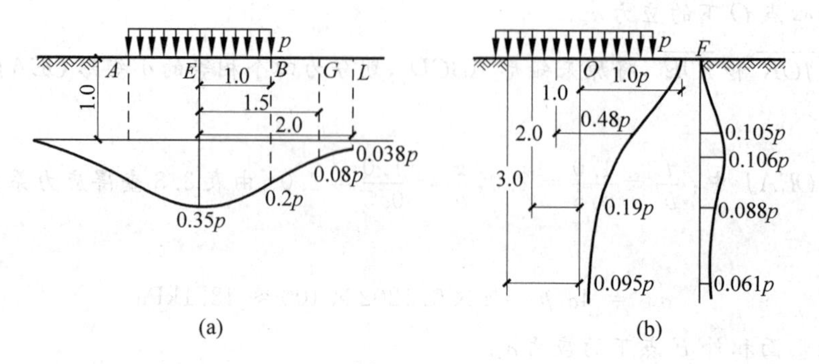

图3.28　矩形面积受竖向均布荷载作用时，地基中附加应力 σ_z 分布图

3. 矩形面积受三角形分布的竖向荷载作用

当框架结构房屋柱基受偏心荷载时，基础底面接触压力呈梯形(或三角形)分布。可用此法计算地基中的附加应力。

独立基础底面为矩形，长边 l，短边 b，荷载沿短边方向呈三角形分布，一边为零，另一边为 p_t，如图3.29所示。采用直角坐标系，坐标原点 O 取在三角形分布荷载为零的角点。将基础底面沿长边 l 和短边 b 方向，各切成很多小条，取其中一微小面积 $dxdy$，将作用于此微小面积上的荷载视为集中力 dp，则又可利用布辛尼斯克求解的地表受竖向集中力作用的公式(3.30)，来计算集中力 dp 对角点下 M 点引起的附加应力。通过积分，即可求得整个矩形面积上，受竖向三角形分布荷载作用下地基中 M 点的附加应力 σ_z 值如下式：

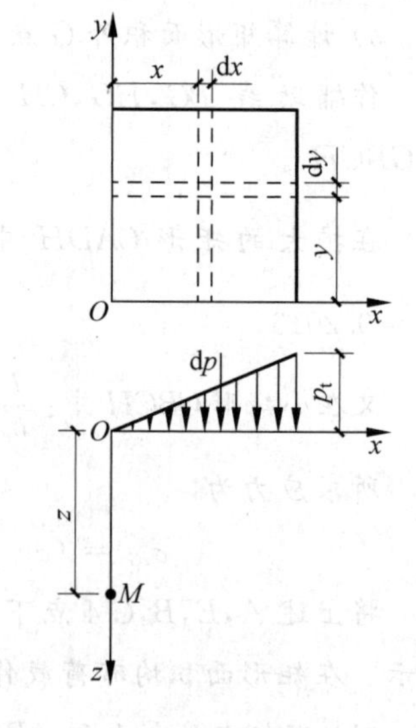

图3.29　矩形面积受三角形分布竖向荷载作用

$$\sigma_z = \int d\sigma_z = \frac{n}{2\pi}\left[\frac{m}{m^2+n^2} - \frac{mn^2}{(1+n^2)\sqrt{1+m^2+n^2}}\right]p_t = \alpha_{tc} p_t \tag{3.34}$$

式中　$m = \dfrac{l}{b}$；

$n = \dfrac{z}{b}$；

$\alpha_{tc} = f(m,n) = f\left(\dfrac{l}{b},\dfrac{z}{b}\right)$ 为应力系数，可查表3.4。

由公式(3.34)即可简便地计算所求的附加应力 σ_z。

表 3.4 矩形面积受三角形分布荷载作用角点下应力系数 α_{tc} 值

z/b \ l/b	0.2	0.4	0.6	0.8	1.0	1.2	1.4	1.6	1.8	2.0	3.0	4.0	6.0	8.0	10.0
0.0	0.0000	0.0000	0.0000	0.0000	0.0000	0.0000	0.0000	0.0000	0.0000	0.0000	0.0000	0.0000	0.0000	0.0000	0.0000
0.2	0.0223	0.0280	0.0296	0.0301	0.0304	0.0305	0.0305	0.0306	0.0306	0.0306	0.0306	0.0306	0.0306	0.0306	0.0306
0.4	0.0269	0.0420	0.0487	0.0517	0.0531	0.0539	0.0543	0.0545	0.0546	0.0547	0.0548	0.0549	0.0549	0.0549	0.0549
0.6	0.0259	0.0448	0.0560	0.0621	0.0654	0.0673	0.0684	0.0690	0.0694	0.0696	0.0701	0.0702	0.0702	0.0702	0.0702
0.8	0.0232	0.0421	0.0553	0.0637	0.0688	0.0720	0.0739	0.0751	0.0759	0.0764	0.0773	0.0776	0.076	0.0776	0.0776
1.0	0.0201	0.0375	0.0508	0.0602	0.0666	0.0708	0.0735	0.0753	0.0766	0.0774	0.0790	0.794	0.0795	0.0796	0.0796
1.2	0.0171	0.0324	0.0450	0.0546	0.0615	0.0664	0.0698	0.0721	0.0738	0.0749	0.0774	0.0779	0.0782	0.0783	0.0783
1.4	0.0145	0.0278	0.0392	0.0483	0.0554	0.0606	0.0644	0.0672	0.0692	0.0707	0.0739	0.0748	0.0752	0.0752	0.0753
1.6	0.0123	0.0238	0.0339	0.0424	0.0492	0.0545	0.0586	0.0616	0.0639	0.0656	0.0697	0.0708	0.0714	0.0715	0.0715
1.8	0.0105	0.0204	0.0294	0.0371	0.0435	0.0487	0.0528	0.0560	0.0585	0.0604	0.0652	0.0666	0.0673	0.0675	0.0675
2.0	0.0090	0.0176	0.0255	0.0324	0.0384	0.0434	0.0474	0.0507	0.0533	0.0553	0.0607	0.0624	0.0634	0.0636	0.0636
2.5	0.0063	0.0125	0.0183	0.0236	0.0284	0.0326	0.0362	0.0393	0.0419	0.0440	0.0504	0.0529	0.0543	0.0547	0.0548
3.0	0.0046	0.0092	0.0135	0.0176	0.0214	0.0249	0.0280	0.0307	0.0331	0.0352	0.0419	0.0449	0.0469	0.0474	0.0476
5.0	0.0018	0.0036	0.0054	0.0071	0.0088	0.0104	0.0120	0.0135	0.0148	0.0161	0.0214	0.0248	0.0283	0.0296	0.0301
7.0	0.0009	0.0019	0.0028	0.0038	0.0047	0.0056	0.0064	0.0073	0.0081	0.0089	0.0124	0.0152	0.186	0.0204	0.0212
10.0	0.0005	0.0009	0.0014	0.0019	0.0023	0.0028	0.0033	0.0037	0.0041	0.0046	0.0066	0.0084	0.0111	0.0128	0.0139

4. 条形面积受竖向均布荷载作用

当矩形基础底面的长宽比很大,如 $\dfrac{l}{b} \geqslant 10$ 时,称为条形基础。建筑工程中砖混结构的墙基(如图 3.30(a)所示)与挡土墙基础(如图 3.30(b)所示)等,均属于条形基础。

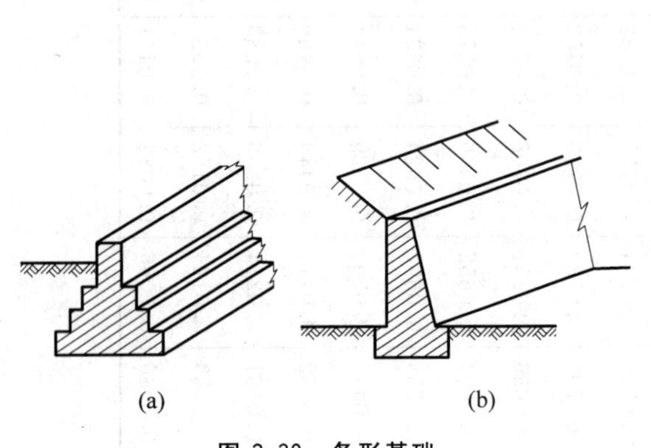

图 3.30 条形基础

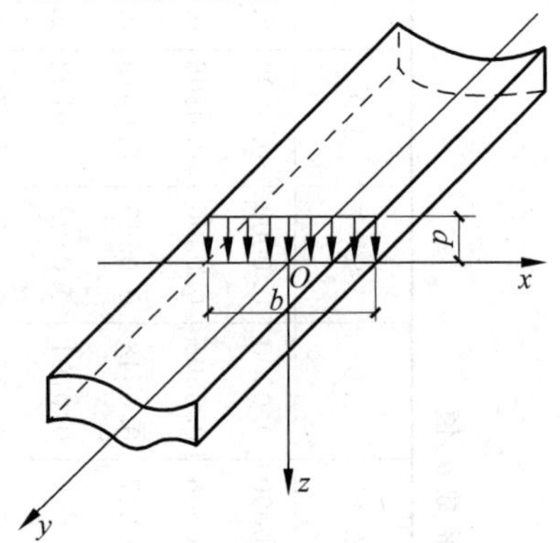

图 3.31 条形面积受竖向均布荷载下任一点 M 的应力计算

此种条形基础在基础底面产生的条形荷载沿长度方向相同时,地基应力计算按平面问题考虑,即与长度方向相垂直的任一截面上的附加应力分布规律都是相同的(基础两端另处理)。

在条形面积受竖向均布荷载作用下,地基中任一点深度 z 处的附加应力 σ_z ,同理可以应用地表受竖向集中力作用的公式(3.30),通过积分求解(推导过程从略),得到计算公式如下:

$$\sigma_z = \alpha_z^s p \tag{3.35}$$

其中

$$\alpha_z^s = \frac{2}{\pi}\left(\frac{2n}{1+4n^2} + \arctan\frac{1}{2n}\right) \tag{3.36}$$

式中 σ_z ——条形面积受竖向均布荷载作用下,地基中任一点深度 z 处的附加应力,如图 3.31 所示。

α_z^s ——条形均布荷载作用下,地基附加应力系数,由公式(3.36)计算,或由 $\dfrac{x}{b}$,$\dfrac{z}{b}$ 查表 3.5。

n ——地基中任一点深度与条形承载宽度之比,即 $n = \dfrac{z}{b}$。

计算条形面积受竖向均布荷载作用下,地基中的附加应力,也可用表 3.3 矩形面积角点法,取 $\dfrac{l}{b} = 10$,将条形面积分成 4 个相等的矩形,如图 3.32 所示,进行叠加而得。

5. 条形面积受竖向三角形分布荷载作用

这种荷载分布,可能出现在挡土墙基础受偏心荷载的情况。荷载分布沿宽度方向变化,基础边缘一端荷载为零,另一端荷载为 p_t ,如图 3.33 所示。坐标原点 O 取在条形面积中点。

表 3.5 条形面积受均布荷载作用时应力系数 α_z^s 值（$\sigma_z=\alpha_z^s p$）

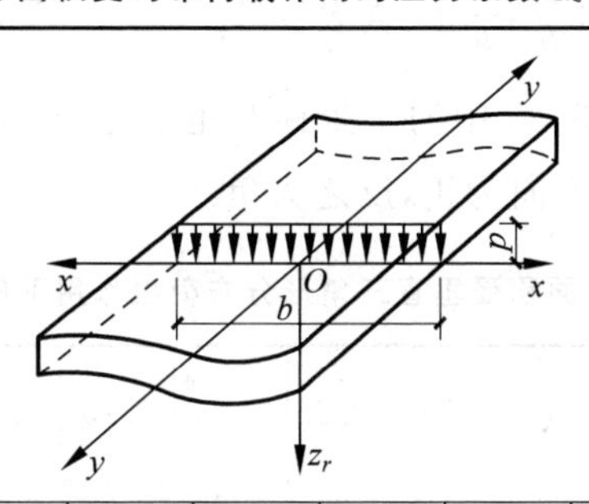

z/b \ x/b	0.00	0.10	0.25	0.35	0.50	0.75	1.00	1.50	2.00	2.50	3.00	4.00	5.00
0.00	1.000	1.000	1.000	1.000	0.500	0.000	0.000	0.000	0.000	0.000	0.000	0.000	0.000
0.05	1.000	1.000	0.995	0.970	0.500	0.002	0.000	0.000	0.000	0.000	0.000	0.000	0.000
0.10	0.997	0.996	0.986	0.965	0.499	0.010	0.005	0.000	0.000	0.000	0.000	0.000	0.000
0.15	0.993	0.987	0.968	0.910	0.498	0.033	0.008	0.001	0.000	0.000	0.000	0.000	0.000
0.25	0.960	0.954	0.905	0.805	0.496	0.088	0.019	0.002	0.001	0.000	0.000	0.000	0.000
0.35	0.907	0.900	0.832	0.732	0.492	0.148	0.039	0.006	0.003	0.001	0.000	0.000	0.000
0.50	0.820	0.812	0.735	0.651	0.481	0.218	0.082	0.017	0.005	0.002	0.001	0.000	0.000
0.75	0.668	0.658	0.610	0.552	0.450	0.263	0.146	0.040	0.017	0.005	0.005	0.001	0.000
1.00	0.552	0.541	0.513	0.475	0.410	0.288	0.185	0.071	0.029	0.013	0.007	0.002	0.001
1.50	0.396	0.395	0.379	0.353	0.332	0.273	0.211	0.114	0.055	0.030	0.018	0.006	0.003
2.00	0.306	0.304	0.292	0.288	0.275	0.242	0.205	0.134	0.083	0.051	0.028	0.013	0.006
2.50	0.245	0.244	0.239	0.237	0.231	0.215	0.188	0.139	0.098	0.065	0.034	0.021	0.010
3.00	0.208	0.208	0.206	0.202	0.198	0.185	0.171	0.136	0.103	0.075	0.053	0.028	0.015
4.00	0.160	0.160	0.158	0.156	0.153	0.147	0.140	0.122	0.102	0.081	0.066	0.040	0.025
5.00	0.126	0.126	0.125	0.125	0.124	0.121	0.117	0.107	0.095	0.082	0.069	0.046	0.034

Ⅰ	Ⅱ
Ⅲ	Ⅳ

图 3.32 角点法的应用

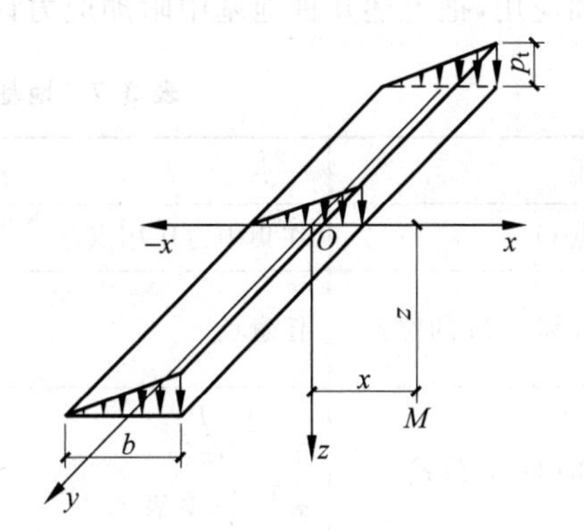

图 3.33 条形面积受竖向三角形分布荷载

地基中任一点深度 z 处的附加应力，仍可用布辛尼斯克对地表受竖向集中力作用的解，通过积分可得：

$$\sigma_z = \alpha_t^s p_t \tag{3.37}$$

式中 α_t^s——应力系数，$\alpha_t^s = f\left(\frac{x}{b}, \frac{z}{b}\right)$，查表3.6。

计算附加应力时，应注意图3.33中的x坐标有正负之分。x坐标并非总是向右为正，向左为负，而是由原点O向荷载增大的方向为正，反之为负。

表3.6 条形面积受垂直三角形分布荷载作用下应力系数 α_t^s 值

z/b \ x/b	−2.00	−1.50	−1.00	−0.75	−0.50	−0.25	0.00	0.25	0.50	0.75	1.00	1.50	2.00	3.00
0.00	0	0	0	0	0	0.25	0.50	0.75	0.50	0	0	0	0	0
0.25	0	0	0	0.01	0.08	0.26	0.48	0.65	0.42	0.08	0.02	0	0	0
0.50	0	0.01	0.02	0.05	0.13	0.26	0.41	0.47	0.35	0.16	0.06	0.01	0	0
0.75	0.01	0.01	0.05	0.08	0.15	0.25	0.33	0.36	0.29	0.19	0.10	0.03	0.01	0
1.00	0.01	0.03	0.06	0.10	0.16	0.22	0.28	0.29	0.25	0.18	0.12	0.05	0.02	0
1.50	0.02	0.05	0.09	0.11	0.15	0.18	0.20	0.20	0.19	0.16	0.13	0.07	0.04	0.01
2.00	0.03	0.06	0.09	0.11	0.14	0.16	0.16	0.16	0.15	0.13	0.12	0.08	0.05	0.02
2.50	0.04	0.06	0.08	0.12	0.13	0.13	0.13	0.13	0.12	0.11	0.10	0.07	0.05	0.02
3.00	0.05	0.06	0.08	0.09	0.10	0.10	0.11	0.11	0.10	0.10	0.09	0.07	0.05	0.03
4.00	0.05	0.06	0.07	0.07	0.08	0.08	0.08	0.08	0.08	0.08	0.07	0.06	0.05	0.03
5.00	0.05	0.05	0.06	0.06	0.06	0.06	0.06	0.06	0.06	0.06	0.06	0.05	0.04	0.03

至此，对工业与民用建筑中常用的基础底面形式与荷载情况，包括竖向集中力作用，矩形面积受竖向均布荷载和三角形分布荷载作用，条形面积受竖向均布荷载和三角形分布荷载作用，都作了阐述。不难看出，各种情况的地基附加应力计算原理、计算公式和计算方法均相类似。需要注意所取坐标原点O的位置，欲计算的地基中M点的位置，以及x坐标是否有正负之分。为了便于学习和应用，把上述几种地基中附加应力计算方法进行小结，见表3.7。

表3.7 地基中附加应力计算小结

受荷面积	一点	矩形	条形
坐标原点O	在集中力作用点	在角点	在中点
地基中计算点M的位置	任意点	①角点下 ②任意点(角点法叠加)	任意点
集中力作用计算公式	$\sigma_z = \alpha \frac{P}{z^2}$ α由$\frac{r}{z}$查表3.3		
垂直均布荷载计算公式		$\sigma_z = \alpha_c p$ α_c由$\frac{l}{b}, \frac{z}{b}$查表3.4	$\sigma_z = \alpha_z^s p$ α由$\frac{x}{b}, \frac{z}{b}$查表3.6
垂直三角形分布荷载计算公式		$\sigma_z = \alpha_{tc} p_t$ α_{tc}由$\frac{l}{b}, \frac{z}{b}$查表3.5	$\sigma_z = \alpha_t^s p_t$ α_t^s由$\frac{x}{b}, \frac{z}{b}$查表3.7

3.6 地基的最终沉降量

定义：地基土层在建筑物荷载作用下，不断地产生压缩，直至压缩稳定后地基表面的沉降量称为地基的最终沉降量。

地基沉降的原因：通常认为地基土层在自重作用下压缩已稳定。因此，地基沉降的外因主要是建筑物荷载在地基中产生的附加应力，其内因是土由三相组成，具有碎散性，在附加应力作用下土层的孔隙发生压缩变形，引起地基沉降。

计算目的：在建筑设计中需预知该建筑物建成后将产生的最终沉降量、沉降差、倾斜和局部倾斜，判断地基变形值是否超出允许的范围，以便在建筑物设计时，为采取相应的工程措施提供科学依据，保证建筑物的安全。

计算方法：世界上关于地基沉降量的计算方法很多，本课程阐述我国工业与民用建筑中常用的两种方法：分层总和法和《建筑地基基础设计规范》(GB 50007—2011)推荐法。

1. 分层总和法

采用分层总和法是地基沉降计算中常常采用的一种方法。该方法假设土层只有竖向单向压缩，侧向限制不能变形。计算的物理概念清楚，计算方法不难。

2.《建筑地基基础设计规范》(GB 50007—2011)推荐法

根据大量工程实践经验，对上述分层总和法沉降计算进行总结，并据大量沉降观测的资料对分层总和法的计算结果进行了修正，列入国家规范。

3.6.1 分层总和法

1. 计算原理

分层总和法顾名思义，先将地基土分为若干水平土层，各土层厚度分别为 $h_1, h_2, h_3, \cdots, h_n$。计算每层土的压缩量 $s_1, s_2, s_3, \cdots, s_n$。然后累计起来，即为总的地基沉降量 s，如图 3.34 所示。

$$s = s_1 + s_2 + s_3 + \cdots + s_n = \sum_{i=1}^{n} s_i \tag{3.38}$$

2. 几点假定

为了应用上述地基中的附加应力计算公式和室内侧限压缩试验的指标，特作下列假定：

(1) 地基土为均匀、等向的半无限空间弹性体。在建筑物荷载作用下，土中的应力与应变 σ-ε 呈直线关系。因此，可应用弹性理论方法计算地基中的附加应力，详见“3.5 地基中的应力分布”。

(2) 地基沉降计算的部位,按基础中心点 O 下土柱所受附加应力 σ_z 进行计算。实际上基础底面边缘或中部各点的附加应力不同,中心点 O 下的附加应力为最大值。当计算基础的倾斜时,要以倾斜方向基础两端点下的附加应力进行计算。

(3) 地基土的变形条件为侧限条件,即在建筑物的荷载作用下,地基土层只产生竖向压缩变形,侧向不能膨胀变形,因而在沉降计算中,可应用实验室测定的侧限压缩试验指标 a 与 E_s 数值。

(4) 沉降计算的深度,理论上应计算至无限大,工程上因附加应力扩散随深度而减小,计算至某一深度(即受压层)即可。在受压层以下的土层附加应力很小,所产生的沉降量可忽略不计。若受压层以下尚有软弱土层,则应计算至软弱土层底部。

3. 计算方法与步骤

(1) 用坐标纸按比例绘制地基土层分布剖面图和基础剖面图,如图 3.35 所示。

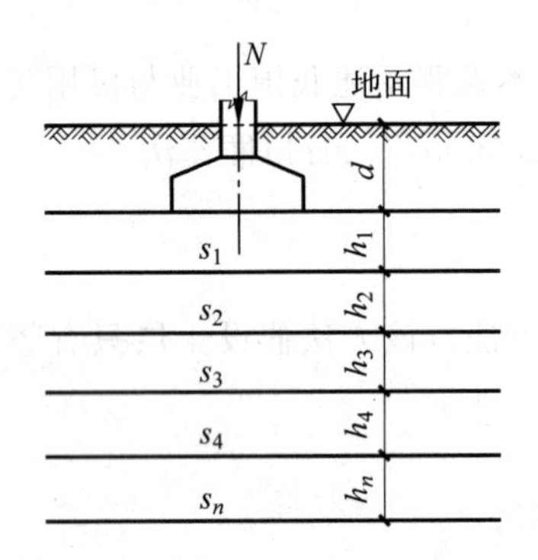

图 3.34 分层总和法计算原理

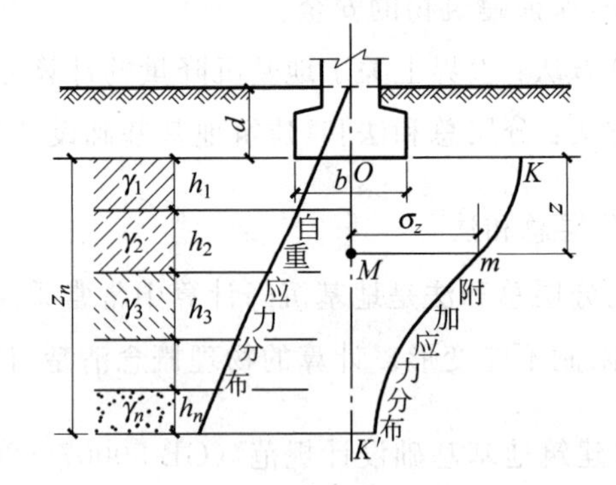

图 3.35 分层总和法计算地基沉降

(2) 计算地基土的自重应力 σ_c。土层变化处为计算点。计算结果按应力的比例尺(如 1cm 代表 100kPa),绘于基础中心线的左侧。注意自重应力分布曲线的横坐标只表示该点的自重应力数值,应力的方向都是竖直方向。

(3) 计算基础底面接触压力

中心荷载 $$p=\frac{N+G}{A}$$

偏心荷载 $$p_{\substack{\max\\\min}}=\frac{R}{A}\left(1\pm\frac{6e}{b}\right)$$

或 $$p_{\substack{\max\\\min}}=\frac{N+G}{A}\pm\frac{M}{W}$$

(4) 计算基础底面附加应力

$$\sigma_0=p-\gamma D$$

式中 p ——基础底面接触压力,kPa;

γD ——基础埋置深度 D 处的自重应力,kPa。

(5) 计算地基中的附加应力分布　为保证计算的精确度,计算土层厚度不能太厚,要求每层厚度 $h_i \leqslant 0.4b$ 。将附加应力计算结果按比例尺绘于基础中心线的右侧。例如,深度 z 处,M 点的竖向附加应力 σ_z 值,以线段 $\overline{Mm}$ 表示。各计算点的附加应力连成一条曲线 $\widehat{KmK'}$,表示基础中心点 O 以下附加应力随深度的变化。

(6) 确定地基受压层深度 z_n　由图 3.35 中的自重应力分布和附加应力分布两条曲线,可以找到某一深度处附加应力 σ_z 为自重应力 σ_{cz} 的 20%,此深度称为地基受压层深度 z_n 。此处

一般土
$$\sigma_z = 0.2\sigma_{cz} \tag{3.39}$$

软土
$$\sigma_z = 0.1\sigma_{cz} \tag{3.40}$$

式中　σ_z ——基础底面中心 O 点下深度 z 处的附加应力,kPa;

σ_{cz} ——同一深度 z 处的自重应力,kPa。

用坐标纸绘图 3.35,通过数小方格,可以很方便地找到 z_n 。

(7) 沉降计算分层　为使地基沉降计算比较精确,除按 $0.4b$ 分层以外,还需考虑下列因素:

① 地质剖面图中,不同的土层,因压缩性不同应为分层面;

② 地下水位应为分层面;

③ 基础底面附近附加应力数值大且曲线的曲率大,分层厚度应小些,使各计算分层的附加应力分布曲线以直线代替计算时误差较小。

(8) 计算各土层的压缩量　由式(3.15)、(3.16)和式(3.17)中的任一个公式,可计算第 i 层土的压缩量 s_i :

$$s_i = \frac{\bar{\sigma}_{zi}}{E_{si}} h_i$$

$$s_i = \left(\frac{a}{1+e_1}\right)_i \bar{\sigma}_{zi} h_i$$

$$s_i = \left(\frac{e_1 - e_2}{1+e_1}\right)_i h_i$$

式中　$\bar{\sigma}_{zi}$ ——第 i 层土的平均附加应力,kPa;

E_{si} ——第 i 层土的侧限压缩模量,kPa;

h_i ——第 i 层土的厚度,m;

a ——第 i 层土的压缩系数,kPa^{-1};

e_1 ——第 i 层土压缩前的孔隙比;

e_2 ——第 i 层土压缩终止后的孔隙比。

(9) 计算地基最终沉降量　将地基受压层 z_n 范围内各土层压缩量相加可得:

$$s = s_1 + s_2 + s_3 + \cdots + s_n = \sum_{i=1}^{n} s_i$$

【例题 3.2】　某厂房为框架结构,柱基底面为正方形,边长 $l = b = 4.0\mathrm{m}$,基础埋置深度

$d=1.0\text{m}$。上部结构传至基础顶面荷重 $P=1\,440\text{kN}$。地基为粉质黏土，土的天然重度 $\gamma=16.0\text{kN/m}^3$，土的天然孔隙比 $e=0.97$。地下水位深 3.4m，地下水位以下土的饱和重度 $\gamma_{sat}=18.2\text{kN/m}^3$。土的压缩系数：地下水位以上 $a_1=0.30\text{MPa}^{-1}$，地下水位以下 $a_2=0.25\text{MPa}^{-1}$，如图 3.36 所示。计算柱基中点的沉降量。

【解】 (1) 绘制柱基剖面图与地基土的剖面图，如图 3.36 所示。

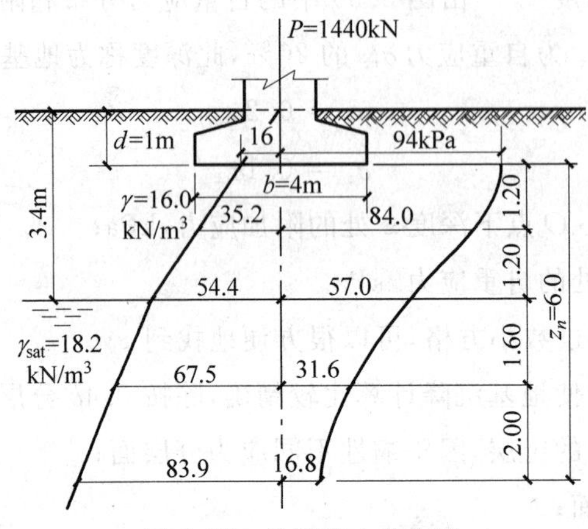

图 3.36 地基应力分布图

(2) 计算地基土的自重应力

基础底面 $\sigma_{cd}=\gamma d=16\times1=16\text{kPa}$

地下水位处 $\sigma_{cw}=3.4\gamma=3.4\times16.0=54.4\text{kPa}$

地面下 $2b$ 处 $\sigma_{c8}=3.4\gamma+4.6\gamma'$

$=54.4+4.6\times8.2=92.1\text{kPa}$

(3) 基础底面接触压力 σ

设基底以上基础和回填土的平均重度 $\gamma_m=20\text{kN/m}^3$，则

$$\sigma=\frac{P}{l\times b}+\gamma_m d=\frac{1\,440}{4\times4}+20\times1=90+20=110.0\text{kPa}$$

(4) 基础底面附加应力

$$\sigma_0=\sigma-\gamma d=110.0-16.0=94.0\text{kPa}$$

(5) 地基中的附加应力　基础底面为正方形，用角点法计算，分成相等的四小块，计算边长 $l=b=2.0\text{m}$。附加应力 $\sigma_z=4\alpha_c\sigma_0$ kPa，其中应力系数 α_c 查表 3.3，列表计算如下。

(6) 地基受压层深度 z_n　由图 3.36 中自重应力分布与附加应力分布两条曲线，寻找 $\sigma_z=0.2\sigma_{cz}$ 的深度 z：

当深度 $z=6.0\text{m}$ 时，$\sigma_z=16.8\text{kPa}$，$\sigma_{cz}=83.9\text{kPa}$，$\sigma_z\approx0.2\sigma_{cz}=16.8\text{kPa}$。故受压层深度 $z_n=6.0\text{m}$。

(7) 地基沉降计算分层　计算分层的厚度 $h_i\leqslant0.4b=1.6\text{m}$。地下水位以上 2.4m 分两层，各 1.2m；第三层 1.6m；第四层因附加压力很小，可取 2.0m。

表 3.8　附加应力计算

深度 z /m	l/b	z/b	应力系数 α_c	附加应力 $\sigma_z = 4\alpha_c\sigma_0$ /kPa
0	1.0	0	0.2500	94.0
1.2	1.0	0.6	0.2229	84.0
2.4	1.0	1.2	0.1516	57.0
4.0	1.0	2.0	0.0840	31.6
6.0	1.0	3.0	0.0447	16.8

(8) 地基沉降计算，见表 3.9，$s_i = \dfrac{a}{1+e_1}\overline{\sigma_z}h_i$。

表 3.9　地基沉降计算

土层编号	土层厚度 h_i /m	土的压缩系数 a /MPa^{-1}	孔隙比 e_1	平均附加应力 $\overline{\sigma}_z$ /kPa	沉降量 s_i /mm
1	1.20	0.30	0.97	$\frac{94+84}{2}=89.0$	16.3
2	1.20	0.30	0.97	$\frac{84+57}{2}=70.5$	12.9
3	1.60	0.25	0.97	$\frac{57+31.6}{2}=44.3$	9.0
4	2.00	0.25	0.97	$\frac{31.6+16.8}{2}=24.2$	6.1

(9) 柱基中点总沉降量

$$s = \sum s_i = 16.3 + 12.9 + 9.0 + 6.1 = 44.3\text{mm}$$

【例题 3.3】 某厂房为框架结构独立基础，基础底面积为正方形，边长 $l = b = 4.0\text{m}$。上部结构传至基础顶面荷载 $P = 1\ 440\text{kN}$。基础埋深 $d = 1.0\text{m}$。地基为粉质黏土，土的天然重度 $\gamma = 16.0\text{kN/m}^3$。地下水位深度 3.4m，水下饱和重度 $\gamma_{sat} = 18.2\text{kN/m}^3$。土的压缩试验，$e$-$\sigma$ 曲线如图 3.37 所示。计算柱基中点的沉降量。

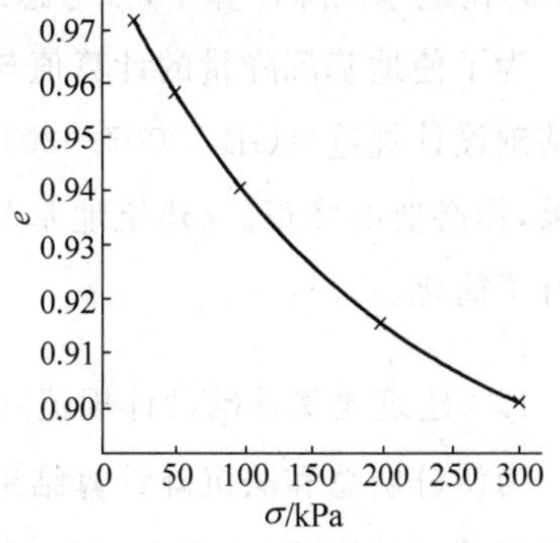

图 3.37　地基土的压缩曲线

【解】 计算步骤(1)～(7)，同【例题 3.2】。

(8) 沉降计算根据公式

$$s_i = \left(\frac{e_1 - e_2}{1+e_1}\right)_i h_i \qquad (3.17)'$$

根据图 3.37 中地基土的压缩曲线，由各层土的平均自重压力 $\overline{\sigma}_{ci}$ 数值，查出相应的孔隙比为 e_1。由各层土的平均自重压力与平均附加应力之和 $\bar{\sigma}_{ci}+\bar{\sigma}_{zi}$，查出相应的孔隙比为 e_2。再由公式(3.17)即可计算各层土的沉降量 s_i。列表计算如表3.10所示。

表 3.10　沉降计算

编号	土层厚度 h_i /mm	平均自重压力 $\bar{\sigma}_{ci}$ /kPa	平均附加应力 $\bar{\sigma}_{zi}$ /kPa	$\bar{\sigma}_{ci}+\bar{\sigma}_{zi}$ /kPa	由 $\bar{\sigma}_{ci}$ 查 e_1	据 $\bar{\sigma}_{ci}+\bar{\sigma}_{zi}$ 查 e_2	$\left(\frac{e_1-e_2}{1+e_1}\right)_i$	沉降量 s_i /mm
1	1200	25.6	89.0	114.6	0.970	0.937	$\frac{0.033}{1.97}=0.0168$	20.16
2	1200	44.8	70.5	115.3	0.960	0.936	$\frac{0.024}{1.96}=0.0122$	14.64
3	1600	61.0	44.3	105.3	0.954	0.940	$\frac{0.014}{1.954}=0.00716$	11.46
4	2000	75.7	24.2	99.9	0.948	0.941	$\frac{0.007}{1.948}=0.00359$	7.18

(9) 厂房柱基中点的总沉降量

$$s=\sum_{i=1}^{4}s_i=20.16+14.64+11.46+7.18\approx 53.4\text{mm}$$

3.6.2 《建筑地基基础设计规范》(GB 50007—2011)推荐沉降计算法

采用上述分层总和法进行建筑物地基沉降计算，并与大量建筑物的沉降观测进行比较，发现其具有下列规律：①中等地基，计算沉降量与实测沉降量相近，即 $s_{计}\approx s_{实}$；②软弱地基，计算沉降量小于实测沉降量，即 $s_{计}<s_{实}$；③坚实地基，计算地基沉降量远大于实测沉降量，即 $s_{计}\gg s_{实}$。

地基沉降量计算值与实测值不一致的原因主要有：①分层总和法计算所作的几点假定，与实际情况不完全符合；②土的压缩性指标试样的代表性、取原状土的技术及试验的准确度都存在问题；③在地基沉降计算中，未考虑地基、基础与上部结构的共同作用。

为了使地基沉降量的计算值与实测沉降值相吻合，在总结大量实践经验的基础上，《建筑地基基础设计规范》(GB 50007—2011)引入了沉降计算修正系数 ψ_s。对分层总和法地基沉降计算结果，作必要的修正。《建筑地基基础设计规范》(GB 50007—2011)还对分层总和法的计算步骤进行了简化。

1.《建筑地基基础设计规范》(GB 50007—2011)法的实质

为使分层总和法沉降计算结果在软弱地基或坚实地基情况，都与实测沉降量相吻合，《建筑地基基础设计规范》(GB 50007—2011)法引入一个沉降计算经验系数 ψ_s。此经验系数 ψ_s，由大量建筑物沉降观测数值与分层总和法计算值进行对比总结后得到。对软弱地基，$\psi_s>1.0$，对坚实地基，$\psi_s<1.0$。

2.《建筑地基基础设计规范》(GB 50007—2011)法地基沉降计算公式

$$s = \psi_s s' = \psi_s \sum_{i=1}^{n} \frac{p_0}{E_{si}} (z_i \bar{\alpha}_i - z_{i-1} \bar{\alpha}_{i-1}) \tag{3.41}$$

式中 s ——《建筑地基基础设计规范》(GB 50007—2011)法计算地基最终沉降量,mm;

s' ——分层总和法计算地基最终沉降量,mm;

ψ_s ——沉降计算经验系数,根据地区沉降观测资料及经验确定,也可采用表 3.11 数值;

n ——地基沉降计算深度(即受压层)范围内所划分的土层数(如图 3.38 所示);

p_0 ——对应于荷载标准值时的基础底面处的附加压力,kPa;

E_{si} ——基础底面下,第 i 层土的压缩模量,按实际应力范围取值,kPa;

z_i、z_{i-1} ——基础底面至第 i 层土、第 $i-1$ 层土底面的距离,m;

$\bar{\alpha}_i$、$\bar{\alpha}_{i-1}$ ——基础底面计算点至第 i 层土、第 $i-1$ 层土底面范围内平均附加应力系数,可查表 3.12 和表 3.13。

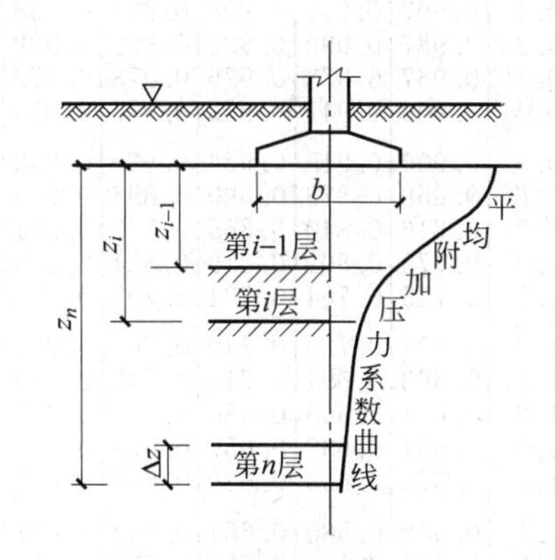

图 3.38 《建筑地基基础设计规范》(GB 50007—2011)法沉降计算分层

当地基为一均匀土层时,用此土层的压缩模量 E_s 值,直接查表 3.11,即可得 ψ_s 值,可用内插法计算 ψ_s。若地基为多层土,E_s 为不同数值,则先计算 E_s 的当量值 $\overline{E}_s$ 来查表 3.11。即 E_s 按附加应力面积 A 的加权平均值查表 3.11。

表 3.11 沉降计算经验系数ψ_s

基底附加压力 p_0/kPa \ 压缩模量 $\overline{E}_s$/MPa	2.5	4.0	7.0	15.0	20.0
$p_0 \geqslant f_{ak}$	1.40	1.30	1.00	0.40	0.20
$p_0 \leqslant 0.75 f_{ak}$	1.10	1.00	0.70	0.40	0.20

注:$\overline{E}_s$ 为沉降计算深度范围内压缩模量的当量值,应按下式计算:$\overline{E}_s = \dfrac{\sum A_i}{\sum \dfrac{A_i}{E_{si}}}$;$A_i$ 为第 i 层土附加应力系数沿土层厚度的积分值。

应当注意:平均附加应力系数 $\bar{\alpha}_i$ 系指基础底面计算点至第 i 层土底面范围全部土层的附加应力系数平均值,而非地基中第 i 层土本身的附加应力系数。

表 3.12 矩形及圆形面积上均布荷载作用下，通过中心点竖线上的平均附加应力系数 $\bar{\alpha}$

z/b \ l/b	1.0	1.2	1.4	1.6	1.8	2.0	2.4	2.8	3.2	3.6	4.0	5.0	>10（条形）	圆形	
														z/R	$\bar{\alpha}$
0.0	1.000	1.000	1.000	1.000	1.000	1.000	1.000	1.000	1.000	1.000	1.000	1.000	1.000	0.0	1.000
0.1	0.997	0.998	0.998	0.998	0.998	0.998	0.998	0.998	0.998	0.998	0.998	0.998	0.998	0.1	1.000
0.2	0.987	0.990	0.991	0.992	0.992	0.992	0.993	0.993	0.993	0.993	0.993	0.993	0.993	0.2	0.998
0.3	0.967	0.973	0.976	0.978	0.979	0.979	0.980	0.980	0.981	0.981	0.981	0.981	0.982	0.3	0.993
0.4	0.936	0.947	0.953	0.956	0.958	0.965	0.961	0.962	0.962	0.963	0.963	0.963	0.963	0.4	0.986
0.5	0.900	0.915	0.924	0.929	0.933	0.935	0.937	0.939	0.939	0.940	0.940	0.940	0.940	0.5	0.974
0.6	0.858	0.878	0.890	0.898	0.903	0.906	0.910	0.912	0.913	0.914	0.914	0.915	0.915	0.6	0.960
0.7	0.816	0.840	0.855	0.865	0.871	0.876	0.881	0.884	0.885	0.886	0.887	0.887	0.888	0.7	0.942
0.8	0.775	0.801	0.819	0.831	0.839	0.844	0.851	0.855	0.857	0.858	0.859	0.860	0.860	0.8	0.923
0.9	0.735	0.764	0.784	0.797	0.806	0.813	0.821	0.826	0.829	0.830	0.831	0.832	0.833	0.9	0.901
1.0	0.698	0.723	0.749	0.764	0.775	0.783	0.792	0.798	0.801	0.803	0.804	0.806	0.807	1.0	0.878
1.1	0.663	0.694	0.717	0.733	0.744	0.753	0.764	0.771	0.775	0.777	0.779	0.780	0.782	1.1	0.855
1.2	0.631	0.663	0.686	0.703	0.715	0.725	0.737	0.744	0.749	0.752	0.754	0.756	0.758	1.2	0.831
1.3	0.601	0.633	0.657	0.674	0.688	0.698	0.711	0.719	0.725	0.728	0.730	0.733	0.735	1.3	0.808
1.4	0.573	0.605	0.629	0.648	0.661	0.672	0.687	0.696	0.701	0.705	0.708	0.711	0.714	1.4	0.784
1.5	0.548	0.580	0.604	0.622	0.637	0.643	0.664	0.676	0.679	0.683	0.686	0.690	0.693	1.5	0.762
1.6	0.524	0.556	0.580	0.599	0.613	0.625	0.641	0.651	0.658	0.663	0.666	0.670	0.675	1.6	0.739
1.7	0.502	0.533	0.558	0.577	0.591	0.603	0.620	0.631	0.638	0.643	0.646	0.651	0.656	1.7	0.718
1.8	0.482	0.513	0.537	0.556	0.571	0.583	0.600	0.611	0.619	0.624	0.629	0.633	0.638	1.8	0.697
1.9	0.463	0.493	0.517	0.536	0.551	0.563	0.581	0.593	0.601	0.606	0.610	0.616	0.622	1.9	0.677
2.0	0.446	0.475	0.499	0.518	0.533	0.545	0.563	0.575	0.584	0.590	0.594	0.600	0.606	2.0	0.658
2.1	0.429	0.459	0.482	0.500	0.515	0.528	0.546	0.559	0.567	0.574	0.578	0.585	0.591	2.1	0.640
2.2	0.414	0.443	0.466	0.484	0.499	0.511	0.530	0.543	0.552	0.558	0.563	0.570	0.577	2.2	0.623
2.3	0.400	0.428	0.451	0.469	0.484	0.496	0.515	0.528	0.537	0.544	0.548	0.556	0.564	2.3	0.606
2.4	0.387	0.414	0.436	0.454	0.469	0.481	0.500	0.513	0.523	0.530	0.535	0.543	0.551	2.4	0.590
2.5	0.374	0.401	0.423	0.441	0.455	0.468	0.486	0.500	0.509	0.516	0.522	0.530	0.539	2.5	0.574
2.6	0.362	0.389	0.410	0.428	0.442	0.455	0.473	0.487	0.496	0.504	0.509	0.518	0.528	2.6	0.560
2.7	0.351	0.377	0.398	0.416	0.430	0.442	0.461	0.474	0.484	0.492	0.497	0.506	0.517	2.7	0.546
2.8	0.341	0.366	0.387	0.404	0.418	0.430	0.449	0.463	0.472	0.480	0.486	0.495	0.506	2.8	0.532
2.9	0.331	0.356	0.377	0.393	0.407	0.419	0.438	0.451	0.461	0.469	0.475	0.485	0.496	2.9	0.519
3.0	0.322	0.346	0.366	0.383	0.397	0.409	0.427	0.441	0.451	0.459	0.465	0.474	0.487	3.0	0.507
3.1	0.313	0.337	0.357	0.373	0.387	0.398	0.417	0.430	0.440	0.448	0.454	0.464	0.477	3.1	0.495
3.2	0.305	0.328	0.348	0.364	0.377	0.389	0.407	0.420	0.431	0.439	0.445	0.455	0.468	3.2	0.484
3.3	0.297	0.320	0.339	0.355	0.368	0.379	0.397	0.411	0.421	0.429	0.436	0.446	0.460	3.3	0.473
3.4	0.289	0.312	0.331	0.346	0.359	0.371	0.388	0.402	0.412	0.420	0.427	0.437	0.452	3.4	0.463
3.5	0.282	0.304	0.323	0.338	0.351	0.362	0.380	0.393	0.403	0.412	0.418	0.429	0.444	3.5	0.453
3.6	0.276	0.297	0.315	0.330	0.343	0.354	0.372	0.385	0.395	0.403	0.410	0.421	0.436	3.6	0.443
3.7	0.269	0.290	0.308	0.323	0.335	0.346	0.364	0.377	0.387	0.395	0.402	0.413	0.429	3.7	0.434
3.8	0.263	0.284	0.301	0.316	0.328	0.339	0.356	0.369	0.379	0.388	0.394	0.405	0.422	3.8	0.425
3.9	0.257	0.277	0.294	0.309	0.321	0.332	0.349	0.362	0.372	0.380	0.387	0.398	0.415	3.9	0.417
4.0	0.251	0.271	0.288	0.302	0.314	0.325	0.342	0.355	0.365	0.373	0.379	0.391	0.408	4.0	0.409
4.1	0.246	0.265	0.282	0.296	0.308	0.318	0.335	0.348	0.368	0.366	0.372	0.384	0.402	4.1	0.401
4.2	0.241	0.260	0.276	0.290	0.302	0.312	0.328	0.341	0.352	0.359	0.366	0.377	0.396	4.2	0.393
4.3	0.236	0.255	0.270	0.284	0.296	0.306	0.322	0.335	0.345	0.363	0.359	0.371	0.390	4.3	0.386
4.4	0.231	0.250	0.265	0.278	0.290	0.300	0.316	0.329	0.339	0.347	0.353	0.365	0.384	4.4	0.379
4.5	0.226	0.245	0.260	0.273	0.285	0.294	0.310	0.323	0.333	0.341	0.347	0.359	0.378	4.5	0.372
4.6	0.222	0.240	0.255	0.268	0.279	0.289	0.305	0.317	0.327	0.335	0.341	0.353	0.373	4.6	0.365
4.7	0.218	0.235	0.250	0.263	0.274	0.284	0.299	0.312	0.321	0.329	0.336	0.347	0.367	4.7	0.359
4.8	0.214	0.231	0.245	0.258	0.269	0.279	0.294	0.306	0.316	0.324	0.330	0.342	0.362	4.8	0.353
4.9	0.210	0.227	0.241	0.253	0.265	0.274	0.289	0.301	0.311	0.319	0.325	0.337	0.357	4.9	0.347
5.0	0.206	0.223	0.237	0.249	0.260	0.269	0.284	0.296	0.306	0.313	0.320	0.332	0.352	5.0	0.341

表 3.13 矩形面积上三角形分布荷载作用下角点的平均附加压力系数 $\bar{\alpha}$

l/b	0.2		0.4		0.6		0.8		1.0		1.2		1.4	
点 z/b	1	2	1	2	1	2	1	2	1	2	1	2	1	2
0.0	0.0000	0.2500	0.0000	0.2500	0.0000	0.2500	0.0000	0.2500	0.0000	0.2500	0.0000	0.2500	0.0000	0.2500
0.2	0.0112	0.2161	0.0140	0.2308	0.0148	0.2333	0.0151	0.2339	0.0152	0.2341	0.0153	0.2342	0.0153	0.2343
0.4	0.0179	0.1810	0.0245	0.2084	0.0270	0.2153	0.0280	0.2175	0.0285	0.2184	0.0288	0.2187	0.0289	0.2189
0.6	0.0207	0.1505	0.0308	0.1851	0.0355	0.1966	0.0376	0.2011	0.0388	0.2030	0.0394	0.2039	0.0397	0.2043
0.8	0.0217	0.1277	0.0340	0.1640	0.0405	0.1787	0.0440	0.1852	0.0459	0.1883	0.0470	0.1899	0.0476	0.1907
1.0	0.0217	0.1104	0.0351	0.1461	0.0430	0.1624	0.0476	0.1704	0.0502	0.1746	0.0518	0.1769	0.0528	0.1781
1.2	0.0212	0.0970	0.0351	0.1312	0.0439	0.1480	0.0492	0.1571	0.0525	0.1621	0.0546	0.1649	0.0560	0.1666
1.4	0.0204	0.0865	0.0344	0.1187	0.0436	0.1356	0.0495	0.1451	0.0534	0.1507	0.0559	0.1541	0.0575	0.1562
1.6	0.0195	0.0779	0.0333	0.1082	0.0427	0.1247	0.0490	0.1345	0.0533	0.1405	0.0561	0.1443	0.0580	0.1467
1.8	0.0186	0.0709	0.0321	0.0993	0.0415	0.1153	0.0480	0.1252	0.0525	0.1313	0.0556	0.1354	0.0578	0.1381
2.0	0.0178	0.0650	0.0308	0.0917	0.0401	0.1071	0.0467	0.1169	0.0513	0.1232	0.0547	0.1274	0.0570	0.1303
2.5	0.0157	0.0538	0.0276	0.0769	0.0365	0.0908	0.0429	0.1000	0.0478	0.1063	0.0513	0.1107	0.0540	0.1139
3.0	0.0140	0.0458	0.0248	0.0661	0.0330	0.0786	0.0392	0.0871	0.0439	0.0931	0.0476	0.0976	0.0503	0.1008
5.0	0.0097	0.0289	0.0175	0.0424	0.0236	0.0476	0.0285	0.0576	0.0324	0.0624	0.0356	0.0661	0.0382	0.0690
7.0	0.0073	0.0211	0.0133	0.0311	0.0180	0.0352	0.0219	0.0427	0.0251	0.0465	0.0277	0.0496	0.0299	0.0520
10.0	0.0053	0.0150	0.0097	0.0222	0.0133	0.0253	0.0162	0.0308	0.0186	0.0336	0.0207	0.0359	0.0224	0.0379

续表

l/b 点 z/b	1.6		1.8		2.0		3.0		4.0		6.0		10.0	
	1	2	1	2	1	2	1	2	1	2	1	2	1	2
0.0	0.0000	0.2500	0.0000	0.2500	0.0000	0.2500	0.0000	0.2500	0.0000	0.2500	0.0000	0.2500	0.0000	0.2500
0.2	0.0153	0.2343	0.0153	0.2343	0.0153	0.2343	0.0153	0.2343	0.0153	0.2343	0.0153	0.2343	0.0153	0.2343
0.4	0.0290	0.2190	0.0290	0.2190	0.0290	0.2191	0.0290	0.2192	0.0291	0.2192	0.0291	0.2192	0.0291	0.2192
0.6	0.0399	0.2046	0.0400	0.2047	0.0401	0.2048	0.0402	0.2050	0.0402	0.2050	0.0402	0.2050	0.0402	0.2050
0.8	0.0480	0.1912	0.0482	0.1915	0.0483	0.1917	0.0486	0.1920	0.0487	0.1920	0.0487	0.1921	0.0487	0.1921
1.0	0.0534	0.1789	0.0538	0.1794	0.0540	0.1797	0.0545	0.1803	0.0546	0.1803	0.0546	0.1804	0.0546	0.1804
1.2	0.0568	0.1678	0.0574	0.1684	0.0577	0.1689	0.0584	0.1697	0.0586	0.1699	0.0587	0.1700	0.0587	0.1700
1.4	0.0586	0.1576	0.0594	0.1585	0.0599	0.1591	0.0609	0.1603	0.0612	0.1605	0.0613	0.1606	0.0613	0.1606
1.6	0.0594	0.1484	0.0603	0.1494	0.0609	0.1502	0.0623	0.1517	0.0626	0.1521	0.0628	0.1523	0.0628	0.1523
1.8	0.0593	0.1400	0.0604	0.1413	0.0611	0.1422	0.0628	0.1441	0.0633	0.1445	0.0635	0.1447	0.0635	0.1448
2.0	0.0587	0.1324	0.0599	0.1338	0.0608	0.1348	0.0629	0.1371	0.0634	0.1377	0.0637	0.1380	0.0638	0.1380
2.5	0.0560	0.1163	0.0575	0.1180	0.0586	0.1193	0.0614	0.1223	0.0623	0.1233	0.0627	0.1237	0.0628	0.1239
3.0	0.0525	0.1033	0.0541	0.1052	0.0554	0.1067	0.0589	0.1104	0.0600	0.1116	0.0607	0.1123	0.0609	0.1125
5.0	0.0403	0.0714	0.0421	0.0734	0.0435	0.0749	0.0480	0.0797	0.0500	0.0817	0.0515	0.0833	0.0521	0.0839
7.0	0.0318	0.0541	0.0333	0.0558	0.0347	0.0572	0.0391	0.0619	0.0414	0.0642	0.0435	0.0663	0.0445	0.0674
10.0	0.0239	0.0395	0.0252	0.0409	0.0263	0.0403	0.0302	0.0462	0.0325	0.0485	0.0349	0.0509	0.0364	0.0526

3.《建筑地基基础设计规范》(GB 50007—2011)法计算公式推导

(1) 分层总和法计算第 i 层土的压缩量公式：

$$s_i{}' = \frac{\bar{\sigma}_{zi} h_i}{E_{si}} \tag{3.15$'$}$$

由图 3.39 可见：上式右端分子 $\bar{\sigma}_{zi}h_i$ 等于第 i 层土的附加应力的面积 $A_{aa'b'b}$。

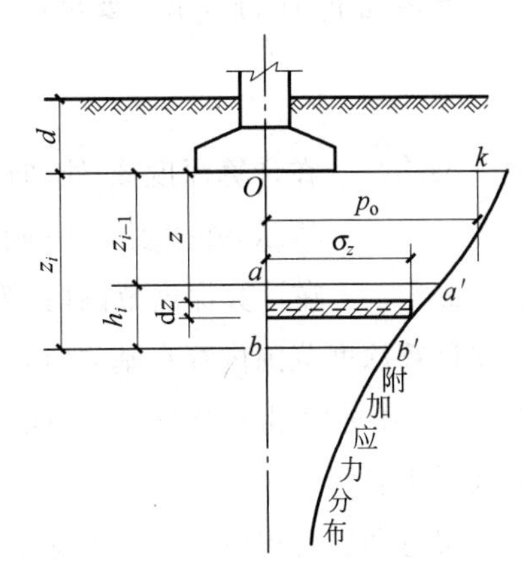

图 3.39 《建筑地基基础设计规范》(GB 50007—2011)法公式推导

(2) 附加应力面积 $A_{aa'b'b} = A_{okb'b} - A_{oka'a}$。

其中：$A_{okb'b} = \int_0^{z_i} \sigma_z \mathrm{d}z = \bar{\sigma}_i z_i$

$A_{oka'a} = \int_0^{z_{i-1}} \sigma_z \mathrm{d}z = \bar{\sigma}_{i-1} z_{i-1}$

故 $$s_i{}' = \frac{A_{aa'b'b}}{E_{si}} = \frac{A_{okb'b} - A_{oka'a}}{E_{si}} = \frac{\bar{\sigma}_i z_i - \bar{\sigma}_{i-1} z_{i-1}}{E_{si}} \tag{a}$$

式中 $\bar{\sigma}_i$ ——深度 z_i 范围的平均附加应力；

$\bar{\sigma}_{i-1}$ ——深度 z_{i-1} 范围的平均附加应力。

(3) 平均附加应力系数 $\bar{\alpha}$ 为计算方便，引入这个系数 $\bar{\alpha}$：平均附加应力 $\bar{\sigma}$，与基础底面处的附加应力 p_0 之比，即：

$$\bar{\alpha}_i = \frac{\bar{\sigma}_i}{p_0}, \quad 即 \quad \bar{\sigma}_i = p_0 \bar{\alpha}_i \tag{b}$$

$$\bar{\alpha}_{i-1} = \frac{\bar{\sigma}_{i-1}}{p_0}, \quad 即 \quad \bar{\sigma}_{i-1} = p_0 \bar{\alpha}_{i-1} \tag{c}$$

(4) 第 i 层土的压缩量 将式(b)与式(c)代入式(a)得：

$$s_i{}' = \frac{1}{E_{si}}(p_0 \bar{\alpha}_i z_i - p_0 \bar{\alpha}_{i-1} z_{i-1}) = \frac{p_0}{E_{si}}(z_i \bar{\alpha}_i - z_{i-1} \bar{\alpha}_{i-1})$$

(5) 地基总沉降量

$$s' = \sum_{i-1}^{n} s_i{}' = \sum_{i-1}^{n} \frac{p_0}{E_{si}}(z_i \bar{\alpha}_i - z_{i-1} \bar{\alpha}_{i-1}) \tag{3.42}$$

(6)《建筑地基基础设计规范》(GB 50007—2011)法沉降计算公式 由分层总和法沉降计算推导而得的公式(3.42)，乘以沉降计算经验系数 ψ_s，即为

$$s = \psi_s s' = \psi_s \sum_{i=1}^{n} \frac{p_0}{E_{si}}(z_i \bar{\alpha}_i - z_{i-1} \bar{\alpha}_{i-1}) \tag{3.41}$$

4. 地基沉降计算深度 z_n

地基沉降计算深度的确定，在《建筑地基基础设计规范》(GB 50007—2011)中分两种情况。

(1) 无相邻荷载的基础中点下

$$z_n = b(2.5 - 0.4\ln b) \tag{3.43}$$

式中 b ——基础宽度，m，适用于 1～30m 范围。

(2) 存在相邻荷载影响

在此情况下,应符合下式要求:

$$\Delta s_n' \leqslant 0.025 \sum_{i=1}^{n} \Delta s_i' \tag{3.44}$$

式中 $\Delta s_n'$——在计算深度 z_n 处,向上取计算厚度为 Δz 的薄土层的计算沉降值。Δz 如图 3.38 所示,并按表 3.14 确定;

$\Delta s_i'$——在计算深度范围内,第 i 层土的计算沉降量。

在计算深度范围内存在基岩时,z_n 可取至基岩表面;当存在较厚的坚硬黏性土层,其孔隙化小于 0.5。压缩模量大于 50MPa,或存在较厚的密实砂卵石层,其压缩模量大于 80MPa 时,z_n 可取至该层土表面。

分层总和法与规范方法计算地基沉降的比较见表 3-15。

表 3.14 计算层厚度 Δz 值

基础宽度 b/m	$\leqslant 2$	$2 < b \leqslant 4$	$4 < b \leqslant 8$	$b > 8$
Δz/m	0.3	0.6	0.8	1.0

表 3.15 两种地基沉降方法比较

项目	分层总和法	《建筑地基基础设计规范》(GB 50007—2011)推荐法
计算步骤	分层计算沉降,叠加 $s=\sum_{i=1}^{n} s_i$。物理概念明确	采用附加应力面积系数法
计算公式	$s=\sum_{i=1}^{n}\frac{\bar{\sigma}_{zi}}{E_{si}}h_i$;$s=\sum_{i=1}^{n}\left(\frac{a}{1+e_1}\right)_i\bar{\sigma}_{zi}h_i$	$s=\psi_s\sum_{i=1}^{n}\frac{p_0}{E_{si}}(z_i\bar{\alpha}_i-z_{i-1}\bar{\alpha}_{i-1})$
计算结果与实测值关系	中等地基 $s_{计} \approx s_{实}$ 软弱地基 $s_{计} < s_{实}$ 坚实地基 $s_{计} \gg s_{实}$	引入沉降计算经验系数 ψ_s,使 $s_{计} \approx s_{实}$
地基沉降计算深度 z_n	一般土 $\sigma_z=0.2\sigma_{cz}$ 软土 $\sigma_z=0.1\sigma_{cz}$ }对应的深度 z 即 z_n	① 无相邻荷载影响 $z_n=b(2.5-0.4\ln b)$ ② 存在相邻荷载影响 $\Delta s_n' \leqslant 0.025\sum_{i=1}^{n}\Delta s_i'$
计算工作量	① 绘制土的自重应力曲线 ② 绘制地基中的附加应力曲线 ③ 沉降计算每层厚度 $h_i \leqslant 0.4b$ 计算工作量大	如为均质土无论厚度多大,只需一次计算,简便

【例题 3.4】 建筑物荷载、基础尺寸和地基土的分布与性质同【例题 3.3】。地基土的平均压缩模量：地下水位以上 $E_{s1}=5.5\text{MPa}$，地下水位以下 $E_{s2}=6.5\text{MPa}$。地基承载力标准值 $f_k=94\text{kPa}$。用《建筑地基基础设计规范》(GB 50007—2011)推荐法计算柱基中点的沉降量。

【解】 (1) 地基受压层计算深度 z_n，按公式(3.43)计算

$$z_n=b(2.5-0.4\ln b)=4.0(2.5-0.4\ln 4.0)=4.0(2.5-0.55)=7.8\text{m}$$

(2) 柱基中点沉降量 s，按公式(3.41)计算

$$s=\psi_s\left[\frac{p_0}{E_{s1}}(z_1\bar{\alpha}_1)+\frac{p_0}{E_{s2}}(z_2\bar{\alpha}_2-z_1\bar{\alpha}_1)\right]$$

式中 ψ_s——沉降计算经验系数，因地基为两层土，应计算加权平均 $\overline{E}_s$ 值，查表 3.11。

p_0——基础底面处的附加应力，由【例题 3.3】已知 $p_0=94\text{kPa}$；

z_1、z_2——由图 3.40 知，$z_1=2.4\text{m}$，$z_2=7.8\text{m}$；

$\bar{\alpha}_1$——据 $\dfrac{l}{b}=\dfrac{4.0}{4.0}=1.0$ 与 $\dfrac{z_1}{b}=\dfrac{2.4}{4.0}=0.6$，查表 3.12 得 $\bar{\alpha}_1=0.858$；

$\bar{\alpha}_2$——据 $\dfrac{l}{b}=1.0$，$\dfrac{z_2}{b}=\dfrac{7.8}{4.0}=1.95$，查表 3.12 得 $\bar{\alpha}_2=0.455$。

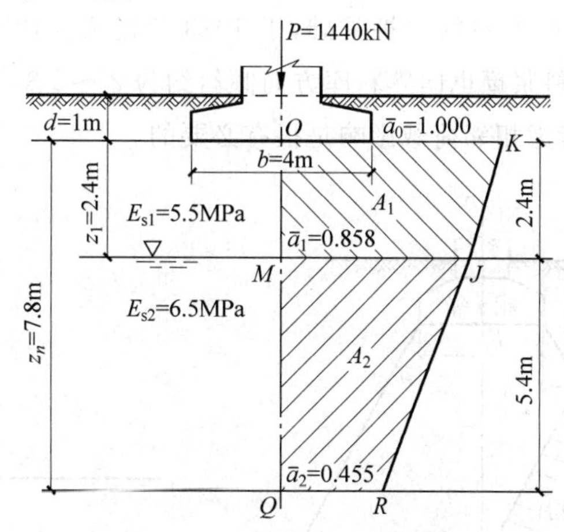

图 3.40 【例题 3.4】计算图

$\overline{E}_s$ 当量值即加权平均值计算：

由 $\overline{E}_s=\dfrac{A_1+A_2}{\dfrac{A_1}{E_{s1}}+\dfrac{A_2}{E_{s2}}}$，故

$$\overline{E}_s=\frac{2.23+3.54}{\dfrac{2.23}{5.5}+\dfrac{3.54}{6.5}}=\frac{5.77}{0.41+0.54}=\frac{5.77}{0.95}\approx 6.0\times 10^3\text{kPa}$$

式中 A_1——$OKJM$ 围成的面积，$A_1=\dfrac{1+0.858}{2}\times 2.4=2.23$，见图 3.40；

A_2——$MJRQ$ 围成的面积，$A_2=\frac{0.858+0.455}{2}\times 5.4=3.54$，见图 3.40。

由表 3.11 查得 $\psi_s=1.1$。将上列各项数值代入公式(3.41)，得

$$s=\psi_s\left[\frac{p_0}{E_{s1}}(z_1\bar{\alpha}_1)+\frac{p_0}{E_{s2}}(z_2\bar{\alpha}_2-z_1\bar{\alpha}_1)\right]$$

$$=1.1\times 94\times\left(\frac{2.4\times 0.858}{5.5}+\frac{7.8\times 0.455-2.4\times 0.858}{6.5}\right)$$

$$=103.4\times\left(\frac{2.059}{5.5}+\frac{1.49}{6.5}\right)=103.4(0.37+0.23)=62\text{mm}$$

3.6.3 相邻荷载对地基沉降的影响

1. 相邻荷载影响的原因

相邻荷载产生附加应力扩散时，产生应力叠加，引起地基的附加沉降，如图 3.41 所示。在软弱地基中，这种附加沉降可达自身引起沉降量的 50% 以上，往往导致建筑物发生事故。例如，上海某水泥熟料库，库内堆料高 6m，库旁有两个高 50m 的烟囱和三个高 12m 的料浆罐，如图 3.42 所示。上述建筑物采用长 5m 左右的木桩基础，于 1923 年建成。1939 年，发现两个烟囱都向熟料库方向倾斜 140cm，三个料浆罐也向熟料库方向倾斜约为 2°～2°30′，同时熟料库地面产生显著凹陷。在地基沉降计算中考虑相邻荷载影响是很有必要的。

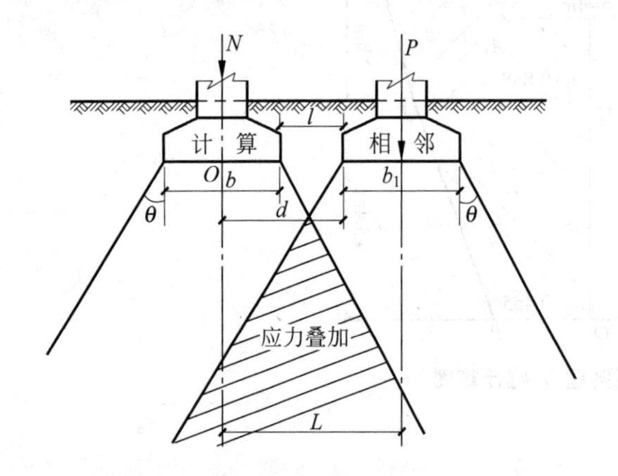

图 3.41 相邻荷载对地基附加应力的影响

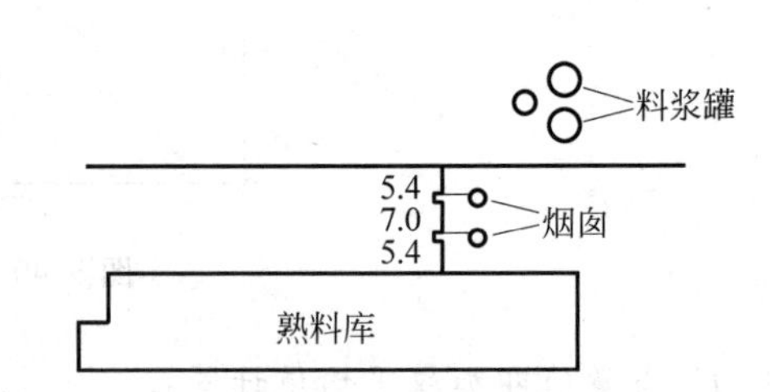

图 3.42 某水泥熟料库平面图

2. 相邻荷载影响因素

相邻荷载影响因素包括：①两基础的距离；②荷载大小；③地基土的性质；④施工先后顺序等。其中以两基础的距离为最主要因素。若距离越近，荷载越大，地基越软弱，则影响越大。

软弱地基相邻建筑物基础间的净距可按表 3.16 选用。

表 3.16 相邻建筑物基础间的净距 m

影响建筑物的预估平均沉降量 s/mm	被影响建筑物的长高比	
	$2.0 \leqslant l/H_f < 3.0$	$3.0 \leqslant l/H_f < 5.0$
70～150	2～3	3～6
160～250	3～6	6～9
260～400	6～9	9～12
>400	9～12	≥12

注：① 表中 l 为建筑物长度或沉降缝分隔的单元长度，m；H_f 为自基础底面标高算起的建筑物高度，m。

② 当被影响建筑物的长高比为 $1.5<l/H_f<2.0$ 时，其净间距可适当减小。

3. 相邻荷载对地基沉降影响计算

当需要考虑相邻荷载影响时，可用角点法计算相邻荷载引起地基中的附加应力，并按公式(3.38)或公式(3.41)计算附加沉降量。

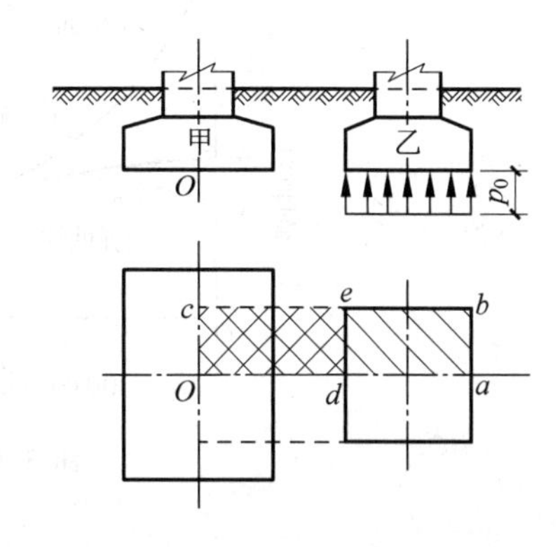

图 3.43 角点法计算相邻荷载影响

例如，两个基础甲、乙相邻，需计算乙基础底面的附加应力 p_0，对甲基础中心 O 点引起的附加沉降量 s_0。由图 3.43 可知：所求沉降量 s_0 为均布荷载 p_0，由矩形面积 A_{Oabc} 在 O 点引起的沉降量 s_{Oabc} 减去由矩形面积 A_{Odec} 在 O 点引起的沉降量 s_{Odec} 的两倍，即

$$s_0 = 2(s_{Oabc} - s_{Odec})$$

由分层总和法或《建筑地基基础设计规范》(GB 50007—2011)推荐法，分别计算矩形面积受均布荷载作用下的 s_{Oabc} 与 s_{Odec} 即得。

3.7 应力历史对地基沉降的影响

本节介绍地基土历史上承受的应力，对目前土的压缩性高低的影响。例如，某一场地历史上最高地面远高于目前地面，则该场地的土呈超压密状态，因此地基土的压缩性比通常情况要低。

3.7.1 土的回弹曲线和再压缩曲线

1. 压缩曲线

土样在进行侧限压缩试验中，分级加荷，测定各级荷载施加后土样压缩稳定的竖向变形量，计算相应的孔隙比，绘制 e-σ' 曲线，如图 3.44(a)所示的曲线 $\overset{\frown}{ab}$ 段，称为压缩曲线。

2. 回弹曲线

当压缩曲线中的压力达σ_i'后，逐级卸荷，土样将发生回弹，土体膨胀，孔隙比增大。此回弹曲线并非沿 $\overset{\frown}{ab}$ 压缩曲线回升至a点，而是沿 $\overset{\frown}{bc}$ 虚线，与纵坐标交于c点，如图3.44(a)所示。$\overset{\frown}{bc}$ 曲线的斜率比 $\overset{\frown}{ab}$ 曲线的斜率要平缓得多，说明土体加荷发生压缩变形后，卸荷回弹，变形大部分不能恢复，称为残留变形；其中可恢复的部分称为弹性变形。

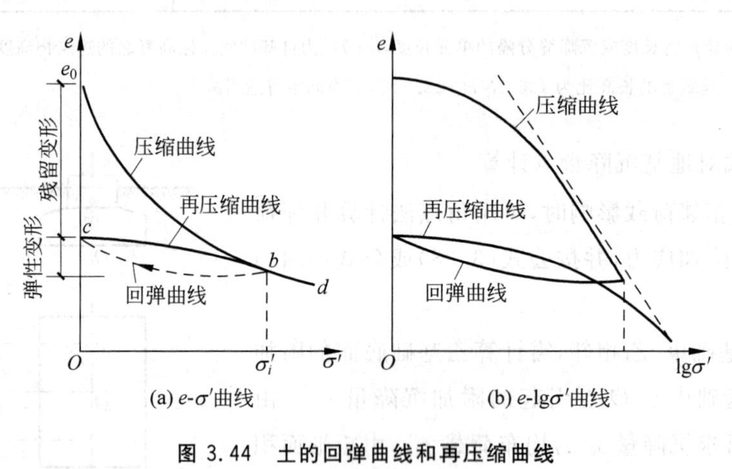

图 3.44 土的回弹曲线和再压缩曲线

3. 再压缩曲线

当荷载全部卸除为零后，重新加荷，则土体发生再压缩。此再压缩曲线为 $\overset{\frown}{cb}$ 实线至b点后，与原始压缩曲线相重合。

依此类推，土在重复加荷、卸荷与再加荷的每一重复的循环中，都将行走新的路径，形成新的滞回圈。其中的残留变形与弹性变形的数值均逐渐减小，前者减小更多。当反复次数足够多时，土体的变形趋于弹性，达到弹性压密状态。

由图3.44(a)可见，当土体在相同压力σ_1'时，与压缩曲线 $\overset{\frown}{ab}$ 、回弹曲线虚线 $\overset{\frown}{bc}$ 和再压缩曲线 $\overset{\frown}{cb}$ 实线三条曲线分别相交，得到3个不同的孔隙比e值，反映了土体受荷应力历史不同的影响。此一现象，在半对数曲线e-$\lg\sigma'$曲线中也明显地反映出来，如图3.44(b)所示。

3.7.2 正常固结、超固结和欠固结的概念

如上所述，土体的加荷与卸荷，对黏性土压缩性的影响十分显著。因此，把黏性土地基按历史上曾受过的最大压力与现在所受的土的自重压力相比较，可分为以下3种类型：

1. 正常固结土

正常固结土指土层历史上经受的最大压力，等于现有覆盖土的自重压力。土体在搬运沉积

的生成过程中，不断地逐渐向上堆积到目前地面的标高，并在土的自重压力作用下完成固结，此固结压力即为土的有效自重压力，如图 3.45 *A* 土层所示。大多数建筑场地的土层，均属这类正常固结土。

2. 超固结土

超固结土指该土层历史上曾经受过大于现有覆盖土重的前期固结压力。如图 3.45 中 *B* 土层，历史上最高地面比目前地面高很多，以虚线表示当时的地面。后因各种原因(包括水流冲刷、冰川作用及人类活动等)，搬运走相当厚的沉积物，将地面降至目前标高。

在目前地面下深度 z 处，前期固结压力为 $\sigma_c = \gamma' h > \sigma_{cz} = \gamma' z$ 。前期固结压力 σ_c 与现有土重压力 σ_{cz} 之比值 σ_c / σ_{cz} ，称为超固结比，通常表示为 OCR。

3. 欠固结土

欠固结土是指土层目前还没有达到完全固结，土层实际固结压力小于土层自重压力。图 3.45 中 *C* 土层，为新近沉积的黏性土或人工填土。例如，我国黄河入海口，黄河平均每年携带的 10 多亿吨泥砂刚沉积下来，还没有完成固结。这类土称为欠固结土。图中虚线表示将来固结后的地表，低于目前的地面。

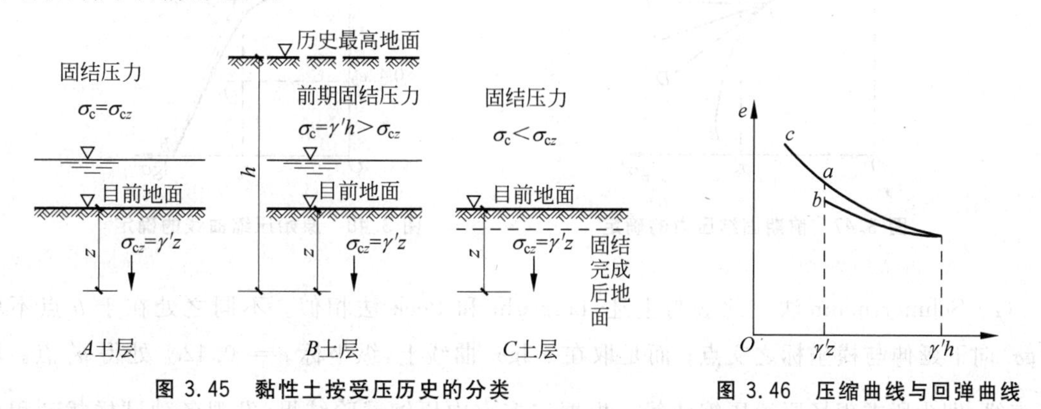

图 3.45 黏性土按受压历史的分类

图 3.46 压缩曲线与回弹曲线

若上述 *A*,*B*,*C* 三个土层为同一种土，在目前地面下深度 z 处，土的自重压力都等于 σ_{cz}。但是三者在压缩曲线上却不在同一点。如图 3.46 所示：*A* 土层相当于现场原始压缩曲线上的 a 点；*B* 土层相当于卸荷回弹曲线上的 b 点；*C* 土层则相当于原始压缩曲线上的 c 点。*A*,*B*,*C* 三土层的压缩特性并不相同。

3.7.3 正常固结黏性土的现场原始曲线

建筑工程设计，根据室内压缩试验结果 e-σ' 压缩曲线进行地基沉降计算。由于取原状土和制备试样过程中，不可避免地对土样产生一定的扰动，致使室内试验的压缩曲线与现场土的压缩特性之间发生差别。因此，必须加以修正，使地基沉降计算更为合理。

1. 前期固结压力的确定

美国学者卡萨格兰德建议的经验法,为常用确定前期固结压力的方法。具体步骤如下:

(1) 绘制 e-$\lg\sigma'$ 曲线 $\widehat{AOB}$,找出最小曲率半径的 O 点。

(2) 过 O 点作切线 OD 及平行于横坐标的 $\overline{OC}$ 水平线。

(3) 作 $\angle COD$ 的分角线 $\overline{OE}$。

(4) 将 e-$\lg\sigma'$ 曲线后段的直线部分,向上延长与分角线 $\overline{OE}$ 交于 F 点。F 点对应的横坐标,即为所求的前期固结压力 σ_c',如图 3.47 所示。

2. 现场原始压缩曲线

(1) Terzaghi 和 Peck 法 假定现场土的孔隙比就是试样压缩前的孔隙比 e_0。e_0 与前期固结压力 σ_c' 之交点 a,表示原始压缩曲线上代表土体现场状况的一点。再由 e-$\lg\sigma'$ 曲线直线段,向下延伸与横坐标交于 b 点。a,b 两点的连线 $\overline{ab}$,即所求现场原始压缩曲线,如图 3.48 所示。

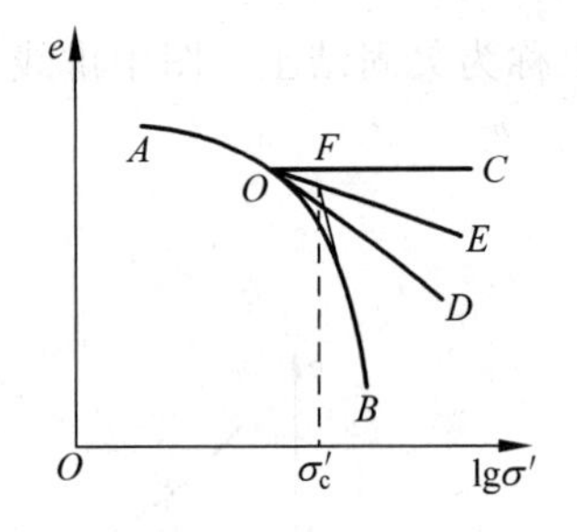

图 3.47 前期固结压力的确定

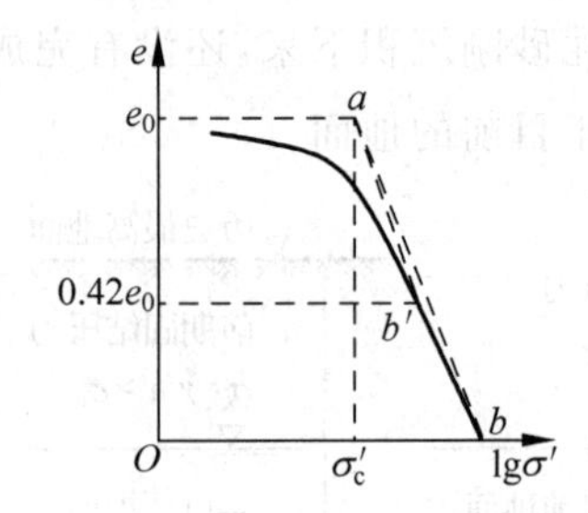

图 3.48 原始压缩曲线的确定

(2) Schmertmann 法 此法与上述 Terzaghi 和 Peck 法相似。不同之处在于 b 点不取在 e-$\lg\sigma'$ 向下延伸与横坐标之交点;而是取在 e-$\lg\sigma'$ 曲线上,纵坐标 $e=0.42e_0$ 处得 b' 点。联结 $\overline{ab'}$ 直线,即为所求现场原始压缩曲线。根据许多室内压缩试验结果,发现各种试样扰动程度不同,得到的压缩曲线却大致相交于 $0.42e_0$ 处,由此推想的经验值。

3. 压缩性指标

(1) 正常固结土 由上述所得的现场原始压缩曲线 $\overline{ab}$ 或 $\overline{ab'}$,即可根据其斜率计算压缩指数 C_c 值。也可以根据 e-$\lg\sigma'$ 曲线,画出原始的 e-σ' 压缩曲线,从而求得压缩系数 a 与压缩模量 E_s 值。由此估算的正常固结黏土的压缩量,误差一般不超过±25%。

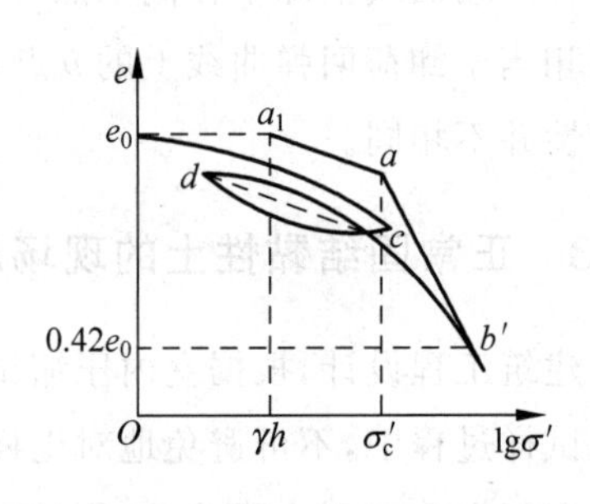

图 3.49 超固结土原始压缩曲线的确定

(2) 超固结土 因超固结土的压缩量很小,在一般工程中可不考虑室内试验的压缩曲线与现场原始压缩曲线差别的影响。

鉴别黏性土是否为超固结土的方法，可通过侧限压缩试验，找出前期固结压力 σ_c，并与目前土的自重压力 σ_{cz} 相比较。

简便的鉴别方法：由实验测定黏性土的天然含水率 w、液限 w_L 和塑限 w_P，并进行比较。若天然含水率与塑限接近，而离液限较远，则是超固结土。

(3) 欠固结土　欠固结的黏性土压缩量较大，必须估计它在原来土的自重压力下尚未完成的压缩量，并把它计入总压缩量中去。

3.7.4 超固结土与欠固结土的现场原始压缩曲线

1. 超固结土的现场原始压缩曲线

超固结土按下列步骤，将室内 $e\text{-}\lg\sigma'$ 压缩曲线进行修正：

(1) 由 $e\text{-}\lg\sigma'$ 曲线纵坐标上取初始孔隙比 e_0 与横坐标上取土的自重压力 γh，相交于 a_1 点；

(2) 过 a_1 点作直线 $\overline{a_1a} \mathbin{/\!/} \overline{cd}$ （$\overline{cd}$ 为室内回弹曲线与再压缩曲线的平均斜率，称为回弹指数 C_e）；

(3) 在 $e\text{-}\lg\sigma'$ 曲线上，取纵坐标 $e=0.42e_0$ 的 b' 点；

(4) 联结 a，b' 两点，$\overline{ab'}$ 直线即所求超固结土的现场原始压缩曲线的直线段，其斜率为压缩指数 C_c。

2. 欠固结土的现场原始压缩曲线

因欠固结土在土的自重作用下，压缩尚未稳定，只能近似地按正常固结土的方法，求现场原始压缩曲线。

3.7.5 超固结土与欠固结土的沉降计算

1. 超固结土的沉降计算

应用 $e\text{-}\lg\sigma'$ 曲线求先期固结压力 σ'_c，然后根据超固结的程度，分下列两种情况进行沉降计算。

(1) 当附加应力 $\sigma'_z>(\sigma'_c-\gamma h)$ 的各分层土 i 的固结沉降量

$$s_n=\sum_{i=1}^{n}\frac{h_i}{1+e_{0i}}\left[C_{ei}\lg\left(\frac{\sigma'_{ci}}{\sigma'_{czi}}\right)+C_{ci}\lg\left(\frac{\sigma'_{czi}+\sigma'_{zi}}{\sigma_{ci}}\right)\right] \tag{3.45}$$

(2) 当附加应力 $\bar{\sigma}_z\leqslant(\bar{\sigma}_c-\gamma h)$ 的各分层土 i 的固结沉降量

$$s_m=\sum_{i=1}^{m}\frac{h_i}{1+e_{0i}}\left[C_{ei}\lg\left(\frac{\sigma'_{czi}+\sigma'_{zi}}{\sigma'_{czi}}\right)\right] \tag{3.46}$$

总沉降量
$$s=s_n+s_m \tag{3.47}$$

2. 欠固结土的沉降计算

欠固结土的沉降量包括两部分：①由土的自重应力增量(即固结完成后的有效自重应力与目前有效自重应力之差)引起的沉降；②由附加应力产生的沉降。

$$s=\sum_{i=1}^{n}\frac{h_i}{1+e_{0i}}\left[C_{ei}\lg\left(\frac{\sigma'_{czi}+\sigma'_{zi}}{\sigma'_{ci}}\right)\right] \tag{3.48}$$

式中 C_{ei}——第 i 层土的回弹指数；

C_{ci}——第 i 层土的压缩指数；

σ'_{czi}——第 i 层土的自重应力增量平均值,kPa；

σ'_{zi}——第 i 层土的附加应力平均值,kPa；

σ'_{ci}——第 i 层土的现有实际有效自重应力,kPa；

h_i——第 i 层土的厚度,m；

e_{0i}——第 i 层土的初始孔隙比。

3.8 地基回弹和再压缩变形的计算

随着高层建筑的发展,超深、超大基坑日益增多,地基土的回弹、再压缩变形计算,便成为工程界迫切需要解决的重要课题。中国建筑科学研究院在室内回弹再压缩、原位载荷试验、大比尺模型试验的基础上,对回弹变形随卸荷的发展规律以及再压缩变形随加荷的发展规律进行了深入的研究。

《建筑地基基础设计规范》(GB 50007—2011)编入了地基回弹再压缩变形的计算内容,给出了具体的计算方法。

3.8.1 地基回弹变形的计算

《建筑地基基础设计规范》(GB 50007—2011)规定,地基回弹变形可按式(3.49)计算：

$$s_c=\psi_c\sum_{i=1}^{n}\frac{p_c}{E_{ci}}(z_i\bar{\alpha}_i-z_{i-1}\bar{\alpha}_{i-1}) \tag{3.49}$$

式中 s_c——地基回弹变形；

ψ_c——回弹量计算的经验系数,无地区经验时可取1.0；

p_c——基坑底面以上土的自重压力(kPa),地下水位以下应扣除浮力；

E_{si}——土的回弹模量,当按《土工试验方法标准》(GB/T 50123—1999)“固结试验”一章进行试验后,按回弹曲线上相应的压力段计算得出。

其余符号意义与前相同。

地基回弹变形计算深度 D 可按下式计算：$D=kd$。其中 k 为地基回弹变形计算深度土性影响系数，砂土取0.89；黏性土取1.44：淤泥及淤泥质土取1.78[①]。

式(3.49)与式(3.41)在形式上虽然相同，但式(3-49)中 p_c 为基坑底面以上土的自重压力，作用方向朝上(即卸荷)；而 E_{si} 为土的回弹模量。

【例题3.5】 某高层住宅箱形基础，基础底面尺寸为64.8m×12.8m，基础埋置深度 $d=5.70\text{m}$。基础埋深范围内土的重度 $\gamma_0=18.9\text{kN/m}^3$，持力层土为1.80m厚的①粉土，重度为 21.7kN/m^3，第二层土为5.10厚的②粉质黏土，重度为 19.5kN/m^3，第三层土为很厚的③卵石。地基剖面图见图3.50。基底下各土层分别在自重压力下做回弹试验，测得的回弹模量如表3.17所示。

表3.17 土层回弹模量

土层	土层厚度/m	回弹模量/MPa			
		$E_{0\text{-}0.025}$	$E_{0.025\text{-}0.05}$	$E_{0.05\text{-}0.10}$	$E_{0.10\text{-}0.20}$
①粉土	1.80	28.7	30.2	49.1	570
②粉质黏土	5.10	12.8	14.1	22.3	280
③卵石	6.70	100(无试验资料，估算值)			

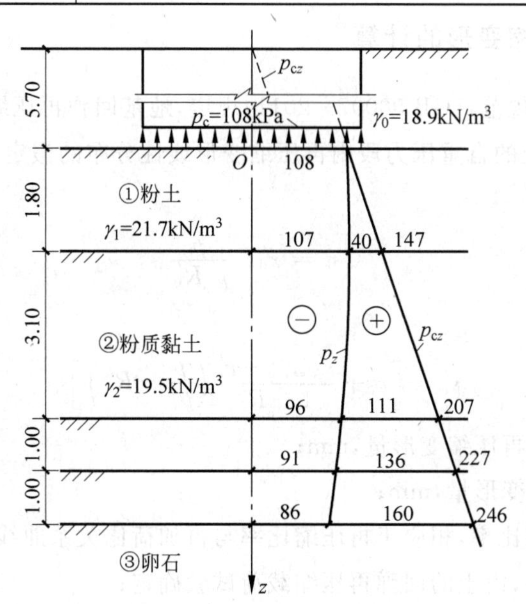

图3.50 【例题3.5】附图

【解】 (1) 计算基底自重压力

$$p_c=\gamma_0 d=18.9\times5.7=108\text{kN/m}^2$$

---

① 地基回弹变形计算深度 D 值系根据参考文献[60]得出。

(2) 绘制土的自重压力分布图，$p_{cz}=\sum_{i=1}^{n}\gamma_i h_i$。

(3) 绘制基底卸载 p_c 而引起的负值地基应力分布图，$p_z=-\alpha_0 p_c$。

(4) 计算与各土层回弹模量相应压力段的地基应力值 $p_{cz}+p_z$(见表3.18)。

(5) 按式(3-49)计算各土层回弹量，最后算出总回弹量，计算过程见表3.18。

表3.18 【例题3.5】回弹量计算附表

z_i/m	$\bar{\alpha}_i$	$z_i\bar{\alpha}_i-z_{i-1}\bar{\alpha}_{i-1}$	p_{cz}/kPa	p_z/kPa	$p_{cz}+p_z$/kPa	E_{ci}/MPa	$s_{ci}=p_c(z_i\bar{\alpha}_i-z_{i-1}\bar{\alpha}_{i-1})/E_{ci}$ /mm
0	1.000	—	108	−108	0	—	—
1.80	0.996	1.7928	147	−107	40	28.7	6.75
4.90	0.964	2.9308	207	−96	111	22.3	14.19
5.90	0.950	0.8814	227	−91	136	280	0.34
6.90	0.925	0.7775	246	−86	160	280	0.30

$$s=\sum s_{ci}=21.58\text{mm}$$

3.8.2 地基回弹再压缩变形的计算

《建筑地基基础设计规范》(GB 50007—2011)规定，地基回弹再压缩变形计算可采用再加荷的压力小于卸荷土的自重压力段内再压缩变形线性分布的假定计算：

当 $p<R'_0 p_c$ 时

$$s_c=r'_0 s_c\frac{p}{p_c R'_0} \tag{3.50a}$$

当 $R'_0 p_c\leqslant p\leqslant p_c$ 时

$$s'_c=\left[r'_0+\frac{r'_{R'=1.0}-r'_0}{1-R'_0}\left(\frac{p}{p_c}-R'_0\right)\right]s_c \tag{3.50b}$$

式中 s'_c——地基土回弹再压缩变形量，mm；

s_c——地基的回弹变形量，mm；

r'_0——临界再压缩比率，相应于再压缩比率与再加荷比关系曲线上两段线性线段交点对应的压缩比率，由土的回弹再压缩载荷试验确定；

R'_0——临界再加荷比，相应于再压缩比率与再加荷比关系曲线上两段线性线段交点对应的再加荷比，由土的回弹再压缩载荷试验确定；

$r'_{R'=1.0}$——对应于再加荷比 $R'=1.0$ 时的再压缩比率，由土的回弹再压缩载荷试验确定，其值等于回弹再压缩变形增大系数[①]；

---

① 根据室内压缩试验和现场载荷试验结果，地基回弹再压缩量大于回弹量，其比值称为回弹再压缩变形增大系数(参见图3.51)。

p——再加荷过程中的基底压力，kPa；

p_c——基坑底面以上土的自重压力(kPa)，地下水位以下应扣除浮力。

现将式(3.50a)和(3.50b)推证如下：

图 3.51 是典型的土回弹再压缩载荷试验关系曲线，其坐标采用相对值表示。横坐标为再加荷比 R'，即 $R'=p/p_c$。其中 p 为卸荷完成后再加荷过程中作用于基底的压力(kPa)；p_c 为基底以上土的自重压力(kPa)。纵坐标为再压缩比率 r'，即 $r'=s_c'/s_c$。其中 s_c'为地基土回弹再压缩变形量(mm)；s_c 为地基的回弹变形量(mm)。

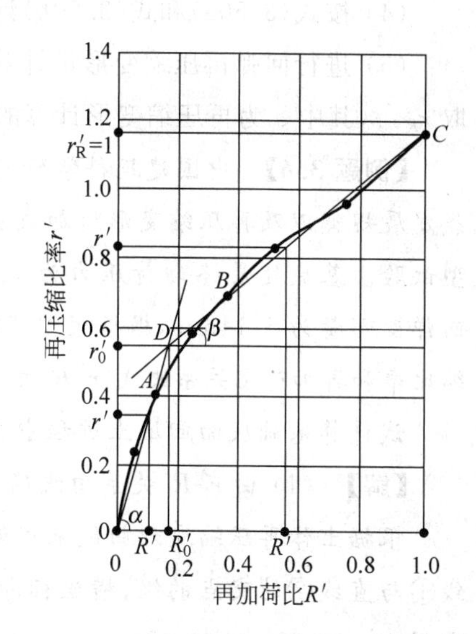

图 3.51　典型的土固结回弹再压缩试验关系曲线

土回弹再压缩载荷试验关系曲线简称 r'-R' 关系曲线(图 3.51)。由图中可见，它是由三段线段：$\overline{OA}$、$\overline{AB}$和$\overline{BC}$组成。其中$\overline{OA}$、$\overline{BC}$线段接近直线，$\overline{AB}$线段为曲线。为了便于计算，可将 r'-R' 关系曲线用两条直线$\overline{OA}$ 和$\overline{BC}$代替。设两直线的交点 D 的横坐标为 R_0'，纵坐标为 r_0'，并分别称为临界再加荷比和临界再压缩比率。显然，将 r'-R' 关系曲线以两直线段代替这一处理方案是偏于安全的。

再压缩比率 r'和再加荷比 R'，可由土的平板载荷试验卸载再加载试验测定。具体可参见《建筑地基基础设计规范》(GB 50007—2011)“条文说明”。

当 $p<R_0'p_c$ 时，由图 3.51 中的几何关系可得：

$$\tan\alpha=\frac{r_0'}{R_0'}=\frac{r'}{R'}$$

注意到，$r'=\dfrac{s_c'}{s_c}$和 $R'=\dfrac{p}{p_c}$，把它们代入上式，经化简后就得到式(3.50a)：

$$s_c'=r_0's_c\frac{p}{p_cR_0'}$$

当 $R_0'p_c\leqslant p\leqslant p_c$ 时，由图 3.51 中的几何关系可得：

$$\tan\beta=\frac{r_{R'=1}'-r_0'}{1-R_0'}=\frac{r'-r_0'}{R'-R_0'}$$

同样，将 $r'=\dfrac{s_c'}{s_c}$和 $R'=\dfrac{p}{p_c}$代入上式，经简单变换后，就得到式(3.50b)：

$$s_s'=\left[r_0'+\frac{r_{R'=1.0}'-r_0'}{1-R_0'}\left(\frac{p}{p_c}-R_0'\right)\right]s_c$$

综上所述，地基回弹再压缩变形的计算步骤可归纳为：

(1) 进行地基土的固结回弹再压缩试验，得到需要进行回弹再压缩计算土层的计算参数。每层土试验土样的数量不得少于 6 个，按《岩土工程勘察规范》(GB 50021—2001)(2009 年版)的要求统计分析确定计算参数。

(2) 按式(3-49)计算地基回弹变形量。

(3) 绘制再压缩比率和再加荷比关系曲线，确定 r'_0 和 R'_0 值。

(4) 按式(3.50a)和式(3.50b)计算回弹再压缩变形量。

(5) 进行回弹再压缩变形量计算，若再压缩变形计算的最终压力小于卸载压力，则 $r'_{R'=1.0}$ 可取 $r'_{R'=a}$，其中 a 为再压缩变形计算的最终压力对应的加荷比，$a\leqslant 1.0$。

【例题 3.6】 中国建筑科学研究院为了对回弹变形随卸载发展规律以及再压缩变形随加载发展规律进行了大比尺模型试验。基底处最终卸荷压力为 72.45 kPa，经计算得基坑回弹变形量为 5.14mm，根据模型试验结果，基底处土体再压缩比率和再加荷比关系曲线(r'-R' 关系曲线)如图 3.52 所示。

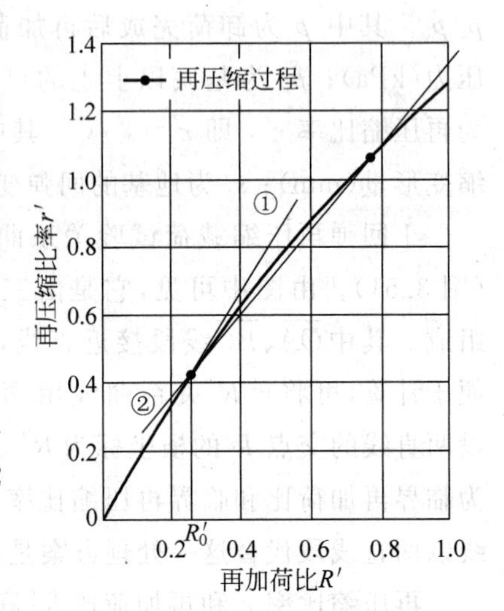

图 3.52 r'-R' 关系曲线

试计算基础底面回填土过程中各级加荷再压缩变形量。

【解】 (1) 由 r'-R' 关系曲线确定计算参数 r'_0、R'_0

根据土体再压缩变形曲线采用两直线线性关系，故其直线①与直线②的交点的纵、横坐标即为 r'_0 和 R'_0 值，由图 3.52 查得 $R'_0=0.25$、$r'_0=0.42$。

(2) 再压缩变形的计算

根据试验可知，基底处最终卸荷压力为 72.45kPa，由表 3.19 可知，因最终加荷完成时的加荷压力为 60.08kPa，故试验最终加荷比为 60.08/72.45＝0.8293，这时对应的再压缩比率为 1.10(图 3.52)。

基础底面回填土过程中各级加荷再压缩变形量的计算过程见表 3.19。

表 3.19 再压缩变形沉降计算表

工况序号	再加荷量 p/kPa	总卸荷量 p_c/kPa	计算回弹变形量 s_c/mm	再加荷比 R'	$p<R'_0\cdot p_c$		$R'_0\cdot p_c\leqslant p\leqslant p_c$	
					$\dfrac{p}{p_c\cdot R'_0}=\dfrac{p}{72.45\times 0.25}$	再压缩变形量/mm	$r'_0+\dfrac{r'_{R'=0.8293}-r'_0}{1-R'_0}\left(\dfrac{p}{p_c}-R'_0\right)=0.42+0.9067\left(\dfrac{p}{p_c}-0.25\right)$	再压缩变形量/mm
1	2.97	72.45	5.14	0.0410	0.1640	0.354	—	—
2	8.94			0.1234	0.4936	1.066	—	—
3	11.80			0.1628	0.6515	1.406	—	—
4	15.62			0.2156	0.8624	1.862	—	—
5	—			0.25	—	—	0.42	2.16
6	39.41			0.5440	—	—	0.6866	3.53
7	45.95			0.6342	—	—	0.7684	3.95
8	54.41			0.7510	—	—	0.8743	4.49
9	60.08			0.8293	—	—	0.9453	4.86

由表 3.19 可见，回填完成时基底最终再压缩变形量为 4.86mm。根据模型实测结果，基底最终再压缩变形量为 4.98mm。

由【例题 3.6】可见，按式(3.50a)和式(3.50b)可算出各加载阶段压力作用下的再压缩变形量。实际上，在地基变形计算中，一般只需算出加荷比等于 1.0 时的最大再压缩变形量，其计算公式可由式(3.50b)得出，因为这时 $R'=p/p_c=1.0$，把它代入(3.50b)则得最大再压缩变形量：

$$s'_c = r'_{R=1.0} s_c \tag{3.51}$$

式中　s'_c——地基回弹再压缩变形量；

$r'_{R=1.0}$——回弹再压缩变形增大系数，由土的回弹再压缩试验确定；

s_c——地基回弹变形量。

应当指出，当基底计算压力 p 超过基底土的自重压力 p_c 时，尚应计算附加压力 $p_0=p-p_c$ 所产生的地基变形 s_2。地基总变形为 $s=s_1+s_2$。其中 s_1 为回弹再压缩变形。

3.9　地基沉降与时间的关系

3.9.1　地基沉降与时间关系计算目的

上述地基沉降计算为地基的最终沉降量。这是指建筑荷载在地基中产生附加应力，地基受压层中的孔隙发生压缩达到稳定后的沉降量。

有时需要计算建筑物在施工期间和使用期间的地基沉降量，地基沉降的过程，即沉降与时间的关系，以便设计预留建筑物有关部分之间的净空，考虑联结方法和施工顺序等。尤其对发生裂缝、倾斜等事故的建筑物，更需要了解当时的沉降与今后沉降的发展，即沉降与时间的关系，作为事故处理方案的重要依据。

对于饱和土体的沉降，在“3.1　土的变形特性”一节中已经阐明。因土体孔隙中充满水，在荷载作用下，必须使孔隙中的水部分排出，土体才能被压密，即发生土体压缩变形。要使孔隙中的水通过弯弯曲曲的细小孔隙排出，通常需要经历相当长的时间 t。时间 t 的长短，取决于土层排水的距离 H、土粒粒径与孔隙的大小、土层渗透系数、荷载大小和压缩系数高低等因素。

一般建筑物在施工期间所完成的沉降，通常随地基土质的不同而不相同，例如：

① 碎石土和砂土因压缩性小、渗透性大，施工期间，地基沉降已全部或基本完成；

② 低压缩黏性土，施工期间一般可完成最终沉降量的 50%～80%；

③ 中压缩黏性土，施工期间一般可完成最终沉降量的 20%～50%；

④ 高压缩黏性土，施工期间一般可完成最终沉降量的 5%～20%。

淤泥质黏性土渗透性低，压缩性大。对于层厚较大的饱和淤泥质黏性土地基，沉降有时需要几十年时间才能达到稳定。例如，前述上海展览中心馆，1954 年 5 月开工的中央大厅的平均沉降量：当年年底为60cm，1957年6月为140cm，1979年9月为160cm。沉降经历23年仍未稳定。

为清楚地掌握饱和土体的压缩过程，首先需研究饱和土的渗流固结过程，即土的骨架和孔隙水分担和转移外力的情况和过程。

3.9.2 饱和土的渗流固结

1. 饱和土体渗流固结过程

饱和土体受荷产生压缩(固结)过程包括：

(1) 土体孔隙中自由水逐渐排出；

(2) 土体孔隙体积逐渐减小；

(3) 由孔隙水承担的压力逐渐转移到土骨架来承受，成为有效应力。

上述三个方面为饱和土体固结作用：排水、压缩和压力转移，三者同时进行的一个过程。

2. 渗流固结力学模型

为了形象地阐明上述饱和土体渗流固结过程，借助一个弹簧活塞力学模型说明，如图3.53所示。在一个装满水的圆筒中，上部安置一个带细孔的活塞。此活塞与筒底之间安装一个弹簧，以此模拟饱和土层。弹簧可视为土的骨架，模型中的水相当于土体孔隙中的自由水。由试验可见：

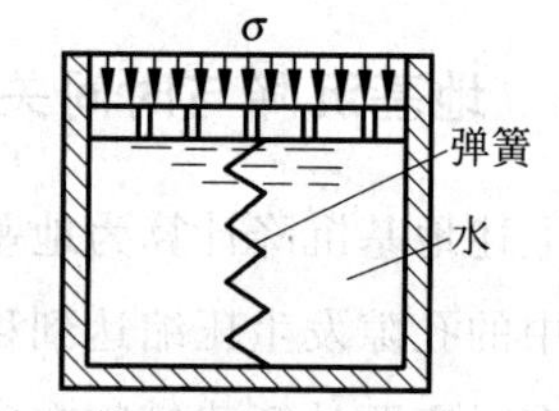

图3.53 饱和土体渗流固结模型

(1) 活塞顶面骤然施加压力σ的一瞬间，圆筒中的水尚未从活塞的细孔排出时，压力σ完全由水承担，弹簧没有变形和受力，即$u=\sigma,\sigma'=0$。

(2) 经过时间t后，因水压力增大，筒中水不断从活塞底部通过细孔，向活塞顶面流出；从而使活塞下降，迫使弹簧压缩而受力。此时，有效应力σ'逐渐增大，孔隙水压力u逐渐减小，$\sigma'+u=\sigma$。

(3) 当时间t经历很长后，孔隙水压力$u\to 0$，筒中水停止流出，外力σ完全作用在弹簧上。这时有效应力$\sigma'=\sigma$，而孔隙水压力$u=0$，土体渗流固结完成。

由此可见，饱和土体的渗流固结，就是土中的孔隙水压力u消散、逐渐转移为有效应力的过程。

3. 两种应力在深度上随时间的分布

实际工程中，土体的有效应力σ'与孔隙水压力u的变化，不仅与时间t有关，而且还与该点离透水层的距离z有关，如图3.54所示。即孔隙水压力u是距离z和时间t的函数：

$$u=f(z,t) \tag{3.52}$$

图3.54表示室内固结试验的土样，上下面双向排水，在土样受外力σ作用后，土样内部的孔隙水压力u随时间与深度的分布情况。

土样厚度为$2H$，上半部的孔隙水向上排，下半部的孔隙水向下排。在加外力σ后，经历不同

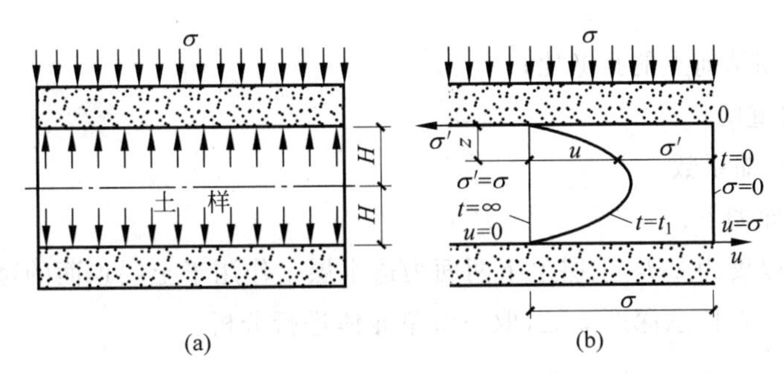

图 3.54　固结试验土样中两种应力随时间与深度的分布

时间 t，沿土样深度方向，孔隙水压力 u 和有效应力 σ' 的分布，如图 3.54(b)所示。

(1) 当时间 $t=0$，即外力施加后的一瞬间，孔隙水压力 $u=\sigma$，有效应力 $\sigma'=0$。此时两种应力分布如图 3.54(b)中右端竖直线所示。

(2) 当经历一定时间后，$t=t_1$ 时，两种应力都存在，$\sigma=\sigma'+u$。两种应力分布如图 3.54(b)中部的曲线所示。

(3) 当经历很长时间后，时间 $t\rightarrow\infty$，此时孔隙水压力 $u=0$，有效应力 $\sigma'=\sigma$。两种应力分布如图 3.54(b)中左侧竖直线所示。

注意孔隙水压力和有效应力在图 3.54(b)中的坐标：孔隙水压力 u 的坐标位于土样底部，向右增大。有效应力 σ' 的坐标位于土样顶部，向左增大。

3.9.3　单向固结理论

单向固结是指土中的孔隙水，只沿竖直一个方向渗流，同时土体也只沿竖直一个方向压缩。在土的水平方向无渗流，无位移。此种条件相当于荷载分布的面积很广阔，靠近地表的薄层黏性土的渗流固结情况。因为这一理论计算十分简便，目前建筑工程中应用很广。

1. 单向固结微分方程及其解答

单向固结理论亦称一维固结理论，此理论提出以下几点假设：

① 土的排水和压缩，只限竖直单向。水平方向不排水，不发生压缩；

② 土层均匀，完全饱和。在压缩过程中，渗透系数 k 和压缩模量 $E_s=\dfrac{1+e_1}{a}$ 不发生变化；

③ 附加应力一次骤加，且沿土层深度 z 呈均匀分布。

1) 单向固结微分方程为

$$\frac{\partial u}{\partial t}=C_v\frac{\partial^2 u}{\partial z^2} \tag{3.53}$$

式中　C_v——土的固结系数，$C_v=\dfrac{k(1+e_1)}{\gamma_w a}$；

k——土的渗透系数；

e_1 ——渗流固结前土的孔隙比；

γ_w ——水的重度；

a ——土的压缩系数。

公式(3.53)推导如下：

饱和黏性土层厚度为 $2H$，土层上下两面为透水层。作用于土层顶面的竖直荷载无限广阔分布，如图3.55所示。在任意深度 z 处，取一微单元体进行分析。

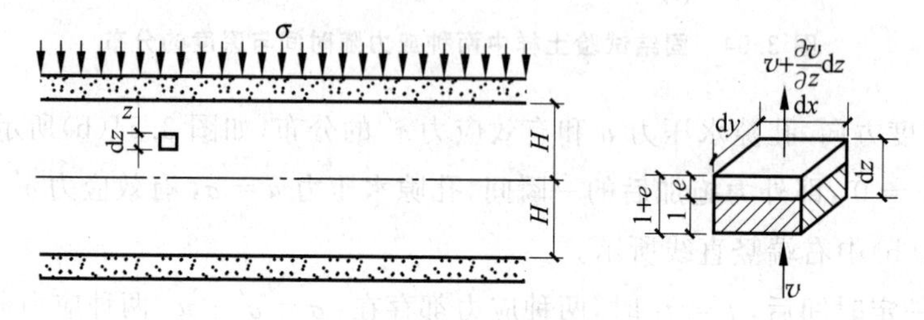

图 3.55 饱和土层的固结

令固体的体积为1。在单位时间内，此单元体内挤出的水量 Δq，等于单元体孔隙体积的压缩量 ΔV。设单元体底面渗流速度为 v，顶面流速为 $v+\frac{\partial v}{\partial z}dz$，则

$$\Delta q=\left[\left(v+\frac{\partial v}{\partial z}dz\right)-v\right]dxdydt=\frac{\partial v}{\partial z}dxdydzdt \tag{a}$$

据达西定律
$$v=ki=k\frac{\partial h}{\partial z}$$

式中 h 为孔隙水压力的水头，$u=\gamma_w h$，即 $h=\frac{u}{\gamma_w}$，因此

$$v=k\frac{\partial h}{\partial z}=\frac{k}{\gamma_w}\frac{\partial u}{\partial z}$$

$$\frac{\partial v}{\partial z}=\frac{k}{\gamma_w}\cdot\frac{\partial^2 u}{\partial z^2}$$

代入式(a)得

$$\Delta q=\frac{k}{\gamma_w}\cdot\frac{\partial^2 u}{\partial z^2}dxdydzdt \tag{b}$$

孔隙体积的压缩量

$$\Delta V=dV_v=d(nV)=d\left(\frac{e}{1+e_1}dxdydz\right)$$

$$=d\left(\frac{e}{dxdydz}dxdydz\right)$$

$$=\frac{de}{1+e_1}dxdydz \tag{c}$$

因

$$\frac{de}{d\sigma'}=-a,\quad de=-ad\sigma'=-ad(\sigma-u)=adu=a\frac{\partial u}{\partial t}dt$$

代入式(c)得

$$\Delta V = \frac{a}{1+e_1}\frac{\partial u}{\partial t}\mathrm{d}x\mathrm{d}y\mathrm{d}z\mathrm{d}t \tag{d}$$

对饱和土体，$\mathrm{d}t$ 时间内 $\Delta q = \Delta V$，即式(b)=式(d)，则

$$\frac{k}{\gamma_{\mathrm{w}}}\cdot\frac{\partial^2 u}{\partial z^2}\mathrm{d}x\mathrm{d}y\mathrm{d}z\mathrm{d}t = \frac{a}{1+e_1}\frac{\partial u}{\partial t}\mathrm{d}x\mathrm{d}y\mathrm{d}z\mathrm{d}t$$

化简得

$$\frac{\partial u}{\partial t} = \left(\frac{k}{\gamma_{\mathrm{w}}}\cdot\frac{1+e_1}{a}\right)\frac{\partial^2 u}{\partial z^2} = C_{\mathrm{v}}\frac{\partial^2 u}{\partial z^2} \tag{3.54}$$

2) 单向固结微分方程解

根据图 3.55 的初始条件和边界条件：

当 $t=0$ 和 $0\leqslant z\leqslant 2H$ 时，$u=\sigma=$ 常数；

当 $0<t<\infty$ 和 $z=0$ 时，$u=0$；

当 $0<t<\infty$ 和 $z=2H$ 时，$u=0$。

应用傅里叶级数，可求得公式(3.54)的解如下：

$$u = \frac{4\sigma}{\pi}\sum_{m=1}^{\infty}\frac{1}{m}\sin\frac{m\pi z}{2H}\mathrm{e}^{-m^2\frac{\pi^2}{4}T_{\mathrm{v}}} \tag{3.55}$$

式中 m——奇数正整数，即 1,3,5,…；

e——自然对数的底；

σ——附加应力，不随深度变化；

H——土层最大排水距离，如为双面排水，H 为土层厚度之半，单面排水 H 为土层总厚度；

T_{v}——时间因子，$T_{\mathrm{v}} = \frac{C_{\mathrm{v}}}{H^2}t = \frac{k(1+e_1)t}{a\gamma_{\mathrm{w}}H^2}$。 (3.56)

2. 固结度

1) 定义

地基在荷载作用下，对某一深度 z 处，经历时间 t，有效应力 σ'_{zt} 与总应力 σ 的比值，称为该点土的固结度，即

$$U_{z,t} = \frac{\sigma'_{zt}}{\sigma} = \frac{\sigma - u_{zt}}{\sigma} \tag{3.57}$$

2) 计算公式

(1) 地基中附加应力上下均布情况

① 地基中某一点的固结度 $U_{z,t}$

$$U_{z,t} = \frac{\sigma'_{zt}}{\sigma} = \frac{\sigma - u_{zt}}{\sigma} = \frac{u_0 - u_{zt}}{u_0} \tag{3.58}$$

② 地基平均固结度 U_t　因地基中各点的应力不等，各点的固结度也不同。可用平均孔隙水压力 u_m 和平均有效应力 σ_{m} 计算地基平均固结度 U_t。

U_t 为某时间 t 土层骨架已经承担起来的有效压应力与全部附加压应力的比值。

即
$$U_t=\frac{A_\sigma'}{A_\sigma}=\frac{A_\sigma-A_u}{A_\sigma}=1-\frac{A_u}{A_\sigma} \tag{3.58$'$}$$

式中：A_σ 为有效应力的分布面积，即平均有效应力 σ_m 乘以土层厚度；A_σ 为全部固结完成后的附加应力面积，等于总应力的分布面积，而 A_u 为时间 t 的孔压分布面积，等于平均孔压乘以土层厚度。由沉降计算公式可知，$U_t=\frac{s_t}{s}$，即固结度等于时间 t 的沉降量与最终沉降量之比。

根据图 3.54(b)所示，计算平均孔隙水压力 u_m 为

$$u_m=\frac{1}{2H}\int_0^{2H}u\mathrm{d}z=\frac{1}{2H}\int_0^{2H}\left(\frac{4\sigma}{\pi}\sum_{m=1}^{\infty}\frac{1}{m}\sin\frac{m\pi z}{2H}\mathrm{e}^{-m^2\frac{\pi^2}{4}T_v}\right)\mathrm{d}z$$

积分上式，求得 A_u 和 A_σ 后代入式(3.58)′，得地基平均固结度：

$$U_t=1-\frac{8}{\pi^2}\left(\mathrm{e}^{-\frac{\pi^2}{4}T_v}+\frac{1}{9}\mathrm{e}^{\frac{-9\pi^2}{4}T_v}+\cdots\right)$$

上式括号内的级数收敛很快，实用上可取第一项，即

$$U_t=1-\frac{8}{\pi^2}\mathrm{e}^{-\frac{\pi^2}{4}T_v} \tag{3.59}$$

公式(3.59)也适用于双面排水附加应力直线分布(不仅仅是均匀分布)的情况。

(2) 地基单面排水且上下面附加应力不等的情况

应用图 3.56，固结度 U 与时间因子 T_v 关系曲线进行计算，图中共计 10 条曲线，由下至上

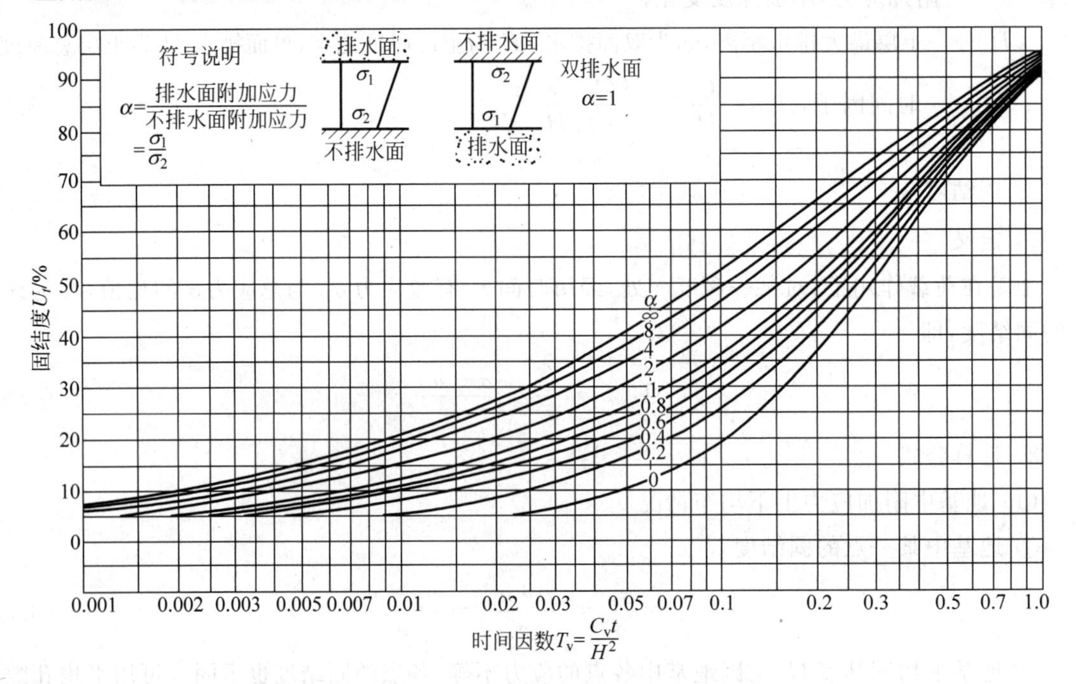

图 3.56 时间因子 T_v 与固结度 U_t 的关系图

$\alpha = 0, 0.2, 0.4, 0.6, 0.8, 1.0, 2.0, 4.0, 8.0, \infty$。其中

$$\alpha = \frac{\text{排水面附加应力}}{\text{不排水面附加应力}} = \frac{\sigma_1}{\sigma_2} \tag{3.60}$$

由地基土的性质，计算时间因子 T_v，由曲线横坐标与 α 值，即可找出纵坐标 U_0 为所求。

3.9.4 地基沉降与时间关系计算

地基沉降与时间关系计算步骤如下：

(1) 计算地基最终沉降量 s。按分层总和法或《建筑地基基础设计规范》(GB 50007—2011)法进行计算。

(2) 计算附加应力比值 α。由地基附加应力计算，应用公式(3.60)可得 α 值。

(3) 假定一系列地基平均固结度 U_t。如 $U_t = 10\%, 20\%, 40\%, 60\%, 80\%, 90\%$。

(4) 计算时间因子 T_v。由假定的每一个平均固结度 U_t 与 α 值，应用图 3.56，查出纵坐标时间因子 T_v。

(5) 计算时间 t。由地基土的性质指标和土层厚度，由公式(3.56)计算每一 U_0 的时间 t。

(6) 计算时间 t 的沉降量 s_t。由 $U_t = \frac{s_t}{s}$ 可得：

$$s_t = U_t s \tag{3.61}$$

(7) 绘制 s_t-t 关系曲线。以计算的 s_t 为纵坐标，时间 t 为横坐标，绘制 s_t-t 曲线，则可求任意时间 t_1 的沉降量 s_1。

【例题 3.7】 已知某工程地基为饱和黏土层，厚度为 8.0m，顶部为薄砂层，底部为不透水的基岩，如图 3.57。基础中点 O 下的附加应力：在基底处为 240kPa，基岩顶面为 160kPa。黏土地基的孔隙比 $e_1 = 0.88, e_2 = 0.83$。渗透系数 $k = 0.6 \times 10^{-8}$ cm/s。求地基沉降量与时间的关系。

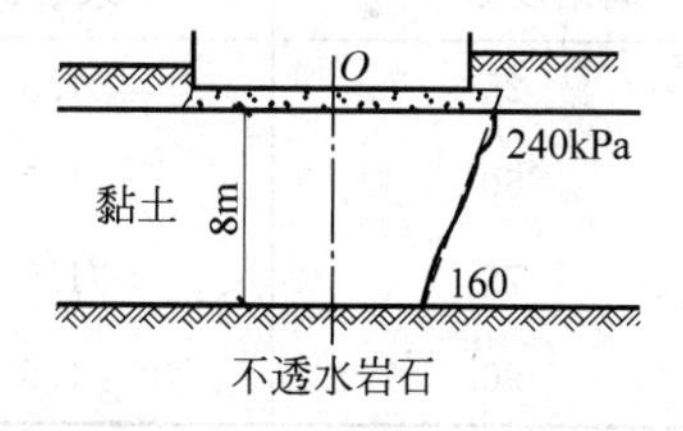

图 3.57 【例题 3.7】图

【解】 (1) 地基沉降量估算

$$s = \frac{e_1 - e_2}{1 + e_1} h = \frac{0.88 - 0.83}{1 + 0.88} \times 800 = 21.3\text{cm}$$

(2) 计算附加应力比值 α

$$\alpha = \frac{\sigma_1}{\sigma_2} = \frac{240}{160} = 1.50$$

(3) 假定地基平均固结度

$$U_t = 25\%, 50\%, 75\%, 90\%$$

(4) 计算时间因子 T_v

由 U_t 与 α 查图 3.56 曲线横坐标可得：

$$T_v = 0.04, 0.175, 0.45, 0.84$$

(5) 计算相应的时间 t

① 地基土的压缩系数

$$a = \frac{\Delta e}{\Delta \sigma} = \frac{e_1 - e_2}{\frac{0.24 + 0.16}{2}} = \frac{0.88 - 0.83}{0.20} = \frac{0.05}{0.20} = 0.25\text{MPa}^{-1}$$

② 渗透系数换算

$$k = 0.6 \times 10^{-8} \times 3.15 \times 10^7 = 0.19\text{cm/a}$$

③ 计算固结系数

$$C_v = \frac{k(1+e_m)}{0.1 \times a\gamma_w} = \frac{0.19\left(1+\frac{0.88+0.83}{2}\right)}{0.1 \times 0.25 \times 0.001}$$

$$= 14\,100\text{cm}^2/\text{a}$$

(式中引入了量纲换算系数 0.1)

④ 时间因子

$$T_v = \frac{C_v t}{H^2} = \frac{14\,100t}{800^2} \qquad 故 \quad t = \frac{640\,000}{14\,100} T_v = 45.5T_v$$

列表计算如表 3.20 所示。

表 3.20 【例题 3.7】附表

固结度 U_t /%	系数 α	时间因子 T_v	时间 t /a	沉降量 s_t /cm
25	1.5	0.04	1.82	5.32
50	1.5	0.175	8.0	10.64
75	1.5	0.45	20.4	15.96
90	1.5	0.84	38.2	19.17

s_t-t 关系曲线见图 3.58。

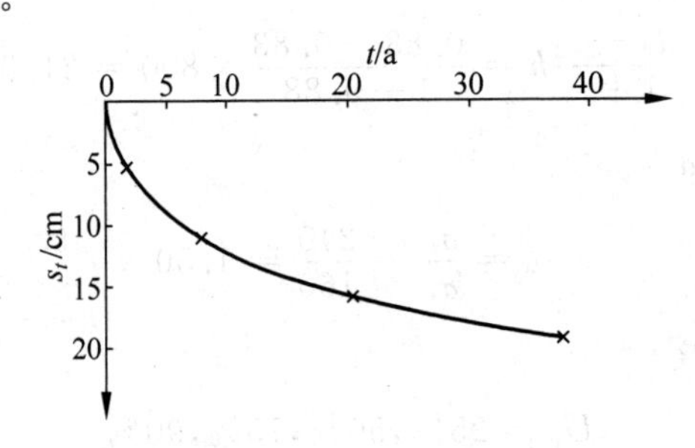

图 3.58 【例题 3.7】s_t-t 曲线

3.9.5 地基沉降与时间经验估算法

上述固结理论，由于作了各种简化假设，很多情况计算与实际有出入。为此，国内外曾建议用经验公式来估算地基沉降与时间关系。根据建筑物的沉降观测资料，多数情况可用双曲线式或对数曲线式表示地基沉降与时间关系。

1. 双曲线式

$$s_t = \frac{t}{a+t}s \tag{3.62}$$

式中 s_t——在时间 t（从施工期一半起算）时的实测沉降量，cm；

s——待定的地基最终沉降量，cm；

a——经验参数，待定。

为确定公式(3.62)中两个待定的 s 和 a 值，可从实测的 s-t 曲线后段，任取两组已知数据 s_{t1}、t_1 和 s_{t2}、t_2 值，代入公式(3.62)得：

$$\begin{cases} s_{t1} = \dfrac{t_1}{a+t_1}s \\ s_{t2} = \dfrac{t_2}{a+t_2}s \end{cases} \tag{3.63}$$

解此联立方程式，可得：

$$s = \frac{t_2 - t_1}{\dfrac{t_2}{s_{t2}} - \dfrac{t_1}{s_{t1}}} \tag{3.64}$$

$$a = \frac{t_1}{s_{t1}}s - t_1 = \frac{t_2}{s_{t2}}s - t_2 \tag{3.65}$$

将 s 与 a 值代回公式(3.62)，可推算任意时间 t 时的沉降量 s_t。

为消除观测资料可能产生的偶然误差，通常将 s-t 曲线后段的全部观测值 s_t 及 t 值都加以利用，分别计算出 t/s_t 值，绘制 $\frac{t}{s_t}$ 与 t 的关系曲线。此曲线的后段往往近似直线，则此直线的斜率即为 s，如图 3.59 所示。

2. 对数曲线式

$$s_t = (1 - \mathrm{e}^{-at})s \tag{3.66}$$

式中 e——自然对数的底；

a——经验系数，待定。

同理，利用实测的 s-t 曲线后段资料，可求得地基最终沉降量 s 值，并可推算任意时间 t 时的沉降量 s_t。

公式(3.66)可改写为

$$s_t=\left[1-\left(\frac{1}{e^t}\right)^a\right]s \tag{3.66$'$}$$

以 s_t 为纵坐标，$\frac{1}{e^t}$ 为横坐标，根据实测资料绘制 s_t-$\frac{1}{e^t}$ 关系曲线，则曲线的延长线与纵坐标 s_t 轴相交点即为所求的 s 值，如图 3.60 所示。

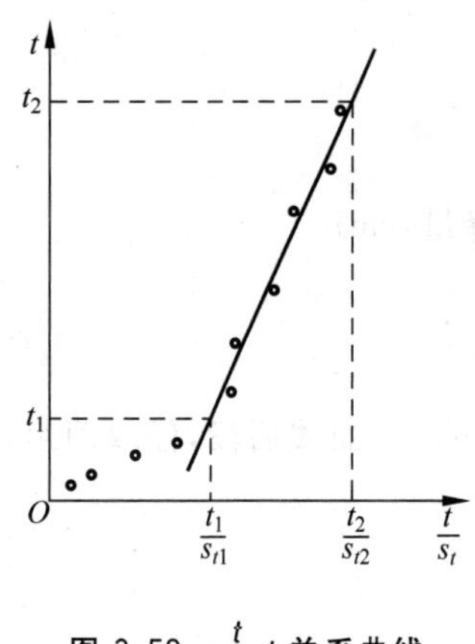

图 3.59 $\frac{t}{s_t}$-t 关系曲线

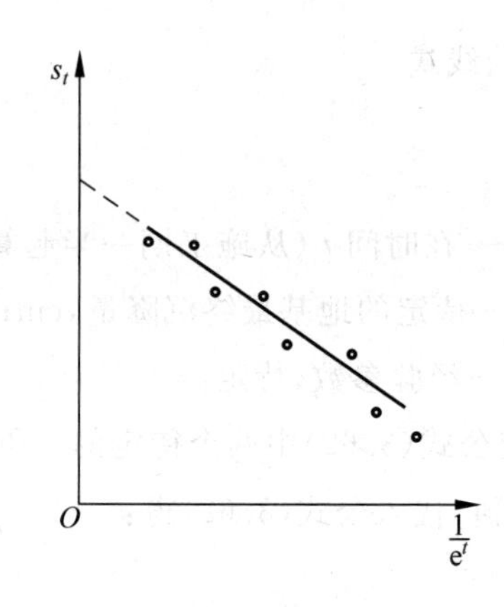

图 3.60 s_t-$\frac{1}{e^t}$ 关系曲线

实践表明，对于饱和黏性土，用单向固结理论计算的固结过程，接近土样在侧限压缩试验中的固结过程；但与实测的沉降与时间关系出入较大。如上海地区实测沉降速率比计算值快得多，这是多种复杂因素影响所致。只有当基础面积很大，压缩土层厚度小于基础宽度的一半时，才接近于单向固结条件。实际土层的复杂性和土的指标在固结过程中发生变化等因素都有影响。

此外，工程中还会遇到二维或三维固结问题、非饱和土的固结问题以及饱和密实黏土的固结问题等，读者可参阅相关资料，此处不再引述。

3.9.6 地基瞬时沉降与次固结沉降

1. 地基沉降的组成

地基沉降通常由下面三部分组成(见图 3.61)：

(1) 瞬时沉降 s_d 瞬时沉降是地基受荷后立即发生的沉降。对饱和土体来说，受荷的瞬间孔隙中的水尚未排出，土体的体积没有变化。因此瞬时沉降是由土体产生的剪切变形所引起的沉降，其数值与基础的形状、尺寸及附加应力大小等因素有关。

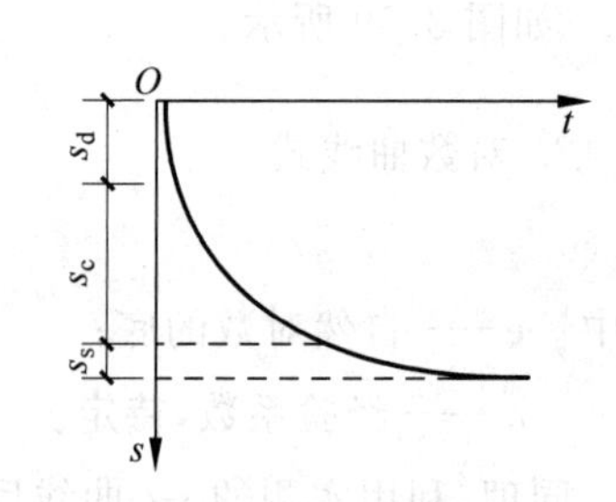

图 3.61 地基沉降的组成

(2) 固结沉降 s_c 地基受荷后产生的附加应力，使土体的孔隙减小而产生的沉降称为固结沉降。通常这部分沉降量是地基沉降的主要部分。

(3) 次固结沉降 s_s　地基在外荷作用下，经历很长时间，土体中超孔隙水压力已完全消散，有效应力不变的情况下，由土的固体骨架长时间缓慢蠕变所产生的沉降称为次固结沉降或蠕变沉降。一般土中部分沉降的数值很小；但对含有机质的厚层软黏土，却不可忽视。

综上所述，地基的总沉降为瞬时沉降、固结沉降和次固结沉降三者之和。

$$s = s_d + s_c + s_s \tag{3.67}$$

2. 地基瞬时沉降计算

模型试验和原型观测资料表明，饱和黏性土的瞬时沉降，可近似地按弹性力学公式计算：

$$s_d = \frac{\omega(1-\mu^2)}{E} pB \tag{3.68}$$

式中　μ——土的泊松比，假定土体的体积不可压缩，取 0.5；

E——地基土的变形模量，采用三轴压缩试验初始切线模量 E_i 或现场实际荷载下，再加荷模量 E_r。

其余符号见"3.4　土的压缩性原位测试"中公式(3.19)。

3. 地基次固结沉降计算

由图 3.62 中 e-lg$t$ 曲线可见，次固结与时间关系近似直线，则

$$\Delta e = C_d \lg \frac{t}{t_t} \tag{3.69}$$

$$s_s = \sum_{i=1}^{n} \frac{h_i}{1+e_{oi}} C_{di} \lg \frac{t}{t_t} \tag{3.70}$$

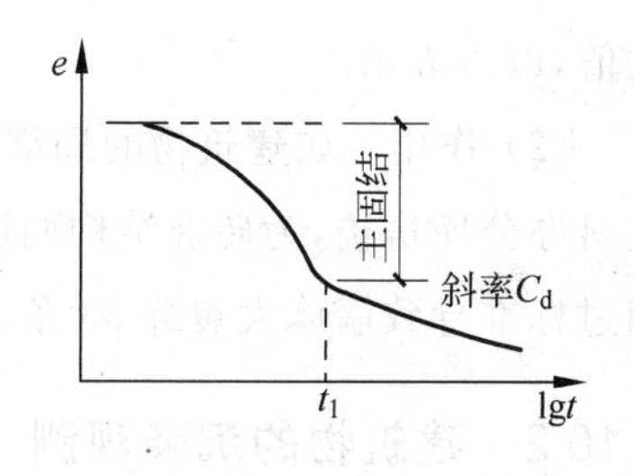

图 3.62　e-lg$t$ 曲线

式中　C_d——e-lg$t$ 曲线后段的斜率，称次压缩系数，$C_d \approx 0.018w$，w 为天然含水率；

t——所求次固结沉降的时间；

t_t——相当于主固结度为 100% 的时间，由次压缩曲线上延而得，如图 3.62 所示。

3.10　建筑物沉降观测与地基允许变形值

3.10.1　地基变形特征

建筑物地基变形的特征，可分为沉降量、沉降差、倾斜和局部倾斜四种。

1) 沉降量

(1) 定义　沉降量特指基础中心的沉降量，以 mm 为单位。

（2）作用　若沉降量过大，势必影响建筑物的正常使用。例如，会导致室内外的上下水管、照明与通信电缆以及煤气管道的联结折断，污水倒灌，雨水积聚，室内外交通不便，等等。本书绪论中叙述的上海展览中心馆和墨西哥市艺术宫等地基严重下沉事故就是具体的工程实例。因此，京、沪等地区用沉降量作为建筑物地基变形的控制指标之一。

2）沉降差

（1）定义　沉降差指同一建筑物中，相邻两个基础沉降量的差值，以mm为单位。

（2）作用　如建筑物中相邻两个基础的沉降差过大，会使相应的上部结构产生额外应力，超过限度时，建筑物将发生裂缝、倾斜甚至破坏。由于地基软硬不均匀、荷载大小差异、体型复杂等因素，引起地基变形不同。对于框架结构和单层排架结构，设计时应由相邻柱基的沉降差控制。

3）倾斜(‰)

（1）定义　倾斜特指独立基础倾斜方向两端点的沉降差与其距离的比值，以‰表示。

（2）作用　若建筑物倾斜过大，将影响正常使用，遇台风或强烈地震时危及建筑物整体稳定，甚至倾覆。对于多层或高层建筑和烟囱、水塔、高炉等高耸结构，应以倾斜值作为控制指标。

4）局部倾斜(‰)

（1）定义　局部倾斜指砖石砌体承重结构，沿纵向6～10m内基础两点的沉降差与其距离的比值，以‰表示。

（2）作用　如建筑物的局部倾斜过大，往往使砖石砌体承受弯矩而拉裂。例如，清华大学供应科办公库房楼，为砖混结构两层楼，采用条形基础，因场地中部存在高压缩性泥炭，使局部倾斜超过标准导致墙体大裂缝33条，成为危房。对于砌体承重结构设计，应由局部倾斜控制。

3.10.2 建筑物的沉降观测

1）目的

（1）验证工程设计与沉降计算的正确性；

（2）判别建筑物施工的质量；

（3）发生事故后作为分析事故原因和加固处理的依据。

2）必要性

对一级建筑物、高层建筑、重要的新型的或有代表性的建筑物、体型复杂、形式特殊或使用上对不均匀沉降有严格要求的建筑物、大型高炉、平炉，以及软弱地基或地基软硬突变，存在故河道、池塘、暗浜或局部基岩出露等建筑物，为保障建筑物的安全，应进行施工期间与竣工后使用期间系统的沉降观测。

3）水准基点的设置

以保证水准基点的稳定可靠为原则，宜设置在基岩上或压缩性较低的土层上。水准基点的位置应靠近观测点并在建筑物产生的压力影响范围以外，不受行人车辆碰撞的地点。在一个观测区内水准基点不应少于3个。

4）观测点的设置

观测点的布置应能全面反映建筑物的变形并结合地质情况确定，如建筑物4个角点、沉降缝两侧、高低层交界处、地基土软硬交界两侧等。数量不少于6个点。

5）仪器与精度

沉降观测的仪器宜采用精密水平仪和铟钢尺，对第一观测对象宜固定测量工具、固定人员，观测前应严格校验仪器。

测量精度宜采用Ⅱ级水准测量，视线长度宜为20～30m；视线高度不宜低于0.3m。水准测量应采用闭合法。

6）观测次数和时间

要求前密后稀。民用建筑每建完一层(包括地下部分)应观测一次；工业建筑按不同荷载阶段分次观测，施工期间观测不应少于4次。建筑物竣工后的观测：第一年不少于3～5次，第二年不少于2次，以后每年1次，直至下沉稳定为止。稳定标准半年沉降 $s \leqslant 2$mm。特殊情况如突然发生严重裂缝或大量沉降，应增加观测次数。

在基坑较深时，可考虑开挖后的回弹观测。

3.10.3 建筑物的地基变形允许值

为了保证建筑物正常使用，防止建筑物因地基变形过大而发生裂缝、倾斜等事故，根据各类建筑物的特点和地基土的不同类别，《建筑地基基础设计规范》(GB 50007—2011)规定了建筑物的地基变形允许值，见表3.21。

表3.21 建筑物的地基变形允许值[18]

变形特征	地基土类别	
	中、低压缩性土	高压缩性土
砌体承重结构基础的局部倾斜	0.002	0.003
工业与民用建筑相邻柱基的沉降差		
(1) 框架结构	$0.002l$	$0.003l$
(2) 砖石墙填充的边排柱	$0.0007l$	$0.001l$
(3) 当基础不均匀沉降时不产生附加应力的结构	$0.005l$	$0.005l$
单层排架结构(柱距为6m)柱基的沉降量/mm	(120)	200
桥式吊车轨面的倾斜(按不调整轨道考虑)		
纵向	0.004	
横向	0.003	

续表

变形特征		地基土类别	
		中、低压缩性土	高压缩性土
多层和高层建筑基础的倾斜	$H_g \leqslant 24$	0.004	
	$24 < H_g \leqslant 60$	0.003	
	$60 < H_g \leqslant 100$	0.0025	
	$H_g > 100$	0.002	
体型简单的高层建筑建筑基础的平均沉降量/mm		200	
高耸结构基础的倾斜	$H_g \leqslant 20$	0.008	
	$20 < H_g \leqslant 50$	0.006	
	$50 < H_g \leqslant 100$	0.005	
	$100 < H_g \leqslant 150$	0.004	
	$150 < H_g \leqslant 200$	0.003	
	$200 < H_g \leqslant 250$	0.002	
高耸结构基础的沉降量/mm	$H_g \leqslant 100$	400	
	$100 < H_g \leqslant 200$	300	
	$200 < H_g \leqslant 250$	200	

注：① 有括号者仅适用于中压缩性土。
② l 为相邻柱基的中心距离/mm；H_g 为自室外地面起算的建筑物高度/m。

3.10.4 防止地基有害变形的措施

若地基变形计算值超过表3.21所列地基变形允许值，则为避免建筑物发生事故，必须采取适当措施，以保证工程的安全。

1）减小沉降量的措施

（1）外因方面措施

地基沉降由附加应力引起，如减小基础底面的附加应力 p_0，则可相应减小地基沉降量。由公式(3.29) $p_0 = p - \gamma d$ 可知，减小 p_0 可采取以下两种措施：

① 上部结构采用轻质材料，则可减小基础底面的接触压力 p；

② 当地基中无软弱下卧层时，可加大基础埋深 d。详见“7.10 墙下筏板基础”一节，补偿性基础设计。

（2）内因方面措施

地基产生沉降的内因：地基土由三相组成，固体颗粒之间存在孔隙，在外荷作用下孔隙发生压缩所致。因此，为减小地基的沉降量，在修造建筑物之前，可预先对地基进行加固处理。根据地基土的性质、厚度结合上部结构特点和场地周围环境，可分别采用机械压密、强力夯实、换土垫层、加载预压、砂桩挤密、振冲及化学加固等人工地基的措施（详见第9章）；必要时，还可以采用桩基础或深基础（详见第8章）。

2）减小沉降差的措施

（1）设计中尽量使上部荷载中心受压，均匀分布。

（2）遇高低层相差悬殊或地基软硬突变等情况，可合理设置沉降缝。

（3）增加上部结构对地基不均匀沉降的调整作用。如设置封闭圈梁与构造柱，加强上部结构的刚度；将超静定结构改为静定结构，以加大对不均匀沉降的适应性。

（4）妥善安排施工顺序。例如，建筑物高、重部位沉降大先施工；拱桥先做成三铰拱，并可预留拱度。

（5）人工补救措施。当建筑物已发生严重的不均匀沉降时，可采取人工挽救措施。例如，墨西哥教堂地基为高压缩性火山灰软黏土，引起沉降差高达3.2m。为保护此古建筑，上部结构用钢桁架加固，在原基础下做连续梁方格形基础，用150台千斤顶同时加力，调整沉降差1.7m。又如杭州市运输公司6层营业楼，由于北侧新建自来水公司5层楼的附加应力扩散作用，使运输公司6层楼北倾，两楼顶部相撞。为此，在运输公司6层楼南侧采用水枪冲地基土的方法，将北侧6层楼纠正过来。

复习思考题

3.1 地基土的变形有何特性？土的变形与其他建筑材料如钢材的变形有何差别？

3.2 何谓土层的自重应力？土的自重应力沿深度有何变化？土的自重应力计算，在地下水位上、下是否相同？为什么？土的自重应力是否在任何情况下都不会引起地基的沉降？

3.3 基础底面压应力的计算有何实用意义？柔性基础与刚性基础的基底压应力分布是否相同？何故？

3.4 哪些因素影响刚性基础基底应力分布？一般工程中采用的基底应力简化计算有何依据？怎样计算中心荷载与偏心荷载作用下基底压应力？

3.5 何谓附加应力？基础底面的接触应力与基底的附加应力是否指的同一应力？

3.6 附加应力在地基中的传播、扩散有何规律？目前附加应力计算的依据是什么？附加应力计算有哪些假设条件？与工程实际是否存在差别？

3.7 独立基础与条形基础在中心荷载与偏心荷载作用下，地基中各点的附加应力如何计算？应用角点法应注意什么问题？

3.8 工程中采用的土的压缩性指标有哪几个？这些指标各用什么方法确定？各指标之间有什么关系？

3.9 何谓土的压缩系数？一种土的压缩系数是否为定值，为什么？如何判别土的压缩性的高低？压缩系数的量纲是什么？

3.10 载荷试验有何优点？什么情况应做载荷试验？载荷试验试坑的尺寸有何要求，为什么？载荷试验如何加载？如何量测沉降？停止加荷的标准是什么？在 p-s 曲线上怎样确定地基承载力？

3.11 旁压试验有何特点？适用于什么条件？旁压试验中的应力与变形如何量测？为什么在压力表上读测的数据并非作用在土体中的压力？如何由旁压曲线计算地基承载力？

3.12 何谓有效应力原理？有效应力与孔隙水压力的物理概念是什么？在固结过程中，两者是怎样变化的？压缩曲线横坐标表示何种应力？为什么？

3.13 分层总和法计算地基最终沉降量的原理是什么？为何计算土层的厚度要规定 $h_i \leqslant 0.4b$？评价分层总和法沉降计算的优缺点。

3.14 《建筑地基基础设计规范》(GB 50007—2011)法沉降计算的要点是什么？分层总和法和《建筑地基基础设计规范》(GB 50007—2011)法的主要区别是什么？

3.15 研究地基沉降与时间的关系有何实用价值？何谓固结度 U_t？U_t 与时间因子 T_v 有何关系？应用图3.53计算时，α 值代表什么？计算中的时间 t 与渗透系数 k 的量纲是什么？

3.16 何谓超固结土与欠固结土？这两种土与正常固结土有何区别？

3.17 哪些工程需进行沉降观测？水准基点设在何处？需要几个？观测点应设在何处？至少多少个？宜用何种仪器与精度？观测时间有何要求？

3.18 何谓沉降差？倾斜与局部倾斜有何区别？建筑物的沉降量为什么要有限度？

3.19 何谓地基允许变形值？何种建筑结构设计中以沉降差作为控制标准？高炉与烟囱以何种变形值作为控制标准？

3.20 当建筑工程沉降计算值超过规范允许值时应采取什么措施？某5层砖混结构为条形基础，砖墙发生八字形裂缝是什么原因？

习　题

3.1 某教学大楼工程地质勘察结果：地表为素填土，$\gamma_1 = 18.0\text{kN/m}^3$，厚度 $h_1 = 1.50\text{m}$；第二层为粉土，$\gamma_2 = 19.4\text{kN/m}^3$，厚度 $h_2 = 3.60\text{m}$；第三层为中砂，$\gamma_3 = 19.8\text{kN/m}^3$，厚度 $h_3 = 1.80\text{m}$；第四层为坚硬整体岩石。地下水位埋深1.50m。计算基岩顶面处土的自重应力。若第四层为强风化岩石，该处土的自重应力有无变化？　（答案：132.5kPa；有变化，为78.5kPa)

3.2 某商店地基为粉土，层厚4.80m。地下水位埋深1.10m，地下水位以上粉土呈毛细饱和状态。粉土的饱和重度 $\gamma_{sat} = 20.1\text{kN/m}^3$。计算粉土层底面处土的自重应力。　（答案：59.48kPa)

3.3 已知某工程为矩形基础，长度为 l，宽度为 b。在偏心荷载作用下，基础底面边缘处附加应力 $\sigma_{max} = 150\text{kPa}$，$\sigma_{min} = 50\text{kPa}$。选择一种最简方法，计算此条形基础中心点下，深度分别为0，$0.25b$，$0.50b$，$1.0b$，$2.0b$ 和 $3.0b$ 处地基中的附加应力。　（答案：分别为100kPa，96kPa，82kPa，55.2kPa，30.6kPa，20.8kPa)

3.4 已知某工程矩形基础，长度为 l，宽度为 b，且 $l > 5b$。在中心荷载作用下，基础底面的附加应力 $\sigma_0 = 100\text{kPa}$。采用一种最简方法，计算此基础长边端部中点下，深度分别为 0，0.25b，0.50b，1.0b，2.0b 和 3.0b 处地基中的附加应力。（答案：分别为 50kPa，48kPa，41kPa，27.6kPa，15.3kPa，10.4kPa）

3.5 某住宅楼工程地质勘察，取原状土进行压缩试验，试验结果如表 3.22 所示。计算土的压缩系数 a_{1-2} 和相应侧限压缩模量 E_{s1-2}，并评价该土的压缩性。（答案：0.16MPa^{-1}，12.2MPa；中压缩性）

表 3.22 习题 3.5 附表

压应力 σ/kPa	50	100	200	300
孔隙比 e	0.964	0.952	0.936	0.924

3.6 已知某工程矩形基础，长度为 14.0m，宽度为 10.0m。计算深度同为 10.0m，长边中心线上基础以外 6m 处 A 点的竖向附加应力为矩形基础中心 O 点的百分之几？（答案：19.5%）

3.7 已知某条形基础，宽度为 6.0m，承受集中荷载 $P = 2400\text{kN/m}$，偏心距 $e = 0.25\text{m}$。计算距基础边缘 3.0m 的某 A 点下深度为 9.0m 处的附加应力。（答案：81.3kPa）

3.8 已知条形基础 1 和 2，基础埋深 $d_1 = d_2$，基础底宽 $b_2 = 2b_1$，承受上部荷载 $N_2 = 2N_1$。两基础的地基土条件相同，土表层为粉土，厚度 $h_1 = d_1 + b_1$，$\gamma_1 = 20\text{kN/m}^3$，$a_{1-2} = 0.25\text{MPa}^{-1}$；第二层为黏土，厚度 $h_2 = 3b_2$，$\gamma_2 = 19\text{kN/m}^3$，$a_{1-2} = 0.50\text{MPa}^{-1}$。问两基础的沉降量是否相同？何故？通过调整两基础的 d 和 b，能否使两基础的沉降量接近？说明有几种调整方案，并给出评介。

3.9 某工程采用箱形基础，基础底面尺寸为 10.0m×10.0m。基础高度 h = 埋深 d = 6.0m，基础顶面与地面齐平。地下水位埋深 2.0m。地基为粉土 $\gamma_{sat} = 20\text{kPa/m}^3$，$E_s = 5\text{MPa}$。基础顶面中心集中荷载 $N = 8000\text{kN}$，基础自重 $G = 3600\text{kN}$。试估算该基础的沉降量。（答案：0）

3.10 已知一矩形基础底面尺寸为 5.6m×4.0m，基础埋深 $d = 2.0\text{m}$。上部结构总荷重 P = 6 600kN，基础及其上填土平均重度 $\gamma_m = 20\text{kN/m}^3$。地基土表层为人工填土 $\gamma_1 = 17.5\text{kN/m}^3$，厚度 6.0m；第二层为黏土，$\gamma_2 = 16.0\text{kN/m}^3$，$e_1 = 1.0$，$a = 0.6\text{MPa}^{-1}$，厚度 1.6m；第三层为卵石，$E_s = 25\text{MPa}$，厚 5.6m。求黏土层的沉降量。（答案：48mm）

3.11 某宾馆柱基底面尺寸为 4.00m×4.00m，基础埋深 $d = 2.00\text{m}$。上部结构传至基础顶面（地面）的中心荷载 N = 4 720kN。地基表层为细砂，$\gamma_1 = 17.5\text{kN/m}^3$，$E_{s1} = 8.0\text{MPa}$，厚度 $h_1 = 6.00\text{m}$；第二层为粉质黏土，$E_{s2} = 3.33\text{MPa}$，厚度 $h_2 = 3.00\text{m}$；第三层为碎石，厚度 h_3 = 4.50m，$E_{s3} = 22\text{MPa}$。用分层总和法计算粉质黏土层的沉降量。（答案：60mm）

3.12 某工程矩形基础长 3.60m，宽 2.00m，埋深 $d = 1.00$m。地面以上上部荷重 $N = 900$kN。地基为粉质黏土，$\gamma = 16.0$kN/m^3，$e_1 = 1.0$，$a = 0.4$MPa^{-1}。试用《建筑地基基础设计规范》(GB 50007—2011)法计算基础中心 O 点的最终沉降量。（答案：68.4mm）

3.13 某办公大楼柱基底面积为 2.00m×2.00m，基础埋深 $d = 1.50$m。上部中心荷载作用在基础顶面 $N = 576$kN。地基表层为杂填土，$\gamma_1 = 17.0$kN/m^3，厚度 $h_1 = 1.50$m；第二层为粉土，$\gamma_2 = 18.0$kN/m^3，$E_{s2} = 3$MPa，厚度 $h_2 = 4.40$m；第三层为卵石，$E_{s3} = 20$MPa，厚度 $h_3 = 6.5$m。用《建筑地基基础设计规范》(GB 50007—2011)法计算柱基最终沉降量。（答案：123.5mm）

3.14 已知某教学楼柱基底面积为 2.40m×2.00m，基础埋深 $d = 1.50$m。上部中心荷载作用在基础顶面 $N = 706$kN。地基土分 4 层：表层粉质黏土，$\gamma_1 = 18.0$kN/m^3，层厚 $h_1 = 1.50$m；第二层为黏土，$\gamma_2 = 17.0$kN/m^3，$e = 1.0$，$I_L = 0.6$，$E_{s2} = 3$MPa，层厚 $h_2 = 2.5$m；第三层为粉土，$\gamma_3 = 20.0$kN/m^3，$E_{s3} = 5$MPa，层厚 $h_3 = 6.60$m；第四层为卵石，$E_{s4} = 25$MPa，层厚 $h_4 = 5.80$m。按《建筑地基基础设计规范》(GB 50007—2011)法计算基础中心点的最终沉降量。

3.15 已知某大厦采用筏板基础，长 42.5m，宽 13.3m，埋深 $d = 4.0$m。基础底面附加应力 $p_0 = 214$kPa，基底铺排水砂层。地基为黏土，$E_s = 7.5$MPa，渗透系数 $k = 0.6 \times 10^{-8}$cm/s，厚度 8.00m。其下为透水的砂层，砂层面附加应力 $\sigma_2 = 160$kPa。计算地基沉降与时间关系。

第 4 章

土的抗剪强度与地基承载力

4.1 概　　述

4.1.1 地基强度的意义

为了保证建筑工程安全与正常使用，除了防止地基的有害变形外，还须确保地基的强度足以承受上部结构的荷载。用载荷试验结果 p-s 曲线说明地基的强度问题，如图 4.1 所示。

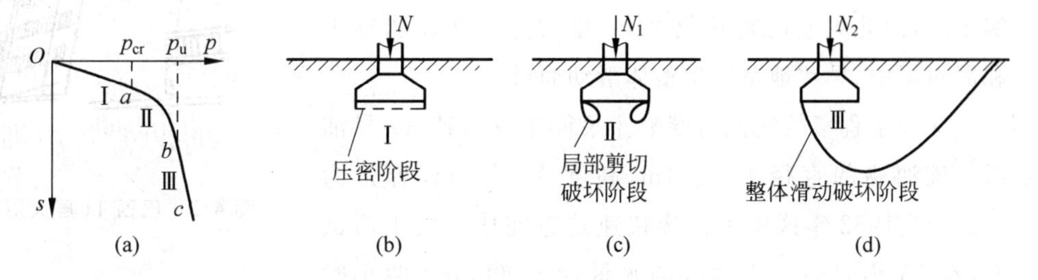

图 4.1　载荷试验与地基强度

当基础底面的压应力 p 较小时，如 p-s 曲线开始段 $\overline{Oa}$，呈直线分布，如图 4.1(a)，地基处于压密阶段Ⅰ，如图 4.1(b)所示。

如基底压应力 p 进一步增大，p-s 曲线向下弯曲，如图中 $\overset{\frown}{ab}$ 段所示，呈曲线分布；地基处于局部剪切破坏阶段Ⅱ。此时，地基边缘出现了塑性变形区，如图 4.1(c)所示。

若基底压力 p 很大，p-s 曲线如图中 bc 段所示，近似呈竖直向下直线分布。地基达到滑动破坏阶段Ⅲ。此时，地基中的塑性变形区已扩展，连成一个连续的滑动面，建筑物整体失去稳定，发生倾倒事故，如图 4.1(d)所示。

由此可见，各类建筑工程设计中，为了建筑物的安全可靠，要求建筑地基必须同时满足下列两个条件：

(1) 地基变形条件 包括地基的沉降量、沉降差、倾斜与局部倾斜，都不超过《建筑地基基础设计规范》(GB 50007—2011)规定的地基变形允许值；

(2) 地基强度条件 在建筑物的上部荷载作用下，确保地基的稳定性，不发生地基剪切或滑动破坏。

这两个条件中，第一个地基变形条件已在第3章中阐述。本章着重介绍地基强度问题。为便于理解地基强度问题的具体内容，先对几个国内外地基强度破坏的工程实例进行分析。

在"绪论"中叙述的加拿大特朗斯康大型谷仓与美国纽约汉森河旁一座水泥仓库的严重事故，都是地基强度破坏的典型工程实例。这两起灾难性事故的原因，均为仓库荷载超过地基强度的极限荷载，引起地基整体滑动破坏。

另一工程实例为南美洲巴西的一幢11层大厦。这幢高层建筑长度为29m，宽度为12m。地基软弱，选用桩基础。柱长21m，共计99根桩。此大厦于1955年动工，至1958年1月竣工时，发现大厦背面产生明显沉降，如图4.2所示。1月30日，大厦沉降速率高达4mm/h。晚间8时沉降加剧，在20秒钟内整幢大厦倒塌，平躺在地面。这一起重大事故的原因是，大厦的建筑场地为沼泽土，软弱土层很厚，邻近其他建筑物采用的桩长为26m，穿透软弱土层，到达坚实土层，而此大厦的桩长仅21m，桩尖悬浮在软弱黏土和泥炭层中，导致地基产生整体滑动而破坏。

图4.2 巴西11层大厦倒塌前情景

又一工程事故实例为挪威弗莱德里克斯特 T_8 号油罐。该油罐的直径为25.4m，高度为19.3m，容量为6 230m^3。1952年这座大油罐快速建造完毕。竣工后试水，在35小时内注入油罐的水量约6 000m^3。两小时后，发现此油罐向东边倾斜，同时发现油罐东边的地面有很大隆起。事故发生后，立即将油罐中的水放空，量测油罐最大的沉降差达508mm，最大的地面隆起为406mm。事后查明，油罐的地基为海积粉质黏土和海积黏土，灵敏度高，且油罐东部地基中存在局部软黏土层。在油罐充水荷载为55 000kN，相当于承受110.9kPa均布荷载时，油罐地基通过局部软黏土层产生滑动破坏。此后吸取教训，采取分级向油罐充水的办法，使每级充水的时间间隔足够长，使地基充分固结。1954年，油罐正式运用，没有发现新问题。

由此可见，对地基土的强度问题如不注意，可能发生上述地基滑动事故。尽管这类地基强度事故的数量比起地基变形引起的事故要少，但后果极为严重，往往是灾难性的，难以挽救。对地基土的强度问题应当予以高度的重视。

4.1.2 土的强度的应用

土的强度问题的研究成果在工程上应用很广，归纳起来主要有下列三方面。

1. 地基承载力与地基稳定性

地基承载力与地基稳定性，是每一项建筑工程都遇到的问题，具有普遍意义。这将在本章进行介绍。

当上部荷载 N 较小，地基处于压密阶段或地基中塑性变形区很小时，地基是稳定的。

若上部荷载 N 很大，地基中的塑性变形区越来越大，最后连成一片，则地基发生整体滑动，即强度破坏，这种情况下地基是不稳定的。

2. 土坡稳定性

土坡稳定性也是工程中经常遇到的问题。土坡包括两类：

(1) 天然土坡　天然土坡为自然界天然形成的土坡，如山坡、河岸、海滨等，如图 4.3 所示。

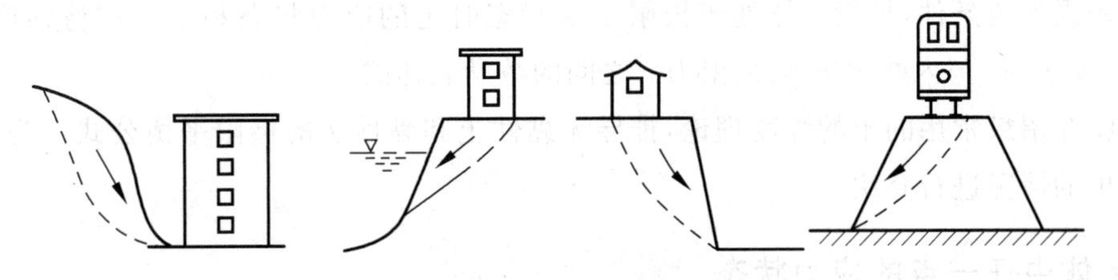

图 4.3　土坡滑动举例

如在山麓或山坡上建造房屋，一旦山坡失稳，势必毁坏房屋。如“绪论”中叙述的香港宝城大厦发生山坡滑动冲毁大厦的灾难；又如大连市南山山坡滑动，埋没坡下的民房，应引以为戒。又若在河岸或海滨建造房屋，可能导致岸坡滑动，连同房屋一起滑动破坏。

(2) 人工土坡　人工土坡为人类活动造成的土坡，如基坑开挖、修筑堤防、土坝、路基等。

如基坑失去稳定，基坑附近地面上的建筑物和堆放的材料，将一起滑动入基坑。若路基发生滑动，可能连同路上行驶的车辆一起滑动，导致人员伤亡。

由此可见，土坡稳定性极为重要，这一问题将在第 5 章中论述。

3. 挡土墙及地下结构上的土压力

在各类挡土墙及地下结构设计中，必须计算所承受的土压力的数值，土压力的计算建立在强度理论的基础上。关于土压力理论和计算，也将在第 5 章中介绍。

土的强度，通常是指土的抗剪强度，而不是土的抗压强度或抗拉强度。这是因为地基受荷载作用后，土中各点同时产生法向应力和剪应力，其中法向应力作用将对土体施加约束力，这是有利的因素；而剪应力作用可使土体发生剪切，这是不利的因素。若地基中某点的剪应力数值达到该点的抗剪强度,则此点的土将沿着剪应力作用方向产生相对滑动,此时称该点发生强度破坏。如果随着外荷增大,地基中达到强度破坏的点越来越多,即地基中的塑性变形区范围不断扩大,最后形成连续的滑动面,则建筑物的地基会失去整体稳定而发生滑动破坏。

为了对建筑地基的稳定性进行力学分析和计算,需要深入研究土的强度问题,包括:了解土的抗剪强度的来源、影响因素、测试方法和指标的取值;研究土的极限平衡理论和土的极限平衡条件;掌握地基受力状况和确定地基承载力的途径。

土的抗剪强度问题涉及面很广,有关土体强度的理论也较多。现将土的抗剪强度的基本内容和建筑工程中常见的土体抗剪强度问题阐述如下。

4.2 土的极限平衡条件

前已说明,土的强度破坏通常是指剪切破坏。当土体的剪应力 τ 等于土的抗剪强度 τ_f 时的临界状态称为"极限平衡状态"。

土的极限平衡条件,是指土体处于极限平衡状态时土的应力状态和土的抗剪强度指标之间的关系式,即 σ_1、σ_3 与内摩擦角 ϕ、黏聚力 c 之间的数学表达式。

本节将介绍最常用的土的强度理论,推导无黏性土和黏性土的极限平衡公式。为便于理解,先从最简单的情况进行介绍。

4.2.1 土体中任一点的应力状态

1. 最大主应力与最小主应力

最简单的情况:假定土体是均匀、连续的半空间材料,研究水平地面下任一深度 z 处 M 点的应力状态,如图 4.4(a)所示。由 M 点取一微元体 $\mathrm{d}x\mathrm{d}y\mathrm{d}z$,并使微元体的上、下面平行于地面。因该微元体很微小,可忽略微元体本身的质量。现分析此微元体的受力情况,将微元体放大,如图 4.4(b)所示。

微元体顶面和底面的作用力,均为:

$$\sigma_1 = \gamma z \tag{4.1}$$

式中 σ_1——作用在微元体上的竖向法向应力,即土的自重应力,kPa。

微元体侧面作用力为:

$$\sigma_2 = \sigma_3 = \xi \gamma z \tag{4.2}$$

式中 σ_2、σ_3——作用在微元体侧面的水平向法向应力,kPa;

ξ——土的静止侧压力系数,小于1,可查表 3.1。

因为土体并无外荷作用,只有土的自重作用,故在微元体各个面上没有剪应变,也就没有剪应力,凡是没有剪应力的面称为主应力面。作用在主应力面上的力称为主应力。因此,图 4.4 中

的 σ_1 为最大主应力，σ_3 为最小主应力。中主应力 $\sigma_2=\sigma_3$。

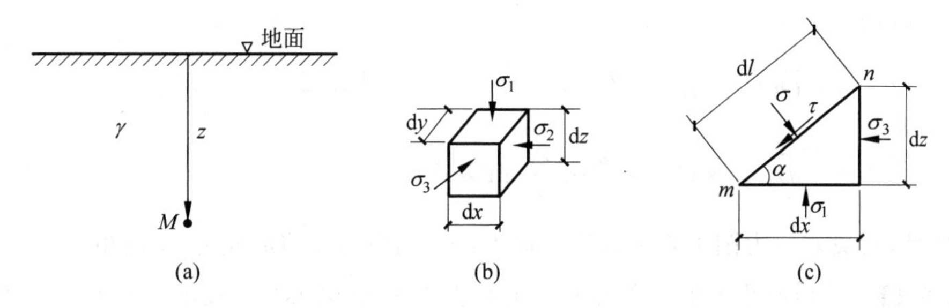

图 4.4 土体中任一点的应力

2. 任意斜面上的应力

在微元体上取任一截面 mn，与大主应力面即水平面成 α 角，斜面 mn 上作用法向应力 σ 和剪应力 τ，如图 4.4(c)所示。现在求 σ 与 τ 的计算公式。

取 $\mathrm{d}y=1$，按平面问题计算。设直角坐标中，以 m 点为坐标原点 O，Ox 向右为正，Oz 向下为正。根据静力平衡条件，取水平与竖向合力为零。

$$\sum x=0,\quad \sigma\sin\alpha\mathrm{d}l-\tau\cos\alpha\mathrm{d}l-\sigma_3\sin\alpha\mathrm{d}l=0 \tag{a}$$

$$\sum z=0,\quad \sigma\cos\alpha\mathrm{d}l+\tau\sin\alpha\mathrm{d}l-\sigma_1\cos\alpha\mathrm{d}l=0 \tag{b}$$

解联立方程(a)、(b)，可求得任意截面 mn 上的法向应力 σ 与剪应力 τ：

$$\sigma=\frac{\sigma_1+\sigma_3}{2}+\frac{\sigma_1-\sigma_3}{2}\cos 2\alpha \tag{4.3}$$

$$\tau=\frac{\sigma_1-\sigma_3}{2}\sin 2\alpha \tag{4.4}$$

式中 σ——与大主应力面成 α 角的截面 mn 上的法向应力，kPa；

τ——同一截面上的剪应力，kPa。

3. 用莫尔应力圆表示斜面上的应力

由公式(4.3)与(4.4)即可计算已知 α 角的截面上相应的法向应力 σ 与剪应力 τ。若斜面与主应力面的夹角变化为 $\alpha_1,\alpha_2,\alpha_3,\cdots$ 时，可重复应用公式(4.3)与(4.4)计算相应的 σ_i 与 τ_i。计算工作量十分繁重。

用莫尔应力圆则可简便地表达任意 α 角时相应的 σ 与 τ 值的关系。方法如下：

取 τ-σ 直角坐标系。在横坐标 $O\sigma$ 上，按一定的应力比例尺，确定 σ_1 和 σ_3 的位置，以 σ_1-σ_3 为直径作圆，即为莫尔应力圆，如图 4.5 所示。取莫尔应力圆的圆心为 O_1，自 $\overline{O_1\sigma_1}$ 逆时针转 2α 角，得半径 $\overline{O_1a}$。a 点为莫尔圆圆周上一点。此 a 点的坐标 σ,τ，即为 M 点处与最大主应力面成 α 角的斜面 mn 上的法向应力和剪应力值。

证明如下：

由图4.5可知

$$\sigma=\overline{OO_1}+\overline{O_1\sigma}=\frac{\sigma_1+\sigma_3}{2}+r\cos2\alpha=\frac{\sigma_1+\sigma_3}{2}+\frac{\sigma_1-\sigma_3}{2}\cos2\alpha$$

$$\tau=\overline{a\sigma}=r\sin2\alpha=\frac{\sigma_1-\sigma_3}{2}\sin2\alpha$$

由此可见，用莫尔应力圆可表示任意斜面上的法向应力 σ 与剪应力 τ，简单明了。

【例题4.1】 已知地基土中某点的最大主应力为 $\sigma_1=600\text{kPa}$，最小主应力 $\sigma_3=200\text{kPa}$。绘制该点应力状态的莫尔应力圆。求最大剪应力 τ_{max} 值及其作用面的方向，并计算与大主应力面成夹角 $\alpha=15°$ 的斜面上的正应力和剪应力。

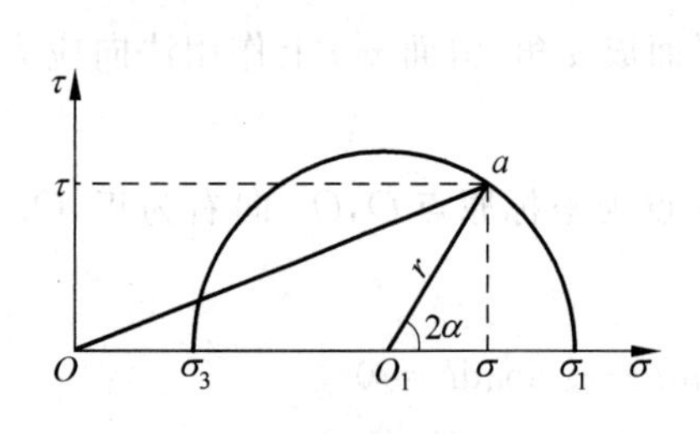

图4.5 莫尔应力圆

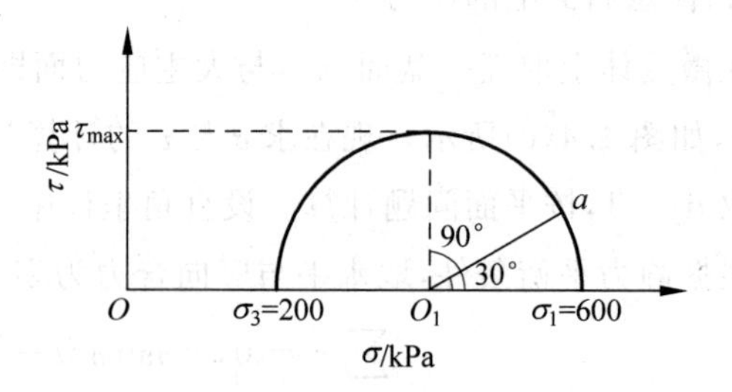

图4.6 【例题4.1】图

【解】 (1) 取直角坐标系 τ-σ。在横坐标 $O\sigma$ 上，按应力比例尺确定 $\sigma_1=600\text{kPa}$ 与 $\sigma_3=200\text{kPa}$ 的位置。以 $\overline{\sigma_1\sigma_3}$ 为直径作圆，即为所求莫尔应力圆，如图4.6所示。

(2) 最大剪应力值 τ_{max} 计算

由公式(4.4)，将数值代入得：

$$\tau=\frac{\sigma_1-\sigma_3}{2}\sin2\alpha=\frac{600-200}{2}\sin2\alpha=200\sin2\alpha$$

当 $\sin2\alpha=1$ 时，$\tau=\tau_{max}$，此时 $2\alpha=90°$，即 $\alpha=45°$。

(3) 当 $\alpha=15°$ 时，由公式(4.3)得：

$$\sigma=\frac{\sigma_1+\sigma_3}{2}+\frac{\sigma_1-\sigma_3}{2}\cos2\alpha=\frac{600+200}{2}+\frac{600-200}{2}\cos30°$$

$$=400+200\times0.866=400+173=573\text{kPa}$$

由公式(4.4)得：

$$\tau=\frac{\sigma_1-\sigma_3}{2}\sin2\alpha=\frac{600-200}{2}\sin30°=200\times0.5=100\text{kPa}$$

上述计算值与图4.6上直接量得的值相同，即：a 点的横坐标为 $\sigma=573\text{kPa}$；a 点的纵坐标为 $\tau=100\text{kPa}$。

4.2.2 莫尔-库仑破坏理论

前已说明，土的强度特指抗剪强度，土体的破坏为剪切破坏。关于材料强度理论有多种，不同的理论适用于不同的材料。通常认为，莫尔-库仑理论最适合土体的情况。

莫尔-库仑强度理论认为材料破坏是剪切破坏，在破坏面上的剪应力 τ_f 是法向应力 σ 的函数：

$$\tau_f = f(\sigma)$$

由此函数关系所确定的曲线称为莫尔破坏包线，如图 4.7 所示。

库仑通过一系列土的强度实验，于 1776 年总结出土的抗剪强度规律：

砂土的抗剪强度 τ_f 与作用在剪切面上的法向压力 σ 成正比，比例系数为内摩擦系数。黏性土的抗剪强度 τ_f 比砂土的抗剪强度增加一项土的黏聚力。即：

砂土 $$\tau_f = \sigma\tan\phi \tag{4.5}$$

黏性土 $$\tau_f = \sigma\tan\phi + c \tag{4.6}$$

式中 τ_f——土体破坏面上的剪应力，即土的抗剪强度，kPa；

σ——作用在剪切面上的法向应力，kPa；

ϕ——土的内摩擦角，(°)；

c——土的黏聚力，kPa。

公式(4.5)与公式(4.6)为著名的库仑定律，如图 4.8 所示。此时破坏包线为一条直线，即

$$\tau_f = f(\sigma) = \sigma\tan\phi + c$$

这种以库仑定律表示莫尔破坏包线的理论称为莫尔-库仑破坏理论。该理论在土体抗剪强度中占有十分重要的地位。

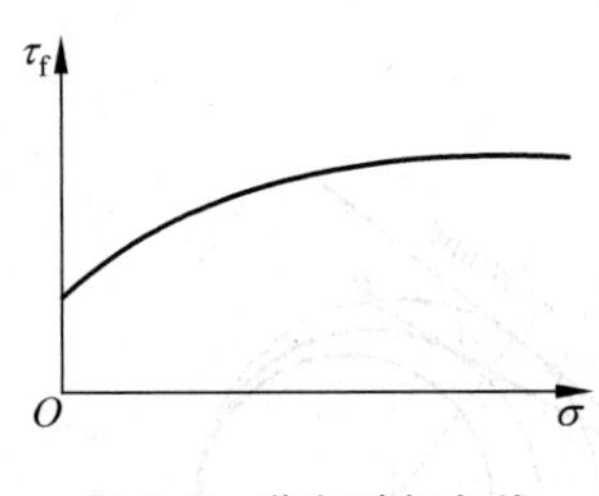

图 4.7 莫尔破坏包线

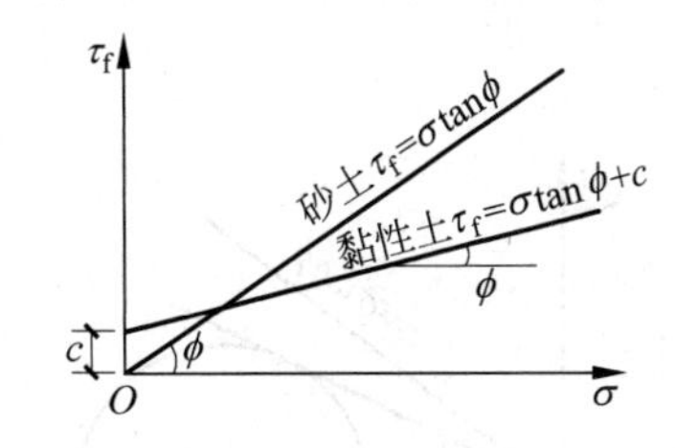

图 4.8 库仑定律

4.2.3 土的极限平衡条件

1. 地基中任意平面 mn 上的应力状态

在地基中取任意平面 mn，此平面上作用着总应力 σ_0。此总应力 σ_0 可分解为两个分力：垂直于 mn 面的法向应力 σ 和平行于 mn 面的剪应力 τ，如图 4.9 所示。

现将作用在平面 mn 上的剪应力 τ，与地基土的抗剪强度 τ_f 进行比较：

当$\tau < \tau_f$时，平面mn为稳定状态；

$\tau = \tau_f$时，平面mn处于极限平衡状态；

$\tau > \tau_f$时，平面mn已发生剪切破坏。

如地基某点上的剪应力τ，由小不断增大，趋向临界状态。试问：是否在剪应力最大τ_{max}的平面最先发生破坏？为了回答这一问题，需要研究土的极限平衡条件。

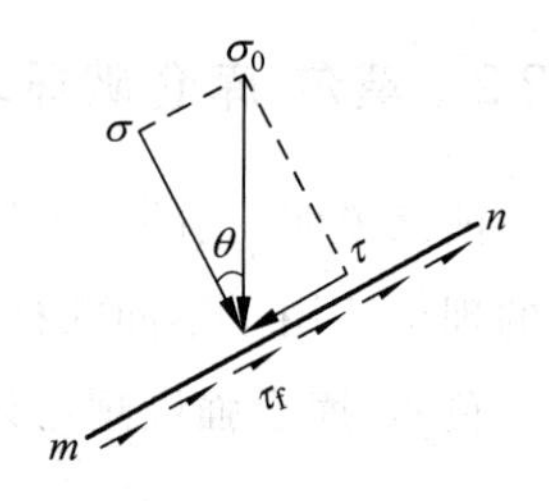

图4.9 任意面上的应力

2. 无黏性土的极限平衡条件

由图4.9可见，任意平面mn上作用的总应力σ_0与法向应力σ之间的夹角θ称为倾斜角。

在力三角形中，$\tan\theta = \dfrac{\tau}{\sigma}$，可得

$$\tau = \sigma\tan\theta \tag{a}$$

由库仑公式(4.5)

$$\tau_f = \sigma\tan\phi \tag{b}$$

当作用在mn平面上的剪应力τ，达到土的抗剪强度τ_f时，即式(a)与式(b)相等，可得$\theta = \phi$，此时，平面mn处于极限平衡状态。

现用莫尔圆来分析土中任一点的应力状态。将莫尔圆和土的抗剪强度包线$\tau_f = \sigma\tan\phi$绘在同一直角坐标图上，如图4.10(a)所示。由该图可以直接看出土中通过某点的某个平面是否达到极限平衡状态。由图4.10(a)可见，莫尔圆在抗剪强度包线的右下方，两者互相分离，通过原点O作莫尔圆切线与横坐标的夹角$\theta_{max} < \phi$，表明如果此无黏性土的内摩擦角为ϕ，土中某点的最大主应力为σ_1，最小主应力为σ_3，则通过该点任何方向的平面，都不会发生剪切破坏，即该点处于弹性平衡状态。

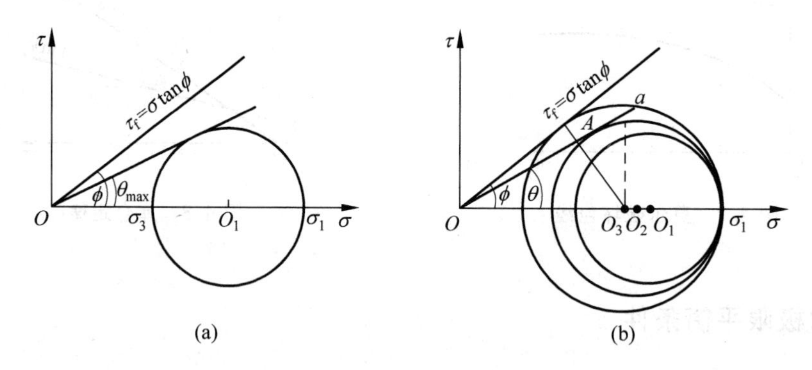

图4.10 莫尔圆与抗剪强度之间的关系

若保持该点的最大主应力σ_1不变，减小最小主应力σ_3，作新的莫尔应力圆。不难看出，新的莫尔应力圆向抗剪强度包线靠近。不断地减小σ_3，不断作新的应力圆，直到莫尔应力圆与抗剪强度包线相切为止。令切点为A点，如图4.10(b)所示，以切点A代表的平面，此时已达到极限平衡状

态，即 $\theta_{max} = \phi$，此莫尔应力圆称为莫尔破裂圆。

同理，若保持该点的最大主应力 σ_1 不变，逐渐加大最小主应力 σ_3，使 σ_3 逐渐向 σ_1 靠近并超过 σ_1，作新的应力圆，最终也会使新的莫尔应力圆与抗剪强度曲线相切，令切点为 A'，此时，对 A' 点所代表的平面来说，也达到了土的极限平衡状态，如图 4.11 所示。

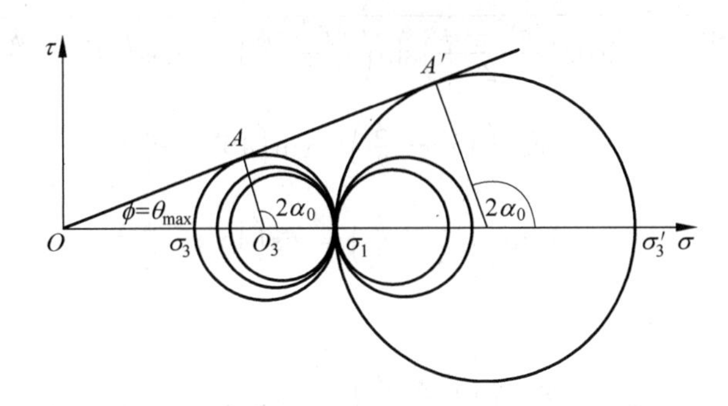

图 4.11 无黏性土极限平衡状态

现在来计算莫尔破裂圆 A 点代表的剪切面与大主应力面的夹角 α_0 的数值。

由图 4.11 可知，$\triangle OAO_3$ 为直角三角形。

$$\angle OAO_3 = 90°,\quad 2\alpha_0 = 90° + \phi$$

故

$$\alpha_0 = 45° + \frac{\phi}{2} \tag{4.7}$$

式中 α_0 ——剪切面与大主应力面之夹角，(°)。

根据图 4.11 进行三角函数换算，可以求得无黏性土的极限平衡条件：

$$\sigma_1 = \sigma_3 \tan^2\left(45° + \frac{\phi}{2}\right) \tag{4.8}$$

$$\sigma_3 = \sigma_1 \tan^2\left(45° - \frac{\phi}{2}\right) \tag{4.9}$$

公式(4.8)证明如下：

由图 4.11 中 $\triangle OAO_3$ 可得：

$$\sin\phi = \frac{AO_3}{OO_3} = \frac{\dfrac{\sigma_1 - \sigma_3}{2}}{\dfrac{\sigma_1 + \sigma_3}{2}} = \frac{\sigma_1 - \sigma_3}{\sigma_1 + \sigma_3} \tag{a}$$

式(a)等号右侧，分子与分母同时除以 σ_3，则式(a)可写成：

$$\sin\phi = \frac{\dfrac{\sigma_1}{\sigma_3} - 1}{\dfrac{\sigma_1}{\sigma_3} + 1} \quad 亦即 \quad \frac{\sigma_1}{\sigma_3} - 1 = \frac{\sigma_1}{\sigma_3}\sin\phi + \sin\phi$$

移项得：

$$\frac{\sigma_1}{\sigma_3} - \frac{\sigma_1}{\sigma_3}\sin\phi = 1 + \sin\phi \Rightarrow \frac{\sigma_1}{\sigma_3}(1 - \sin\phi) = 1 + \sin\phi$$

$$\frac{\sigma_1}{\sigma_3} = \frac{1+\sin\phi}{1-\sin\phi} \tag{b}$$

用 $\sin 90° = 1$ 代入式(b),得:

$$\frac{\sigma_1}{\sigma_3} = \frac{\sin 90° + \sin\phi}{\sin 90° - \sin\phi} = \frac{2\sin\left(\frac{90°+\phi}{2}\right)\cos\left(\frac{90°-\phi}{2}\right)}{2\cos\left(\frac{90°+\phi}{2}\right)\sin\left(\frac{90°-\phi}{2}\right)} = \frac{\sin\left(45°+\frac{\phi}{2}\right)\cos\left(45°-\frac{\phi}{2}\right)}{\cos\left(45°+\frac{\phi}{2}\right)\sin\left(45°-\frac{\phi}{2}\right)} \tag{c}$$

因

$$\cos\left(45°-\frac{\phi}{2}\right) = \sin\left(45°+\frac{\phi}{2}\right) \tag{d}$$

$$\sin\left(45°-\frac{\phi}{2}\right) = \cos\left(45°+\frac{\phi}{2}\right) \tag{e}$$

将式(d)、式(e)代入式(c),得:

$$\frac{\sigma_1}{\sigma_3} = \frac{\sin^2\left(45°+\frac{\phi}{2}\right)}{\cos^2\left(45°+\frac{\phi}{2}\right)} = \tan^2\left(45°+\frac{\phi}{2}\right)$$

即所证

$$\sigma_1 = \sigma_3 \tan^2\left(45°+\frac{\phi}{2}\right)$$

同理,可证公式(4.9),略。

3. 黏性土的极限平衡条件

由黏性土的抗剪强度公式(4.6)

$$\tau_f = \sigma\tan\phi + c$$

可知,比无黏性土的抗剪强度公式(4.5),多一项黏聚力 c。绘制黏性土的抗剪强度包线和莫尔破裂圆于同一直角坐标图上,如图4.12所示。

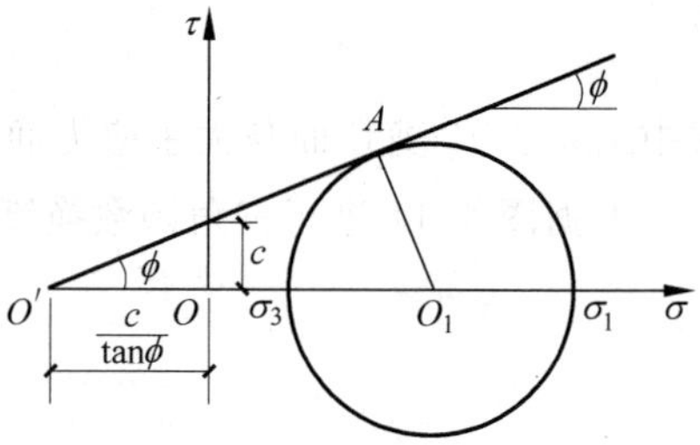

图4.12 黏性土极限平衡状态

根据式(4.6),可推出:

$$\overline{OO'} = \frac{c}{\tan\phi}$$

由图4.12中 $\triangle O'AO_1$,可得:

$$\sin\phi = \frac{Ao_1}{O'O_1} = \frac{Ao_1}{O'O + OO_1} = \frac{\frac{\sigma_1-\sigma_3}{2}}{\frac{c}{\tan\phi}+\frac{\sigma_1+\sigma_3}{2}} = \frac{\sigma_1-\sigma_3}{\sigma_1+\sigma_3+2c\cdot\cot\phi} \tag{4.10}$$

采用三角函数换算,与无黏性土类似的方法推导,可得黏性土的极限平衡条件为

$$\sigma_1 = \sigma_3\tan^2\left(45°+\frac{\phi}{2}\right) + 2c\tan\left(45°+\frac{\phi}{2}\right) \tag{4.11}$$

$$\sigma_3 = \sigma_1\tan^2\left(45°-\frac{\phi}{2}\right) - 2c\tan\left(45°-\frac{\phi}{2}\right) \tag{4.12}$$

由公式(4.11)与公式(4.12)可知,若黏聚力 $c=0$,此两公式等号右侧第二项为零,即为无黏性土的极限平衡公式(4.8)与公式(4.9)。由公式(4.11)还可知:如将 σ_1 与 σ_3 的位置对换,并将公式中 3 个"+"号改为 3 个"−"号,则公式(4.11)即成为公式(4.12)。

应当指出:上述土的极限平衡条件是反映土体强度的重要公式。

4.3 抗剪强度指标的确定

土的抗剪强度指标包括内摩擦角 ϕ 与黏聚力 c 两项,为建筑地基基础设计的重要指标。此指标 ϕ、c 由专用的仪器进行测定。测定土的抗剪强度的常用仪器有:直接剪切仪、三轴压缩仪、无侧限压力仪和十字板剪切仪等。各种仪器的构造与试验方法不同,应根据各类建筑工程的规模、用途与地基土的情况,选择相应的仪器与方法进行试验。现分述如下。

4.3.1 直接剪切试验

直接剪切试验又叫直剪试验,是最早的测定土的抗剪强度的试验方法,现已得到广泛应用。直剪试验的主要仪器为直剪仪,分应力控制式与应变控制式两种。两者的区别在于施加水平剪切荷载的方式不同:应力控制式采用砝码与杠杆分级加荷;应变控制式采用手轮按一定的位移速率连续加荷,用弹性量力环上的测微计(百分表)量测位移换算剪应力。目前大多采用应变控制式。

1. 试验装置

(1) 应变控制直剪仪 包括剪切盒(分上盒与下盒)、垂直加荷设备、剪切传动装置、测力计和位移量测系统,如图 4.13 所示。

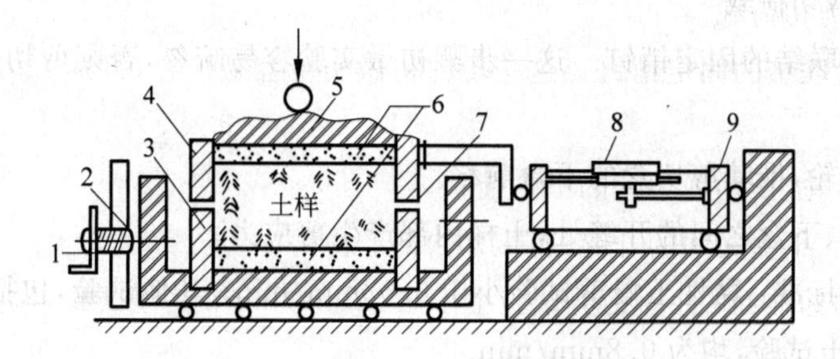

图 4.13 应变控制式直剪仪示意图

1—手轮;2—螺杆;3—下盒;4—上盒;5—传压板;6—透水石;7—开缝;8—测微计;9—弹性量力环

(2) 环刀 内径 61.8mm(面积 30.0cm²),高度 20mm。

(3) 位移量测设备 百分表或位移传感器。百分表量程应为 10mm,分度值为 0.01mm;位移传感器的准确度为全量程 0.2%。

2. 试验方法与步骤

(1) 制备试样

原状土试样制备，用环刀仔细切取土样，并测定土的密度与含水量。要求同组试样之间的密度差值不大于 $0.03g/cm^3$，含水量差值不大于 2%。每组试样不少于 4 个。

(2) 安装试样

① 将剪切盒的上盒与下盒对准，插入固定销钉，以避免上下盒互相错动损伤试样。

② 下盒底部放一块透水石，透水石上安放一张滤纸。

③ 将带试样的环刀翻转，使刃口向上，环刀平口朝下，对准剪切盒口。用推土器小心地将试样推入剪切盒内。

④ 土样顶面安放一张滤纸，再放一块透水石(滤纸与透水石呈圆形，直径与试样相同)。

(3) 测记初始读数

① 转动手轮，剪切盒向前移动，使剪切盒上盒前端钢珠刚好与测力计(即弹性量力环)接触。

② 在剪切盒顶部透水石上，依次加上刚性传压板与加压框架。

③ 安装竖向位移量测装置。

④ 测记初读数。为计算简便，可将百分表初读数调零。

(4) 施加竖向压力

① 施加第一级竖向压力。据工程实际和土的软硬程度，确定压力数值。通常为 $\sigma_1 = 100kPa$。

② 防止试样含水量蒸发，如为饱和试样，应向剪切盒内注水；如为非饱和试样，不注水，而在加压板周围包以湿棉花。

③ 若进行黏性土的慢剪试验或固结快剪试验，在施加竖向压力后，使试样固结稳定，才能施加水平荷载进行剪切。试样固结稳定的标准，为每 1h 竖向变形值不大于 0.005mm。

(5) 施加水平剪切荷载

① 拔去上下盒联结的固定销钉。这一步骤初做实验容易疏忽，否则剪切力作用在销钉上，而不在试样内。

② 匀速转动手轮，推动剪切盒的下盒前移。

③ 在剪切盒上、下盒之间的开缝处，土样内部产生剪应力。

④ 剪切速率的标准：黏性土慢剪试验小于 0.02mm/min；其他试验，包括黏性土快剪试验与固结快剪试验及砂土试验，均为 0.8mm/min。

⑤ 定时测记测力计(即水平向)百分表读数，直至土样剪损。

(6) 终止试验标准(分两种不同情况)

① 当测力计百分表不走(读数不变)或后退时，应继续剪切至剪切位移为 4mm 时停止，记下破坏值；

② 当测力计百分表慢速走动，不后退，无峰值时，则继续剪切至剪切位移达 6mm 时停止。

(7) 测定剪切后试样含水量

① 剪切结束,吸掉剪切盒内积水;

② 反转手轮,卸去剪切力;卸除砝码和加压框架,卸除竖向压力;

③ 取出试样,测定试样剪切后含水量。

(8) 重复步骤(2)~(7)

① 同组试样施加不同的竖向荷载。通常第一个试样为 100kPa;第二个试样为 200kPa;第三个试样为 300kPa;第四个试样为 400kPa。

② 一组试验不得少于 4 个试验数据。如其中一个试样异常,则应补做一个试样。

3. 试验成果

(1) 剪切位移 Δl　剪切位移应按下式计算:

$$\Delta l = \Delta l' n' - R \tag{4.13}$$

式中　Δl——剪切位移,0.01mm;

$\Delta l'$——手轮转一圈的位移量,0.01mm;

n'——手轮转动的圈数;

R——测力计读数,0.01mm。

(2) 剪应力 τ　剪应力应按下式计算:

$$\tau = (CR/A_0) \times 10 \tag{4.14}$$

式中　τ—— 试样的剪应力,kPa;

C—— 测力计率定系数,N/0.01mm;

A_0—— 试样初始断面积,cm^2;

10—— 单位换算系数。

(3) 剪应力与剪切位移的关系曲线　以剪应力 τ 为纵坐标,剪切位移 Δl 为横坐标,绘制 τ-Δl 曲线,如图 4.14 所示。第一个试样,竖向压力为 P_1,剪应力峰值为 ↓1。依此类推。

(4) 垂直压应力与抗剪强度的关系曲线　由图 4.14 中 τ-Δl 关系曲线上。取峰值点或稳定值,作为抗剪强度 τ_f。以垂直压力为横坐标,抗剪强度为纵坐标,绘制 τ_f-σ 曲线,如图 4.15 所示。4 个 试样得到 4 个数据,连成一条直线,称为抗剪强度包线,此包线与纵坐标的截距 c 即为黏聚力,单位 kPa;此包线与横坐标的夹角 ϕ,称为内摩擦角,单位度。

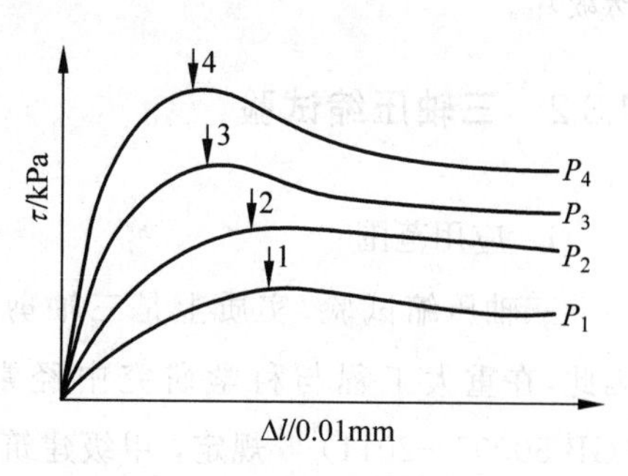

图 4.14　剪应力与剪切位移关系曲线

由图 4.15,可得库仑公式:

砂土　$\tau_f = \sigma \tan\phi$

黏性土　$\tau_f = \sigma \tan\phi + c$

【例题4.2】 某教学大楼工程地质勘察时，取原状土进行直剪试验（快剪法）。其中一组试验，4个试样分别施加垂直压力为100、200、300和400kPa，测得相应破坏时的剪应力分别为68、114、163kPa和205kPa。试用作图法求此土样的抗剪强度指标c与ϕ值。若作用在此土中某平面上的法向应力为250kPa，剪应力为110kPa，试问是否会发生剪切破坏？又如法向应力提高为340kPa，剪应力提高为180kPa，问土样是否会发生破坏？

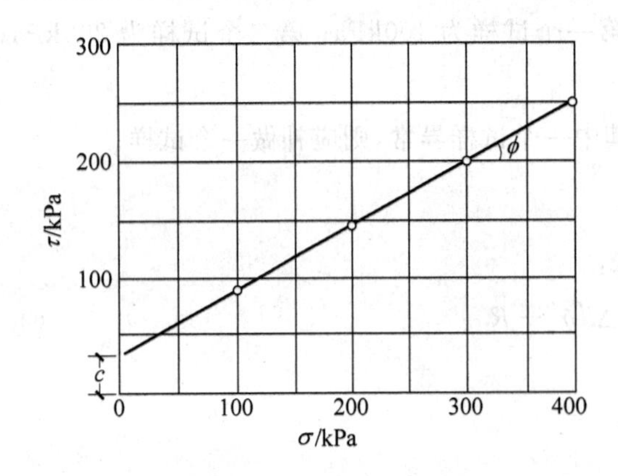

图4.15　抗剪强度与垂直压力关系曲线

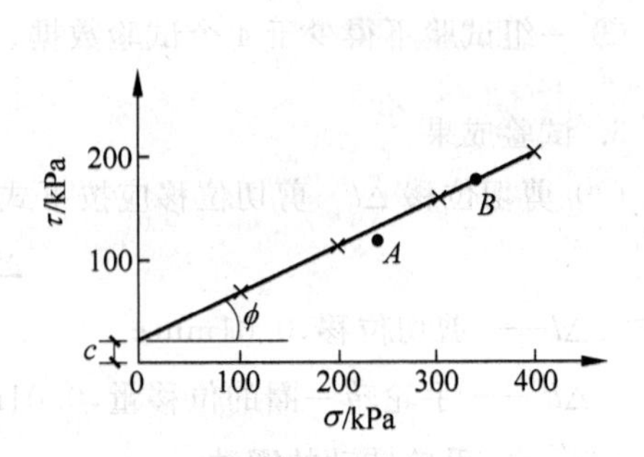

图4.16　【例题4.2】τ-σ曲线

【解】 (1) 取直角坐标系，以垂直压力σ为横坐标，以剪应力τ为纵坐标，按相同比例绘出4个试样的垂直压力与剪切破坏时相应的剪应力的点，以×表示。联结这4个点，即为试样的抗剪强度包线。此强度包线与纵坐标的截距，即为试样的黏聚力c；强度包线与横坐标的夹角，即为内摩擦角ϕ，如图4.16所示。由图可得$c=20\text{kPa}$，$\phi=25°$。

(2) 将表示$\sigma=250\text{kPa}$，$\tau=110\text{kPa}$的A点，绘在同一坐标图上。由图可见，A点位于抗剪强度包线之下，故不会发生剪切破坏。

(3) 同理，表示$\sigma=340\text{kPa}$，$\tau=180\text{kPa}$的B点，正好位于抗剪强度包线上，则土样已发生剪切破坏。

4.3.2　三轴压缩试验

1. 应用范围

三轴压缩试验，实质上是三轴剪切试验。这是测试土体抗剪强度的一种较精确的试验。因此，在重大工程与科学研究中经常进行三轴压缩试验。国家《建筑地基基础设计规范》(GB 50007—2011)[18]规定，甲级建筑物应采用三轴压缩试验。对于其他等级建筑物，如为可塑状黏性土与饱和度不大于0.5的粉土时，可采用直剪试验。

三轴压缩试验可以克服直剪试验的下列缺点：

(1) 土样在试验中不能严格控制排水条件，无法量测孔隙水压力u，也就无法计算有效应力；

(2) 试验剪切面固定在剪切盒的上、下盒之间，该处不一定正好是土样的薄弱面；

(3) 试样中应力状态复杂，有应力集中情况，仍按应力均布计算；

(4) 试样发生剪切后，土样在上、下盒之间错位。实际剪切面面积逐渐减小，但仍按初始土样面积计算。

2. 试验装置

(1) 应变控制式三轴压缩仪

① 压力室　由金属底座、透明有机玻璃圆筒和金属顶盖组合成密封室。在底座中部可安装圆柱形试样。

② 周围压力系统　通常以水为介质，用高压氮气瓶作为压力源加压。压力水由压力室底座预制孔进入压力室。试验采用的压力值由压力表控制。

③ 轴向加压系统　由加压框架、量力环通过活塞杆作用在试样顶端。

④ 孔隙水压力系统　由底座预制孔从试样底部将试验过程中产生的孔隙水压力 u，通过孔压传感器或者零位指示器和孔隙压力表量测。

⑤ 反压力系统　用作提高试样饱和度的装置。

⑥ 主机　位于压力室底座以下金属箱内，由电动机将压力室底座按试验要求的速率上升，为轴向加压系统的动力装置。

三轴压缩仪各系统的组成如图 4.17 所示。

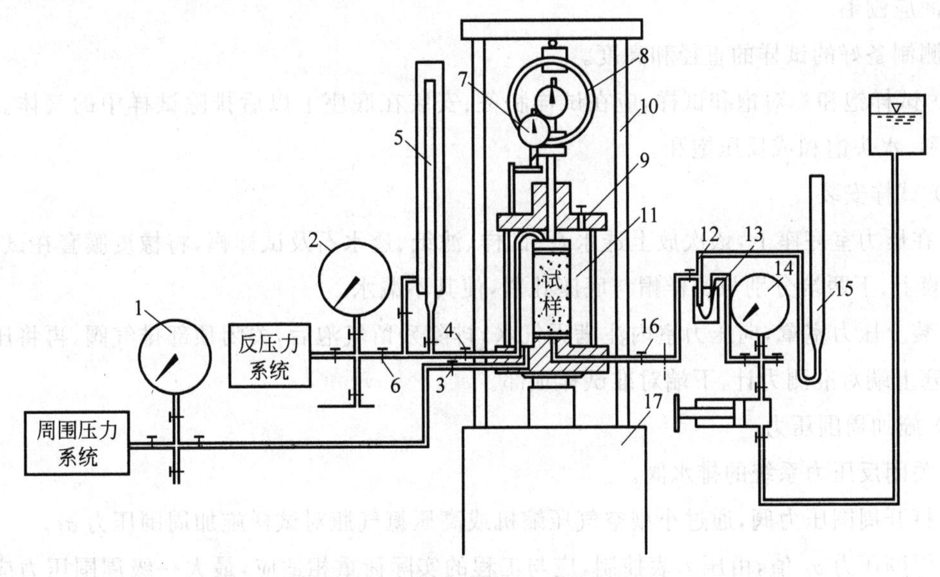

图 4.17　应变控制三轴压缩仪

1—周围压力表；2—反压力表；3—周围压力阀；4—排水阀；5—体变管；6—反压力阀；7—垂直变形百分表；8—量力环；9—排气孔；10—轴向加压设备；11—压力室；12—量管阀；13—零位指示器；14—孔隙水压力表；15—量管；16—孔隙水压力阀；17—离合器

(2) 附属设备　附属设备包括切土器、切土盘、分样器、饱和器、击实器、承膜筒和对开圆模等,用来制备圆柱体试样和安装试样,在试样外包乳胶膜。

(3) 天平　称量200g,感量0.01g;称量1 000g,感量0.1g。

(4) 橡皮膜　橡皮膜用来包试样,使其与施加周围压力的水隔开。橡皮膜要求具有弹性,对直径39.1和61.8mm的试样,厚度以0.1～0.2mm为宜,对直径101mm的试样,厚度以0.2～0.3mm为宜。通常为特制的乳胶膜,用滑石粉保存。

3. 试验方法与步骤

(1) 试样制备

① 数量　同一种土的一组试验需要3～4个试样,分别在不同周围压力下进行试验。

② 尺寸　最小直径d'为35mm,最大直径d'为101mm;试样高度$h=(2.0\sim2.5)d'$;试样最大粒径$d_{max}=(1/5\sim1/10)d'$。

③ 形状　试样形状要求规整,圆柱体直径上下一致,两端平整并垂直于轴线。

原状试样制备:先用分样器将圆筒形土样竖向分成3个扇形土样,再用切土盘将每个土样仔细切成标准圆柱形试样,取余土测定试样的含水率。

扰动试样制备:根据预定的干密度和含水率,称取风干过筛的土样,平铺于搪瓷盘内,将计算所需加水量用小喷壶均匀喷洒于土样上,充分拌匀,装入容器盖紧,防止水分蒸发。润湿一昼夜后,在击实器内分层击实(粉质土宜为3～5层,黏质土宜为5～8层)。各层土料质量应相等,各层接触面应刨毛。

量测制备好的试样的直径和高度。

(2) 试样饱和　对饱和试样,应在试样制备、安装在底座上以后排除试样中的气体。可选用抽气饱和、水头饱和或反压饱和。

(3) 试样安装

① 在压力室底座上,依次放上透水石、试样、滤纸、透水石及试样帽,将橡皮膜套在试样外,并将橡皮膜上、下两端分别与试样帽与底座扎紧,使其不漏水。

② 装上压力室罩,向压力室内注满无气水,排除残留气泡后,关闭顶部排气阀,再将压力室顶部的活塞上端对准测力计,下端对准试样顶部。

(4) 施加周围压力

① 关闭反压力系统的排水阀。

② 打开周围压力阀,通过小型空气压缩机或高压氮气瓶对试样施加周围压力σ_3。

③ 周围压力σ_3值,由压力表控制,应与工程的实际荷重相适应,最大一级周围压力应与最大实际荷重大致相等。

④ 在常规三轴压缩试验中,要求试验过程保持周围压力σ_3不变。

(5) 施加竖直轴向压力剪切试样

① 转动手轮,使试样帽与活塞及测力计接触。

② 装上百分表或位移传感器,测量试样竖向变形用。

③ 将测力计和位移传感器的读数调零,使计算方便。

④ 启动电动机,开始剪切试样。按一定的剪切速率匀速进行剪切。

(6) 测记读数

对于不固结不排水试验应按下列要求测记读数:

① 剪切应变速率控制在每分钟应变 0.5%~1.0%。

② 试样每产生 0.3%~0.4%的轴向应变时,测计一次测力计读数和轴向变形值。

③ 当轴向应变大于 3%后,每隔 0.7%~0.8%的应变值测记一次读数。

(7) 停止剪切标准

① 当测力计读数出现峰值,即百分表指针后退时,剪切应继续进行,直到超过 5%的轴向应变为止。

② 当测力计读数无峰值,即百分表指针不走或极缓慢前走时,剪切应进行到轴向应变为 15%~20%止。

(8) 测量破坏试样

① 试验结束,关电动机。

② 关周围压力阀,打开压力室顶部的排气阀。

③ 排除压力室内的水,可用虹吸管快速排水。

④ 拆除试样,描述试样破坏形状。通常试样破坏形状分两种:如试样为砂土或硬塑状态的粉性土与粉土,破坏面呈斜向直线剪切面;若试样为饱和状态软土,则无明显剪切面,而在试样中段向外鼓起,直径变大。

⑤ 称试样的质量,并测定含水率。

(9) 重复试验

① 换一个同组的新试样,重复步骤(2)~(8)。

② 施加周围压力 σ_3 各试样不同:通常可取 100、200、300 和 400kPa。

③ 同组试验应进行 3~4 个试样剪切,得到一组试验数据。

4. 试验成果

(1) 最大主应力与最小主应力差

最大、最小主应力差又称偏差应力,为

$$\sigma_1 - \sigma_3 = \frac{CR}{A_a} \times 10 \tag{4.15}$$

$$A_a = \frac{A_0}{1 - \varepsilon_1}$$

$$\varepsilon_1 = \frac{\Delta h_i}{h_0}$$

式中 σ_1—— 最大主应力，作用在试样顶面的总压力，kPa；

σ_3—— 最小主应力，作用在试样周围的压力，kPa；

C—— 测力计率定系数，N/0.01mm；

R—— 测力计读数，0.01mm；

A_a—— 试样校正断面积，cm^2；

A_0—— 试样的初始断面积，cm^2；

ε_1—— 试样轴向应变值，%；

Δh_i—— 剪切过程中试样高度变化，mm；

h_0—— 试样起始高度，mm。

(2) 轴向应变与主应力差关系曲线

取直角坐标，以轴向应变ε_1为横坐标，以偏差应力σ_1-σ_3为纵坐标，绘制ε_1-(σ_1-σ_3)关系曲线，如图4.18所示。

(3) 莫尔破损应力圆包线　取ε_1-(σ_1-σ_3)曲线的峰值为破坏点。无峰值时取15%轴向应变时的偏差应力作为破坏点。在直角坐标上，以法向应力σ为横坐标，剪应力τ为纵坐标，在横坐标轴上以$\frac{\sigma_{1f}+\sigma_{3f}}{2}$为圆心，$\frac{\sigma_{1f}-\sigma_{3f}}{2}$为半径(f注脚表示破坏)，在$\tau$-$\sigma$应力平面图上绘制莫尔破损应力圆。各个不同周围压力$\sigma_{3i}$下的破损应力圆的公切线，即为莫尔破损应力圆包线。此包线即为该试样的抗剪强度包线，如图4.19所示。

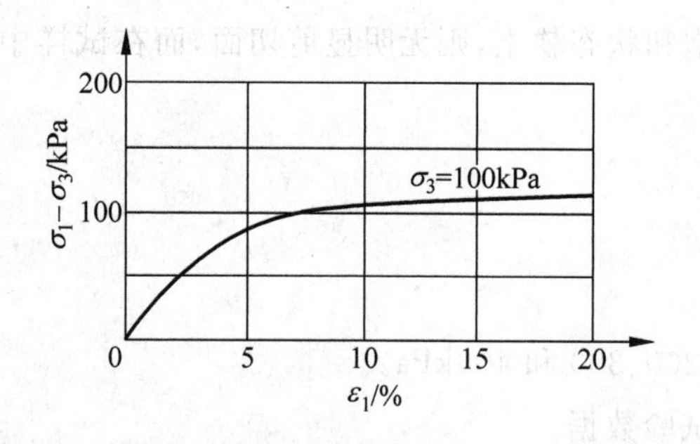

图4.18　主应力差与轴向应变关系曲线

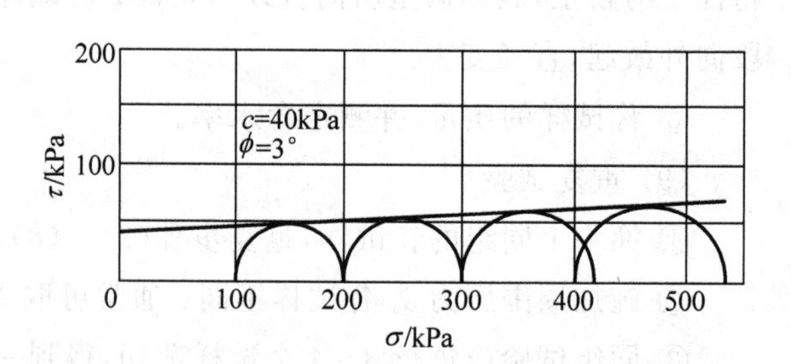

图4.19　莫尔破损应力圆包线

由图4.19中，莫尔破损应力圆包线与纵坐标的截距c，即为试样的黏聚力；此破损应力圆包线与水平线的夹角ϕ，即为试样的内摩擦角。

5. 三种试验方法

根据三轴压缩试验过程中试样的固结条件与孔隙水压力是否消散的情况，可分为三种试验方法。同一种试样，采用三种不同的试验方法，试验结果所得到的抗剪强度指标c与ϕ值，一般并不相同。下面分别进行阐述。

(1) 不固结不排水试验　在试样施加周围压力 σ_3 之前,即将试样的排水阀关闭,在不固结的情况下即施加轴向力进行剪切。在剪切过程中排水阀始终关闭,即不排水。总之,在施加 σ_3 与 σ_1 过程中都不排水,在试样中存在孔隙水压力 u。图 4.19 所示,为不固结不排水剪强度包线。

(2) 固结不排水试验　这种试验方法与上述不固结不排水试验不同之处为:施加周围压力 σ_3 时,试样充分排水固结。具体区别为:

① 试样安装:在压力室底座上放置透水板与滤纸,使试样底部与孔隙水压力量测系统相通。

② 施加周围压力 σ_3 后,打开孔隙水压力阀,测定孔隙水压力 u,然后打开排水阀,使试样中的孔隙水压力消散,直至孔隙水压力消散 95%以上。固结完成后,关闭排水阀,测记排水管读数和孔隙水压力读数。

③ 在不排水的条件下施加轴向力,对试样进行剪切的速率改为:

黏土每分钟应变为 0.05%～0.1%;

粉土每分钟应变为 0.1%～0.5%。

④ 总应力强度指标以 $\frac{\sigma_{1f}+\sigma_3}{2}$ 为圆心,$\frac{\sigma_{1f}-\sigma_3}{2}$ 为半径,绘制莫尔圆,如图 4.20,得到总应力强度包线,即可得总应力强度指标 c_{cu} 和 ϕ_{cu}。

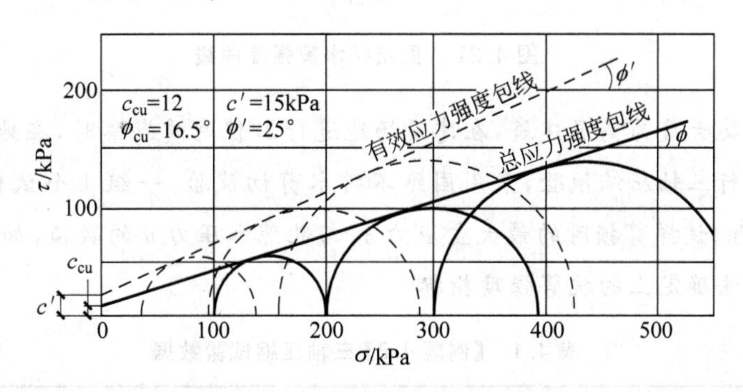

图 4.20　固结不排水剪强度曲线

⑤ 有效主应力计算

有效大主应力为

$$\sigma_1' = \sigma_1 - u \tag{4.16}$$

式中　σ_1'——有效大主应力,kPa;

u——孔隙水压力,kPa。

有效小主应力为

$$\sigma_3' = \sigma_3 - u \tag{4.17}$$

式中　σ_3'——有效小主应力,kPa。

⑥ 有效应力强度指标 在图4.20中，以$\frac{\sigma'_{1f}+\sigma'_3}{2}$为圆心，$\frac{\sigma'_{1f}-\sigma'_3}{2}$为半径，绘制有效破损应力圆。同组不同$\sigma'_3$的有效应力圆的公切线即为有效应力强度包线，如图4.20中虚线所示。

由图4.20中虚线表示的有效应力强度包线与纵坐标的截距即为有效黏聚力c'(kPa)；此包线与横坐标的夹角即为有效内摩擦角ϕ'(°)。

(3) 固结排水试验 此方法与固结不排水试验的主要区别是：在剪切全过程中，自始至终打开排水阀，剪切速率缓慢，采用每分钟应变为0.003%～0.012%。

固结排水试验，无论在施加周围压力σ_3或施加轴向剪切压力σ_1时，均应充分排水，使孔隙水压力完全消散。试验结果，可得黏聚力c_d和内摩擦角ϕ_d，如图4.21所示。

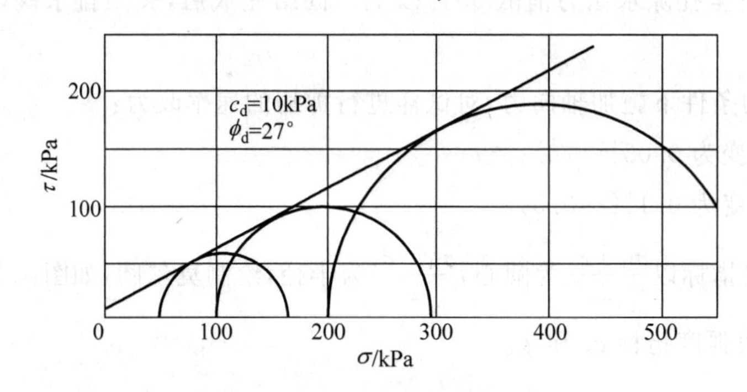

图4.21 固结排水剪强度曲线

【例题4.3】 某大厦为高层建筑，在建筑场地进行工程地质勘察时，在地下水位以下黏性土地基中取原状土进行三轴压缩试验，采用固结不排水剪切试验。一组4个试样，周围压力分别为60,100,150,200kPa。试样剪损时的最大主应力σ_1与孔隙水压力u的数值，如表4.1所示。试用总应力法和有效应力法确定土的抗剪强度指标。

表4.1 【例题4.3】三轴压缩试验数据

试样编号	1	2	3	4
σ_1/kPa	145	218	310	405
σ_3/kPa	60	100	150	200
u/kPa	21	38	62	84

【解】 (1) 总应力法 总应力法确定土的抗剪强度指标时，直接用最大主应力σ_1与最小主应力σ_3作莫尔破损应力圆。

采用直角坐标系。在横坐标上，按适当比例尺绘上σ_1与σ_3的点，并用$\sigma_1-\sigma_3$为直径作圆，即为莫尔破损应力圆。一组4个试样，分别作莫尔破损应力圆，然后作此4个圆的公切线，即为试样的抗剪强度包线，如图4.22中实线所示。

由图4.22中实线表示的抗剪强度包线，与纵坐标的截距为黏聚力$c_{cu}=17$kPa；抗剪强度包

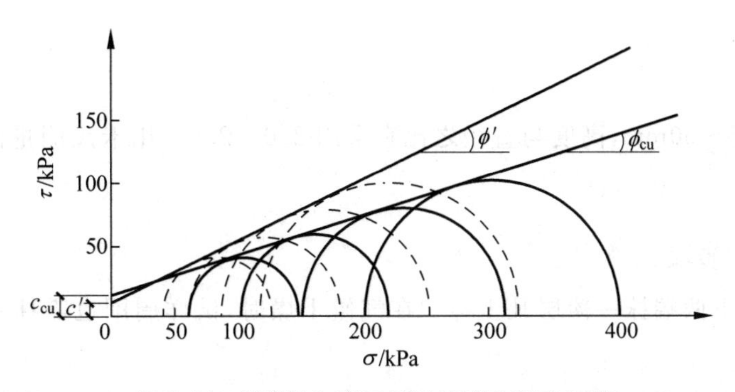

图 4.22 【例题 4.3】三轴压缩试验强度包线

线与横坐标(水平线)的夹角即为内摩擦角 $\phi_{cu}=17°$。

(2) 有效应力法　有效应力法确定土的抗剪强度指标时,应先用总应力和孔隙水压力 u 求有效应力。采用有效大主应力 σ_1' 和有效小主应力 σ_3',作莫尔破损应力圆。用表 4.2 的数据作莫尔破损应力圆,方法同上,如图 4.22 中的虚线所示。同理,可得黏聚力 $c'=12\text{kPa}$;内摩擦角 $\phi'=25°$。

表 4.2 【例题 4.3】三轴压缩试验有效应力数据

试样编号	1	2	3	4
$\sigma_1'=(\sigma_1-u)$/kPa	124	180	248	321
$\sigma_3'=(\sigma_3-u)$/kPa	39	62	88	116

4.3.3 无侧限抗压强度试验

1. 适用土质

饱和黏性土。

2. 试验原理

相当于三轴压缩试验中,周围压力 $\sigma_3=0$ 时的不排水剪切试验。

3. 试验装置

只需向试样施加轴向压力,故仪器构造简单,操作方便。

(1) 应变控制式无侧限压力仪:由测力计、加压框架、升降设备组成,如图 4.23 所示。

(2) 百分表:量程 10mm,分度值 0.01mm。

(3) 天平:称量 5000g,感量 0.1g。

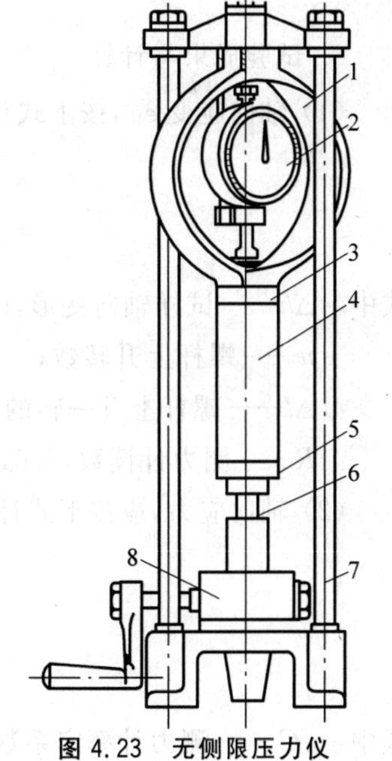

图 4.23 无侧限压力仪

1—测力计;2—百分表;3—上加压板;4—试样;5—下加压板;6—螺杆;7—加压框架;8—升降设备

4. 试样制备

试样直径为35～50mm,高度与直径之比宜采用2.0～2.5。用卡尺测量试样直径与高度,精确至0.1mm。

5. 试验方法与步骤

(1) 将试样上下两端抹一薄层凡士林。在气候干燥时,试样周围也需抹一薄层凡士林,防止水分蒸发。

(2) 将试样放置在下加压板正中,转动手柄,使试样上升与上加压板接触。调整测力计中的百分表读数为零。

(3) 转动手轮,开动秒表,使轴向应变速率为每分钟1%～3%进行试验。当轴向应变小于3%时,每隔0.5%应变读数一次;轴向应变大于等于3%时,每隔1%应变读数一次,使试样在8～10分钟内剪破。

(4) 当测力计读数出现峰值时,继续进行至3%～5%的应变值后停止试验;当读数无峰值时,试验应进行到应变达20%为止。

(5) 试验结束,反转手轮,取下试样,描述试样破坏后的形状。

(6) 如需测黏性土的灵敏度,将破坏后的试样除去涂有凡士林的表面,加少许余土,包于塑料布内用手搓捏,破坏其天然结构,并重塑成圆柱体。将试样放入重塑筒内,用金属垫板,将试样挤成与原状试样相同的尺寸、密度和含水率。按步骤(1)～(5),测定重塑土的无侧限抗压强度q_0。

6. 试验成果与计算

(1) 轴向应变ε_1,按下式计算:

$$\varepsilon_1 = \frac{\Delta h}{h_0} \tag{4.18}$$

$$\Delta h = n \cdot \Delta l - R$$

式中 Δh——试样轴向变形,mm;

n——螺杆上升转数;

Δl——螺杆上升一转的垂直距离,0.01mm;

R——测力计读数,0.01mm。

(2) 轴向应力,应按下式计算:

$$\sigma = \frac{CR}{A_a} \times 10 \tag{4.19}$$

$$A_a = \frac{A_0}{1 - \varepsilon_1}$$

式中 C—— 测力计率定系数,N/0.01mm;

10—— 单位换算系数;

A_a ——试样校正面积,cm^2;

A_0—— 试样的初始断面积，cm^2。

(3) 无侧限抗压强度 q_u 取直角坐标系。以轴向应变 ε 为横坐标，轴向应力 σ 为纵坐标，绘制轴向应变与轴向应力关系曲线。

取 ε-σ 曲线上峰值 σ_{max} 为无侧限抗压强度 q_u。如 ε-σ 曲线上峰值不明显时，应取轴向应变 $\varepsilon = 15\%$ 处的轴向应力为 q_u，如图 4.24 所示。

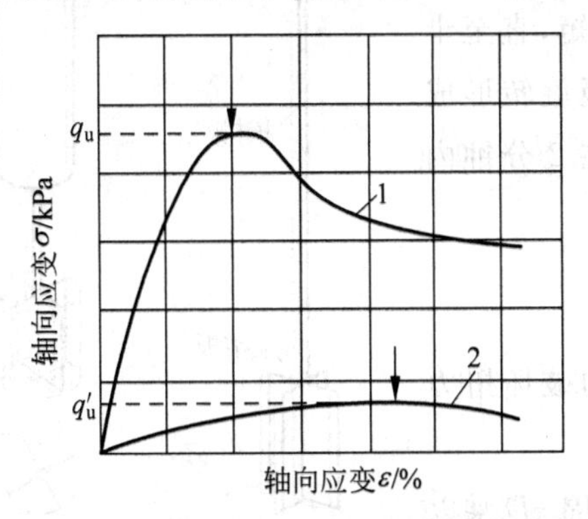

图 4.24 轴向应力与轴向应变关系曲线
1—原状试样；2—重塑试样

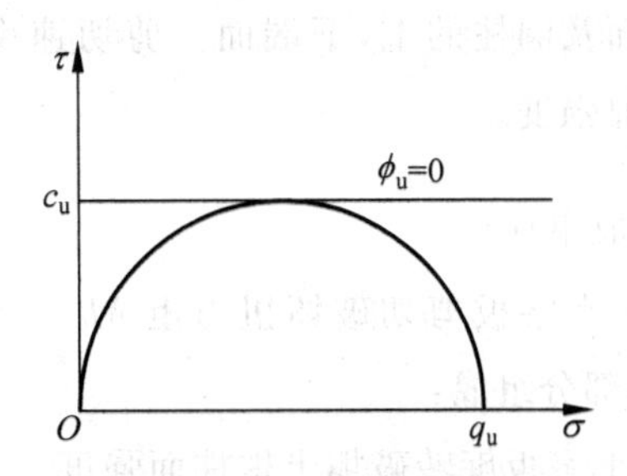

图 4.25 无侧限抗压强度

(4) 土的黏聚力 c_u 饱和黏性土不排水剪切，内摩擦角 $\phi_u = 0$。由图 4.25，无侧限抗压强度的莫尔破损应力圆，$\sigma_3 = 0$，$\sigma_1 = q_u$。$\phi_u = 0$ 切线与纵坐标的截距，即为土的黏聚力 c_u(kPa)。c_u 的数值为

$$c_u = \frac{q_u}{2} \tag{4.20}$$

(5) 土的灵敏度 S_t 黏性土的灵敏度如前“2.4 土的物理状态指标”中所述，为

$$S_t = \frac{q_u}{q_u'}$$

4.3.4 十字板剪切试验

1. 适用土质条件

十字板剪切试验是一种抗剪强度试验的原位测试方法，不用取原状土，而在现场直接测试地基土的强度。这种方法适用于地基为软弱黏性土、取原状样困难的条件，并可避免在软土中取样、运送及制备试样过程中受扰动影响试验成果的可靠性。

2. 试验设备

(1) 十字板剪切仪 十字板剪切仪为试验主要设备，如图 4.26 所示，底端为两块薄钢板正交，横截面呈十字形，故称十字板，中部为轴杆，顶端为旋转施加扭力矩的装置。

(2) 套管 防止软土流动，使轴杆周围无土(即无摩擦力)。

3. 试验方法

(1) 打入套管至测点以上750mm高程，清除套管内的残留土；

(2) 将十字板装在轴杆底端，插入套管并向下压至套管底端以下750mm，或套管直径的3～5倍以下的深度；

(3) 在地面上，装在轴杆顶端的设备施加扭力矩，直至十字板旋转，土体破坏为止。土体的破坏面为十字板旋转形成的圆柱面及圆柱的上、下端面。剪切速率宜控制在2分钟内测得峰值强度。

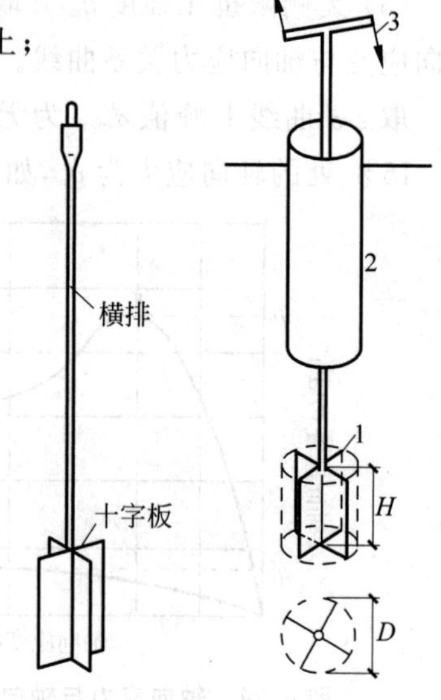

图 4.26 十字板剪切仪

4. 成果计算

(1) 十字板剪切破坏扭力矩 M 十字板剪切破坏扭力矩，由两部分组成：

① 十字板旋转破坏土柱柱面强度 由土柱圆周 πD 乘以土柱高 H 为土柱周围面积，再乘以半径 $D/2$，即扭力臂，再乘以土柱侧面的抗剪强度 τ_V，可得土柱柱面强度，如公式(4.21)等号右侧第一项所示。

② 土柱上、下端面强度 土柱圆面积 $\frac{\pi D^2}{4}$ 乘以扭矩力臂 $\frac{2}{3}\times\frac{D}{2}=\frac{D}{3}$，再乘以土柱水平向抗剪强度 τ_H，再乘以2(上、下端面)，可得土柱上、下端面强度，如公式(4.21)等号右侧第二项所示。

十字板剪切破坏扭力矩 M 为

$$M=\pi D H\times\frac{D}{2}\tau_V+2\times\frac{\pi D^2}{4}\times\frac{D}{3}\tau_H \tag{4.21}$$

式中 D—— 十字板的直径，m；

H—— 十字板的高度，m；

τ_V、τ_H—— 分别为剪切破坏时圆柱土体侧面和上、下面土的抗剪强度，kPa。

为简化计算，令 $\tau_V=\tau_H=\tau_+$，代入公式(4.21)可得：

$$\tau_+=\frac{2M}{\pi D^2\left(H+\frac{D}{3}\right)} \tag{4.22}$$

十字板现场剪切试验为不排水剪切试验。因此，其试验结果与无侧限抗压强度试验结果接近。饱和软土不排水剪 $\phi_u=0$，则：

$$\tau_+=\frac{q_u}{2} \tag{4.23}$$

鉴于十字板剪切试验设备简单，操作方便，原位测试成果满意，在软弱黏性土的工程勘察中得到了广泛应用。

4.4　影响抗剪强度指标的因素

4.4.1　抗剪强度的来源

研究影响抗剪强度指标的因素，首先应分析土的抗剪强度的来源。按无黏性土与黏性土分为两大类介绍。

1. 无黏性土

无黏性土抗剪强度的来源，传统的观念为内摩擦力，内摩擦力由作用在剪切面的法向压力 σ 与土体的内摩擦系数 $\tan\phi$ 组成，内摩擦力的数值为这两项的乘积 $\sigma\tan\phi$。在密实状态的粗粒土中，除滑动摩擦外还存在咬合摩擦。

(1) 滑动摩擦　滑动摩擦存在于土粒表面之间，即在土体剪切过程中，剪切面上的土粒发生相对移动所产生的摩擦。

(2) 咬合摩擦　咬合摩擦是指相邻颗粒对于相对移动的约束作用。当土体内沿某一剪切面产生剪切破坏时，相互咬合着的颗粒必须从原来的位置被抬起，跨越相邻颗粒，或者在尖角处将颗粒剪断，然后才能移动，土越密，磨圆度越小，则咬合作用越强。

2. 黏性土

黏性土的抗剪强度包括内摩擦力与黏聚力两部分。

(1) 内摩擦力　黏性土的内摩擦力与无黏性土中的粉细砂相同。土体受剪切时，剪切面上下土颗粒相对移动时，土粒表面相互摩擦产生的阻力。其数值，一般小于无黏性土。

(2) 黏聚力　黏聚力是黏性土区别于无黏性土的特征，使黏性土的颗粒黏结在一起。黏聚力主要来源于土粒间的各种物理化学作用力，包括库仑力(静电力)、范德华力、胶结作用力等。

① 范德华力　范德华力是分子间的引力，这种粒间引力发生在颗粒间紧密接触点处，是细粒土黏结在一起的主要原因。

② 库仑力　库仑力即静电作用力。黏土颗粒上下平面带负电荷而边角处带正电荷。当颗粒间的排列是边对面或角对面时，将因异性电荷而产生静电引力。

③ 土中天然胶结物质　土中含有硅、铁、碳酸盐等物质，对土粒产生胶结作用，使土具有黏聚力。

4.4.2　影响抗剪强度指标的各种因素

钢材与混凝土等建筑材料的强度比较稳定，并可由人工加以定量控制。各地区的各类工程可以根据需要选用材料。而土的抗剪强度与之不同，为非标准定值，受很多因素影响。不同地区、不同成因、不同类型土的抗剪强度往往有很大的差别。即使同一种土，在不同的密度、含水率、剪切速率、仪器型式等不同的条件下，其抗剪强度的数值也不相等。

根据库仑公式(4.6)可知：土的抗剪强度与法向压力 σ、土的内摩擦角 ϕ 和土的黏聚力 c 三者有关。因此，影响抗剪强度的因素可归纳为两类：

1. 土的物理化学性质的影响

（1）土粒的矿物成分　砂土中石英矿物含量多，内摩擦角 ϕ 大；云母矿物含量多，则内摩擦角 ϕ 小。黏性土的矿物成分不同，土粒电分子力等不同，其黏聚力 c 也不同。土中含有各种胶结物质，可使 c 增大。

（2）土的颗粒形状与级配　土的颗粒越粗，表面越粗糙，内摩擦角 ϕ 越大。土的级配良好，ϕ 大；土粒均匀，ϕ 小。

（3）土的原始密度　土的原始密度越大，土粒之间接触点多且紧密，则土粒之间的表面摩擦力和粗粒土之咬合力越大，即 ϕ 越大。同时，土的原始密度大，土的孔隙小，接触紧密，黏聚力 c 也必然大。

（4）土的含水率　当土的含水率增加时，水分在土粒表面形成润滑剂，使内摩擦角 ϕ 减小。对黏性土来说，含水率增加，将使薄膜水变厚，甚至增加自由水，使抗剪强度降低。联系实际，凡是山坡滑动，通常都在雨后，雨水入渗使山坡土中含水率增加，降低土的抗剪强度，导致山坡失稳滑动。

（5）土的结构　黏性土具有结构强度，如黏性土的结构受扰动，则其黏聚力 c 降低。

2. 孔隙水压力的影响

由"3.2 有效应力原理"可知：作用在试样剪切面上的总应力 σ，为有效应力 σ' 与孔隙水压力 u 之和，即 $\sigma=\sigma'+u$。在外荷 σ 作用下，随着时间的增长，孔隙水压力 u 因排水而逐渐消散，同时有效应力 σ' 相应地不断增加。

因为孔隙水压力作用在土中的自由水上，不会产生土粒之间的内摩擦力，只有作用在土颗粒骨架上的有效应力 σ' 才能产生土的内摩擦强度。因此，若土的抗剪强度试验的条件不同，影响土中孔隙水是否排出与排出多少，亦即影响有效应力 σ' 的数值大小，使抗剪强度试验结果不同。建筑场地工程地质勘察，应根据实际地质情况与施工速度，即土中孔隙水压力 u 的消散程度，采用三种不同的试验方法，如"4.3 抗剪强度指标的确定"中所述。

（1）三轴固结排水剪（或直剪慢剪）　试验控制条件：如在直剪试验中，施加垂直压力 σ 后，使孔隙水压力完全消散，然后再施加水平剪力。每级剪力施加后都充分排水，使试样在整个试验过程中都处于充分排水条件下，即试样中的孔隙水压力 $u=0$，直至土试样剪损。这种试验方法称为排水剪，试验结果测得的抗剪强度值最大。

（2）三轴不固结不排水剪（或直剪快剪）　试验控制条件：与上述固结排水剪（慢剪）相反。如在直剪试验中，施加垂直压力 σ 后立即加水平剪力，并快速试验，在 3～5 分钟内把试样剪损。在整个试验过程中不让土中水排出，使试样中始终存在孔隙水压力 u，因此土中有效应力 σ' 减小，所以试验结果测得的抗剪强度值最小。

（3）三轴固结不排水剪（或直剪固结快剪）　试验控制条件：相当于以上两种方法的组合。如在直剪试验中，施加垂直压力 σ 后充分固结，使孔隙水压力全部消散，即固结后再快速施加水平剪力，并在 3 ～ 5 分钟内将土样剪损。这样试验结果测得的抗剪强度值居中。

由此可见，试样中的孔隙水压力，对抗剪强度有重要影响。如前所述，这三种不同的试验方法，各适用于不同的土层分布、土质、排水条件以及施工的速度。

表 4.3 砂土与黏性土的 c,ϕ 参考值

土的名称	塑限含水率/%	土的指标 c/kPa ϕ/(°)	孔隙比											
			0.41～0.50		0.51～0.60		0.61～0.70		0.71～0.80		0.81～0.95		0.96～1.00	
			饱和状态含水量/%											
			14.8～18.0		18.4～21.6		22.0～25.2		25.6～28.8		29.2～34.2		34.6～39.6	
			标准	计算	标准	计算	标准	计算	标准	计算	标准	计算	标准	计算
粗砂		c	2	41	1	38	38	36						
		ϕ	43		40									
中砂		c	3	38	2	36	1	33						
		ϕ	40		38		35							
细砂		c	6	1	4	34	2	30						
		ϕ	38	36	36		32							
粉砂		c	8	2	6	32	4	28						
		ϕ	36	34	34		30							
黏性土	＜9.4	c	10	2	7	1	5	25						
		ϕ	30	28	28	26	27							
	9.5～12.4	c	12	3	8	1	6	21						
		ϕ	25	23	24	22	23							
	12.5～15.4	c	24	14	21	7	14	4	7	2				
		ϕ	24	22	23	21	22	20	21	19				
	15.5～18.4	c			50	19	25	11	19	8	11	4	8	2
		ϕ			22	20	21	19	20	18	19	17	18	16
	18.5～22.4	c					68	28	34	19	28	10	19	6
		ϕ					20	18	19	17	18	16	17	15
	22.5～26.4	c							82	36	41	25	36	12
		ϕ							18	16	17	15	16	14
	26.5～30.4	c									94	40	47	22
		ϕ									16	14	15	13

4.5 地基的临塑荷载和临界荷载

确定地基承载力的主要依据为土的强度理论。地基承载力的理论计算，需要应用土的抗剪强度指标 c 与 ϕ 值。地基的临塑荷载可用作地基承载力而偏于安全。地基的临界荷载作为地基承载力，既安全，又经济。现分述如下。

4.5.1 地基的临塑荷载

1. 定义

地基的临塑荷载是指在外荷作用下，地基中刚开始产生塑性变形(即局部剪切破坏)时基础底面单位面积上所承受的荷载。

用"3.4 土的压缩性原位测试"中现场载荷试验加以说明。由图3.13载荷试验成果 p-s 关系曲线可见：载荷试验第一阶段为压密阶段，即直线变形阶段；第二阶段为局部剪切破坏阶段，p-s 曲线呈下弯曲线形。载荷试验第一阶段与第二阶段之分界 a 点对应的荷载 p_{cr} 称为临塑荷载，也就是随着荷载的增大，地基土开始产生塑性变形的界限荷载。

2. 临塑荷载计算公式

地基的临塑荷载 p_{cr}，按下式计算：

$$p_{cr}=\frac{\pi(\gamma d+c\cdot\cot\phi)}{\cot\phi-\frac{\pi}{2}+\phi}+\gamma d=N_d\gamma d+N_c c \tag{4.24}$$

式中 p_{cr}—— 地基的临塑荷载，kPa；

γ—— 基础埋深范围内土的重度，kN/m^3；

d—— 基础埋深，m；

c—— 基础底面下土的黏聚力，kPa；

ϕ—— 基础底面下土的内摩擦角，(°)；

N_d，N_c—— 承载力系数，可根据 ϕ 值按公式(4.25)、公式(4.26)计算或查表4.4确定。

$$N_d=\frac{\cot\phi+\phi+\frac{\pi}{2}}{\cot\phi+\phi-\frac{\pi}{2}} \tag{4.25}$$

$$N_c=\frac{\pi\cdot\cot\phi}{\cot\phi+\phi-\frac{\pi}{2}} \tag{4.26}$$

表4.4 承载力系数 N_d，N_c，$N_{\frac{1}{4}}$，$N_{\frac{1}{3}}$ 的数值

ϕ/(°)	N_d	N_c	$N_{\frac{1}{4}}$	$N_{\frac{1}{3}}$	ϕ/(°)	N_d	N_c	$N_{\frac{1}{4}}$	$N_{\frac{1}{3}}$
0	1	3	0	0	24	3.9	6.5	0.7	1.0
2	1.1	3.3	0	0	26	4.4	6.9	0.8	1.1
4	1.2	3.5	0	0.1	28	4.9	7.4	1.0	1.3
6	1.4	3.7	0.1	0.1	30	5.6	8.0	1.2	1.5
8	1.6	3.9	0.1	0.2	32	6.3	8.5	1.4	1.8
10	1.7	4.2	0.2	0.2	34	7.2	9.2	1.6	2.1
12	1.9	4.4	0.2	0.3	36	8.2	10.0	1.8	2.4
14	2.2	4.7	0.3	0.4	38	9.4	10.8	2.1	2.8
16	2.4	5.0	0.4	0.5	40	10.8	11.8	2.5	3.3
18	2.7	5.3	0.4	0.6	42	12.7	12.8	2.9	3.8
20	3.1	5.6	0.5	0.7	44	14.5	14.0	3.4	4.5
22	3.4	6.0	0.6	0.8	45	15.6	14.6	3.7	4.9

公式(4.24)推导如下：

在条形基础均布荷载作用下，地基中任一点 M 的应力来源于下列几方面，如图 4.27 所示。

(1) 基础底面的附加应力 p_0；

(2) 基础底面以下深度 z 处，土的自重压力 γz；

(3) 由基础埋深 d 构成的旁载 γd。

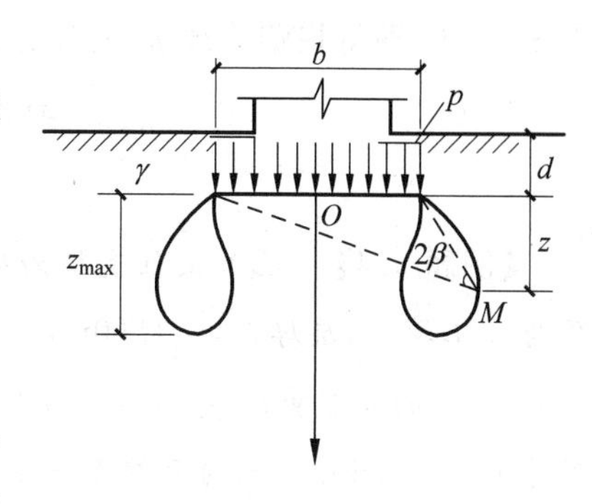

图 4.27 条形基底边缘的塑性区

为简化计算，假定土的侧压力系数 $\xi = 1.0$(实际上 $\xi = 0.25 \sim 0.72$)，则土的自重和旁载在 M 点产生的各向应力相等。根据弹性理论，地基中任意点 M 的最大主应力和最小主应力为

$$\sigma_1 = \frac{p - \gamma d}{\pi}(2\beta + \sin 2\beta) + \gamma z + \gamma d \tag{4.27}$$

$$\sigma_3 = \frac{p - \gamma d}{\pi}(2\beta - \sin 2\beta) + \gamma z + \gamma d \tag{4.28}$$

式中 p—— 基础底面接触压力，kPa；

2β——M 点至基础边缘两连线的夹角，(°)。

当 M 点的应力达到极限平衡时，将公式(4.27)与式(4.28)代入式(4.10)，整理后得

$$z = \frac{p - \gamma d}{\pi \gamma}\left(\frac{\sin 2\beta}{\sin \phi} - 2\beta\right) - \frac{c}{\gamma}\cot\phi - d \tag{4.29}$$

公式(4.29) 为基础边缘下塑性区的边界方程，表示塑性区边界上任意一点 M 的深度 z 与夹角 2β 之间的关系。当基础底面接触压力 p，基础埋深 d 和地基土的 γ、c、ϕ 已知时，就可应用公式(4.29) 绘制出塑性区的边界线，如图 4.27 所示。

根据临塑荷载的定义，在外荷作用下地基中的塑性区刚要出现时，可以用塑性区的最大深度 $z_{max} = 0$ 来表达，由此即可求得临塑荷载的计算公式。为此，只需将公式(4.29) 求一次导数并使其值为零：

$$\frac{dz}{d\beta} = \frac{p - \gamma d}{\pi \gamma} \times 2\left(\frac{\cos 2\beta}{\sin \phi} - 1\right)$$

令 $\frac{dz}{d\beta} = 0$，则

$$\frac{\cos 2\beta}{\sin \phi} = 1$$

即

$$\cos 2\beta = \sin \phi$$

故

$$2\beta = \frac{\pi}{2} - \phi$$

将此 2β 值代入公式(4.29) 可得：

$$z_{max} = \frac{p - \gamma d}{\pi \gamma}\left(\cot\phi - \frac{\pi}{2} + \phi\right) - \frac{c}{\gamma}\cot\phi - d \tag{4.30}$$

当 $z_{max}=0$,即得临塑荷载 p_{cr} 的计算公式：

$$p_{cr}=\frac{\pi(\gamma d+c\cdot\cot\phi)}{\cot\phi-\frac{\pi}{2}+\phi}+\gamma d=N_d\gamma d+N_c c \tag{4.24}$$

【例题4.4】 已知某住宅楼为砖混结构,条形基础,承受中心荷载。地基持力层土分3层：表层为人工填土,层厚 $h_1=1.60\text{m}$,土的天然重度 $\gamma_1=18.5\text{kN/m}^3$；第二层为粉质黏土,层厚 $h_2=5.60\text{m}$,土的天然重度 $\gamma_2=19.0\text{kN/m}^3$,内摩擦角 $\phi_2=19°$,黏聚力 $c_2=20\text{kPa}$；第三层为黏土,层厚 $h_3=4.60\text{m}$,土的天然重度 $\gamma_3=19.8\text{kN/m}^3$,内摩擦角 $\phi_3=16°$,黏聚力 $c_3=32\text{kPa}$。基础埋深 d 为1.60m。计算地基的临塑荷载。

【解】 应用公式(4.25)计算地基的临塑荷载

$$p_{cr}=N_d\gamma d+N_c c$$

式中 N_d—— 由基础底面持力层粉质黏土的内摩擦角 $\phi_2=19°$,查表4.4,内插得 $N_d=2.9$；

N_c—— 同样由 $\phi_2=19°$,查表4.4,内插得 $N_c=5.45$；

γ—— 应采用基础埋深范围人工填土的天然重度 $\gamma_1=18.5\text{kN/m}^3$；

c—— 基础底面以下粉质黏土的黏聚力 $c_2=20\text{kPa}$。

将上列数值代入公式(4.26),可得临塑荷载为

$$\begin{aligned}p_{cr}&=N_d\gamma d+N_c c=2.9\times18.5\times1.60+5.45\times20\\&=85.84+109.0\approx195\text{kPa}\end{aligned}$$

4.5.2 地基的临界荷载

1. 意义

大量建筑工程实践表明,采用上述临塑荷载 p_{cr} 作为地基承载力,往往偏于保守。这是因为在临塑荷载作用下,地基处于尚压密状态,并刚刚开始出现塑性区。实际上,若建筑地基中发生少量局部剪切破坏,只要塑性变形区的范围控制在一定限度,并不影响此建筑物的安全。因此,可以适当提高地基承载力的数值,以节省造价。工程中允许塑性区发展范围的大小,与建筑物的规模、重要性、荷载大小与荷载性质以及地基土的物理力学性质等因素有关。

2. 定义

当地基中的塑性变形区最大深度为：

中心荷载基础 $z_{max}=\frac{b}{4}$

偏心荷载基础 $z_{max}=\frac{b}{3}$

与此相对应的基础底面压力,分别以 $p_{\frac{1}{4}}$ 或 $p_{\frac{1}{3}}$ 表示,称为临界荷载。

3. 临界荷载计算公式

(1) 中心荷载　由公式(4.29)，并令 $z_{\max}=\frac{b}{4}$，整理可得中心荷载作用下地基的临界荷载计算公式：

$$p_{\frac{1}{4}}=\frac{\pi\left(\gamma d+\frac{1}{4}\gamma b+c\cdot\cot\phi\right)}{\cot\phi-\frac{\pi}{2}+\phi}+\gamma d=N_{\frac{1}{4}}\gamma b+N_{\mathrm{d}}\gamma d+N_{\mathrm{c}}c \tag{4.31}$$

式中　b——基础宽度，m；矩形基础短边，圆形基础采用 $b=\sqrt{A}$，A 为圆形基础底面积；

$N_{\frac{1}{4}}$——承载力系数，由基础底面下 ϕ 值，按公式(4.33)计算，或查表4.4确定。

(2) 偏心荷载　同理，由公式(4.29)，并令 $z_{\max}=\frac{b}{3}$，整理可得偏心荷载作用下地基的临界荷载计算公式：

$$p_{\frac{1}{3}}=\frac{\pi\left(\gamma d+\frac{1}{3}\gamma b+c\cdot\cot\phi\right)}{\cot\phi-\frac{\pi}{2}+\phi}+\gamma d=N_{\frac{1}{3}}\gamma b+N_{\mathrm{d}}\gamma d+N_{\mathrm{c}}c \tag{4.32}$$

式中　$N_{\frac{1}{3}}$——承载力系数，由基底下 ϕ 值，按公式(4.35)计算，或查表4.4确定。

(3) 承载力系数

$$N_{\frac{1}{4}}=\frac{\pi}{4\left(\cot\phi+\phi-\frac{\pi}{2}\right)} \tag{4.33}$$

$$N_{\frac{1}{3}}=\frac{\pi}{3\left(\cot\phi+\phi-\frac{\pi}{2}\right)} \tag{4.34}$$

评论：

① 上述临塑荷载与临界荷载计算公式，均由条形基础均布荷载推导得来。若对矩形基础或圆形基础，也可以应用上述公式计算，其结果偏于安全。

② 以上公式应用弹性理论，对于已出现塑性区情况下的临界荷载公式来说，条件不严格。但因塑性区的范围不大，其影响为工程所允许，故临界荷载作为地基承载力，应用仍然较广。

【例题4.5】 某宾馆设计采用框架结构独立基础。基础底面尺寸：长度3.00m，宽度为2.40m，承受偏心荷载。基础埋深1.00m。地基土分3层：表层为素填土，天然重度 $\gamma_1=17.8\mathrm{kN/m^3}$，层厚 $h_1=0.80\mathrm{m}$；第二层为粉土，$\gamma_2=18.8\mathrm{kN/m^3}$，内摩擦角 $\phi_2=21°$，黏聚力 $c_2=12\mathrm{kPa}$，层厚 $h_2=7.40\mathrm{m}$；第三层为粉质黏土，$\gamma_3=19.2\mathrm{kN/m^3}$，$\phi_3=18°$，$c_3=24\mathrm{kPa}$，层厚 $h_3=4.80\mathrm{m}$。计算

宾馆地基的临界荷载。

【解】 应用偏心荷载作用下临界荷载计算公式(4.32)：

$$p_{\frac{1}{3}}=N_{\frac{1}{3}}\gamma b+N_{d}\gamma d+N_{c}c$$

式中 $N_{\frac{1}{3}}$—— 承载力系数，据基底土的内摩擦角 $\phi_2=21°$ 查表4.4，内插得 $N_{\frac{1}{3}}=0.75$；

N_d—— 承载力系数，据 $\phi_2=21°$ 查表4.4，内插得 $N_d=3.25$；

N_c—— 承载力系数，据 $\phi_2=21°$ 查表4.4，内插得 $N_c=5.8$；

γb——$\gamma=\gamma_2=18.8\text{kN/m}^3$，基础宽度 $b=2.40\text{m}$；

γd——γ 应为基础埋深 $d=1.00\text{m}$ 范围土的平均重度，按下式计算：

$$\gamma=\frac{0.8\gamma_1+0.2\gamma_2}{0.8+0.2}=\frac{0.8\times17.8+0.2\times18.8}{1.0}=18.0\text{kN/m}^3$$

c—— 基础底面下第二层粉土的黏聚力 $c_2=12\text{kPa}$。

将上列数据代入公式(4.32)可得临界荷载：

$$\begin{aligned}p_{\frac{1}{3}}&=0.75\times18.8\times2.4+3.25\times18.0\times1.00+5.8\times12\\&=33.84+58.5+69.6\approx162\text{kPa}\end{aligned}$$

【例题4.6】 由【例题4.5】宾馆旁设计一座烟囱。烟囱基础为圆形，直径 $D=3.00\text{m}$，埋深 $d=1.2\text{m}$。地基土质与宾馆相同。计算烟囱地基的临界荷载。若其他条件不变，烟囱基础埋深改为 $d'=2.0\text{m}$ 时的地基临界荷载。

【解】 (1) 因烟囱为中心荷载，应用公式(4.31)：

$$p_{\frac{1}{4}}=N_{\frac{1}{4}}\gamma b+N_{d}\gamma d+N_{c}c$$

式中 $N_{\frac{1}{4}}$—— 承载力系数，据烟囱基础底面下第二层粉土的内摩擦角 $\phi_2=21°$ 查表4.4，内插得 $N_{\frac{1}{4}}=0.55$；

N_d—— 承载力系数，据 $\phi_2=21°$ 查表4.4，内插得 $N_d=3.25$；

N_c—— 承载力系数，据 $\phi_2=21°$ 查表4.4，内插得 $N_c=5.8$；

b—— 烟囱基础折算宽度，按下式计算：

$$b=\sqrt{\frac{D^2\pi}{4}}=\frac{1}{2}\sqrt{3.0^2\pi}=2.66\text{m}$$

γb——$\gamma=\gamma_2=18.8\text{kN/m}^3$，$b=2.66\text{m}$；

γd——γ 为烟囱基础埋深 $d=1.2\text{m}$ 范围土的加权平均重度：

$$\gamma=\frac{17.8\times0.8+18.8\times0.4}{0.8+0.4}=\frac{14.24+7.52}{1.2}=18.1\text{kN/m}^3$$

c—— 基础底面以下粉土的黏聚力 $c=c_2=12\text{kPa}$。

将上列数据代入公式(4.31)，即烟囱地基的临界荷载：

$$\begin{aligned}p_{\frac{1}{4}}&=0.55\times18.8\times2.66+3.25\times18.1\times1.2+5.8\times12\\&=27.5+70.59+69.6\approx168\text{kPa}\end{aligned}$$

(2) 当烟囱基础埋深改为 $d'=2.0\mathrm{m}$，同理 $d'=2.0\mathrm{m}$ 范围内土的加权平均重度：

$$\gamma=\frac{17.8\times0.8+18.8\times1.2}{0.8+1.2}=\frac{14.24+22.56}{2.0}=18.4\mathrm{kN/m^3}$$

其余数据不变，代入公式(4.31)可得烟囱地基的临界荷载：

$$\begin{aligned}p_{\frac{1}{4}}&=0.55\times18.8\times2.66+3.25\times18.4\times2.0+5.8\times12\\&=27.5+119.6+69.6\approx217\mathrm{kPa}\end{aligned}$$

评论：在【例题 4.5】与【例题 4.6】中，若地基土的天然重度 γ、内摩擦角 ϕ 与黏聚力 c 相同，基础形状为矩形或圆形，上部荷载为中心荷载或偏心荷载，这些变化对地基临界荷载的影响不大。当基础埋深 $d=1.20\mathrm{m}$ 加深至 $d'=2.0\mathrm{m}$ 时，则地基临界荷载增大 49kPa，影响较为明显。

4.6 地基的极限荷载

4.6.1 地基的极限荷载概念

1. 定义

地基的极限荷载特指地基在外荷作用下产生的应力达到极限平衡时的荷载。这也是地基承载力理论计算的一类方法。

作用在地基上的荷载较小时，地基处于压密状态。随着荷载的增大，地基中产生局部剪切破坏的塑性区也越来越大。随着荷载的增加，地基中的塑性区将发展为连续贯通的滑动面，地基丧失整体稳定而破坏，地基所能承受的荷载达到极限值。这相当于图 3.13 现场载荷试验结果 p-s 曲线上，第二阶段与第三阶段交界处 b 点所对应的荷载 p_u，称为地基的极限荷载。

2. 极限荷载计算公式

极限荷载的计算公式较多。限于篇幅，本书介绍几种最常用的公式。

(1) 太沙基公式　适用于条形基础、方形基础和圆形基础。

(2) 斯凯普顿公式　适用于饱和软土地基，内摩擦角 $\phi=0$ 的浅基础。

(3) 汉森公式　适用于倾斜荷载的情况。

首先介绍地基极限荷载的一般计算公式：

$$p_u=\frac{1}{2}\gamma bN_\gamma+cN_c+qN_q \tag{4.35}$$

式中　p_u—— 地基极限荷载，kPa；

γ—— 基础底面以下地基土的天然重度，$\mathrm{kN/m^3}$；

c—— 基础底面以下地基土的黏聚力，kPa；

q—— 基础的旁侧荷载，其值为基础埋深范围土的自重压力 γd，kPa；

N_γ、N_c、N_q—— 地基承载力系数，均为 $\tan\alpha=\tan\left(45^\circ+\dfrac{\phi}{2}\right)$的函数，亦即 ϕ 的函数。可直接计算或查有关图表确定。

公式(4.35)的推导如下：

按条形基础承受均匀荷载情况，基础宽度为 b，基础埋深 d，地基土的天然重度 γ，内摩擦角 ϕ，黏聚力 c。以基础底面为计算地面，并假定：

① 地基滑裂面形状为折线 $AC+CE$，如图4.28所示。滑裂面 AC 与大主应力面即基础底面之夹角 $\alpha=45^\circ+\dfrac{\phi}{2}$；

② 基础埋深范围土的自重压力 $q=\gamma d$，视为基础两边的旁侧荷载；

③ 滑裂体本身的土重 $\gamma z=\gamma b\tan\alpha$，简化为平分作用于滑裂体上、下两面，各为$\dfrac{1}{2}\gamma b\tan\alpha$。

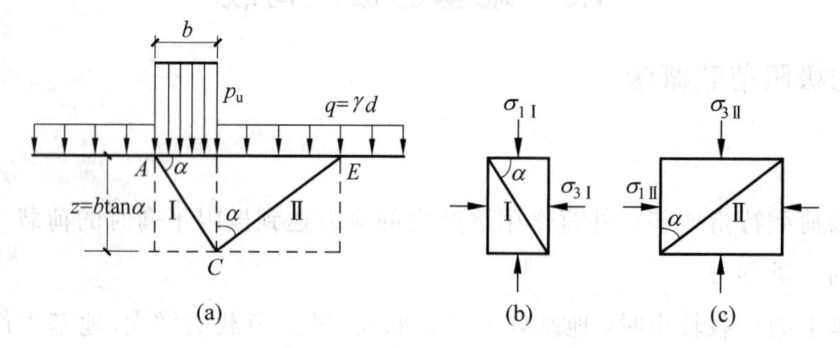

图4.28 地基极限荷载分析

当地基承受极限荷载 p_u 而发生剪切破坏时，土体的受力情况可视为类似于三轴压缩试验中的受力情况。现将地基滑裂体范围的土体，分为 Ⅰ 区和 Ⅱ 区两个矩形分别进行分析：

由图4.28(a)可见，在极限荷载 p_u 作用下，基础底面下的Ⅰ区发生滑动，并推动右侧的Ⅱ区滑动。

在 Ⅰ 区：$\sigma_{1\text{Ⅰ}}$ 为竖向应力，$\sigma_{3\text{Ⅰ}}$ 为水平应力，如图4.28(b)所示。

在 Ⅱ 区：$\sigma_{1\text{Ⅱ}}$ 为水平应力，其数值等于 Ⅰ 区的 $\sigma_{3\text{Ⅰ}}$，$\sigma_{3\text{Ⅱ}}$ 为竖向应力，如图4.28(c)所示。

Ⅱ 区的极限平衡条件，由图4.28(c)，应用公式(4.11)：

$$\sigma_1=\sigma_3\tan^2\left(45^\circ+\frac{\phi}{2}\right)+2c\tan\left(45^\circ+\frac{\phi}{2}\right)$$

式中 σ_1—— 最大主应力，即 $\sigma_{1\text{Ⅱ}}$；

σ_3—— 最小主应力，即 Ⅱ 区上面作用的荷载 $q+\dfrac{1}{2}\gamma b\tan\alpha$；

α—— 滑裂面 AC 与基础底面的夹角，$\alpha=45^\circ+\dfrac{\phi}{2}$。

将上列数据代入公式(4.11) 得：

$$\sigma_{1\text{II}} = \left(q + \frac{1}{2}\gamma b\tan\alpha\right)\tan^2\alpha + 2c\tan\alpha \tag{4.36}$$

Ⅰ 区的极限平衡条件，由图 4.28(b)，仍应用公式(4.11)：

$$\sigma_1 = \sigma_3\tan^2\left(45° + \frac{\phi}{2}\right) + 2c\tan\left(45° + \frac{\phi}{2}\right)$$

式中 σ_1—— 最大主应力，为作用在 Ⅰ 区顶面上的极限荷载 p_u，加上 Ⅰ 区土的自重压力之半 $\frac{1}{2}\gamma b\tan\alpha$。即 $p_u + \frac{1}{2}\gamma b\tan\alpha$。

σ_3—— 为Ⅰ区的最小主应力，水平方向，其值与Ⅱ区的最大主应力 $\sigma_{1\text{II}}$ 相等，见式(4.36)。

将上列数据代入公式(4.11)可得：

$$p_u + \frac{1}{2}\gamma b\tan\alpha = \left[(q + \frac{1}{2}\gamma b\tan\alpha)\tan^2\alpha + 2c\tan\alpha\right]\tan^2\alpha + 2c\tan\alpha$$

$$= \frac{1}{2}\gamma b\tan^5\alpha + 2c(\tan^3\alpha + \tan\alpha) + q\tan^4\alpha$$

故

$$p_u = \frac{1}{2}\gamma b(\tan^5\alpha - \tan\alpha) + 2c(\tan^3\alpha + \tan\alpha) + q\tan^4\alpha$$

即

$$p_u = \frac{1}{2}\gamma bN_\gamma + cN_c + qN_q$$

式中 N_γ—— 承载力系数，$N_\gamma = \tan^5\alpha - \tan\alpha$；

N_c—— 承载力系数，$N_c = 2(\tan^3\alpha + \tan\alpha)$；

N_q—— 承载力系数，$N_q = \tan^4\alpha$。

3. 极限荷载工程应用

极限荷载为地基开始滑动破坏的荷载。在进行建筑物基础设计时，当然不能采用极限荷载作为地基承载力，必须有一定的安全系数 K。K 值的大小，应根据建筑工程的等级、规模与重要性及各种极限荷载公式的理论、假定条件与适用情况确定。通常取安全系数 $K = 1.5 \sim 3.0$。

4.6.2 太沙基(Terzaghi K)公式

适用范围：太沙基公式是常用的极限荷载计算公式，适用于基础底面粗糙的条形基础；并推广应用于方形基础和圆形基础。

理论假定：

① 条形基础，均布荷载作用。

② 地基发生滑动时，滑动面的形状，两端为直线，中间为曲线，左右对称，如图 4.29 所示。

③ 滑动土体分为三区：

Ⅰ区——位于基础底面下，为楔形弹性压密区。由于土体与基础粗糙底面的摩擦阻力作用，

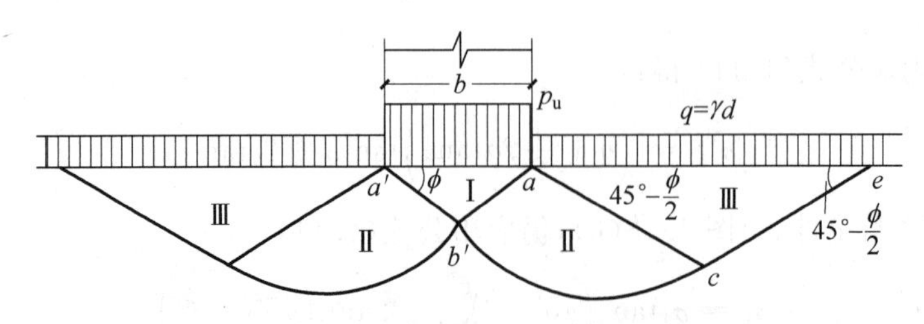

图 4.29　太沙基公式地基滑动面

此区的土体不发生剪切破坏，而处于压密状态。滑动面$\overline{ab'}$与基础底面$\overline{aa'}$之间的夹角，为土的内摩擦角 ϕ。

Ⅱ 区 —— 滑动面为曲面，呈对数螺旋线。Ⅰ 区正中底部的 b' 点处，对数螺旋线的切线为竖向，c 点处对数螺旋线的切线，与水平线的夹角为 $45°-\frac{\phi}{2}$。

Ⅲ 区 —— 滑动面为斜向平面，剖面图上呈等腰三角形。滑动体斜面与水平地面的夹角均为 $45°-\frac{\phi}{2}$。

1. 条形基础(较密实地基)

(1) 作用于Ⅰ区土楔上诸力　在均匀分布的极限荷载 p_u 作用下，地基处于极限平衡状态时作用于Ⅰ区土楔上诸力，包括：① 土楔 $ab'a'$ 顶面的极限荷载 p_u；② 土楔 aba' 的自重；③ 土楔斜面$\overline{ab'}$上作用的黏聚力 c 的竖向分力；④ Ⅱ 区、Ⅲ 区土体滑动时对斜面$\overline{ab'}$的被动土压力的竖向分力。

(2) 太沙基公式　根据作用于土楔上的诸力和在竖直方向的静力平衡条件，可得著名的太沙基公式：

$$p_u=\frac{1}{2}\gamma bN_\gamma+cN_c+qN_q \tag{4.37}$$

公式(4.37)与公式(4.35)形式完全相同，但公式的承载力系数各异。太沙基公式的承载力系数 N_γ，N_c 与 N_q 均可根据地基土的内摩擦角 ϕ 值，查专用的承载力系数图 4.30 中的曲线(实线)确定。

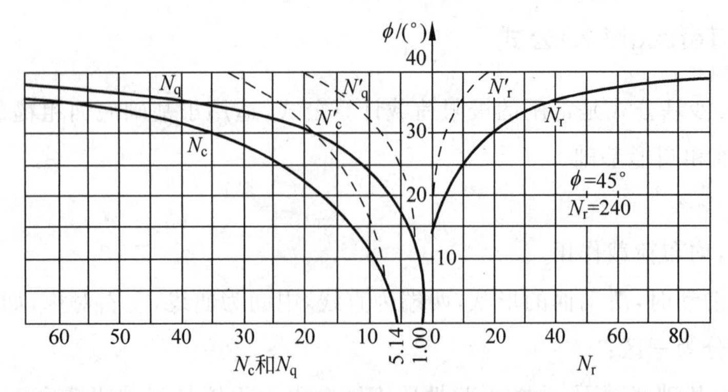

图 4.30　太沙基公式的承载力系数

(3) 适用条件　公式(4.37)适用于：① 地基土较密实；② 地基整体完全剪切滑动破坏，即载荷试验结果 p-s 曲线上有明显的第二拐点 b 的情况，如图 4.31 中曲线 ① 所示。

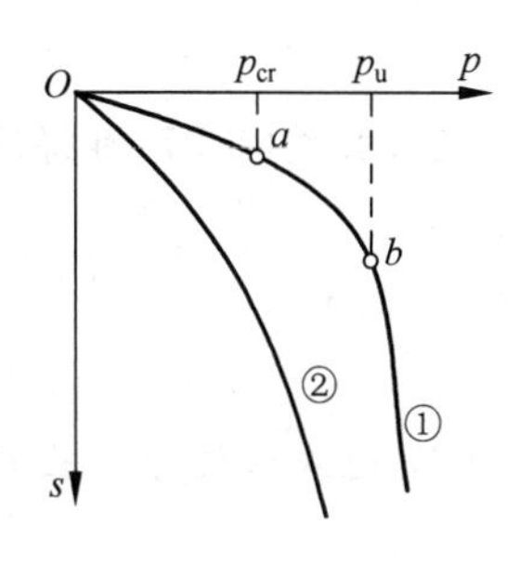

图 4.31　p-s 曲线两种类型

2. 条形基础(松软地基)

若地基土松软，载荷试验结果 p-s 曲线没有明显拐点的情况，如图 4.31 中曲线 ② 所示。太沙基称这类情况为局部剪损，此时极限荷载按下式计算：

$$p_u = \frac{1}{2}\gamma b N'_\gamma + \frac{2}{3}c N'_c + \gamma d N'_q \tag{4.38}$$

式中　N'_γ、N'_c、N'_q—— 局部剪损时的承载力系数，根据内摩擦角 ϕ 值查图 4.30 中的虚线。

3. 方形基础

太沙基的地基极限荷载公式(4.38)，是由条形基础推导得来的。对于方形基础，太沙基对极限荷载公式中的数字作适当修改，按下式计算：

$$p_u = 0.4\gamma b_0 N_\gamma + 1.2 c N_c + \gamma d N_q \tag{4.39}$$

式中　b_0—— 方形基础的边长。

4. 圆形基础

圆形基础的极限荷载公式与方形基础的极限荷载公式类似，太沙基建议按下式计算：

$$p_u = 0.3\gamma b_0 N_\gamma + 1.2 c N_c + \gamma d N_q \tag{4.40}$$

式中　b_0——圆形基础的直径。

5. 地基承载力

应用太沙基极限荷载公式(4.37)、公式(4.38)、公式(4.39)和公式(4.40)进行基础设计时，地基承载力为

$$f = \frac{p_u}{K} \tag{4.41}$$

式中　K—— 地基承载力安全系数，$K \geqslant 3.0$。

【例题 4.7】　某办公楼采用砖混结构条形基础。设计基础底宽 $b = 1.50$m，基础埋深 $d = 1.40$m。地基为粉土，天然重度 $\gamma = 18.0$kN/m^3，内摩擦角 $\phi = 30°$，黏聚力 $c = 10$kPa。地下水位深 7.8m。计算此地基的极限荷载和地基承载力。

【解】　(1) 地基的极限荷载　应用太沙基条形基础极限荷载公式(4.37)：

$$p_u = \frac{1}{2}\gamma b N_\gamma + c N_c + q N_q$$

式中　N_γ、N_c、N_q—— 承载力系数，根据地基土的内摩擦角 $\phi = 30°$ 查图 4.30 中的实线得

$N_\gamma = 19$；$N_c = 35$；$N_q = 18$。

代入公式(4.37)可得地基极限荷载：

$$p_u = \frac{1}{2} \times 18 \times 1.5 \times 19 + 10 \times 35 + 18 \times 1.4 \times 18$$

$$= 256.5 + 350 + 453.6 = 1060.1\text{kPa}$$

(2) 地基承载力　采用安全系数 $K = 3.0$，地基承载力为

$$f = \frac{p_u}{K} = \frac{1060.1}{3.0} \approx 353.4\text{kPa}$$

【例题 4.8】　在【例题 4.7】中，若地基的内摩擦角改为 $\phi = 20°$，其余条件不变，计算极限荷载与地基承载力。

【解】 (1) 地基极限荷载　根据地基土的内摩擦角 $\phi = 20°$ 查图 4.30 中的实线，得承载力系数：

$$N_\gamma = 4,\quad N_c = 17.5,\quad N_q = 7$$

代入公式(4.38)，即得地基极限荷载：

$$p_u = \frac{1}{2}\gamma b N_\gamma + c N_c + q N_q = \frac{1}{2} \times 18 \times 1.5 \times 4 + 10 \times 17.5 + 18 \times 1.4 \times 7$$

$$= 54 + 175 + 176.4 = 405.4\text{kPa}$$

(2) 地基承载力　同理取安全系数 $K = 3.0$，则地基承载力为

$$f = \frac{p_u}{K} = \frac{405.4}{3.0} \approx 135\text{kPa}$$

评论：由【例题 4.7】与【例题 4.8】计算结果可见，基础的型式、尺寸与埋深相同，地基土的天然重度 γ 与黏聚力 c 不变，只是内摩擦角 ϕ 由 30° 减小为 20°，极限荷载与地基承载力均降低为原来的 38%。由此可知，地基土的内摩擦角 ϕ 值的大小，对极限荷载 p_u 与地基承载力 f 的影响很大。

【例题 4.9】　某住宅采用砖混结构，设计条形基础。基底宽度 2.40m，基础埋深 $d = 1.50$m。地基为软塑状态粉质黏土，内摩擦角 $\phi = 12°$，黏聚力 $c = 24$kPa，天然重度 $\gamma = 18.6\text{kN/m}^3$。计算此住宅地基的极限荷载与地基承载力。

【解】 (1) 地基的极限荷载　因住宅地基为软塑状态粉质黏土，应用太沙基的松软地基极限荷载公式(4.38)：

$$p_u = \frac{1}{2}\gamma b N'_\gamma + \frac{2}{3} c N'_c + \gamma d N'_q$$

式中　N'_γ、N'_c、N'_q——承载力系数，根据地基土的内摩擦角 $\phi = 12°$ 查图 4.30 中的虚线，可得：

$N'_\gamma = 0$；$N'_c = 8.7$；$N'_q = 3.0$。

代入公式(4.38)，即可求得地基极限荷载：

$$p_u = \frac{2}{3} \times 24 \times 8.7 + 18.6 \times 1.5 \times 3.0$$

$$= 139.2 + 83.7 = 222.9\text{kPa}$$

(2) 地基承载力 采用安全系数 $K = 3.0$，地基承载力为

$$f = \frac{p_u}{K} = \frac{222.9}{3.0} = 74.3\text{kPa}$$

评论：由图 4.32 可见，松软土当 $\phi < 18°$ 时，$N'_\gamma = 0$，则所计算的极限荷载 p_u 的第一项 $\frac{1}{2}\gamma b N'_\gamma$ 为零，因此计算结果 p_u 与 f 均相应减小。

【例题 4.10】 某水塔设计圆形基础，基础底面直径 $b_0 = 4.0$m，基础埋深 $d = 3.0$m。地基土的天然重度 $\gamma = 18.6\text{kN/m}^3$，$\phi = 25°$，$c = 8$kPa。计算此水塔地基的极限荷载与地基承载力。

【解】 (1) 地基的极限荷载 因水塔为圆形基础，应用太沙基的圆形基础极限荷载公式(4.41)：

$$p_u = 0.3\gamma b_0 N_\gamma + 1.2cN_c + \gamma d N_q$$

式中 N_γ、N_c、N_q—— 承载力系数，根据地基土的内摩擦角 $\phi = 25°$ 查图 4.32 中的实线，可得：

$$N_\gamma = 10;\ N_c = 23;\ N_q = 11.5。$$

代入公式(4.40)，可得地基极限荷载为

$$p_u = 0.3 \times 18.6 \times 4.0 \times 10 + 1.2 \times 8 \times 23 + 18.6 \times 3.0 \times 11.5$$

$$= 223.2 + 220.8 + 641.7 = 1085.7\text{kPa}$$

(2) 水塔地基承载力 采用安全系数 $K=3.0$，地基承载力为

$$f = \frac{p_u}{K} = \frac{1085.7}{3.0} \approx 362\text{kPa}$$

4.6.3 斯凯普顿(Skempton)公式

1. 适用条件

(1) 饱和软土地基，内摩擦角 $\phi = 0$ 当地基土的内摩擦角 $\phi = 0$ 时，太沙基公式难以应用，这是因为太沙基公式中的承载力系数 N_γ、N_c、N_q 都是 ϕ 的函数。斯凯普顿专门研究了 $\phi = 0$ 的饱和软土地基的极限荷载计算，这是主要的条件。

(2) 浅基础 斯凯普顿公式适用于浅基础，基础的埋深 $d \leqslant 2.5b$。此条件通常都能满足。

(3) 矩形基础 斯凯普顿还考虑了基础宽度与长度比值 b/l 的影响。

2. 极限荷载公式

斯凯普顿在上述条件下，提出极限荷载的半经验公式如下：

$$p_u = 5c\left(1+0.2\frac{b}{l}\right)\left(1+0.2\frac{d}{b}\right)+\gamma d \tag{4.42}$$

式中 c—— 地基土的黏聚力，取基础底面以下 $0.7b$ 深度范围内的平均值，kPa；

γ—— 基础埋深 d 范围内土的天然重度，kN/m^3。

3. 地基承载力

应用斯凯普顿公式进行基础设计时，地基承载力为

$$f = \frac{p_u}{K}$$

式中 K—— 斯凯普顿公式安全系数，可取 $K = 1.1 \sim 1.5$。

评论：斯凯普顿公式，只限于内摩擦角 $\phi = 0$ 的饱和软土地基和浅基础；并考虑了基础的宽度与长度比值等多方面因素。工程实践表明，按斯凯普顿公式(4.42) 计算的地基极限荷载与实测值较为接近。

【例题 4.11】 某海港码头仓库设计独立浅基础。基础底面尺寸：长度 $l = 4.0\text{m}$，宽度 $b = 2.0\text{m}$，基础埋深 $d = 2.0\text{m}$。地基为饱和软土，内摩擦角 $\phi = 0$，黏聚力 $c = 10\text{kPa}$，天然重度 $\gamma = 19.0\text{kN/m}^3$。计算此仓库地基的极限荷载和地基承载力。

【解】 (1) 地基的极限荷载　鉴于地基为饱和软土，$\phi = 0$，应用斯凯普顿公式(4.42) 计算极限荷载：

$$\begin{aligned} p_u &= 5c\left(1+0.2\frac{b}{l}\right)\left(1+0.2\frac{d}{b}\right)+\gamma d \\ &= 5\times 10\left(1+0.2\frac{2.0}{4.0}\right)\left(1+0.2\frac{2.0}{2.0}\right)+19.0\times 2.0 \\ &= 50(1+0.1)(1+0.2)+38.0 = 66+38 = 104\text{kPa} \end{aligned}$$

(2) 地基承载力　因仓库为重要建筑，采用安全系数 $K = 1.5$，地基承载力为

$$f = \frac{p_u}{K} = \frac{104}{1.5} \approx 69.3\text{kPa}$$

【例题 4.12】 上题海港码头仓库设计中，如果其余条件不变，问以下两种情况下，地基的极限荷载与地基承载力为多少？(1) 只把基础宽度 $b = 2.0\text{m}$ 加大一倍为 4.0m；(2) 只把基础埋深 $d = 2.0\text{m}$ 加大一倍为 4.0m。

【解】 (1) 只把基础宽度加大1倍 $b = 4.0\text{m}$

① 地基极限荷载　应用斯凯普顿公式(4.42)：

$$p_u = 5c\left(1+0.2\frac{b}{l}\right)\left(1+0.2\frac{d}{b}\right)+\gamma d$$

$$=5\times 10\left(1+0.2\frac{4.0}{4.0}\right)\left(1+0.2\frac{2.0}{4.0}\right)+19.0\times 2.0$$

$$=50(1+0.2)(1+0.1)+38=66+38=104\text{kPa}$$

② 地基承载力 采用安全系数 $K=1.5$，地基承载力为

$$f=\frac{p_u}{K}=\frac{104}{1.5}\approx 69.3\text{kPa}$$

(2) 只把基础埋深加大一倍为 $d=4.0$m

① 地基的极限荷载 应用斯凯普顿公式(4.42)：

$$p_u = 5\times 10\left(1+0.2\frac{2.0}{4.0}\right)\left(1+0.2\frac{4.0}{2.0}\right)+19.0\times 4.0$$

$$=50(1+0.1)(1+0.4)+76=77+76=153\text{kPa}$$

② 地基承载力 采用相同的安全系数 $K=1.5$，地基承载力为

$$f=\frac{p_u}{K}=\frac{153}{1.5}=102\text{kPa}$$

评论：由【例题 4.11】和【例题 4.12】计算结果可知，在饱和软土地基内摩擦角 $\phi=0$ 的情况下，其他条件不变，只加大基础宽度 b 一倍后，地基极限荷载与地基承载力并没有提高，即 p_u 和 f 与 b 无关。但是，在其他条件不变，只加大一倍基础埋深 d 后，地基的极限荷载与地基承载力显著提高，其提高的数值为原来数值的 47%。

4.6.4 汉森(Hansen J B)公式

1. 适用条件

(1) 倾斜荷载作用 汉森公式最主要的特点是适用于倾斜荷载作用，这是太沙基公式和斯凯普顿公式都无法解决的问题。

(2) 基础形状 基础宽度与长度的比值、矩形基础和条形基础的影响都已计入。

(3) 基础埋深 汉森公式适用基础埋深 $d<b$ 基础底宽的情况，并考虑了基础埋深与基础宽度之比值的影响。

2. 极限荷载公式

$$p_{uv}=\frac{1}{2}\gamma_1 bN_\gamma S_\gamma i_\gamma + cN_c S_c d_c i_c + qN_q S_q d_q i_q \tag{4.43}$$

式中 p_{uv}—— 地基极限荷载的竖向分力，kPa；

γ_1—— 基础底面以下持力层土的重度，地下水位以下用有效重度，kN/m³；

q—— 基底平面处的有效旁侧荷载，kPa；

N_γ, N_c, N_q—— 承载力系数，根据地基土的内摩擦角 ϕ 值查表 4.5 确定；

S_γ, S_c, S_q—— 基础形状系数，由公式(4.44)与(4.45)计算；

d_c, d_q—— 基础埋深系数，由公式(4.46)计算；

i_γ, i_c, i_q—— 倾斜系数，与作用荷载倾斜角 δ_0 有关，根据 δ_0 和 ϕ 查表 4.6。当基础中心受压时，$i_\gamma = i_c = i_q = 1$。

表 4.5 承载力系数 N_γ, N_c, N_q

ϕ/(°)	N_γ	N_c	N_q	ϕ/(°)	N_γ	N_c	N_q
0	0	5.14	1.00	24	6.90	19.33	9.61
2	0.01	5.69	1.20	26	9.53	22.25	11.83
4	0.05	6.17	1.43	28	13.13	25.80	14.71
6	0.14	6.82	1.72	30	18.09	30.15	18.40
8	0.27	7.52	2.06	32	24.95	35.50	23.18
10	0.47	8.35	2.47	34	34.54	42.18	29.45
12	0.76	9.29	2.97	36	48.08	50.61	37.77
14	1.16	10.37	3.58	38	67.43	61.36	48.92
16	1.72	11.62	4.33	40	95.51	75.36	64.23
18	2.49	13.09	5.25	42	136.72	93.69	85.36
20	3.54	14.83	6.40	44	198.77	118.41	115.35
22	4.96	16.89	7.82	45	240.95	133.86	134.86

基础形状系数，按下列近似公式计算：

$$S_\gamma = 1 - 0.4\frac{b}{l} \tag{4.44}$$

$$S_c = S_q = 1 + 0.2\frac{b}{l} \tag{4.45}$$

对条形基础：

$$S_\gamma = S_c = S_q = 1$$

基础深度系数，按下列近似公式计算：

$$d_c = d_q = 1 + 0.35\frac{d}{b} \tag{4.46}$$

式中 d——基础埋深，如在埋深范围内存在强度小于持力层的软弱土层时，应将此软弱土层的厚度扣除。

3. 滑动面的最大深度

汉森公式地基滑动面的最大深度 z_{max}，可按下式估算：

$$z_{max} = \lambda b \tag{4.47}$$

式中 λ—— 系数，与荷载倾斜角 δ_0 有关，可查表 4.7。

表 4.6 倾斜系数 i_γ, i_c, i_q

$\tan\delta_0$ / i / $\phi/(°)$	0.1			0.2			0.3			0.4		
	i_γ	i_c	i_q	i_γ	i_c	i_q	i_γ	i_c	i_q	i_γ	i_c	i_q
6	0.643	0.526	0.802									
7	0.689	0.638	0.830									
8	0.707	0.691	0.841									
9	0.719	0.728	0.848									
10	0.724	0.750	0.851									
11	0.728	0.768	0.853									
12	0.729	0.780	0.854	0.396	0.441	0.629						
13	0.729	0.791	0.854	0.426	0.501	0.653						
14	0.731	0.798	0.855	0.444	0.537	0.666						
15	0.731	0.806	0.855	0.456	0.565	0.675						
16	0.729	0.810	0.854	0.462	0.583	0.680						
17	0.728	0.814	0.853	0.466	0.600	0.683	0.202	0.304	0.449			
18	0.726	0.817	0.852	0.469	0.611	0.685	0.234	0.362	0.484			
19	0.724	0.820	0.851	0.471	0.621	0.686	0.250	0.397	0.500			
20	0.721	0.821	0.849	0.472	0.629	0.687	0.261	0.420	0.510			
21	0.719	0.822	0.848	0.471	0.635	0.686	0.267	0.438	0.517	0.100		
22	0.716	0.823	0.846	0.469	0.637	0.685	0.271	0.451	0.521	0.100	0.217	0.317
23	0.712	0.824	0.844	0.468	0.643	0.684	0.275	0.462	0.524	0.122	0.266	0.350
24	0.711	0.824	0.843	0.465	0.645	0.682	0.276	0.470	0.525	0.134	0.291	0.365
25	0.706	0.823	0.840	0.462	0.648	0.680	0.277	0.477	0.526	0.140	0.310	0.374
26	0.702	0.823	0.838	0.460	0.648	0.678	0.276	0.481	0.525	0.145	0.324	0.381
27	0.699	0.823	0.836	0.456	0.649	0.675	0.275	0.485	0.524	0.148	0.334	0.384
28	0.694	0.821	0.833	0.452	0.648	0.672	0.274	0.488	0.523	0.149	0.341	0.386
29	0.691	0.820	0.831	0.448	0.648	0.669	0.273	0.489	0.520	0.150	0.348	0.387
30	0.686	0.819	0.828	0.444	0.646	0.666	0.268	0.490	0.518	0.150	0.352	0.387
31	0.682	0.817	0.826	0.438	0.645	0.662	0.265	0.490	0.515	0.150	0.356	0.387
32	0.676	0.814	0.822	0.434	0.643	0.659	0.262	0.490	0.512	0.148	0.357	0.385
33	0.672	0.813	0.820	0.428	0.640	0.654	0.258	0.489	0.508	0.146	0.358	0.382
34	0.668	0.811	0.817	0.422	0.638	0.650	0.254	0.486	0.504	0.144	0.358	0.380
35	0.663	0.808	0.814	0.417	0.635	0.646	0.250	0.485	0.500	0.142	0.358	0.377
36	0.658	0.806	0.811	0.411	0.631	0.641	0.245	0.482	0.495	0.140	0.357	0.374
37	0.653	0.803	0.808	0.404	0.628	0.636	0.240	0.478	0.490	0.137	0.355	0.370
38	0.646	0.800	0.804	0.398	0.624	0.631	0.235	0.474	0.485	0.133	0.352	0.365
39	0.642	0.797	0.801	0.392	0.619	0.626	0.230	0.470	0.480	0.130	0.349	0.361
40	0.635	0.794	0.797	0.386	0.615	0.621	0.226	0.466	0.475	0.127	0.346	0.356
41	0.629	0.790	0.793	0.377	0.609	0.614	0.219	0.461	0.468	0.123	0.342	0.351
42	0.623	0.787	0.789	0.371	0.605	0.609	0.213	0.456	0.462	0.119	0.337	0.345
43	0.616	0.783	0.785	0.365	0.600	0.604	0.208	0.451	0.456	0.115	0.333	0.339
44	0.610	0.779	0.781	0.356	0.594	0.597	0.202	0.444	0.449	0.111	0.327	0.333
45	0.602	0.775	0.776	0.349	0.588	0.591	0.195	0.438	0.442	0.107	0.322	0.327

表 4.7 系数λ值

$\tan\delta_0$ \ ϕ	≤20°	21°～35°	36°～45°
≤0.20	0.6	1.2	2.0
0.21～0.30	0.4	0.9	1.6
0.31～0.40	0.2	0.6	1.2

4. 地基为多层土时的计算

若地基土在滑动面范围内由 n 个土层组成，各土层的抗剪强度相差不太悬殊，则可按下列公式计算加权平均重度与加权平均抗剪强度指标值，然后按汉森公式(4.43)计算地基极限荷载。

$$\gamma_p = \frac{\sum_{i=1}^{n} h_i \gamma_i}{\sum_{i=1}^{n} h_i} \tag{4.48}$$

$$c_p = \frac{\sum_{i=1}^{n} h_i c_i}{\sum_{i=1}^{n} h_i} \tag{4.49}$$

$$\phi_p = \frac{\sum_{i=1}^{n} h_i \phi_i}{\sum_{i=1}^{n} h_i} \tag{4.50}$$

式中 γ_p—— 加权平均重度，kN/m^3；
c_p—— 加权平均黏聚力，kPa；
ϕ_p—— 加权平均内摩擦角，(°)；
h_i—— 第 i 层土的厚度，m；
γ_i—— 第 i 层土的重度，kN/m^3；
c_i—— 第 i 层土的黏聚力，kPa；
ϕ_i—— 第 i 层土的内摩擦角，(°)。

5. 工程应用

(1) 安全系数 应用汉森公式(4.43)设计基础时，地基强度安全系数 $K \geqslant 2.0$。

(2) 应用效果 汉森公式在西欧应用较广。我国上海、天津等地区用汉森公式进行工程校核，其结果较满意，与《建筑地基基础设计规范》基本吻合。

【例题 4.13】 某工程设计采用天然地基，浅埋矩形基础。基础底面尺寸：长度 $l = 3.00$m，宽度 $b = 1.50$m，基础埋深 $d = 1.20$m。地基为粉质黏土，天然重度 $\gamma = 18.5kN/m^3$，内摩擦角 $\phi = 30°$，黏聚力 $c = 8$kPa。地下水位埋深 8.90m。荷载倾斜角 ①$\delta_0 = 5°42'$；②$\delta_0 = 16°42'$。计算

地基极限荷载。

【解】 (1) 荷载倾斜角 $\delta_0 = 5°42'$ 情况　应用汉森公式(4.43)：

$$p_{uv} = \frac{1}{2}\gamma_1 bN_\gamma S_\gamma i_\gamma + cN_c S_c d_c i_c + qN_q S_q d_q i_q$$

式中　N_γ, N_c, N_q—— 承载力系数，根据地基土的内摩擦角 $\phi = 30°$ 查表 4.5 可得：

$$N_\gamma = 18.09;\ N_c = 30.15;\ N_q = 18.40$$

S_γ, S_c, S_q—— 基础形状系数，按公式(4.44)、(4.45)计算：

$$S_\gamma = 1 - 0.4\frac{b}{l} = 1 - 0.4\frac{1.50}{3.00} = 0.8$$

$$S_c = S_q = 1 + 0.2\frac{b}{l} = 1 + 0.2\frac{1.50}{3.00} = 1.1$$

d_c, d_q—— 基础深度系数，按公式(4.46)计算：

$$d_c = d_q = 1 + 0.35\frac{d}{b} = 1 + 0.35\frac{1.20}{1.50} = 1.28$$

i_γ, i_c, i_q—— 倾斜系数，由 $\phi = 30°$ 和 $\delta_0 = 5°42'$ 即 $\tan\delta_0 = 0.1$ 查表 4.6 得：

$$i_\gamma = 0.686,\quad i_c = 0.819,\quad i_q = 0.828$$

将上列数据代入公式(4.43)得：

$$\begin{aligned} p_{uv1} &= \frac{1}{2}\times 18\times 1.5\times 18.09\times 0.8\times 0.686 + 10\times 30.15\times 1.1\times 1.28\times 0.819 \\ &\quad + 18\times 1.2\times 18.4\times 1.1\times 1.28\times 0.828 \\ &= 134 + 347.7 + 463.3 = 945\text{kPa} \end{aligned}$$

(2) 荷载倾斜角 $\delta_0 = 16°42'$ 的情况　同理，应用汉森公式(4.43)，承载力系数、基础形状系数与深度系数均不变，只有倾斜系数变化，根据荷载倾斜角 $\delta_0 = 16°42'$，即 $\tan\delta_0 = 0.3$ 与 $\phi = 30°$ 查表 4.6 得：

$$i_\gamma = 0.268,\quad i_c = 0.490,\quad i_q = 0.518$$

代入公式(4.43)得：

$$\begin{aligned} p_{uv2} &= \frac{1}{2}\times 18\times 1.5\times 18.09\times 0.8\times 0.268 + 10\times 30.15\times 1.1\times 1.28\times 0.490 \\ &\quad + 18\times 1.2\times 18.4\times 1.1\times 1.28\times 0.518 \\ &= 52.36 + 208.0 + 289.87 \approx 550\text{kPa} \end{aligned}$$

评论：由【例题 4.7】与【例题 4.13】计算结果可知，基础尺寸、埋深与地基土性质相似，荷载倾斜角 δ_0 不大，地基极限荷载与无倾斜荷载时相差不大。但当荷载倾斜角 δ_0 由 $5°42'$ 变为 $16°42'$ 时，地基极限荷载降低为 58%，不可忽视。

4.6.5 影响极限荷载的因素

地基的极限荷载与建筑物的安全与经济密切相关，尤其对重大工程或承受倾斜荷载的建筑物更为重要。各类建筑物采用不同的基础型式、尺寸、埋深，置于不同地基土质情况下，极限荷载大小可能相差悬殊。影响地基极限荷载的因素很多，可归纳为以下几个方面：

1. 地基的破坏形式

在极限荷载作用下，地基发生破坏的形式有多种，通常地基发生整体滑动破坏时，极限荷载大；地基发生冲切剪切破坏时，极限荷载小。现分述如下：

(1) 地基整体滑动破坏　当地基土良好或中等，上部荷载超过地基极限荷载 p_u 时，地基中的塑性变形区扩展连成整体，导致地基发生整体滑动破坏。若地基中有软弱的夹层，则必然沿着软弱夹层滑动；若为均匀地基，则滑动面为曲面；理论计算中，滑动曲线近似采用折线、圆弧或两端为直线中间为曲线表示。

(2) 地基局部剪切破坏　当基础埋深大、加荷速率快时，因基础旁侧荷载 $q=\gamma d$ 大，阻止地基整体滑动破坏，使地基发生基础底部局部剪切破坏。

(3) 地基冲切剪切破坏　若地基为松砂或软土，在外荷作用下使地基产生大量沉降，基础竖向切入土中，发生冲切剪切破坏。

2. 地基土的指标

地基土的物理力学指标很多，与地基极限荷载有关的主要是土的强度指标 ϕ，c 和重度 γ。地基土的 ϕ，c，γ 越大，则极限荷载 p_u 相应也越大。

(1) 土的内摩擦角　土的内摩擦角 ϕ 的大小，对地基极限荷载的影响最大。如 ϕ 越大，即 $\tan\left(45^\circ+\frac{\phi}{2}\right)$ 越大，则承载力系数 N_γ，N_c，N_q 都大，对极限荷载 p_u 计算公式中三项数值都起作用，故极限荷载值就越大。

(2) 土的黏聚力　如地基土的黏聚力 c 增加，则极限荷载一般公式中的第二项增大，即 p_u 增大。

(3) 土的重度　地基土的重度 γ 增大时，极限荷载公式中第一、第三两项增大，即 p_u 增大。例如松砂地基采用强夯法压密，使 γ 增大(同时 ϕ 也增大)则极限荷载增大，即地基承载力提高。强夯是地基处理的方法之一，详见第9章。

3. 基础尺寸

地基的极限荷载大小不仅与地基土的性质优劣密切相关，而且与基础尺寸大小有关，这是初学者容易忽视的。在建筑工程中，遇到地基承载力不够，但相差不多时，可在基础设计中加大基底宽度和基础埋深来解决，不必加固地基土。

(1) 基础宽度　基础设计宽度 b 加大时，地基极限荷载公式第一项增大，即 p_u 增大。但在饱和软土地基中，b 增大后对 p_u 几乎没有影响，这是因为饱和软土地基内摩擦角 $\phi=0$，则承载力系数 $N_\gamma=0$，无论 b 增大多少，p_u 的第一项均为零。

(2) 基础埋深　当基础埋深 d 加大时，则基础旁侧荷载 $q=\gamma d$ 增加，即极限荷载公式第三项增加，因而 p_u 也增大。

4. 荷载作用方向

(1) 荷载为倾斜方向　倾斜角 δ_0 越大，则相应的倾斜系数 i_γ，i_c 与 i_q 就越小，因而极限荷载 p_u 也越小，反之则大。倾斜荷载为不利因素。

(2) 荷载为竖直方向　即倾斜角 $\delta_0=0$，倾斜系数 $i_\gamma=i_c=i_q=1$，则极限荷载大。

5. 荷载作用时间

(1) 荷载作用时间短暂　若荷载作用的时间很短，如地震荷载，则极限荷载可以提高。

(2) 荷载长时期作用　如地基为高塑性黏土，呈可塑或软塑状态，在长时期荷载作用下，使土产生蠕变降低土的强度，即极限荷载降低。例如，伦敦附近威伯列铁路通过一座 17m 高的山坡，修筑 9.5m 高挡土墙支挡山坡土体，正常通车 13 年后，土坡因伦敦黏土强度降低而滑动，将长达 162m 的挡土墙移滑达 6.1m。

复习思考题

4.1　土的抗剪强度与其他建筑材料如钢材、混凝土的强度比较，有何特点？同一种土，当其矿物成分，颗粒级配及密度、含水率完全相同时，这种土的抗剪强度是否为一个定值？为什么？

4.2　试说明土的抗剪强度的来源。无黏性土与黏性土有何区别？何谓咬合摩擦？咬合摩擦与滑动摩擦有什么不同？

4.3　何谓莫尔-库仑强度理论？库仑公式的物理概念是什么？

4.4　土的抗剪强度指标是如何确定的？说明直接剪切试验的原理，直剪试验简单方便，是否可应用于各类工程？

4.5　阐述三轴压缩试验的原理。三轴压缩试验有哪些优点？适用于什么范围？

4.6　土的抗剪强度试验设备已有简单方便的直剪仪和较精密的三轴压缩仪，为何还推出无侧限压力仪？这种无侧限压力仪有何特点？有什么用途？

4.7　何谓十字板剪力仪？这种设备有何优点？适用于什么条件？试验结果如何计算？其结果与无侧限抗压强度试验结果有什么关系？

4.8　为什么土的颗粒越粗，通常其内摩擦角 ϕ 越大？相反，土的颗粒越细，其黏聚力 c 越大？土的密度大小和含水率高低，对 ϕ 与 c 有什么影响？

4.9 土的抗剪强度为什么与试验排水条件密切相关?应用第3章中土的渗流固结概念,说明不排水剪、排水剪与固结不排水剪试验的性质不同。这三种不同的试验方法,其结果有何差别?饱和软黏土不排水剪,为什么得出 $\phi=0$ 的结果?

4.10 试阐述土体在荷载作用下,处于极限平衡状态的概念。什么是土的极限平衡条件?此极限平衡条件在工程上有何应用?

4.11 何谓莫尔应力圆?如何绘制莫尔应力圆?莫尔应力圆是如何表示土中一点各方向的应力状态的?

4.12 在外荷作用下,土体中发生剪切破坏的平面在何处?是否剪应力最大的平面首先发生剪切破坏?在什么情况下,剪切破坏面与最大剪应力面是一致的?在通常情况下,剪切破坏面与大主应力面之间的夹角是多大?

4.13 何谓地基的临塑荷载?临塑荷载如何计算?有何用途?根据临塑荷载设计是否需除以安全系数?

4.14 地基临界荷载的物理概念是什么?中心荷载与偏心荷载作用下,临界荷载有何区别?建筑工程设计中,是否可直接采用临界荷载为地基承载力而不加安全系数?这样设计的工程是否安全?为什么?

4.15 什么是地基的极限荷载?常用的计算极限荷载的公式有哪些?斯凯普顿公式与汉森公式的适用条件有何区别?地基的极限荷载是否可作为地基承载力?

4.16 为什么地基的极限荷载有时相差悬殊?什么情况下地基的极限荷载大?什么情况下地基的极限荷载小?极限荷载的大小取决于哪些因素?通常什么因素对极限荷载的影响最大?

4.17 建筑物的地基为何会发生破坏?地基发生破坏的形式有哪几种?各类地基发生破坏的条件是什么?如何防止地基发生强度破坏,保证建筑物的安全与正常使用?

习 题

4.1 某高层建筑地基取原状土进行直剪试验,4个试样的法向压力分别为100,200,300,400kPa,测得试样破坏时相应的抗剪强度为 $\tau_f=67,119,162,216$kPa。试用作图法,求此土的抗剪强度指标 c、ϕ 值。若作用在此地基中某平面上的正应力和剪应力分别为225kPa和105kPa,试问该处是否会发生剪切破坏? (答案:$c=18$kPa,$\phi=26°20'$;不会发生剪切破坏)

4.2 已知住宅地基中某一点所受的最大主应力为 $\sigma_1=600$kPa,最小主应力 $\sigma_3=100$kPa。要求:(1)绘制莫尔应力圆;(2)求最大剪应力值和最大剪应力作用面与大主应力面的夹角;(3)计算作用在与小主应力面成30°的面上的正应力和剪应力。 (答案:250kPa,45°,225kPa,217kPa)

4.3 某工程取干砂试样进行直剪试验,当法向压力 $\sigma=300$kPa 时,测得砂样破坏的抗剪强度 $\tau_f=200$kPa。求:①此砂土的内摩擦角 ϕ;②破坏时的最大主应力 σ_1 与最小主应力 σ_3;③最大

主应力与剪切面所成的角度。 （答案：33°42′；673kPa，193kPa；28°9′）

4.4 已知某教学大楼地基中，两个相互垂直平面上的正应力分别为1 800kPa和300kPa，剪应力均为300kPa。用图解法求：①最大主应力σ_1和最小主应力σ_3；②这两个平面与最大主应力面的夹角。 （答案：1 860kPa，240kPa；10°54′，100°54′）

4.5 已知某工厂地基土的抗剪强度指标黏聚力$c=100$kPa，内摩擦角$\phi=30°$，作用在此地基中某平面上作用有总应力$\sigma_0=170$kPa，该应力与平面法线的夹角为$\theta=37°$。试问该处会不会发生剪切破坏？ （答案：$\tau_f=178$kPa，而$\tau=102$kPa，不会）

4.6 已知某建筑工程取干砂进行直剪试验，试样水平面积为25cm²，竖向荷载$p=375$N，试验结果如下表。

剪切位移$\frac{1}{100}$/mm	0	40	100	140	180	240	320
剪力/N	0	6.1	56.0	110.3	169.5	233.0	125.0

求：①绘制剪应力s(kPa)与剪切位移ε(mm)的关系曲线，确定砂土的抗剪强度τ_f；②计算此砂土的内摩擦角ϕ。 （答案：93kPa；31°48′）

4.7 已知某工厂地基表层为人工填土，天然重度$\gamma_1=16.0\text{kN/m}^3$，层厚$h_1=2.0$m；第②层为粉质黏土，$\gamma_2=18.0\text{kN/m}^3$，层厚$h_2=7.50$m。地下水位埋深2.0m。在地面下深8m处取土进行直剪试验，试样的水平截面积$A=30\text{cm}^2$。4个试样的竖向压力分别为$0.25\sigma_c$，$0.5\sigma_c$，$0.75\sigma_c$和$1.0\sigma_c$（σ_c相当于土样在天然状态下所受有效自重应力）。问这4次直剪试验应各加多少竖向荷载？ （答案：60N，120N，180N，240N）

4.8 某大厦地基为饱和黏土，进行三轴固结不排水剪切试验，测得4个试样剪损时的最大主应力σ_1、最小主应力σ_3和孔隙水压力u的数值如下表。试用总应力法和有效应力法，确定抗剪强度指标。

σ_1/kPa	145	218	310	401
σ_3/kPa	60	100	150	200
u/kPa	31	57	92	126

（答案：$\phi=17°6'$，$c=13$kPa；$\phi'=34°12'$，$c'=3$kPa）

4.9 某公寓条形基础下地基土体中一点的应力为：$\sigma_z=250$kPa，$\sigma_x=100$kPa，$\tau=40$kPa。已知地基为砂土，土的内摩擦角$\phi=30°$。问该点是否剪损？若σ_z和σ_x不变，τ值增大为60kPa，则该点是否剪损？ （答案：未剪损；剪损）

4.10 已知住宅采用条形基础，基础埋深$d=1.20$m，地基土的天然重度$\gamma=18.0\text{kN/m}^3$，黏聚力$c=25$kPa，内摩擦角$\phi=15°$。计算地基的临塑荷载p_{cr}。 （答案：170.93kPa）

4.11 某办公大楼设计砖混结构条形基础。基底宽$b=3.00$m，基础埋深$d=2.00$m，地下水位接近地面。地基为砂土,饱和重度 $\gamma_{sat}=21.1\text{kN/m}^3$,内摩擦角 $\phi=30°$,荷载为中心荷载。求:①地基的临界荷载;②若基础埋深 d 不变,基底宽度 b 加大一倍,求地基临界荷载;③若基底宽度 b 不变,基础埋深加大一倍,求地基临界荷载;④由上述三种情况计算结果,可以说明什么问题? (答案:①164kPa;②204kPa;③289kPa;④说明基底宽度 b 与基础埋深 d 增大时,地基临界荷载也随之增大。其中埋深 d 增大使临界荷载增大更显著)

4.12 某宿舍楼采用条形基础底宽 $b=2.00\text{m}$,埋深 $d=1.20\text{m}$。每米荷载包括基础自重在内为 500kN。地基土的天然重度为 20kN/m^3,黏聚力 $c=10\text{kPa}$,内摩擦角 $\phi=25°$。地下水位埋深 8.50m。问地基稳定安全系数有多大? (答案:2.8)

4.13 某工程设计框架结构,采用天然地基独立基础,埋深 $d=1.00\text{m}$。每个基础底面荷载为 1 200kN。地基为砂土,天然重度 $\gamma=19.0\text{kN/m}^3$,饱和重度 $\gamma_{sat}=21.0\text{kN/m}^3$,内摩擦角 $\phi=30°$,地下水位埋深 1.00m。要求地基稳定安全系数 $K\geqslant2.0$,计算基础底面尺寸。 (答案:$2.0\times2.0\text{m}^2$)

4.14 某仓库为条形基础,基底宽度 $b=3.00\text{m}$,埋深 $d=1.00\text{m}$,地下水位埋深 8.50m,土的天然重度 $\gamma=19.0\text{kN/m}^3$,黏聚力 $c=10\text{kPa}$,内摩擦力 $\phi=10°$,试求:(1)地基的极限荷载;(2)当地下水位上升至基础底面时,极限荷载有何变化?为什么? (答案:138kPa;减小)

4.15 某海滨保税区综合小楼设计基础长 $l=3.00\text{m}$,基底宽 $b=2.40\text{m}$,埋深 $d=1.20\text{m}$。地基表层为人工填土,天然重度 $\gamma_1=18.0\text{kN/m}^3$,层厚 1.20m;第②层为饱和软土,天然重度 $\gamma_2=19.0\text{kN/m}^3$,内摩擦角 $\phi=0$,黏聚力 $c=16\text{kPa}$。地下水位埋深 1.40m。计算综合小楼地基极限荷载和地基承载力。 (答案:123.7kPa,82.5kPa)

4.16 某高压输电塔设计天然地基独立浅基础。基础长度 $l=4.00\text{m}$,基底宽度 $b=3.00\text{m}$,基础埋深 $d=2.00\text{m}$。地基为粉土,土的天然重度 $\gamma=18.6\text{kN/m}^3$,内摩擦角 $\phi=16°$,黏聚力 $c=8\text{kPa}$,无地下水,荷载倾斜角 $\delta_0=11°18'$。计算地基的极限荷载。 (答案:247kPa)

第 5 章

土压力与土坡稳定

5.1 概　　述

5.1.1 挡土墙的用途与类型

1. 挡土墙的用途

在建筑工程中，遇到在土坡上、下修筑建筑物时，为了防止土坡发生滑坡和坍塌，需用各种类型的挡土结构物加以支挡。挡土墙是最常用的支挡结构物。土体作用在挡土墙上的压力称为土压力。土压力的计算是挡土墙设计的重要依据。

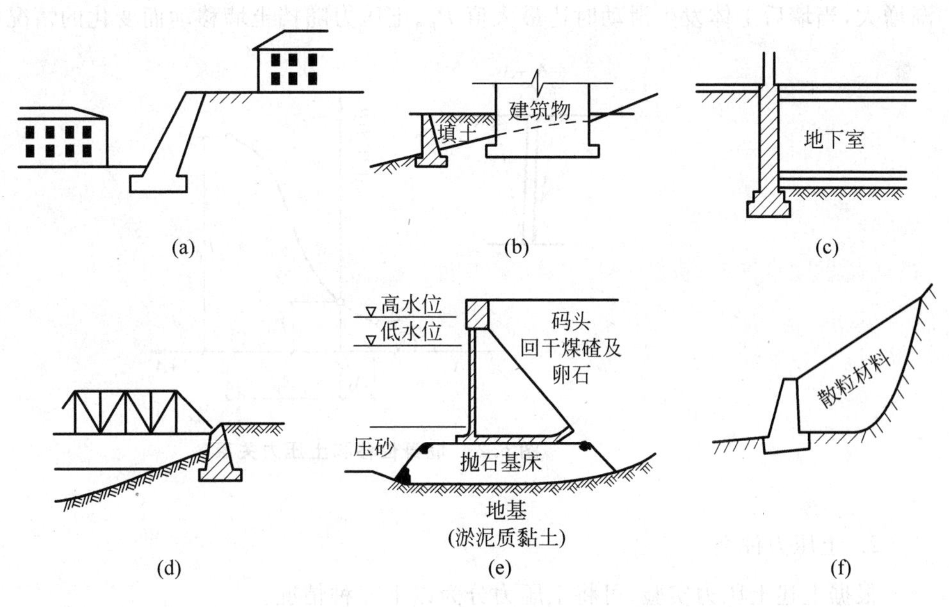

图 5.1　挡土墙应用举例

挡土墙在工业与民用建筑、水利水电工程、铁道、公路、桥梁、港口及航道等各类建筑工程中被广泛地应用。例如，山区和丘陵地区，在土坡上、下修筑房屋时，防止土坡坍塌的挡土墙，如图5.1(a)所示；支挡建筑物周围填土的挡土墙，如图5.1(b)所示；房屋地下室的外墙，如图5.1(c)所示；江河岸边桥的边墩，如图5.1(d)所示；码头岸墙，如图5.1(e)所示；堆放煤、卵石等散粒材料的挡墙，如图5.1(f)所示，等等。

2. 挡土墙的类型

(1) 挡土墙按结构型式分类：①重力式；②悬臂式；③扶壁式；④锚杆式；⑤加筋土挡土墙。参见图5.29～图5.33。

(2) 按建筑材料分类：①砖砌；②块石；③素混凝土；④钢筋混凝土。按挡土墙的规模与重要性选用相应的材料。

5.1.2 土压力的种类

1. 土压力实验

在实验室里通过挡土墙的模型试验，可以测得当挡土墙产生不同方向的位移时，将产生三种不同性质的土压力。在一个长方形的模型槽中部插上一块刚性挡板，在板的一侧安装压力盒，填上土。板的另一侧临空。在挡板静止不动时，测得板上的土压力为 P_0。如将挡板向离开填土的临空方向移动或转动时，测得的土压力数值减小为 P_a。反之，若将挡板推向填土方向则土压力逐渐增大，当墙后土体发生滑动时达最大值 P_p。土压力随挡土墙移动而变化的情况如图5.2所示。

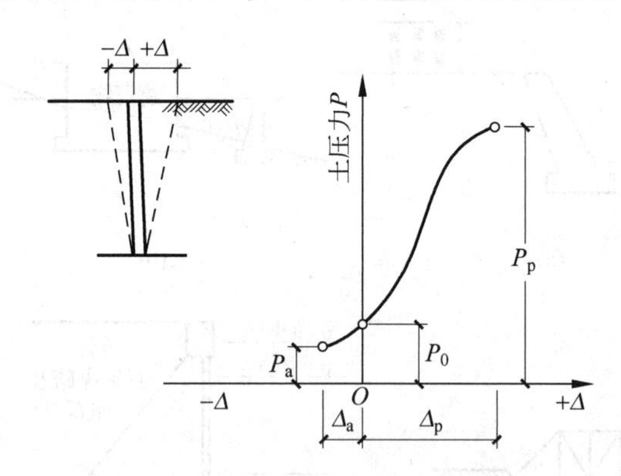

图5.2 墙身位移和土压力关系

2. 土压力种类

根据上述土压力实验，可将土压力分为以下三种情况。

(1) 静止土压力

顾名思义，当挡土墙静止不动时，墙后土体由于墙的侧限作用而处于静止状态，如图5.2中的

O 点。此时墙后土体作用在墙背上的土压力称为静止土压力，以 P_0 表示，如图 5.3(a) 所示。

(2) 主动土压力

当挡土墙在墙后土体的推力作用下，向前移动，墙后土体随之向前移动。土体下方阻止移动的强度发挥作用，使作用在墙背上的土压力减小。当墙向前位移达到 $-\Delta$ 值时，土体中产生 $\widehat{AB}$ 滑裂面，同时在此滑裂面上产生抗剪强度全部发挥，此时墙后土体达到主动极限平衡状态，墙背上作用的土压力减至最小。因土体主动推墙，称之为主动土压力，以 P_a 表示，如图 5.3(b) 所示。

由试验研究可知，墙体向前位移 $-\Delta$ 值，对于墙后填土为密砂时，$-\Delta = 0.5\%H$(H 为挡土墙高度)；填土为密实黏性土时，$-\Delta = 1\% \sim 2\%H$，即可产生主动土压力。

(3) 被动土压力

若挡土墙在较大的外力作用下，向后移动推向填土，则填土受墙的挤压，使作用在墙背上的土压力增大。当挡土墙向填土方向的位移量达到 $+\Delta'$ 时，墙后土体即将被挤出产生滑裂面 $\widehat{AC}$，在此滑裂面上的抗剪强度全部发挥，墙后土体达到被动极限平衡状态，墙背上作用的土压力增至最大。因是土体被动地被墙推移，称之为被动土压力，以 P_p 表示，如图 5.3(c) 所示。

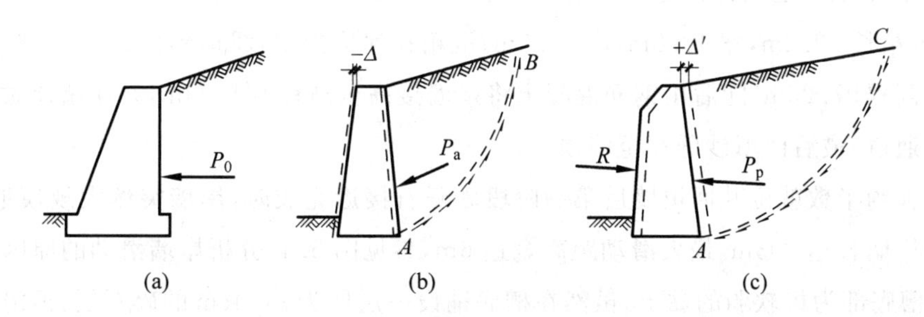

图 5.3 挡土墙上的 3 种土压力

同样由试验研究可知：墙体在外力作用下向后位移 $+\Delta'$ 值，对于墙后填土为密砂时，$+\Delta' \approx 5\%H$；填土为密实黏性土时，$+\Delta' \approx 10\%H$，才会产生被动土压力。通常此位移值很大。例如，挡土墙高 $H = 10\text{m}$，填土为粉质黏土，则位移量 $+\Delta' \approx 10\%H = 1.0\text{m}$ 才能产生被动土压力。这 1.0m 的位移量往往为工程结构所不允许。因此，一般情况下，只能利用被动土压力的一部分。

5.1.3 影响土压力的因素

试验研究表明，影响土压力大小的因素可归纳为以下几个方面：

1. 挡土墙的位移

挡土墙的位移(或转动) 方向和位移量的大小，是影响土压力大小的最主要因素。如前所述，挡土墙位移方向不同，土压力的种类就不同。由实验与计算可知，其他条件完全相同，仅挡土墙位移方向相反，土压力数值相差不是百分之几或百分之几十，而是相差20倍左右。因此，在设计挡土墙时，首先应考虑墙体可能产生位移的方向和位移量的大小。

2. 挡土墙形状

挡土墙剖面形状，包括墙背为竖直或是倾斜、墙背为光滑或粗糙，都关系采用何种土压力计算理论公式和计算结果。

3. 填土的性质

挡土墙后填土的性质，包括填土松密程度即重度、干湿程度即含水率、土的强度指标内摩擦角和黏聚力的大小，以及填土表面的形状（水平、上斜或下斜）等，将会影响土压力的大小。

5.1.4 挡土墙发生事故实例

1. 欧洲多瑙河码头岸墙[9,12]

1952年在多瑙河达纳畔特建造一堵码头岸墙，岸墙长528.2m，高14.0m，由钢筋混凝土沉箱建成。每个沉箱长12.2m，宽10.2m，高10.2m。沉箱在河边预制，浮运到设计地点，然后在墙后回填砂砾石至高程97.23m。随后用钢筋混凝土将岸墙接高至高程101.09m，并在墙顶做一道加强的横梁和纵向通道。最后回填砂砾石至墙顶。

当沉箱大约半数就位并回填墙后第一阶段砂砾石接近完成时，岸墙突然大规模地向前滑移，发生滑动的岸墙长达203m，最大滑动距离竟达6m，参见图5.4。分析岸墙滑动的原因：

（1）基槽底部为极软弱的黏土。虽然在槽底铺设一层厚为91.4cm的碎石层，但滑动面在碎石层下部的黏土层中发生。

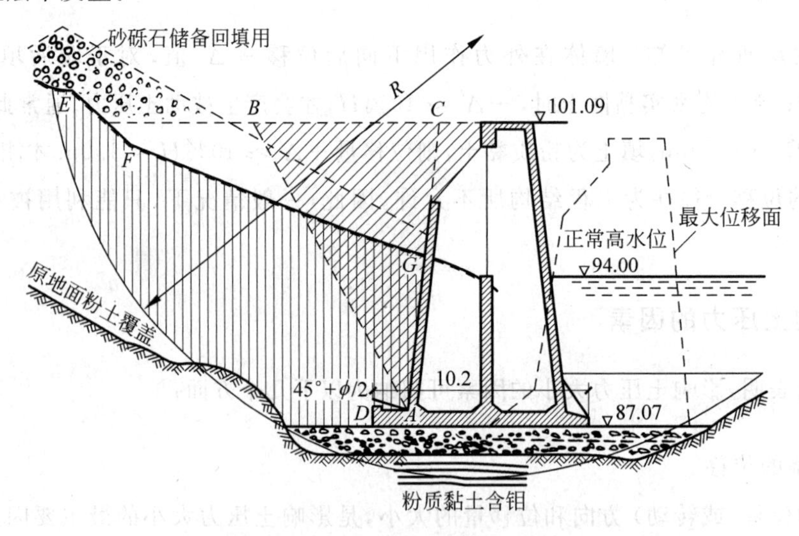

图5.4 多瑙河码头岸墙滑动剖面图

(2) 墙后回填的砂砾石置于天然土坡上。此天然土坡表面覆盖河流淤积的淤泥层未予清除，此淤泥层发生了滑动。

(3) 河岸上临时堆放6.0～8.0m高的砂砾石，作为岸墙后回填之用。由于堆料超载与已回填完第一阶段砂砾石，产生的实际土压力比设计的土压力大得多，同时堆料超载引起下卧淤泥质黏土中孔隙水压力，同时大大降低了它的摩阻力，结果导致这一严重的滑动事故。

2. 伦敦铁路挡土墙[12,24]

1905年，英国修建铁路通过伦敦附近威伯列地区。当地有一座山坡，比铁路路面高出17m。为节约土方开挖量，修建一座挡土墙，支挡山坡土体。

挡土墙采用重力式混凝土结构，墙高为9.5m，最大厚度约4.6m，混凝土的扶壁长为3m，间距18.3m。采用挡土墙支档后，土坡开挖成1∶3的缓坡，详见图5.5。

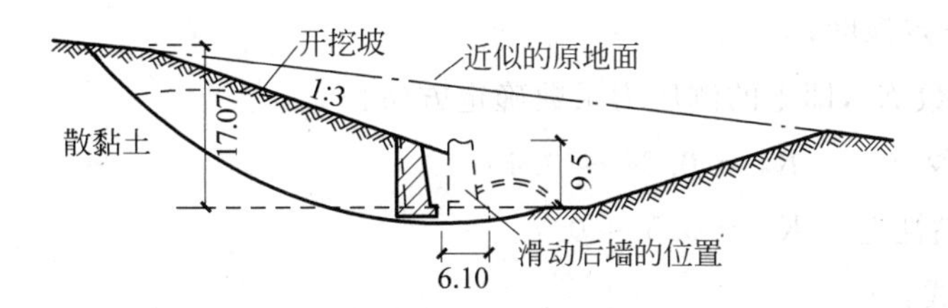

图5.5 英国伦敦铁路挡土墙滑动图

此铁路建成通车正常使用了13年。1918年，人们注意到这座挡土墙向前移动了。不久以后，突然在半小时内，此挡土墙发生了大规模向前移滑达6.1m，移滑范围长达162m，历史上罕见。挡土墙大规模移滑形成巨大的推力将铁路双线中3条铁轨推走，造成长时期交通中断。

当地山坡土质为均质的伦敦黏土。此种伦敦黏土具有一种特性，即在长期荷载作用下，黏土的黏聚力 c 要降低，即土的强度下降。当土坡中的抗滑阻力小于滑动力时，即发生这次土坡大滑坡，推动土坡前沿的挡土墙向前移滑。

此外，南京郊区江南水泥厂挡土墙[24]，因栖霞山于1975年夏发生大滑坡而滑倒。欧洲梯塞河支流公路桥边墩[12]，在洪水后因作用在边墩上的水压力增加，同时土的强度降低，导致边墩滑动，同时桥面折断。

5.2 静止土压力计算

5.2.1 产生条件

静止土压力产生的条件：挡土墙静止不动，位移 $\Delta=0$，转角为零。

修筑在坚硬土质地基上，断面很大的挡墙，例如，在岩石地基上的重力式挡土墙符合上述条件。由于墙的自重大，地基坚硬，墙体不会产生位移和转动。此时，挡土墙背面的土体处于静止的弹性平衡状态，作用在此挡土墙墙背上的土压力即为静止土压力 p_0。

5.2.2 计算公式

在挡土墙后水平填土表面以下，任意深度 z 处取一微小单元体。作用在此微元体上的竖向力为土的自重压力 γz，该处的水平向作用力即为静止土压力，按以下方法计算。

1. 静止土压力计算公式

$$p_0 = K_0 \gamma z \tag{5.1}$$

式中 p_0—— 静止土压力，kPa；

K_0—— 静止土压力系数；

γ—— 填土的重度，kN/m^3；

z—— 计算点深度，m。

静止土压力系数 K_0，即土的侧压力系数确定方法：

(1) 经验值：砂土 $K_0 = 0.34 \sim 0.45$；

黏性土 $K_0 = 0.5 \sim 0.7$。

(2) 半经验公式：

$$K_0 = 1 - \sin\phi' \tag{5.2}$$

式中 ϕ'—— 土的有效内摩擦角，(°)。

2. 静止土压力分布

由公式(5.1)$p_0 = K_0 \gamma z$ 可见，式中 K_0 与 γ 均为常数，p_0 与 z 成正比。

墙顶部 $z = 0$，$p_0 = 0$；

墙底部 $z = H$，$p_0 = K_0 \gamma H$。

静止土压力呈三角形分布，如图 5.6 所示。

3. 总静止土压力

作用在挡土墙上的总静止土压力如图 5.7 所示。沿墙长度方向取 1 延米，只需计算土压力分布图的三角形面积，即

$$P_0 = \frac{1}{2} \gamma H^2 K_0 \tag{5.3}$$

式中 H—— 挡土墙高度，m。

4. 总静止土压力作用点

总静止土压力作用点 O 位于静止土压力三角形分布图形的重心，即下 $H/3$ 处，如图 5.8 所示。

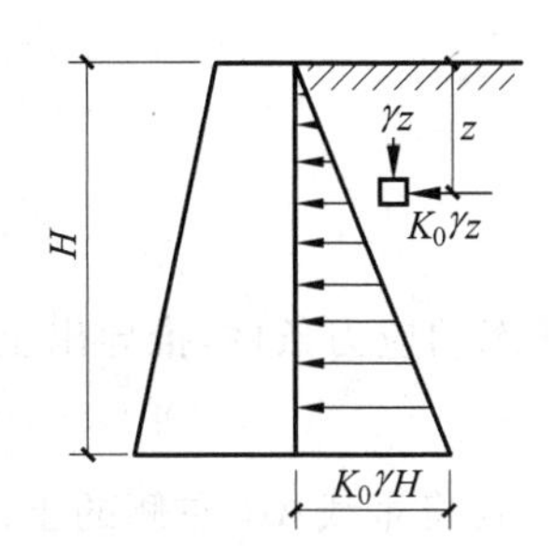

图 5.6 静止土压力计算图

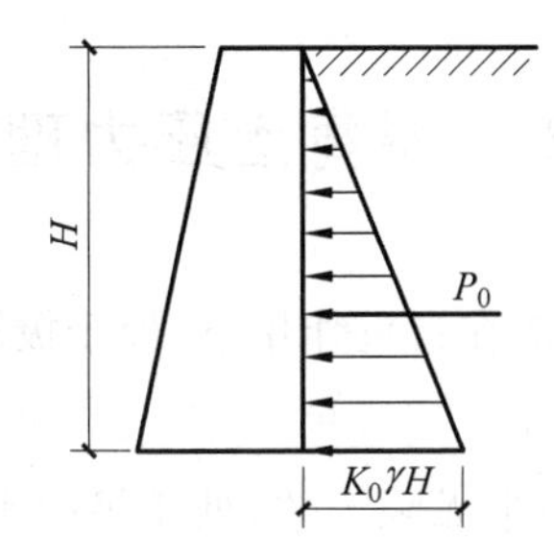

图 5.7 总静止土压力

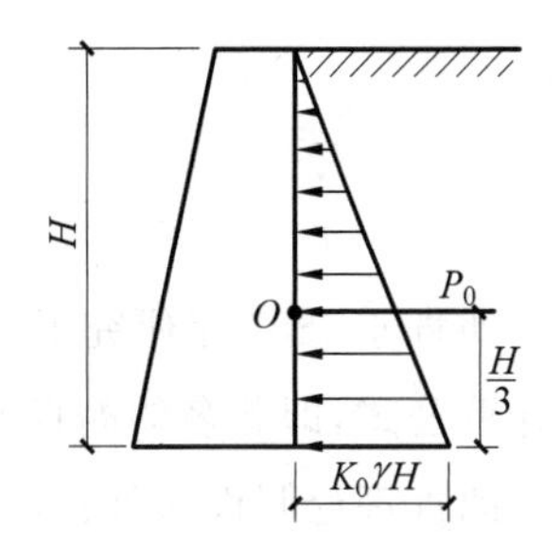

图 5.8 总土压力作用点

5.2.3 静止土压力的应用

1. 地下室外墙

通常地下室外墙,都有内隔墙支挡,墙位移与转角为零,按静止土压力计算。

2. 岩基上的挡土墙

挡土墙与岩石地基牢固联结,墙体不发生位移或转动,按静止土压力计算。

3. 拱座

拱座不允许产生位移,故亦按静止土压力计算。

此外,水闸、船闸的边墙,因与闸底板连成整体,边墙位移可忽略不计,也可按静止土压力计算。

【例题 5.1】 设计一堵岩基上的挡土墙,墙高 $H=6.0\text{m}$,墙后填土为中砂,重度 $\gamma=18.5\text{kN/m}^3$,内摩擦角 $\bar{\phi}=30°$。计算作用在挡土墙上的土压力。

【解】 因挡土墙位于岩基上,按静止土压力公式(5.3)计算:

$$P_0=\frac{1}{2}\gamma H^2 K_0=\frac{1}{2}\times 18.5\times 6^2\times(1-\sin 30°)$$

$$=333\times 0.5=166.5\text{kN/m}$$

若静止土压力系数 K_0 取经验值的平均值,$K_0=0.4$,则静止土压力:

$$P_0=\frac{1}{2}\gamma H^2 K_0=\frac{1}{2}\times 18.5\times 6^2\times 0.4=133.2\text{kN/m}$$

总静止土压力作用点,位于下 $H/3=2\text{m}$ 处。

关于计算主动土压力和被动土压力的理论有多种。世界各国常用两种理论:朗肯土压力理论和库仑土压力理论。现分述如下。

5.3 朗肯土压力理论

朗肯于1857年研究了半无限土体在自重作用下，处于极限平衡状态的应力条件，推导出土压力计算公式，即著名的朗肯土压力理论[11]。

朗肯理论假设条件：表面水平的半无限土体，处于极限平衡状态。若将垂线$\overline{AB}$左侧的土体，换成虚设的墙背竖直光滑的挡土墙，如图5.9所示。当挡土墙发生足够大的，离开AB线的水平方向位移时，墙后土体处于主动极限平衡状态，则作用在此挡土墙上的土压力，等于原来土体作用在$\overline{AB}$竖直线上的水平法向应力。

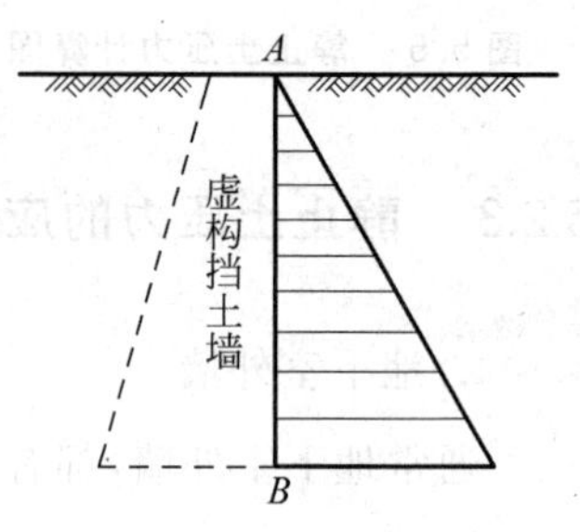

图5.9 朗肯假设

朗肯理论适用条件：

(1) 挡土墙的墙背竖直、光滑；

(2) 挡土墙后填土表面水平。

5.3.1 无黏性土的土压力

1. 主动土压力

1) 理论研究

在表面水平的半无限空间弹性体中，于深度z处取一微小单元体。若土的天然重度为γ，则作用在此微元体顶面的法向应力σ_1，即为该处土的自重应力，即：

$$\sigma_1 = \sigma_z = \gamma z$$

同时，作用在此微元体侧面的应力为：

$$\sigma_3 = \sigma_x = K_0 \gamma z$$

此微元体作用的应力如图5.10(a)所示。

此微元体的应力状态可用图5.10(d)中的莫尔应力圆Ⅰ来表示。此莫尔应力圆的$\sigma_1 = \gamma z$，$\sigma_3 = K_0 \gamma z$，由图5.10(d)可见，此莫尔应力圆Ⅰ位于抗剪强度包线之下，表示此微元体处于弹性平衡状态。

假想在竖向力作用下，放松土体水平方向的约束，使土体在水平方向均匀地膨胀，则上述微元体顶面作用的法向应力$\sigma_z = \gamma z$不会改变，但侧面上作用的应力$\sigma_x = K_0 \gamma z$将逐渐减小。绘制新的莫尔应力圆将逐渐靠近抗剪强度包线，直至莫尔应力圆与抗剪强度包线相切于T_1点，此时土体达到极限平衡状态，如图5.10(b)和(d)中莫尔应力圆Ⅱ所示。剪切破坏面与大主应力方向的夹角为$45° - \frac{\phi}{2}$，即与大主应力作用面的夹角为$45° + \frac{\phi}{2}$。可应用极限平衡条件来计算。

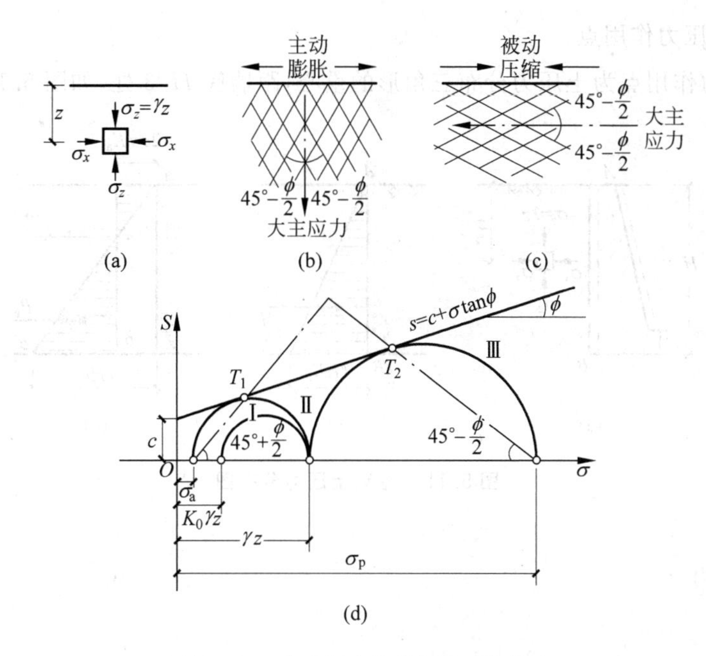

图 5.10　半无限土体的极限平衡状态

2）主动土压力计算公式

由极限平衡条件公式(4.9)：

$$\sigma_3 = \sigma_1 \tan^2\left(45° - \frac{\phi}{2}\right)$$

可得无黏性土的主动土压力计算公式：

$$p_a = \gamma z K_a \tag{5.4}$$

式中　p_a—— 主动土压力，即 σ_3，kPa；

K_a—— 主动土压力系数，$K_a = \tan^2\left(45° - \frac{\phi}{2}\right)$；

σ_1—— 大主应力 $\sigma_1 = \sigma_z = \gamma z$，土的自重应力；

γ—— 墙后填土的重度，kN/m³；

z—— 计算点离填土表面的深度，m。

3）主动土压力分布

由公式(5.4) $p_0 = K_a\gamma z$ 可知，ϕ 已知，K_a 为常数，γ 为常数。$p_0 = f(z)$。当 $z = 0$ 时，$p_0 = 0$，当墙底 $z = H$ 时，$p_0 = K_a\gamma H$，故主动土压力呈三角形分布，如图 5.11(b) 所示。

4）总主动土压力

总主动土压力，取挡土墙长度方向 1 延米计算，为土压力三角形分布图的面积，即

$$P_a = \frac{1}{2}\gamma H^2 K_a \tag{5.5}$$

5）总主动土压力作用点

总主动土压力作用点为土压力分布三角形的重心，距墙底 $H/3$ 处，如图 5.11(b) 所示。

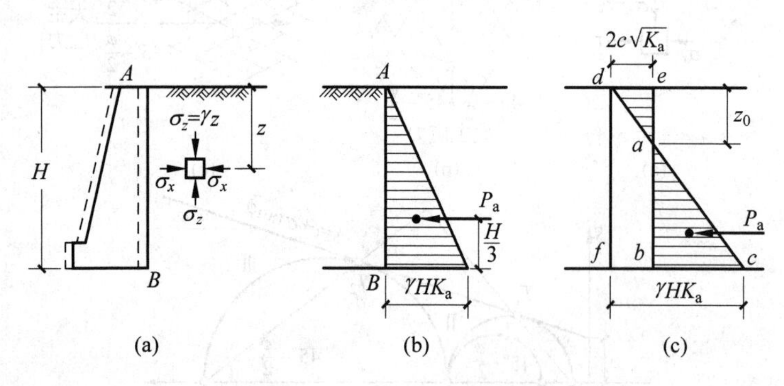

图 5.11 主动土压力分布图

2. 被动土压力

1）理论研究

假设：在足够大的水平方向压力作用下，土体在水平方向均匀地压缩，则作用在上述微元体顶面作用的法向应力 $\sigma_z = \gamma z$ 不变；侧面上作用的应力 $\sigma_x = K_0 \gamma z$ 将不断增大，并超过 σ_z，一直到达被动极限平衡状态为止。此时，莫尔应力圆与抗剪强度曲线相切于 T_2 点，如图 5.10(d) 中莫尔破损应力圆 Ⅲ 所示。由图 5.10(d) 可见：$\sigma_z = \gamma z$ 成为小主应力 σ_3，而 σ_x 达到极限应力的大主应力 σ_1，即为所求被动土压力。

2）被动土压力计算公式

由极限平衡条件公式(4.8)：

$$\sigma_1 = \sigma_3 \tan^2\left(45° + \frac{\phi}{2}\right)$$

可得被动土压力计算公式：

$$p_p = \gamma z K_p \tag{5.6}$$

式中 p_p—— 无黏性土被动土压力，kPa；

K_p—— 被动土压力系数，$K_p = \tan^2\left(45° + \frac{\phi}{2}\right)$。

3）被动土压力分布

由公式(5.6) $p_p = K_p \gamma z$ 可知：ϕ 为已知，K_p 为常数，γ 为常数。因此被动土压力 p_p 为深度 z 的函数，即 p_p 与 z 成正比。当 $z = 0$ 时，$p_p = 0$；当 $z = H$ 时，$p_p = K_p \gamma H$，故被动土压力呈三角形分布，如图 5.12(b) 所示。

4）总被动土压力

总被动土压力计算，取挡土墙长度方向 1 延米，土压力三角形分布图的面积为

$$P_p = \frac{1}{2}\gamma H^2 K_p \tag{5.7}$$

5）总被动土压力作用点

总被动土压力作用点，位于土压力三角形分布图形的重心，距墙底为$\frac{H}{3}$处，如图5.12(b)所示。

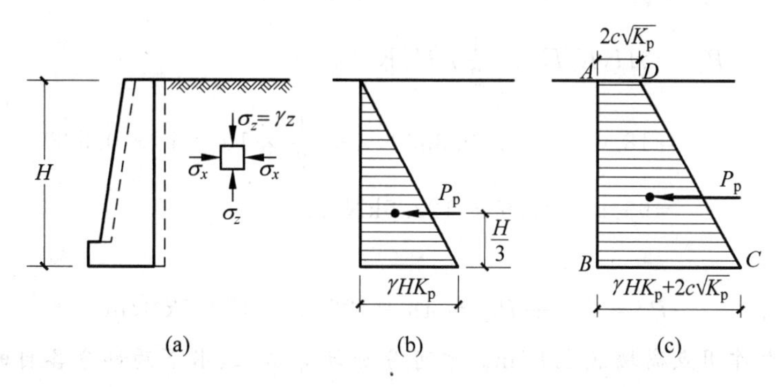

图5.12 被动土压力分布图

【例题5.2】 已知某挡土墙高度$H=8.0\text{m}$，墙背竖直、光滑，填土表面水平。墙后填土为中砂，重度$\gamma=18.0\text{kN/m}^3$，饱和重度$\gamma_{sat}=20\text{kN/m}^3$，内摩擦角$\phi=30°$。(1)计算作用在挡土墙上的总静止土压力$P_0$，总主动土压力$P_a$；(2)当墙后地下水位上升至离墙顶4.0m时，计算总主动土压力P_a与水压力P_w。

【解】 (1)墙后无地下水情况

① 总静止土压力P_0 应用公式(5.3)，取中砂的静止土压力系数$K_0=0.4$，可得总静止土压力：

$$P_0=\frac{1}{2}\gamma H^2 K_0=\frac{1}{2}\times 18.0\times 8^2\times 0.4=230.4\text{kN/m}$$

P_0作用点位于距墙底$\frac{1}{3}H=2.67\text{m}$处，如图5.13(a)所示。

② 总主动土压力P_a 挡土墙墙背竖直、光滑，填土表面水平，适用朗肯土压力理论。由公式(5.5)：

$$P_a=\frac{1}{2}\gamma H^2 K_a=\frac{1}{2}\times 18.0\times 8^2\times \tan^2\left(45°-\frac{30°}{2}\right)=576\times 0.577^2$$
$$\approx 192\text{kN/m}$$

P_a作用点位于距墙底$\frac{1}{3}H=2.67\text{m}$处，如图5.13(b)所示。

(2)墙后地下水位上升情况

① 总主动土压力P_a 因地下水位上、下砂土重度不同，土压力分两部分计算：

水上部分墙高 $H_1=4.0\text{m}$，重度 $\gamma=18.0\text{kN/m}^3$。

$$P_{a1}=\frac{1}{2}\times18\times4^2\times\tan^2\left(45°-\frac{30°}{2}\right)$$

$$=144\times0.333\approx48\text{kN/m}$$

水下部分墙高 $H_2=4.0\text{m}$，用浮重度

$$\gamma'=\gamma_{sat}-\gamma_w=20-10=10\text{kN/m}^3$$

$$P_{a2}=\gamma H_1K_aH_2+\frac{1}{2}\gamma'H_2^2K_a$$

$$=18.0\times4.0\times0.333\times4+\frac{1}{2}\times10\times4^2\times0.333$$

$$=95.9+26.6=122.5\text{kN/m}$$

总主动土压力：

$$P_a=P_{a1}+P_{a2}=48+122.5=170.5\text{kN/m}$$

总主动土压力作用点离墙底2.84m。也可分别计算水上、水下两部分各自的作用点。

水上部分 P_{a1} 作用点，离墙顶 $\frac{2}{3}H_1=2.67\text{m}$ 处；水下部分 P_{a2} 作用点，为梯形重心，离墙底1.87m处。

② 水压力 P_w

$$P_w=\frac{1}{2}\gamma_wH_2^2=\frac{1}{2}\times10\times4^2=80\text{kN/m}$$

水压力 P_w 的合力作用点，距离底 $H_2/3=1.33\text{m}$ 处，如图5.13(d)所示。

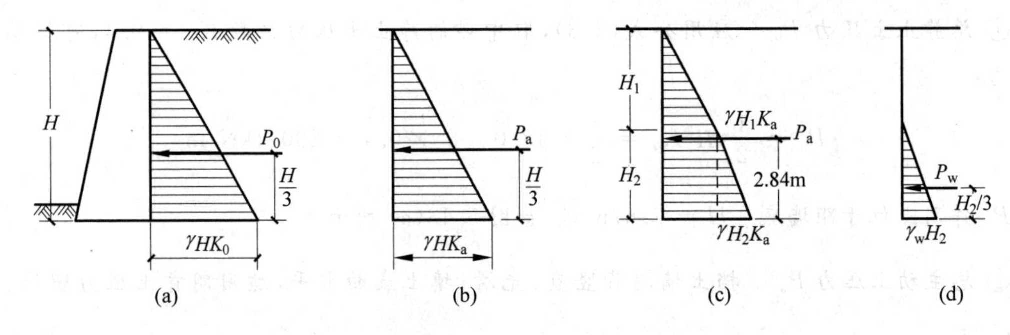

图5.13 【例题5.2】土压力、水压力图

5.3.2 黏性土的土压力

1. 主动土压力

1）土压力计算公式

黏性土的情况与无黏性土相类似。当土体到达主动极限平衡状态时，由极限平衡条件公

式(4.12)：

$$\sigma_3 = \sigma_1 \tan^2\left(45° - \frac{\phi}{2}\right) - 2c\tan\left(45° - \frac{\phi}{2}\right)$$

可得黏性土的主动土压力计算公式：

$$p_a = \gamma z K_a - 2c\sqrt{K_a} \tag{5.8}$$

式中　c—— 黏性土的黏聚力，kPa。

其余符号同前。

2) 主动土压力分布

由公式(5.8) $p_a = \gamma z K_a - 2c\sqrt{K_a}$ 可知，黏性土的主动土压力由两部分组成。第一部分 $\gamma z K_a$，与无黏性土相同，是由土的自重 γz 产生的，与深度 z 成正比，此部分土压力呈三角形分布。

第二部分为 $-2c\sqrt{K_a}$，由黏性土的黏聚力 c 产生，与深度 z 无关，是一常数。

这两部分土压力叠加后，如图 5.11(c) 所示。墙顶部土压力三角形 $\triangle aed$ 对墙顶部的作用力为负值，即为拉力。实际上，墙与土并非整体，在很小的拉力作用下，墙与土即分离，亦即挡土墙不承受拉力，可认为挡土墙顶部 ae 段墙上土压力作用为零。因此，黏性土的主动土压力分布只有 $\triangle abc$ 部分。

3) 总主动土压力

(1) 临界深度 z_0　土压力为零的 a 点的深度 z_0 称为临界深度。

由

$$p_a = \gamma z_0 K_a - 2c\sqrt{K_a} = 0$$

可得

$$z_0 = \frac{2c}{\gamma\sqrt{K_a}} \tag{5.9}$$

(2) 深度 $z = H$ 处，$p_a = \gamma H K_a - 2c\sqrt{K_a}$

(3) 总主动土压力　取挡土墙长度方向 1 延米，计算 $\triangle abc$ 面积上总主动土压力为

$$P_a = \frac{1}{2}(\gamma H K_a - 2c\sqrt{K_a})(H - z_0) = \frac{1}{2}\gamma H^2 K_a - 2cH\sqrt{K_a} + \frac{2c^2}{\gamma} \tag{5.10}$$

4) 总主动土压力作用点

总主动土压力作用点位于 $\triangle abc$ 的重心，即 $\frac{1}{3}(H - z_0)$ 处。

2. 被动土压力

1) 黏性土被动土压力计算公式

同理，当土体达到被动极限平衡状态时，由极限平衡条件公式(4.11)：

$$\sigma_1 = \sigma_3 \tan^2\left(45° + \frac{\phi}{2}\right) + 2c\tan\left(45° + \frac{\phi}{2}\right)$$

可得黏性土被动土压力公式：

$$p_p = \gamma z K_p + 2c\sqrt{K_p} \tag{5.11}$$

2）土压力分布

由公式(5.11)可知，黏性土被动土压力也由两部分组成。

第一部分为$\gamma z K_p$，由土的自重压力γz产生，与深度z成正比。挡土墙墙顶$z=0$，土压力为零；挡土墙底部$z=H$，土压力为$\gamma H K_p$，故此部分土压力呈三角形分布。

第二部分为$2c\sqrt{K_p}$，由黏性土的黏聚力c产生，与深度z无关，为一常数，故此部分土压力呈矩形分布。

上述两部分土压力叠加，呈梯形分布，如图5.12(c)所示。

3）总被动土压力

取挡土墙长度方向1延米，计算土压力梯形分布图的面积上总被动土压力为

$$P_p = \frac{1}{2}\gamma H^2 K_p + 2cH\sqrt{K_p} \tag{5.12}$$

4）总被动土压力作用点

总被动土压力作用点，位于土压力分布梯形的重心G点。

【例题5.3】 已知某混凝土挡土墙，墙高为$H=6.0\text{m}$，墙背竖直，墙后填土表面水平，填土的重度$\gamma=18.5\text{kN/m}^3$，内摩擦角$\phi=20°$，黏聚力$c=19\text{kPa}$。计算作用在此挡土墙上的静止土压力、主动土压力和被动土压力，并绘出土压力分布图。

【解】 (1) 静止土压力　取静止土压力系数$K_0=0.5$：

$$P_0 = \frac{1}{2}\gamma H^2 K_0 = \frac{1}{2}\times 18.5\times 6^2\times 0.5 = 166.5\text{kN/m}$$

P_0作用点位于下$\frac{H}{3}=2.0\text{m}$处，如图5.14(a)所示。

(2) 主动土压力　根据题意挡土墙墙背竖直、光滑，填土表面水平，符合朗肯土压力理论的假设。应用公式(5.10)：

$$\begin{aligned}P_a &= \frac{1}{2}\gamma H^2 K_a - 2cH\sqrt{K_a} + \frac{2c^2}{\gamma}\\ &= \frac{1}{2}\times 18.5\times 6^2\times \tan^2\left(45° - \frac{20°}{2}\right)\\ &\quad - 2\times 19\times 6\times \tan\left(45° - \frac{20°}{2}\right) + \frac{2\times 19^2}{18.5}\\ &= 333\times 0.70^2 - 228\times 0.7 + 39\\ &= 163.2 - 159.6 + 39 = 42.6\ \text{kN/m}\end{aligned}$$

临界深度z_0，由公式(5.9)得：

$$z_0 = \frac{2c}{\gamma\sqrt{K_a}} = \frac{2\times19}{18.5\times0.7} = 2.93\text{m}$$

P_a 作用点距墙底 $\frac{1}{3}(H-z_0) = \frac{1}{3}(6-2.93) = 1.02\text{m}$ 处，见图 5.14(b)。

(3) 被动土压力　应用公式(5.12)：

$$\begin{aligned}P_p &= \frac{1}{2}\gamma H^2 K_p + 2cH\sqrt{K_p}\\ &= \frac{1}{2}\times18.5\times6^2\times\tan^2\left(45^\circ+\frac{20^\circ}{2}\right)+2\times19\times6\times\tan\left(45^\circ+\frac{20^\circ}{2}\right)\\ &= 333\times1.43^2+228\times1.43\\ &= 679+326 = 1005\text{kN/m}\end{aligned}$$

墙顶处土压力为：

$$p_{p1} = 2c\sqrt{K_p} = 2\times19\times1.43 = 54.34\text{kPa}$$

墙底处土压力为：

$$\begin{aligned}p_{p2} &= \gamma HK_p + 2c\sqrt{K_p} = 18.5\times6\times2.04+2\times19\times1.43\\ &= 226.44+54.34 = 280.78\text{kPa}\end{aligned}$$

总被动土压力作用点位于梯形的重心，距墙底 2.32m 处，如图 5.14(c) 所示。

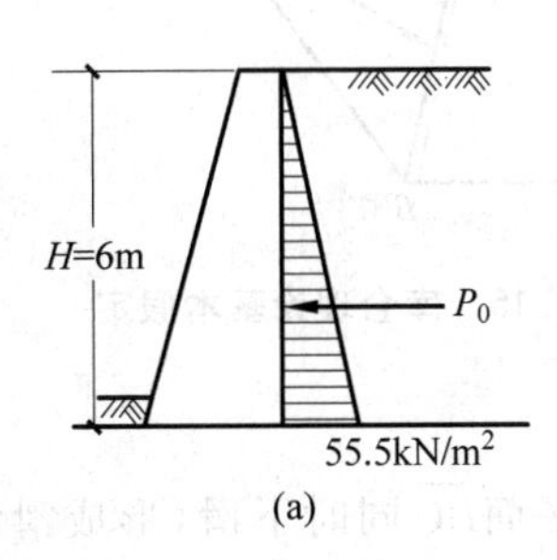

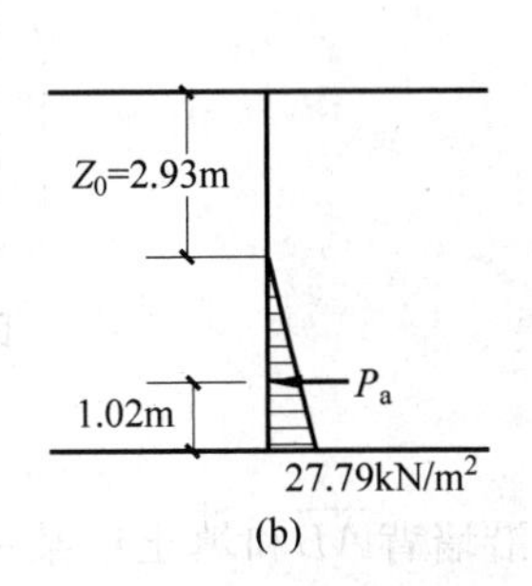

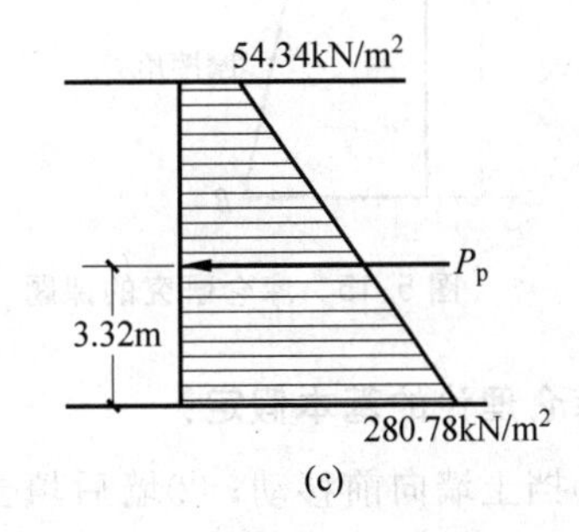

图 5.14 【例题 5.3】土压力分布图

评论：

1. 由【例题 5.3】可知，当挡土墙的形式、尺寸和填土性质完全相同时，由朗肯理论计算得到的静止土压力 $P_0=166.5\text{kN/m}$，主动土压力 $P_a=42.6\text{kN/m}$。静止土压力 P_0 约为主动土压力 P_a 的 4 倍。因此，在挡土墙设计时，尽可能使填土产生主动土压力，以节省挡土墙的材料、工程量与投资。

2. 由【例题 5.3】还可知，挡土墙与填土条件完全相同时，主动土压力 $P_a=42.6\text{kN/m}$，被动土压力 $P_p=1005\text{kN/m}$。被动土压力 P_p 超过主动土压力 P_a 的 23 倍，即 $P_p>23P_a$。因产生被动土压力时挡土墙位移往往过大，为工程所不允许，通常只利用被动土压力的一部分。

3. 在【例题5.1】和【例题5.3】中，挡土墙形式、尺寸相同，填土重度γ相同，但一为中砂，内摩擦角$\phi'=30°$；另一为黏性土，内摩擦角$\phi=20°$，黏聚力$c=19$kPa。两者计算的静止土压力P_0均为166.5kN/m。这是由于对两种土的静止土压力系数K_0都取了相同的值0.5。实际上按公式$K_0=1-\sin\phi'$，ϕ'越大，则K_0越小。

5.4 库仑土压力理论

法国学者库仑研究了挡土墙后滑动楔体达极限平衡状态时，用静力平衡方程解出作用于墙背的土压力，于1776年提出了著名的库仑土压力理论。库仑土压力理论更具有普遍实用意义。

库仑研究的课题：①墙背俯斜，倾角为ε，如图5.15所示；②墙背粗糙，墙与土间摩擦角为δ；③填土为理想散粒体，黏聚力$C=0$；④填土表面倾斜，坡角为β，如图5.15所示。

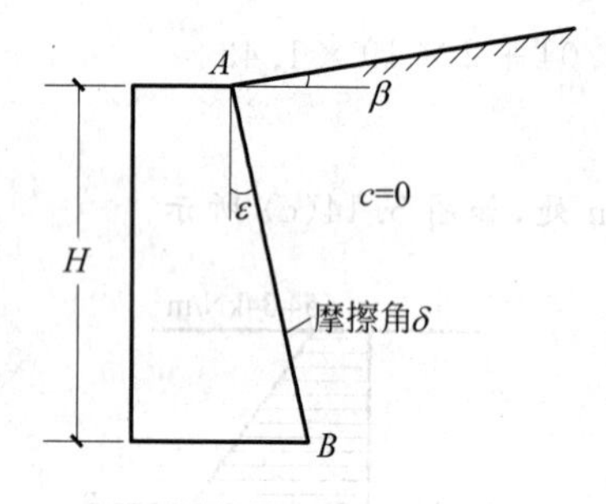

图5.15 库仑研究的课题

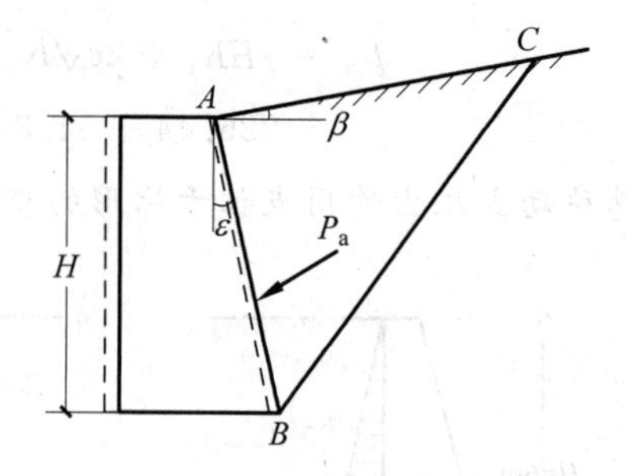

图5.16 库仑理论基本假定

库仑理论的基本假定：

①挡土墙向前移动；②墙后填土沿墙背$\overline{AB}$和填土中某一平面$\overline{BC}$同时下滑，形成滑动楔体$\triangle ABC$；③土楔体$\triangle ABC$处于极限平衡状态，不计本身压缩变形；④楔体$\triangle ABC$对墙背的推力即主动土压力P_a，如图5.16。

5.4.1 无黏性土主动土压力

1. 计算原理

(1) 设取挡土墙长度1延米进行计算，并取滑动楔体$\triangle ABC\times 1$为脱离体，其自重W为$\triangle ABC\cdot\gamma$。当滑动面$\overline{BC}$一定时，W数值已知。

(2) 墙背$\overline{AB}$给滑动楔体的支承力P的数值未知。此支承力P与要计算的土压力大小相等，方向相反。P的方向已知，与墙背法线N_2成δ角（墙与土的摩擦角）。若墙背光滑，没有剪力，则$\delta=0$。因土体下滑时，墙给土体的阻力朝斜上方向，故支承力P在法线N_2的下方。

(3) 填土中的滑动面$\overline{BC}$上，作用着滑动面下方不动土体对滑动楔体的反力 R。此反力 R 的数值未知而方向已定，R 的方向与滑动面$\overline{BC}$的法线 N_1 成 ϕ 角。同理，R 位于 N_1 的下方，如图 5.17(a) 所示。

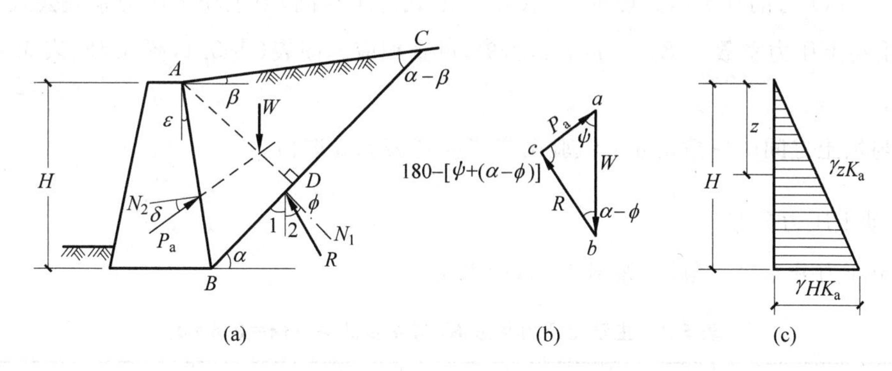

图 5.17 库仑主动土压力计算图

(4) 上述滑动楔体在自重 W 与挡土墙支承力 P 和填土中滑动面$\overline{BC}$上的反力 R，三个力作用下处于静力平衡状态。因而，此三个力交于一点，可得封闭的力三角形$\triangle abc$，如图 5.17(b)所示。

由力三角形$\triangle abc$ 可见：滑动楔体自重 W 为竖直向下；W 与 R 的夹角$\angle 2=\alpha-\phi$(由图 5.17(a)可知$\angle 1+\alpha=90°$，$\angle 1+\angle 2+\phi=90°$，所以 $\alpha=\angle 2+\phi$，即$\angle 2=\alpha-\phi$)；令 W 与 P 的夹角为ψ，则 P 与 R 的夹角为 $180°-[\psi+(\alpha-\phi)]$。

(5) 取不同滑动面坡角 $\alpha_1,\alpha_2,\cdots$，则 W,R,P 数值以及 R 的方向也将随之发生变化，找出最大的 P，即为所求的真正的主动土压力 P_a。

2. 计算公式

(1) 在力三角形$\triangle abc$ 中应用正弦定理，得：

$$\frac{P}{\sin(\alpha-\phi)}=\frac{W}{\sin(\psi+\alpha-\phi)}$$

即

$$P=\frac{W\sin(\alpha-\phi)}{\sin(\psi+\alpha-\phi)} \tag{5.13}$$

式中 ψ——W 与 P 的夹角，$\psi=90°-\varepsilon-\delta$。

(2) 因 $P=f(\alpha)$，求 P 的最大值，只需$\frac{\mathrm{d}P}{\mathrm{d}\alpha}=0$，可得真正滑动面的 α 值，代入公式(5.13)可得：

$$P_a=\frac{1}{2}\gamma H^2\frac{\cos^2(\phi-\varepsilon)}{\cos^2\varepsilon\cos(\delta+\varepsilon)\left[1+\sqrt{\frac{\sin(\delta+\phi)\sin(\phi-\beta)}{\cos(\delta+\varepsilon)\cos(\varepsilon-\beta)}}\right]^2}=\frac{1}{2}\gamma H^2K_a \tag{5.14}$$

式中 K_a——主动土压力系数，

$$K_a = \frac{\cos^2(\phi - \varepsilon)}{\cos^2\varepsilon\cos(\delta + \varepsilon)\left[1 + \sqrt{\dfrac{\sin(\delta + \phi)\sin(\phi - \beta)}{\cos(\delta + \varepsilon)\cos(\varepsilon - \beta)}}\right]^2}$$

公式(5.14)与朗肯土压力理论公式(5.5)形式完全相同,但主动土压力系数公式不同。

(3) 主动土压力系数 $K_a = f(\phi, \varepsilon, \delta, \beta)$,可查相应的图表(表5.1,图5.18,表5.2)等,可使计算简便。

墙背与填土之间的摩擦角 δ 由试验确定或参考表5.3取值。

3. 主动土压力分布

主动土压力分布呈三角形,如图5.17(c)所示。

表5.1 主动土压力系数 K_a 与 δ,ϕ 的关系($\varepsilon=0,\beta=0$)

δ \ ϕ	10°	12.5°	15°	17.5°	20°	25°	30°	35°	40°
$\delta=0$	0.71	0.64	0.59	0.53	0.49	0.41	0.33	0.27	0.22
$\delta=+\frac{\phi}{2}$	0.67	0.61	0.55	0.48	0.45	0.38	0.32	0.26	0.22
$\delta=+\frac{2\phi}{3}$	0.66	0.59	0.54	0.47	0.44	0.37	0.31	0.26	0.22
$\delta=\phi$	0.65	0.58	0.53	0.47	0.44	0.37	0.31	0.26	0.22

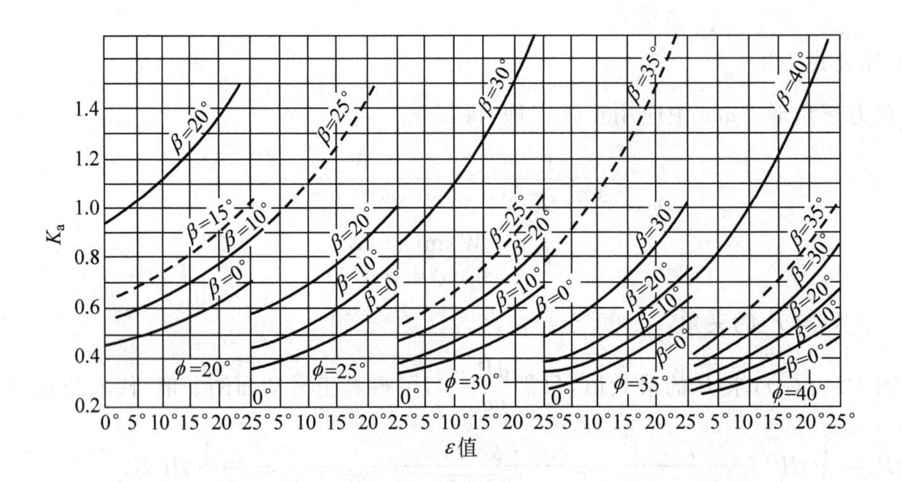

图5.18 库仑主动土压力系数 K_a($\delta=2\phi/3$)

表 5.2 主动土压力系数 $K_a(\delta=0)$

ϕ	ε \ β	$+30°$ (1∶1.7)	$+12°$ (1∶4.7)	$0°$	$-12°$	$-30°$
$\phi=20°$ 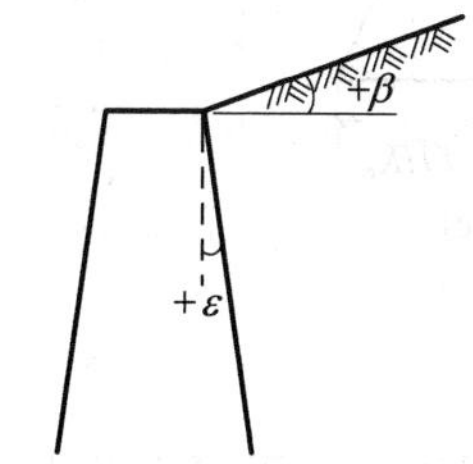	$\varepsilon=+20°$		0.81	0.65	0.57	
	$\varepsilon=+10°$		0.68	0.55	0.50	
	$\varepsilon=0°$		0.60	0.49	0.44	
	$\varepsilon=-10°$		0.50	0.42	0.38	
	$\varepsilon=-20°$		0.40	0.35	0.32	
$\phi=30°$ 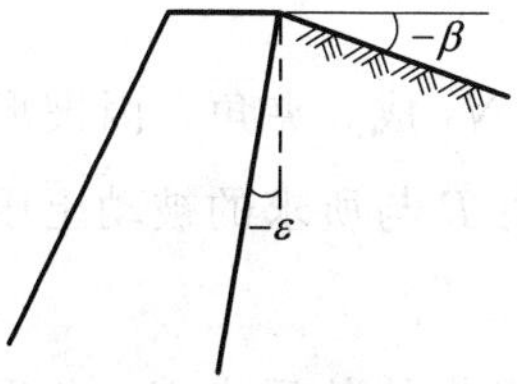	$\varepsilon=+20°$	1.17	0.59	0.50	0.43	0.34
	$\varepsilon=+10°$	0.92	0.48	0.41	0.36	0.33
	$\varepsilon=0°$	0.75	0.38	0.33	0.30	0.26
	$\varepsilon=-10°$	0.61	0.31	0.27	0.25	0.22
	$\varepsilon=-20°$	0.50	0.24	0.21	0.20	0.18
$\phi=40°$	$\varepsilon=+20°$	0.59	0.43	0.38	0.33	0.27
	$\varepsilon=+10°$	0.43	0.32	0.29	0.26	0.22
	$\varepsilon=0°$	0.32	0.24	0.22	0.20	0.18
	$\varepsilon=-10°$	0.24	0.17	0.16	0.15	0.13
	$\varepsilon=-20°$	0.16	0.12	0.11	0.10	0.10

表 5.3 墙背摩擦角 δ

挡土墙背粗糙度及填土排水情况	δ
墙背平滑,排水不良	$0\sim\frac{\phi}{3}$
墙背粗糙,排水良好	$\frac{\phi}{3}\sim\frac{\phi}{2}$
墙背很粗糙,排水良好	$\frac{\phi}{2}\sim\frac{2}{3}\phi$

5.4.2 无黏性土被动土压力

计算原理与主动土压力相同,参见图 5.19。

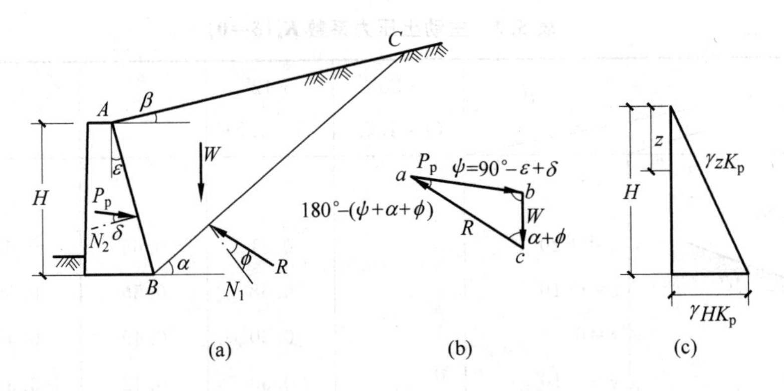

图 5.19 库仑被动土压力计算图

1. 挡土墙在外力作用下向后移动，推向填土，使滑动楔体$\triangle ABC$达到被动极限平衡状态。

2. 墙后填土产生滑动面$\overline{BC}$，滑动土体$\triangle ABC$沿墙背$\overline{AB}$与填土中$\overline{BC}$两个面向上滑动。

3. 滑动楔体的自重$W=\triangle ABC\cdot\gamma$（挡土墙的长度取1延米）。当滑裂面$\overline{BC}$已知时，$W$数值确定。$W$的方向竖直向下。

4. 墙背对滑动楔体的推力P，数值未知，方向已定。P与墙背法线N_2成δ夹角。因楔形体向上滑动，墙背对土体的阻力朝斜下方向，故P在法线N_2的上侧。推力P与所求的被动土压力方向相反，数值相等。

5. 在填土中的滑动面$\overline{BC}$上，作用着滑动面下方不滑动土体对滑动楔体的反力R。此反力R的大小未知，方向已定。R与$\overline{BC}$面的法线N_1成ϕ角。同理，R在法线N_1的上侧，如图5.19(a)所示。

6. 因滑动楔体$\triangle ABC$处于极限平衡状态，W,P,R三力平衡成闭合力三角形$\triangle abc$，如图5.19(b)所示。

7. 与主动土压力同理，在力三角形$\triangle abc$中，应用正弦定理可得：

$$P=\frac{W\sin(\alpha+\phi)}{\sin(\psi+\alpha+\phi)}$$

8. 设不同的滑裂面$\overline{BC}$，得相应不同的α,W,P,R，求其中的最小P值，即为真正滑动面时的数值，为所求的被动土压力。

$$P_p=\frac{1}{2}\gamma H^2\frac{\cos^2(\phi+\varepsilon)}{\cos^2\varepsilon\cos(\varepsilon-\delta)\left[1-\sqrt{\frac{\sin(\phi+\delta)\sin(\phi+\beta)}{\cos(\varepsilon-\delta)\cos(\varepsilon-\beta)}}\right]^2} \tag{5.15}$$

令

$$K_p=\frac{\cos^2(\phi+\varepsilon)}{\cos^2\varepsilon\cos(\varepsilon-\delta)\left[1-\sqrt{\frac{\sin(\phi+\delta)\sin(\phi+\beta)}{\cos(\varepsilon-\delta)\cos(\varepsilon-\beta)}}\right]^2} \tag{5.16}$$

则

$$P_p=\frac{1}{2}\gamma H^2K_p \tag{5.15$'$}$$

评论：

1. K_p—— 库仑土压力理论的被动土压力系数，工程应用不多，较少使用图表，可按公式(5.16)进行计算。

2. 公式(5.15)′与朗肯土压力理论公式(5.7)形式完全相同，但被动土压力系数 K_p 不同。

3. 若墙背竖直，即 $\varepsilon=0$；墙背光滑，即 $\delta=0$；墙后填土表面水平，即 $\beta=0$，则公式(5.15)可简化为朗肯土压力公式

$$P_p=\frac{1}{2}\gamma H^2\tan^2\left(45^\circ+\frac{\phi}{2}\right)\frac{1}{2}\gamma H^2K_p$$

库仑被动土压分布呈三角形，如图5.19(c)所示。

【例题5.4】 已知某挡土墙高度 $H=6.0\text{m}$，墙背竖直，填土表面水平，墙与填土的摩擦角 $\delta=20^\circ$。填土为中砂，重度 $\gamma=18.5\text{kN/m}^3$，内摩擦角 $\phi=30^\circ$。计算作用在挡土墙上的主动土压力。

【解】 因挡土墙墙背不光滑，墙与填土的摩擦角 $\delta=20^\circ$，不能忽略不计，故不能采用朗肯土压力公式。由库仑土压力公式(5.14)

$$P_a=\frac{1}{2}\gamma H^2K_a$$

式中 K_a—— 主动土压力系数，由 $\phi=30^\circ$，$\delta=\frac{2}{3}\phi=20^\circ$，$\varepsilon=0$，$\beta=0$，查表5.1得 $K_a=0.31$。

将各数据代入公式(5.14)得：

$$P_a=\frac{1}{2}\times18.5\times6^2\times0.31=103.0\text{kN/m}$$

P_a 的作用点位于下 $\frac{1}{3}H=2.0\text{m}$ 处，P_a 的方向与墙背的法线 N 成 $\delta=20^\circ$ 角，位于法线 N 的上侧，见图5.20。

【例题5.5】 已知某挡土墙高度 $H=6.0\text{m}$，墙背倾斜 $\varepsilon=10^\circ$，墙后填土倾角 $\beta=10^\circ$，墙与填土摩擦角 $\delta=20^\circ$。墙后填土为中砂，中砂的重度 $\gamma=18.5\text{kN/m}^3$，内摩擦角 $\phi=30^\circ$。计算作用在此挡土墙上的主动土压力。

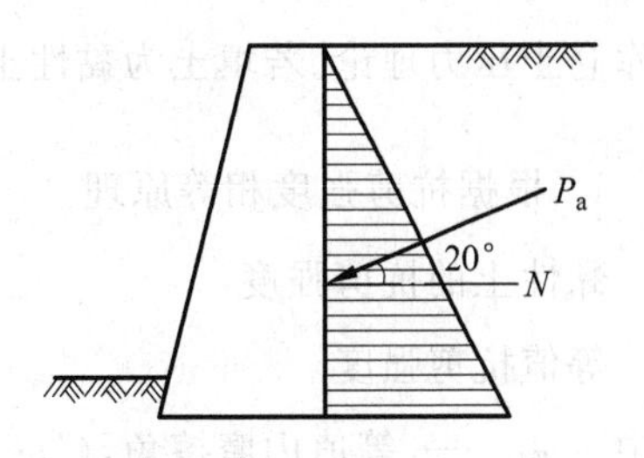

图5.20 【例题5.4】主动土压力计算图

【解】 根据题意，采用库仑土压力理论计算。主动土压力系数 K_a 查图5.18。由 $\phi=30^\circ$ 查图5.18中部，取横坐标 $\varepsilon=10^\circ$，即第2条竖线向上，与第2条曲线 $\beta=10^\circ$ 的交

点，相对应的纵坐标即为所求 $K_a = 0.46$。

将各数据代入公式(5.14)得：

$$P_a = \frac{1}{2}\gamma H^2 K_a = \frac{1}{2} \times 18.5 \times 6^2 \times 0.46$$

$$= 153.0\text{kN/m}$$

P_a 的作用点位于下 $\frac{1}{3}H = 2.0\text{m}$ 处，P_a 的方向与墙背的法线 N 成 $\delta = 20°$ 角，位于法线 N 的上侧，如图 5.21 所示。

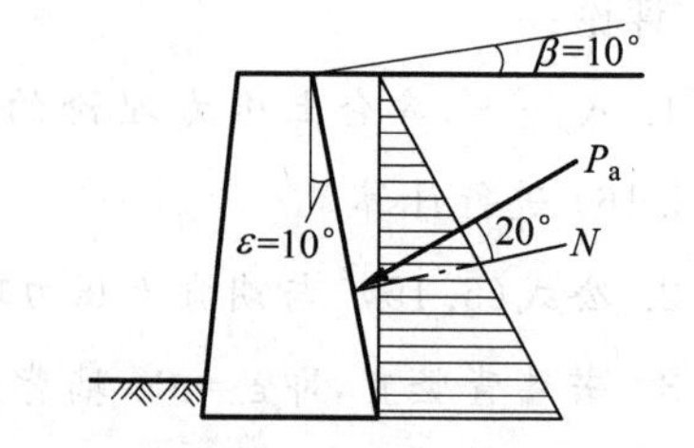

图 5.21 【例题 5.5】主动土压力计算图

评论：

1. 由【例题 5.4】与【例题 5.5】可见，在挡土墙高 H、摩擦角 δ 及填土的重度 γ、内摩擦角 ϕ 相同的条件下，墙背倾斜度 ε 增大 10°，填土倾角 β 增大 10°，主动土压力 P_a 由 103.0kN/m 增为 153.0kN/m，即增大了 50%。

2. 库仑土压力理论假设墙后填土为无黏性土，黏聚力 $c=0$。若挡土墙墙背倾斜 $\varepsilon>0$，填土表面倾斜 $\beta>0$，墙背与填土摩擦角 $\delta>0$，且填土为黏性土 $c>0$，如何计算挡土墙上的土压力？因 $\varepsilon>0$，$\beta>0$，$\delta>0$，不符合朗肯土压力理论，而 $c>0$，也不符合库仑土压力理论。

在此情况下，常采用等值内摩擦角法，即将黏聚力 c 折算成一定的内摩擦角，再用库仑土压力理论计算。详见“5.5　几种常见情况的土压力”。

5.5　几种常见情况的土压力

5.5.1　黏性土应用库仑土压力公式

如上所述，遇挡土墙墙背倾斜、粗糙、填土表面倾斜的情况下，不符合朗肯土压力理论，应采用库仑土压力理论。若填土为黏性土，工程中常用等值内摩擦角法。具体计算分两种。

1. 根据抗剪强度相等原理

黏性土的抗剪强度　　$\tau_f = \sigma\tan\phi + c$　　(a)

等值抗剪强度　　$\tau_f = \sigma\tan\phi_D$　　(b)

式中　ϕ_D—— 等值内摩擦角，(°)；将黏性土 c 折算在内。

由式(a)与式(b)相等可得：

$$\sigma\tan\phi_D = \sigma\tan\phi + c$$

即

$$\tan\phi_D = \tan\phi + \frac{c}{\sigma}$$

所以

$$\phi_D = \arctan\left(\tan\phi + \frac{c}{\sigma}\right) \tag{5.17}$$

评论：

公式(5.17)中的σ应为滑动面上的平均法向应力。实际上常以土压力合力作用点处的自重应力来代替，即$\sigma = \frac{2}{3}\gamma H$，因而产生误差。

由图5.22可见，挡土墙上部$\sigma_1 < \sigma$，$\phi_{D1} > \phi_D$，偏于保守。

对于挡土墙下部$\sigma_2 > \sigma$，$\phi_{D2} < \phi_D$，偏于不安全。

因此，若挡土墙高度H较大，应考虑采用多种等值内摩擦角，以减小误差。

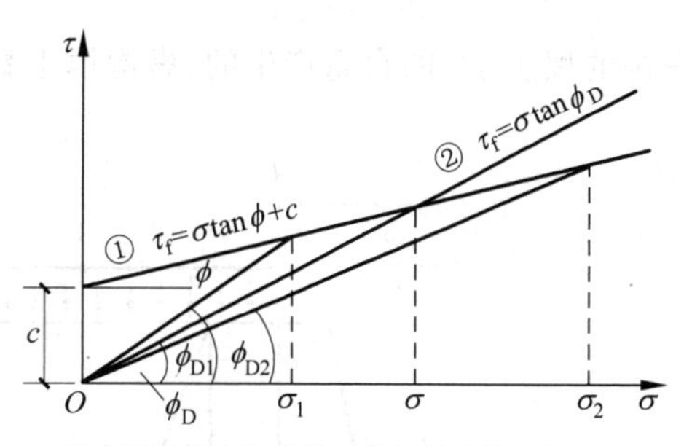

图5.22　等值内摩擦角强度

---

2. 根据土压力相等原理

为简化计算，不论任何墙形与填土情况，均采用$\varepsilon = 0$，$\delta = 0$，$\beta = 0$情况的土压力公式来折算等值内摩擦角ϕ_D。

填土为黏性土的土压力

$$P_{a1} = \frac{1}{2}\gamma H^2\tan^2\left(45° - \frac{\phi}{2}\right) - 2cH\tan\left(45° - \frac{\phi}{2}\right) + \frac{2c^2}{\gamma}$$

按等值内摩擦角的土压力

$$P_{a2} = \frac{1}{2}\gamma H^2\tan^2\left(45° - \frac{\phi_D}{2}\right)$$

令$P_{a1} = P_{a2}$得：

$$\tan^2\left(45° - \frac{\phi_D}{2}\right) = \tan^2\left(45° - \frac{\phi}{2}\right) - \frac{4c}{\gamma H}\tan\left(45° - \frac{\phi}{2}\right) + \frac{4c^2}{\gamma^2 H^2}$$

故

$$\tan\left(45° - \frac{\phi_D}{2}\right) = \tan\left(45° - \frac{\phi}{2}\right) - \frac{2c}{\gamma H} \tag{5.18}$$

评论：

按土压力相等原理计算等值内摩擦角ϕ_D，考虑了黏聚力和墙高H的影响。但公式中并未计入挡土墙的边界条件对ϕ_D的影响，因此与实际情况仍有一定的误差。

5.5.2 填土表面作用均布荷载

1. 主动土压力

(1) 墙背竖直、填土表面水平的情况　当填土表面作用均布荷载q(kPa)时，可把荷载q视为虚构的填土γh的自重产生的。虚构填土高度为$h=\dfrac{q}{\gamma}$，如图5.23(a)所示。

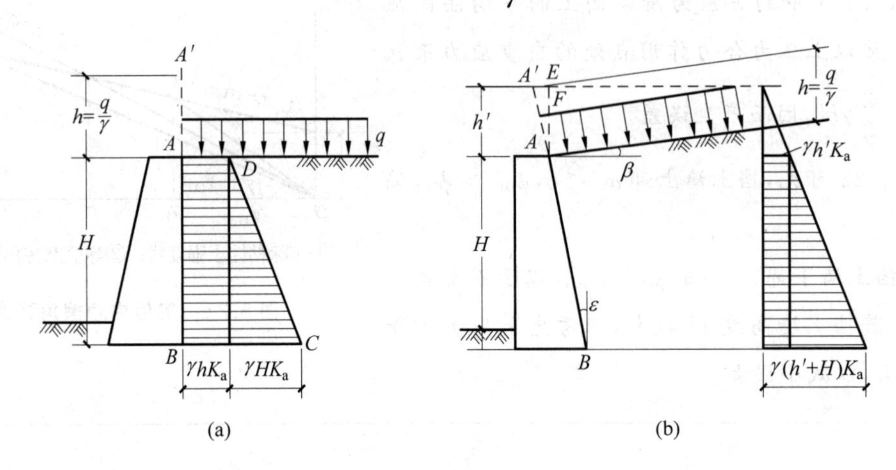

图5.23　填土表面有均布荷载的土压力计算

作用在挡土墙墙背$\overline{AB}$上的土压力由两部组成：

① 实际填土高H产生的土压力$\frac{1}{2}\gamma H^2K_a$；

② 由均布荷载q换算成虚构填土高h产生的土压力qHK_a。

墙上作用的总土压力为

$$P_a=\frac{1}{2}\gamma H^2K_a+qHK_a \tag{5.19}$$

土压力分布呈梯形；土压力作用点在梯形重心。

(2) 墙背倾斜、填土表面倾斜的情况　如图5.23(b)所示，工程中遇到墙背倾斜、墙后填土表面倾斜的情况时：

① 计算当量土层高度$h=\dfrac{q}{\gamma}$，此虚构填土的表面斜向延伸与墙背$\overline{AB}$向上延长线，交于A'点。

② 可按$\overline{A'B}$为虚构墙背计算土压力。

③ 虚构的挡土墙高度为$h'+H$。

④ h'的计算：由正弦定理

根据$\triangle AA'F$得：$$\frac{h'}{\sin(90^\circ-\varepsilon)}=\frac{AA'}{\sin 90^\circ}$$

根据 $\triangle AA'E$ 得：
$$\frac{h}{\sin(90^\circ-\varepsilon+\beta)}=\frac{AA'}{\sin(90^\circ-\beta)}$$

故
$$AA'=\frac{h'\sin 90^\circ}{\sin(90^\circ-\varepsilon)}=\frac{h\sin(90^\circ-\beta)}{\sin(90^\circ-\varepsilon+\beta)}$$

即
$$h'=h\,\frac{\sin(90^\circ-\beta)\sin(90^\circ-\varepsilon)}{\sin[90^\circ-(\varepsilon-\beta)]}=h\,\frac{\cos\beta\cos\varepsilon}{\cos(\varepsilon-\beta)}$$

2. 被动土压力

与主动土压力计算同理，可得总被动土压力为

$$P_p=\frac{1}{2}\gamma H^2K_p+qHK_p \tag{5.20}$$

5.5.3 墙后填土分层

若挡土墙后填土有几种不同性质的水平土层，如图 5.24 所示，此时土压力的计算分第一层土和第二层土两部分：

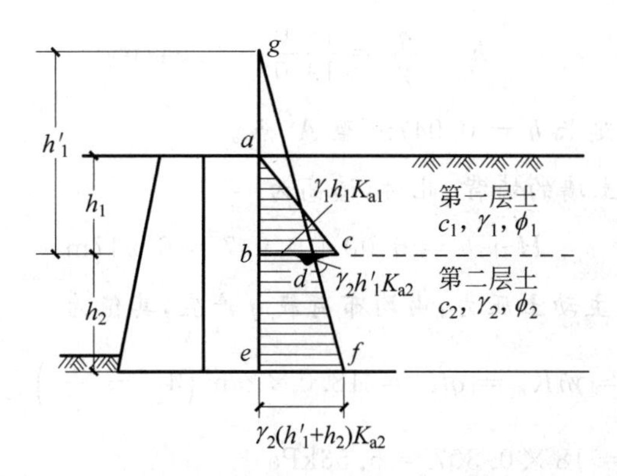

图 5.24　分层填土的土压力计算

1. 第一层土，挡土墙高 h_1，填土指标 γ_1、c_1、ϕ_1，土压力计算同前。

2. 第二层土的土压力计算：将第一层土的重度 γ_1、厚度 h_1，折算成与第二层的重度 γ_2 相应的当量厚度 h'_1 来计算。

3. 土的当量厚度 $h'_1=h_1\dfrac{\gamma_1}{\gamma_2}$。按挡土墙高度为 h'_1+h_2 计算土压力为图形 $\triangle gef$，取第二层范围的土压力梯形分布 $bdfe$ 部分，即为所求。

评论：由于上下各层土的性质与指标不同，各自相应的主动土压力系数 K_a 不相同。因此交界面土压力有 2 个数值：①$bc=\gamma_1 h_1 K_{a1}$；②$bd=\gamma_2 h'_1 K_{a2}$。如图 5.24 所示。

5.5.4 填土中有地下水

遇挡土墙填土中有地下水的情况，应将土压力和水压力分别进行计算，如图5.25所示。

1. 土压力计算　在地下水以下部分用有效重度γ'计算。水深h_2，墙底处土压力$p_a=\gamma' h_2 K_a$。

2. 水压力计算　按下式计算

$$P_w=\frac{1}{2}\gamma_w h_2^2 \tag{5.21}$$

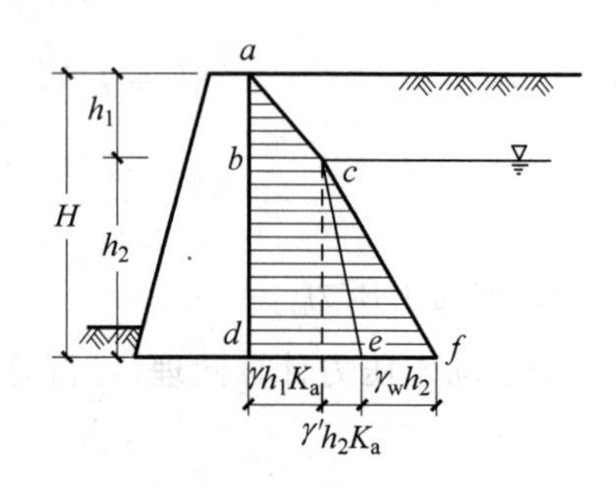

图5.25　填土中有地下水的土压力计算

【例题5.6】　已知某挡土墙高度$H=6.00$m，墙背竖直、光滑，墙后填土表面水平。填土为粗砂，重度$\gamma=19.0\text{kN/m}^3$，内摩擦角$\phi=32°$。在填土表面作用均布荷载$q=18.0\text{kN/m}^2$。计算作用在挡土墙上的主动土压力P_a及其分布。

【解】　(1) 将填土表面作用的均布荷载q，折算成当量土层高度h。

$$h=\frac{q}{\gamma}=\frac{18.0}{19.0}=0.947\text{m}$$

(2) 将墙背$\overline{AB}$向上，延长$h=0.947$m至A'点。

(3) 以$\overline{A'B}$为计算挡土墙的墙背。此时，墙高为

$$H+h=6.00+0.947=6.947\text{m}$$

(4) 原挡土墙顶A点主动土压力，由均布荷载q产生，其值为

$$p_{a1}=\gamma h K_a=qK_a=18.0\times\tan^2\left(45°-\frac{32°}{2}\right)$$

$$=18\times 0.307=5.53\text{kPa}$$

(5) 挡土墙底A点的主动土压力

$$p_{a2}=\gamma(h+H)K_a=19.0\times 6.947\times 0.307$$

$$=40.52\text{kPa}$$

(6) 总主动土压力

$$P_a=\frac{1}{2}(p_{a1}+p_{a2})H=\frac{1}{2}(5.53+40.52)\times 6$$

$$=138.15\text{kN/m}$$

(7) 土压力分布呈梯形$ABCD$，总主动土压力P_a作用点在梯形重心，如图5.26所示。

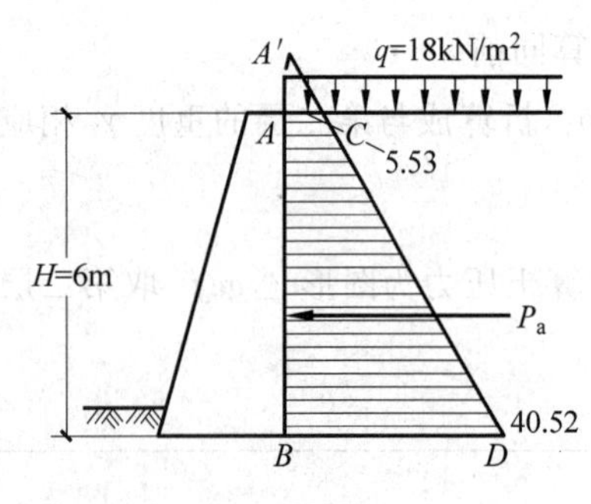

图5.26　【例题5.6】主动土压力分布

【例题 5.7】 已知某混凝土挡土墙高度 $H=6.0\text{m}$，墙背竖直，墙后填土表面水平，填土分为等厚度的两层：第一层重度 $\gamma_1=19.0\text{kN/m}^3$，黏聚力 $c_1=10\text{kPa}$，内摩擦角 $\phi=16°$；第二层 $\gamma_2=17.0\text{kN/m}^3$，$c_2=0$，$\phi_2=30°$。计算作用在此挡土墙上的主动土压力，并绘出土压力分布图。

【解】 假设混凝土墙的墙背是光滑的。由已知条件，符合朗肯土压力理论。

(1) 第一层填土为黏性土，墙顶部土压力为零，计算临界深度 z_0。

$$z_0=\frac{2c}{\gamma\sqrt{K_{a1}}}=\frac{2\times 10}{19\times 0.754}\approx 1.4\text{m}$$

式中 K_{a1}—— 第一层填土的主动土压力系数。

$$K_{a1}=\tan^2\left(45°-\frac{\phi}{2}\right)=\tan^2\left(45°-\frac{16°}{2}\right)=\tan^2 37°=0.754^2=0.568$$

(2) 上层土底部土压力强度

$$\begin{aligned}p_{a1}&=\gamma_1 h_1 K_{a1}-2c\sqrt{K_{a1}}=19.0\times 3.0\times 0.568-2\times 10\times 0.754\\&=32.38-15.08=17.3\text{kPa}\end{aligned}$$

(3) 下层土土压力计算，先将上层土折算成当量土层，厚度为

$$h_1'=h_1\frac{\gamma_1}{\gamma_2}=3.0\times\frac{19.0}{17.0}\approx 3.35\text{m}$$

(4) 下层土顶面土压力强度

$$\begin{aligned}p_{a2}&=\gamma_2 h_1' K_{a2}=17.0\times 3.35\times\tan^2\left(45°-\frac{30°}{2}\right)\\&=56.95\times 0.333=18.98\text{kPa}\end{aligned}$$

(5) 下层土底面土压力强度

$$p_{a3}=\gamma_2(h_1'+h_2)K_{a2}=17.0\times 6.35\times 0.333=35.98\text{kPa}$$

(6) 土压力分布为两部分，如图 5.27 所示。上层土为 $\triangle abc$，下层土为梯形 $befd$。

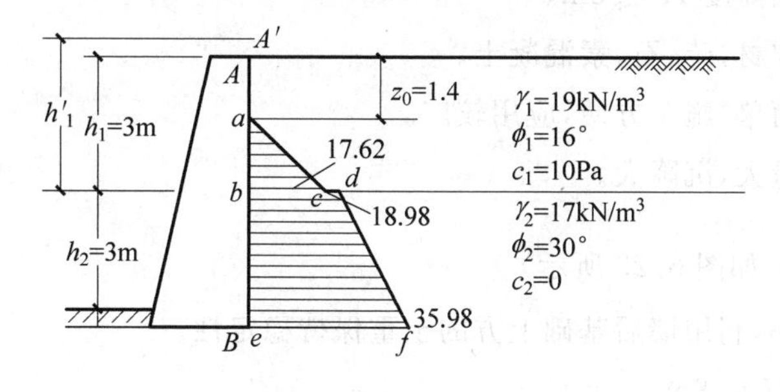

图 5.27 【例题 5.7】分层土的主动土压力分布

(7) 总主动土压力

$$P_a=\frac{1}{2}\times p_{a1}(h_1-z_0)+\frac{1}{2}(p_{a2}+p_{a3})\times h_2$$

$$=\frac{1}{2}\times 17.3(3.0-1.4)+\frac{1}{2}(18.98+35.98)\times 3.0$$
$$=13.84+82.44$$
$$=96.28\text{kN/m}$$

5.6 挡土墙设计

5.6.1 挡土墙型式的选择

选型原则：①挡土墙的用途、高度与重要性；②建筑场地的地形与地质条件；③尽量就地取材，因地制宜；④安全而经济。

常用挡土墙型式分述如下。

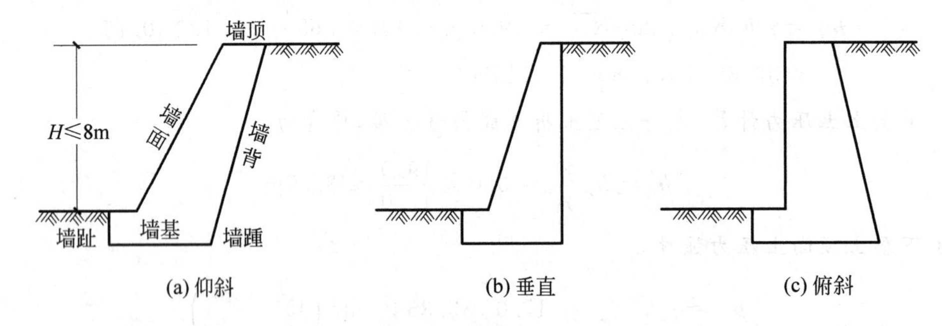

图 5.28 重力式挡土墙

1. 重力式挡土墙(如图 5.28 所示)

(1) 特点：体积大，靠墙自重保持稳定性。

(2) 适用：挡土墙高度 $H\leqslant 8$m。

(3) 材料：就地取材，砖、石、素混凝土。

(4) 优点：结构简单，施工方便，应用较广。

(5) 缺点：工程量大，沉降大。

2. 悬臂式挡土墙(如图 5.29 所示)

(1) 特点：体积小，利用墙后基础上方的土重保持稳定性。

(2) 适用：墙高 $H\leqslant 8$m。

(3) 材料：钢筋混凝土。

(4) 优点：工程量小。

(5) 缺点：施工较复杂。

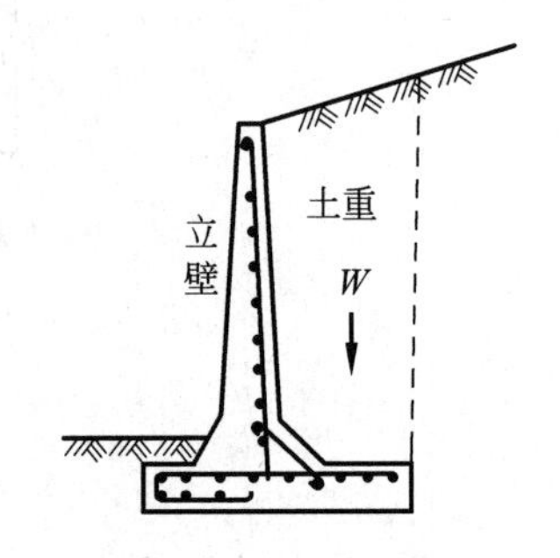

图 5.29 悬臂式挡土墙

3. 扶壁式挡土墙(如图 5.30 所示)

(1) 特点:为增强悬臂式挡土墙的抗弯性能,沿长度方向每隔$(0.8\sim1.0)H$做一垛扶壁。

(2) 适用:墙高 $H\leqslant 10\text{m}$。

(3) 材料:钢筋混凝土。

(4) 优点:工程量小。

(5) 缺点:施工较复杂。

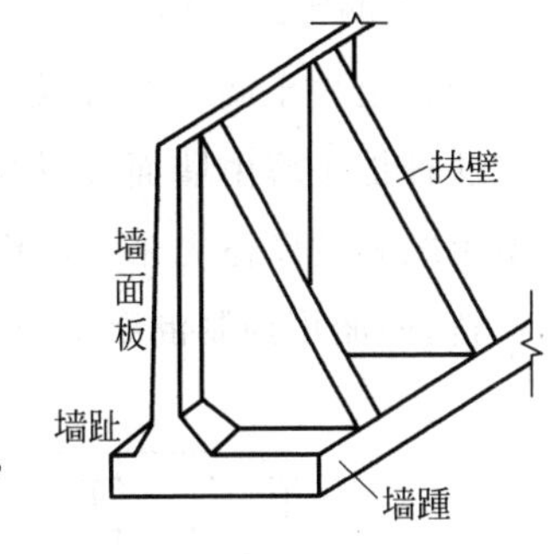

图 5.30 扶壁式挡土墙

4. 锚杆式挡土墙

(1) 特点:由预制钢筋混凝土立柱、墙面板、钢拉杆和锚定板,在现场拼装。

(2) 适用:墙高 $H\leqslant 15\text{m}$。

(3) 材料:钢筋混凝土、钢材。

(4) 优点:结构轻、柔性大、工程量小、造价低、施工方便。

(5) 缺点:施工较复杂。

(6) 工程实例:太原至焦作的铁路线上,在稍院段修建了锚杆式挡土墙的路基,如图 5.31 所示。挡土墙高 H 达 27m,已超过 15m,需作专门论证。墙底部混凝土墩子高 3m,其上为 4m 高的立柱,共 6 节,立柱横向间距为 2m,立柱之间铺设钢筋混凝土预制墙面板。立柱固定的方法:下面 3 层立柱用锚杆,端部插入基岩中,并用高强度砂浆锚固。每层立柱设上下各 1 根锚杆,共 6 根锚杆。上面 3 层立柱,因离基岩较远,如端部也插入基岩,则锚杆太长,且露在填土外日晒雨淋不耐久,采用了锚定板,此锚定板为钢筋混凝土预制板,竖直安装。当立柱与墙面板受主动土压力作用前移时,锚杆端部锚定板上承受被动土压力,保持稳定。此工程已于 1974 年建成,次年铺轨通车,运行状况良好。

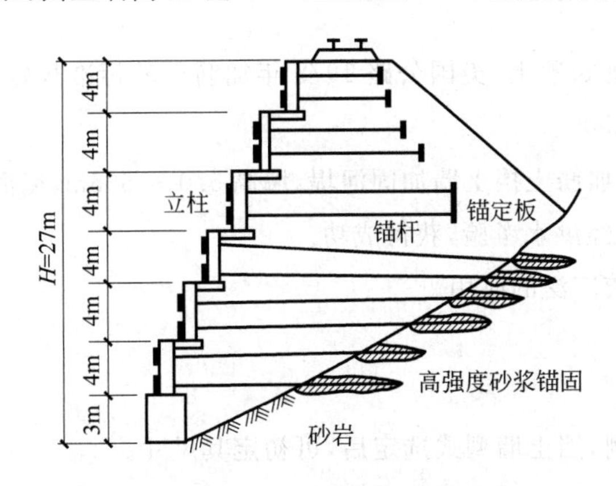

图 5.31 太焦线稍院段锚杆式挡土墙

锚杆式挡土墙已得到迅速推广,常用于铁路路基、护坡、桥台及基坑开挖支挡邻近建筑等工程。例如,北京王府井大街穆斯林大厦开挖基坑施工,紧靠已建成的外文书店,采用地下连续墙锚杆支护。又如南平造纸厂用锚杆挡土墙 2 段高 10m,支挡江边水泵房,经受了多年超墙顶洪水考验。继太焦线后,锚杆式挡土墙又在武豹线、陇海复线、青藏线和北京 321 线等处应用良好。其中武豹铁路线与公路立体交叉的桥台采用锚定板挡土墙,桥台高 8m,立柱用素混凝土,截面尺寸为 $1.2\times0.8\text{m}^2$,间距 3.2m,上面承受公路桥荷载,后面受土压力作用,锚杆采用 $\phi40$ 钢筋,上部锚杆长 9m，下部长 5m，锚定板长宽各 1.4m。此工程已于 1978 年建成通车。由于利用墙后填土代替部分混凝土，可大量节省工程量与投资。实测立柱顶部位移 $\Delta = 10\text{mm}$，使用良好。

5. 加筋土挡土墙[25]

加筋土挡土墙于 20 世纪 60 年代始创于法国，现已得到了广泛的应用。

这种挡土墙由墙面板、加筋材料及填土共同组成。图 5.32 为一种锚拉式挡土墙。它依靠拉筋与填土之间的摩擦力来平衡作用在墙面的土压力以保持稳定。拉筋一般采用镀锌扁钢或土工合成材料。墙面用预制混凝土板，每块板尺寸为 1.5m × 1.5m，十字形。每块墙面板联结 4 根拉筋。

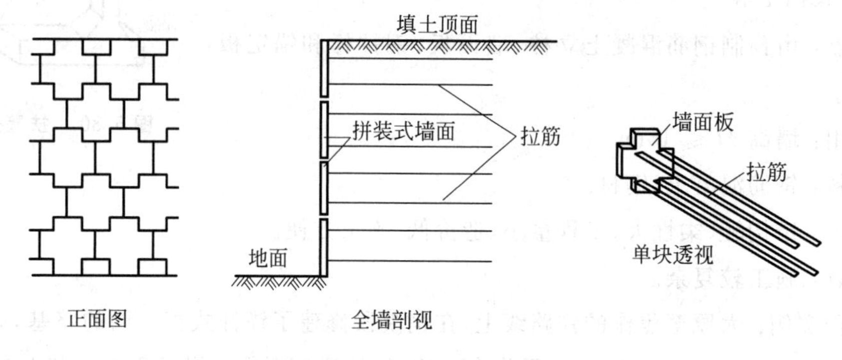

图 5.32 加筋土挡土墙

加筋土挡土墙填土通常需有较高的摩擦力，例如砂土。美国公路 1978 年加筋土的标准规定：$I_p < 6$，细粒土通过 200 号筛的颗粒质量不超过 25%。

我国浙江省天台县、临海县，利用废钢材修筑加筋土挡土墙加固河堤，墙高 5.0～5.5m，墙面板为十字形，宽 1m，厚 16cm，加固河堤长为 70m，经洪水考验，获得成功。

土工合成材料用于挡土墙加筋，已经得到了较广泛的应用。

5.6.2 挡土墙初定尺寸

以常用的重力式、悬臂式和扶壁式挡土墙为例，挡土墙型式选定后，可初定其尺寸。

1. 挡土墙的高度 H

通常挡土墙的高度是由任务要求确定的，即考虑墙后被支挡的填土呈水平时墙顶的高程。有时，对长度很大的挡土墙，也可使墙顶低于填土顶面，而用斜坡联结，以节省工程量。

2. 挡土墙的顶宽

挡土墙的顶宽为构造要求确定，以保证挡土墙的整体性，具有足够的强度。对于砌石重力式挡土墙，顶宽不宜小于 400mm。对素混凝土重力式挡墙顶宽也不宜小于 200mm。至于钢筋混凝土悬臂式或扶壁式挡土墙顶宽不宜小于 200mm。

3. 挡土墙的底宽

挡土墙的底宽由整体稳定性确定。初定挡土墙底宽 $B \approx 0.5 \sim 0.7H$，挡土墙底面为卵石、碎石时取小值；墙底为黏性土时取大值。

挡土墙尺寸初定后，进行挡土墙抗滑稳定与抗倾覆稳定验算。若安全系数过大，则适当减小墙的底宽；反之，安全系数太小，则适当加大墙的底宽或采取其他措施，以保证挡土墙既安全又经济。

5.6.3 挡土墙的稳定性验算

挡土墙的型式与尺寸初定后，需要验算抗滑稳定和抗倾覆稳定等。为此，首先要确定作用在挡土墙上的诸力。

1. 作用在挡土墙上的诸力

(1) 墙身自重　墙身自重 W 竖直向下，作用在墙体的重心。挡土墙型式与尺寸初定后，W 确定。若经验算后，尺寸修改，则 W 需重新计算。

(2) 土压力　这是挡土墙的主要荷载。根据挡土墙的位移来确定土压力的种类，应用相应的公式计算。通常墙向前位移，墙背作用主动土压力 P_a。若挡土墙基础有一定埋深，则埋深部分前趾上因整个挡土墙前移而受挤压，故对墙体作用着被动土压力 P_p，但在挡土墙设计中有时因基坑开挖松动而忽略不计，使结果偏于安全。

(3) 基底反力　挡土墙基底反力可分解为竖向的法向分力和水平分力两部分。为简化计算，法向分力与偏心受压基底反力相同，呈梯形分布，合力用 $\sum V$ 表示，作用在梯形的重心。基底反力的水平分力用 $\sum H$ 表示，如图 5.33 所示。

以上 3 种力为作用在挡土墙上的基本荷载。此外，若排水不良，墙后填土积水，需计算水压力。填土表面堆料以及地震区还应计入相应的荷载。

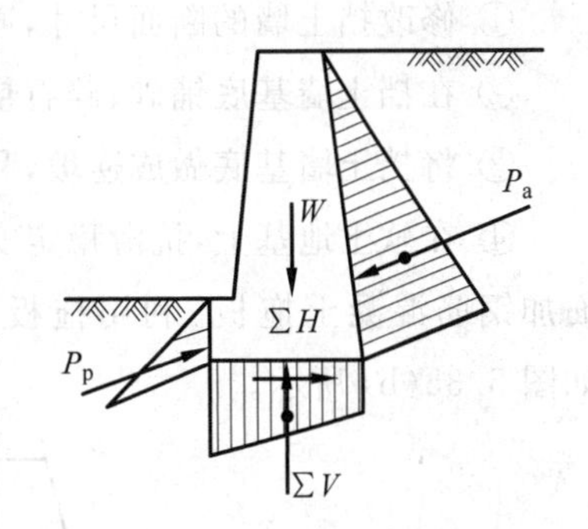

图 5.33　作用在挡土墙上的诸力

2. 抗滑稳定验算

(1) 将作用在挡土墙上的土压力 P_a 分解为两个分力。

(2) 水平分力 P_{ax} 为使挡土墙滑动的力，$P_{ax} = P_a\cos(\delta + \varepsilon)$。

(3) 竖向分力 P_{ay} 和墙自重 W 引起的摩擦力为抗滑力，$P_{ay} = P_a\sin(\delta + \varepsilon)$。

(4) 抗滑力与滑动力的比值，称为抗滑稳定安全系数，记为 K_s。

(5) 抗滑稳定验算公式(参见图5.34)

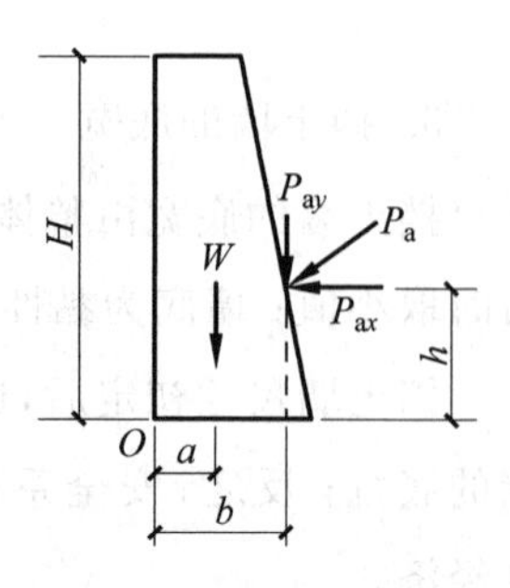

图5.34 稳定性验算图

$$K_s=\frac{抗滑力}{滑动力}=\frac{(W+P_{ay})\mu}{P_{ax}}\geqslant 1.3 \tag{5.22}$$

式中 K_s—— 抗滑稳定安全系数;

P_{ax}—— 主动土压力的水平分力,kN/m;

P_{ay}—— 主动土压力的竖向分力,kN/m;

μ—— 基底摩擦系数,由试验测定或参考表5.4确定。

表5.4 挡土墙基底对地基的摩擦系数μ值

土的类别		摩擦系数 μ
黏性土	可塑	0.25～0.30
	硬塑	0.30～0.35
	坚硬	0.35～0.45
粉土	$s_r\leqslant 0.5$	0.30～0.40
中砂、粗砂、砾砂		0.40～0.50
碎石土		0.40～0.60
软质岩石		0.40～0.60
表面粗糙的硬质岩石		0.65～0.75

注:对于易风化的软质岩石,$I_p>22$的黏性土,μ值应通过试验测定。

(6) 若验算结果不满足公式(5.22),则应采取以下措施来解决:

① 修改挡土墙的断面尺寸,通常加大底宽,增加墙自重W以增大抗滑力;

② 在挡土墙基底铺砂、碎石垫层,提高摩擦系数μ值,增大抗滑力;

③ 将挡土墙基底做成逆坡,利用滑动面上部分反力抗滑,如图5.35(a)所示;

④ 在软土地基上,抗滑稳定安全系数较小,采取其他方法无效或不经济时,可在挡土墙踵后面加钢筋混凝土拖板。利用拖板上的填土重量增大抗滑力。拖板和挡土墙之间用钢筋联结,如图5.35(b)所示。

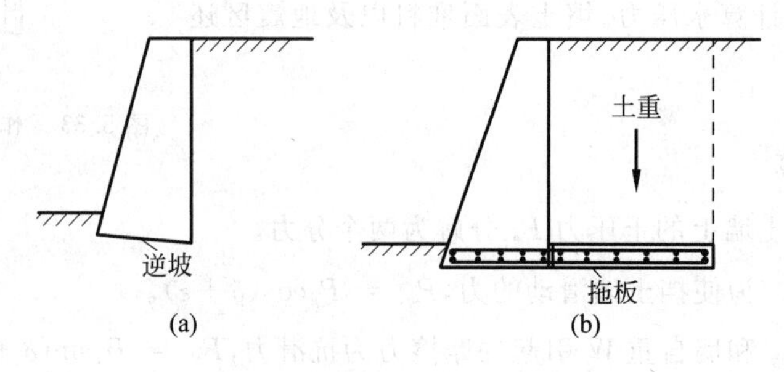

图5.35 增加抗滑稳定的措施

3. 抗倾覆稳定验算

挡土墙在满足抗滑稳定公式(5.22)的同时,还应满足抗倾覆的稳定性。

(1) 抗倾覆稳定验算以墙趾 O 点取力矩进行计算(参见图 5.34)。

(2) 主动土压力的水平分力 P_{ax} 乘以力臂 h 为使墙倾覆的力矩。

(3) 主动土压力的竖向分力 P_{ay} 乘以力臂 b 与墙自重 W 乘以力臂 a 之和为抗倾覆力矩。

(4) 抗倾覆力矩与倾覆力矩之比值称为抗倾覆稳定安全系数,记以 K_t。

(5) 抗倾覆稳定验算公式

$$K_t = \frac{\text{抗倾覆力矩}}{\text{倾覆力矩}} = \frac{W \cdot a + P_{ay} \cdot b}{P_{ax} \cdot h} \geqslant 1.6 \tag{5.23}$$

式中 K_t——抗倾覆稳定安全系数;

a、b、h——分别为 W、P_{ay}、P_{ax} 对 O 点的力臂,m。

(6) 若验算结果不满足公式(5.23)的要求,可选用以下措施来解决。

① 修改挡土墙尺寸,如加大墙底宽,增大墙自重 W,以增大抗倾覆力矩。这一方法要增加较多的工程量,通常并不经济。

② 伸长墙前趾,增加混凝土工程量不多,但需增加钢筋用量。

③ 将墙背做成仰斜,可减小土压力,但施工不方便。

④ 做卸荷台,如图 5.36 所示,位于挡土墙竖向墙背上,形如牛腿。卸荷台以上的土压力,不能传到卸荷台以下。土压力呈两个小三角形,因而减小了总的土压力,使倾覆力矩减小。

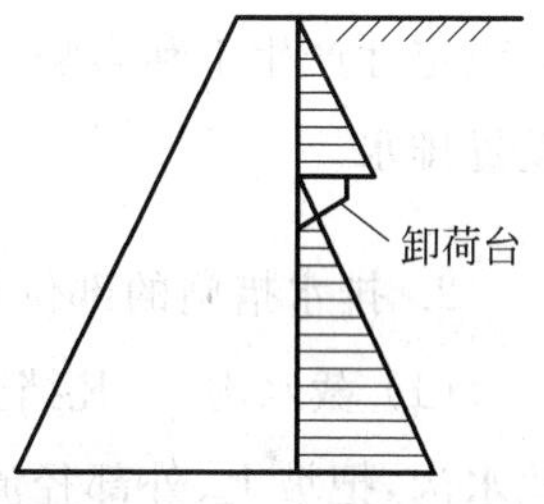

图 5.36 卸荷台

4. 地基承载力验算

挡土墙地基承载力验算,与一般偏心受压基础验算方法相同,应同时满足下列两个公式:

$$\frac{1}{2}(\sigma_{\max} + \sigma_{\min}) \leqslant f_a$$

$$\sigma_{\max} \leqslant 1.2 f_a$$

5.6.4 墙后回填土的选择

根据上述土压力理论进行分析,通常希望作用在挡土墙上的土压力值越小越好。这样可使挡土墙断面小,省方量,降低造价。各种土压力中,最小的土压力为主动土压力 P_a,而 P_a 的数值大小与墙后填土的种类和性质密切相关。由此可见,挡土墙后的填土应作为挡土墙工程的组成部分进行设计与选择。

1. 理想的回填土

卵石、砾石、粗砂、中砂的内摩擦角 ϕ 大,主动土压力系数 $K_a = \tan^2\left(45° - \frac{\phi}{2}\right)$ 小,则作用在

挡土墙上的主动土压力 $P_a=\frac{1}{2}\gamma H^2 K_a$ 小。上述粗粒土为挡土墙后理想的回填土。

2. 可用的回填土

细砂、粉砂、含水率接近最优含水率的粉土、粉质黏土和低塑性黏土为可用的回填土，如当地无粗粒土，外运不经济，可就地取材。

3. 不能用的回填土

软黏土、成块的硬黏土、膨胀土和耕植土，因性质不稳定，在冬季冰冻时或雨季吸水膨胀都将产生额外的土压力，对挡土墙的稳定性产生不利影响，故不能用作墙后的回填土。

5.6.5 墙后排水措施

1. 无排水措施的危害

在挡土墙建成使用期间，如遇暴雨，有大量雨水渗入挡土墙后填土中，结果使填土的重度增加，内摩擦角减小，土的强度降低，导致填土对墙的土压力增大。同时墙后积水，增加水压力，对墙的稳定性产生不利影响。若地基软弱，则土压力增大引起挡土墙的失稳。因此，挡土墙设计中必须设置排水。

2. 排水措施的部位与构造

(1) 截水沟　凡挡土墙后有较大的面积或挡山坡，则应在填土顶面、离挡土墙适当的距离设截水沟，把坡上、外部径流截断排除。截水沟的剖面尺寸要根据暴雨集水面积计算确定，并应用混凝土衬砌。截水沟纵向设适当坡度。截水沟出口应远离挡土墙，如图 5.37(a) 所示。

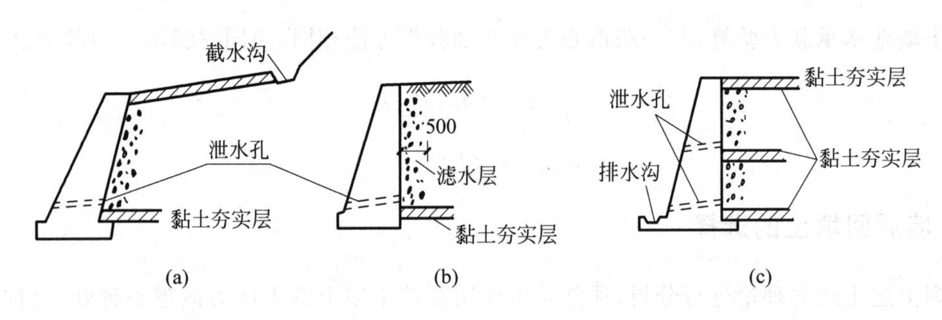

图 5.37　挡土墙排水措施

(2) 泄水孔　已渗入墙后填土中的水，则应将其迅速排出。通常在挡土墙的下部设置泄水孔。当墙高 $H>12\text{m}$ 时，可在墙的中部加一排泄水孔。一般泄水孔的直径为 5～10cm，间距为 2～3m。泄水孔应高于墙前水位，以免倒灌。此外，在泄水孔入口处，应用易渗的粗粒材料做反滤层，并在泄水孔入口下方铺设黏土夯实层，防止积水渗入地基不利于墙体的稳定。同时，墙前亦应做散水、排水沟或黏土夯实隔水层，避免墙前积水渗入地基，泄水孔的布设如图 5.37(b)、(c) 所示。

【例题 5.8】 已知某挡土墙墙高 $H=6.0\mathrm{m}$，墙背倾斜 $\varepsilon=10^\circ$，填土表面倾斜 $\beta=10^\circ$，墙摩擦角 $\delta=20^\circ$，墙后填土为中砂，内摩擦角 $\phi=30^\circ$，重度 $\gamma=18.5\mathrm{kN/m^3}$。如图 5.38 地基承载力特征值 $f_a=180\mathrm{kPa}$。设计挡土墙的尺寸。

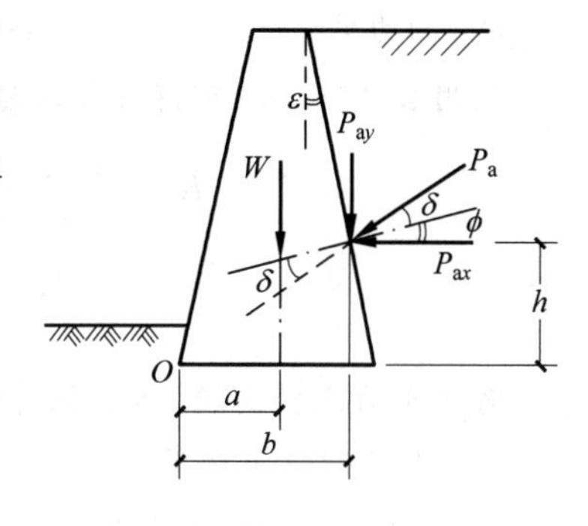

图 5.38 【例题 5.8】计算图

【解】 (1) 初定挡土墙断面尺寸

设计挡土墙顶宽 1.0m，底宽 5.0m。墙自重为

$$W=\frac{(1.0+5.0)\times H\gamma_{混}}{2}=3\times 6\times 24=432\mathrm{kN/m}$$

(2) 土压力计算

根据题意应用库仑土压力理论，计算作用于墙上的主动土压力。

主动土压力系数 K_a，据已知 $\phi=30^\circ$，$\delta=20^\circ$，$\varepsilon=10^\circ$，$\beta=10^\circ$，查图 5.18，得 $K_a=0.46$。由公式(5.14) 得：

$$P_a=\frac{1}{2}\gamma H^2K_a=\frac{1}{2}\times 18.5\times 6^2\times 0.46=153\mathrm{kN/m}$$

土压力的竖向分力为

$$P_{ay}=P_a\sin(\delta+\varepsilon)=P_a\sin 30^\circ=153\times 0.5=76.5\mathrm{kN/m}$$

土压力的水平分力为

$$P_{ax}=P_a\cos(\delta+\varepsilon)=P_a\cos 30^\circ=153\times 0.866=132.5\mathrm{kN/m}$$

(3) 抗滑稳定验算

墙底对地基中砂的摩擦系数 μ，查表 5.4 得 $\mu=0.4$。应用公式(5.22)得抗滑稳定安全系数

$$K_s=\frac{(W+P_{ay})\mu}{P_{ax}}=\frac{(432+76.5)\times 0.4}{132.5}$$

$$=\frac{508.5\times 0.4}{132.5}=\frac{203.4}{132.5}=1.54>1.3，安全。$$

因安全系数偏大，为节省工程量修改挡土墙尺寸，将墙底宽 5.0m 减小为 4.0m，则挡土墙自重为

$$W'=\frac{(1.0+4.0)H\gamma}{2}=\frac{1}{2}\times 5\times 6\times 24=360\mathrm{kN/m}$$

修改尺寸后抗滑稳定安全系数

$$K_s=\frac{(W'+P_{ay})\mu}{P_{ax}}=\frac{(360+76.5)\times 0.4}{132.5}=1.32>1.30$$

(4) 抗倾覆验算

求出作用在挡土墙上诸力对墙趾 O 点的力臂。

自重 W' 的力臂　　$a=2.17\mathrm{m}$；

P_{ay} 的力臂 $b=3.65\text{m}$；

P_{ax} 的力臂 $h=2.00\text{m}$。

应用公式(5.23)可得抗倾覆稳定安全系数

$$K_t=\frac{W'a+P_{ay}b}{P_{ax}\cdot h}=\frac{360\times2.17+76.5\times3.65}{132.5\times2.00}$$

$$=\frac{781.2+279.2}{265.0}=\frac{1060.4}{265.0}=4.0>1.6\text{，安全。}$$

对于重力式挡土墙，通常抗滑稳定满足要求时，抗倾覆稳定也能满足要求。

(5) 地基承载力验算

① 作用在基础底面上总的竖向力

$$N=W'+P_{ay}=360+76.5=436.5\text{kN/m}$$

② 合力作用点与墙前趾 O 点距离

$$x=\frac{Wa+P_{ay}\cdot b-P_{ax}h}{N}$$

$$=\frac{360\times2.17+76.5\times3.65-132.5\times2.00}{436.5}$$

$$=\frac{781.2+279.2-265}{436.5}=1.82\text{m}$$

③ 偏心距

$$e=\frac{b}{2}-x=\frac{4.0}{2}-1.82=0.18<\frac{b}{6}$$

④ 基底边缘应力

$$p_{\substack{\max\\\min}}=\frac{N}{F}\left(1\pm\frac{6e}{b}\right)=\frac{436.5}{4}\left(1\pm\frac{6\times0.18}{4}\right)=109.1(1\pm0.27)=\begin{matrix}138.6\\79.6\end{matrix}\text{kPa}$$

⑤ 要求满足下列公式

$$\frac{1}{2}(p_{\max}+p_{\min})=\frac{1}{2}(138.6+79.6)=109.1\text{kPa}<f_a=180\text{kPa}$$

$$p_{\max}=138.6\text{kPa}<1.2f_a=1.2\times180=216\text{kPa}$$

基底平均应力与最大应力均满足要求。

最终确定挡土墙断面尺寸：顶宽为1.0m，底宽为4.0m。

5.7 土坡稳定分析

5.7.1 土坡稳定的作用

土木建筑工程中经常遇到各类土坡，包括天然土坡(山坡、海滨、河岸、湖边等)和人工土坡(基坑开挖、填筑路基、堤坝等)。如果处理不当，一旦土坡失稳产生滑坡，不仅影响工程进度，甚至危及生命安全和工程存亡。绪论中叙述的香港宝城大厦因滑坡冲毁，当场死亡 120 人和云南省彝良县龙海乡镇河村山体滑坡造成田头小学被掩埋死亡 19 人的实例，告诫我们对土坡稳定问题应予高度重视。现以典型工程分述如下。

1. 基坑开挖

中小型工程，基坑开挖很浅。如地基土质较好，基础埋深 $d=1\sim2\mathrm{m}$，可以竖直开挖，坡角 90°而稳定，既节省工程量，又可以采用机械开挖，施工进度快。但大型工程、高层建筑，基坑开挖深，竖直开挖基坑边坡不稳定，必须设计合理坡度。例如，北京西苑饭店新楼，地上 23 层，塔楼 27 层，地下 3 层箱形基础。基坑开挖最深 12m。地基土：地表下约 5m 厚为黏性土，其下约 7m 为粉细砂及粉土。深度 12m 为卵石层作箱基的持力层。原设计基坑开挖边坡坡度 1∶1 即坡角 45°。因危及基坑北侧市政管道及基坑西侧原西苑饭店多层客房基础稳定性，故将坡度收陡为：上段 1∶0.5，下段 1∶0.75。经实践表明是安全的，如图 5.39(a) 所示。

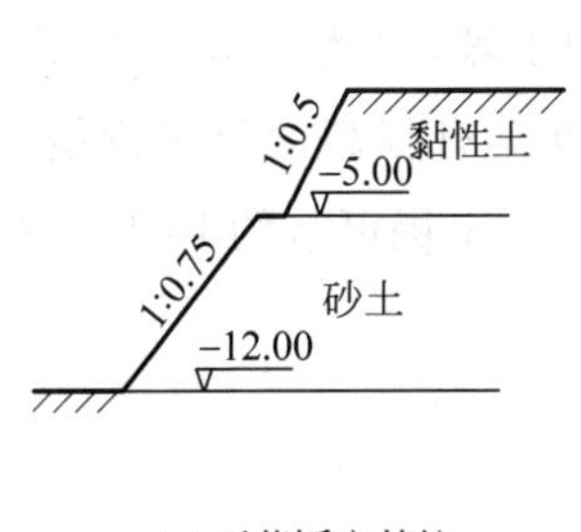

(a) 西苑饭店基坑

(b) 昆仑饭店基坑

图 5.39 基坑开挖边坡

高层建筑基础工程的任务重、难度大、工期长，往往跨年度，因此基坑开挖后要经受冬季冰冻春季融化、夏季暴雨冲刷等考验，如有疏忽，可使基坑滑坡。例如，北京昆仑饭店为一幢高层建筑，规模大，主楼 29 层，高 102m，基槽开挖长 190m，宽 79m，深 12m，总土方开挖量 12 万 m^3。绝大部分基槽采用 1∶0.5 天然坡度。此工程于 1983 年 2 月动工开挖基槽，接着做箱形基础。1983 年 7 月 1 日零时 10 分，昆仑饭店基槽北坡发生滑坡，如图 5.39(b) 所示，滑坡体长 10m，顶宽 3.5m，高 7m。滑坡体顶部到达塔吊轨道边缘，塔吊因无法行驶而停工。后经处理得以成功解决[26]。

2. 天然土坡

经过漫长时期形成的天然土坡原本是稳定的，如在土坡上建造房屋，增加坡上荷载，则土坡可能发生滑动。若在坡脚建房，为增加平地面积，往往将坡脚的缓坡削平，则土坡更易失稳发生滑动，如图 5.40 所示。这类情况在实际工程中屡见不鲜，应引起注意。

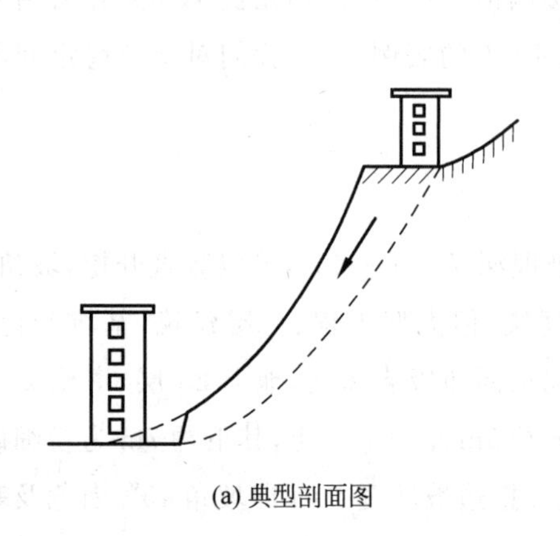

(a) 典型剖面图

(b) 大连市南山滑坡

图 5.40 天然土坡滑动情况

大连市区南山，在山坡上建房造成坡面滑塌。山麓为大连日报社库房，因山坡滑动库房墙体多处开裂，南山的南坡滑动更严重，1985 年 8 月 19 日南山发生大滑坡，吞没坡下 4 座民房[9]。

3. 堤坝路基

人工填筑河堤、土坝、铁路与公路路基，形成地面以上新的土坡。这类土坡的坡度，设计时应做到既安全又经济。由于这类工程长度往往很大，设计最优坡度具有很高的经济价值。例如，10m 高的土堤坡度，两侧均由 1∶1.5 改陡为 1∶1.4，只差 0.1，而 10km 土堤可节约 10 万立方米的工程量，很可观。

5.7.2 影响土坡稳定的因素

影响土坡稳定有多种因素，包括土坡的边界条件、土质条件和外界条件。具体因素分述如下：

(1) 土坡坡度

土坡坡度有两种表示方法：一种以高度与水平尺度之比来表示，例如，1∶2 表示高度 1m，水平长度为 2m 的缓坡；另一种以坡角 θ 的大小来表示。由图 5.41 可见，坡角 θ 越小土坡越稳定，但不经济。

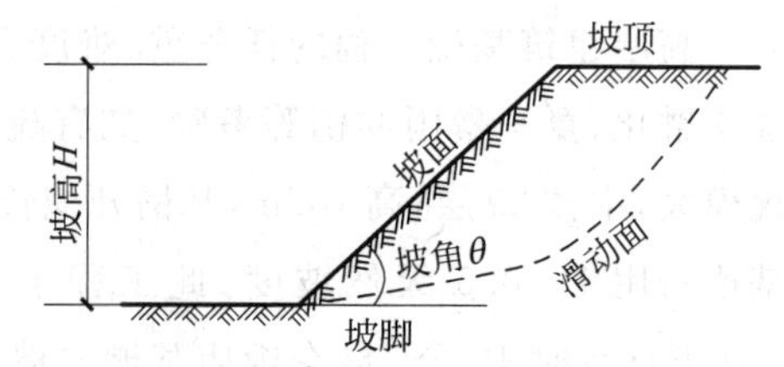

图 5.41 土坡各部位名称

(2) 土坡高度

土坡高度 H 指坡脚至坡顶之间的铅直距离。试验研究表明，对于黏性土边坡，在其他条件相同时，坡高越小，土坡越稳定。

(3) 土的性质

土的性质越好，土坡越稳定。例如，土的抗剪强度指标 c,ϕ 值大的土坡，比 c,ϕ 小的土坡更安全。

(4) 气象条件

若天气晴朗,土坡处于干燥状态,土的强度高,土坡稳定性好。若在雨季,尤其是连续大暴雨,大量雨水入渗,使土的强度降低,可能导致土坡滑动。例如,香港宝城大厦大滑坡和江南水泥厂大滑坡都是在当地大暴雨后发生的。

(5) 地下水的渗透

当土坡中存在与滑动方向一致的渗透力时,对土坡稳定不利。例如,水库土坝下游土坡就可能发生这种情况。

(6) 地震

发生地震时,会产生附加的地震荷载,降低土坡的稳定性。地震荷载还可能使土体中的孔压升高,降低土体的抗剪强度。

5.7.3 土坡稳定分析圆弧法[27]

1. 基本原理

根据土坡极限平衡稳定进行计算。自然界均质土坡失去稳定,滑动面常呈曲面,如图 5.42 所示。通常黏性土坡的滑动曲面接近圆弧,可按圆弧计算,称为圆弧法。

圆弧法最初是由瑞典科学家提出来的。位于北欧斯堪的纳维亚半岛东半部,呈南北向狭长地形的瑞典,存在大面积冰川时期和冰川后期沉积的厚层高灵敏度黏土。在修建房屋、铁路时扰动土的结构降低了土的强度,导致多次大规模滑坡,造成大量生命财产损失。瑞典政府组织国家铁路岩土工程委员会研究防治滑坡,该委员会在大量实地滑坡调查的基础上,提出了滑坡稳定分析圆弧法。该法于 1916 年由贺尔汀(H. Hultin) 和裴德逊(Petterson) 首先提出,后由费伦纽斯(W. Fellenius) 改进并在世界各国得到普遍应用,被太沙基认为是现今岩土工程中的一个里程碑。

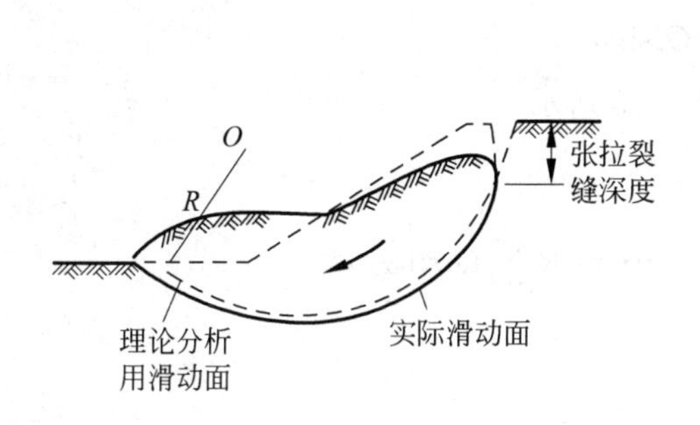

图 5.42 均质土坡滑动面

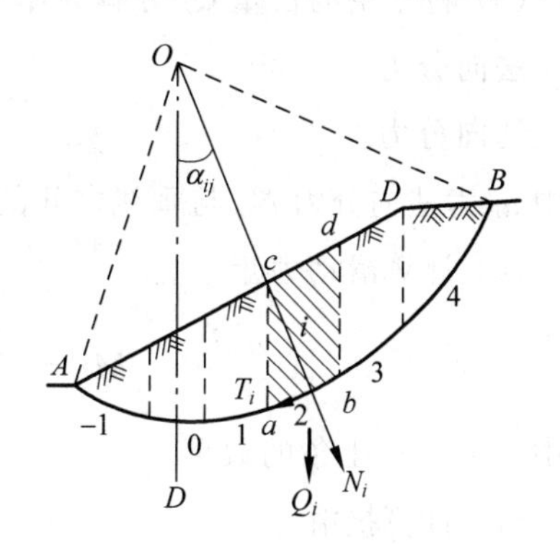

图 5.43 土坡稳定分析圆弧法

当土坡沿$\widehat{AB}$ 圆弧滑动时,可视为土体 $\triangle ABD$ 绕圆心 O 转动,如图 5.43 所示。取土坡长度一延米进行分析:

(1) 滑动力矩M_T,由滑动土体$\triangle ABD$的自重在滑动方向上的分力产生。

(2) 抗滑力矩M_R,由滑动面$\overset{\frown}{AB}$上的摩擦力和黏聚力产生。

(3) 土坡稳定安全系数K

$$K=\frac{\text{抗滑力矩}}{\text{滑动力矩}}=\frac{M_R}{M_T}=1.20\sim1.30 \tag{5.24}$$

安全系数K的取值,根据边坡工程安全等级和计算方法确定。

(4) 试算法确定K_{min}　由于上述滑动面$\overset{\frown}{AB}$是任意选定的,不一定是最危险的真正滑动面。所以通过试算法,找出安全系数最小值K_{min}的滑动面,才是真正的滑动面。为此,取一系列圆心$O_1,O_2,O_3,\cdots$和相应的半径$R_1,R_2,R_3,\cdots$,可计算出各自的安全系数$K_1,K_2,K_3,\cdots$,取其中最小值K_{min}对应的圆弧来进行设计。

2. 计算步骤

(1) 用坐标纸,按适当的比例尺绘制土坡剖面图,并在图上注明土的指标γ,c,ϕ的数值。

(2) 选一个可能的滑动面$\overset{\frown}{AB}$,确定圆心O和半径R。半径R可取整数,使计算简便。

(3) 将滑动土体竖向分条与编号,使计算方便而准确。分条时各条的宽度b相同,编号由坡脚向坡顶依次进行,如图5.43所示。

(4) 计算每一土条的自重Q_i

$$Q_i=\gamma bh_i$$

式中　b——土条的宽度,m;

　　h_i——第i个土条的平均高度,m。

(5) 将土条的自重Q_i分解为作用在滑动面$\overset{\frown}{AB}$上的两个分力(忽略条块之间的作用力)。

法向分力　　$N_i=Q_i\cos\alpha_i$

切向分力　　$T_i=Q_i\sin\alpha_i$

其中α_i为法向分力N_i与垂线之间的夹角,如图5.43所示。

(6) 计算滑动力矩

$$M_T=T_1R+T_2R+\cdots=R\sum_{i=1}^{n}Q_i\sin\alpha_i$$

式中　n——土条的数目。

(7) 计算抗滑力矩

$$\begin{aligned}M_R&=N_1\tan\phi R+N_2\tan\phi R+\cdots+cl_1R+cl_2R+\cdots\\&=R\tan\phi(N_1+N_2+\cdots)+Rc(l_1+l_2+\cdots)\\&=R\tan\phi\sum_{i=1}^{n}Q_i\cos\alpha_i+RcL\end{aligned}$$

式中 l_i—— 第 i 个土条的滑弧长度，m；

L—— 圆弧 $\widehat{AB}$ 的总长度，m。

(8) 计算土坡稳定安全系数

$$K=\frac{M_{\mathrm{R}}}{M_{\mathrm{T}}}=\frac{R\tan\phi\sum_{i=1}^{n}Q_i\cos\alpha_i+RcL}{R\sum_{i=1}^{n}Q_i\sin\alpha_i}=\frac{\tan\phi\sum_{i=1}^{n}Q_i\cos\alpha_i+cL}{\sum_{i=1}^{n}Q_i\sin\alpha_i} \tag{5.24$'$}$$

(9) 求最小安全系数 $K_{\min}$，即找最危险的圆弧。重复步骤(2) ～ (8)，选择不同的圆弧，得到相应的安全系数 $K_1,K_2,K_3,\cdots$，取其中最小值即为所求的 $K_{\min}$。

由上述可知，土坡稳定计算工作量大。初学者计算一个滑动圆弧需 2 小时左右。大型水库土坝稳定计算，上、下游坝坡每一种水位需计算 50 ～ 80 个滑动圆弧，画出安全系数的等高线，才能找出最小的安全系数 $K_{\min}$。用计算机进行计算，可节省大量时间。目前已有许多边坡稳定计算程序。

3. 简单土坡最危险的滑动面

简单土坡指土坡坡面单一、土质均匀的土坡。这种土坡最危险的滑动面可以快速求出。见图 5.44。

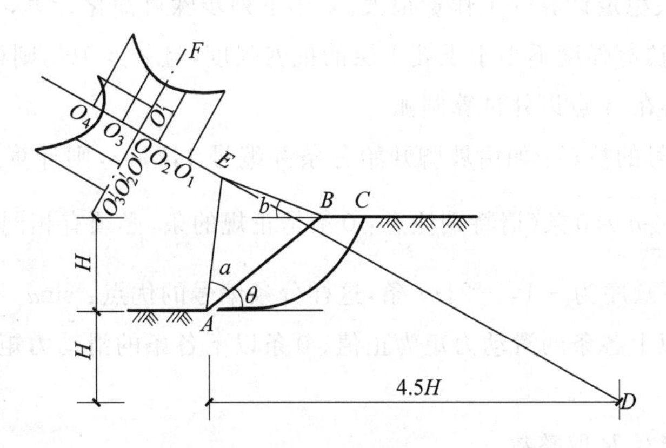

图 5.44 最危险滑弧圆心的确定

(1) 根据土坡坡度或坡角 θ，由表 5.5 查得相应的 a,b 角数值。

表 5.5 a,b 角的数值

土坡坡度	坡角 θ	a/(°)	b/(°)
1∶0.58	60	29	40
1∶1.0	45°	28	37
1∶1.5	33°41′	26	35
1∶2.0	26°34′	25	35
1∶3.0	18°26′	25	35
1∶4.0	14°03′	25	36

(2) 根据 a 角由坡脚 A 点作 $\overline{AE}$ 线，使 $\angle EAB = \angle a$；根据 b 角，由坡顶 B 点作 $\overline{BE}$ 线，使与水平线夹角为 $\angle b$。

(3) $\overline{AE}$ 与 $\overline{BE}$ 交点 E，为 $\phi = 0$ 时土坡最危险滑动面的圆心。

(4) 由坡脚 A 点竖直向下取 H 值，然后向土坡方向水平线上取 $4.5H$ 处为 D 点。作 $\overline{DE}$ 直线向外延长线附近，为 $\phi > 0$ 时土坡最危险滑动面的圆心位置。

(5) 在 $\overline{DE}$ 延长线上选 3～5 点作为圆心 $O_1, O_2, \cdots$，计算各自的土坡稳定安全系数 K_1，$K_2, \cdots$。按一定的比例尺，将 K 的数值画在各圆心 O 与 $\overline{DE}$ 正交的线上，并连成曲线。取曲线下凹处的最低点 O，过 O 作直线 $\overline{OF}$ 使与 DE 正交。

(6) 同理，在 $\overline{OF}$ 直线上，选 3 点～5 点作为圆心 $O_1', O_2', \cdots$，分别计算各自的土坡稳定安全系数 $K_1', K_2', \cdots$，按相同比例尺画在各圆心 O' 点上，方向与 $\overline{O'F}$ 直线正交，将 K' 端点连成曲线，取曲线下凹最低点对应的 O' 点，即为所求最危险滑动面的圆心位置。

4. 计算技巧

由以上可知，土坡稳定计算的工作量很大。采用下列步骤可简化计算，节省时间。

(1) 当地基土的抗剪强度不小于土坡土层的抗剪强度，且 $\phi > 10°$，则最危险的滑动圆弧通过坡脚 A 点，因此，不必在 A 点以外试算圆弧。

(2) 土条分条编号的技巧：如由坡脚开始分条并编号 1,2,⋯，则计算工作量很大。如以圆心 O 的铅垂线左右各宽 $\frac{1}{2}b$ 为 0 条(请特别注意：0 条是正规的条，必须有相同的宽度 b)，向上顺序编为 1,2,3,⋯ 条；向下顺序为 −1，−2，⋯ 条，这样分条编号的优点：$\sin\alpha_0 = 0$，0 条的滑动力矩即为 0，可不计算。0 条以上各条的滑动力矩为正值；0 条以下各条的滑动力矩为负值，物理概念十分清楚。

(3) 如前所述，半径 R 取整数。

(4) 分条宽度 b，取 $b = \frac{1}{10}R$，则三角函数值在任何圆心位置、任何半径与圆弧情况下都是固定不变的数值，即

$\sin\alpha_1 = 0.1, \sin\alpha_2 = 0.2, \sin\alpha_3 = 0.3, \sin\alpha_4 = 0.4, \cdots$

$\cos\alpha_1 = \sqrt{1 - \sin\alpha_1^2} = 0.995, \cos\alpha_2 = 0.980, \cos\alpha_3 = 0.945, \cos\alpha_4 = 0.917, \cdots$

这样可避免每个圆弧都计算大量的三角函数值，快速而方便。

(5) 土坡土层分层计算：如上层土的指标为 γ_1, c_1, ϕ_1，下层土的指标为 γ_2, c_2, ϕ_2。初学者对存在两层土的土条中容易出错的地方如下。

① 摩阻力分上、下两层计算后叠加，即

$$\gamma_1 h_{i1} \cos\alpha_i \tan\phi_1 + \gamma_2 h_{i2} \cos\alpha_i \tan\phi_2$$

② 将 ϕ_1 与 ϕ_2 取厚度的平均值计算，即

$$\phi = \frac{h_{i1}\phi_1 + h_{i2}\phi_2}{h_i}$$

发生这类错误的原因是，对圆弧法的基本原理没有真正掌握，对存在两层土的土条，上层土是滑动体内部，何来摩阻力？因此 $\tan\phi_1$ 不计入。土条摩阻力只在滑动面上，只计 $\tan\phi_2$ 的作用。

5. 适用范围

圆弧法适用于各种复杂的条件，包括土坡坡度有多种变化、变坡处中间有水平的马道等各种不规则的边坡形状；土坡土质非均质的多层土，上层斜向分布；坡顶作用集中力或均布荷载；土坡内部作用渗透力等都可以计算，应用很广。此外，《建筑地基基础设计规范》(GB 50007—2011)推荐用圆弧法进行地基稳定分析，其原理与方法完全相同。

【例题 5.9】 北京某高层建筑基槽开挖后发生了滑坡，经加固后，边坡高度为 6.5m，坡顶塔吊基础宽 2.0m，离坡边缘 2.0m，坡脚至坡顶水平距离为 5.0m。已知塔吊最大轮压力 750kN。坡面土实测指标：天然重度 $\gamma = 19.0\text{kN/m}^3$，内摩擦角 $\phi = 23°$，黏聚力 $c = 32\text{kPa}$。验算此基槽边坡的稳定性。

【解】 (1) 按一定比例尺绘制基坑土坡剖面图，如图 5.45 所示。

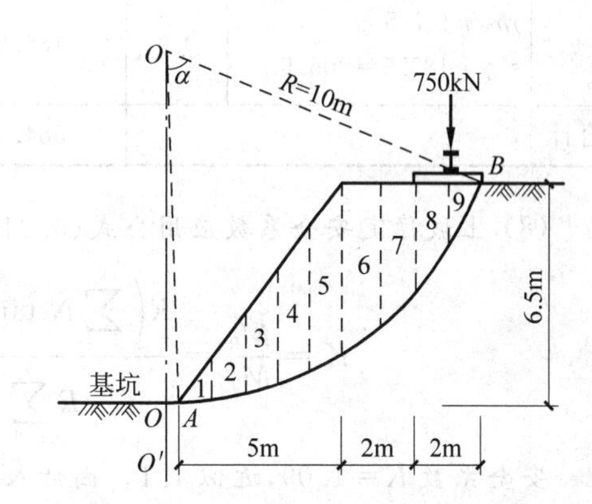

图 5.45 【例题 5.9】土坡稳定圆弧法计算图

(2) 取滑动圆弧：下端通过坡脚 A 点，上端坡顶若不包括吊塔荷载，计算的土坡稳定系数 $K_s > 1.5$，安全。应计入吊塔荷载，取吊塔基础外缘 B 点，半径 $R = 10.0\text{m}$，圆心为 O 点。

(3) 取土条宽 $b = \frac{1}{10}R = 1.0\text{m}$。

(4) 土条编号：作圆心 O 点的垂线 $\overline{OO'}$，垂线处为 0 条。依次向上编号为 1,2,3,… 共 9 条。

(5) 计算 $\overset{\frown}{AB}$ 弧长 L：设圆心角 $\angle AOB = \alpha$。

由 $\sin\frac{\alpha}{2} = \frac{\frac{\overline{AB}}{2}}{R} = 0.555$，得 $\alpha = 67.42°$，又因为 $\frac{\overset{\frown}{AB}}{\alpha} = \frac{2\pi R}{360°}$，所以弧长 $\overset{\frown}{AB} = \frac{\alpha\pi R}{180°} = \frac{67.42 \times 3.14 \times 10}{180} = 11.76\text{m}$

(6) 塔吊荷载 750kN，分布在 2m 宽基础的 8、9 两个土条上，每个土条上受塔吊荷载 375kN，轮压基础长度和宽度都按 2m 计算，土坡稳定计算时取 1 延米长，则作用在 8、9 两土条上计算塔吊荷载 187.5kN。

(7) 土坡各条切向力与摩阻力如表 5.6 所示。

表 5.6 【例题 5.9】的切向力和摩阻力

编号	土条重量 Q_i/kN	$\sin\alpha_i$	切向力 $T_i=Q_i\sin\alpha_i$	$\cos\alpha_i$	法向力 $N_i=Q_i\cos\alpha_i$	$\tan\phi$	摩阻力 $N_i\tan\phi$	总黏聚力 cbL/kN
1	$\gamma h_1=0.7\gamma=13.3$	0.1	1.3	0.995	13.2	0.4245	5.6	$32\times11.76\times1.0=376.32$
2	$\gamma h_2=2\gamma=38$	0.2	7.6	0.980	37.2	0.4245	15.8	
3	$\gamma h_3=3.1\gamma=58.9$	0.3	17.7	0.954	56.2	0.4245	23.9	
4	$\gamma h_4=4.2\gamma=79.8$	0.4	31.9	0.917	73.2	0.4245	31.1	
5	$\gamma h_5=5\gamma=95$	0.5	47.5	0.866	82.3	0.4245	34.9	
6	$\gamma h_6=4.6\gamma=87.4$	0.6	52.4	0.800	69.9	0.4245	29.7	
7	$\gamma h_7=3.8\gamma=72.2$	0.7	50.0	0.714	51.6	0.4245	21.9	
8	$\gamma h_8+187.5=2.6\gamma+187.5=236.9$	0.8	189.5	0.600	142.1	0.4245	60.3	
9	$\gamma h_9+187.5=\gamma+187.5=206.5$	0.9	185.9	0.436	90.0	0.4245	38.2	
合计			584.3				261.4	

(8) 土坡稳定安全系数应用公式(5.24)

$$K=\frac{M_{\mathrm{R}}}{M_{\mathrm{T}}}=\frac{R\left(\sum_{i=1}^{9}N_i\tan\phi+cL\right)}{R\sum_{i=1}^{9}T_i}=\frac{261.4+376.3}{584.3}=1.09$$

安全系数 $K=1.09$,近似 1.1。因计入塔吊最大荷载的轮压 750kN,这种情况极少,且时间很短,故对临时性基槽施工工程满足稳定性要求。

【例题 5.10】 某工程场地勘察地基土分为两层,第一层为粉质黏土,天然重度 $\gamma_1=18.2\mathrm{kN/m^3}$,黏聚力 $c_1=5.8\mathrm{kPa}$,内摩擦角 $\phi_1=23°$,层厚 $h_1=2.0\mathrm{m}$;第二层为黏土,相应的 $\gamma_2=19.0\mathrm{kN/m^3}$,$c_2=8.5\mathrm{kPa}$,$\phi_2=18°$,层厚 $h_2=8.3\mathrm{m}$。基坑开挖深度为 5.0m。设计此基坑开挖的坡度。

【解】 根据经验初定基坑开挖边坡为 1∶1。

(1) 用坐标纸按比例尺画出基坑剖面图,如图 5.46 所示。

(2) 取滑弧半径 $R=10.0\mathrm{m}$,滑弧下端通过坡脚 A 点。取圆心 O,使 O 的垂线离 A 点的水平距离为 0.5m,可得滑动面$\overline{AC}$。

(3) 取土条宽度 $b=\frac{1}{10}R=1.0\mathrm{m}$。

(4) 土条编号:圆心 O 点垂线处为 0 条,向上依次编为 1,2,3,…共 8 条。

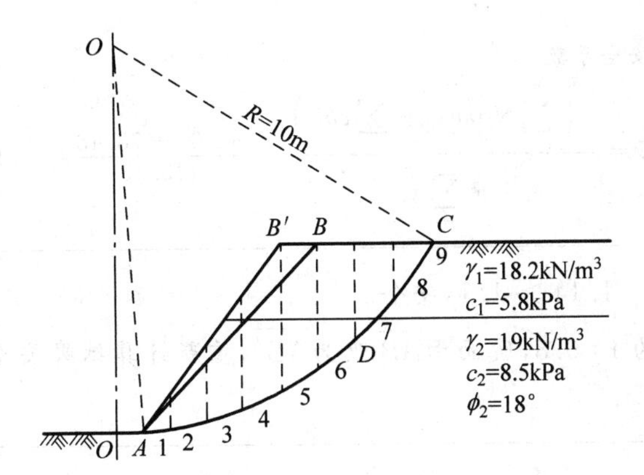

图 5.46 【例题 5.10】基坑边坡稳定计算

(5) 分段计算两层土各自的弧长为

$$\overset{\frown}{AD}=7.52\text{m},\quad \overset{\frown}{DC}=2.51\text{m}。$$

(6) 各土条的切向力和摩阻力如表 5.7 所示。

表 5.7 【例题 5.10】的切向力和摩阻力

编号	土条重量 Q_i/kN	$\sin\alpha_i$	切向力 $T_i=Q_i\sin\alpha_i$	$\cos\alpha_i$	法向力 $N_i=Q_i\cos\alpha_i$	$\tan\phi_i$	摩阻力 $N_i\tan\phi_i$	总黏聚力 cbL/kN
1	$0.5\gamma_2=0.5\times19=9.5$	0.1	0.95	0.995	9.45	0.3249	3.07	
2	$1.3\gamma_2=1.3\times19=24.7$	0.2	4.97	0.980	24.21	0.3249	7.87	
3	$2.1\gamma_2=2.1\times19=39.9$	0.3	11.97	0.954	38.06	0.3249	12.37	
4	$0.5\gamma_1+2.2\gamma_2=0.5\times18.2+2.2\times19=50.9$	0.4	20.36	0.917	46.68	0.3249	15.17	$7.52\times8.5\times1.0=63.92$
5	$1.5\gamma_1+1.65\gamma_2=1.5\times18.2+1.65\times19=58.65$	0.5	29.33	0.866	50.79	0.3249	16.50	
6	$2.0\gamma_1+1.0\gamma_2=2.0\times18.2+1.0\times19=55.4$	0.6	33.24	0.800	44.32	0.3249	14.40	
7	$1.91\gamma_1+0.2\gamma_2=1.91\times18.2+0.2\times19=38.56$	0.7	26.99	0.714	27.53	0.3747	10.32	
8	$1.05\gamma_1=1.05\times18.2=19.11$	0.8	15.29	0.600	11.47	0.4245	4.87	$5.8\times1.0\times2.51=14.56$
9	$0.1\times0.2\gamma_1=0.364$	0.9	0.33	0.436	0.16	0.4245	0.07	
合计			143.43				84.64	78.48

(7) 基坑开挖土坡稳定安全系数

$$K=\frac{R\left(\sum_{i=1}^{8} N_i\tan\phi_i+\sum cbL\right)}{R\sum_{i=1}^{8} T_i}=\frac{84.64+78.48}{143.43}=1.14$$

评论：安全系数 $K=1.14>1.1$，安全。

若将开挖坡度改陡为1∶0.8，坡面由$\overline{AB}$改为$\overline{AB'}$，重新计算结果安全系数$K'=1.11>1.1$，仍安全，但可节省工程量。

5.7.4 简单土坡稳定计算

如前所述，当土坡土质均一，坡度不变，无地下水时，称为简单土坡。这种土坡的稳定计算可简化。

1. 无黏性土简单土坡

对于无黏性土土坡，只要坡面不发生滑动，土坡就可保持稳定。

在土坡坡面取一微小单元体进行分析(如图5.47所示)：

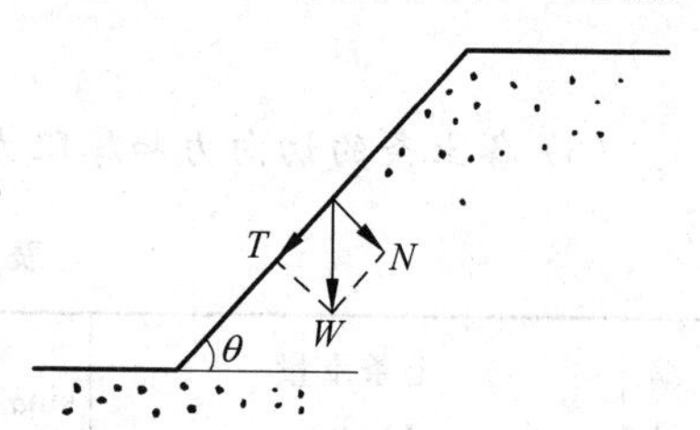

图5.47 无黏性土简单土坡

土体自重 W 铅垂向下，W 的两个分力为

法向分力 $N=W\cos\theta$

切向分力 $T=W\sin\theta$

稳定安全系数

$$K=\frac{\text{抗滑力}}{\text{滑动力}}=\frac{N\tan\phi}{T}=\frac{W\cos\theta\tan\phi}{W\sin\theta}=\frac{\tan\phi}{\tan\theta} \tag{5.25}$$

安全系数 K 的取值，对基坑开挖边坡可采用1.1～1.2。

评论：

① 由公式(5.25)可见，当土坡坡角θ与内摩擦角ϕ相等，即$\theta=\phi$时，安全系数$K=1.0$。此时土坡呈极限平衡状态。

② 由公式(5.25)可知，无黏性土简单土坡稳定安全系数K，只与内摩擦角ϕ与坡角θ有关，与坡高H无关。稳定安全系数K与重度γ无关。

③ 若土坡为密实碎石土，如前所述，存在咬合力，则土坡稳定安全系数K不仅与Φ有关，而且与坡高H及结构力C有关。《建筑地基基础设计规范》(GB 50007—2011)[18]规定：密实碎石土，坡度允许值(高宽比)为

坡高在5m以内　　1∶0.35～1∶0.50

坡高在5～10m　　1∶0.50～1∶0.75

同一种土，坡高H大时，坡度允许值要小，即坡度平缓。坡度允许值中已包含安全系数在内。

2. 黏性土简单土坡

黏性土简单土坡比无黏性土复杂，其稳定坡角 θ，是黏性土的性质指标 γ,c,ϕ 与土坡高度 H 的函数，即

$$\theta = f(\phi,c,\gamma,H)$$

因此，可根据计算结果制成图表，便于应用。通常以土坡坡角 θ 为横坐标，以稳定数 $N=\dfrac{c}{\gamma H}$ 为纵坐标，并以常用 ϕ 值系列曲线，组合成黏性土简单土坡计算图，如图 5.48 所示。应用此图，可以很方便地求解下列两类问题：

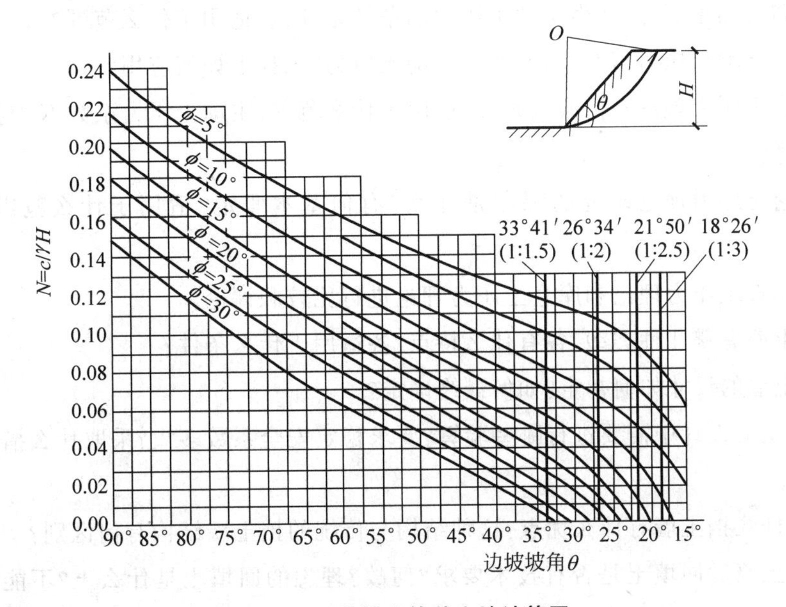

图 5.48 黏性土简单土坡计算图

(1) 已知黏性土坡的坡角 θ 和土的指标 ϕ,c,γ，求土坡的最大允许高度 H。

由图 5.48 横坐标据 θ 值向上与 ϕ 值曲线的交点，水平向往左找到纵坐标 N 值，即可得高度 $H=\dfrac{c}{\gamma N}$。

(2) 已知黏性土土坡高度 H 和土的指标 c,γ,ϕ。求土坡的稳定坡角 θ。

由图 5.48，计算纵坐标稳定数 $N=\dfrac{c}{\gamma H}$ 值，水平向右延伸与 ϕ 值相应曲线的交点，再竖直向下与横坐标相交的点，即为所求土坡稳定的坡角 θ 值。

【例题 5.11】 已知某工程基坑开挖深度 $H=5.0\text{m}$，地基土的天然重度 $\gamma=19.0\text{kN/m}^3$，内摩擦角 $\phi=15°$，黏聚力 $c=12\text{kPa}$。求此基坑开挖的稳定坡角。

【解】 由已知开挖深 H 与土的指标 γ、c，计算稳定数 N。

$$N=\frac{c}{\gamma H}=\frac{12}{19.0\times 5.0}=0.126$$

查图5.48纵坐标0.126水平向右与$\phi=15^{\circ}$的曲线交点对应的横坐标即为所求稳定坡角$\theta\approx 64^{\circ}$。

复习思考题

5.1 土压力有哪几种?影响土压力大小的因素是什么?其中最主要的影响因素是什么?

5.2 何谓静止土压力?说明产生静止土压力的条件、计算公式和应用范围。

5.3 何谓主动土压力?产生主动土压力的条件是什么?适用于什么范围?

5.4 何谓被动土压力?什么情况产生被动土压力?工程上如何应用?

5.5 朗肯土压力理论有何假设条件?适用于什么范围?主动土压力系数K_a与被动土压力系数K_p如何计算?

5.6 库仑土压力理论研究的课题是什么?有何基本假定?适用于什么范围?K_a与K_p如何求得?

5.7 对朗肯土压力理论和库仑土压力理论进行比较和评论。

5.8 挡土墙有哪几种类型,各有什么特点?各适用于什么条件?

5.9 挡土墙的尺寸如何初定?如何最终确定?

5.10 挡土墙设计中需要进行哪些验算?要求稳定安全系数多大?采取什么措施可以提高稳定安全系数?

5.11 锚杆式挡土墙有什么优点?这种结构与传统的挡土墙结构有何区别?

5.12 挡土墙后回填土是否有技术要求?何故?理想的回填土是什么土?不能用的回填土是什么土?

5.13 挡土墙不设排水措施会产生什么问题?截水沟与泄水孔设在何处?

5.14 土坡稳定有何实际意义?影响土坡稳定的因素有哪些?如何预防土坡发生滑动?

5.15 土坡稳定分析圆弧法的原理是什么?为何要分条计算?计算技巧有何优点?最危险的滑弧如何确定?怎样避免计算中发生概念性的错误?

习 题

5.1 已知某挡土墙高度$H=4.0\text{m}$,墙背竖直、光滑。墙后填土表面水平。填土为干砂,重度$\gamma=18.0\text{kN/m}^3$,内摩擦角$\phi=36^{\circ}$。计算作用在此挡土墙上的静止土压力P_0;若墙能向前移动,大约需移动多少距离才能产生主动土压力P_a?计算P_a的数值。 (答案:57.6kN/m;约2cm;37.4kN/m)

5.2　上题的挡土墙，当墙后填土中的地下水位上升至离墙顶2.0m处，砂土的饱和重度为$\gamma_{sat}=21.0kN/m^3$。求此时墙所受的P_0、P_a和水压力P_w。　(答案：52.0kN/m；33.8kN/m；20.0kN/m)

5.3　第一题，若挡土墙与墙土间的摩擦角$\delta=24°$，其余条件不变。计算此时的主动土压力P_a。　(答案：36.3kN/m)

5.4　已知某地区修建一挡土墙，高度$H=5.0m$，墙的顶宽$b=1.5m$，墙底宽度$B=2.5m$。墙面倾斜，墙背竖直，墙背摩擦角$\delta=20°$，填土表面倾斜$\beta=12°$。墙后填土为中砂，重度$\gamma=17.0kN/m^3$，内摩擦角$\phi=30°$。求作用在此挡土墙背上的主动土压力P_a和P_a的水平分力与竖直分力。　(答案：106kN/m；90.5kN/m；55.0kN/m)

5.5　已知上题挡土墙地基为砂土，墙底摩擦系数$\mu=0.4$，墙体材料重度$\bar{\gamma}=22.0kN/m^3$。验算此挡土墙的抗滑及抗倾覆稳定安全系数是否满足要求。　(答案：$K_s=1.22<1.3$，不满足要求；$K_t=2.27>1.5$，满足要求)

5.6　某挡土墙高度$H=10.0m$，墙背竖直、光滑，墙后填土表面水平。填土上作用均布荷载$q=20kPa$。墙后填土分两层：上层为中砂，重度$\gamma_1=18.5kN/m^3$，内摩擦角$\phi_1=30°$，层厚$h_1=3.0m$；下层为粗砂，$\gamma_2=19.0kN/m^3$，$\phi_2=35°$。地下水位在离墙顶6.0m位置。水下粗砂的饱和重度为$\gamma_{sat}=20.0kN/m^3$。计算作用在此挡土墙上的总主动土压力和水压力。　(答案：298kN/m；80.0kN/m)

5.7　已知某混凝土挡土墙设计：墙顶宽度$b=1.0m$，墙底宽度$B=5.0m$，墙背倾斜，$\varepsilon=20°$，墙后填土高$H=7.0m$，填土表面倾斜$\beta=6°$。填土为中砂，重度$\gamma_1=17.0kN/m^3$，内摩擦角$\phi_1=30°$。墙前趾埋深$d=1.5m$，地基为细砂，重度$\gamma_2=18.0kN/m^3$，内摩擦角$\phi_2=20°$。墙底与地基摩擦系数$\mu=0.4$。计算作用在墙背上的土压力；作用在墙前趾上的土压力，并验算挡土墙抗滑稳定性。　(答案：227kN/m；41.3kN/m；$1.09<1.30$，不安全)

5.8　已知一均匀土坡，坡角$\theta=30°$，土的重度$\gamma=16.0kN/m^3$，内摩擦角$\phi=20°$，黏聚力$c=5kPa$。计算此黏性土坡的安全高度H。　(答案：12.0m)

5.9　已知某路基填筑高度$H=10.0m$，填土的重度$\gamma=18.0kN/m^3$，内摩擦角$\phi=20°$，黏聚力$c=7kPa$。求此路基的稳定坡角θ。　(答案：35°)

5.10　某高层住宅基坑开挖深度$H=6.0m$，土坡坡度为1∶1。地基土分两层：第一层为粉质黏土，天然重度$\gamma_1=18.0kN/m^3$，内摩擦角$\phi_1=20°$，黏聚力$c_1=5.4kPa$，层厚$h_1=3.0m$；第二层为黏土，重度$\gamma_2=19.0kN/m^3$，$\phi_2=16°$，$c_2=10kPa$，层厚$h_2=10.0m$。试用圆弧法计算此土坡的稳定性。　(答案：$K\approx1.0$)

第6章

工程建设的岩土工程勘察[28]

6.1 概述

6.1.1 岩土工程勘察的目的

《岩土工程勘察规范》(GB 50021—2001)(2009年版)明确规定:"各项建设工程在设计和施工之前,必须按基本建设程序进行岩土工程勘察",并把它作为强制性条文推行。事实证明,工程建设之前如果不进行勘察或不认真勘察,就会给工程带来严重的不良后果。

1. 盲目设计施工的后果[9]

有些设计工程师以为凭自己的经验,没有勘察也照样可完成建筑工程设计。图纸好画,后果严重。例如,南京东南大学太平北路6层教工住宅,在建成钢筋混凝土筏板基础后,发生整块板基断裂,如图6.1所示;北京师范大学实验中学教学南楼与北楼为两层、局部三层楼房,建成使用几年后发生墙体开裂,并日趋严重;清华大学第三教室楼配电站是单层平房,因墙体裂缝严重,长期不敢使用,如图6.2所示;北京工人体育馆售票房也是单层平房,因屋顶与墙体严重开裂,不得不拆除重建。这些建筑工程事故,都是由于未经勘察,盲目进行设计,盲目进行施工造成的。

设计工程师是学过专业知识的,未经勘察为何敢于设计?都有具体原因。上述东南大学教工住宅北侧,已经正规勘察、设计并建成6层教工住宅,使用良好,两楼相隔仅二十余米,当地的地形平坦,地表土坚实。设计工程师判断这是简单场地,将北侧住宅的勘察资料借用作为南边新楼的地质资料,事故发生后,停工补做勘察,发现板基断裂一侧地基中存在软弱淤泥层。何来淤泥?

图 6.1 东南大学教工住宅板基断裂

图 6.2 清华大学三教配电站墙体开裂

原来，过去有一条铁路通过，路基坚实，但路基两侧排水沟因常年积水，沟底形成淤泥。板基横跨路基与排水沟，因土质软硬悬殊而断裂。北京师范大学实验中学教学楼场地，几十年前是一个大深坑，附近居民倾倒生活垃圾逐渐填平，深坑内外地基沉降严重不均匀，导致墙体开裂。清华大学第三教学楼配电站场地下面有一条人防通道斜向贯穿，人防通道土体挖除形成临空，地基局部超量沉降，墙体开裂不可避免。至于北京工人体育馆售票房地基，从前是一芦苇塘。由于人来车往，地面都有一层硬壳，不经勘察，孰知硬壳层下存在事故的隐患呢？

2. 粗心大意危害极大[9]

有些工程师以为勘察是件粗活，不就是工人打几个孔，工程师定个承载力吗？这种粗枝大叶的作风造成极大的危害。绪论中叙述的南京分析仪器厂 5 层住宅楼，因将稻壳灰判为一般杂填土，造成筏板基础断裂，卸荷处理拆去2层，损失40%住宅面积。清华大学供应科办公库房楼因钻孔深度太浅，地基中部厚层高压缩性泥炭层未发现，墙体大裂缝33条，成为危房，如图6.3所示。云南民族学院10号教工住宅，地基中存在局部淤泥与泥炭土未发现，严重开裂，多次加固无效，最后被迫拆除，如图6.4所示。这些工程都经过勘察，但工作粗略，同样导致工程失败，更应引以为戒。

图6.3 清华大学供应科库房墙体开裂情况

图6.4 云南民院住宅墙体开裂情况

3. 结合实际防止事故

岩土工程勘察的目的是使工程设计结合实际来进行。优良的设计方案，必须以准确的岩土工程勘察资料为依据。设计工程师对地基土层的分布、土的松密、压缩性高低、强度大小，尤其是均匀性，是否存在局部软硬异常的情况，以及地下水的埋深与水质，土的性质是否会产生液化等条件，进行全面和深入地研究，才能做好设计，防止地基事故的发生，确保工程质量，这是必须做到的基本要求。

4. 技术先进高效投资

对于重要的工程、一级建筑或场地复杂的工程，岩土工程勘察的目的，不仅要提供岩土工程条件和评价作为设计、施工的依据，而且应当确保工程安全且经济，提高投资效益。例如，对于重要工程确定单桩竖向承载力时，不能简单地查《建筑地基基础设计规范》(GB 50007—2011)所列数值确定，而应当结合现场单桩竖向静载荷试验数据进行确定。

进行现场载荷试验存在下列问题：

(1) 建设单位需要支付试验费。勘察与设计单位应当说明载荷试验对于重要工程的必要性。

(2) 一般勘察单位没有载荷试验专用设备和经验，应由有资质的单位进行试验。

(3) 试验需要一定时间。

6.1.2 确定岩土工程勘察等级

各项工程建设的岩土工程勘察任务大小不同，工作内容、工作量及勘察方法也不一样，包括钻孔的数量、孔深、取原状土试验项目与原位测试种类的多少等。为此，首先要确定岩土工程勘察等级。

岩土工程勘察等级，应根据建筑工程重要性等级、建筑场地等级、建筑地基等级综合分析确定。

1. 建筑工程重要性等级

建筑工程重要性等级，应根据工程破坏后果的严重性，按表 6.1 划分为三个等级。

表 6.1 工程重要性等级

工程重要性等级	破坏后果	工程类型
一级	很严重	重要工程
二级	严　重	一般工程
三级	不严重	次要工程

2. 建筑场地等级

建造场地等级应根据场地的复杂程度分为三级。

(1) 一级场地(复杂场地)

符合下列条件之一者为一级场地：①对建筑抗震危险的地段；②不良地质现象强烈发育；③地质环境已经或可能受到强烈破坏；④地形地貌复杂；⑤有影响工程的多层地下水、岩溶裂隙水或其他水文地质条件复杂、需专门研究的场地。

(2) 二级场地(中等复杂场地)

符合下列条件之一者为二级场地：①对建筑抗震不利的地段；②不良地质作用一般发育；③地质环境已经或可能受到一般破坏；④地形地貌较复杂；⑤基础位于地下水位以下的场地。

(3) 三级场地(简单场地)

符合下列条件者为三级场地：①地震设防烈度等于或小于 6 度，或对建筑抗震有利的地段；②不良地质作用不发育；③地质环境基本未受破坏；④地形地貌简单；⑤地下水对工程无影响。

注：1. 场地与地基等级的确定，从一级开始，向二级、三级推定，以最先满足的为准。

2. 对建筑抗震有利、不利和危险地段的划分，应按现行国家标准《建筑抗震设计规范》(GB 50011—2010)的规定进行确定。

3. 建筑地基等级

建筑地基等级应根据地基的复杂程度分为三级。

(1) 一级地基(复杂地基)

符合下列条件之一者，为一级地基：①岩土种类多，很不均匀，性质变化大，需特殊处理；

②严重湿陷、膨胀、盐渍、污染的特殊性岩土，以及其他情况复杂，需作专门处理的岩土。

(2) 二级地基(中等复杂地基)

符合下列条件之一者为二级地基：①岩土种类较多，不均匀，性质变化较大；②除一级地基规定以外的特殊性岩土。

(3) 三级地基(简单地基)

符合下列条件者为三级地基：①岩土种类单一，均匀，性质变化不大；②无特殊性岩土。

4. 岩土工程勘察等级

根据工程重要性等级、场地复杂程度等级和地基复杂程度等级，可按下列条件划分岩土工程勘察等级。

① 甲级 在工程重要性、场地复杂程度和地基复杂程度等级中，有一项或多项为一级；

② 乙级 除勘察等级为甲级和丙级以外的勘察项目；

③ 丙级 工程重要性、场地复杂程度和地基复杂程度均为三级。

注：建筑在岩质地基上的一级工程，当场地复杂程度等级和地基复杂程度等级均为三级时，岩土工程勘察等级可定为乙级。

6.1.3 野外勘察的准备工作

当收到建设单位委托岩土工程勘察任务书后，不打无准备之仗，应立即进行出发前的各项准备工作。

1. 收集资料

收集岩土工程勘察有关资料极为重要，第一需要建筑场地的地形图；第二需要建筑规划的平面图与建筑物层数，详见表6.2。包括建筑场地是否已三通一平？是否存在旧民宅未拆除的建筑物和堆物堆料情况？尤其对地下隐蔽工程各类管线的位置与走向都需要查明。曾有一勘察工程钻机打破自来水总管，使当地几万居民断水。类似钻孔打破下水管道以及照明与通讯电缆的事故时有发生，应吸取教训，认真做好收集资料的工作。

表6.2 岩土工程勘察需收集的资料

资料名称	选　址	初　勘	详　勘
地形图	区域	$\frac{1}{1000}\sim\frac{1}{5000}$，带坐标	大比例尺，附建筑总平面布置图，带坐标
建筑物	性质、用途、平面尺寸、层数、高度、结构型式、荷载大小、有无地下室及深度		可能采取的基础形式、尺寸、埋深及特殊要求
已有资料	大面积普查、地质、地形地貌、地震、矿产等	邻近钻孔及试验资料，建筑经验	
现场条件	历史变迁，故河道、塘、沟、井、坟、填土等	地下管道、结构物、地下电缆、水管、煤气管位置	邻近建筑

2. 编制岩土工程勘察纲要

由此项任务的岩土工程勘察工程主持人，根据收集的建筑物的规模、用途、平面尺寸，结合当地条件，把建筑物的平面图套在地形图上，布设勘探孔位、间距、标明孔深、技术孔取原状土样部位标高及原位测试地点数量等。钻孔布设的要求见表6.3。

表6.3 布孔标准

<table>
<tr><td colspan="2">布孔项目</td><td colspan="3">初步勘察</td><td colspan="4">详细勘察</td></tr>
<tr><td colspan="2">布孔位置</td><td colspan="7">按建筑物平面形状沿主要承重墙和柱的轴线排列，主要建筑物四角</td></tr>
<tr><td rowspan="4">间距/m</td><td>勘察等级</td><td colspan="2">线距</td><td>点距</td><td colspan="4"></td></tr>
<tr><td>一级</td><td colspan="2">50～100</td><td>30～50</td><td colspan="4">10～15</td></tr>
<tr><td>二级</td><td colspan="2">75～150</td><td>40～100</td><td colspan="4">15～30</td></tr>
<tr><td>三级</td><td colspan="2">150～300</td><td>75～200</td><td colspan="4">30～50</td></tr>
<tr><td colspan="2" rowspan="5">基底以下深度/m</td><td>类别</td><td>一般性孔</td><td>控制性孔</td><td colspan="4">一般性孔：$b \leqslant 5$m，条形基础为$3b$，独立基础为$1.5b$，且不应小于5m</td></tr>
<tr><td>一级</td><td>≥15</td><td>≥30</td><td>控制性孔</td><td>$b \leqslant 5$</td><td>$5 < b \leqslant 10$</td><td>$10 < b \leqslant 20$</td></tr>
<tr><td>二级</td><td>10～15</td><td>15～30</td><td>软土</td><td>$3.5b$</td><td>$2.5b \sim 3.5b$</td><td>$2.0b \sim 2.5b$</td></tr>
<tr><td rowspan="2">三级</td><td rowspan="2">6～10</td><td rowspan="2">10～20</td><td>一般土</td><td>$3.0b \sim 3.5b$</td><td>$2.0b \sim 3.0b$</td><td>$1.5b \sim 2.0b$</td></tr>
<tr><td>密砂及碎石土</td><td>$3.0b$</td><td>$1.5b \sim 3.0b$</td><td>$1.0b \sim 1.5b$</td></tr>
<tr><td rowspan="3">钻孔类别</td><td>总孔数</td><td colspan="3">n</td><td colspan="4">n</td></tr>
<tr><td>控制性孔</td><td colspan="3">$(1/5 \sim 1/3)n$且每个地貌单元均应有控制性勘探孔</td><td colspan="4"></td></tr>
<tr><td>取样、测试孔</td><td colspan="3">$(1/4 \sim 1/2)n$</td><td colspan="4">$(1/2 \sim 2/3)n$，对地基基础设计等级为甲级建筑每幢≥3个</td></tr>
</table>

勘探点的布置时，钻孔间距取值，为一个孔的资料所能代表的范围，按地基土层分布的简单与复杂、场地的复杂程度以及建筑工程安全等级而确定。

(1) 若为高层建筑详勘，按下列要求布孔：

① 勘探点按建筑物周边线布置，角点和中心点应有勘探点。

② 勘探点的布置应满足纵横方向对地层结构和均匀性的评价要求，其间距宜取15～35m。

③ 单幢高层建筑勘探点不应少于4个，其中控制性勘探点不宜少于3个。对密集的高层建筑群，勘探点可适当减少，但每栋建筑物至少应有一个控制性勘探点。重大设备基础应单独布置勘探点；重大的动力机器基础和高耸构筑物，勘探点不宜少于3个。

勘探手段宜采用钻探与触探相配合，在复杂地质条件、湿陷性土、膨胀岩土、风化岩和残积土地区，宜布置适量探井。

(2) 详细勘察采取土试样和进行原位测试应满足岩土工程评价要求，并符合下列要求：

采取土试样和进行原位测试的勘探孔的数量，应根据地层结构、地基土的均匀性和工程特点确定，且不应少于勘探孔总数的1/2，钻探取土试样孔的数量不应少于勘探孔总数的1/3；

每个场地每一主要土层的原状土试样或原位测试数据不应少于6件(组)，当采用连续记录的静力触探或动力触探为主要勘察手段时，每个场地不应少于3个孔；

在地基主要受力层内，对厚度大于0.5m的夹层或透镜体，应采取土试样或进行原位测试；

当土层性质不均匀时，应增加取土试样或原位测试数量。

(3) 勘探孔深度

勘探孔深度的理论依据：在建筑物荷载作用下，地基受压层的深度。控制性勘察孔的深度应适当大于地基受压层，以查明是否存在软弱下卧层。探查孔深度可浅于受压层，只要分清土层界面即可。

① 关于地基受压层的计算已在第3章中叙述。对于中小型工程，可采用下列简便方法估算地基受压层深度 z_n 值。

独立基础 $z_n=1.5\sim2.0b$；

矩形基础 $z_n=2.0\sim3.0b$；

条形基础 $z_n=3.0\sim3.5b$。

上列简便方法适用条件：基础宽度 $b\leqslant5$m，且地基受压层范围内无软弱下卧层。

大型设备基础勘探孔深度不宜小于基础底面宽度的2倍；

② 高层建筑箱形基础或筏板基础勘探孔深度为

$$z=d+\alpha b \tag{6.1}$$

式中 z—— 勘探孔深度，m；

d—— 箱基或筏基的埋深，m；

b—— 基础底面宽度，m；

α—— 经验系数，与地基土的类别和勘探孔类别有关，按表6.4取值。

表6.4 经验系数 α 值

勘探孔类别 \ 土的类别	碎石土	砂 土	粉 土	黏性土（含黄土）	软 土
控制孔	0.5～0.7	0.7～0.9	0.9～1.2	1.0～1.5	2.0
一般孔	0.3～0.4	0.4～0.5	0.5～0.7	0.6～0.9	1.0

注：表中 α 值，当土的堆积年代久、密实或在地下水位以上取小值，反之取大值。但一般性勘探孔应达到基底下0.5～1.0b。

对高层建筑和需作变形验算的地基，控制性勘探孔的深度应超过地基变形计算深度；高层建筑的一般性勘探孔应达到基底下0.5～1.0倍的基础宽度，并深入稳定分布的地层。

对仅有地下室的建筑或高层建筑的裙房，当不能满足抗浮设计要求，需设置抗浮桩或锚杆时，勘探孔深度应满足抗拔承载力评价的要求。

当有大面积地面堆载或软弱下卧层时，应适当加深控制性勘探孔的深度。

在上述规定深度内遇基岩或厚层碎石土等稳定地层时，勘探孔深度可适当调整。

③ 当需进行地基整体稳定性验算时，控制性勘探孔深度应根据具体条件满足验算要求；

④ 当需确定场地抗震类别而邻近无可靠的覆盖层厚度资料时，应布置波速测试孔，其深度应满足确定覆盖层厚度的要求；

⑤ 当需进行地基处理时，勘探孔的深度应满足地基处理设计与施工要求；当采用桩基时，勘探孔的深度应满足《岩土工程勘察规范》(GB 50021—2001)(2009 再版)的有关规定。

(4) 勘察纲要中还应包括：①钻机型号与数量；②原位测试设备，动力触探、静力触探及旁压仪等；③原状取土器、铁皮衬筒及密封设备；④人员配备，每一机组设机长 1 人，副机长兼描述员 1 人，勘察工 3 人，共 5 人；⑤交通运输；⑥进度计划。

由工程主持人(工程师)召集全体人员，讲解勘察纲要，经讨论通过后执行。

3. 检验机具，落实人员

4. 现场踏勘定位

在进行或完成上述各项准备工作时，勘察工程主持人应约机长到勘察工地现场踏勘，查明现场环境，进行钻孔定位打木桩。常常会遇到各种障碍物，影响正常勘察工作。例如，某教室楼岩土工程勘察时，场地西部原有一幢旧厂房尚未拆除，钻机进不去，踏勘定孔位时改用北京铲手钻，并将正在进行生产的电子仪器与工具移往旁边，既不影响未拆工厂的生产，又完成了勘察任务。又如某单位中 11 楼至中 16 楼的 5 层至 6 层住宅勘察时，勘察场地为一煤场，尚未搬迁，有的钻孔位于煤炉仓库，有的钻孔位于煤饼仓库，有的钻孔位于西南一棵大树下，有的钻孔位于居民住宅院内，还有一个钻孔正巧落在一大堆煤中部，为此，实际勘察对原定勘探点孔位进行了适当的移位或调整。

6.2　各阶段勘察的内容与要求

勘察阶段可分为场址选择或可行性研究、初步勘察、详细勘察三个阶段。各阶段的勘察成果应符合各相应设计阶段的要求。

对场地面积不大，地质条件简单或有建筑经验的地区，可简化勘察阶段，但应符合初步勘察和详细勘察两个阶段的要求。

对工程地质条件复杂或有特殊要求的建筑物，必要时应进行施工勘察或专门勘察。

6.2.1　可行性研究勘察(选址勘察)

根据工程建设项目规划阶段应对几个建筑场址作比较的要求，进行可行性研究勘察。

1. 目的

对拟选场址的稳定性和适宜性作出工程地质评价。

2. 主要任务

(1) 搜集区域地质、地形地貌、地震、矿产和附近地区的工程地质岩土工程资料及当地的建筑经验。

(2) 在分析已有资料的基础上,通过现场踏勘,了解场地的地层分布、构造、成因与年代和岩土性质、不良地质作用及地下水的水位、水质情况。

(3) 对各方面条件较好且倾向于选取的场地,如已有资料不充分,应进行必要的工程地质测绘及勘探工作。

(4) 当有两个或两个以上拟选场地时,应进行比选分析。

根据我国的建设经验,下列地区、地段不宜选为场址:

(1) 不良地质现象发育且对场地稳定性有直接危害或潜在威胁的地区,如泥石流河谷、崩塌、滑坡、土洞、塌陷、岸边冲刷、地下潜蚀等地。

(2) 地基土性质严重不良的场地,如Ⅲ级自重湿陷性场地、胀缩性强烈的Ⅰ级膨胀土地基、软硬突变的场地。

(3) 对建筑物抗震危险的地段,即地震时可能发生滑坡、崩塌、地裂、泥石流等及发震断裂带上可能发生地表错位的部位。

(4) 洪水或地下水对建筑场地有严重不良影响的地段,如位于洪水淹没区。

(5) 地下有尚未开采的有价值矿藏或未稳定的地下采空区。

6.2.2 初步勘察

在场址选定批准后进行初步勘察,勘察内容应符合初步设计的要求。

1. 勘察目的

(1) 对场地内各建筑地段的稳定性作出岩土工程评价。

(2) 为确定建筑物总体平面布置提供依据。

(3) 为确定主要建筑物的地基基础方案提供资料。

(4) 对不良地质现象的防治,提供资料和建议。

2. 主要任务

(1) 搜集与分析可行性研究阶段岩土工程勘察报告。

(2) 通过现场勘探与测试,初步查明地层分布、构造、岩土物理力学性质、地下水埋藏条件及冻结深度,可以粗略些,但不能有错误,例如,不能把淤泥质土或膨胀土判为一般黏性土。

(3) 通过工程地质测绘和调查,查明场地不良地质现象的成因、分布、对场地稳定性的影响及其发展趋势。

(4) 对抗震设防烈度大于或等于6度的场地,应判定场地和地基的地震效应。

(5) 初步制定水和土对建筑材料的腐蚀性。

(6) 对高层建筑可能采取的地基基础类型、基坑开挖和支护、工程降水方案进行初步分析评价。

6.2.3 详细勘察

根据技术设计或施工图设计阶段的要求进行详细勘察。

1. 勘察目的

(1) 按不同建筑物或建筑群,提出详细的岩土工程资料和设计所需的岩土技术参数。

(2) 对建筑地基作出岩土工程分析评价,例如,建筑地基良好,可以采用天然地基;若地基软弱,需要加固处理。

(3) 对基础设计方案作出论证和建议,例如,地基良好,可以建议浅基础;上部荷载大,地基浅层土不良,深层土坚实,可建议采用桩基础。

(4) 对地基处理、基坑支护、工程降水等方案作出论证和建议,例如,对深厚淤泥质地基作为海港码头,可以建议采用真空预压法进行地基处理。

(5) 对不良地质作用的防治作出论证和建议,例如,在山前冲积平原建筑场地,遇洪水冲沟,可建议在冲沟上游筑丁坝,将洪水引开。

2. 主要任务

(1) 搜集附有坐标及地形的建筑物总平面布置图,各建筑物的地面整平标高,建筑物的性质、规模、结构特点,可能采取的基础型式、尺寸、预计埋置深度,对地基基础设计的特殊要求等。

(2) 查明不良地质作用的成因、类型、分布范围、发展趋势及危害程度,并提出评价与整治所需的岩土技术参数和整治方案建议。

(3) 查明建筑物范围各层岩土的类别、结构、厚度、坡度、工程特性,计算和评价地基的稳定性、均匀性和承载力。这是每一项岩土工程勘察都必做的重点任务。例如,某单位宿舍19号楼至22号楼4幢7层楼的岩土工程勘察中,查明地基持力层土层分4层:表层为耕植土与杂填土,松散不均匀,厚度小于1.50m,地基稳定性差、承载力低,不宜作为地基持力层,应挖除;第二层黏性土层,松软,层厚0.5~1.0m,稳定性差,承载力低,亦应挖除;第三层卵石层夹细砂层,密实,厚度超过4.0m,为理想的建筑地基持力层,承载力特征值 $f_{ak}=250$kPa(注:此工程于十多年前完成,据此承载力设计条形基础底宽 $b=1.00$m,当时考虑 f_{ak} 提高,基础宽也不可能再减小。实际卵石层夹细砂薄层,f_{ak} 可采用500kPa);第四层黏性土层,中密-密实,厚度3.0m左右,非软弱下卧层。设计采用了上述评价与结论,目前该宿舍楼已竣工使用十多年,情况良好。

(4) 对需进行沉降计算的建筑物,应取原状土进行固结试验,提供地基变形计算的参数 e-p 曲线。预测建筑物的沉降、差异沉降或整体倾斜。

(5) 对抗震设防烈度大于或等于6度的场地,应划分场地土类型和场地类别;划分对抗震有利、不利或危险的地段,应分析预测地震效应,判定饱和砂土与粉土的地震液化,并应计算液化指数,判定液化等级。

(6) 查明地下水的埋藏条件并对土和水的腐蚀性作出评价。必要时还应查明地层的渗透性、水位变化幅度规律。例如,高层建筑深基坑,在地下水位以下开挖时就需要这些资料。

(7) 查明埋藏的河道、沟浜、墓穴、防空洞、弧石等对工程不利的埋藏物。

(8) 在季节性冻土地区,提供场地土的标准冻结深度。

(9) 在湿陷性黄土场地进行岩土工程勘察应查明下列内容,并应结合建筑物的特点和设计要求,对场地、地基作出评价,对地基处理措施提出建议。

① 黄土地层的时代、成因;

② 湿陷性黄土层的厚度;

③ 湿陷系数、自重湿陷系数和湿陷起始压力随深度的变化;

④ 场地湿陷类型和地基湿陷等级的平面分布;

⑤ 变形参数和承载力;

⑥ 地下水等环境水的变化趋势;

⑦ 其他工程地质条件。

(10) 对深基坑开挖尚应提供稳定计算和支护设计所需的岩土技术参数:γ,c,ϕ 值,论证和评价基坑开挖、降水等对邻近工程的影响。

(11) 若可能采用桩基,则需提供桩基设计所需的岩土技术参数,并确定单桩承载力;提出桩的类型、长度和施工方法等建议。

(12) 论证地下水在施工期间对工程和环境的影响。对情况复杂的重要工程,需论证使用期间水位变化,并需要提出抗浮设防水位时,应进行专门研究。

6.2.4 施工勘察

遇下列各种情况,都应配合设计、施工单位进行施工勘察,解决施工中的工程地质问题,并提供相应的勘察资料。

(1) 对高层或多层建筑,均需进行施工验槽。发现异常问题需进行施工勘察,例如,北京某大学教学楼、宿舍、食堂等建筑在施工基坑开挖验槽时,发现一条军用电缆,横穿楼房,同时发现局部基槽积水泡软地基。

(2) 在基坑开挖后遇局部古井、水沟、坟墓等软弱部位,要求换土处理时,需进行换土压实后干密度测试质量检验。

(3) 深基础的设计与施工,需进行有关监测工作。例如,沉井施工开挖沉井底端刃脚下土体后仍不下沉,则需检验沉井侧壁与土之间的摩擦系数;若沉井施工发生突然下沉或倾斜,则需勘察地基土层的均匀性,并监测沉井均匀下沉以及下沉至设计标高后,检验井底土质。

(4) 当软弱地基处理时,需进行施工设计和检验工作。例如,采用强夯加固地基,需进行夯前与夯后实测地基土的物理力学性质指标,进行对比,证明加固的效果。

(5) 若地基中存在岩溶或土洞,需进一步查明分布范围及处理。

(6) 施工中出现基槽边坡失稳滑动,则需进行勘测与处理。例如,北京某饭店在高层建筑箱形基础施工期间,基坑边坡发生滑动,则需对滑坡体进行勘察,实测其密度与强度指标,分析滑坡发生的原因并进行加固处理。

上述各勘察阶段的勘察目的与主要任务都不相同。若为单项工程或中小型工程,则往往简化勘察阶段,一次完成详细勘察,以节省时间与费用。

6.3　岩土工程勘察方法

岩土工程勘察方法很多,现将工业与民用建筑工程中常用的三类方法分述如下。

6.3.1　钻探法

用各种钻探工具钻入地基中分层取土进行鉴别、描述和测试的方法称为钻探法,这是世界各国广泛使用的传统方法。以下分别叙述机钻、手钻和原状取土器的型号、性能及用途。

1. 机钻

(1) 钻进方法:分回转、冲击、振动与静压4种。根据不同地层类别、土质条件和勘察要求,选用相应的钻进方式,北京地区土质较好,多用冲击式;上海、天津等软土地区多用回转式或静压式;砂土地区可用振动式。详见表6.5。

表6.5　钻探方法的适用范围

钻探方法		钻进地层					勘察要求	
		黏性土	粉土	砂土	碎石土	岩石	直观鉴别、采取不扰动试样	直观鉴别、采取扰动试样
回转	螺旋钻探	++	+	+	−	−	++	++
	无岩芯钻探	++	++	++	+	++	−	−
	岩芯钻探	++	++	++	+	++	++	++
冲击	冲击钻探	−	+	++	++	−	−	−
	锤击钻探	++	++	++	+	−	++	++
振动钻探		++	++	++	+	−	+	++
冲洗钻探		+	++	++	−	−	−	−

注:++适用,+部分适用,−不适用。

(2) 钻机类型。钻机类型很多,现介绍几种常用钻机,包括型号、钻进方式、钻孔直径、动力大小与适用土层,详见表6.6。

表 6.6 几种常用钻机的性能

钻机类型(深度)	钻进方式	钻孔直径 /mm	钻杆直径 /mm	动力 /kW	适用土层	生产厂家
SH-30-2A	回转、冲击	114,127	42	4.41	黏性土、砂、卵石	无锡探矿机械厂
CH-50	回转、冲击	89,146	42	8.83	第四纪土,岩石	
DDP-100 车装立轴转盘式	回转、冲击	150,200	50	66.20	各类地层	北京探矿机械厂
XU-100 立轴油压岩芯钻	回转	75,110	42	7.36	漂石、岩石	北京探矿机械厂
ZK-50 液压	回转、冲击 振动、液压	150	42		黏性土、砂土、碎石土、风化岩	陕西省综合勘察院

根据工程实践经验,SH-30-2A 型钻机(如图 6.5 所示)机械性能好,柴油机与电动机两用,回转、冲击两用,可钻深 30m,能满足一般多层与高层建筑勘察要求,且不易损坏。

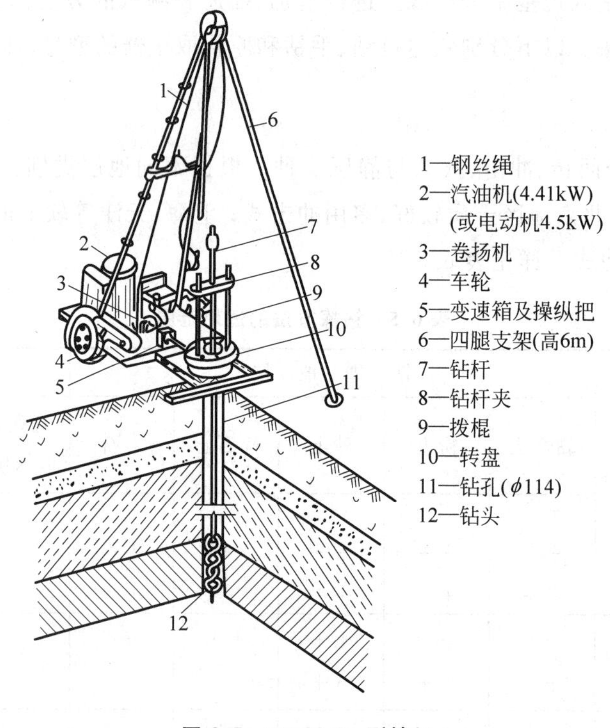

图 6.5 SH-30-2A 型钻机

采取原状土样的钻孔,孔径应比使用的取土器外径大一个径级。

2. 手钻

(1) 适用范围 手钻勘探浅部土层,通常为 6m 左右,适用于小型工程或中型工程的探查孔。

(2) 设备　手钻设备有麻花钻、勺形钻、洛阳铲与北京铲等种类。麻花钻钻进时将土的结构破坏,可用于分层定名或作旁压试验成孔用。勺形钻适用软土,钻进后提钻时不会将软土滑落。洛阳铲最初由河南省洛阳制作,用来探测黄河大堤被动物打洞的隐患,后用于当地探测墓穴。洛阳铲的构造:下端为半圆形的钢铲头,底部为刀刃,上部装木杆,长 5.0m,在均匀稍湿的黏性土与粉土中,一人操作,每小时可钻孔 5～6m 深。在三门峡市建筑场地曾用洛阳铲探墓穴,每次进深约 20cm,提钻一敲,铲头土即脱落,竖直向下继续钻进,若钻具突然大幅度下落,即为洞穴。

北京地区地表普遍存在建筑垃圾,洛阳铲无能为力,后经改进,钢铲头由半圆形改为圆筒形加一窗口并设一开口缝,同时用铝合金空心杆代替木杆,称为北京铲,如图 6.6 所示。

北京铲铲头可以打碎砖块、穿透杂填土层。铝合金钻杆轻质高强,且可用钢螺纹接头接长,性能好,效率高,通常 2 人操作,一天可钻 4～6 个 5～6m 深钻孔。若勘察场地遇大树、旧房未拆、上空有高压线等障碍物时,机钻无法使用,北京铲更显出轻巧灵便的优越性。而且北京铲钻孔可以进行轻型触探。勘察规范要求:为鉴别和划分地层,终孔直径不宜小于 33mm,北京铲钻孔直径为 70mm,满足规范要求。

评论:“君欲善其事,必先利其器”。在岩土工程勘察中选用好的勘察机具十分重要。对于量大面广的 5～6 层住宅岩土工程勘察,采用 SH-30-2A 型钻机打控制性钻孔、取原状土、进行标准贯入试验和重型动力触探,同时配北京铲打探查孔做轻型动力触探,可能是准确、快速的选择。

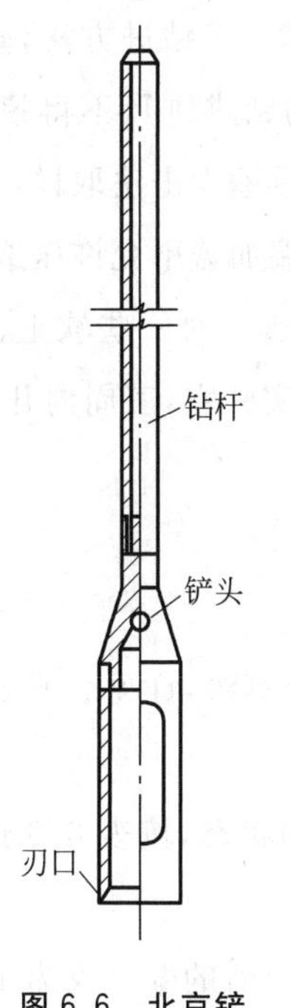

图 6.6　北京铲

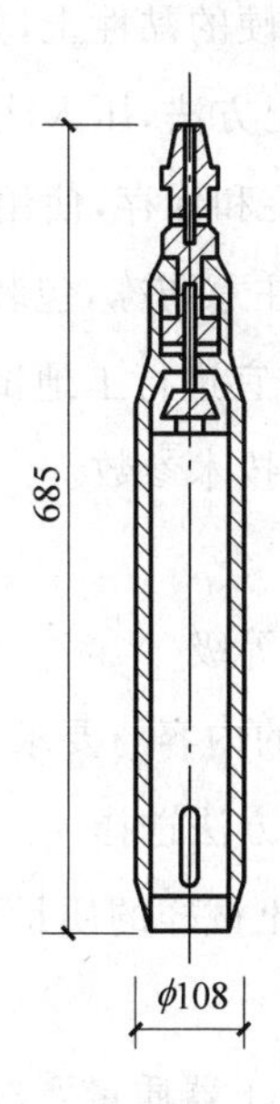

图 6.7　取土器

3. 原状取土器

为研究地基土的工程性质,需要从钻孔中取原状土样,送到实验室进行土的各项物理力学性试验。试验数据的可靠性,关键一环是试验的土样保持原状结构、密度与含水率。

1) 取土器类型系列

(1) 软土取土器,适用于软土、饱和砂土、粉土和饱和黄土;

(2) 一般黏性土取土器,适用于软土、可塑、硬塑黏性土和老黄土,如图6.7所示;

(3) 黄土取土器,适用于湿陷性黄土和新近堆积黄土。

2) 取土器尺寸系列

取样器内径不小于100mm,用于固结试验环刀内径为79.8mm($50cm^2$ 面积);取样器内径不小于80mm,用于环刀内径为61.8mm($30cm^2$ 面积)。黄土取样器内径定为120mm。土样有效长度按试验项目选定,固结试验用土样长150mm;直剪试验用土样长200mm;软土为主的三轴压缩试验土样长300mm。黄土土样长定为150mm。

3) 取土器的结构特征

取土筒可采用对开筒式和圆筒推出式。重大工程尽量使用活塞薄壁取土器(软土)和三重管取土器(坚硬土)。

4) 取土技术

为取到高质量的不扰动土,要采用一套正确的取土技术:①钻进方法,软土最好采用泥浆循环回转法;可塑-坚硬的黏性土,如采用冲击法时,取土前的钻进进尺不得超过0.3m。黄土取土前必须清孔;②取土方法,压入法优于击入法,击入法应用重锤少击法取样,黄土用快速压入法或重锤一击法;③包装和保存,使用镀锌铁皮衬筒装样时,两端加盖不允许压迫土柱,蜡封要全面保证质量,避免日晒,注意防冻,包装用专用土样箱要卡紧、防震。对一些软土、饱和粉性土,如会产生土水分离现象时,宜进行工地试验,土样应在一周内运抵实验室,三周内开土试验。

5) 取土器主要技术参数

详见表6.7。

6) 土试样质量等级

根据土样试验的内容与要求,将土试样的质量分为四个等级,详见表6.8。

7) 取样工具或方法选择

根据不同等级土试样的质量要求,结合场地土的名称和状态,按表6.9选择相应的取样工具或方法。

美国、日本对取土器质量要求十分严格,它们的薄壁取土器的壁厚仅为1.25~2.00mm,按外径 $\phi75$ 计算,面积比仅为7%~11%。国外取土器很长,一般为取样直径的12倍,外径 $\phi75$ 的取土器长达 90cm，用静压法取样。一种意大利取土器长达 100cm，取土器型式多种多样。英国标准对土样质量分 5 个等级，并且规定各种室内试验所需要的土样重量。有些欧美国家还设立取土器专门委员会。

表 6.7 取土器的技术参数

取土器参数	厚壁取土器	薄壁取土器		
		敞口 自由活塞	水压 固定活塞	固定活塞
面积比 $\frac{D_w^2-D_e^2}{D_e^2}\times 100/\%$	13～20	≤10	10～13	
内间隙比 $\frac{D_s-D_e}{D_e}\times 100/\%$	0.5～1.5	0	0.5～1.0	
外间隙比 $\frac{D_w-D_t}{D_t}\times 100/\%$	0～2.0	0		
刃口角度 $\alpha/(°)$	<10	5～10		
长度 L/mm	400，550	对砂土：$(5\sim10)D_e$ 对黏性土：$(10\sim15)D_e$		
外径 D_t/mm	75～89，108	75，100		
衬管	整圆或半合管，塑料、酚醛层压纸或镀锌铁皮制成	无衬管，束节式取土器衬管为整圆或半合管，塑料、酚醛层压纸或镀锌铁皮制成		

注：① 取土器取样管及衬管内壁必须光滑圆整。
② 在特殊情况下取土器直径可增大至 150～250mm。
③ 表中符号：
D_e——取土器刃口内径；
D_s——取样管内径，加衬管时为衬管内径；
D_t——取样管外径；
D_w——取土器管靴外径，对薄壁管 $D_w=D_t$。

表 6.8 土试样质量等级划分

级 别	扰动程度	试 验 内 容
Ⅰ	不 扰 动	土类定名、含水率、密度、强度试验、固结试验
Ⅱ	轻微扰动	土类定名、含水率、密度
Ⅲ	显著扰动	土类定名、含水率
Ⅳ	完全扰动	土类定名

注：① 不扰动是指原位应力状态虽已改变，但土的结构、密度、含水率变化很小，能满足室内试验各项要求。
② 除地基基础设计为甲级的工程外，在工程技术要求允许的情况下可以Ⅱ级土试样进行强度和固结试验，但宜先对土试样受扰动程度作抽样鉴定，判定用于试验的适宜性，并结合地区经验使用试验成果。

表6.9　不同等级土试样的取土工具和方法

土试样质量等级	取样工具和方法		适用土类										
			黏性土					粉土	砂土				砾砂、碎石土、软岩
			流塑	软塑	可塑	硬塑	坚硬		粉砂	细砂	中砂	粗砂	
Ⅰ	薄壁取土器	固定活塞	＋＋	＋＋	＋	－	－	＋	＋	－	－	－	－
		水压固定活塞	＋＋	＋＋	＋	－	－	＋	＋	－	－	－	－
		自由活塞	－	＋	＋＋	－	－	＋	＋	－	－	－	－
		敞口	＋	＋	＋	－	－	＋	＋	－	－	－	－
	回转取土器	单动三重管	－	＋	＋＋	＋＋	＋	＋＋	＋＋	＋＋	－	－	－
		双动三重管	－	－	－	＋	＋＋	－	－	－	＋＋	＋＋	＋
	探井(槽)中刻取块状土样		＋＋	＋＋	＋＋	＋＋	＋＋	＋＋	＋＋	＋＋	＋＋	＋＋	＋＋
Ⅱ	薄壁取土器	水压固定活塞	＋＋	＋＋	＋	－	－	＋	＋	－	－	－	－
		自由活塞	＋	＋＋	＋＋	－	－	＋	＋	－	－	－	－
		敞口	＋＋	＋＋	＋＋	－	－	＋	＋	－	－	－	－
	回转取土器	单动三重管	－	＋	＋＋	＋＋	＋	＋＋	＋＋	＋＋	－	－	－
		双动三重管	－	－	－	＋	＋＋	－	－	－	＋＋	＋＋	＋＋
	厚壁敞口取土器		＋	＋＋	＋＋	＋＋	＋＋	＋	＋	＋	＋	＋	－
Ⅲ	厚壁敞口取土器		＋＋	＋＋	＋＋	＋＋	＋＋	＋＋	＋＋	＋＋	＋＋	＋	－
	标准贯入器		＋＋	＋＋	＋＋	＋＋	＋＋	＋＋	＋＋	＋＋	＋＋	＋＋	－
	螺纹钻头		＋＋	＋＋	＋＋	＋＋	＋＋	＋	－	－	－	－	－
	岩芯钻头		＋＋	＋＋	＋＋	＋＋	＋＋	＋＋	＋	＋	＋	＋	＋
Ⅳ	标准贯入器		＋＋	＋＋	＋＋	＋＋	＋＋	＋＋	＋＋	＋＋	＋＋	＋＋	－
	螺纹钻头		＋＋	＋＋	＋＋	＋＋	＋＋	＋	－	－	－	－	－
	岩芯钻头		＋＋	＋＋	＋＋	＋＋	＋＋	＋＋	＋＋	＋＋	＋＋	＋＋	＋＋

注：① ＋＋适用，＋部分适用，－不适用。
② 采取砂土试样应有防止试样失落的补充措施。
③ 有经验时，可用束节式取土器代替薄壁取土器。

6.3.2　触探法

触探法是间接的勘察方法，不取土样，不描述，只将一个特别探头装在钻杆底端，打入或压入地基土中，由探头所受阻力的大小探测土层的工程性质，称为触探法。

因触探法不需取原状土做试验，对难以取原状土的水下砂土、软土等，更显示其优越性。触探法无法单独使用，无法对地基土定名或绘制地质剖面图。但若与钻探法配合，则可提高勘察的质量和效率。

根据探头的结构和入土方法不同，可分为圆锥动力触探、标准贯入试验和静力触探三大类，分述如下。

1. 圆锥动力触探

(1) 原理　用标准质量的铁锤提升至标准高度自由下落，将特制的圆锥探头贯入地基土层标准深度，所需的击数 N 值的大小来判定土的工程性质的好坏。N 值越大，表明贯入阻力越大，即土质越密实。

(2) 类型　分轻型、中型、重型和超重型四种，其中轻型和重型动力触探在生产中广泛应用，中型动力触探使用不多，已被淘汰。

① 轻型圆锥动力触探　这种轻型动力触探与手钻北京铲配套使用。当地层土质变化后，将北京铲的铲头卸下，换上轻型圆锥头，钻杆上端装导杆锤垫与 10kg 穿心锤，即可进行贯入试验，如图 6.8 所示。这种方法适用于黏性土、粉土、素填土和砂土，可由《岩土工程勘察规范》(GB 50021—2001)(2009 年版)确定地基承载力。

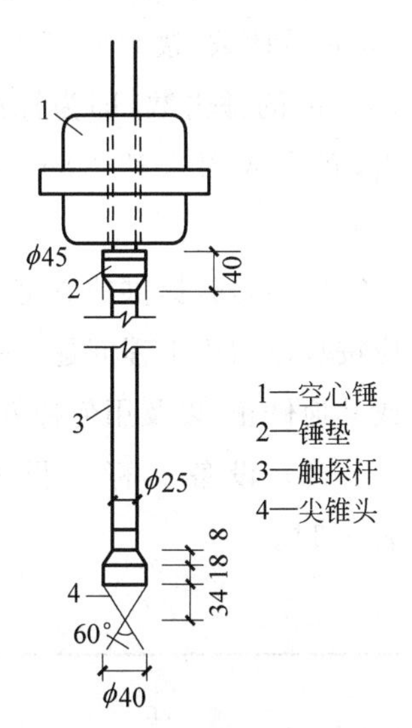

图 6.8　轻型动力触探

② 重型圆锥动力触探　重型动力触探与机钻配套使用。锤重 63.5kg 用钻机的卷扬机来提升，用球卡和变径导杆装置，保证 76cm 落距的准确性。这种方法适用于砂土与稍密碎石土，也可查出地基承载力数据。

③ 超重型圆锥动力触探　超重型动力触探也与机钻配套使用。锤重 120kg，落距 100cm。这种方法适用于密实碎石土和漂石。根据经验统计可确定粗粒土的密度，再从《岩土工程勘察规范》(GB 50021—2001)(2009 年版)中查出地基承载力的数据。

三种圆锥动力触探详细规格详见表 6.10。

表 6.10　圆锥动力触探类型

类　型		轻　型	重　型	超　重　型
落锤	锤的质量/kg	10	63.5	120
	落距/cm	50	76	100
探头	直径/mm	40	74	74
	锥角/(°)	60	60	60
探杆直径/mm		25	42	50～60
指标		贯入 30cm 的读数 $N10$	贯入 10cm 的读数 $N63.5$	贯入 10cm 的读数 $N120$
主要适用岩土		浅部的填土、砂土、粉土、黏性土	砂土、中密以下的碎石土、极软岩	密实和很密的碎石土、软岩、极软岩

2. 标准贯入试验

(1) 原理 与圆锥动力触探相同。

标准贯入试验来源于美国，质量为140磅（即63.5kg）的穿心锤，用钻机的卷扬机提升，至30英寸（76cm）高度，穿心锤自由下落，将特制的圆管状贯入器贯入土中，先打入土中15cm不计数，接着每打入10cm记下击数，累计打入1英尺（30cm）的锤击数，即为标准贯入击数N。当锤击数已达50击，而贯入深未达30cm时，可记录实际贯入深度并终止试验。

勘察报告提供的N值是基本数值。在实际应用N值时，应按具体岩土工程问题，参照有关规范考虑是否作杆长修正或其他修正，以及用何种方法修正。

(2) 设备 标准贯入设备见图6.9，详细规格可查表6.11。

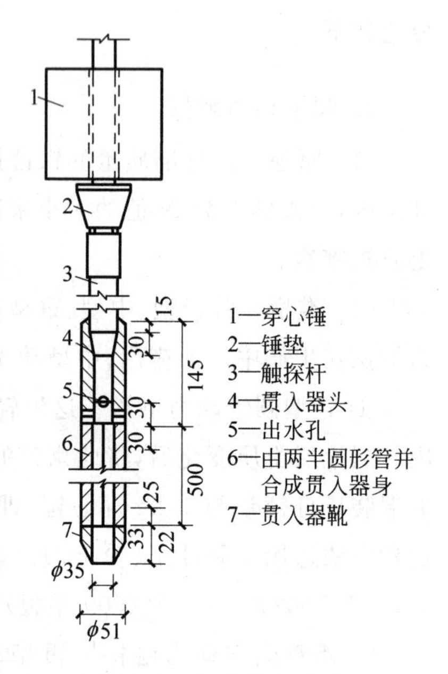

图6.9 标准贯入试验

表6.11 标准贯入试验设备规格

落锤		锤的质量/kg	63.5
		落距/cm	76
贯入器	双开管	长度/mm	>500
		外径/mm	51
		内径/mm	35
	管靴	长度/mm	50～76
		刃口角度/(°)	18～20
		刃口单刃厚度/mm	2.5
钻杆		直径/mm	42
		相对弯曲	<1/1 000

(3) 工程应用 ①用N值判定砂土的密实度，详见第2章；②用N值判别地下水位以下砂土与粉土是否产生震动液化，详见第10章。

3. 静力触探

1917年瑞典首先使用静力触探，它具有连续、快速、灵敏、精确、方便等优点，因此我国各地区各部门应用很广。

(1) 原理 利用液压或机械传动装置，将圆锥形金属探头压入地基土中。探头中贴有电阻应变片，当探头受阻力时，电阻应变片相应伸长改变电阻，可用电阻应变仪量测微应变的数值，计算贯入阻力的大小，判定地基土的工程性质。

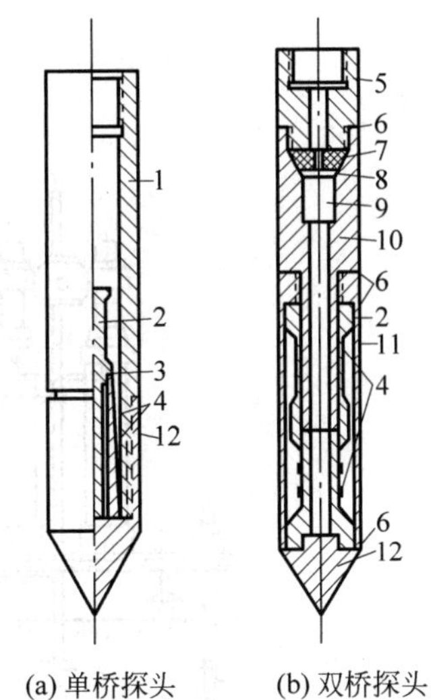

图 6.10 静力触探探头结构

1—探头管；2—变形柱；3—顶柱；4—电阻应变片；5—接头；6—密封圈；7—密封塞；8—垫圈；9—接线仓；10—加强筒；11—摩探筒；12—锥头

(2) 类型

① 按主机功能分为 3 种：轻型——加力 20～30kN，测深 20m 左右；中型——加力 50～100kN，测深 30～40m；重型——加力 150kN，测深＞50m。

② 按量测探头结构分为 3 种：单桥探头——测定的参数为比贯入阻力 p_s，见图 6.10(a)，技术规格见表 6.12；双桥探头——同时测定锥尖阻力 q_c 和侧壁摩阻力 f_c，见图 6.10(b)，技术规格见表 6.13；孔压静探探头——测定孔隙水压力 u。

表 6.12 单桥探头规格

型　号	锥底直径/mm	锥底面积/cm²	有效侧壁长度/mm	锥角/(°)
Ⅰ-1	35.7	10	57	60
Ⅰ-2	43.7	15	70	60
Ⅰ-3	50.4	20	81	60

表 6.13 双桥探头规格

型　号	锥底直径/mm	锥底面积/cm²	摩擦筒表面积/cm²	锥角/(°)
Ⅱ-1	35.7	10	150	60
Ⅱ-2	43.7	15	300	60
Ⅱ-3	50.4	20	300	60

③ 按动力方式分为 3 种：人力式——压入式或链条手摇式，见图 6.11；液压式——有单缸、双缸、四缸 3 种结构，常用双缸液压式，见图 6.12；机械式——滑动丝杠或滚珠丝杠。

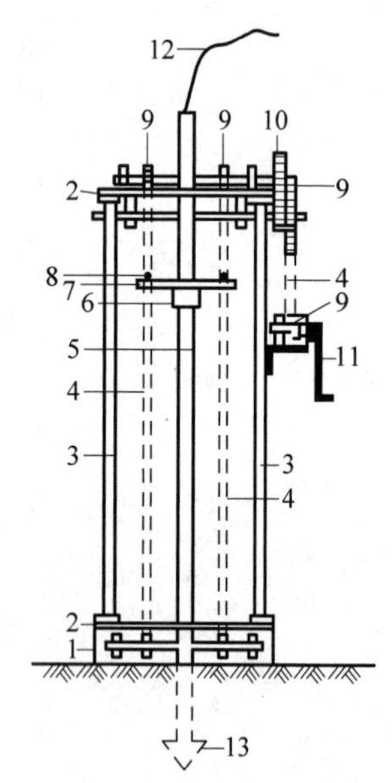

图6.11 手摇链式静力触探仪

1—槽钢；2—面板；3—立柱；4—链条；5—探杆；6—锚夹具；7—"山"字板；8—长轴销；9—链轮；10—齿轴；11—手柄；12—电缆；13—探头

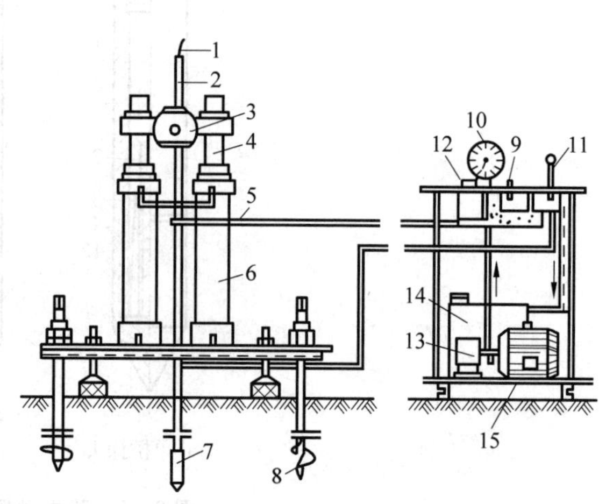

图6.12 双缸液压静力触探仪

1—电缆；2—探杆；3—卡杆器；4—活塞杆；5—油管；6—油缸；7—探头；8—地锚；9—节油阀；10—压力表；11—换向阀；12—倒顺开关；13—油泵；14—油箱；15—马达

④ 按反力装置分为两种：框架地锚如图6.12所示；汽车自重加地锚如图6.13所示。

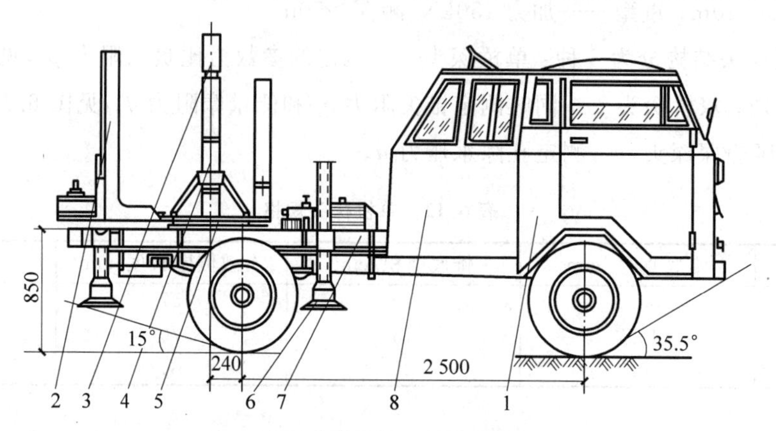

图6.13 液压连续贯入静力触探车

1—汽车驾驶室；2—悬臂；3—卡孔组；4—贯入油缸；5—回转油缸；6—支腿；7—附加大梁；8—操纵室

(3) 应用

① 测定比贯入阻力 p_s

$$p_s = \frac{P}{A} = k\mu\varepsilon \tag{6.2}$$

式中 P——总贯入阻力，包括探头与侧壁总摩阻力，N；

A——探头锥底面积，cm^2；

k——探头系数；

$\mu\varepsilon$——电阻应变仪量测微应变读数值。

② 测定锥尖阻力 q_c 和侧壁摩阻力 f_s

$$q_c = \frac{Q_c}{A} \tag{6.3}$$

$$f_s = \frac{P_f}{F_s} \tag{6.4}$$

式中 Q_c——锥尖总阻力，N；

P_f——侧壁总摩擦力，N；

F_s——摩擦筒表面积，cm^2。

③ 根据实测比贯入阻力 p_s 可判别砂土密度，见表 6.14；也可判别黏性土状态，见表 6.15。

表 6.14 p_s 值与砂土密度关系

砂土分类	p_s 值 /MPa		
	密实	中密	稍密
中粗砂	$p_s \geq 8.0$	$8.0 > p_s \geq 3.0$	$3.0 > p_s$
粉细砂	$p_s \geq 12.0$	$12.0 > p_s \geq 6.0$	$6.0 > p_s$

表 6.15 p_s 值与黏性土状态关系

p_s/MPa	<0.4	0.4～1.0	1.0～3.0	3.0～5.0	>5.0
液性指数 I_L	>1	1.0～0.75	0.75～0.25	0.25～0.0	<0
状态	流塑	软塑	可塑	硬塑	坚硬

④ 根据 p_s、q_c 和 f_s 利用地区经验关系，估算地基承载力、单桩承载力、沉桩可能性和判定液化势等。

⑤ 根据孔压静探探头在停止贯入时，孔隙水压力的消散曲线，估算土的渗透系数和固结系数。

6.3.3 掘探法

1. 原理

在建筑场地上用人工开挖探井、探槽或平洞，直接观察了解槽壁土层情况与性质，称为掘探法。

2. 成果

(1) 文字描述记录 包括探井、探槽的位置、高程、长度、宽度、深度；地层土质分布、密度、含水率、稠度；颗粒成分与级配、含有物及土层特征、异常情况、地下水位等。

(2) 剖面图和展示图 用适当比例尺绘制有代表性剖面图或整个探井探槽的展示图，把全部岩性、地层分界、构造特征、取样与原位试验位置，一一表示在图上，一目了然，以供分析应用。

(3) 彩色照片 取代表性部位拍摄彩色照片，更具真实感。对需要表示尺度的部位，可用钢尺或钢笔等作比例尺。

3. 适用条件

(1) 钻探法难以进行勘察的土层 例如,地基中含有大块漂石、块石,钻探法难以进行勘察的土层,可采用掘探法。

(2) 钻探法难以准确查明的土层 若遇土层很不均匀、颗粒大小相差悬殊、分布不规则时,少数小孔径钻探很难代表全面情况,可采用探槽。例如,北京香山饭店位于香山山麓,建筑场地存在坡积层,采用探槽,效果良好。

(3) 黄土地基勘察

黄土地基勘察需用探槽。

(4) 事故处理检验质量 当建筑物发生墙体开裂等事故时,为检验基础尺寸、埋深、材料、施工质量及地基持力层土质等情况,可以挖探槽,例如,清华大学环境工程实验室墙体开裂后,紧靠基础外侧开挖一个探槽,槽底深于基础埋深。经在探槽内检查发现:原设计基础材料为浆砌块石,实际施工偷工减料,有不少是片石、碎石顶替块石;原设计基础底板厚度为300mm,实际只有280mm;尤其浆砌块石的砂浆强度很低,用手可以抓下砂浆,为零号砂浆。上述情况用钻探法是无能为力的。

4. 掘探法评价

(1) 优点 掘探法大面积开挖,人员可以进入探槽直接观察并可用手或简单工具实地检验各土层的密实度。必要时可取大块优质不扰动原状土,进行物理力学性试验,还可在探槽内做现场载荷试验。上述优点是钻探法与触探法无法比拟的。

(2) 缺点 槽探开挖深度有限,通常为5～6m;土质疏松或深探井必须支撑,以保证人身安全。勘察完成后,应当认真回填,分层压实,因而工程量较大。另一缺点是地下水位以下难以应用。

6.4 地基土的野外鉴别与描述

6.4.1 地基土野外鉴别

1. 必要性

钻探法在钻进过程中,必须随时做好钻孔记录,这是一项极重要的工作。从钻机定位后由地表开钻到终孔为止,记录每一钻的深度,鉴别与描述每一钻取出的土样,进行定名,并立刻写在记录表中,作为绘制地质剖面图的原始依据。

野外记录应由经过专业训练的人员承担,记录应真实及时,按钻进回次逐段填写,严禁事后追记。

2. 鉴别方法

野外鉴别地基土要求快速，又无仪器设备，主要凭感觉和经验。对碎石土和砂土的鉴别方法，利用日常熟悉的食品如绿豆、小米、砂糖、玉米面的颗粒作为标准，进行对比鉴别，详见表6.17。对黏性土与粉土的鉴别方法，根据手搓滑腻感或砂粒感等感觉，加以区分和鉴别，详见表6.18。新近沉积黏性土的野外鉴别方法见表6.18。

表6.16 碎石土与砂土的野外鉴别

土类	土名＼鉴别方法	观察颗粒粗细	干土状态	湿土状态	湿润时用手拍击
碎石土	卵石（碎石）	一半以上（指重量，下同）颗粒接近或超过干枣大小（约20mm）	完全分散	无黏着感	表面无变化
	圆砾（角砾）	一半以上颗粒接近或超过绿豆大小（约2mm）	完全分散	无黏着感	表面无变化
砂土	砾砂	四分之一以上颗粒接近或超过绿豆大小	完全分散	无黏着感	表面无变化
	粗砂	一半以上颗粒接近或超过小米粒大小	完全分散	无黏着感	表面无变化
	中砂	一半以上颗粒接近或超过砂糖	基本分散	无黏着感	表面偶有水印
	细砂	颗粒粗细类似粗玉米面	基本分散	偶有轻微黏着感	接近饱和时表面有水印
	粉砂	颗粒粗细类似细白糖	颗粒部分分散、部分轻微胶结	偶有轻微黏着感	接近饱和时表面翻浆

表6.17 黏性土与粉土的野外鉴别

土名＼鉴别方法	干土状态	手搓时感觉	湿土状态	湿土手搓情况	小刀切削湿土
黏　土	坚硬，用锤才能打碎	极细的均质土块	可塑，滑腻，黏着性大	易搓成 $d<0.5$mm 长条，易滚成小土球	切面光滑不见砂粒
粉质黏土	手压土块可碎散	无均质感，有砂粒感	可塑，略滑腻，有黏性	能搓成 $d\approx1$mm 土条，能滚成小土球	切面平整感有砂粒
粉　土	手压土块散成粉末	土质不均可见砂粒	稍可塑，不滑腻，黏性弱	难搓成 $d<2$mm 细条，滚成土球易裂	切面粗糙

表 6.18 新近沉积黏性土的野外鉴别

沉积环境	颜色	结构性	含有物
河滩及部分山前洪冲积扇的表层，古河道及已填塞的湖塘沟谷及河道泛滥区	深而暗，呈褐栗、暗黄或灰色，含有机质较多时呈黑色	结构性差，用手扰动原状土样，显著变软，粉性土有振动液化现象	无自身形成的粒状结核体，但可含有一定磨圆度的外来钙质结核体(如礓结石)及贝壳等。在城镇附近可能含有少量碎砖、瓦片、陶瓷及钱币、朽木等人类活动的遗物

6.4.2 土的野外描述

钻探法的钻孔记录表中，除了记录钻孔的孔口高程、鉴定各土层的名称和埋藏深度以及初见水位和稳定水位以外，还需要对每一土层进行详细描述，作为评价各土层工程性质好坏的重要依据。描述的内容如下：

1. 颜色

土的颜色取决于组成该土的矿物成分和含有的其他成分，描述时从色在前，主色在后。例如，黄褐色，以褐色为主色，带黄色；若土中含氧化铁，则土呈红色或棕色；土中含大量有机质，则土呈黑色，表明此土层不良；土中含较多的碳酸钙、高岭土，则土呈白色。

2. 密度

土层的松密是鉴定土质优劣的重要方面。在野外描述时可根据钻进的速度和难易来判别土的密实程度。同时可在钻头提起后，在钻侧面窗口部位用刀切出一个新鲜面来观察，并用大拇指加压的感觉来判定松密。在钻孔记录表上注明每一层土属于密实、中密或稍密状态。碎石土密实度野外鉴别按表 6.19 来判别。

表 6.19 碎石土密实度野外鉴别方法

密实度	骨架颗粒含量和排列	可挖性	可钻性
密实	骨架颗粒含量大于总质量的70%，呈交错排列，连续接触	锹镐挖掘困难，用撬棍方能松动；井壁一般较稳定	钻进极困难；冲击钻探时，钻杆、吊锤跳动剧烈；孔壁较稳定
中密	骨架颗粒含量等于总重的60%～70%，呈交错排列，大部分接触	锹镐可挖掘；井壁有掉块现象，从井壁取出大颗粒处，保持凹面形状	钻进较困难；冲击钻探时，钻杆、吊锤跳动不剧烈；孔壁有坍塌现象
稍密	骨架颗粒含量小于总重的60%，排列混乱，大部分不接触	锹可以挖掘；井壁易坍塌，从井壁取出大颗粒后，砂土立即坍落	钻进较容易；冲击钻探时，钻杆稍有跳动；孔壁易坍塌

3. 湿度

土的湿度分为干的、稍湿的、湿的与饱和的四种。通常如地下水位埋藏深，在旱季地表土层往往是干的；接近地下水位的黏性土或粉土因毛细水上升，往往是湿的；在地下水位以下，一般是饱和的。具体鉴别按表 6.20 进行。

表 6.21 土的湿度的野外鉴别

土的湿度	鉴 别 方 法
稍湿的	经过扰动的土，不易捏成团，易碎成粉末。放在手中不湿手，但感觉冷而且觉得是湿土
湿的	经过扰动的土，能捏成各种形状。放在手中会湿手，在土面上滴水能慢慢渗入土中
饱和的	滴水不能渗入土中，可看到孔隙中的水发亮

4. 黏性土的稠度

黏性土的稠度是决定该土工程性质好坏的一个重要指标，分为坚硬、硬塑、可塑、软塑、流塑 5 种。描述方法可根据表 6.21 来进行。如有轻型圆锥动力触探数值，可参用图 6.14 鉴定。

表 6.21 黏性土稠度的野外鉴别

土的稠度	鉴 别 特 征
坚硬	手钻很费力，难以钻进，钻头取出土样用手捏不动，加力土不变形，只能碎裂
硬塑	手钻较费力，钻头取出土样用手捏时，要用较大的力土才略有变形，并即碎散
可塑	钻头取出的土样，手指用力不大就能按入土中。土可捏成各种形状
软塑	钻头取出的土样还能成形，手指按入土中毫不费力。可把土捏成各种形状
流塑	钻进很容易，钻头不易取出土样，取出的土已不能成形，放在手中不易成块

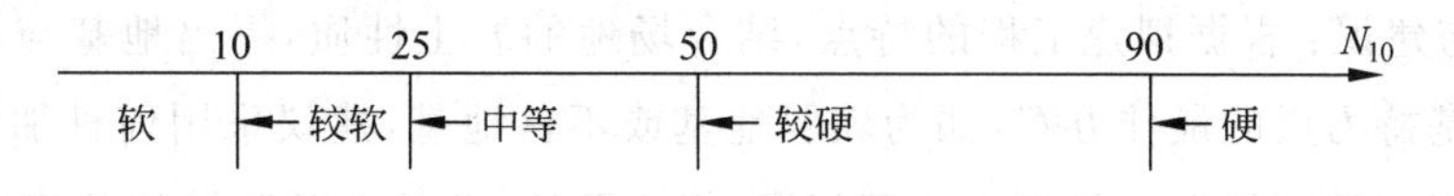

图 6.14 轻型动力触探与稠度关系

5. 含有物

土中含有非本层土成分的其他物质称为含有物，例如，碎砖、炉碴、石灰碴、植物根、有机质、贝壳、氧化铁等。有些地区有粉质黏土或粉土中含坚硬的姜石，海滨或古池塘往往含贝壳。记录表中应注明含有物的大小和数量。

6. 其他

碎石土与砂土应描述级配、砾石含量、最大粒径、主要矿物成分。

黏性土应描述断面形态、孔隙大小、粗糙程度、是否有层理等。

土中若有特殊气味，如海滨有鱼腥味等，亦应加以注明。

邻近设施对土质的影响，如管道漏水则使黏性土稠度变软、地下水位抬高。

6.5 岩土工程勘察成果报告

在野外勘察工作和室内土样试验完成后，将岩土工程勘察纲要、勘探孔平面布置图、钻孔记录表、原位测试记录表、土的物理力学性试验成果，连同勘察任务委托书、建筑物平面布置图及地形图等有关资料汇总，并进行整理、检查、分析、鉴定，经确定无误后，编制正式的岩土工程勘察成果报告，提供建设单位、设计单位与施工单位应用，并作为存档长期保存的技术文件。

岩土工程勘察成果报告通常包括文字部分和图表部分。

6.5.1 文字部分

(1) 拟建工程名称、规模、用途；岩土工程勘察目的、要求和任务依据的技术标准；勘察方法、勘察工作布置与完成的工作量。

(2) 建筑场地位置、地形地貌、地质构造、不良地质作用的描述和对工程危害程度的评价及地震基本烈度。

(3) 场地的地层分布、结构、岩土的颜色、密度、湿度、稠度、均匀性、层厚。

(4) 勘察时的地下水位、历史最高地下水位，近3～5年最高地下水位；水位变化趋势和主要影响因素；地下水的类型和赋存状态，主要含水层的分布规律；区域气象资料、地下水的补泄条件，当地冻结深度；水质侵蚀性，是否存在对地下水和地表水的污染源及可能的污染程度。

(5) 建筑场地稳定性与适宜性的评价；各土层的物理力学性质及地基承载力等指标的确定。

(6) 结论与建议：根据拟建工程的特点，结合场地的岩土性质，提出地基与基础方案设计的建议。推荐地基持力层的最佳方案，如为软弱地基或不良地基，建议采用何种加固处理方案。对工程施工和使用期间可能发生的岩土工程问题，提出预测、监控和预防措施的建议。

6.5.2 图表部分

(1) 成果报告应附下列图件：

① 勘探点平面布置图；

② 工程地质柱状图；

③ 工程地质剖面图；

④ 原位测试成果图表；

⑤ 室内试验成果图表。

(2) 当需要时，尚可附综合工程地质图、综合地质柱状图、地下水等水位线图、素描、照片、综合分析图表以及岩土利用、整治和改造方案的有关图表、岩土工程计算简图及计算成果图表等。

注：1. 勘察报告的文字、术语、代号、符号、数字、计量单位、标点，均应符合国家有关标准的

规定。

2. 对丙级岩土工程勘察的成果报告内容可适当简化，采用以图表为主，辅以必要的文字说明；对甲级岩土工程勘察的成果报告除应符合本节规定外，尚可对专门性的岩土工程问题提交专门的试验报告、研究报告或监测报告。

6.5.3 岩土工程勘察成果报告实例

1988 年秋，北京海淀走读大学理工学院新筹建校舍，包括教学大楼、图书馆等八幢楼房，其勘察成果报告实例如下：

海淀走读大学理工学院岩土工程勘察成果报告

（一）概述

海淀走读大学理工学院，位于中国地质大学南侧，北四环路北侧，与南边北京航空航天大学隔路相望。建筑场地原为一片菜地。

规划的理工学院校舍包括：北部的教学大楼，西部的办公楼与实验楼，东部的图书馆，南部的两幢科技开发办公楼、学生中心和后勤中心等八幢楼房。最高为 7 层，总建筑面积为 21 310m^2。建筑物安全等级为二级。

教学大楼平面呈“一”字形，大楼北侧墙距中国地质大学南围墙 8.00m。建筑物东西向长约 103m，南北向宽 14.40m，为 4～6 层楼房，总高 26.0m，建筑面积 5 200m^2。教学大楼西侧设一阶梯教室，为 2 层大开间房屋，建筑面积为 1 300m^2。

实验楼东西向长约 26.0m，南北向宽约为 12.0m，5 层，总高 25.0m，建筑面积 1 870m^2。

校行政办公楼南北向长约 23.0m，东西向宽约 10.0m，2 层，建筑面积 580m^2。

图书馆平面近似正方形，7 层，总高度为 30.0m，建筑面积 3 300m^2。

两幢科技开发楼各长 64.80m，宽 14.40m，4 层，建筑面积 6 560m^2。

学生中心为 3 层，建筑面积 1 500m^2。后勤中心为 2 层小楼，建筑面积 1 000m^2。

建筑场地地形较平坦，场地原为生产队蔬菜大棚和阳畦，现已废除，长满荒草。场地西南部位还有三排民宅正住人，以及几个猪圈仍在养猪使用。此场地属于二级场地。

海淀走读大学理工学院岩土工程勘察等级属于二级。根据校舍规划整体布局、规模、用途、结构、平面图与尺寸，结合当地条件，共布置 35 个钻孔。其中技术孔 21 个，探查孔 14 个。因有民宅、猪圈、旧房基等障碍物，部分钻孔被迫移位。钻孔深度为 5.62～11.62m，均到达坚实土层。同时在现场进行了原位测试：其中标准贯入试验 56 组，轻型圆锥动力触探 324 组；并取原状土样 20 个，进行了土的物理力学性试验，查明了岩土工程情况。

（二）建筑地基土层情况

海淀走读大学理工学院校舍，地基土层可分为 5 层。

1. 表层人工填土

地表为耕植土、杂填土与素填土。褐色-褐黄色与黄色，松软-中密状态，稍湿-湿，可塑。含有植物根、碎砖、瓦块、炉碴、灰渣和少量姜石。层厚最薄为0.80m，大多数为1.00～1.30m，少数孔较厚，场地东南26号孔最厚，为2.55m。

2. 粉土

第②层粉土。褐黄-黄色，中密-密实状态，湿，可塑。含有锰结核、氧化铁与姜石。层厚大部分为2.20～3.00m，其中26号孔最薄为1.05m，场地西部办公楼10号孔最厚为3.15m。

此层中部和底部含有粉砂薄层，密实。下部存在粉质黏土薄层，中密偏软。

3. 粉质黏土

第③层为粉质黏土层。褐黄色-灰白色-黄色，上部软塑，大部呈可塑状态，很湿-饱和状态。含氧化铁和米粒状小姜石。层厚较大，为4.45～5.70m。

4. 粉土

第④层为粉土层。褐黄色-黄色，中密状态，饱和，可塑。含氧化铁。层厚较均匀，为1.90m左右。

5. 粉砂

第⑤层为粉砂层。呈黄色，密实状态，饱和。含氧化铁和姜石。层厚大于1.20m。因粉砂层埋藏深且呈密实状态，此次勘察未穿透。

地下水埋藏深度为2.99～3.79m，水位标高在47.03～47.34m，位于第2层粉土层下部。据邻近工程勘察资料，表明地下水水质对混凝土无侵蚀性。

（三）建筑地基评价

1. 表层人工填土层。松软且不均匀，不宜作为建筑地基持力层。大部分层厚为1.00～1.30m，厚度不大，当地冻深为1.00m，此层应予挖除。

2. 第②层粉土层。大部分中密-密实状态，局部中密偏软。此层可以作为建筑地基持力层，地基承载力特征值f_{ak}=160kPa。此粉土层与粉砂夹层，不会产生液化。

3. 第③层粉质黏土层。可以作为建筑地基持力层。根据土质状态，地基承载力取值上下不同：位于上部高程46.60m，f_{ak}=80kPa；位于中部高程45.50m，f_{ak}=160kPa。如施工速度慢，可取平均值f_{ak}=120kPa。

4. 第④层粉土层。中密状态，可以作为建筑地基持力层，地基承载力特征值f_{ak}=200kPa。经现场标准贯入试验结果进行计算分析，此粉土层不会产生液化。

5. 第⑤层粉砂层。密实状态，可以作为建筑地基持力层，地基承载力特征值f_{ak}=200kPa。因粉砂处于密实状态，不会产生液化。

（四）结论与建议

1. 海淀走读大学理工学院的建筑物，平面与立面布局美观而复杂，各幢楼房层数与用途不同，对地基的要求有所不同。为了保证工程的安全可靠，节约投资，施工方便，建议采用天然地基浅基础，不需打桩或人工处理。以第②层粉土层作为建筑地基持力层。

2. 教学大楼、办公楼与实验楼3幢楼房，以49.20m高程作为基础底面高程，基础埋深小于1.60m。其中实验楼部分基底尚有少量素填土，施工时必须清除干净，见粉土为止。可用天然卵石或人工级配砂石，分层压实回填，至基底标高。

3. 科技开发办公楼、学生中心与后勤中心这几幢位于场地南部的楼房，以48.80m高程为基础底面标高。基础埋深1.50m。部分基底有素填土，也采用局部换土办法：将素填土挖除，到粉土止。用天然卵石料或人工级配砂石分层压实，回填至设计基础底面标高。

4. 图书馆建筑平面与立面布局较复杂，跨度7.2m，7层，总高30.00m，对地基要求高。可以49.20m标高作为基础底面高程。西南角16号孔周围 $f_{ak}=120\text{kPa}$，其余部位 $f_{ak}=160\text{kPa}$。建议采用钢筋混凝土筏板基础，比桩基施工速度快，投资少，以确保安全。

5. 鉴于第③层粉质黏土层上部约有1m厚的软弱层且分布不均匀。为防止因地基不均匀沉降引起建筑物墙体开裂，若采用条形基础，建议在基础顶面设置一道钢筋混凝土封闭地圈梁。

6. 如采用天然地基浅基础，在基槽开挖后，应及时验槽。若发现新问题，当场妥善处理。如在冬、夏季施工，应采取必要措施，以防止基槽冰冻或雨水泡槽，形成隐患。

清华大学基础工程技术公司

钻探负责人　×××

试验负责人　×××

工程主持人　×××

×××

审　　批　×××

××××年××月××日

图表部分

1. 海淀走读大学理工学院钻孔布置图，详见图6.15。

2. 海淀走读大学理工学院地质剖面图，Ⅴ-Ⅴ和Ⅵ-Ⅵ两个剖面，详见图6.16，其余从略。

3. 地层岩性及土的物理力学性质综合统计表，详见表6.22。

为了适应我国日益发展的工业与民用建筑形势的需要，国家对岩土工程勘察的要求也逐渐提高。如在国家标准《岩土工程勘察规范》(GB 50021—94)第3章(各类岩土工程勘察基本要求)第一节(房屋建筑与构筑物)的“主要工作内容”中，增加了“提出地基和基础设计方案建议”的内

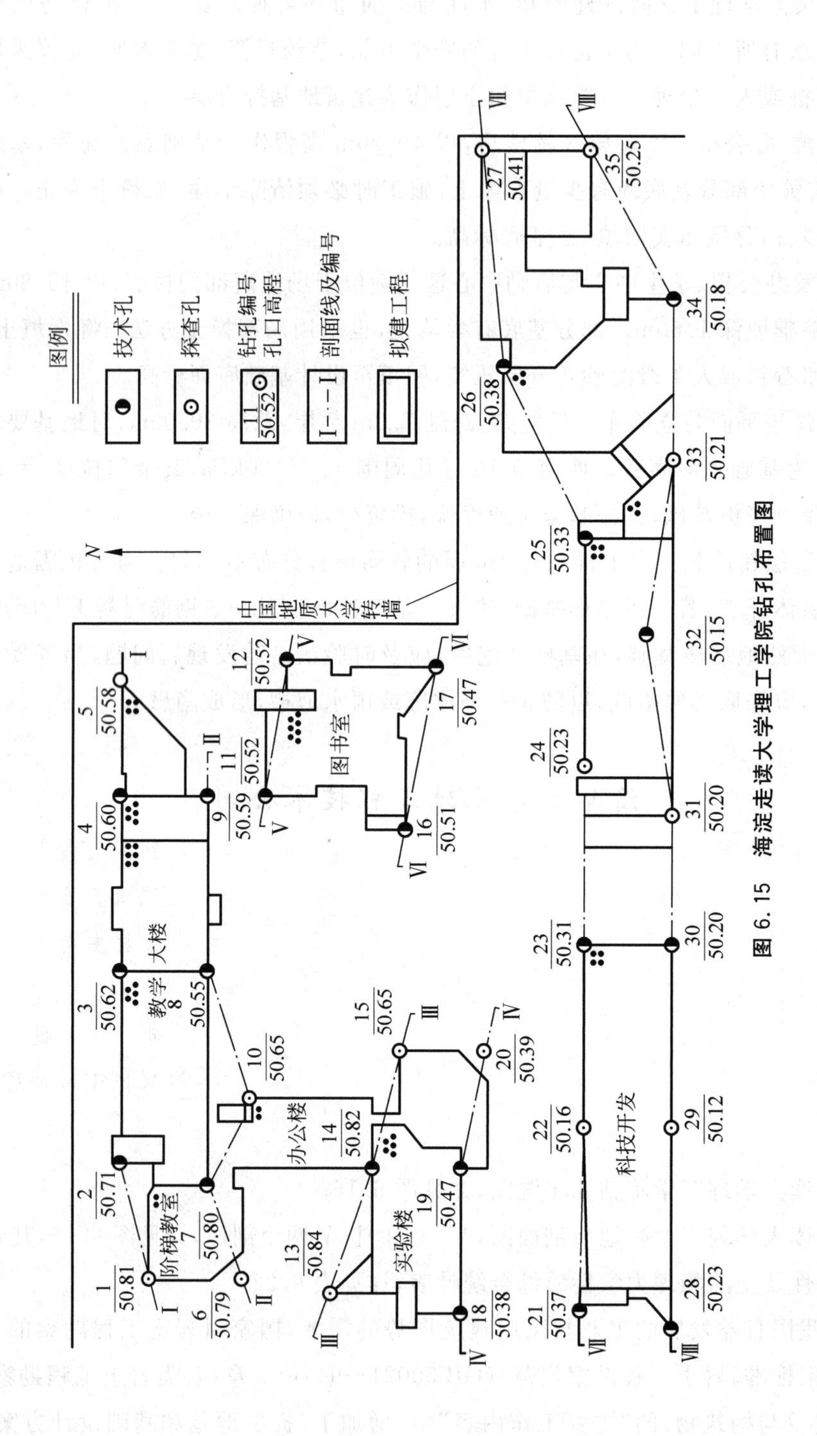

图 6.15 海淀走读大学理工学院钻孔布置图

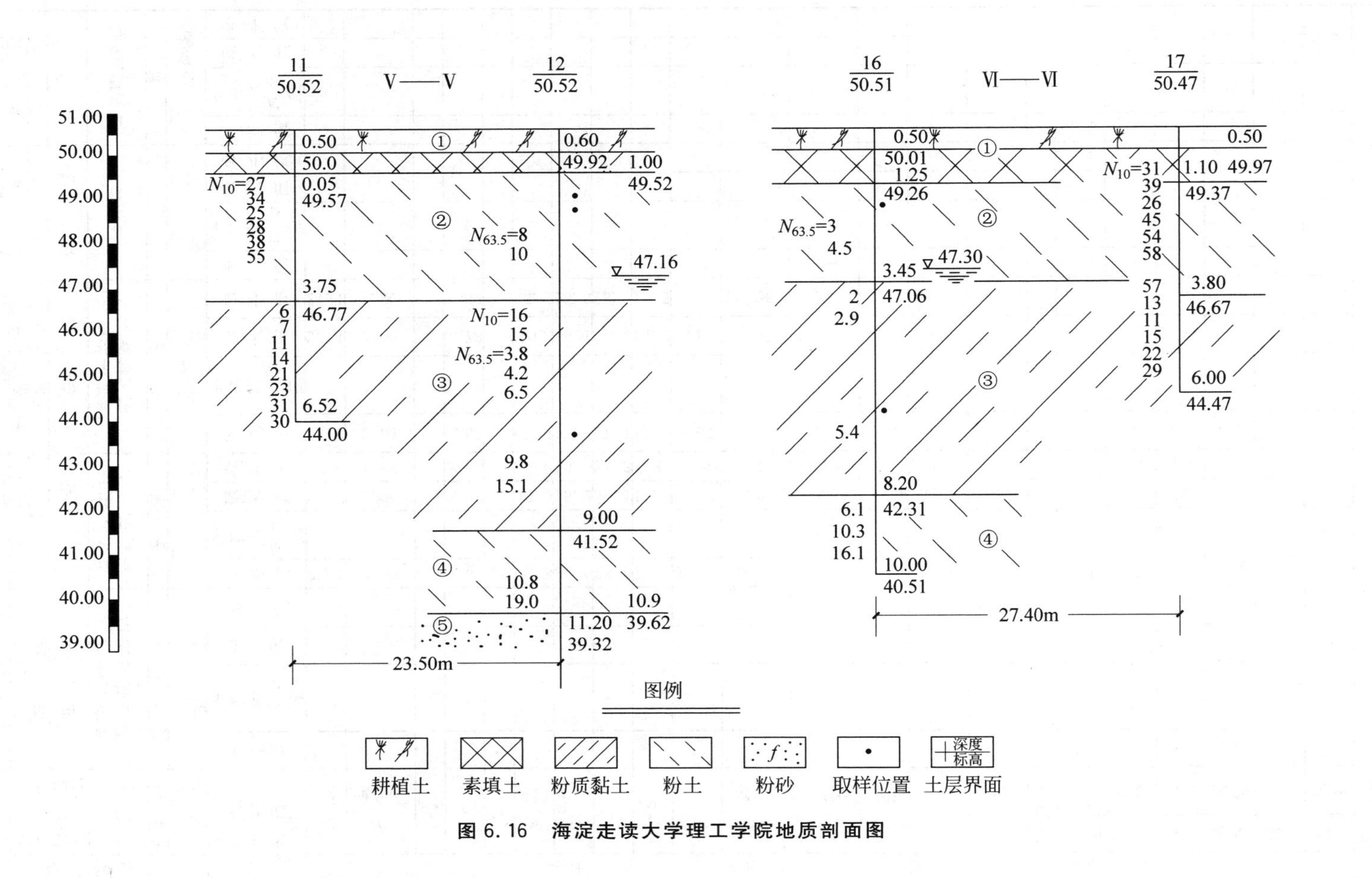

图 6.16 海淀走读大学理工学院地质剖面图

表 6.22 地层岩性及土的物理力学性质综合统计表

工程名称:北京海淀走读大学理工学院　　　勘察编号　1988-23

层号	野外描述 岩性	色味	密度	湿度	断面状态及稠度	含有物	野外强度	厚度/m	综合统计指标	土质数据 w /%	ρ /g/cm^3	d_s	e	D_r	s_r /%	w_p /%	w_L /%	I_p	I_L	$a_{1\sim2}$ /MPa^{-1}	E_s /MPa	c /kPa	ϕ/(°)	K_{20} /cm/s	土样数	标准贯入 $N_{63.5}$	标准贯入 组数	尖锥贯入 N_{10}	尖锥贯入 组数	静力触探 p_s	静力触探 次数	供沉降分析的 E_s' /MPa
人工填土层 ①	耕植土、杂填土、素填土	褐色、褐黄~黄色	松~中密	稍湿~湿	可塑	碎砖、炉碴、瓦块、灰碴、砖屑、礓石	软~中下	0.80~2.55	平均值																			14	24			
									平均最大值/平均最小值																							
									最大值																			29				
									最小值																			5				
新近代冲积层 ②	粉土	褐黄~黄色	中密~密实	湿	可塑	锰结核、氧化铁、礓石	中~硬	1.05~3.15	平均值	21.0	2.02		0.61		92.8	20.6	28.0	7.39	0.001	0.21	7.98	0.18	28.9		13	9.1	17	33	164			
									平均最大值/平均最小值																							
									最大值	23.7	2.06		0.68		98.0	25.2	30.1	10.0	0.54	0.23	10.66	0.30	34.2			14		90				
									最小值	19.0	1.96		0.56		86.0	16.0	26.3	3.6	-0.81	0.16	7.19	0.10	24.9			3		10				
③	粉质粘土	褐黄~灰白~黄色	中密偏软~中密	很湿~饱和	软塑~可塑	氧化铁、米粒状礓石	软~中	4.45~5.70	平均值	23.9	2.01		0.67		97.5	15.6	27.7	12.0	0.67	0.30	5.77	0.08	8.0		7	6.6	27	21	136			
									平均最大值/平均最小值																							
									最大值	26.1	2.05		0.73		100	18.1	30.0	14.2	0.86	0.37	5.58					15.1		64				
									最小值	21.1	1.97		0.59		95.0	13.6	25.9	10.5	0.43	0.25	4.56					2		6				
④	粉土	褐黄~黄色	中密	饱和	可塑	氧化铁	中	1.50~1.90	平均值																	11.4	11					
									平均最大值/平均最小值																							
									最大值																	19						
									最小值																	6.1						
⑤	粉土	黄色	密实	饱和		氧化铁、礓石	硬	>1.20（未穿透）	平均值																	20.4	1					
									平均最大值/平均最小值																							
									最大值																							
									最小值																							

工程主持人:司振贵　薛　福　　统计:司振贵　　校核:陈希哲

容。这与《工业与民用建筑工程地质勘察规范》(TJ 21—77)相对应，对工程地质勘察的任务有了新的要求。而在《岩土工程勘察规范》(GB 50021—2001)第四章(各类工程的勘察基本要求)第一节(房屋建筑与构筑物)的主要工作内容中，更进一步细化为“提出地基基础、基坑支护、工程降水和地基处理设计与施工方案的建议”，同时增加了“对于抗震设防烈度等于或大于6度的场地，进行场地与地基的地震效应评价”的内容，对工程地质勘察的要求有了进一步提高。2009年，又对《岩土工程勘察规范》(GB 50021—2001)进行了修订：对水和土腐蚀性的评价一章的内容作了较大修改，对污染土进行了补充和修改，对土的鉴定、勘察的基本要求、场地和地基的地震效应、地下水、钻探和原位测试都进行了修改，对勘察工作提出了更全面、更严格的要求。为此，勘察工程主持人不仅要掌握工程地质和水文地质的知识，而且对土力学地基基础、房屋建筑学、建筑工程结构及抗震设计规范等方面的知识也必须有一定程度的了解，才能胜任工程勘察的任务。

6.6 验　　槽

6.6.1 验槽的目的

验槽是建筑物施工第一阶段基槽开挖后的重要工序，也是一般岩土工程勘察工作最后一个环节。当施工单位挖完基槽并普遍钎探后，由建设单位约请勘察、设计单位技术负责人和施工单位技术负责人，施工监理人员共同到施工工地验槽。进行验槽的主要目的为：

1. 检验勘察成果是否符合实际

通常勘探孔的数量有限，布设在建筑物外围轮廓线4角与长边的中点。基槽全面开挖后，地基持力层土层完全暴露出来，首先检验勘察成果与实际情况是否一致？勘察成果报告的结论与建议是否正确和切实可行？如有异常情况，应提出处理措施或修改设计的建议。当实际情况与勘察报告出入较大时，应建议进行施工勘察。

2. 解决遗留和新发现的问题

有时勘察成果报告遗留当时无法解决的问题，例如，某新征地上一幢学生宿舍楼的岩土工程勘察工作时，场地上一住户不让进院内钻孔，成为一个遗留问题，后来在验槽中解决。在验槽中发现新问题是常见的情况，需要4方面负责人当场研究解决。例如，在河北涿鹿县山区林业中学教学行政大楼工地验槽时发现基槽中有大孤石，如图6.17所示，地基软硬不均需要处理。又如某单位宿舍22号楼，验槽时发现基槽底部有一口直径2.5m的大古井，井内为淤泥，如图6.18所示，若处理不当，基础可能发生断裂。

大量工程实践证明，认真验槽，对保证建筑工程质量、防止事故发生起着十分重要的作用。

图6.17　涿鹿县林中教学行政大楼验槽

图6.18　清华大学研究生22号楼基槽中存在一口大古井

6.6.2 验槽的内容

(1) 校核基槽开挖的平面位置与槽底标高是否符合勘察、设计要求。例如,某单位学生宿舍20号楼验槽,发现槽底普遍为黏性土,由于该宿舍楼为7层楼房,勘察成果报告要求开挖深度2.2～2.5m,挖至第三层卵石层,提供地基承载力特征值 $f_{ak}=250kPa$,施工单位误将开挖深度从设计地面算起,只挖到第二层,当时挖土机械已撤走,施工单位要求不再下挖,用修改设计来解决。由于第二层黏性土承载力低,仅有100kPa,不能满足地基强度与变形要求,验槽中,讲清道理,要求施工单位克服困难,决定必须继续下挖至卵石层后再次验槽。

(2) 检验槽底持力层土质与勘察报告是否相同。参加验槽的四方负责人需下到槽底,依次逐段检验,发现可疑之处,用铁铲铲出新鲜土面,用野外土的鉴别方法进行鉴定。

(3) 当发现基槽平面土质显著不均匀,或局部存在古井、菜窖、坟穴、河沟等不良地基,可用钎探查明其平面范围与深度。

(4) 检查地下水(地表滞水、潜水、压力水)的实际情况。

(5) 检查基槽钎探结果。钎探位置:条形基槽宽度小于80cm时,可沿中心线打一排钎探孔;槽宽大于80cm,可打两排错开孔,钎探孔间距为1.5～2.5m。深度每30cm为一组,通常为5组,1.5m深。

钎探工具可采用轻型圆锥动力触探钎探数据可反映基槽平面土质的均匀性,而且可以校核地基各点的承载力特征值。

基槽底部土质局部坚硬或局部软弱,这类软硬不均匀的情况经常遇到。例如,北京第一铜管厂办公楼基槽中存在一个直径9.4m的大型钢筋混凝土废基础;某单位21号楼验槽时发现一个钢筋混凝土废化粪池;西苑挂面厂基槽底部有防空洞的衬砌。至于局部软弱情况更多,这类槽底局部软硬悬殊的情况,均应处理得当,避免严重不均匀沉降,导致墙体开裂等事故。又如上述涿鹿县林业中学原有单层校舍借当地一座寺庙,因地基软硬不均,普遍发生墙体开裂。新建教学行政大楼3层半高,由于验槽认真,把直径 $d>1\,000mm$ 的8块大孤石全部清除,又把局部标准钎深 $N_{10}<10$ 的软弱土挖除干净,分层压实回填卵石,竣工后使用至今情况良好。

6.6.3 验槽注意事项

(1) 验槽前应全部完成合格钎探,提供验槽的定量数据。

(2) 验槽时间要抓紧,基槽挖好,突击钎探,立即组织验槽。尤其夏季要避免下雨泡槽,冬季要防冰冻,不可拖延时间形成隐患。

(3) 槽底设计标高若位于地下水位以下较深时,必须做好基槽排水,保证槽底不泡水。如槽底标高在地下水位以下不深时,可先挖至地下水面验槽,验完槽快挖快填,做好垫层与基础。

(4) 验槽时应验看新鲜土面,清除超挖回填的虚土。冬季冻结的表土似很坚硬,夏季日晒后干土也很坚实，都是虚假状态，应用铁铲铲去表层再检验。

（5）验槽结果应填写验槽记录，并由参加验槽的4个方面负责人签字，作为施工处理的依据，验槽记录存档长期保存。若工程发生事故，验槽记录是分析事故原因的重要线索。

总之，要充分认识到验槽的重要性和面临问题的复杂性，而且时间紧迫，不允许慢慢研究再议，必须当场研究具体措施作出决定。例如上述遇到的钢筋混凝土废化粪池、邻近建筑基础凸入基槽、暖气沟斜贯基槽、军用电缆贯穿基槽、槽底风化岩严重倾向山沟、河流贯穿基槽、局部淤泥杂填土很深、基槽中段软弱两端坚实、基槽中存在古井、坟墓、菜窖、防空洞以及基槽长期积水以及泡软持力层土质等等各种各样的问题时，需要及时进行处理，方能保证工程的安全性。

复习思考题

6.1 为何要进行岩土工程勘察？中小工程荷载不大，为何不可省略勘察？

6.2 勘察为什么要分阶段进行？详细勘察阶段应当完成哪些工作？

6.3 建筑场地等级如何划分？符合什么条件为一级场地？

6.4 建筑地基等级如何划分？符合何种条件为二级地基？

6.5 岩土工程勘察等级如何划分？勘察等级为二级应符合什么条件？

6.6 钻孔间距如何确定？详细勘察岩土工程二级的间距是多少？一级的间距是多少？何故？

6.7 钻孔深度的依据是什么？地基为一般黏性土6层住宅详细勘察控制性钻孔深度为多少？

6.8 技术钻孔与探查孔有何区别？技术钻孔应占总钻孔的多大比例？

6.9 工业与民用建筑岩土工程勘察中，最常用的勘察方法有哪几种？比较各种勘察方法的优缺点和适用条件。

6.10 动力触探与静力触探有何不同？说明两类方法的优缺点与适用条件。标准贯入试验与重型圆锥动力触探有何不同？

6.11 野外鉴别黏性土用什么方法？

6.12 为何要描述土的颜色？土中含有物具体指什么？各种不同含有物对土的工程性质有何影响？

6.13 岩土工程勘察成果报告分哪几部分？对建筑地基的评价包括哪些内容？为什么规范要求提出地基和基础设计方案建议？

6.14 评定岩土工程勘察成果报告优劣的标准是什么？阅读使用勘察成果报告重点在何处？

6.15 完成岩土工程勘察成果报告后，为何还要验槽？验槽包括哪些内容？应注意些什么问题？

习　题

6.1　某单位拟建一幢六层职工住宅，规划住宅楼长度为80.00m，宽度为11.28m。采用砖混结构，条形基础。该住宅场地为一级。试设计详细勘察的钻孔种类、数量、间距和深度。　（答案：沿建筑物外围轮廓线长度方向设计两排钻孔，每排5孔，钻孔间距20m，其中对角线两端1号与10号孔，孔深10m；3号、5号、6号、8号为技术孔，孔深8m；其余4孔为探查孔，孔深为6～7m）

6.2　我国北方某单位建一座仓库，东西向长47.28m，南北向宽10.68m，为两层楼房，高度8.10m。场地地形平坦，北方距离10m处有一荷塘。布置钻孔数量、间距、深度和类别。　（答案：沿仓库长边方向南北各一排钻孔，每排4个共8个钻孔，间距约16m，深度6～8m，技术孔4个）

6.3　南京市某厂拟建一幢五层职工住宅，东西向长度为37.64m，南北向宽度为8.94m，采用砖混结构。建筑场地几十年前有一个大坑逐年填平。设计详细勘察工作量。

6.4　昆明市蓬花池附近计划盖一幢四层住宅，建筑物长度54.4m，宽度9.6m，高度11.2m。采用天然地基浅埋条形基础。设计勘探工作量。

6.5　北京市某实验室平面呈T字形、南北向实验大厅长度36.00m，东西向宽度18.00m，高度7.81m。大厅南侧紧接一辅助实验室，东西向长度为31.50m，南北向宽度为12.80m，高度为4.50m。场地中部有一土丘，高约3.0m。场地东方与南方相距8～10m，有一条小河，河宽约8m左右，水深2～3m。设计详勘工作量。

6.6　东北辽宁省某市拟建一幢五层住宅。建筑物长度53.18m，宽度9.60m，高度15.00m，位于当地山麓。设计详细勘察工作量。

6.7　北京市城区某中学教学楼，东西向长度为75.00m，南北向宽度为18.50m，为两层楼房，局部三层。采用砖混结构，天然地基条形基础。场地地形平坦，几十年前为一个大坑。设计详勘工作量。

6.8　北京市某高层住宅，东西向长30.10m，南北向宽度20.80m，地上18层，为框架剪力墙结构。场地原为松树林，东部为河道，河顶宽约15m，河底宽约3m，河深3m，一年前填平。设计详勘工作量，包括勘探、取样和室内土工试验项目。

6.9　某高层建筑地上23层，地下三层，平面呈对称L形，每边长度为58.0m，宽度为22m。紧贴高层设一大厅，地上一层，地下二层，平面为正方形，边长36.0m。设计详勘工作量。

6.10　乌鲁木齐市一幢大厦，20层，总高约60m。大厦平面呈L形，北翼东西向长53.4m，南北向宽17.5m；东翼南北向长62.5m，东西向宽14.4m。场地东面相距约10m有一高坡，地面高差约5m，坡上为城市环形公路。当地土质为碎石土，设计详勘工作量。

6.11　银川市某小区住宅楼呈L形，北楼6层，东西向长36.00m，南北向宽10.00m；西楼5层南北向长36.00m，东西向宽10.00m，两楼紧接。设计详勘工作量。

6.12 清华大学汽车研究所科研楼东西向长度50.10m，南北向宽度14.00m，总高15.50m，为4层框架结构。场地地形不平，南高北低。位于清华大学后勤养猪场。按常规在楼房4角与长边中点各布置一个钻孔。地基各土层的厚度如表6.23所示。绘制工程地质剖面图，编制岩土工程勘察成果报告。

表6.23 科研楼土层及性质 m

钻孔编号	1	2	3	4	5	6	e	$w/\%$	I_L	N	N_{10}
地面高程	48.62	48.75	48.50	48.80	48.72	48.29					
① 杂填土厚	0.30	0.25	0.20	0.30	0.30	0.30					
② 粉土厚	0.60	0.80	1.20	0.90	1.00	0.40	0.80	20		7	23
③ 粉细砂厚	2.50	2.30	1.70	2.10	2.30	2.50	0.69	10.7		13	59
④ 黏性土厚	2.30	2.10	2.10	2.10	1.60	2.40	0.9	23.3	0.62	7	24
⑤ 粉质黏土厚	2.70	>1.80	>2.00	>1.90	>2.10	2.70	0.8	23.7	0.75	8	27
⑥ 粉土厚	>1.50					>1.40	0.7	22		9	34
地下水位	44.78	45.05	44.95	45.10	44.85	44.89					

6.13 参加大工程详勘投标的标书，包括哪些项目？编制标书应注意什么问题？

本章习题全部是实际工程。其中某些工程原勘察报告的勘探工作量不合理或不便公布，未列出答案。

第7章

天然地基上浅基础的设计

7.1 概　　述

7.1.1 地基基础的重要性与复杂性

1. 地基基础的重要性

大树伤根则枯，无根即倒。地基基础是建筑物的根基，若地基基础不稳固，将危及整个建筑物的安全。地基基础的工程量、造价和施工工期，在整个建筑工程中占相当大的比重，尤其是高层建筑或软弱地基，有的工程地基基础的造价超过主体工程总造价的1/4～1/3。而且建筑物的基础是地下隐蔽工程，工程竣工验收时已经埋在地下，难以检验。地基基础事故的预兆不易察觉，一旦失事，难以补救。因此，应当充分认识地基基础的重要性。

2. 地基基础的复杂性

建筑物的上部结构在各地可以通用，例如，有的住宅设计优良，可以买一套图纸到本单位使用。但是地基各地千差万别，即使同一城市情况也很不相同。买到上部结构图纸后，必须根据该建筑场地的具体情况，设计相应的基础工程。有的地基坚实均匀，可以采用天然地基浅基础；有的地基上部软弱，下部坚实，可考虑用桩基础；有的地基软弱层很厚，可采用人工加固地基；不仅如此，建筑场地平面范围软硬不均，甚至存在古河道、古水井、坟墓、菜窖、下水道、暖气沟等旧结构物，需要特殊处理。在地基基础设计中，难以将一个建筑物的基础设计图纸买来，原封不动地用到另一个建筑物上去。由此可见地基基础的复杂性。

3. 地基基础设计考虑因素

地基基础的设计不能孤立地进行，需要对建筑物上部结构和下部建筑场地条件，全面考虑，做到上下兼顾。

(1) 考虑建筑物上部结构的类型、规模、用途、荷载大小与性质、整体刚度，以及对不均匀沉降的敏感性；

(2) 研究建筑物下部工程地质条件、地层结构、各土层的物理力学性质、地基承载力，以及地下水位埋深与水质、当地冻深等因素，因地制宜地进行设计。

7.1.2 地基基础方案的类型

设计地基基础，第一步应有针对性地选择地基基础方案。目前工程界采用的各种方案，可归纳为下列四种类型，如图7.1所示。

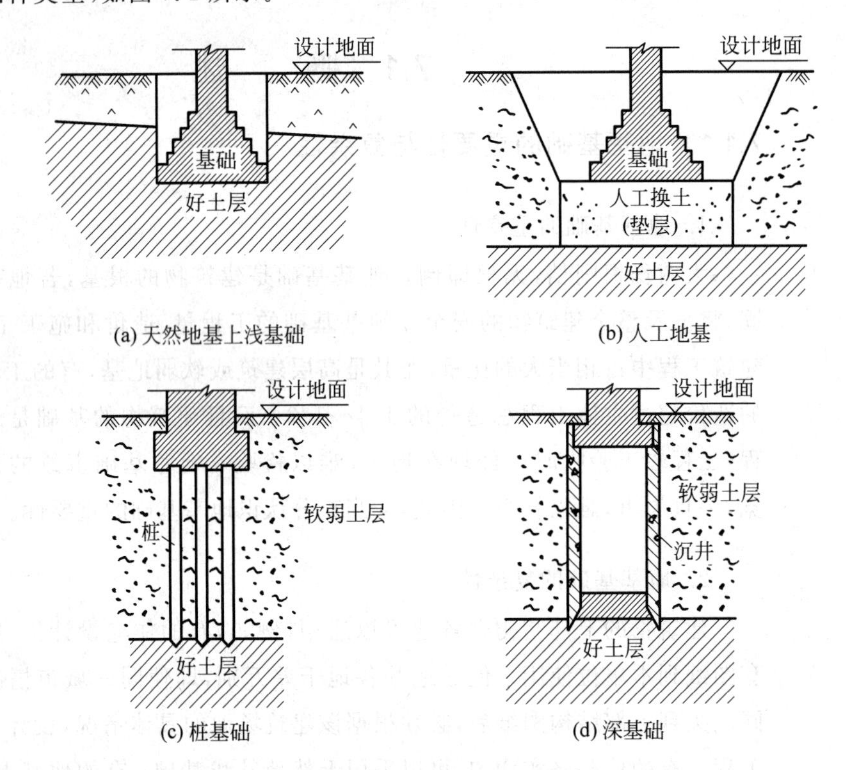

图 7.1 地基基础的类型

1. 天然地基上的浅基础

当建筑场地土质均匀、坚实，性质良好，地基承载力特征值 $f_{ak} > 120\text{kPa}$ 时，对于一般多层建筑，可将基础直接做在浅层天然土层上，称为天然地基上浅基础，如图7.2所示。这部分内容在本章阐述。

图 7.2 天然地基上浅基础

2. 不良地基人工处理后的浅基础

如遇建筑地基土层软弱，压缩性高，强度低，无法承受上部结构荷载时，需经过人工加固处理后作为地基，称为人工地基。例如，某无缝钢管厂为大型重工业厂房，荷载大，地基为淤泥质软弱土，承受不了上部荷载，采用振冲碎石桩人工加固地基，如图 7.3 所示。各种人工加固处理地基的方法，如强夯法、换土法、预压法等，将在第 9 章讲解。

图 7.3 人工加固处理地基

3. 桩基础

当建筑地基上部土层软弱、深层土质坚实时，可采用桩基础。上部结构荷载通过桩基础穿过软弱土层，传到下部坚实土层。例如，某文化中心位于小河北侧，地基中存在淤泥质土采用桩基础，图 7.4 所示为该工程正在打桩的情形。关于桩的类型、桩的承载力与桩基础设计等内容，将在第 8 章中讲述。

图 7.4 桩基础正在施工

4. 深基础

若上部结构荷载很大，一般浅基础无法承受，或相邻建筑不允许开挖基槽施工以及有特殊用途与要求时，可采用深基础。这时往往采用特殊的结构和专门的施工方法，常用的深基础有沉井、箱桩基础和地下连续墙等沉井基础如图 7.5 所示。上海某研究所，地基为淤泥质土，采用深基础沉井，埋深达 40m。图 7.5 所示为该工程正在施工的情形。关于深基础的内容也在第 8 章讲述。

图 7.5 深基础沉井正施工

评论： 以上四种基础方案类型，第一种天然地基上浅基础，技术简单、工程量小、施工方便、造价低廉，应当优先选用。只有在天然地基浅基础无法满足工程的安全或正常使用要求时，才考虑其余方案类型。通常应同时设计 2～3 个不同方案，进行技术经济比较，从中选用一个最佳方案。

7.1.3 天然地基上浅基础的设计内容与步骤

(1) 初步设计基础的结构型式、材料与平面布置;

(2) 确定基础的埋置深度 d;

(3) 计算地基承载力特征值 f_{ak},并经深度和宽度修正,确定修正后的地基承载力特征值 f_a;

(4) 根据作用在基础顶面荷载 F 和深宽修正后的地基承载力特征值,计算基础的底面积;

(5) 计算基础高度并确定剖面形状;

(6) 若地基持力层下部存在软弱土层时,则需验算软弱下卧层的承载力;

(7) 地基基础设计等级为甲、乙级建筑物和部分丙级建筑物应计算地基的变形;

(8) 验算建筑物或构筑物的稳定性(如有必要时);

(9) 基础细部结构和构造设计;

(10) 绘制基础施工图。

如果步骤(1)~(7)中有不满足要求的情况时,可对基础设计进行调整,如采取加大基础埋置深度 d 或加大基础宽度 b 等措施,直到全部满足要求为止。

7.1.4 浅基础设计所需资料

(1) 建筑场地的地形图;

(2) 岩土工程勘察成果报告;

(3) 建筑物平面图、立面图和剖面图,荷载,特殊结构物布置与标高;

(4) 建筑场地环境,邻近建筑物基础类型与埋深,地下管线分布;

(5) 工程总投资与当地建筑材料供应情况;

(6) 施工队伍技术力量与工期的要求。

7.2 浅基础的类型

7.2.1 浅基础的结构类型

1. 独立基础

通常框架结构柱基、高炉、烟囱、水塔基础均为独立基础,如图 7.6 所示。例如,某大楼采用独立基础,如图 7.7 所示。有时墙下也采用独立基础,如在膨胀土地基上的墙基础,往往采用独立基础,并在独立基础顶面设置钢筋混凝土墙梁,再在过梁上砌砖墙,如图 7.8 所示。在膨胀土地基上的墙梁高出地面,使膨胀土地基吸水膨胀产生的膨胀力,传不到过梁与墙体上,以避免墙体开裂。

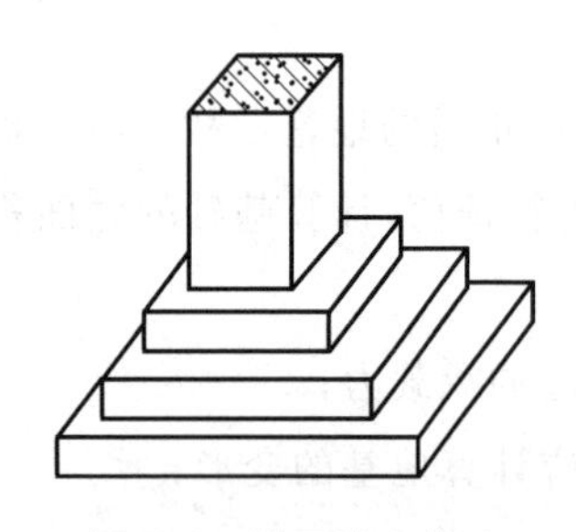

图7.6　柱下独立基础

图7.7　独立基础施工

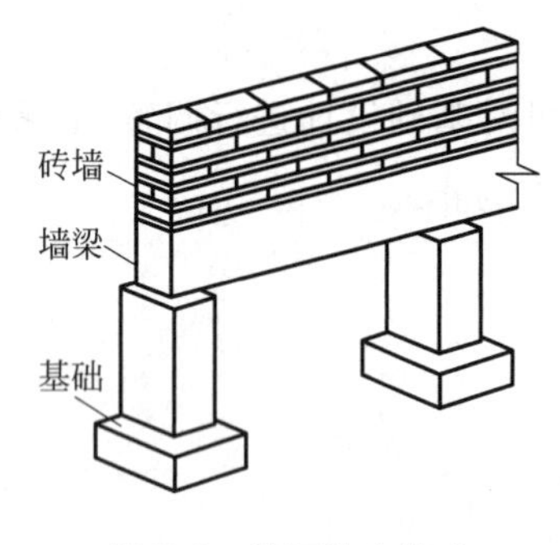

图7.8　墙下独立基础

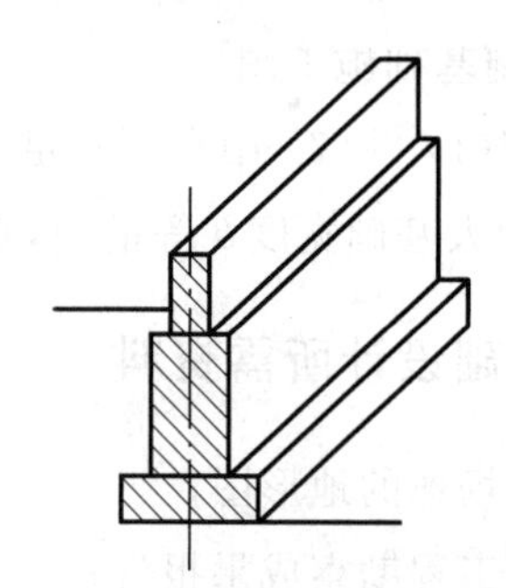

图7.9　墙下条形基础

2. 条形基础

当基础的长度大于或等于10倍基础宽度时称为条形基础。条形基础属于平面应变问题，所以，可取长度方向1延米进行计算。通常砖混结构的墙基、挡土墙基础都是条形基础，如图7.9所示。图7.10为某大学学生宿舍砖混结构条形基础正在施工的情形。如遇上部荷载较大，地基承载力较低时，柱间的独立基础互相靠近，为施工方便，可采用柱下条形基础，如图7.11所示。

3. 十字交叉基础

遇上部荷载较大，采用条形基础不能满足地基承载力要求时，可采用十字交叉基础(即双向条形基础)，如图7.12所示。例如，湖南大学图书馆为9层大楼，地层不均匀，基岩有溶洞且书库荷载大，采用钢筋混凝土十字交叉基础，如图7.13所示。

4. 筏板基础

若上部荷载大、地基软弱或地下防渗需要时可采用筏板基础，俗称满堂基础。这种基础用钢筋混凝土材料做成连续整片基础，亦称片筏基础。例如，陕西省渭南市印刷厂采用的就是筏板基

图 7.10 条形基础施工

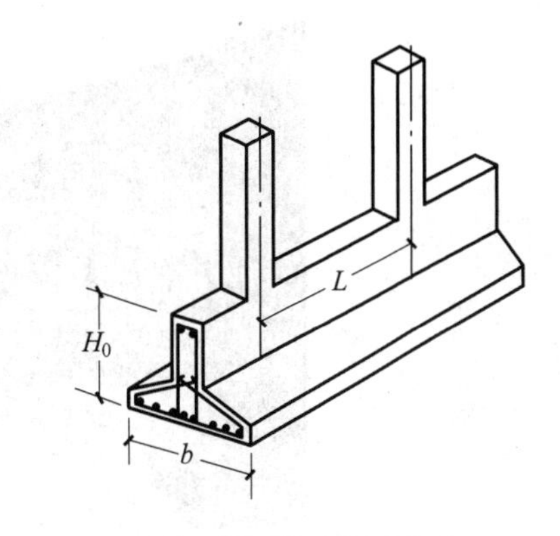

图 7.11 柱下条形基础

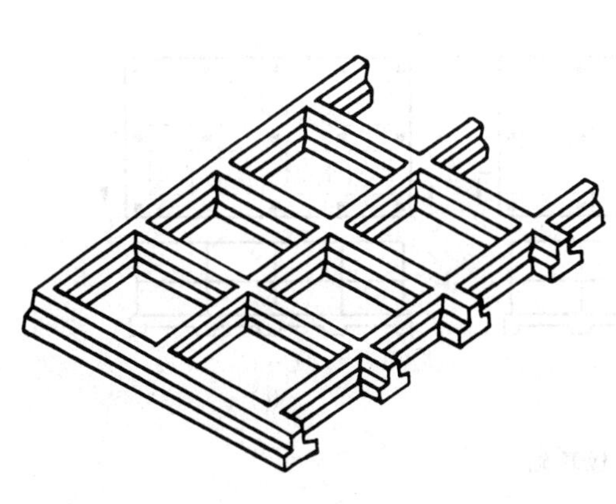

图 7.12 十字交叉基础

图 7.13 十字交叉基础施工

础，如图 7.14 所示。如上部结构采用柱子承重，则柱与筏板联结处应局部扩大或带肋梁，如图 7.15(b)、(c)所示。

5. 箱形基础

高层建筑荷载大、高度大，按照地基稳定性的要求，基础埋置深度应加深，常采用箱形基础。这种基础由现浇的钢筋混凝土底板、顶板、纵横外墙与内隔墙组成箱形整体，如图 7.16 所示。因此，这种基础的刚度大、整体性好，并可利用箱形基础的空间作为人防、文化活动厅及储藏室、设备层等。北京国际大厦、沈阳中山大厦、兰州工贸大厦、成都蜀都大厦、郑州黄和平大厦等高层建筑都采用箱形基础。根据建筑物高度对地基稳定性的要求和使用功能的需要，箱形基础的高度可设计成一层或多层，例如，北京燕京饭店，地上 22 层，地下两层箱形基础。图 7.17 所示为该工程施工的情形。

图 7.14　筏板基础施工

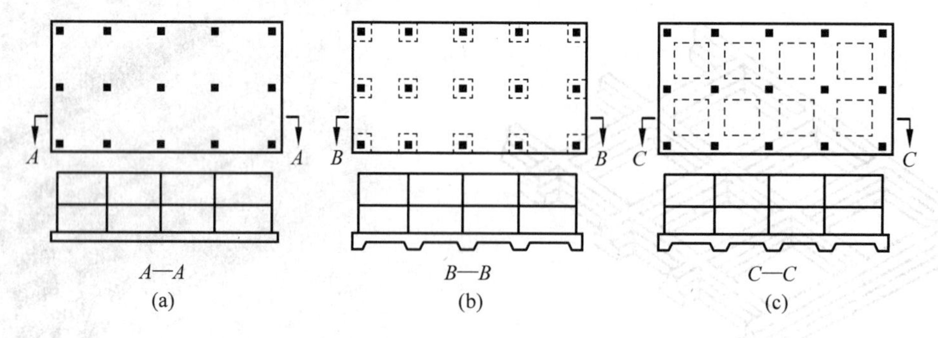

图 7.15　筏板基础

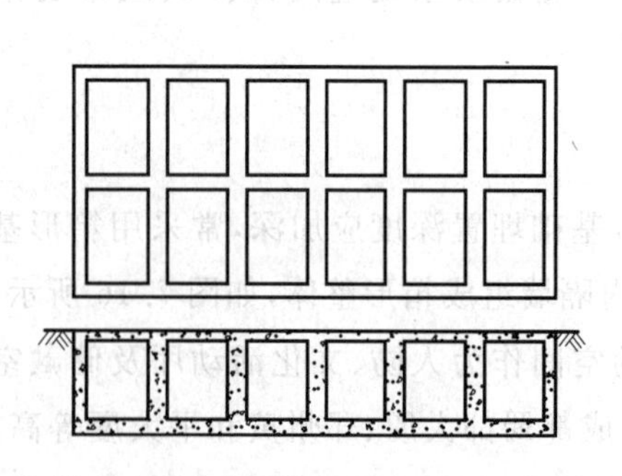

图 7.16　箱形基础

图 7.17　箱形基础施工

但是，箱形基础有较多的纵、横隔墙，地下空间的利用受到了一定的限制。在地下空间的利用较为重要的情况下，如停车场、商场、娱乐场等，通常选用筏板基础。

7.2.2 基础的材料

基础的材料是很重要的，不同的材料有不同的技术要求，才能符合基础功能的需要。

1. 无筋扩展基础

由砖、毛石、素混凝土以及灰土等材料建造的基础，称为无筋扩展基础，旧称刚性基础。这类材料抗压强度较大，但不能承受拉力或弯矩。因此，设计要求无筋扩展基础外伸宽度 b' 与基础高度 h 的比值有一定的限度，以避免刚性材料被拉裂，即：

$$\frac{b'}{h} \leqslant \left[\frac{b'}{h}\right] = \tan\alpha \tag{7.1}$$

式中 $\left[\frac{b'}{h}\right]$—— 刚性基础台阶宽高比允许值，可按表 7.1 采用；

α ——基础的刚性角，(°)；如图 7.18 所示。

表 7.1 无筋扩展基础台阶宽高比的允许值

基础名称	质量要求	台阶宽高比的允许值		
		$p_k \leqslant 100$	$100 < p_k \leqslant 200$	$200 < p_k \leqslant 300$
混凝土基础	C15 混凝土	1∶1.00	1∶1.00	1∶1.25
毛石混凝土基础	C15 混凝土	1∶1.00	1∶1.25	1∶1.50
砖基础	砖不低于 MU10、砂浆不低于 M5	1∶1.50	1∶1.50	1∶1.50
毛石基础	砂浆不低于 M5	1∶1.25	1∶1.50	—
灰土基础	体积比为 3∶7 或 2∶8 的灰土，其最小干密度： 粉土 1.55t/m³ 粉质黏土 1.50t/m³ 黏土 1.45t/m³	1∶1.25	1∶1.50	—
三合土基础	体积比 1∶2∶4～1∶3∶6(石灰∶砂∶骨料)，每层约虚铺 220mm，夯至 150mm	1∶1.50	1∶2.00	—

注：① p_k 为荷载效应标准组合时基础底面处的平均压力值，kPa；

② 阶梯形毛石基础的每阶伸出宽度，不宜大于 200mm；

③ 当基础由不同材料叠合组成时，应对接触部分作抗压验算。

④ 混凝土基础单侧扩展范围内基础底面处的平均压力值超过 300kPa 时，尚应进行抗剪验算：

$$V_s \leqslant 0.366 f_t A \tag{7.2}$$

式中 V_s—— 相应于荷载效应基本组合时的地基平均净反力产生的沿墙(柱)边缘或变阶处单位长度的剪力设计值；

A—— 沿墙(柱)边缘或变阶处混凝土基础单位长度面积；

f_t—— 混凝土抗拉强度设计值。

为施工方便，刚性基础通常做成台阶形。各级台阶的内缘与刚性角 α 的斜线相交，如图 7.18(b) 是安全的。若台阶拐点位于斜线之外，如图 7.18(a) 则不安全。无筋扩展基础破坏情况如图 7.19 所示。

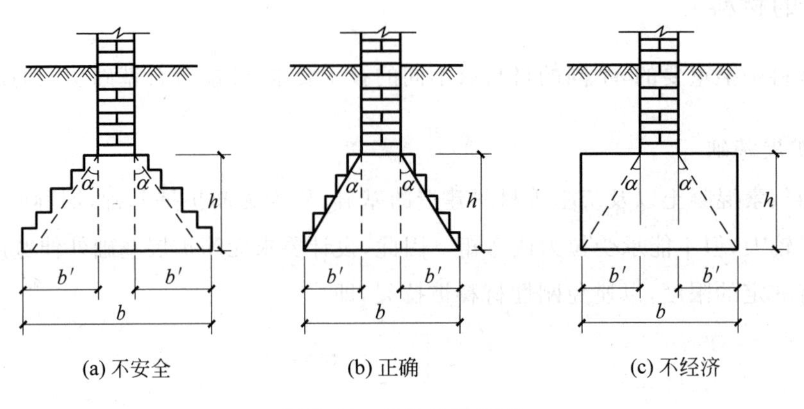

图 7.18 无筋扩展基础

评论：无筋扩展基础技术简单、材料充足、造价低廉、施工方便，多层砌体房屋应优先采用这种基础类型。

---

2. 扩展基础

由钢筋混凝土材料建造的基础称为扩展基础，旧称柔性基础。在基础内配置足够的钢筋来承受由弯矩而产生拉应力，使基础在受弯时不致破坏。这种基础不受刚性角的限制，基础剖面可以做成扁平形状，用较小的基础高度把上部荷载传到较大的基础底面上去，以适应地基承载力的要求，如图 7.20 所示。重要的建筑物或利用地基表土硬壳层，设计宽基浅埋以解决存在软弱下卧层强度太低时，常采用钢筋混凝土扩展基础。扩展基础需用钢材、水泥，造价较高。

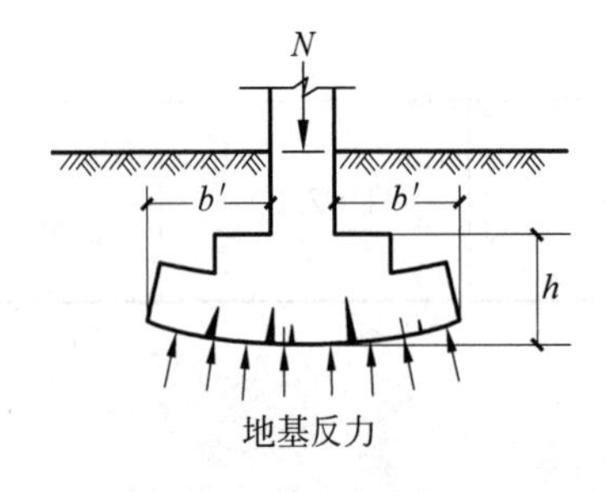

图 7.19 无筋扩展基础受力破坏简图

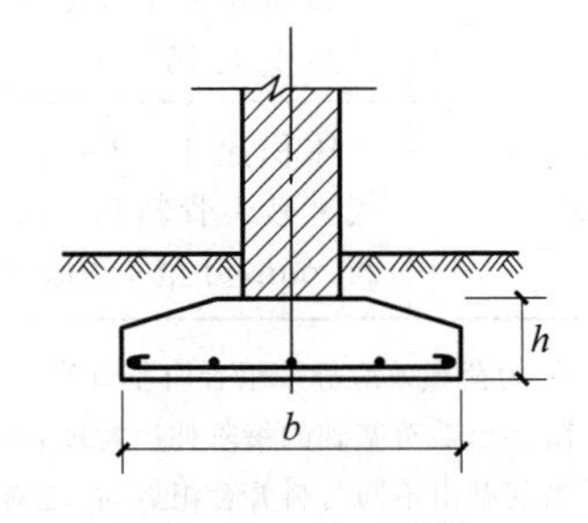

图 7.20 扩展基础

3. 对基础材料的要求

基础是建筑物的根基，必须保证基础材料有足够的强度和耐久性。根据地基的潮湿程度和气候条件不同，基础用砖、石料和砂浆允许的最低强度等级如表7.2所示。

表7.2　地面以下或防潮层以下的砌体、潮湿房间墙所用材料的最低强度等级

基土的潮湿程度	烧结普通砖、蒸压灰砂砖		混凝土砌块	石 材	水泥砂浆
	严寒地区	一般地区			
稍潮湿的	MU10	MU10	MU7.5	MU30	M5
很潮湿的	MU15	MU10	MU7.5	MU30	M7.5
含水饱和的	MU20	MU15	MU10	MU40	M10

注：① 在冻胀地区，地面以下或防潮层以下的砌体，不宜采用多孔砖，如果，其孔洞应用水泥砖浆灌实。当采用混凝土砌块砌体时，其孔洞应强度等级不低于C20的混凝土灌实。

② 对安全等级为一级或设计使用年限大于50年的房屋，表中材料强度应至少提高一级。

(1) 砖　必须用黏土砖或蒸压灰砂砖，轻质砖均不得用于基础。严寒、一般地区稍湿地基，砖的强度等级不得低于MU10；严寒、一般地区很湿地基，砖的强度等级分别不得低于MU15和MU10；严寒、一般地区饱和地基，砖的强度等级分别不得低于MU20和MU15。

(2) 石料　包括毛石、块石和经过加工平整的料石，均应选用不易风化的硬岩石，石料的厚度不宜小于150mm。基础石料的强度等级应根据地基的潮湿程度在MU30、MU40中选用。

(3) 砂浆　石灰、水泥混合砂浆不得用于基础工程。水泥砂浆强度等级应根据地基的潮湿程度在M5、M7.5和M10中选用。

(4) 混凝土　混凝土的强度、耐久性与抗冻性都优于砖，且刚性角大，便于机械化施工和预制。但混凝土基础的水泥用量大，造价稍高，因此，混凝土常用于砖、石材料不满足刚性角要求的基础、地下水位以下的工程以及基础下找平的垫层。混凝土强度等级常用C10。体积大的混凝土基础，可以掺入20%～30%毛石，称毛石混凝土，以节约水泥。

(5) 钢筋混凝土　这种材料不仅抗压而且具有抗弯与抗剪性能，是基础的最优材料。高层建筑、重型设备或软弱地基以及地下水位以下的基础，宜采用钢筋混凝土材料。钢筋按计算配置，混凝土强度等级不低于C15。需检验水泥的质量和工地存放防水的措施，严格按重量配合比制备混凝土。

(6) 灰土　我国采用灰土作基础材料或垫层，已有一千多年历史，效果良好。中小工程可用灰土材料做基础，常用三七灰土(即体积比，三分石灰、七分黏性土)，搅拌均匀，分层压实。所用石灰，在使用前加水，闷成熟石灰粉末，并需过5mm的筛子。土料宜就地取材，以粉质黏土为好，应过15mm筛，含水率接近最优含水率。拌和好的灰土，可以“捏紧成团，落地开花”为合格。灰土的强度与夯实密度有关，施工质量要求最小干密度$\rho_d \geqslant 1.45 \sim 1.55 t/m^3$。

灰土施工方法：每层虚铺灰土200～250mm，夯实后为150mm，称为“一步灰土”。根据工程的需要，可设计二步灰土或三步灰土，即厚度为300mm或450mm。

合格灰土的承载力可达250～300kPa。灰土的缺点是早期强度低、抗水性差、抗冻性也较差，尤其在水中硬化很慢。因此，灰土作基础材料，通常只适用于地下水位以上。

7.3　基础的埋置深度

基础为什么要有一定的埋置深度？首先为了防止基础日晒雨淋、人来车往等造成基础损伤。因此，通常基础至少埋深0.5m。基础埋置深度，一般从室外地面标高算起，至基础底面的深度为基础埋深。在保证建筑物基础安全稳定、耐久使用的前提下，基础尽量浅埋，以节省工程量且便于施工。

如何确定基础的埋置深度？应当综合考虑下列四方面因素。

7.3.1　上部结构情况

上部结构情况，包括：建筑物用途、类型、规模、荷载大小与性质。如建筑物需要地下室作地下车库、地下商店、文化体育活动场地或作人防设施时，基础埋深至少大于3m。又如建筑物类型为高层建筑，为抗震稳定性要求基础埋深不小于$\frac{1}{10}$～$\frac{1}{15}$的建筑物地面以上高度。设计等级为丙级的建筑物，则基础埋深浅。若上部结构为超静定结构，对地基不均匀沉降很敏感，则基础需坐落在坚实地基土层上。

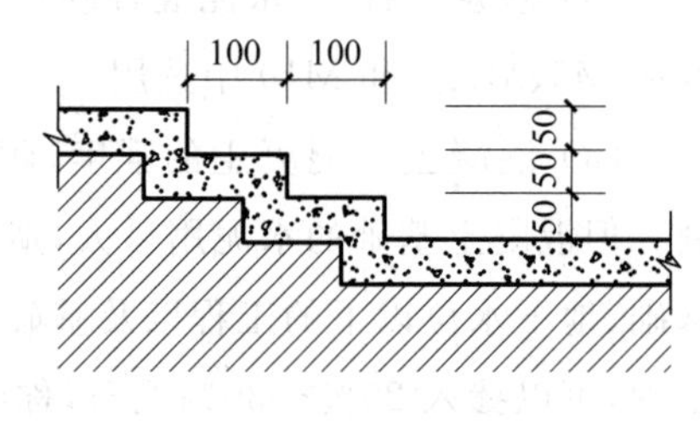

图7.21　阶形基础

遇建筑物的各部分使用要求不同，或地基土质变化大，要求同一建筑物各部分基础埋深不相同时，应将基础做成台阶形逐步过渡，台阶的高宽比为1∶2，每级台阶高度不超过50cm，如图7.21所示。

7.3.2　工程地质和水文地质条件

1. 工程地质条件

工程地质条件往往对基础设计方案起着决定性的作用。应当选择地基承载力高的坚实土层作为地基持力层，由此确定基础的埋置深度。

实际工程中，常遇到地基上下各层土软硬不相同，这时如何确定基础的埋置深度？应根据岩土工程勘察成果报告的地质剖面图，分析各土层的深度、层厚、地基承载力大小与压缩性高低，结合上部结构情况进行技术与经济比较，确定最佳的基础埋深方案。

若地基表层土较好，下层土软弱，则基础尽量浅埋，利用表层好土作为地基持力层，如图7.22(a)所示。例如，辽宁省盘锦市地基表土为黏土与黏性土，呈可塑状态，厚度仅3.0～5.0m；第二层为淤泥质粉砂，呈流塑状态，厚度超过10m。因此，盘锦市大量多层与低层房屋的基础都浅埋在表层土上。

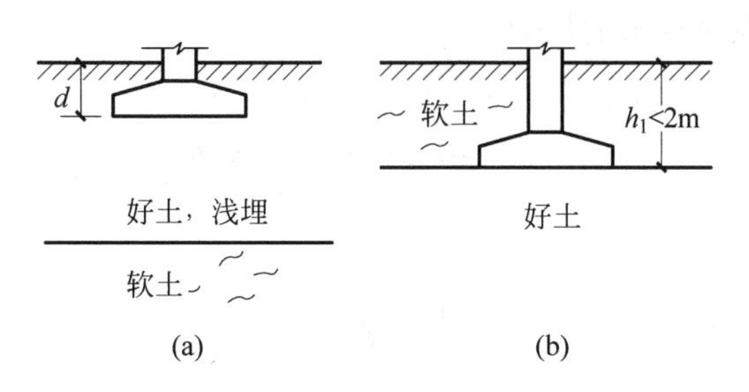

图7.22 工程地质条件与基础埋深关系

反之，表层土软弱，下层土坚实，则需要区别对待。当软弱表层土较薄，厚度小于2m时，应将软弱土挖除，将基础置于下层坚实土上，如图7.22(b)所示。若表层软弱土较厚，厚度达2～4m时，低层房屋可考虑扩大基底面积，加强上部结构刚度，把基础做在软土上；对于重要建筑物，下决心把基础置于下层坚实土上；如上层软弱土很厚，厚度超过5m时，挖除软弱土工程量太大，除建筑物特殊用途需做二层地下室时挖除全部软弱土外，对于多层住宅来说，通常采用人工加固处理地基或用桩基础。

2. 水文地质条件

地下水的情况与基础埋深也有密切关系，通常基础尽量做在地下水位以上，便于施工，如图7.23(a)所示；如不得已，基础需要做在地下水位以下，则施工时必须进行基槽排水。

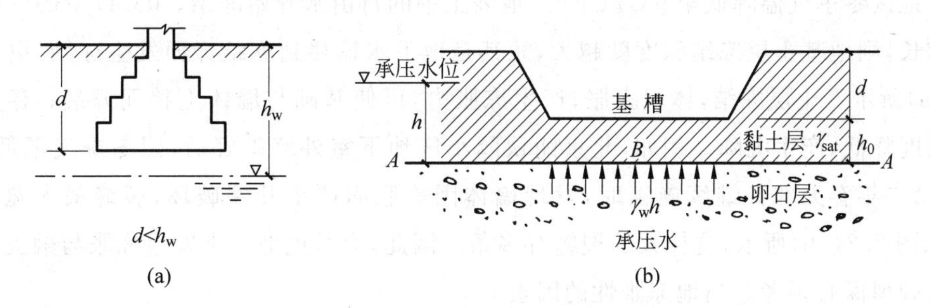

图7.23 水文地质条件与基础埋深关系

当地基为黏性土，下层卵石中含有承压水时，在基槽开挖中应保留黏性土槽底安全厚度h_0，防止槽底土层发生流土破坏。

例如，地基表层为黏土层，基槽开挖深度 d，黏土层剩余厚度为 h_0。黏土层下为卵石层，具有承压水，承压水位高于卵石层顶面 h，如图 7.23(b)所示。

在这种情况下，通常可按基槽内地下水位与槽底平齐进行计算。当发生流土破坏时，B 点的有效应力 σ' 为 0。通过分析 B 点的有效应力 σ'，可以求得槽底下黏土层的最小厚度 h_0。

B 点的竖向总应力 $\sigma=\gamma_{sat}\cdot h_0$

孔隙水压力即为该点承压水的压力

$$u=\gamma_w h$$

有效应力
$$\sigma'=\sigma-u=\gamma_{sat}h_0-\gamma_w h$$

令 $\sigma'=0$ 即
$$\gamma_{sat}h_0-\gamma_w h=0$$

可得
$$h_0=\frac{\gamma_w}{\gamma_{sat}}\cdot h$$

当 $h_0\leqslant\frac{\gamma_w h}{\gamma_{sat}}$ 时，基槽底部发生流土破坏。

另外，也可用渗透力的概念来分析。

当渗透力 $j=i_{cr}\gamma_w\geqslant\gamma'$ 时，发生流土破坏。

$$i_{cr}=\frac{h-h_0}{h_0}$$

$$h-h_0\gamma'=\gamma_{sat}-\gamma_w$$

当 $h_0\leqslant\frac{\gamma_w}{\gamma_{sat}}h$ 时，发生流土破坏。

7.3.3 当地冻结深度

1. 地基土冻结的危害

北方地区冬季气温降低至 0℃以下时，地表土中的自由水开始冻结。0℃以下的气温越低，持续时间越长，则地基土层冻结深度就越大，尤其是地下水输移到冻结锋面发生冻结，更为严重，如图 7.24(a)所示。土层冻结，体积膨胀，产生冻胀力，可使基础与墙体上抬而开裂；春季解冻时，地基土强度降低，产生沉降。例如，北京朗秋园小区地下室外墙砌好后，因冬季气温低砂浆冻结而停工，第二年春天准备继续施工时，发现墙体因冻胀而严重开裂破坏，裂缝最大宽度达 60～70mm，如图 7.24(b)所示，这样大的裂缝有多条。因此，为避免地基土发生冻胀与融沉事故，北方地区的基础埋深必须考虑当地冻胀性的因素。

2. 地基冻胀性分类

地基的冻胀性类别应根据冻胀层的平均冻胀率 η 的大小，按表 7.3 查取。地基土分为不冻胀、弱冻胀、冻胀、强冻胀和特强冻胀五类。

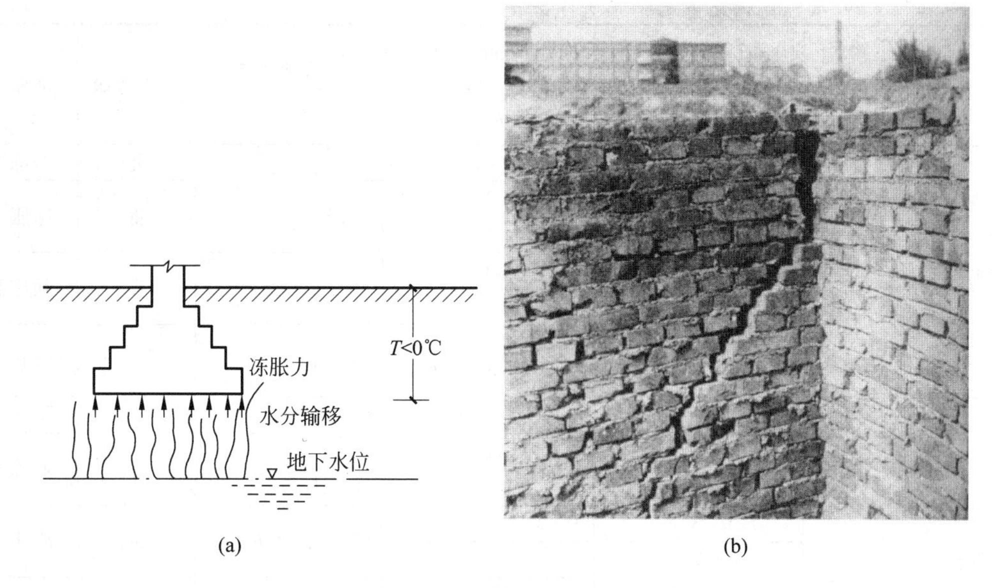

图 7.24 地基土冻结的危害

表 7.3 地基土的冻胀性分类[18]

土的名称	冻前天然含水率 w/%	冻结期间地下水位距冻结面的最小距离 h_w/m	平均冻胀率 η/%	冻胀等级	冻胀类别
碎(卵)石、砾、粗、中砂(粒径小于 0.075mm 颗粒含量大于 15%)，细砂（粒径小于 0.075mm 颗粒含量大于 10%)	$w\leqslant12$	>1.0	$\eta\leqslant1$	Ⅰ	不冻胀
		$\leqslant1.0$	$1<\eta\leqslant3.5$	Ⅱ	弱冻胀
	$12<w\leqslant18$	>1.0			
		$\leqslant1.0$	$3.5<\eta\leqslant6$	Ⅲ	冻胀
	$w>18$	>0.5			
		$\leqslant0.5$	$6<\eta\leqslant12$	Ⅳ	强冻胀
粉砂	$w\leqslant14$	>1.0	$\eta\leqslant1$	Ⅰ	不冻胀
		$\leqslant1.0$	$1<\eta\leqslant3.5$	Ⅱ	弱冻胀
	$14<w\leqslant19$	>1.0			
		$\leqslant1.0$	$3.5<\eta\leqslant6$	Ⅲ	冻胀
	$19<w\leqslant23$	>1.0			
		$\leqslant1.0$	$6<\eta\leqslant12$	Ⅳ	强冻胀
	$w>23$	不考虑	$\eta>12$	Ⅴ	特强冻胀
粉土	$w\leqslant19$	>1.5	$\eta\leqslant1$	Ⅰ	不冻胀
		$\leqslant1.5$	$1<\eta\leqslant3.5$	Ⅱ	弱冻胀

续表

<table>
<tr><th>土的名称</th><th>冻前天然含水率
$w/\%$</th><th>冻结期间地下水位距冻结面的最小距离 h_w/m</th><th>平均冻胀率
$\eta/\%$</th><th>冻胀等级</th><th>冻胀类别</th></tr>
<tr><td rowspan="7">粉土</td><td rowspan="2">$19\leqslant w\leqslant 22$</td><td>$>1.5$</td><td>$1<\eta\leqslant 3.5$</td><td>Ⅱ</td><td>弱冻胀</td></tr>
<tr><td>$\leqslant 1.5$</td><td rowspan="2">$3.5<\eta\leqslant 6$</td><td rowspan="2">Ⅲ</td><td rowspan="2">冻胀</td></tr>
<tr><td rowspan="2">$22<w\leqslant 26$</td><td>>1.5</td></tr>
<tr><td>$\leqslant 1.5$</td><td rowspan="2">$6<\eta\leqslant 12$</td><td rowspan="2">Ⅳ</td><td rowspan="2">强冻胀</td></tr>
<tr><td rowspan="2">$26<w\leqslant 30$</td><td>>1.5</td></tr>
<tr><td>$\leqslant 1.5$</td><td rowspan="2">$\eta\leqslant 12$</td><td rowspan="2">Ⅴ</td><td rowspan="2">特强冻胀</td></tr>
<tr><td>$w>30$</td><td>不考虑</td></tr>
<tr><td rowspan="9">黏性土</td><td rowspan="2">$w\leqslant w_P+2$</td><td>>2.0</td><td>$\eta\leqslant 1$</td><td>Ⅰ</td><td>不冻胀</td></tr>
<tr><td>$\leqslant 2.0$</td><td rowspan="2">$1<\eta\leqslant 3.5$</td><td rowspan="2">Ⅱ</td><td rowspan="2">弱冻胀</td></tr>
<tr><td rowspan="2">$w_P+2<w\leqslant w_P+5$</td><td>>2.0</td></tr>
<tr><td>$\leqslant 2.0$</td><td rowspan="2">$3.5<\eta\leqslant 6$</td><td rowspan="2">Ⅲ</td><td rowspan="2">冻胀</td></tr>
<tr><td rowspan="2">$w_P+5<w\leqslant w_P+9$</td><td>>2.0</td></tr>
<tr><td>$\leqslant 2.0$</td><td rowspan="2">$6<\eta\leqslant 12$</td><td rowspan="2">Ⅳ</td><td rowspan="2">强冻胀</td></tr>
<tr><td rowspan="2">$w_P+9<w\leqslant w_P+15$</td><td>>2.0</td></tr>
<tr><td>$\leqslant 2.0$</td><td rowspan="2">$\eta>12$</td><td rowspan="2">Ⅴ</td><td rowspan="2">特强冻胀</td></tr>
<tr><td>$w>w_P+15$</td><td>不考虑</td></tr>
</table>

注：① w_P——塑限含水率，%；

w——在冻土层内冻前天然含水率的平均值。

② 盐渍化冻土不在表列。

③ 逆性指数大于22时，冻胀性降低一级。

④ 粒径小于0.005mm的颗粒含量大于60%时，为不冻胀土。

⑤ 碎石类土当充填物大于全部质量的40%时，其冻胀性按充填物土的类别判断。

⑥ 碎石土、砾砂、粗砂、中砂(粒径小于0.075mm颗粒含量不大于15%)、细砂(粒径小于0.075mm颗粒含量不大于10%)均按不冻胀考虑。

3. 季节性冻土地基的场地冻结深度

季节性冻土地基的场地冻结深度应按下式计算：

$$z_d = z_0 \cdot \psi_{zs} \cdot \psi_{zw} \cdot \psi_{ze} \tag{7.3}$$

式中　z_d——场地冻结深度(m)，若当地有多年实测资料时，按 $z_d=h'-\Delta z$ 计算，h' 和 Δz 分别为实测冻土层厚度和地表冻胀量；

z_0——标准冻结深度。系采用在地表平坦、裸露、城市之外的空旷场地中不少于10年实测最大冻深的平均值。当无实测资料时，按《建筑地基基础设计规范》(GB 50007—2011)附录F采用；

ψ_{zs}——土的类别对冻结深度的影响系数，按表7.4a采用；

ψ_{zw}——土的冻胀性对冻结深度的影响系数，按表7.4b采用；

ψ_{ze}——环境对冻结深度的影响系数，按表7.5采用。

表 7.4a 土的类别对冻深的影响系数

土的类别	影响系数 ψ_{zs}	土的类别	影响系数 ψ_{zs}
黏性土	1.00	中、粗、砾砂	1.30
细砂、粉砂、粉土	1.20	碎石土	1.40

表 7.4b 土的冻胀性对冻深的影响系数

冻胀性	影响系数 ψ_{zw}	冻胀性	影响系数 ψ_{zw}
不冻胀	1.00	强冻胀	0.85
弱冻胀	0.95	特强冻胀	0.80
冻胀	0.90		

表 7.5 环境对冻深的影响系数

周围环境	影响系数 ψ_{ze}	周围环境	影响系数 ψ_{ze}
村、镇、旷野	1.00	城市市区	0.90
城市近郊	0.95		

注：环境影响系数一项，当城市市区人口为 20 万～50 万时，按城市近郊取值；当城市市区人口大于 50 万小于或等于 100 万时，按城市市区取值；当城市市区人口超过 100 万时，按城市市区取值，5km 以内的郊区应按城市近郊取值。

4. 基础最小埋深

季节性冻土地区基础埋置深度宜大于场地冻结深度。对于冻结深度大于 2m 的深厚季节性冻土地区，当建筑基础底面土层为不冻胀、弱冻胀、冻胀土时，基础埋置深度可以小于场地冻结深度，基础底面下允许冻土层最大厚度应根据当地经验确定。没有地区经验时可按表 7.6 采用。此时，基础最小埋置深度 d_{min} 可按下式计算：

$$d_{\min} = z_{\mathrm{d}} - h_{\max} \tag{7.4}$$

式中 h_{max}——基础底面下允许残留冻土层的最大厚度，按表 7.6 查取。

当有充分依据时，基底下允许残留冻土层厚度也可根据当地经验确定。

5. 防止冻害的措施

在冻胀、强冻胀、特强冻胀地基上，应采用下列防冻害措施：

(1) 对在地下水位以上的基础，基础侧面应回填非冻胀性的中砂或粗砂，其厚度不应小于 10cm。对在地下水位以下的基础，可采用桩基础、自锚式基础(冻土层下有扩大板或扩底短柱)或采取其他有效措施。

(2) 宜选择地势高、地下水位低、地表排水良好的建筑场地。对低洼场地，宜在建筑物四周向外一倍冻深距离范围内，使室外地坪至少高出自然地面 300～500mm。

(3) 防止雨寸、地表水、生产废水、生活污水浸入建筑地基，应设置排水设施。在山区应设截水沟或在建筑物下设置暗沟，以排走地表水和潜水流。

（4）在强冻胀性和特强冻胀性地基上，其基础结构应设置钢筋混凝土圈梁和基础梁，并控制上部建筑的长高比，增强房屋的整体刚度。

表 7.6 建筑基础底面下允许冻土层最大厚度 h_{max} m

冻胀性	基础形式	采暖情况	基底平均压力/kPa					
			110	130	150	170	190	210
弱冻胀土	方形基础	采暖	0.90	0.95	1.00	1.10	1.15	1.20
		不采暖	0.70	0.80	0.95	1.00	1.05	＞1.10
	条形基础	采暖	＞2.50	＞2.50	＞2.50	＞2.50	＞2.50	＞2.50
		不采暖	2.20	2.50	＞2.50	＞2.50	＞2.50	＞2.50
冻胀土	方形基础	采暖	0.65	0.70	0.75	0.80	0.85	—
		不采暖	0.55	0.60	0.65	0.70	0.75	—
	条形基础	采暖	1.55	1.80	2.00	2.20	2.50	—
		不采暖	1.15	1.35	1.55	1.75	1.95	—

注：① 本表只计算法向冻胀力，如基侧存在切向冻胀力，应采取防切向力措施；
② 基础宽度小于 0.6m 时不适用，矩形基础取短边尺寸按正方形基础计算；
③ 表中数据不适用于淤泥、淤泥质土和欠固结土；
④ 计算基底平均压力时取永久作用的标准组合值乘以 0.9，可以内插。

（5）当独立基础联系梁下或桩基础承台下有冻土时，应在梁或承台下留有相当于该土层冻胀量的空隙，以防止因土的冻胀将梁或承台拱裂。

（6）外门斗、室外台阶和散水坡等部位宜与主体结构断开，散水坡分段不宜超过 1.5m，坡度不宜小于 3%，其下宜填入非冻胀性材料。

（7）对跨年度施工的建筑，入冬前应对地基采取相应的防护措施；按采暖设计的建筑物，当冬季不能正常采暖，也应对地基采取保温措施。

7.3.4 建筑场地的环境条件

1. 邻近存在建筑物

当建筑场地邻近已存在建筑物时，新建工程的基础埋深不宜大于原有建筑基础。否则两基础之间的净距应大于两基础底面高差的 1～2 倍，如图 7.25(a)所示，以免开挖新基槽时危及原有基础的安全稳定性。若不满足此条件，应采取分段施工、做护坡桩或用沉井、地下连续墙结构以及加固原有基础等措施，以确保原有浅基础的安全。如某办公楼地下水位深约 3.0m，地面以下约 5.0m 处存在粉砂层，层厚达 5m 左右，基槽开挖最深为 7.76m。办公楼东侧与欣朝阳药店楼房基础净距仅 65cm，药店基础埋深仅 3.10m。因此采取井点降水及护坡桩，防止办公楼在地下水位以下开挖产生流砂并危及药店基础安全，如图7.25(b)所示。

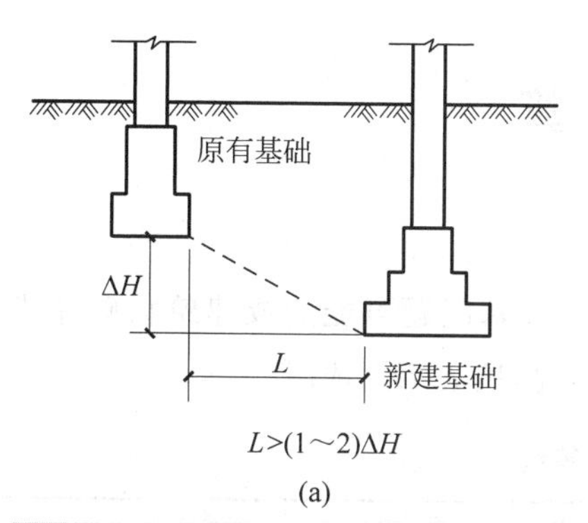

(a)

(b)

图 7.25 相邻基础埋深

图 7.26 靠近土坡造成事故

2. 靠近土坡

若建筑场地靠近各种土坡，包括山坡、河岸、海滨、湖边等，则基础埋深应考虑邻近土坡临空面的稳定性。例如，南京锅炉厂氧气瓶车间因紧靠北侧河沟，以致新建厂房基础向河沟移动，使北侧柱子最大沉降量超过国家规范允许值 200mm，并向北倾斜 40～60mm，此外，东山墙发生裂缝长达 10m，缝宽 10～20mm。因此拆除北侧砖墙，代以轻质玻璃钢板挡风；柱子用型钢加固，屋顶用钢拉条锚固，车间降级使用，如图 7.26 所示，此一事故应引以为戒。

7.4 地基计算

7.4.1 地基基础设计等级

根据地基复杂程度、建筑物规模和功能特征以及由于地基问题可能造成建筑物破坏或影响正常使用的程度分为三个设计等级，设计时应根据具体情况，按表7.7选用。

表7.7 地基基础设计等级

设计等级	建筑和地基类型
甲级	重要的工业与民用及建筑物 30层以上的高层建筑 体型复杂、层数相差超过10层的高低层连成一体建筑物 大面积的多层地下建筑物《如地下车库、商场、运动场等》 对地基变形有特殊要求的建筑物 复杂地质条件下的边坡上的建筑物(包括高边坡) 对原有工程影响较大的新建建筑物 场地和地基条件复杂的一般建筑物 位于复杂地质条件及软土地区的二层及二层以上地下室的基坑工程 开挖深度大于15m的基坑工程 周边环境条件复杂、环境保护要求高的基坑工程
乙级	除甲级、丙级以外的工业与民用及建筑物 除甲级、丙级以外的基坑工程
丙级	场地和地基条件简单、荷载分布比较均匀的七层及七层以下民用建筑；一般工业建筑；次要的轻型建筑物 非软土地区且场地条件简单、基坑周边环境条件简单、环境保护要求不高且开挖深度小于5.0m的基坑工程

7.4.2 地基基础设计的基本规定

根据建筑物地基基础设计等级及长期荷载作用下地基变形对上部结构的影响程度，地基基础设计应符合下列规定：

(1) 所有建筑物的地基计算均应满足承载力计算的要关规定；

(2) 设计等级为甲、乙级建筑物，均应按地基变形计算；

(3) 表7.8所列范围内设计等级为丙级建筑物可不作变形验算，但有下列情况之一时仍应作变形验算；

① 地基承载力特征值小于130kPa，且体型复杂的建筑；

② 在基础上及其附近有地面堆载或相邻基础荷载差异较大，可能引起地基产生过大的不均匀沉降时；

③ 软弱地基上的建筑物存在偏心荷载时；

④ 相邻建筑距离近，可能发生倾斜时；

⑤ 地基内有厚度较大或厚薄不均匀的填土，其自重固结未完成时。

(4) 对经常承受水平荷载的高层建筑、高耸结构和挡土墙等，以及建造在斜坡上或边坡附近的建筑物，尚应验算其稳定性；

(5) 基坑工程应进行稳定性验算；

(6) 建筑地下室或地下构筑物存在上浮问题时，尚应进行抗浮验算。

表7.8 可不作地基变形验算设计的设计等级为丙级的建筑物范围

地基主要受力层的情况	地基承载力特征值 f_{ak}/kPa			$80 \leqslant f_{ak} < 100$	$100 \leqslant f_{ak} < 130$	$130 \leqslant f_{ak} < 160$	$160 \leqslant f_{ak} < 200$	$200 \leqslant f_{ak} < 300$
	各土层坡度/%			≤5	≤10	≤10	≤10	≤10
建筑类型	砌体承重结构、框架结构(层数)			≤5	≤5	≤6	≤6	≤7
	单层排架结构(6m柱距)	单跨	吊车额定起重量/t	10～15	15～20	20～30	30～50	50～100
			厂房跨度/m	≤18	≤24	≤30	≤30	≤30
		多跨	吊车额定起重量/t	5～10	10～15	15～20	20～30	30～75
			厂房跨度/m	≤18	≤24	≤30	≤30	≤30
	烟囱	高度/m		≤40	≤50	≤75	≤75	≤100
	水塔	高度/m		≤20	≤30	≤30	≤30	≤30
		容积/m^3		50～100	100～200	200～300	300～500	500～1000

注：① 地基主要受力层是指条形基础底面下深度为3b(b为基础底面宽度)，独立基础底面下为1.5b，且厚度均不小于5m的范围(二层以下一般的民用建筑除外)；

② 地基主要受力层中，如有地基承载力小于130 kPa的土层，表中的砌体承重结构的设计，应符合软土地基的有关规定层数；

③ 表中砌体承重结构和框架承重结构均指民用建筑，对工业建筑可按厂房高度、荷载情况折合成与其相当的民用建筑；

④ 表中吊车额定起重量、烟囱高度和水塔容积的数值系指最大值。

7.4.3 荷载效应不利组合与相应抗力限值

地基基础设计时，荷载效应不利组合与相应抗力限值，可按表7.9的规定采用。

表 7.9 地基基础设计时荷载效应不利组合与相应抗力限值

项次	计算内容	荷载效应组合	抗力限值
1	按地基承载力确定基础底面积	按正常使用极限状态下荷载效应的标准组合，按式(7.5)计算	地基承载力特征值
2	按单桩承载力确定桩数	同上	单桩承载力特征值
3	按变形计算地基	按正常使用极限状态下荷载效应的准永久组合，不应计入风荷载和地震作用，按式(7.6)计算	地基变形容许值
4	计算挡土墙土、地基或滑坡稳定以及基础抗浮稳定	按承载能力极限状态下荷载效应的基本组合，但其分项系数均为1.0，按式(7.7)计算	相应抗力限值为容许值
5	确定基础或桩基承台高度、支挡结构截面、计算基础或支挡结构内力、确定配筋和验算材料强度时，上部结构传来的作用效应和相应的基底反力、挡土墙土压力以及滑坡推力	按承载能力极限状态下荷载效应的基本组合，采用相应的分项系数，按式(7.7)或式(7.8)计算	结构抗力设计值，按有关结构设计规范的规定确定
6	验算基础裂缝宽度	按正常使用极限状态下荷载效应的标准组合，按式(7.5)计算	最大裂缝宽度限值

7.4.4 荷载效应不利组合

地基基础设计时，作用组合的效应设计值应符合下列规定：

(1) 正常使用极限状态下，标准组合的效应设计值应按下式确定：

$$S_{\mathrm{k}} = S_{G\mathrm{k}} + S_{Q1\mathrm{k}} + \psi_{c2} S_{Q2\mathrm{k}} + \cdots + \psi_{cn} S_{Qn\mathrm{k}} \tag{7.5}$$

式中 $S_{G\mathrm{k}}$——永久作用标准值 G_{k} 的效应；

$S_{Qi\mathrm{k}}$——第 i 个可变作用标准值 $Q_{i\mathrm{k}}$ 的效应；

ψ_{ci}——第 i 个可变作用 Q_i 的组合值系数；

(2) 正常使用极限状态下，准永久组合的效应设计值应按下式确定：

$$S_{\mathrm{q}} = S_{G\mathrm{k}} + \psi_{q1} S_{Q1\mathrm{k}} + \psi_{q2} S_{Q2\mathrm{k}} + \cdots + \psi_{qn} S_{Qn\mathrm{k}} \tag{7.6}$$

式中 $\psi_{\mathrm{q}i}$——第 i 个可变作用 Q_i 的准永久值系数；

(3) 承载能力极限状态下，由可变荷载控制的基本组合的效应设计值 S_{d}，应按下式确定：

$$S_{\mathrm{d}} = \gamma_G S_{G\mathrm{k}} + \gamma_{Q1} S_{Q1\mathrm{k}} + \gamma_{Q2} \psi_{c2} S_{Q2\mathrm{k}} + \cdots + \gamma_{Qn} \psi_{cn} S_{Qn\mathrm{k}} \tag{7.7}$$

式中 γ_G——永久作用的分项系数；

γ_{Qi}——第 i 个可变作用的分项系数。

(4) 对由永久作用控制的基本组合，也可采用简化规则，基本组合：的效应设计值可按下式确定

$$S_{\mathrm{d}} = 1.35 S_{\mathrm{k}} \tag{7.8}$$

式中 S_{k}——标准组合的作用效应设计值。

7.4.5 承载力计算

1. 基础底面的压力，应符合下式要求

当轴心荷载作用时

$$p_k \leqslant f_a \tag{7.9}$$

式中 p_k——相应于荷载效应标准组合时，基础底面处的平均压力值；

f_a——修正后的地震承载力特征值。

当有偏心荷载作用时，除符合式(7.9)要求外，尚应符合下式要求：

$$p_{kmax} \leqslant 1.2f_a \tag{7.10}$$

式中 p_{kmax}——相应于荷载效应标准组合时，基础底面边缘的最大压力值。

2. 基础底面压力的计算

基础底面压力，可按下列公式确定：

(1) 当轴心荷载作用时

$$p_k = \frac{F_k + G_k}{A} \tag{7.11}$$

式中 F_k——相应于荷载效应标准组合时，上部结构传至基础顶面的竖向力；

G_k——基础自重和基础上的土重；

A——基础底面积。

(2) 偏心荷载作用时

$$p_{kmax} = \frac{F_k + G_k}{A} + \frac{M_k}{W} \tag{7.12a}$$

$$p_{kmin} = \frac{F_k + G_k}{A} - \frac{M_k}{W} \tag{7.12b}$$

式中 M_k——相应于荷载效应标准组合时，作用于基础底面的力矩值；

W——基础底面的抵抗矩；

p_{kmin}——相应于荷载效应标准组合时，基础底面边缘的最小压力值。

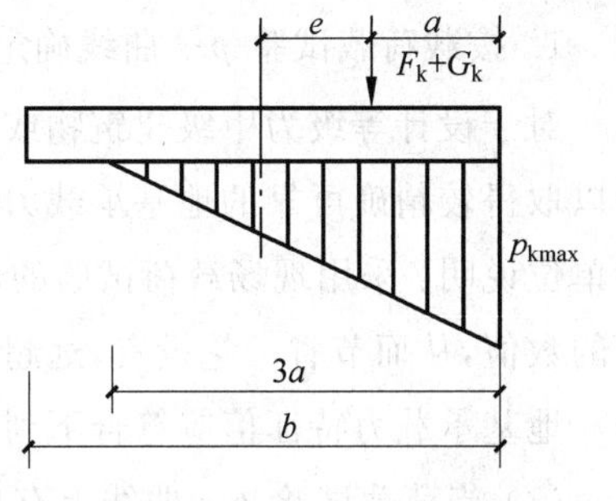

图 7.27 偏心荷载($e>b/6$)下基底压力计算示意图

当偏心距 $e>b/6$ 时(图 7.27)，p_{kmax}应按下式计算：

$$p_{kmax} = \frac{2(F_k + G_k)}{3la} \tag{7.13}$$

式中 l——垂于力矩作用方向的基础底面边长；

a——合力作用点至基础底面最大压力边缘的距离。

7.4.6 地基承载力特征值 f_{ak} 及影响其大小的因素

地基承载力特征值 f_{ak} 是指,由载荷试验测定的地基土压力变形曲线线性变形阶段内规定的变形所对应的压力值,其最大值为比例界限值。

不同地区、不同成因、不同土质的地基承载力特征值差别很大。例如,密实的卵石,f_{ak} 可高达 800～1 000kPa;而淤泥或淤泥质土,当天然含水率 $w=75\%$ 时,地基承载力特征值仅有 40kPa,两者相差 20 倍。影响地基承载力特征值的主要因素有以下几个方面:

(1) 地基土的成因与堆积年代。通常冲积与洪积土的承载力比坡积土的承载力大,风积土的承载力最小。同类土,堆积年代越久,地基承载力特征值越高。

(2) 地基土的物理力学性质。这是最重要的因素。例如,碎石土和砂土的粒径越大,孔隙比越小,即密度越大,则地基承载力特征值也越大。前已提及密实卵石 $f_{ak}=800$～1 000kPa,而密实角砾 f_{ak} 只有 400～600kPa,粒径减小,f_{ak} 约降低为 50%。稍密卵石 $f_{ak}=300$～500kPa,同为卵石,密度减小,f_{ak} 降低为 38%～50%。粉土和黏性土的含水率越大,孔隙比越大即密度越小,则地基承载力特征值越小。例如,粉土孔隙比 $e=0.5$,含水率 $w=10\%$,承载力特征值 $f_{ak}=410$kPa;若 $e=1.0$,$w=35\%$,则其 $f_{ak}=105$kPa,几乎降低为 1/4。

(3) 地下水。当地下水上升,地基土受地下水的浮托作用,土的天然重度减小为浮重度,即 $\gamma\rightarrow\gamma'$;同时土的含水率增高,则地基承载力降低。尤其对湿陷性黄土,地下水上升会导致湿陷。膨胀土遇水膨胀,失水收缩,对地基承载力影响都很大。

(4) 建筑物情况。通常上部结构体型简单,整体刚度大,对地基不均匀沉降适应性好,则地基承载力可取高值。基础宽度大,埋置深度深,地基承载力相应提高。

7.4.7 地基承载力特征值的确定

地基承载力特征值可由载荷试验或其他原位测试、公式计算并结合工程实践等方法确定。

1. 按载荷载试验 p-s 曲线确定

对于设计等级为甲级建筑物或地质条件复杂、土质很不均匀的情况,采用现场荷载试验法,可以取得较精确可靠的地基承载力数值。进行现场荷载试验,需要相应的试验费和时间,应对建设单位说明:采用现场载荷试验的成果,不仅安全可靠,而且往往可以比其他方法提高地基承载力的数值,从而节省一笔投资,远超过试验费,因此是值得做的。

地基承载力特征值应符合下列要求:

(1) 当荷载试验 p-s 曲线上有比例界限时,取该比例界限所对应的荷载值;

(2) 当极限荷载小于对应比例界限的荷载值 2 倍时,取极限荷载值的一半;

(3) 当不能按上述要求确定时,当压板面积为 0.25～0.50mm^2,取 $s/b=0.01$～0.015 所对应的荷载,但其值不应大于最大加载量的一半。

2. 根据土的抗剪强度指标计算[①]

当偏心距 $e \leqslant 0.033$ 倍基础底面宽度时，根据土的抗剪强度指标确定地基承载力特征值可按下式计算：

$$f_a = M_b \gamma b + M_d \gamma_m d + M_c c_k \tag{7.14}$$

式中 f_a——由土的抗剪强度指标确定的地基承载力特征值；

M_b、M_d、M_c——承载力系数，按表 7.10 确定；

b——基础底面宽度，大于 6m 时按 6m 取值，对于砂土小于 3m 时按 3m 取值；

c_k——基底下一倍短边宽深度内土的黏聚力标准值。

表 7.10 承载力系数 M_b、M_d、M_c

土的内摩擦角标准值 φ_k/(°)	M_b	M_d	M_c
0	0	1.00	3.14
2	0.03	1.12	3.32
4	0.06	1.25	3.51
6	0.10	1.39	3.71
8	0.14	1.55	3.93
10	0.18	1.73	4.17
12	0.23	1.94	4.42
14	0.29	2.17	4.69
16	0.36	2.43	5.00
18	0.43	2.72	5.31
20	0.51	3.06	5.66
22	0.61	3.44	6.04
24	0.80	3.87	6.45
26	1.10	4.37	6.90
28	1.40	4.93	7.40
30	1.90	5.59	7.95
32	2.60	6.35	8.55
34	3.40	7.21	9.22
36	4.20	8.25	9.97
38	5.00	9.44	10.80
40	5.80	10.84	11.73

注：φ_k——基底下一倍短边宽深度内土的内摩擦角标准值。

式(7.14)是在中心荷载下导出的，而偏心短 $e \leqslant 0.033$ 倍基础底面宽度时，偏心荷载下地基承载力条件 $p_{kmax} \leqslant 1.2 f_a$（$f_a$ 为宽度和深度修正后的地基承载力）与中心荷载下的条件 $p_k \leqslant f_a$ 所确定的基础底面积是相同的。因此，《建筑地基基础设计规范》(GB 50007—2011)规定，式(7.14)可

① 该法及后面叙述的 p_{cr}、$p_{\frac{1}{4}}\left(p_{\frac{1}{3}}\right)$ 和 $f=\frac{p_u}{K}$ 等法通常统称理论公式法。

以用于偏心矩 $e\leqslant0.033$ 倍基础底面宽度时的情形。

除按式(7.14)计算地基承载力特征值外,也可采用第4章中地基临塑荷载 p_{cr}、地基临界荷载 $p_{\frac{1}{4}}$(或 $p_{\frac{1}{3}}$)及地基极限荷载除以安全系数 $f=\frac{p_u}{K}$ 来计算地基承载力特征值。

3. 当地经验参数法

对于设计等级为丙级中的次要、轻型建筑物可根据临近建筑物的经验确定地基承载力特征值。

4. 地基承载力特征值的深宽修正

当基础宽度大于3m或埋置深度大于0.5m时,从载荷试验或其他原位测试、经验值等方法确定的地基承载力特征值,尚应按下式修正:

$$f_a = f_{ak} + \eta_b\gamma(b-3) + \eta_d\gamma_m(d-0.5) \tag{7.15}$$

式中 f_a——修正后的地基承载力特征值;

f_{ak}——地基承载力特征值;

η_b、η_d——基础宽度和埋深的地基承载力修正系数,按基底下土的类别按表7.11采用;

γ——基础底面以下土的重度,地下水位以下取浮重度;

b——基础底面宽度,m,当基宽小于3m按3m取值,大于6m按6m取值;

γ_m——基础底面以上土的加权平均重度,地下水位以下取浮重度;

表7.11 承载力修正系数

土的类别		η_b	η_d
淤泥和淤泥质土		0	1.0
人工填土 e 或 I_L 大于等于0.85的黏性土		0	1.0
红黏土	含水比 $\alpha_w>0.8$	0	1.2
	含水比 $\alpha_w\leqslant0.8$	0.15	1.4
大面积压实填土	压实系数大于0.95、黏粒含量 $\rho_c\geqslant10\%$ 的粉土	0	1.5
	最大干密度大于 $2.1t/m^3$ 的级配砂石	0	2.0
粉土	黏粒含量 $\rho_c\geqslant10\%$ 的粉土	0.3	1.5
	黏粒含量 $\rho_c<10\%$ 的粉土	0.5	2.0
e 及 I_L 均小于0.85的黏性土		0.3	1.6
粉砂、细砂(不包括很湿与饱和时的稍密状态)		2.0	3.0
中砂、粗砂、砾砂和碎石土		3.0	4.4

注:① 强风化和全风化的岩石,可参照所风化成的相应土类取值,其他状态下的岩石不修正;
② 地基承载力特征值按本规范附录D深层平板载荷试验确定时 η_d 取0。

d——基础埋置深度，m，一般自室外地面标高算起。在填方整平地区，可自填土地面标高算起，但填土在上部结构施工后完成时，应从天然地面标高算起。对于地下室，如采用箱形基础或筏基时，基础埋置深度自室外地面标高算起；当采用独立基础或条形基础时，应从室内地面标高算起。

【例题 7.1】 某住宅楼为 6 层。经岩土工程勘察得地基承载力特征值 $f_{ak}=170\text{kPa}$。设基础宽度为 1.2m，埋深 4.8m，试求经宽深修正后的地基承载力特征值 f_a。已知该地基土的孔隙比 e 为 0.716，液性指数 I_L 为 0.66。基底以上土的加权平均重度 γ_m 为 15.3kN/m^3。

【解】 根据公式(7.15) $f_a=f_{ak}+\eta_b\gamma(b-3)+\eta_d\gamma_m(d-0.5)$ 计算。因基础宽度 $b=1.2\text{m}<3.00\text{m}$，故只进行基础深度修正。

$$f_a=f_{ak}+\eta_d\gamma_m(d-0.5)$$

由表 7.11 查得 $\eta_d=1.6$，故

$$f_a=170+1.6\times15.2(4.8-0.5)=274\text{kPa}$$

7.4.8 地基变形计算

对于一般多层建筑，地基土质较均匀且较好时，按地基承载力设计基础，可同时满足地基变形要求，不需进行地基变形计算。

但对于设计等级为甲、乙级建筑物和荷载较大、土层不均匀、地基承载力不高设计等级为丙级建筑物，为了保证工程的安全，除满足地基承载力要求外，还需进行地基变形计算，防止地基变形事故的发生。

在计算基底附加应力时，应按荷载效应的准永久组合进行计算。

7.4.9 软弱下卧层强度验算

上述地基承载力计算，是以均匀地基为条件。若地基持力层下部存在软弱土层时，应按下式进行软弱下卧层强度验算(见图 7.28)。

$$p_z+p_{cz}\leqslant f_{za} \tag{7.16}$$

式中 p_z——软弱下卧层顶面处的附加压力设计值，kPa；

p_{cz}——软弱下卧层顶面处土的自重压力标准值，kPa；

f_{za}——软弱下卧层顶面处经深度修正后地基承载力设计值，kPa。

其中附加压力 p_z，按第 3 章讲述的方法计算。当上层土的侧限压缩模量 E_{s1} 与下层土的压缩模量 E_{s2} 的比值 $\dfrac{E_{s1}}{E_{s2}}\geqslant3$ 时，附加压力 p_z 可简化计算如下：

基础底面处附加压力 p_0，按 θ 角(查表 7.12)向下扩散，至深度 z 处(即软弱下卧层顶面处)为 p_z。基底处与深度 z 处，两个平面上的附加压力总和相等。由图 7.29 可知：

条形基础 $$p_0 b = p_z(b + 2z\tan\theta)$$

即 $$p_z = \frac{p_0 b}{b + 2z\tan\theta} \tag{7.17}$$

矩形基础(附加应力沿两个方向扩散)

$$p_z = \frac{p_0 lb}{(l + 2z\tan\theta)(b + 2z\tan\theta)} \tag{7.18}$$

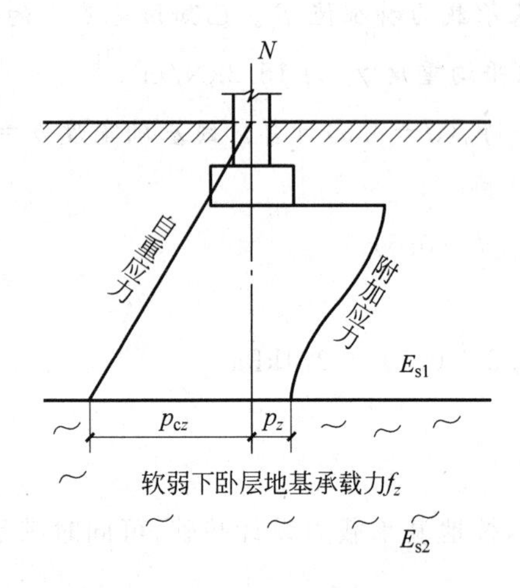

图 7.28 软弱下卧层强度验算

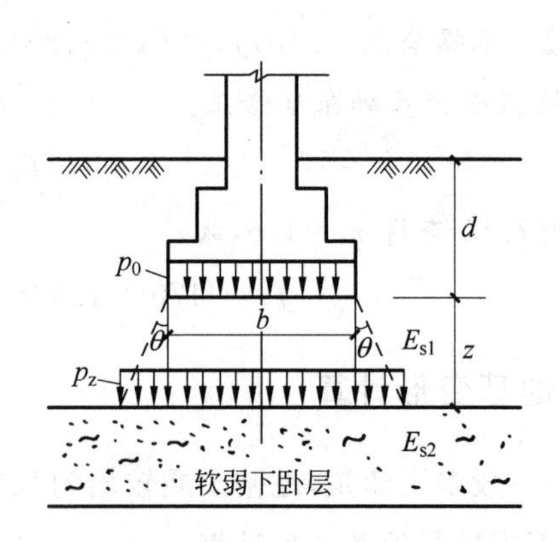

图 7.29 附加压力简化计算图

表 7.12 地基压力扩散角 θ

E_{s1}/E_{s2}	z/b	
	0.25	0.5
3	6°	23°
5	10°	25°
10	20°	30°

注：① E_{s1}为上层土压缩模量；E_{s2}为下层土压缩模量；

② $z/b<0.25$ 时取 $\theta=0°$，必要时，宜由试验确定；$z/b>0.50$ 时 θ 值不变。

若软弱下卧层强度验算结果满足公式(7.16)，表明该软弱土层埋藏软深，对建筑物安全使用并无影响；如不满足公式(7.16)，则表明该软弱土层承受不了上部作用的荷载，此时，需修改基础设计，变更基础的尺寸长度 l、宽度 b 与埋深 d 或对地基进行加固处理，详见第9章。

7.4.10 地基稳定性计算

一般建筑物不需要进行地基稳定性计算，但遇下列建筑物，则应进行地基稳定性计算：

(1) 经常受水平荷载作用的高层建筑和高耸结构；

(2) 建造在斜坡或坡顶上的建(构)筑物；

（3）挡土墙。

地基稳定性计算可用圆弧滑动面法，与第5章中"5.7　土坡稳定分析"的方法相同，但要求安全系数不同。应符合公式(7.19)的要求：

$$K_{min} = \frac{M_R}{M_s} \geqslant 1.2 \tag{7.19}$$

式中　K_{min}——最危险滑动面上稳定安全系数；

M_R——滑动面上诸力对滑动中心所产生的抗滑力矩；

M_s——滑动面上诸力对滑动中心所产生的滑动力矩。

7.5　基础尺寸设计

基础尺寸设计，包括基础底面的长度、宽度与基础的高度。根据已确定的基础类型、埋置深度 d，计算地基承载力特征值 f_a 和作用在基础底面的荷载值，进行基础尺寸设计。

作用在基础底面的荷载，包括竖向荷载 N(上部结构自重、屋面荷载、楼面荷载和基础自重)、水平荷载 T(土压力、水压力与风压力等) 和力矩 M。

荷载计算应按传力系统，自上而下，由屋面荷载开始计算，累计至设计地面。需要注意计算单元的选取：对于无门窗的墙体，可取1m长计算；有门窗的墙体，可取一开间长度为计算单元。初算一般多层住宅条形基础上的荷载，每层可按 $N \approx 30\text{kN/m}$ 计算。

按照实际荷载的不同组合，基础尺寸设计按中心荷载作用与偏心荷载作用两种情况分别进行。

7.5.1　中心荷载作用下基础尺寸

1. 基础底面积 A（如图7.30）

取基础底面处诸力的平衡得：

$$N + G \leqslant fA$$

$$N \leqslant fA - G = fA - \gamma_G dA = (f - \gamma_G d)A$$

$$A \geqslant \frac{N}{f - \gamma_G d} \tag{7.20}$$

式中　γ_G——基础及其台阶上填土的平均重度，通常采用 20kN/m^3。

（1）独立基础

由公式(7.20) 计算所得基础底面积 $A = l \times b$，取整数。通常中心荷载作用下采用正方形基础，即 $A = b^2$。

如因场地限制等原因有必要采用矩形基础时，则取适当的 l/b 的比值，为第3章应力系数表中所列比值，这样可使应力与沉降计算方便。

(2) 条形基础

当基础长度 $l \geqslant 10b$ 时称为条形基础。此时，可按平面问题计算，取 $l=1.0$m，则基底面积 $A=b$。

2. 基础高度 h

基础高度 h 通常小于基础埋深 d，这是为了防止基础露出地面，遭受人来车往、日晒雨淋的损伤，需要在基础顶面覆盖一层保护基础的土层，此保护层的厚度 d_0，通常 $d_0>10$cm 或 15cm 均可。因此，基础高度 $h=d-d_0$，如图 7.31 所示。

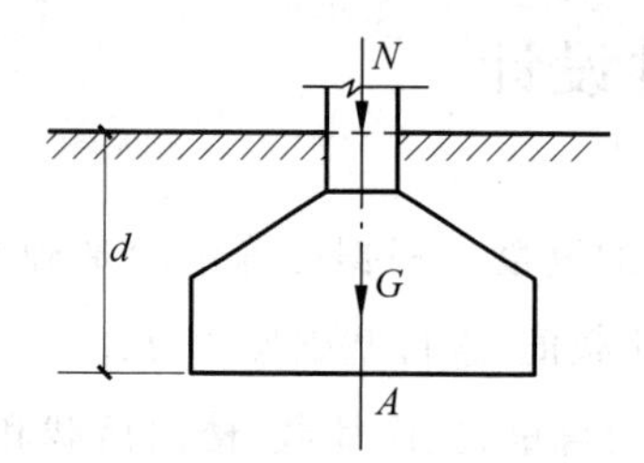

图 7.30 中心荷载基底面积

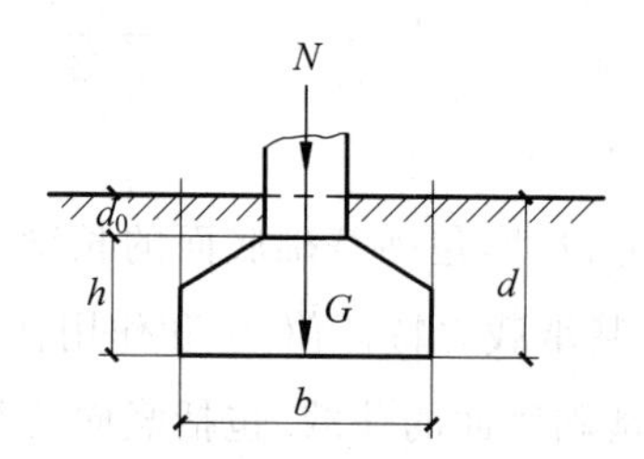

图 7.31 中心荷载基础高度计算

若基础的材料采用刚性材料，如砖、砌石或素混凝土时，基础高度设计应注意使刚性角 α 满足公式(7.1)要求，以避免刚性材料被拉裂。

7.5.2 偏心荷载作用下基础尺寸

偏心荷载作用下，基础底面受力不均匀，需要加大基础底面面积，通常采用逐次渐近试算法进行计算。计算步骤如下：

(1) 先按中心荷载作用下的公式(7.20)，初算基础底面积 A_1。

(2) 考虑偏心不利影响，加大基底面积 10%～40%。偏心小时可用 10%，偏心大时采用 40%。故偏心荷载作用下的基底面积为：

$$A=(1.1\sim1.4)A_1 \tag{7.21}$$

(3) 计算基底边缘最大与最小应力(图 7.32)

$$p_{\substack{\max\\\min}}=\frac{N+G}{A}\pm\frac{M}{W} \tag{7.22}$$

式中 $p_{\max}$——基础底面边缘的最大压力设计值，kPa；

$p_{\min}$——基础底面边缘的最小压力设计值，kPa；

M——作用于基础底面的力矩设计值，kN·m；

W——基础底面的抵抗矩，矩形基础：$W=lb^2/6$，m³。

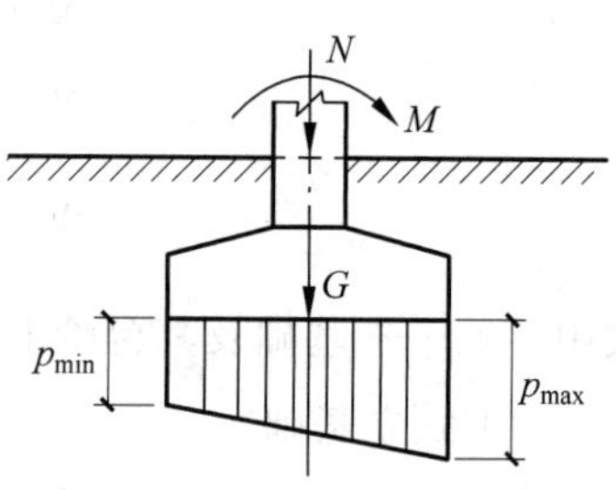

图 7.32 偏心荷载基础计算

(4) 基底应力验算

$$\frac{1}{2}(p_{\max}+p_{\min})\leqslant f \tag{7.23}$$

$$p_{\max}\leqslant 1.2f \tag{7.24}$$

公式(7.23)验算基础底面平均应力,应满足地基承载力设计值的要求。公式(7.24)指基础边缘最大应力不能超过地基承载力设计值的20%,防止基底应力严重不均匀导致基础发生倾斜。若公式(7.23)与公式(7.24)均满足要求,说明按公式(7.21)确定的基底面积 A 合适,否则,应修改 A 值,重新计算 $p_{\max}$ 与 $p_{\min}$,直至满足公式(7.23)与公式(7.24)为止,这就是试算法。

当需要大量计算偏心荷载作用下的基础尺寸时,用上述试算法费时间,可采用偏心受压基础直接解法。[34]

【例题 7.2】 已知某宾馆设计框架结构,独立基础,承受上部荷载 $N=2\,800\text{kN}$。基础埋深为 $d=3.0\text{m}$。地基土分4层,如图7.33所示。计算基础底面积。

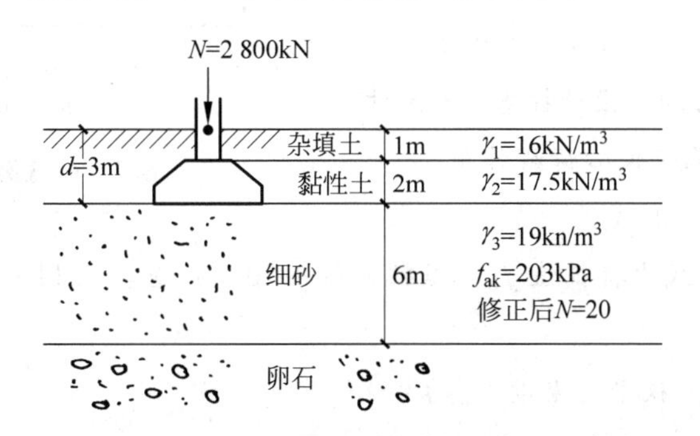

图 7.33 【例题 7.2】设计图

【解】 (1) 地基承载力特征值深度宽度修正 由表7.11查得细砂的承载力修正系数 $\eta_b=2.0$,$\eta_d=3.0$。基础埋深范围地基土的加权平均重度 γ_m 为:

$$\gamma_m=\frac{16\times1+17.5\times2}{1+2}=\frac{51}{3}=17.0\text{kN/m}^3$$

先假设基底宽度 $b\leqslant3\text{m}$,经深宽修正后的地基承载力特征值 f_a 为

$$\begin{aligned}f_a&=f_{ak}+\eta_d\gamma_m(d-0.5)=203+3.0\times17.0(3-0.5)\\&=203+127.5=330.5\text{kPa}\end{aligned}$$

(2) 基底面积初算

$$A_0\geqslant\frac{N}{f_a-\gamma_G d}=\frac{2\,800}{330.5-20\times3}=\frac{2\,800}{270.5}=10.35\text{m}^2$$

采用正方形基础,基底边长3.2m。因基底宽度超过3m,地基承载力特征值还需重新进行宽深修正。

(3) 地基承载力特征值宽深修正

$$f_a = 330.5 + \eta_b \gamma (b - 3) = 330.5 + 2.0 \times 19.0(3.2 - 3.0)$$
$$= 330.5 + 7.6 = 338.1\text{kPa}$$

(4) 基础底面面积

$$A \geqslant \frac{N}{f_a - \gamma_G d} = \frac{2\,800}{338.1 - 20 \times 3} = \frac{2\,800}{278.1} \approx 10.1\text{m}^2$$

实际采用基底面积为 $3.2 \times 3.2 = 10.2\text{m}^2 > 10.1\text{m}^2$。

【例题 7.3】 某工厂厂房设计框架结构独立基础。地基土分为3层：表层人工填土，天然重度 $\gamma_1 = 17.2\text{kN/m}^3$，层厚0.8m；第2层为粉土，$\gamma_2 = 17.7\text{kN/m}^3$，层厚1.2m；第3层为黏土，孔隙比 $e = 0.85$，液性指数 $I_L = 0.60$，$\gamma_3 = 18.0\text{kN/m}^3$，层厚8.6m。基础埋深 $d = 2.0\text{m}$，位于第3层黏土顶面。上部荷载 $N = 1\,600\text{kN}$，$M = 400\text{kN} \cdot \text{m}$，水平荷载 $Q = 50\text{kN}$，如图7.34。设计柱基底面尺寸。

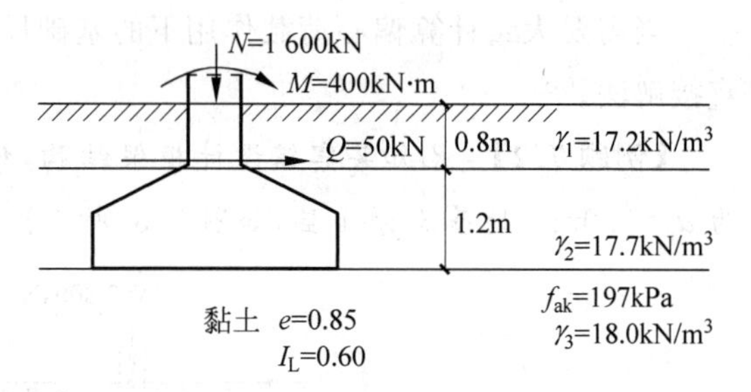

图7.34 【例题7.3】设计图

【解法1】 此基础承受偏心荷载作用。

(1) 先按中心荷载初算 A_1

① 计算黏土地基承载力特征值 f_a。据黏土层 $e = 0.85$，查表7.11得承载力修正系数 $\eta_b = 0$，$\eta_d = 1.0$。

基础埋深范围土的加权平均重度 γ_m 为

$$\gamma_m = \frac{17.2 \times 0.8 + 17.7 \times 1.2}{0.8 + 1.2} = \frac{35.0}{2.0} = 17.5\text{kN/m}^3$$

先假设基底宽度不大于3m，黏土地基承载力特征值 f_a 为

$$f_a = f_{ak} + \eta_d \gamma_m (d - 0.5) = 197 + 1.0 \times 17.5(2.0 - 0.5) \approx 223\text{kPa}$$

② 中心荷载作用基础底面积 A_1

$$A_1 = \frac{N}{f_a - \gamma_G d} = \frac{1\,600}{223 - 20 \times 2} = 8.74\text{m}^2$$

(2) 考虑偏心荷载不利影响

① 加大基础底面积10%

$$A = 1.1A_1 = 1.1 \times 8.74 = 9.61\text{m}^2$$

取 $3.0 \times 3.2 = 9.60\text{m}^2$

基础宽度不大于3m。

② 计算基础及台阶上的土自重

$$G = dA\gamma_G = 2 \times 9.6 \times 20 \approx 384\text{kN}$$

③ 计算基底抵抗矩

$$W = l \cdot b^2/6 = 3.0 \times 3.2^2/6 = 5.12\text{m}^3$$

④ 计算基底边缘最大与最小应力

$$p_{\substack{\max\\\min}} = \frac{N+G}{A} \pm \frac{M+1.2Q}{W} = \frac{1\,600+384}{9.60} \pm \frac{400+60}{5.12} = 206.7 \pm 89.8$$

$$= \frac{296.5}{116.9}\text{kPa}$$

(3) 验算基础底面应力

① $(p_{\max}+p_{\min})/2=(296.5+116.9)/2=206.7\text{kPa}<f_a=223\text{kPa}$,安全。

② $p_{\max}=296.5\text{kPa}>1.2f_a=1.2\times223=267.6\text{kPa}$,不安全。

因此,需重新设计基底尺寸。

【解法2】 (1) 中心荷载作用基底面积计算同前,$A_1=8.74\text{m}^2$。

(2) 考虑偏心不利影响

① 加大基础底面积20%

$$A = 1.2A_1 = 1.2 \times 8.74 = 10.48\text{m}^2$$

取

$$3.0\times3.6=10.8\text{m}^2$$

② 计算基础及台阶上的土重

$$G = dA\gamma_G = 2.0 \times 10.8 \times 20 = 432\text{kN}$$

③ 计算基底抵抗矩

$$W = l \cdot b^2/6 = 3.0 \times 3.6^2/6 = 6.48\text{m}^3$$

④ 计算基底边缘最大、最小应力

$$p_{\substack{\max\\\min}} = \frac{N+G}{A} \pm \frac{M+1.2Q}{W} = \frac{1\,600+432}{10.8} \pm \frac{400+60}{6.48} = 188.1 \pm 71.0$$

$$= \frac{259.1}{117.1}\text{kPa}$$

(3) 验算基础底面应力

① $(p_{\max}+p_{\min})/2=(259.1+117.1)/2=188.1\text{kPa}<f=223\text{kPa}$,安全。

② $p_{\max}=259.1\text{kPa}<1.2f=1.2\times223\text{kPa}=267.6\text{kPa}$,满足要求。

7.6 无筋扩展基础设计

7.6.1 无筋扩展基础适用范围

前已说明:由砖、毛石、素混凝土、毛石混凝土与灰土等材料建筑的基础称无筋扩展基础,这种基础只能承受压力,不能承受弯矩或拉力,可用于6层和6层以下(三合土基础不宜超过4层)

的民用建筑和墙承重的厂房。

7.6.2　无筋扩展基础底面宽度

无筋扩展基础底面的宽度，受材料刚性角的限制，应符合公式(7.25)的要求，如图7.35所示。

$$b \leqslant b_0 + 2h\tan\alpha \tag{7.25}$$

式中　b_0——基础顶面的砌体宽度，m；

h——基础高度，m；

$\tan\alpha$——基础台阶宽高比的允许值，可按表7.1选用。

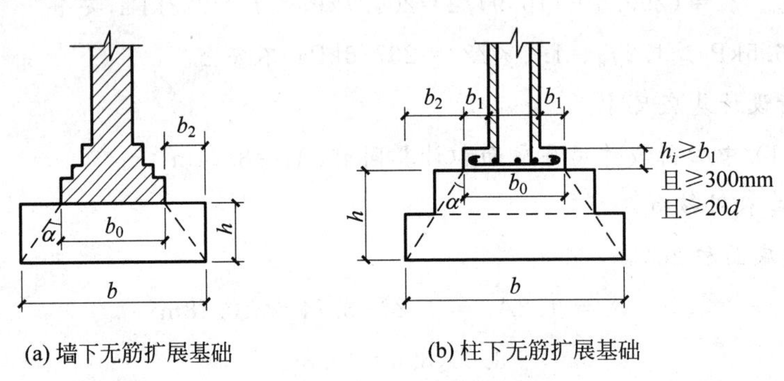

图7.35　无筋扩展基础构造图

【例题7.4】　北京市一住宅楼，东西向长度72.30m，南北向宽度12.36m，6层，总高17.55m。地基为粉土，土质良好，经深宽修正的地基承载力特征值为 $f_a = 250\text{kPa}$。上部结构传至基础上的荷载为 $N = 200\text{kN/m}$。室内地坪±0.00高于室外地面0.45m，基底高程为−1.60m。设计无筋扩展条形基础。

【解】　(1) 基础埋深 d 由室外地面标高算起为

$$d = 1.60 - 0.45 = 1.15\text{m}$$

(2) 条形基础底宽

$$b \geqslant \frac{N}{f_a - \gamma_G d} = \frac{200}{250 - 20 \times 1.15} = 0.88\text{m}$$

取 $b = 1.00\text{m}$。

(3) 基础材料设计

基础底部用素混凝土，强度等级为C15，高度 $H_0 = 300\text{mm}$。其上用砖，质量要求不低于MU7.5，高度360mm，4级台阶，每级台阶宽度60mm，如图7.36所示。

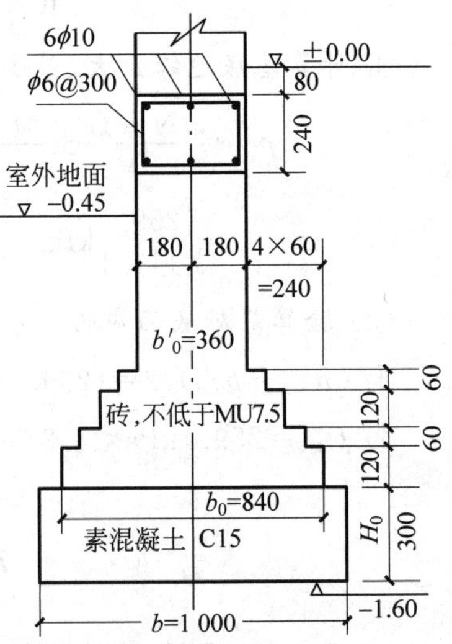

图7.36　【例题7.4】基础图

(4) 刚性角验算

① 砖基础验算　采用M5砂浆，由表7.1查得基础台阶宽高比允许值 $\tan\alpha' = 1:1.50$。

设计上部砖墙宽度为 $b'_0=360\text{mm}$。4级台阶高度分别为60,120,60,120mm。

砖基础底部实际宽度

$$b_0=b'_0+2\times4\times60=360+480=840\text{mm}。$$

根据公式(7.25)得砖基础允许底宽为

$$b''\leqslant b'_0+2H'_0\tan\alpha'=360+2\times360\times0.67=840\text{mm}=b_0$$

设计宽度正好满足要求。

② 混凝土基础验算 根据表7.1查得混凝土基础台阶宽高比允许值 $\tan\alpha=1:1.00$。

设计 $b_0=840\text{mm}$，$H_0=300\text{mm}$，基底宽 $b=1\,000\text{mm}$。

由公式(7.25)得混凝土基础允许底宽为：

$$\begin{aligned}b_0+2H_0\tan\alpha&=840+2\times300\times1\\&=1\,440\text{mm}>b=1\,000\text{mm}\end{aligned}$$

因此,设计基础宽度安全。

7.7 扩展基础设计[57]

7.7.1 扩展基础适用范围

扩展基础的底面向外扩展,基础外伸的宽度大于基础高度,基础材料承受拉应力,因此,扩展基础必须采用钢筋混凝土材料。

扩展基础适用于上部结构荷载较大,有时为偏心荷载或承受弯矩、水平荷载的建筑物基础。在地基表层土质较好、下层土质软弱的情况,利用表层好土层设计浅埋基础,最适宜采用扩展基础。

扩展基础分为柱下独立基础和墙下条形基础两类(见图7.37)。

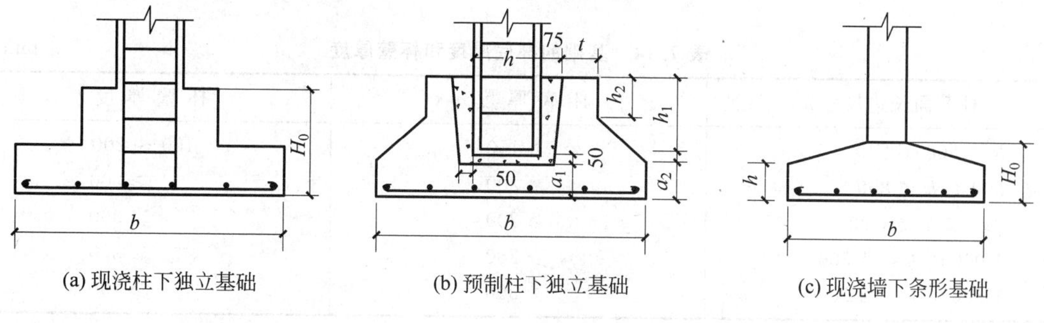

(a) 现浇柱下独立基础　(b) 预制柱下独立基础　(c) 现浇墙下条形基础

图7.37 扩展基础图

7.7.2 扩展基础构造要求

1）锥形基础的边缘高度，不宜小于200mm，阶梯形基础的每阶高度，宜为300～500mm；

2）垫层的厚度不宜小于70mm，垫层混凝土强度等级应为C10；

3）底板受力钢筋的最小直径不宜小于10mm，间距不宜大于200mm，也不宜小于100mm。钢筋保护层的厚度有垫层时不宜小于40mm，无垫层时不宜小于70mm；

4）混凝土强度等级不应低于C20；

5）预制钢筋混凝土柱与杯口基础的联结，应符合下列要求：

（1）柱的插入深度可按表7.13选用，并应满足锚固长度的要求和吊装时柱的稳定性（即不小于吊装时柱长的0.05倍）。

（2）基础的杯底厚度和杯壁厚度，可按照表7.14选用。

（3）杯壁的配筋 ①当柱为轴心或小偏心受压且$\frac{t}{h_2}\geqslant 0.65$，或大偏心受压且$\frac{t}{h_2}\geqslant 0.75$时，杯壁可不配筋；②当柱为轴心或小偏心受压且$0.5\leqslant\frac{t}{h_2}<0.65$时，杯壁可按表7.15构造配筋；③其他情况下应按计算配筋。

表7.13 柱的插入深度 h_1 mm

矩形或工字形柱				双肢柱
$h<500$	$500\leqslant h<800$	$800\leqslant h\leqslant 100$	$h>1\,000$	
$h\sim 1.2h$	h	$0.9h$ 且$\geqslant 800$	$0.8h$ 且$\geqslant 1\,000$	$\left(\frac{1}{3}\sim\frac{2}{3}\right)h_a$ $(1.5\sim 1.8)h_b$

注：① h为柱截面长边尺寸；h_a为双肢柱整个截面长边尺寸；h_b为双肢柱整个截面短边尺寸；
② 柱轴心受压或小偏心受压时，h_1可适当减小，偏心距大于$2h$时，h_1应适当加大。

表7.14 基础的杯底厚度和杯壁厚度 mm

柱截面长边尺寸h	杯底厚度a_1	杯壁厚度t
$h<500$	$\geqslant 150$	$150\sim 200$
$500\leqslant h<800$	$\geqslant 200$	$\geqslant 200$
$800\leqslant h<1\,000$	$\geqslant 200$	$\geqslant 300$
$1\,000\leqslant h<1\,500$	$\geqslant 250$	$\geqslant 350$
$1\,500\leqslant h<2\,000$	$\geqslant 300$	$\geqslant 400$

注：① 双肢柱的杯底厚度值，可适当加大；
② 当有基础梁时，基础梁下的杯壁厚度应满足其支承宽度的要求；
③ 柱子插入杯口部分的表面应凿毛，柱子与杯口之间的空隙，应用比基础混凝土强度等级高一级的细石混凝土充填密实，当达到材料设计强度的70%以上时，方能进行上部吊装。

表 7.15 杯壁构造配筋 mm

柱截面长边尺寸	$h<1\ 000$	$1\ 000\leqslant h<1\ 500$	$1\ 500\leqslant h\leqslant 2\ 000$
钢筋直径	8～10	10～12	12～16

注：表中钢筋置于杯口顶部，每边两根。

7.7.3 扩展基础计算

1. 扩展基础底面面积

$$A \geqslant \frac{N}{f_a - \gamma_G d} \tag{7.26}$$

2. 扩展基础高度和变阶处高度

1）柱下独立基础高度

（1）受冲切承载力验算

对柱下独立基础，当冲切破坏锥体落在基础底面以内时，应按式(7.27)验算柱与基础交接处和基础变阶处的受冲切承载力，如图 7.38 所示。

$$F_l \leqslant 0.7\beta_{hp} f_t b_m h_0 \tag{7.27}$$

$$F_l = p_s A_l \tag{7.28}$$

$$b_m = \frac{b_t + b_b}{2} \tag{7.29}$$

式中 F_l——基础受冲切承载力设计值；

β_{hp}——受冲切承载力截面高度影响系数，当承台高度 h 不大于 800mm 时，β_{hp} 取 1.0；当 h 大于等于 2 000mm 时，β_{hp} 取 0.9，其间按线性内插法取用；

f_t——混凝土轴心抗拉强度设计值；

h_0——基础冲切破坏锥体的有效高度；

b_t——冲切破坏锥体最不利一侧斜截面的上边长：(a)取柱宽，(b)取上阶宽；

b_b——冲切破坏锥体最不利一侧斜截面的下边长：(a)取柱宽加 $2h$，(b)取上阶宽加 $2h_0$；

A_l——考虑冲切荷载时取用的多边形面积(图 7.38 中的阴影面积 $ABCDEF$)；

p_s——相应于荷载效应基本组合时的地基土单位面积净反力(扣除基础自重及其上的土重)，当为偏心荷载时可取用最大值。

由公式(7.27)和公式(7.28)可得：

$$p_s A_l \leqslant 0.7\beta_{hp} f_t b_m h_0 \tag{7.30}$$

由图 7.38 可知：

$$A_l = A_{AGHF} - (A_{BGC} + A_{DHE}) = \left(\frac{l}{2} - \frac{a_t}{2} - h_0\right)b - \left(\frac{b}{2} - \frac{b_t}{2} - h_0\right)^2 \tag{7.31}$$

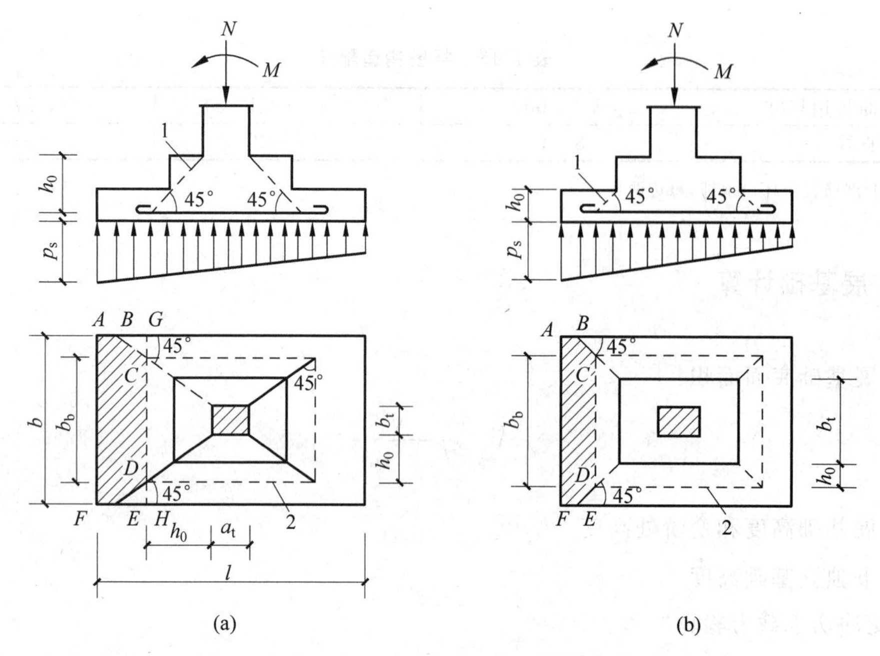

图7.38 计算阶形基础的受冲切承载力截面位置

(a) 柱与基础交接处；(b) 基础变阶处

1—冲切破坏锥体最不利一侧的斜截面；2—冲切破坏锥体的底面线

$$b_m=\frac{b_t+b_b}{2}=\frac{b_t+(b_t+2h_0)}{2}=\frac{2b_t+2h_0}{2}=b_t+h_0 \tag{7.32}$$

将式(7.31)代入式(7.28)得：

$$F_l=p_sA_l=p_s\left[\left(\frac{l}{2}-\frac{a_t}{2}-h_0\right)b-\left(\frac{b}{2}-\frac{b_t}{2}-h_0\right)^2\right] \tag{7.32$'$}$$

将式(7.32)′,代入式(7.27),得：

$$h_0^2+b_th_0-\frac{2b(l-a_t)-(b-b_t)^2}{4\left(1+0.7\beta_{hp}\dfrac{f_t}{p_s}\right)}\geqslant 0$$

由此可得基础有效高度

$$h_0\geqslant\frac{1}{2}\left(-b_t+\sqrt{b_t^2+C}\right) \tag{7.33}$$

式中 h_0——基础底板有效高度,mm;

b_t——柱截面的短边,mm;

a_t——柱截面的长边,mm;

C——系数。

矩形基础

$$C=\frac{2b(l-a_t)-(b-b_t)^2}{1+0.7\beta_{hp}\dfrac{f_t}{p_s}} \tag{7.34}$$

正方形基础

$$C=\frac{b^2-b_t^2}{1+0.7\beta_{hp}\dfrac{f_t}{p_s}} \tag{7.34$'$}$$

基础底板厚度为基础有效高度 h_0 与基础底面钢筋形心至基础底面间距离之和。

有垫层时 $$h=h_0+45\text{mm} \tag{7.35}$$

无垫层时 $$h=h_0+75\text{mm} \tag{7.35$'$}$$

保护层厚度不应小于 70mm；当设素混凝土垫层且厚度不小于 70mm 时，保护层厚度可适当减少，但不应小于 40mm。

(2) 受剪承载力验算

当基础底面短边尺寸小于或等于柱宽加两倍基础有效高度时，应按下列公式验算柱与基础交接处和基础变阶处截面受剪承载力：

$$V_s \leqslant 0.7\beta_{hs} f_t A_0 \tag{7.36}$$

$$\beta_{hs} = \left(\frac{800}{h_0}\right)^{1/4} \tag{7.37}$$

式中 V_s——相应于作用的基本组合时，柱与基础交接处或变阶处的剪力设计值(kN)，其值等于图 7.39 中阴影面积 AB_1CD_1 或 $ABCD$ 乘以基底平均净反力；

β_{hs}——受剪承载力截面高度影响系数，当 $h_0 \leqslant 800$mm 时，取 $h_0=800$mm；当 $h_0 \geqslant 2000$mm 时，取 $h_0=2000$mm；

A_0——验算截面处基础有效截面面积(m^2)。当验算截面为阶形或锥形时，可将其截面折算成矩形截面。

① 阶形截面

对于阶形截面应分别在变阶处(B—D)或柱边处(B_1—D_1)进行斜截面受剪承载力验算(图 7.39)，并应符合下列规定：

计算变阶处截面(B—D)的斜截面受剪承载力时，其截面有效高度为 h_{01}，截面计算宽度为 b_{y1}。

计算柱边截面(B_1—B_1)的斜截面受剪承载力时，其截面有效高度为 $h_{01}+h_{02}$，截面计算宽度按下式进行计算：

$$b_{y0} = \frac{b_{y1}h_{01} + b_{y2}h_{02}}{h_{01} + h_{02}} \tag{7.38}$$

② 锥形截面

对于锥形截面应对 B—D 截面进行受剪承载力验算(图 7.40)，截面有效高度均为 h_0，截面计算宽度按下式进行计算：

$$b_{y0} = \left[1 - 0.5\frac{h_1}{h_0}\left(1 - \frac{b_{y2}}{b_{y1}}\right)\right] b_{y1} \tag{7.39}$$

2) 墙下条形基础高度

墙下条形基础底板应按式(7.36)验算墙与底板交接处截面受剪承载力，其中 A_0 为验算截面处基础底板的单位长度垂直截面有效面积，V_s 墙与底板交接处由基底平均净反力产生的单位长力设计值。

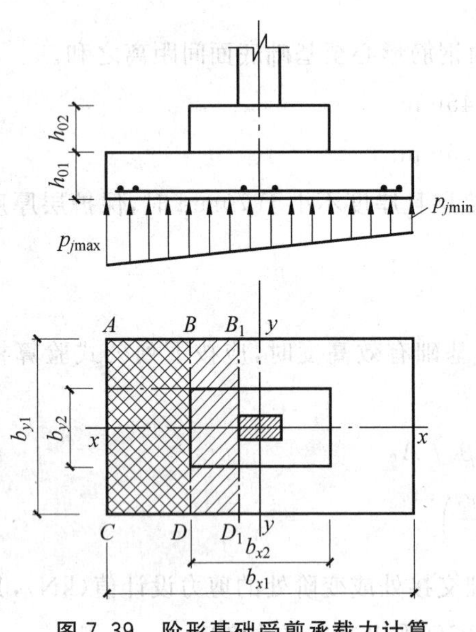

图 7.39 阶形基础受剪承载力计算

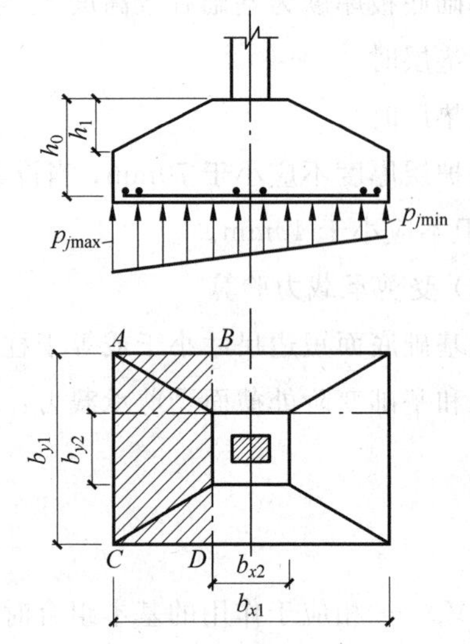

图 7.40 锥形基础受剪承载力计算

3. 扩展基础弯矩的计算

1) 柱下独立基础弯矩计算

在轴心荷载或单向偏心荷载作用下，底板受弯，可按下列简化方法计算任意截面的弯矩。

当矩形基础台阶的高宽比小于或等于 2.5 且偏心距小于或等 1/6 基础宽度时，任意截面的弯矩可按下列公式计算，如图 7.41 所示。

$$M_{\mathrm{I}} = \frac{1}{12}a_1^2\left[(2l+a')\left(p_{\max}+p-\frac{2G}{A}\right)+(p_{\max}-p)l\right] \tag{7.40}$$

$$M_{\mathrm{II}} = \frac{1}{48}(l-a')^2(2b+b')\left(p_{\max}+p_{\min}-\frac{2G}{A}\right) \tag{7.41}$$

式中 M_{I}、M_{II}——任意截面Ⅰ—Ⅰ、Ⅱ—Ⅱ处的弯矩设计值；

a_1——任意截面Ⅰ—Ⅰ至基底边缘最大反力处的距离。

2) 墙下条形基础弯矩计算

墙下条形基础任意截面的弯矩计算，可取 $l=a'=1\text{m}$(如图 7.42 所示)，按公式(7.40)进行计算。其最大弯矩截面的位置，应符合下列规定：①当墙体材料为混凝土时，取 $a_1=b_1$；②如为砖墙且放脚不大于 1/4 砖长时，取 $a_1=b_1+\frac{1}{4}$砖长。

4. 基础底板配筋

应按国家标准《建筑地基基础设计规范》(GB 50007—2011)[18]有关规定计算。基础底板内受力钢筋面积可按公式(7.42)确定。

$$A_s = \frac{M}{0.9h_0 f_y} \tag{7.42}$$

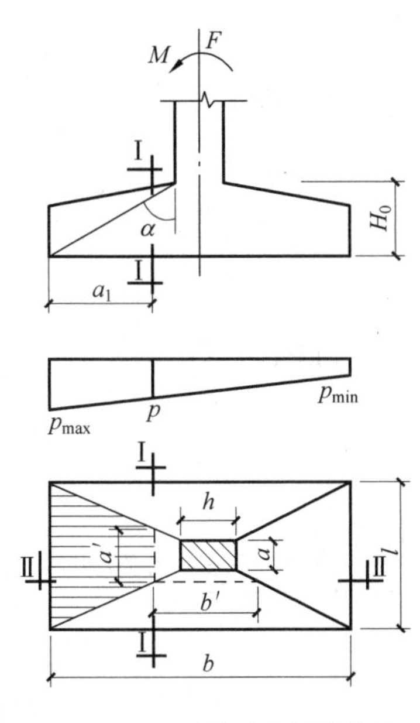

图 7.41 矩形基础底板的计算

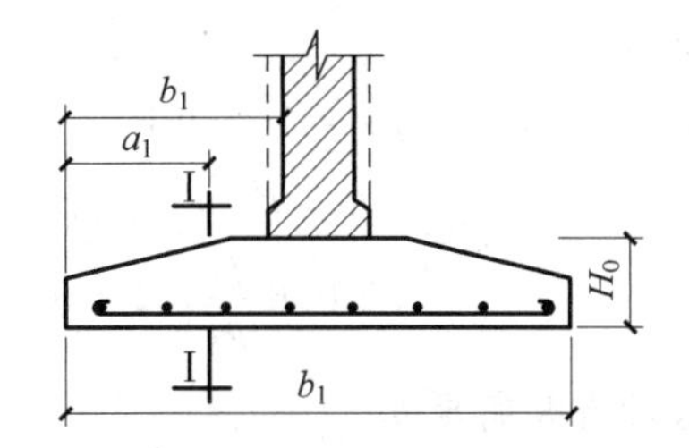

图 7.42 墙下条形基础的计算

式中 A_s——基础底板受力钢筋面积，mm^2；

f_y——钢筋抗拉强度设计值。

《建筑地基基础设计规范》(GB 50007—2011)规定，当柱下独立柱基础底面长短边之比在范围：$2 \leqslant \omega = l/b \leqslant 3$ 时，基础底板短向钢筋应按下述方法布置：将短向全部钢筋面积乘以系数 λ 后求得的钢筋，均匀分布在与柱中心线重合的宽度等于基础短边 l 的中间带宽范围内(图 7.43)，其余的短向钢筋则均匀布置在中间带宽的两侧。长向钢筋应均匀分布在基础全宽范围内。λ 按下式计算：

$$\lambda = 1 - \frac{\omega}{6} \tag{7.43}$$

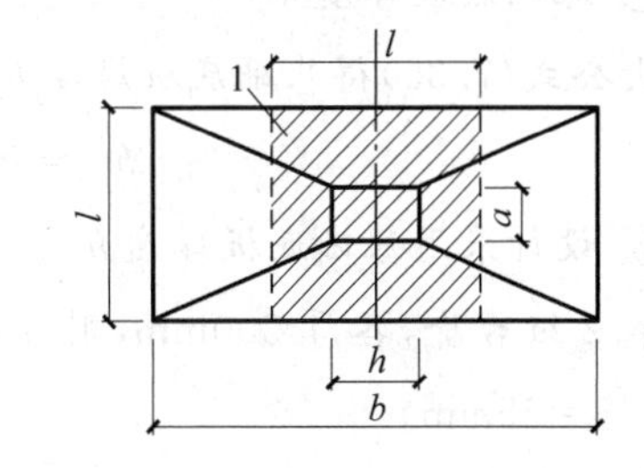

图 7.43 基础底板短向钢筋布置示意图

1—λ 倍短向全部钢筋面积均匀配置在阴影范围内

规范这一规定是考虑基础底面长边与短边之比在上述规定范围内时。基础底板仍具有双向受力作用，但长向的两端区域对底板短向受弯承载力的作用相对较小，因此，在布置短向钢筋时应考虑各区域钢筋受力分布情况。

【例题 7.5】 北京某大学教学大楼设计框架结构，上部结构荷载 N=2 500kN，柱截面尺寸为 1 200mm×1 200mm。基础埋深 2.0m，假设经深宽修正后的地基承载力特征值 f_a=213kPa。基础混凝土强度等级 C20，混凝土抗拉强度设计值 f_t=1.1N/mm²。HPB300 级钢筋，抗拉强度设计值 f_y=270N/mm²。设计此钢筋混凝土柱基础。

【解】 (1) 柱基底面面积

$$A \geqslant \frac{N}{f_{a}-\gamma_{G} d}=\frac{2\ 500}{213-20 \times 2}=14.45 \mathrm{m}^{2}$$

采用正方形基础 $l=b=3.80\mathrm{m}$

(2) 基础底板厚度 h

① 基底净反力

$$p_{s}=\frac{N}{l \times b}=\frac{2\ 500}{3.8 \times 3.8}=173 \mathrm{kPa}$$

② 系数 C

已知 $f_{t}=1.1\mathrm{N/mm}^{2}=1\ 100\mathrm{kPa}$。据公式(7.34′)得

$$C=\frac{b^{2}-b_{t}^{2}}{1+0.6 \dfrac{f_{t}}{p_{s}}}=\frac{3.80^{2}-1.20^{2}}{1+0.6 \dfrac{1\ 100}{173}}=\frac{14.44-1.44}{1+3.82}=\frac{13}{4.82}=2.70$$

③ 基础有效高度 h_0

由公式(7.33)得基础有效高度 h_0 为

$$h_{0}=\frac{1}{2}\left(-b_{t}+\sqrt{b_{t}^{2}+C}\right)=\frac{1}{2}\left(-1.20+\sqrt{1.2^{2}+2.70}\right)$$

$$=\frac{1}{2}(-1.20+2.03)=0.415 \mathrm{m}$$

$$=415 \mathrm{mm}$$

④ 基础底板厚度 h'

由公式(7.35)得基础底板厚度 h' 为

$$h'=h_{0}+45=415+45=460 \mathrm{mm}$$

⑤ 设计采用基础底板厚度 h

取2级台阶，各厚300mm，则 $h=2\times300=600\mathrm{mm}$。采用实际基础有效高度 $h_0=h-45=600-45=55\mathrm{mm}$。

(3) 基础底板配筋

① 基础台阶宽高比由图7.44为 $\frac{650}{300}=2.17<2.5$。

② 柱与基础交界处的弯矩，由公式(7.41)得(因无偏心荷载，故 $p=p_{\max}=p_{\min}=p_s$)：

$$M=\frac{1}{48}\left(l-a_{t}\right)^{2}\left[\left(2 b+b_{t}\right)\left(p_{\max }+p_{\min }-\frac{2 G}{A}\right)\right]$$

$$=\frac{1}{48}(3.80-1.20)^{2}\left[(2 \times 3.80+1.20) \times\left(2 p_{s}-2 \gamma_{G} d\right)\right]$$

$$=\frac{1}{48} \times 2.6^{2} \times 8.8 \times 2 \times(173-2 \times 20)$$

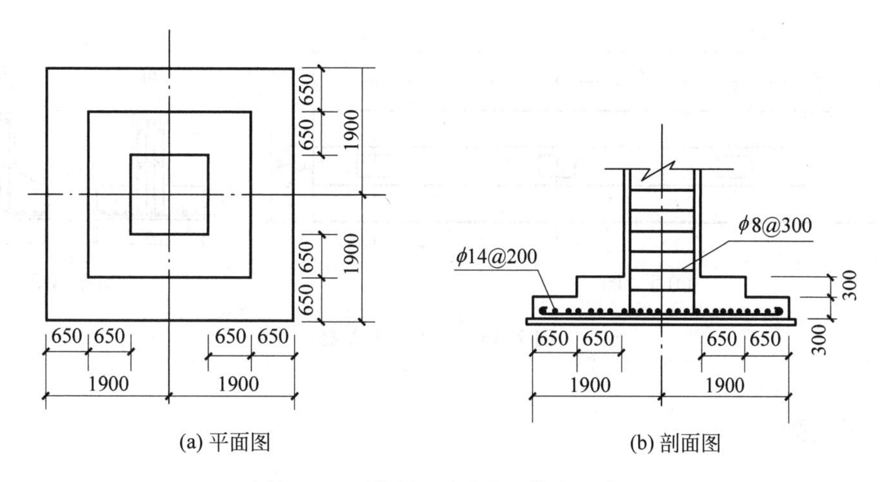

(a) 平面图　(b) 剖面图

图 7.44 【例题 7.5】扩展基础设计

$$= 329.67\text{kN}\cdot\text{m}$$

$$= 329.67\times10^6\text{N}\cdot\text{mm}$$

③ 基础底板受力钢筋面积由公式(7.42)得：

$$A_s=\frac{M}{0.9h_0f_y}=\frac{329.67\times10^6}{0.9\times555\times270}$$

$$=\frac{329.67\times10^6}{1.349\times10^5}=2\,444\text{mm}^2$$

④ 基础底板每 1m 配筋面积

$$A'_s=\frac{A_s}{b}=\frac{2\,444}{3.80}=643\text{mm}^2$$

采用 ϕ14@200，实际每 1m 配筋为

$$A''_s=770\text{mm}^2。$$

应沿基础底面双向配筋，详见图 7.44。

7.8 柱下条形基础设计

7.8.1 应用范围

(1) 单柱荷载较大，地基承载力不很大，按常规设计的柱下独立基础，因基础需要底面积大，基础之间的净距很小。为施工方便，把各基础之间的净距取消，连在一起，即为柱下条形基础，如图 7.45 所示。

(2) 对于不均匀沉降或振动敏感的地基，为加强结构整体性，可将柱下独立基础连成条形基础。

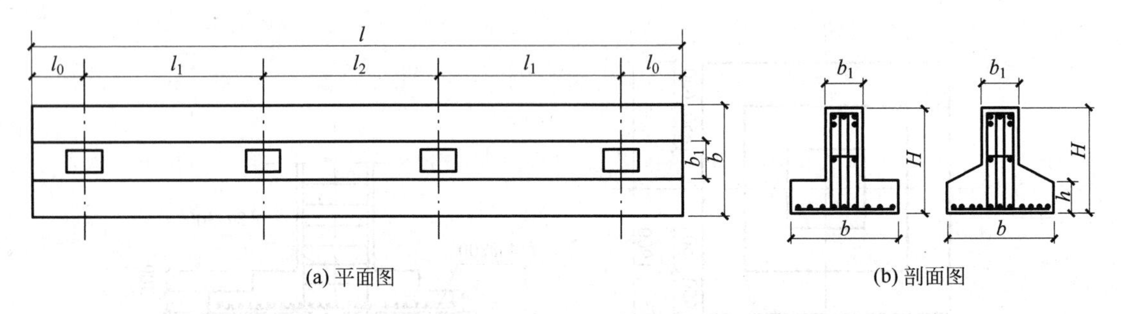

(a) 平面图　　(b) 剖面图

图 7.45　柱下条形基础

7.8.2　截面类型

根据柱子的数量、基础的剖面尺寸、上部荷载大小与分布以及结构刚度等情况，柱下条形基础可分别采用以下两种形式：

（1）等截面条形基础

此类基础的横截面通常呈倒T形，底部挑出部分为翼板，其余部分为肋部。

（2）局部扩大条形基础

此类基础的横截面，在与柱交接处局部加高或扩大，以适应柱与基础梁的荷载传递和牢固联结。

7.8.3　设计要点

1. 构造要求

（1）基础梁高 H 宜为 $\left(\frac{1}{4}\sim\frac{1}{8}\right)l$（$l$ 为柱距）。翼板厚度 h 不小于 200mm，当翼板厚大于 250mm 时，宜采用变厚度翼板，其坡度 $i\leqslant 1:3$。

（2）条形基础的端部宜向外伸出，其长度宜为第一跨距的 0.25 倍。

（3）现浇柱与条形基础梁的交接处，其平面尺寸不应小于图 7.46 中的规定。

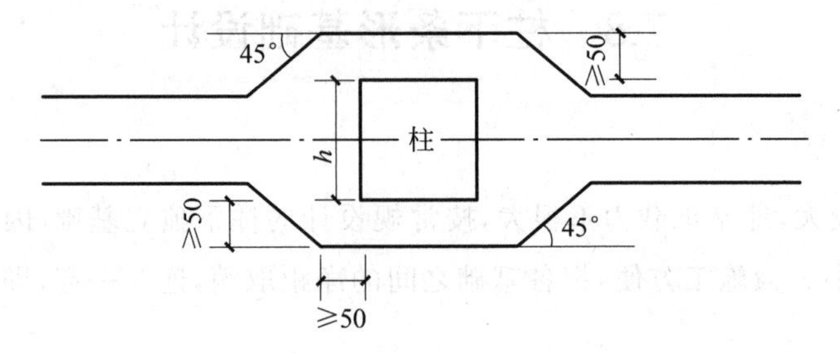

图 7.46　现浇柱与条形基础梁交接处平面尺寸

(4) 条形基础梁顶部和底部的纵向受力钢筋除应满足计算要求外，顶部钢筋按计算配筋全部贯通，底部通长钢筋的面积不应少于底部受力钢筋截面总面积的1/3。

(5) 柱下条形基础的混凝土强度等级不应低于C20。

2. 基础底面面积A

柱下条形基础可视为一狭长的矩形基础进行计算

$$A = l \times b \geqslant \frac{N}{f_a - \gamma_G d}$$

式中 A——条形基础底面面积；

l——条形基础长度，由构造要求设计；

b——条形基础宽度，由上部荷载与地基承载力确定。

3. 条形基础梁的内力计算

(1) 按连续梁计算

这是计算条形基础梁内力的常用方法，适用于地基比较均匀，上部结构刚度较大，荷载分布较均匀，且条形基础梁的高度 $H > \frac{1}{6}l$ 的情况。地基反力可按直线分布计算。

因基础自重不引起内力，采用基底净反力计算内力，进行配筋(净反力计算中不包括基础与其上覆土的自重)。两端边跨应增加受力钢筋，并上下均匀配置。

(2) 按弹性地基梁计算

当上部结构刚度不大，荷载分布不均匀，且条形基础梁高 $H < \frac{1}{6}l$ 时，地基反力不按直线分布，可按弹性地基梁计算内力。通常采用文克尔(Winkler)地基上梁的基本解。

文克尔地基模型，假设地基上任一点所受的压应力 p 与该点的地基沉降 s 成正比，即

$$p = Ks \tag{7.44}$$

式中 K——基床系数。

K 值的大小与地基土的种类、松密程度、软硬状态、基础底面尺寸大小和形状以及基础荷载和刚度等因素有关。K 值应由现场载荷试验确定；如无载荷试验资料，可按表7.16选用。

表7.16 基床系数 K 的经验值

土的分类	土的状态	$K/(\mathrm{N/cm^3})$
淤泥质黏土	流塑	3.0～5.0
淤泥质黏性土	流塑	5.0～10
黏土、黏性土	软塑 可塑 硬塑	5.0～20 20～40 40～100

续表

土的分类	土的状态	$K/(N/cm^3)$
砂土	松散 中密 密实	7.0～15 15～25 25～40
砾石	中密	25～40

在软弱地基或地基压缩层很薄的情况下，按上述方法计算可得到满意的结果。

7.9 十字交叉基础

7.9.1 应用范围

当单柱的上部荷载大，按条形基础设计无法满足地基承载力要求时，则可采用交叉条形基础，即十字交叉基础，使基础底面面积和基础整体刚度相应增大，同时可以减小地基的附加应力和不均匀沉降。

7.9.2 设计要点

十字交叉梁，为超静定空间结构，用弹性理论精确计算十分复杂，通常采用简化计算法。

在基础交叉节点上，将柱荷载在纵横两个方向条形基础上进行分配，同时应满足变形协调关系，即分配后的荷载分别作用于纵向与横向基础梁上时，纵、横双向条形基础在各交叉节点处的变形相等。

简化计算时，假定纵、横梁的抗扭刚度均为零。每个交叉节点仅由下列两个方程组成。

$$N_i = N_{ix} + N_{iy} \tag{7.45}$$

$$W_{ix} = W_{iy} \tag{7.46}$$

式中 N_i—— 第 i 节点的柱荷载；

N_{ix}—— 第 i 节点分配给 x 向条基的荷载；

N_{iy}—— 第 i 节点分配给 y 向条基的荷载；

W_{ix}—— 第 i 节点处 x 向条基的挠度；

W_{iy}—— 第 i 节点处 y 向条基的挠度。

用基床系数法文克尔模型计算基础梁的挠度：

对无限长梁
$$W = \frac{N}{2Kbs} \tag{7.47}$$

半无限长梁
$$W = \frac{2N}{Kbs} \tag{7.48}$$

式中 s——系数，$s=4\sqrt{\frac{4E_cI}{Kb}}$，m；

K——基床系数，kN/m^3；

I——基础横截面的惯性矩，m^4；

E_c——混凝土弹性模量，kPa。

7.9.3 三种节点荷载分配

十字交叉基础的节点有三种：十字节点、T字节点和Γ字节点。由式(7.45)～式(7.48)，可以求解任意节点 i 柱荷载分配给纵、横方向条基的荷载 N_{ix}、N_{iy}。

(1) 十字节点(中柱)

基本方程为

$$N_{ix}+N_{iy}=N_i$$

$$W=\frac{N_{ix}}{2Kb_xs_x}=\frac{N_{iy}}{2Kb_ys_y} \tag{7.49}$$

解此联立方程得

$$N_{ix}=\frac{b_xs_x}{b_xs_x+b_ys_y}N_i \tag{7.50}$$

$$N_{iy}=\frac{b_ys_y}{b_xs_x+b_ys_y}N_i \tag{7.51}$$

(2) T字节点(边柱)

基本方程为

$$N_{ix}+N_{iy}=N_i$$

$$\frac{N_{ix}}{2Kb_xs_x}=\frac{2N_{iy}}{Kb_ys_y} \tag{7.52}$$

解此联立方程可得

$$N_{ix}=\frac{4b_xs_x}{4b_xs_x+b_ys_y}N_i \tag{7.53}$$

$$N_{iy}=\frac{b_ys_y}{4b_xs_x+b_ys_y}N_i \tag{7.54}$$

(3) Γ字节点(角柱)

基本方程为

$$N_{ix}+N_{iy}=N_i$$

$$\frac{2N_{ix}}{Kb_xs_x}=\frac{2N_{iy}}{Kb_ys_y} \tag{7.55}$$

同理，解此联立方程式，可得：

$$N_{ix} = \frac{b_x s_x}{b_x s_x + b_y s_y} N_i$$

$$N_{iy} = \frac{b_y s_y}{b_x s_x + b_y s_y} N_i$$

当求出十字交叉基础所有节点在纵、横向的分配荷载 N_{ix}，N_{iy} 后，就可以按柱下条形基础的方法进行设计。

7.10 筏形基础

7.10.1 应用范围

当上部结构荷载较大，地基土较软，采用十字交叉基础不能满足地基承载力要求或采用人工地基不经济时，则可采用筏形基础。对于采用箱形基础不能满足地下空间使用要求的情况，例如地下停车场、商场、娱乐场等，也可采用筏形基础。此时筏形基础的厚度可能会比较大。

筏形基础分梁板式和平板式两种类型，应根据地基土质、上部结构体系、柱距、荷载大小以及施工等条件确定。

7.10.2 筏形基础内力的计算及配筋要求

当地基比较均匀、上部结构刚度较好，且柱荷载及柱间距的变化不超过20%时，筏形基础可仅考虑局部弯曲作用，按倒置楼盖法进行计算。计算时地基反力可视为均布荷载，其值应扣除底板自重。

当地基比较复杂、上部结构刚度较差，或柱荷载及柱间距变化较大时，筏基内力应按弹性地基梁板方法进行分析。

按倒置楼盖法计算的梁板式筏基，其基础的内力可按连续梁分析，边跨跨中弯矩以及第一内支座的弯矩值宜乘以1.2的系数。考虑整体弯曲的影响，梁式板筏基的底板和基础梁的配筋除满足计算要求外，纵横方向的支座钢筋尚应有1/2～1/3贯通全跨，且其配筋率不应小于0.15%；跨中钢筋应按实际配筋全部连通。

按倒梁法计算的平板式筏基，柱下板带和跨中板带的承载力应符合计算要求。柱下板带中在柱宽及其两侧各0.5倍板厚的有效宽度范围内的钢筋配置量不应小于柱下板带钢筋的一半，且应能承受作用在冲切临界截面重心上的部分不平衡弯矩的作用。

同样，考虑到整体弯曲的影响，柱下筏板带和跨中板带的底部钢筋应有1/2～1/3贯通全跨，且配筋率也不应小于0.15%；顶部钢筋应按实际配筋全部连通。

7.10.3 筏形基础的承载力计算要点

梁板式筏基底板的板格应满足受冲切承载力的要求。梁板式筏基的板厚不应小于300mm，且板厚与板格的最小跨度之比不应小于1/20。梁板式筏基的基础梁除满足正截面受弯及斜截面受剪承载力外，尚应验算底层柱下基础梁顶面的局部受压承载力。

平板式筏基的板厚应能满足受冲切承载力的要求。板的最小厚度不宜小于400mm。计算时应考虑作用在冲切临界截面重心上的不平衡弯矩所产生的附加剪力。平板式筏板除满足受冲切承载力外，尚应验算柱边缘处筏板的受剪承载力。

7.11 箱形基础简介[6,36,40]

7.11.1 概述

箱形基础是指由底板、顶板、侧墙及一定数量内隔墙构成的整体刚度较大的钢筋混凝土箱形结构，简称箱基。

箱基是在工地现场浇筑的钢筋混凝土大型基础。箱基的尺寸很大：平面尺寸通常与整个建筑平面外形轮廓相同；箱基高度至少超过3m，超高层建筑的箱基有数层，高度可超过10m。

我国第一个箱基工程是1953年设计的北京展览馆中央大厅的基础，此后，北京、上海与全国各省市很多高层建筑均采用箱基。

7.11.2 箱形基础的特点

(1) 箱基的整体性好、刚度大

由于箱基是现场浇筑的钢筋混凝土箱型结构，整体刚度大，可将上部结构荷载有效地扩散传给地基，同时又能调整与抵抗地基的不均匀沉降，并减少不均匀沉降对上部结构的不利影响。

(2) 箱基沉降量小

由于箱基的基槽开挖深，面积大，土方量大，而基础为空心结构，以挖除土的自重来抵消或减少上部结构荷载，属于补偿性设计，由此可以减小基底的附加应力，使地基沉降量减小。

(3) 箱基抗震性能好

箱基为现场浇筑的钢筋混凝土整体结构，底板、顶板与内外墙体厚度都较大。箱基不仅整体刚度大，而且箱基的长度、宽度和埋深都大，在地震作用下箱基不可能发生移滑或倾覆，箱基本身的变形也不大。因此，箱基是一种具有良好抗震性能的基础形式。例如，1976年唐山发生7.8级大地震时，唐山市区平地上的房屋全部倒塌，但当地最高建筑物——新华旅社8层大楼反而未倒，该楼采用的即是箱形基础。

但是，箱形基础的纵横隔墙给地下空间的利用带来了诸多限制。由于这个原因，近年来有许多建筑物采用了筏形基础。通过增加筏形基础的厚度来获得足够的整体性和刚度。

7.11.3 箱形基础的适用范围

箱形基础主要适用以下几种建筑：

(1) 高层建筑

高层建筑为了满足地基稳定性的要求，防止建筑物的滑动与倾覆，不仅要求基础整体刚度大，而且需要埋深大，常采用箱形基础。

(2) 重型设备

重型设备或对不均匀沉降有严格要求的建筑物，可采用箱形基础。

(3) 需要地下室的各类建筑物

人防、设备间等常采用箱形基础。

(4) 上部结构荷载大，地基土较差

当上部结构荷载大，地基土较软弱或不均匀，无法采用独立基础或条形基础时，可采用天然地基箱形基础，避免打桩或人工加固地基。

(5) 地震烈度高的重要建筑物

重要建筑物位于地震烈度8度以上设防区，根据抗震要求可采用箱形基础。

7.12 地基基础与上部结构共同工作的概念

7.12.1 地基、基础与上部结构的关系

1. 常规考虑方法

在建筑结构的设计计算中，通常把上部结构、基础和地基三者分开考虑，视为彼此相互独立的结构单元，进行静力平衡分析计算，不考虑上部结构的刚度，只计算作用在基础顶面的荷载，用箭头表示，也不考虑基础的刚度，基底反力简化为直线分布，并反向施加于地基，当作柔性荷载验算地基承载力和进行地基沉降计算。

2. 常规方法评价

(1) 上述常规方法，对于单层排架结构一类的上部柔性结构和地基土质较好的独立基础，可以得到满意的结果。

(2) 对于软弱地基上单层砖石砌体承重结构，条形基础，按常规方法计算与实际差别较大。

(3) 对于钢筋混凝土框架结构一类的敏感性结构下的条形基础，上述常规计算结果与实际不同。

(4) 对于高层建筑剪力墙结构下箱形基础置于一般土质天然地基的工程，常规计算方法也不能令人满意。

3. 合理的分析计算方法

(1) 地基、基础和上部结构三者相互联结成整体,共同承担荷载而产生相应的变形。

(2) 三者都按各自的刚度,对相互的变形产生制约作用,因而制约整个体系的内力、基底反力和结构变形及地基沉降发生变化。

(3) 三者之间同时满足静力平衡和变形协调两个条件。

(4) 需要建立正确反映结构刚度影响的理论。

(5) 需要研究合理反映土的变形特性的地基计算模型及其参数。

(6) 上述合理的方法无疑是相当复杂的,已越来越受到重视和接受,并已在地基上梁和板的分析和高层建筑箱形基础内力计算等方面部分地应用。

总之,了解地基、基础与上部结构共同工作的概念,有助于掌握各类基础的性能,更好地设计地基基础方案。

7.12.2 基础刚度的影响

建筑物基础的内力、基底反力大小与分布以及地基沉降量,除了与地基的特性密切相关外,还受基础本身与上部结构刚度大小所制约。首先研究基础本身刚度的影响。

1. 柔性基础

(1) 柔性基础可随地基的变形而任意弯曲。例如,土工聚合物上填土可视为柔性基础。

(2) 柔性基础的基底反力分布,与作用在基础上的荷载分布相同,如图 7.47(a)所示。

(3) 均布荷载下柔性基础的基底沉降量,中部大,边缘小,如图 7.47(b)所示。要使沉降均匀,应使边缘荷载增大。

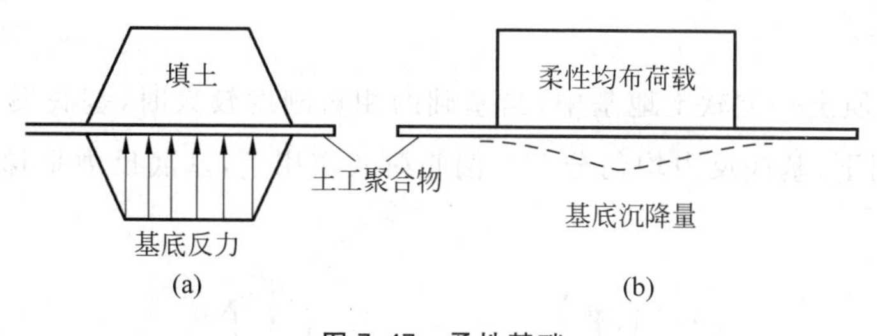

图 7.47 柔性基础

(4) 柔性基础缺乏刚度,无力调整基底的不均匀沉降,不能使传至基底的荷载改变原来的分布情况。

2. 刚性基础

(1) 刚性基础具有极大的抗弯刚度,在荷载作用下基础不产生挠曲。例如,沉井基础可视为刚性基础。

(2) 刚性基础基底平面沉降后仍保持平面，中心荷载作用下均匀下沉，基底保持水平。偏心荷载作用下，沉降后基底为一倾斜平面。

(3) 刚性基础底面积和埋深较大，上部中心荷载不大时基底反力呈马鞍形分布，如图7.48(a)所示。

(4) 随着上部荷载增大，邻近基底边缘的塑性区逐渐扩大，基底应力重新分布。所增大的上部荷载依靠基底中部反力增大来平衡，因此，基底反力图由马鞍形逐渐变成抛物线形，如图7.48(b)所示。

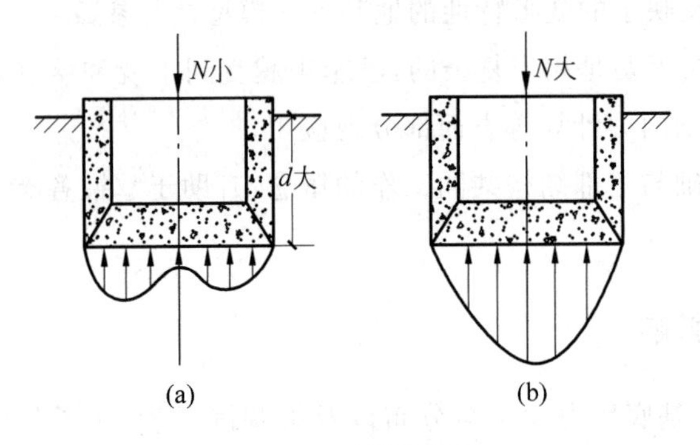

图7.48 刚性基础

(5) 刚性基础基底反力分布与荷载分布情况无关，仅与荷载合力大小与作用点位置相关。例如，荷载合力偏心很大时，离合力作用点近的基底边缘反力很大，而远离的基底边缘反力为零，甚至基底可能与地基脱开。

7.12.3 地基软硬的影响

1. 软土地基

在淤泥或淤泥质土一类软土地基中，当基础的相对刚度较大时，基底反力分布可按直线计算。中心荷载作用下，基底反力均匀分布。偏心荷载作用下，基底反力呈梯形分布，如图7.49所示。

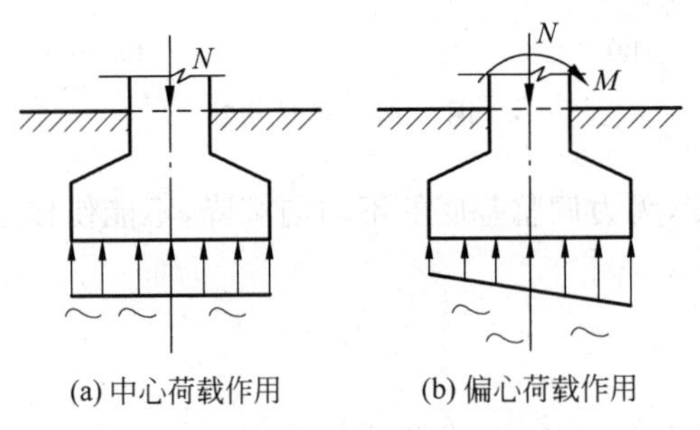

图7.49 软土地基上反力分布

2. 坚硬地基

坚硬地基包括岩石、密实卵石坚硬黏性土地基，上置抗弯刚度很小的基础。当基础上作用集中荷载时，仅传递到荷载附近的地基中，远离荷载的地基不受力。若为相对柔性的基础，在远离集中荷载作用点处基底反力不仅为零，且可能与地基悬空，如图 7.50 所示。

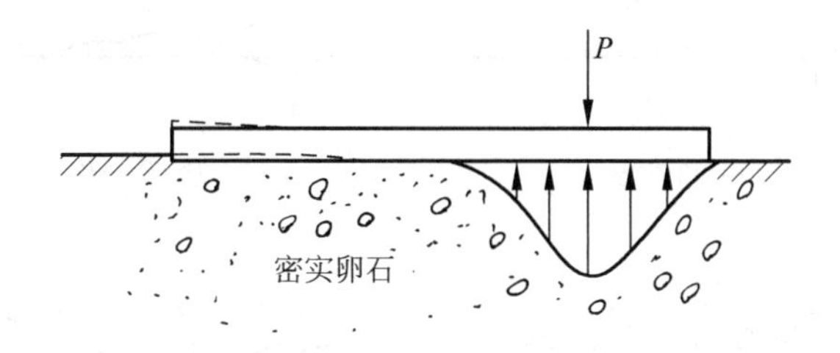

图 7.50 坚硬地基上薄板基础集中荷载的反力分布

3. 软硬悬殊地基

实际建筑工程常遇到各种软硬相差悬殊的地基，如基槽中存在古水井、故河沟、坟墓、暗塘以及防空洞、旧基础等情况，对基础梁的挠曲和内力的影响很大。

例如，条形基础下，地基的中部软、两边硬，则加剧条基的挠曲程度，如图 7.51(a)所示。若相反，地基中部硬、两边软，如图 7.51(b)所示，则可能使条基的正向挠曲变为反向挠曲。

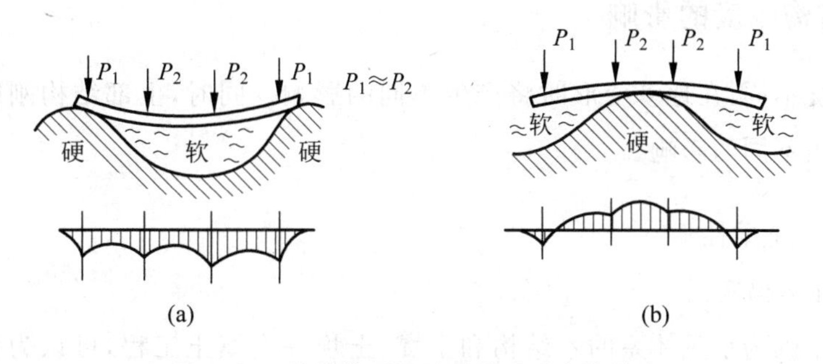

图 7.51 地基软硬悬殊对基础受力的影响

4. 荷载大小影响

(1) 有利的影响 ①地基中部坚硬，两侧软弱，上部荷载大小不同，$P_1 \ll P_2$，对基础受力有利，如图 7.52(a)所示。②地基中部软弱，两侧坚硬，上部荷载不等，$P_1 \gg P_2$。P_1 荷载大，地基坚硬；P_2 荷载小，地基软弱，这样比 $P_1 = P_2$ 情况对基础受力有利，如图 7.52(b)所示。

(2) 不利的影响 ①地基中部坚硬，两侧软弱，上部荷载不同，$P_1 \gg P_2$，地基坚硬处荷载 P_2 小，地基软弱处荷载 P_1 大，这样对基础受力不利，如图 7.52(c)所示。②地基中部软弱，两侧坚硬，上部荷载大小不等，$P_1 \ll P_2$，两侧坚硬处荷载 P_1 小，中部软弱处荷载 P_2 大，这种情况对基础受力也不利，如图 7.52(d)所示。

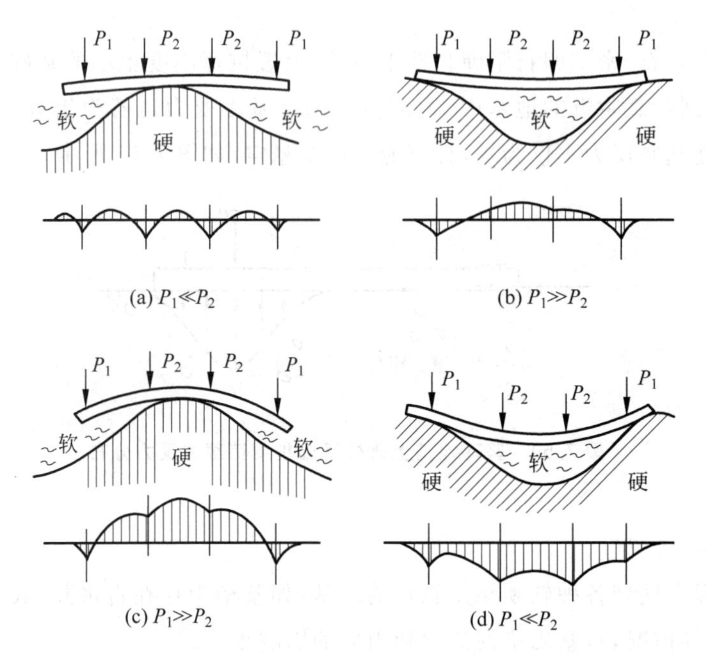

图 7.52 荷载大小不同对基础受力的影响

7.12.4 上部结构刚度的影响

上部结构刚度不同，在地基变形时将产生不同的影响。同时，上部结构刚度大小不同，对基础受力状况也产生不同的影响。

1. 上部结构完全柔性

(1) 完全柔性结构实例

以屋架、柱、基础为承重体系的木结构和土堤、土坝一类填土工程，可认为是完全柔性结构。钢筋混凝土排架结构也可视为柔性结构。通常静定结构与非软弱地基变形之间，不存在彼此制约的关系，也可视为柔性结构一类。

(2) 柔性结构的含义

上部柔性结构的变形与地基的变形一致。地基的变形对上部结构不产生附加应力，上部结构没有调整地基不均匀变形的能力，对基础的挠曲没有制约作用，即上部结构不参与地基、基础的共同工作，如图 7.53 所示。

(3) 柔性结构特点

在木结构柱顶荷载作用下，独立基础发生沉降差，不会引起主体结构的次应力，传递给基础的柱荷载也不会因此而发生变化。

2. 上部结构绝对刚性

(1) 绝对刚性结构实例

烟囱、水塔、高炉一类高耸结构，置于整体大厚度的钢筋混凝土独立基础上，整个体系为绝对刚性，如图 7.54 所示。

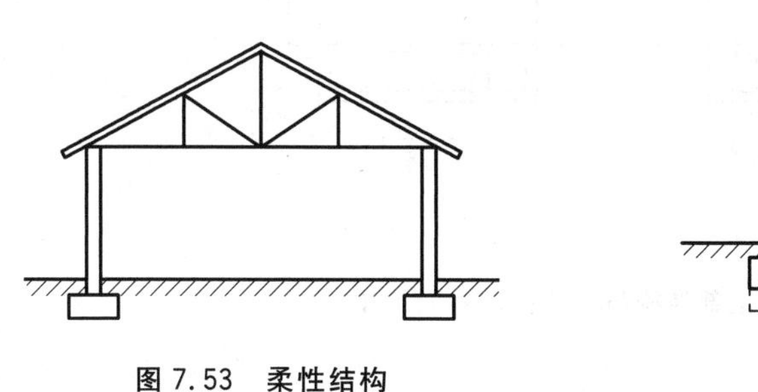

图 7.53 柔性结构

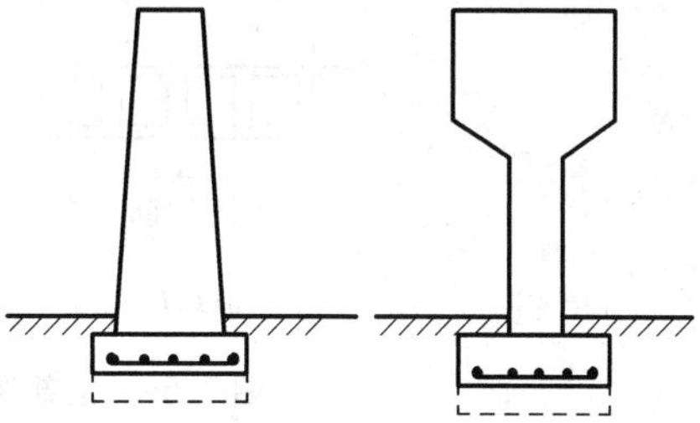

图 7.54 刚性上部结构

(2) 刚性结构的含义

在中心荷载作用下，均匀地基的沉降量相同，基础不发生挠曲。刚性上部结构具有调整地基应力、使沉降均匀的作用。

(3) 刚性结构特点

一般体型简单、荷载均匀、长高比很小，采用剪力墙结构的高层建筑，配置相应的箱形基础，可按刚性结构设计计算。大量实验研究表明：高层建筑、箱形基础和地基三者共同工作效果十分显著。

① 上部结构刚度对地基变形的制约

当高层建筑施工不久，建筑物高度 H 与长度 L 之比，$\frac{H}{L}<0.25$ 时，地基的变形纵、横两向均为中部大、两端小，成下凹曲形，如图 7.55(a)所示。因为此时上部结构的刚度较小，对地基变形尚未起制约作用。

当楼层升高后，地基中部与两端的沉降差异反而减小，这是由于上部结构的刚度增大，自动地将上部均匀荷载和自重向沉降小的部位传递，使地基变形的曲率减小，甚至趋近于零，见图 7.55(b)。

② 上部结构刚度对箱基弯曲和内力的制约

当高层建筑施工初期，$\frac{H}{L}\leqslant 0.25$ 时，楼身不高，即上部结构刚度较小时，箱基底板与顶板中部的钢筋拉应力 σ，随楼身升高而增大，最后达到最大值 σ_{max}。

当楼层继续升高后，$\frac{H}{L}>0.25$，上部结构刚度不断增大，箱基底板钢筋拉应力反而逐渐减小，在建筑物完工时达到最小值 σ_{min}。

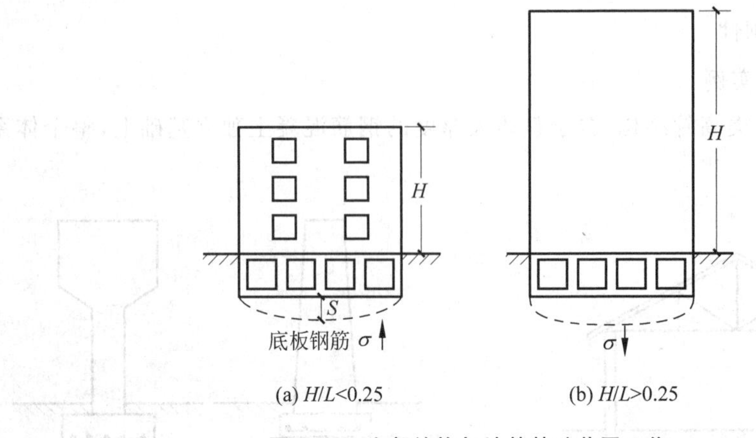

图 7.55 上部结构与地基基础共同工作

3. 上部结构为敏感性结构

（1）敏感性上部结构的实例

低层砖石砌体承重结构和单层钢筋混凝土框架结构，对地基不均匀沉降反应灵敏，均为敏感性结构。

（2）敏感性结构的特点

由于砖石材料为刚性材料，抗拉强度低，当地基局部倾斜较大时，墙体将发生裂缝。例如，清华大学供应科库房，长度 47.28m，宽度为 10.68m，高度 7.50m，为一字形两层楼房，砖混结构，长高比$\frac{L}{H}=\frac{47.28}{7.50}=6.3$，上部结构刚度很小。地基中部存在高压缩泥炭，造成过量的局部倾斜，导致墙体严重开裂，大裂缝 33 条，已成为危房，如图 7.56 所示。

图 7.56 清华大学供应科库房墙体开裂情况

(3) 框架结构产生不均匀沉降问题

框架结构构件之间的刚性联结，在调整地基不均匀沉降的同时，也引起上部结构的次应力。在横向为三柱独立基础的情况下，往往使中柱荷载减小，向边柱转移；同时，两侧的独立基础向外转动，引起梁柱挠曲，发生次应力。严重时将导致结构的损坏。

综上所述，关于地基、基础与上部结构共同工作的问题，是目前引起全世界工程师广泛兴趣的新课题，值得大家深入地进行实验研究，并在工程实践中应用和总结经验。例如，高层建筑箱形基础按传统方法，地基、基础与上部结构三者分别计算，则箱基底板的钢筋应力超过了100MPa，而实测钢筋应力仅为30MPa左右。

7.13 地基基础方案比较与改善的措施

7.13.1 地基基础设计方案比较

凡较重要的工程，或软弱地基以及土层分布极不均匀的情况，设计地基基础必须作出两个以上的方案，进行技术经济的全面比较。

对每一个可行性设计方案，需进行地基变形与强度计算，确定基础结构类型、尺寸、材料以及造价、施工方法与工期等项目，一一列表，进行分析，全面比较，从中选择一个最佳方案实施。

若进行各方案比较时，其中某一设计方案各项指标都优于其他方案，惟一缺点是地基不均匀沉降过大时，该方案将被否定，则可采取下述措施加以补救。

7.13.2 减轻不均匀沉降危害的措施

1. 不均匀沉降产生原因与解决途径

通常地基产生一些均匀沉降，对建筑物安全影响不大，可以通过预留沉降标高加以解决。但当地基不均匀沉降超过限度时，可能使建筑物发生倾斜与墙体开裂等事故，影响正常使用，危及安全。

(1) 地基不均匀沉降的原因

据地基沉降计算公式 $s=\frac{\sigma_2 h}{E_s}$ 分析可知：

① 附加应力 σ_2 相差悬殊。如建筑物高低层交界处，上部荷载突变，将产生不均匀沉降。

② 地基压缩层厚度 h 相差悬殊，或软弱土层厚薄变化大。如苏州虎丘塔，因地基压缩层厚度两侧相差一倍多，导致塔身严重倾斜与开裂。

③ 地基土的压缩模量 E_s 相差悬殊。地基持力层水平方向软硬交界处，产生不均匀沉降，例如南京分析仪器厂职工住宅楼的筏板基础断裂。

(2) 不均匀沉降引起墙体裂缝的形态

① 凡建筑物的沉降中部大、两端小，形如“⌣”，则墙体发生正向挠曲，产生正“八”字裂缝。

② 反之,若建筑物的沉降两端大、中间小,呈"⌒"形,则墙体发生反向挠曲,产生倒"八"字形裂缝。

通常各类裂缝均由墙体薄弱处开展,常见于纵墙两端窗户边角处往外斜向延伸。

(3) 消除或减轻不均匀沉降危害的途径

① 采用桩基础或深基础,详见第8章;②人工加固地基,详见第9章;③采取建筑、结构与施工措施,见下面所提措施,这是最简单且省钱的办法。

2. 建筑措施

(1) 设计建筑物的体型力求简单

建筑物的体型指建筑物的平面与立面形状而言。平面形状复杂的建筑物,如"工"、"T"、"L"、"E"字形等,在纵横单元交叉处基础密集,地基附加应力重叠,使地基沉降量增大。同时,此类建筑物整体性差,刚度不对称,在地基产生不均匀沉降时容易发生墙体开裂。因此,遇不良地基时,在满足使用的情况下可采用下列措施:

① 平面形状采用简单的"一"字形;

② 立面上,建筑物两个相邻单元高差不超过一层;

③ 建筑物的长高比,$L/H \leqslant 2.5$ 或 $L/H \leqslant 3.0$;

④ 内外纵墙避免中断、转折,横墙间距减小,以增强整体刚度。

(2) 设置沉降缝

遇地基软硬极不均匀、建筑物平面形状复杂、高差悬殊等不利情况时,可在特定部位设置沉降缝。沉降缝要求建筑物从屋顶檐口直到底部基础,把整幢建筑物竖向断开,分成几个独立的单元,这样每个单元建筑物的长高比小、整体刚度大,可自成沉降体系。

根据经验,沉降缝一般设置在下列部位:①建筑物平面转折处;②建筑高度或荷载突变处;③结构类型不同处;④地基土软硬交界处。

例如,北京市复兴门外燕京饭店,主楼22层采用箱形基础,西部低层餐厅采用独立基础,主楼与西部低层之间设置了一道沉降缝。

沉降缝构造要求有一定的宽度,以防止缝两侧单元内倾,造成互相挤压破坏。通常沉降缝宽度为:二、三层房屋为5~8cm;四、五层房屋为8~12cm;六层以上不小于12cm。

(3) 调整建筑物有关标高

在高压缩性地基上,可用下列措施,防止大量沉降引起的危害:①据沉降计算结果,提高室内地坪和地下设施的标高;②建筑物与设备之间预留足够的净空;③当管道穿过建筑物时,预留足够的孔洞或采用柔性软接头。

(4) 控制相邻建筑物的间距

为了防止相邻建筑物的附加应力扩散引起的地基不均匀沉降,造成建筑物的倾斜或裂缝,应控制相邻建筑物有一定的间距。参阅第3章。

3．结构措施

（1）减轻建筑物的自重

建筑物的自重，在地基所承受的荷载中，占的比例很大：民用建筑约占60%～70%，工业建筑占40%～50%。为了减轻建筑物的自重，在软弱地基上可采用下列措施。

① 采用轻质高强的墙体材料：如陶粒混凝土、空心砌块、多孔砖等，以减轻墙体自重。

② 选用轻型结构：如预应力钢筋混凝土结构、轻钢结构与铝合金结构。工业厂房屋盖板用瓦楞铁、玻璃钢等轻型屋面板。

③ 采用空心基础、薄壳基础、无埋式薄板基础，以及架空地板代替厚填土，可以大幅度减轻基础自重。

（2）增强建筑物的刚度和强度

① 控制建筑物的长高比 $L/H<2.5$。

② 设置封闭圈梁和构造柱。圈梁设置在基础顶面、顶层门窗上方。地震裂度8度地区应每隔一层加一道圈梁，甚至层层设置圈梁。圈梁应设置在外墙、内纵墙和主要内横墙上，并宜在平面内联成封闭系统。

圈梁的尺寸：圈梁的宽度等于墙厚，高度不小于120mm。

圈梁的材料：混凝土强度等级不低于C15，纵向钢筋不少于4ϕ8，箍筋间距不大于300mm。

圈梁的施工：每道圈梁的混凝土浇筑，必须连续浇筑、一次完成以形成整体结构。此要求往往被忽视。例如某小学教学楼，设置3道圈梁，工地只有一台混凝土搅拌机，工人只上白班，每道圈梁2天浇完混凝土，每天中午与夜间停歇形成施工冷缝，这对抗震是不利的。

构造柱应设置在外墙四角和内外墙交接处，其钢筋与圈梁联结成整体。上述小学教学楼在纵墙与教室之间的横墙交接处遗漏竖向构造柱，对抗震也是不利的。

③ 合理布设纵横墙。纵墙应避免转折或中断。横墙间距不宜过大，并与外墙妥为联结，以加强整体刚度。

④ 采用整体性好、刚度大的基础类型。在软弱地基上，可视具体情况采用十字交叉基础、筏板基础甚至箱形基础。

（3）减小或调整基底的附加应力

① 设置地下室，挖除地下室空间土体，可以补偿部分建筑物自重。

② 改变基础底面尺寸，使不同荷载的基础沉降量接近。

（4）采用对不均匀沉降不敏感的结构

例如，单层厂房、仓库和其他公共建筑物，可采用柔性结构（如排架结构或三铰拱结构），当地基发生不均匀沉降时，不会因支座下沉对上部结构产生次应力。

4．施工措施

（1）保持地基土的原状结构

黏性土通常具有一定的结构强度，尤其是高灵敏度土。基槽开挖施工时，应避免人来车往破坏地基持力层土的原状结构。必要时,基槽开挖深度保留20cm左右原土,待基础施工开始时再挖除。如地基土已被扰动,可先铺一层中粗砂,再铺卵石或块石进行压实处理。

(2) 合理安排施工顺序

当建筑物各部分荷载差异大时,施工应先安排盖高层、荷载重部分,后盖低层、荷载轻部分,这样可以调整部分沉降差。例如,某饭店塔楼客房为18层,中心阁楼22层,基础为两层箱形基础;共享大厅为7层,基础为独立柱基。该饭店施工顺序为:先盖高重的客房主楼与阁楼,使大部分地基沉降先产生;后建低轻的大厅,就缩小了两者的沉降差。

7.13.3 补偿性基础设计

在深厚的软土地基上建造高层或多层建筑物时,因地基强度低、压缩性大且具流变性,采取上述建筑、结构与施工三项措施还不能很好地解决问题时,可采用补偿性基础设计。

1. 基本概念

由地基沉降计算公式 $s=\psi_s\sum_{i=1}^{n}\frac{p_0}{E_{si}}(z_i\bar{\alpha}_i-z_{i-1}\bar{\alpha}_{i-1})$ 可知,当基础底面的附加应力 $p_0=p-p_{cd}=0$时,地基沉降量 $s=0$。

若在软土地基上采用空心的箱形基础,使基坑开挖移去的土的自重应力 p_{cd}恰好与新加的建筑物荷载 p 相等,即 $p=p_{cd}$,$p_0=0$。理论上,此软土地基不会发生沉降。

当然,实际工程情况比较复杂。开挖基坑卸去自重应力 p_{cd}后,基坑将发生回弹。建造基础与上部结构,为卸荷后再加荷的过程,地基中的应力状态将发生变化,需要专门研究。

上述利用卸除大量地基土的自重应力,以抵消建筑物荷载的设计,称为补偿性设计。这种空心基础称为补偿性基础或称为浮基础。

2. 正常固结土补偿性设计

正常固结软土,当施加的建筑物荷载 p,超过原有的自重应力 p_{cd},则沿$\overline{bc}$段压缩,呈高压缩性,如图7.57曲线 A 所示。因此,要求基底实际平均压力不超过原有土的自重压力 p_{cd},即

$$p-p_{wd}\leqslant p_{cd} \tag{7.56}$$

式中 p——基础底面平均压力,kPa;

p_{wd}——基础底面浮力,kPa。

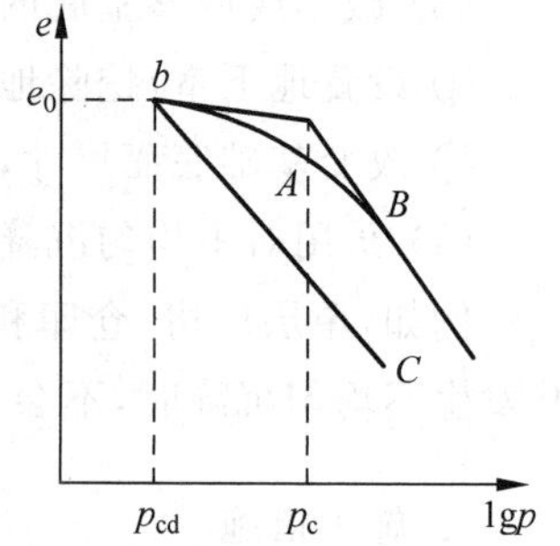

图7.57 软土的压缩曲线

3. 超固结土补偿性设计

超固结软土,在施加的建筑物荷载,超过土的自重应力 σ 以后,还存在一段再压缩曲线的平坦段,见图7.54曲线 B,直至压力大于

它的前期固结压力 p_c 之后，才进入压缩曲线的陡降段。因此，基础底面的实际压力可以超过 p_{cd}，但要求满足：

$$p - p_{wd} \leqslant p_{cd} + \frac{1}{K}(p_c - p_{cd}) \tag{7.57}$$

式中 p_c——前期固结压力，kPa；

K——安全系数，通常取 1.5～2.0。

4. 补偿性设计分类

(1) 全补偿性设计　补偿性基础底面实际平均压力等于原有土的自重压力时，称全补偿性设计。

(2) 超补偿性设计　当补偿性基础底面实际平均压力小于原有土的自重压力时，称超补偿性设计。

(3) 欠补偿性设计　若补偿性基础底面实际平均压力大于原有土的自重压力时，称为欠补偿性设计。如地基土的压缩性不很高，可采用这种欠补偿性设计，或称部分补偿性设计。

复习思考题

7.1　地基基础有哪些类型？各适用于什么条件？

7.2　天然地基浅基础有哪些结构类型？各具有什么特点？

7.3　何谓地基承载力特征值？有哪几种确定方法？各适用于何种情况？

7.4　对地基承载力特征值 f_{ak}，为何要进行基础宽度与埋深的修正？

7.5　基础为何要有一定的埋深？如何确定基础的埋深？

7.6　基础底面积如何计算？中心荷载与偏心荷载作用下，基底面积计算有何不同？

7.7　何谓无筋扩展基础？何谓扩展基础？两种基础的材料有何不同？两者的计算方法有什么差别？

7.8　无筋扩展基础和扩展基础适用于什么范围？扩展基础的材料和构造有何要求？

7.9　柱下的基础通常为独立基础，何时采用柱下条形基础？其截面有哪几种类型？基础底面面积如何计算？

7.10　何谓筏板基础？适用于什么范围？

7.11　何谓箱形基础？箱形基础具有哪些特点？适用于什么范围？

7.12　为何要验算软弱下卧层的承载力？其具体要求是什么？

7.13　何谓地基基础与上部结构共同工作？研究此问题有何实际意义？

7.14　消除或减轻不均匀沉降的危害，有哪些主要措施？其中哪些措施实用而经济？

7.15　为何要进行补偿性基础设计？全补偿、超补偿与欠补偿设计的区别是什么？

习　　题

7.1　某高层建筑设计采用筏板基础，筏板长度53.40m，宽度21.00m，基础埋置深度d=5.00m。基底以上土的重度为18.5kN/m^3，基底以下为角砾、稍密土，f_{ak}=240kPa，重度为21kN/m^3，地下水位很低。计算修正后的地基承载力特征值。

7.2　某教学大楼采用框架结构，独立基础。基础底面为正方形，边长$l=b$=3.00m，基础埋深d=2.00m。地基表层为杂填土，γ_1=18.0kN/m^3，层厚h_1=2.00m；第二层为厚层粉土，孔隙比e=0.80，含水量w=17.5%，饱和度S_r=0.60。设地基承载力特征值f_{ak}=215kPa。确定深宽修正后的地基承载力特征值。

7.3　已知某工程选址甲、乙两处。两处地基土的性质如表7.17所示。试比较当基础宽度为b=2.00m，埋深d=1.00m，2.00m，4.00m三种情况下，甲、乙两地基修正后的地基承载力特征值。

表7.17　习题7.3地基土的分布与性质

土层	地　基　甲	地　基　乙
①	粉土(80年堆填)　层厚0.9m γ_1=20kN/m^3，E_{s1-2}=6MPa	粉土(80年堆填)　层厚1.8m γ_1=20kN/m^3，E_{s1-2}=5MPa
②	黏性土 w=21%，w_P=15%，w_L=27%， γ_2=20kN/m^3，e=0.9，层厚1.0m，f_{ak}=190kPa	黏性土 w=25%，w_P=16%，w_L=28%， γ_2=20kN/m^3，e=0.8，层厚1.2m，f_{ak}=200kPa
③	细砂 γ_3=20kN/m^3，N=20，层厚1.6m， f_{ak}=200kPa	细砂 γ_3=20kN/m^3，N=18，层厚2.0m， f_{ak}=190kPa
④	中砂 γ_4=20kN/m^3，N=28，层厚>5.0m， f_{ak}=330kPa	中砂 γ_4=20kN/m^3，N=26，层厚>4.0m， f_{ak}=320kPa

7.4　一商店门市部房屋基础底宽b=1.00m，埋深d=1.50m。地基为黏土，测得地基土的物理性质：w=31.0%，γ=19.0kN/m^3，d_s=2.77；w_L=51.6%，w_p=26.8%，N_{10}=28，f_{ak}=200kPa。确定修正后的地基承载力特征值。

7.5　一高层建筑箱形基础长度为23.00m，宽度为8.50m，埋深为4.00m。地基表层为素填土，层厚1.80m，γ_1=17.8kN/m^3；第二层为粉土，层厚18.0m。地下水位深2.80m。粉土层的物理性质指标为：水上γ_2=18.9kN/m^3，水下γ_{sat}=19.4kN/m^3，w=28.0%，w_L=30.0%，w_P=23.0%。f_{ak}=140kPa确定地基承载力修正后的特征值。

7.6　某工厂职工6层住宅楼，设计砖混结构条形基础。基础埋深d=1.10m。上部中心荷载标准值传至基础顶面N=180kN/m。地基表层为杂填土，γ_1=18.6kN/m^3，厚度h_1=1.10m；第二层为黏性土，e=0.85，I_L=0.75。墙厚380mm。f_{ak}=185kPa确定基础的宽度。

7.7　某工厂厂房为框架结构，独立基础。作用在基础顶面的竖向荷载标准值N=2 400kN，

弯矩为 M=850kN·m,水平力 Q=60kN。基础埋深 1.90m,基础顶面位于地面下 0.5m。地基表层为素填土,天然重度 γ_1=18.0kN/m³,厚度 h_1=1.90m;第二层为黏性土,γ_2=18.5kN/m³,e=0.90,I_L=0.25,层厚 h_2=8.60m。设 f_{ak}=210kPa,设计基础底面尺寸。

7.8 一幢 5 层住宅设计砖混结构,条形基础。砖墙为 37 墙。作用于基础顶面的荷载为 N=172kN/m。基础埋深 d=1.60m。地基为淤泥质黏土,天然含水率 w=38.0%,天然重度 γ=19.0kN/m³,f_{ak}=95kPa。设计基础尺寸。

7.9 一重型设备重 N=900kN,设计独立基础,基础宽度 b=2.00m,埋深 d=1.00m。地基土的物理性指标:γ=16.6kN/m³,w=22.5%,w_L=28.5%,w_P=16.5%,e=1.0。设 f_{ak}=160kPa。求基础长度。

7.10 某校学生宿舍楼设计采用砖混结构,条形基础。承重墙厚 24cm,墙基顶面荷载为 N=188kN/m。地基土分 3 层:表层为耕植土,厚度 0.6m,天然重度 γ_1=17.0kN/m³;第二层为粉土,层厚 2.0m,f_{ak}=160kPa,γ_{2sat}=18.6kN/m³;第三层为淤泥质黏土,f_{ak}=90kPa,γ_3=16.5kN/m³,层厚 1.50m。地下水位深 0.80m。设计基础尺寸、埋深与构造。 (答案:全部用砖不满足刚性角要求。基础底部用 C10 混凝土,厚度 250mm;其上砌 8 皮砖,厚度 48cm)

7.11 某单位职工 4 层住宅采用砖混结构,条形基础。外墙厚度 24cm。作用于基础顶部荷重 N=117kN/m。地基土表层为多年填土,层厚 h_1=3.40m。f_{ak}=100kPa,γ_1=17.0kN/m³,地下水位埋深 1.80m;第二层为淤泥质粉土,层厚 h_2=3.20m,f_{ak}=60kPa,γ_2=18.0kN/m³;第三层为软塑黏土,f_{ak}=180kPa,γ_3=18.5kN/m³。设计基础尺寸与结构。 (答案:宜浅埋。采用钢筋混凝土条形基础。混凝土为 C20,受力钢筋选用 HRB335 级钢筋Φ10@150,纵向分布钢筋Φ6@300)

第8章

桩基础与深基础

8.1 概　　述

8.1.1 桩基础与深基础适用范围

一般低层和多层工业与民用建筑物尽量采用天然地基浅基础，因为浅基础技术简单，造价低，工期短。

1. 天然地基土质软弱

若遇天然地基土质软弱，设计天然地基浅基础不满足地基承载力或变形的要求，或采用人工加固处理地基不经济，或时间不允许时，则可采用桩基础或深基础。

2. 高层建筑

高层建筑，尤其超高层建筑设计的一个重要问题是：必须满足地基基础稳定性要求。在地震区，基础埋置深度 d 不应小于建筑物高度的 $\frac{1}{15}$，采用浅基础，难以满足此要求，只能用桩基础或深基础。

3. 重型设备

重型设备或超重型设备置于一般的天然地基浅基础上，地基将发生强度破坏。例如，上海宝钢一号高炉，总重量高达 50 000t，地基为软弱淤泥质土，地基承载力仅 80kPa。若此高炉置于天然地基浅基础上，必将发生地基强度破坏和极大的地基变形，无法使用，因此采用大直径钢管桩，直径 914mm，桩深度 60m。共 144 根钢管桩才满足高炉的正常运用。

8.1.2 深基础的类型

常用的深基础类型包括：桩基础，大直径桩墩基础，沉井基础，地下连续墙，箱桩基础和高层建筑深基坑护坡工程等。其中以桩基础应用最广，作为本章的重点。

在建国初期，曾在一些特殊的工程采用沉箱深基础。例如，上海闸北电厂在黄浦江边修建大型水泵房，北京北太平庄有色金属研究院重型设备基础，以及解放前杭州钱塘江大桥桥墩等采用沉箱基础获得成功[43]。但由于沉箱施工设备多、技术复杂，且工人需在高压压缩空气的环境中劳动，目前沉箱基础几乎不用，故本书从略。

8.1.3 深基础的特点

深基础与浅基础相比较，具有下列特点。

(1) 深基础施工方法较复杂

顾名思义，深基础的埋置深度较大，一般基础埋深大于 5m 的称为深基础。

深基础通常需要考虑基础侧壁的摩擦力，而浅基础无需考虑基础侧壁摩擦力。

深基础一般采用特殊的结构形式、特殊的施工方法，而浅基础一般采用开挖基坑的简单方法。

(2) 深基础的地基承载力高

一方面由于深基础选择地基深层较坚实土层作为建筑物的持力层，地基承载力本来就高；由于埋置深度大，承载力经过深度修正，有大幅度提高；而且深基础不仅基底土层有较高的承载能力，而且其四周侧壁的摩阻力也具有一定的承载能力。因此，深基础的地基承载力较高。

(3) 深基础施工需专门设备

例如预制桩施工需打桩设备，灌注桩施工需成孔设备；沉井基础施工，需要现场浇筑混凝土的设备、井点降水、沉降观测及纠倾等一整套设备。

(4) 深基础技术较复杂

深基础需进行特殊结构设计；施工需专业技术人员负责，如发现问题，应及时处理。例如，沉井施工下沉，如发现沉井倾斜，应立即采取有效措施纠倾。

(5) 深基础的造价往往较高

基础各方案应认真进行经济分析。如上所述，通常只有在天然地基浅基础无法满足建筑物的安全使用的情况下，才采用深基础工程。

(6) 深基础的工期较长

8.2 桩及桩基础的分类

8.2.1 按承载性状分类

1. 摩擦型桩

摩擦型桩分为以下两个类型：

(1) 摩擦桩　在极限承载力状态下，桩顶荷载由桩侧阻力承受，即纯摩擦桩，桩端阻力可忽略不计，如图 8.1(a)所示。

(2) 端承摩擦桩　在极限承载力状态下，桩顶荷载主要由桩侧阻力承受；桩端阻力占少量比例,“端承”为形容摩擦桩的,但不能忽略不计。例如,置于软塑状态黏性土中的长桩,桩端土为可塑状态的黏性,就属于端承摩擦桩,如图 8.1(b)所示。

2. 端承型桩

端承型桩可分为以下两类:

(1) 端承桩 在极限承载力状态下,桩顶荷载由桩端阻力承受。较短的桩,桩端进入微风化或中等风化岩石时,为典型的端承桩,此时桩侧阻力忽略不计,如图 8.1(c)所示。

(2) 摩擦端承桩 在极限承载力状态下,桩顶荷载主要由桩端阻力承受。“摩擦”是形容端承桩的,桩侧摩擦力占的比例较小,但并非忽略不计。例如,预制桩截面 400mm×400mm,桩长 5.0m,桩周土为流塑状态黏性土,桩端土为密实状态粗砂,则此桩为摩擦端承桩,桩侧摩擦力约占单桩承载力的 20%,如图 8.1(d)所示。

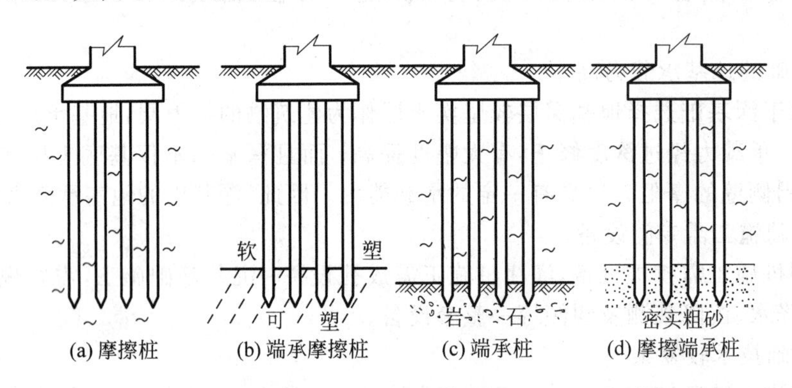

图 8.1 桩按承载性状分类

8.2.2 按桩的使用功能分类

按桩的使用功能来分,可分为以下三个类型:

(1) 竖向抗压桩

大多数建筑桩基础为此种抗压桩。

(2) 竖向抗拔桩

例如高压输电塔的桩基础,因偏心荷载很大,桩基可能受上拔力,成为抗拔桩。又如地下水位较高时抵抗地下室上浮力的抗拔桩等。

(3) 水平受荷桩

主要承受水平荷载的桩。例如,深基坑护坡桩,承受水平方向土压力作用,为水平受荷桩。北京某工程护坡桩如图 8.2 所示。

(4) 复合受荷桩

这种桩承受的竖向荷载与水平荷载均较大。如上海宝钢运输矿石的长江栈桥的桩基础,同时承受矿石的竖向荷载和长江风浪的水平荷载，如图 8.3 所示。

图 8.2 水平受荷护坡桩

图 8.3 复合受荷栈桥桩

8.2.3 按桩身材料分类

1. 木桩

(1) 木桩的材料与规格

承重木桩的材料须坚韧耐久，常用杉木、松木、柏木和橡木等木材。木桩的长度一般为 4～10m，直径约 18～26cm。古代中小型工程用密集的柏木短桩，直径仅 5cm 左右，长约 1m。木桩的桩顶应平整，并加铁箍，以保护桩顶在打桩时不受损伤。木桩下端应削成棱锥形，桩尖长度为桩直径的1～2倍，便于将桩打入地基中。

（2）木桩的优缺点

①优点：木桩制作容易，储运方便，打桩设备简单，造价低廉；②缺点：木桩的承载力较低，如不经防腐处理，使用寿命不长。

（3）木桩适用范围

①盛产木材的地区；②小型工程和临时工程，如架设小桥的基础；③古代文物的基础，例如，上海市区龙华塔，高度40.40m，建于宋太平兴国二年（公元977年），地基为淤泥质土，采用14cm×18cm的方桩，由于桩间充填三合土，防腐效果好，距今已有一千多年历史，至今完好，如图8.4所示；④桩顶应打入地下水位以下0.5m左右，木桩的寿命较长，避免干湿交替环境或在地下水位以上，受微生物作用木桩腐烂较快，即使在海水中也易被腐蚀。图8.5为威尼斯某水城桥下已被严重腐蚀的木桩。

图8.4 龙华塔千年木桩至今完好

图8.5 威尼斯桥下木桩已被腐蚀

2. 素混凝土桩

（1）适用范围

对桩基承载力要求较低的中小型工程承压桩。

（2）材料与规格

①混凝土材料：通常混凝土的强度等级采用C20，混凝土桩不配置受力筋，必要时可配构造钢筋；②混凝土桩的规格：常用桩径为300～500mm，长度不超过25m。

(3) 混凝土桩制作

通常混凝土桩在工地现场制作。先开孔至所需的深度,随即在孔内浇灌混凝土,经捣实后即为混凝土桩。

(4) 混凝土桩的优缺点

①优点:设备简单,操作方便,节约钢材,比较经济;②缺点:单桩承载力不很高,不能做抗拔桩或承受较大的弯矩,灌注桩还可能产生“缩颈”、断桩、局部夹土和混凝土离析等质量事故,应采取必要的措施,防止事故,保证质量,参见图8.6与图8.7。

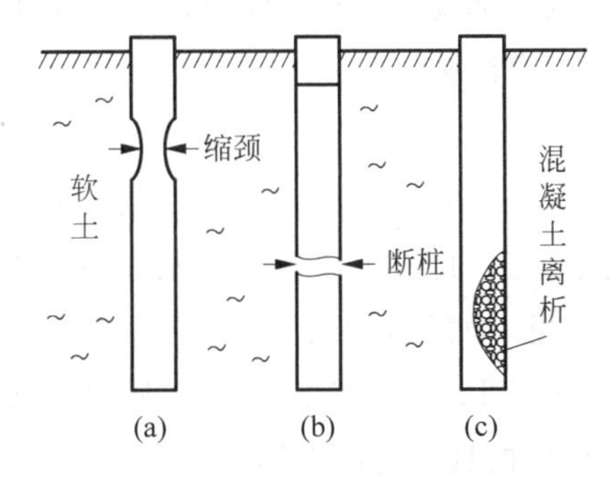

图8.6 混凝土灌注桩质量事故

由图8.6(a)可知,缩颈是在软土中成孔后,浇注混凝土之前或混凝土浇筑过程中,软土侧向位移所形成。严重的软土侧向位移即成断桩,如图8.6(b)所示。混凝土离析是由于混凝土太稀,在竖向下落时粗骨料与砂浆分离的现象,如图8.6(c)所示。例如,河北省迁安县一住宅桩基质量事故,是由于该桩基的混凝土配合比不合格,浇注质量低,造成粗骨料集中,用铁铲可将桩挖除,强度极低,全部混凝土桩报废,不仅耽误工期,且造成经济损失很大,见图8.7。

图8.7 河北迁安县一住宅桩基事故

3. 钢筋混凝土桩

(1) 适用范围

钢筋混凝土桩适用于大中型各类建筑工程的承载桩。不仅可以承压，而且可以抗拔和抗弯以及承受水平荷载，因此，这类桩应用很广。

(2) 制作

①预制桩，通常采用工厂预制，为标准的规格，若用作托换法加固事故建筑，树根短桩，往往采取就地预制，再用打桩机打入设计标高；②灌注桩，例如用于高层建筑、重型设备的大直径承重桩，体积大，无法运输，则采用就地灌注桩。

(3) 桩的规格

①横截面，常用正方形、圆形，必要时用管柱，预制桩截面边长一般为250～400mm。截面边长太小时，单桩承载太小，桩的数量多，打桩工作量大。截面边长太大时，桩的自重大，运输量大，打桩较为困难。灌注桩无运输问题，横截面可大些，直径可达1 000mm。②预制桩长，工厂预制桩受运输条件控制，桩长一般不大于12m，如需采用长桩，则可以接桩。接桩的方法包括：螺栓联结、电焊联结和硫磺胶泥锚固等，根据具体情况选用。

(4) 桩的材料与构造

① 混凝土强度：预制桩强度要求不低于C30，预应力混凝土桩要求不低于C40。采用静压法沉桩时，可适当降低，但不低于C20。

② 受力主筋应按计算确定。根据桩的截面大小，选用4～8根钢筋，直径为12～25mm。

③ 配筋率通常为1%～3%。最小配筋率：预制桩0.80%；灌注桩为0.65%～0.20%，小桩径取高值，大桩径取低值。

④ 箍筋采用Φ6～Φ8mm，间距@200mm。桩顶(3～5)d范围内箍筋适当加密。灌注桩钢筋笼长度超过4m时，应每隔2m左右设一道Φ12～Φ18焊接加劲箍筋。

⑤ 桩顶与桩尖构造。为保证打桩的安全，预制桩的桩顶采用3层钢筋网；桩尖钢筋焊成锥形整体，以利沉桩。沉管灌注桩应设C30的混凝土预制桩尖。

(5) 钢筋混凝土桩的优缺点

①优点：单桩承载力大，预制桩不受地下水位与土质条件限制，无缩颈等质量事故，安全可靠；②缺点：预制桩自重大，需运输，需大型打桩机和吊桩的吊车，若桩长不够需接桩，桩太长需截桩，费事，造价较高。

(6) 工程实例

① 北京某大学教职工5层住宅楼，采用正方形截面钢筋混凝土预制桩基础。图8.8为正在施工的情形。图中左侧为吊车，将预制桩起吊定位，图中右侧为打桩机，将桩打入地基设计标高。

② 南京市市中心新街口金陵饭店为37层的高层建筑，采用外径为550mm的管柱桩，支撑在基岩上，图8.9为桩基施工全景。

图 8.8 预制桩施工

图 8.9 南京金陵饭店管柱桩施工

4. 钢桩

(1) 适用范围

① 超重型设备基础。例如，前述宝钢一号高炉总重 5 万 t，地基为淤泥质土，其承载力仅 80kPa，其他基础型式都无法满足地基承载力与变形要求，采用 ϕ914mm 大直径钢管桩，桩长 60m，图 8.10为施工情景。

② 江河深水基础。前述宝钢在长江中的运输矿石的栈桥基础，也采用 ϕ914mm 大直径钢管桩，桩长 60m，如图 8.11 所示。

图 8.10 宝钢一号高炉钢管桩基础

图 8.11 宝钢长江栈桥钢管桩

③ 高层建筑深基槽护坡工程。在密集建筑群中的高层建筑深基槽，无法放坡开挖，混凝土护坡桩为一次性应用，基础工程完工，混凝土桩即报废。钢板桩护坡为多次性应用，在基础工程完工时可将钢板桩拔出，可重复用于其他工程。

(2) 钢桩的形式与规格

①钢桩的形式：常用钢管桩与宽翼工字形(或称H形)钢桩等型钢；②钢桩的规格：钢管桩常用截面外径为400～1 000mm，壁厚为9，12，14，16，18mm，工字形钢桩常用截面尺寸为200mm×200mm，250mm×250mm，300mm×300mm，350mm×350mm，400mm×400mm，钢桩长度根据需要而定，可用对焊联结，我国最长的钢桩已达88m；③钢桩的端部形式：钢管桩桩端分敞口与闭口两种，工字形钢桩分带端板与不带端板两种。

(3) 钢桩的优缺点

①优点：钢桩的承载力高，材料强度均匀可靠，用作护坡桩可多次使用。②缺点：费钢材、价格高、易锈蚀，地面以上钢桩年腐蚀速率为0.05～0.10mm/a，地下水位以下为0.03mm/a。如采用防腐措施，如阴极保护，或在外表涂防腐层，钢管桩内壁与外界隔绝时，则可减轻或避免腐蚀。

5. 组合材料桩

组合材料桩是指用两种不同材料组合的桩。例如，钢管桩内填充混凝土，或上部为钢管桩、下部为混凝土等型式的组合桩。

8.2.4 按桩的施工方法分类

1. 预制桩

(1) 定义

预制桩顾名思义，是在施工前已预先制作成型，再用各种机械设备把它沉入地基至设计标高的桩，称为预制桩。

(2) 桩身材料分类

预制桩的材料可用钢筋混凝土、钢材和木材，其中钢筋混凝土预制桩又可分为工厂预制和就地预制两种。

(3) 预制桩的制作

① 工厂预制　工厂预制桩通常为标准化大规模生产，在地面良好的环境与条件下制作，因此桩的截面规整、均匀，质量好，强度高。例如，钢筋混凝土预制桩由混凝土构件厂制作，混凝土的配合比与强度控制严格，钢筋笼制作规整，用钢模板成型，大型振动台振捣并用蒸汽养护。各道工序均由熟练专业工人操作，质量可靠。但需注意，预制桩在运输、吊装及打桩过程中应避免桩体损伤。

② 就地预制　就地预制桩通常为非标准的短桩。如进行危房加固用的锚杆静压桩，桩身横截面仅200mm×200mm，桩长仅1～2m。就地预制方便施工。

(4) 预制桩的沉桩方法

① 锤击法

这种方法是用桩锤把桩击入地基的沉桩方法。锤击法的主要设备包括桩架、桩锤、动力设备与起吊设备等，常用的桩锤有单动汽锤、双动汽锤、柴油锤和落锤。国内使用的柴油锤重有2.0、2.5、3.5、4.5、6.0、7.2t等多种型号。单动汽锤有3.5、5.5和9t等规格，适用于20～60m长预制钢筋混凝土桩及40～60m长钢管桩，且桩尖进入硬土层有一定深度。

为使预制桩顺利地打入土中，防止把桩顶打碎，应在钢筋混凝土桩顶部设置桩帽，并在桩与桩帽之间加设弹性衬垫，如硬木、麻袋、硬橡胶等。

桩锤选用的原则为重锤轻击。根据桩的不同种类、桩的自重和不同的土质情况，选用适当的锤重，参见表8.1和表8.2。

表8.1　桩锤重与桩重的比值

桩的分类	桩锤类型			
	单动汽锤	双动汽锤	柴油锤	落　锤
钢筋混凝土预制桩	0.4～1.4	0.6～1.8	1.0～1.5	0.35～1.5
钢桩	0.7～2.0	1.5～2.5	2.0～2.5	1.0～2.0
木桩	2.0～3.0	1.5～2.5	2.5～3.5	2.0～4.0

② 振动法

这种方法是在桩顶装上振动器，使预制桩随着振动下沉至设计标高。振动法的主要设备为振动器，振动器内装置着成对的偏心块，当偏心块同步反向旋转时，产生竖向振动力，使桩沉入土中。振动法适用于砂土地基，尤其在地下水位以下的砂土，受振动使砂土发生液化，桩易于下沉。振动法对于桩的自重不大的钢桩的沉桩效果更好。这种方法不适用于一般的黏土地基。

③ 静力压桩法

这种方法采用静力压桩机，将预制桩压入地基中，最适宜于均质软土地基。静力压桩法的优点是无噪声、无振动，对邻近建筑物不产生不良影响。

静力压桩法的工程实例：某工程公司采用一台40t的压桩机和40t附加压重，将长度23.5m的钢筋混凝土预制桩压入地基，桩的横截面面积为400mm×400mm，相当于7t单动汽锤和34m塔式桩架打桩机的功能。

表 8.2 锤重选择表[15,42]

锤型		蒸汽锤(单动)/t			柴油锤/t				
		3～4	7	10	1.8	2.5	3.2	4	7
锤型资料	冲击部分重/t	3～4	5.5	9	1.8	2.5	3.2	4.6	7.2
	锤总重/t	3.5～4.5	6.7	11	4.2	6.5	7.2	9.6	18
锤冲击力/t		～230	～300	350～400	～200	180～200	300～400	400～500	600～700
常用冲程/m		0.6～0.80	0.5～0.7	0.4～0.6	1.8～2.3				
适用的桩规格	预制方桩、管桩的边长或直径/cm	35～45	40～45	40～50	30～40	35～45	40～50	45～55	55～60
	钢管桩直径/cm				ϕ40			ϕ60	ϕ90
黏性土	一般进入深度/m	1～2	1.5～2.5	2～3	1～2	1.5～2.5	2～3	2.5～3.5	3～5
	桩尖可达到静力触探 p_s 平均值/(kg/cm^2)	30	40	50	30	40	50	>50	>50
砂土	一般进入深度/m	0.5～1	1～1.5	1.5～2	0.5～1	0.5～1	1～2	1.5～2.5	2～3
	桩尖可达到标准贯入击数 N 值(未经修正)	15～25	20～30	30～40	15～25	20～30	30～40	40～45	50
岩石(软质)	桩尖可进入深度/m 强风化		0.5	0.5～1		0.5	0.5～1	1～2	2～3
	桩尖可进入深度/m 中等风化			表层			表层	0.5～1	1～2
锤的常用控制贯入度/(cm/10击)		3～5			2～3			3～5	4～8
设计单桩极限承载力/t		60～140	150～300	250～400	40～120	80～160	160～200	300～500	500～1000

注：本表适用于预制桩长度20～40m，钢管桩长度40～60m，且桩尖进入硬土层一定深度。不适用于桩尖处于软土层的情况。

(5) 预制桩长度与沉桩的实际深度

① 沉桩的实际深度。根据桩位处桩端土层的深度而确定。

② 桩端持力层层面平缓。沉桩的实际深度与设计的预制桩长度接近。

③ 桩端持力层层面倾斜或起伏不平。沉桩的实际深度与桩长常不相同。如采用的预制桩太短，桩端未达坚实持力层而悬浮于软土中，则可造成严重沉降的事故。若预制桩太长，则桩端进入坚实持力层必要的深度后，桩顶露出地面很长，不但造成浪费，且在凿桩头时松动桩体容易损伤且施工困难。参见图8.8。

④ 按桩基要求进行勘察。对于占地面积较大的桩基工程，或桩端坚实土层倾斜的场地，要求查明持力层层面坡度、厚度及岩土性状。钻孔间距宜为10～30m，相邻钻孔持力层层面高差不应

超过 1～2m。必要时，应分区设计桩长，并留后备桩。

⑤ 桩长应扣除承台埋深。设计采用的桩长并非自地面至桩端进入持力层 1～3 倍桩径的深度，而应扣除桩承台的埋深。尤其大工程，桩承台埋深大，施工时应要求用送桩器，将桩送入地面下适当的深度。

(6) 停止锤击沉桩的标准

预制桩停止锤击沉桩的标准，应根据下列两项要求进行控制：

① 桩端设计标高。桩端设计标高，指桩底端全断面进入桩端持力层的必要深度：一般土为 3 倍桩径；碎石土为 1 倍桩径。

② 最后贯入度。最后贯入度为打桩终止前的一个定量指标。锤击法打桩，每 10 击称"一阵"，打桩即将终止时的最后二三阵，每阵的平均沉入量称为最后贯入度。一般常用控制贯入度为 2～5cm/10 击。

振动法沉桩，以 1 分钟为一阵，要求最后二阵平均贯入度为 1～5cm/min。最后贯入度可用来评价场地土层的均匀性，一定程度上反映桩贯入时动阻力的大小，并可根据锤击能量确定桩的承载力。当锤击能量一定时，沉桩的总锤击数也可用来评价贯入阻力的大小。

控制标准：通常桩端设计标高与最后贯入度两项标准比较一致，否则按下列原则控制：

① 桩端全断面位于一般土层时，以控制桩端设计标高为主，贯入度可作为参考。

② 桩端全断面达到坚硬、硬塑的黏性土、中密以上粉土、砂土、碎石类土、风化岩时，以贯入度控制为主，桩端设计标高可作为参考。

③ 贯入度已达到标准，而桩端标高未达到时，应继续锤击 3 阵，按每阵 10 击的贯入度不大于设计规定的数值加以确认。必要时，施工控制贯入度应通过试验与有关单位会商确定。

2. 灌注桩

1) 定义

灌注桩为在建筑工地现场成孔，并在现场灌注混凝土制成的桩。

2) 灌注桩分类

根据灌注桩的成孔工艺和所用机具不同，通常灌注桩可分下列几种：

(1) 钻孔灌注桩

这种桩先用机钻钻孔，取出桩位处的土，然后灌注混凝土成桩。这种方法的优点是可以避免锤打的噪声和振动。常用成孔的钻机简介如下：

① 长螺旋钻机　长螺旋钻机如 LZ 型，钻孔直径为 300，400，500，600mm，最大钻深 12m。利用电动机带动螺旋钻杆和钻头，被切削下的土块随钻杆的旋转沿着螺旋叶片上升，自动推出地面，用翻斗车接土运走，施工速度快，且有利于文明施工。这种钻机适用于地下水位以上的黏性土、粉土、黄土、季节性冻土、膨胀土及人工填土。

② 潜水钻机　常用 QSZ-800 型潜水钻机，动力部分即电动机与传动变速部分，经密封后装

上钻头,可在水下钻进。钻头直径为500～800mm,深度可达50m。适用于黏性土、粉土、砂土与人工填土,用泥浆护壁。

③ 回旋钻机 回旋钻机可利用地质勘察钻机改装。钻头直径为500～800mm,深度可达50m。用泥浆护壁,适用于地下水位以下的黏性土、粉土、砂土和人工填土。

④ 大直径钻机 这种钻机功率大,除适用于一般土质外,还可在碎石土中成孔。钻头直径在800mm以上。可下钢套管或用泥浆护壁,防止坍孔。

(2) 冲孔灌注桩

这种桩用冲击钻头成孔。孔径大小与冲击能量有关,为450～1 200mm不等。孔深可达50m。采用泥浆护壁,适合地下水位以上的各类土。冲击成孔方法的特点,克服地基中的障碍能力很强。例如,北京郊区密云水库为大型水库,用YKC冲击钻,打穿40～50m厚的卵石层至基岩面。又如珠江边某高层建筑,用冲击钻顺利地穿过旧河岸的多层石板和土层中的铁碴。

(3) 沉管灌注桩

这种桩的施工程序如图8.12所示:(a)桩孔就位,钢管底端带有混凝土预制桩尖或钢桩尖;(b)沉管;(c)沉管至设计标高后,立即灌注混凝土,尽量减少间隔时间;(d)拔钢管并振捣混凝土,使桩径扩大;(e)下放钢筋笼;(f)再浇注混凝土至桩顶成桩。

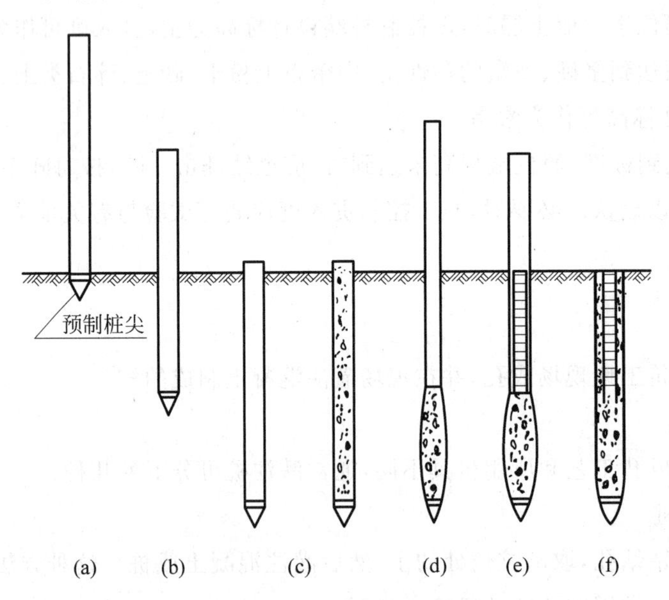

图8.12 沉管灌注桩施工工艺

沉管灌注桩分为锤击沉管灌注桩和振动沉管灌注桩两种。

① 锤击沉管灌注桩 群桩基础和桩中心距小于4倍桩径的桩基,应提出保证相邻桩桩身质量的技术措施。每根桩做施工记录,包括每米的锤击数,准确测量最后三阵,每阵10击的贯入度及落锤高度。拔管时应注意混凝土满灌后,匀速慢拔;对一般土层以1m/min为宜;在软弱土层

和软硬土层交界处，拔管速度宜控制在0.3～0.8m/min。

② 振动沉管灌注桩 桩管内灌满混凝土后，先振动5～10s，再开始拔管。应边振边拔，每拔0.5～1.0m，停拔振动5～10s，如此反复，直至桩管全部拔出。拔管的速度，在一般土层内宜为1.2～1.5m/min，用活瓣桩尖时宜慢，用预制桩尖时可适当加快；在软弱土层中，宜控制在0.6～0.8m/min。

要求沉管灌注桩在拔管时，防止钢管内的混凝土被吸住上拉，因而产生缩颈质量事故。在饱和软黏土中，由于沉管的挤压作用产生的孔隙水压力，也可能使混凝土桩缩颈。尤其在软土与表层"硬壳层"交界处最容易产生缩颈。

对于混凝土灌注充盈系数小于1的灌注桩，应采取全长复打桩。对于断桩及有缩颈的桩，可采用局部复打桩，其复打深度必须超过断桩或缩颈区1m以上。复打施工，必须在第一次灌注的混凝土初凝之前进行，要求在原位重新沉管，再灌注混凝土，前后两次沉管的轴线应重合。

(4) 夯压成型灌注桩

这是一种新型灌注桩。桩管有外管与内夯管两根，同步沉入设计标高。沉管过程，外管封底可采用干硬性混凝土，经夯击形成阻水、阻泥管塞，其高度一般为100mm，内夯管比外管短100mm，位于管塞上，如图8.13所示。内夯管底端可采用闭口平底或闭口锥底两种不同形式。

当夯压成型灌注桩的长度较大，或需配置钢笼时，桩身混凝土宜分段灌注，拔管时内夯管和桩锤，应施压于外管中的混凝土顶面，边压边拔。

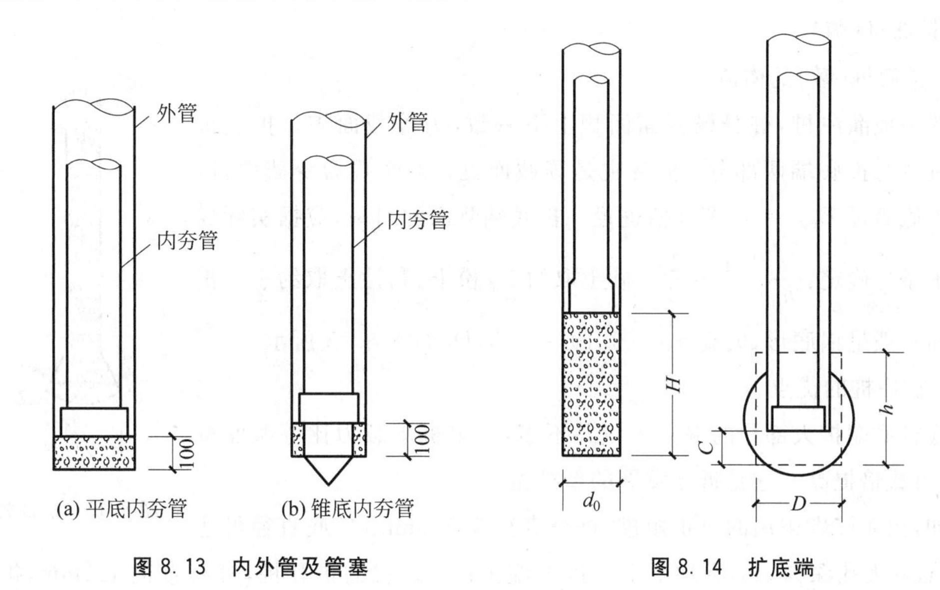

图8.13 内外管及管塞　　图8.14 扩底端

夯击成型灌注桩可将桩底端扩大，成为夯扩桩。桩端夯扩头平均直径可按下式估算：

一次夯扩
$$D_1=d_0\sqrt{\frac{H_1+h_1-c_1}{h_1}} \tag{8.1}$$

二次夯扩 $$D_2=d_0\sqrt{\frac{H_1+H_2+h_2-c_1-c_2}{h_2}} \tag{8.2}$$

式中 D_1、D_2——第一次、第二次夯扩扩头平均直径；

d_0——外管内径；

H_1、H_2——第一次、第二次夯扩工序中外管中灌注混凝土高度(从桩底起算)；

h_1、h_2——第一次、第二次夯扩工序中外管上拔高度(从桩底起算)，可取$\frac{H_1}{2}$、$\frac{H_2}{2}$；

c_1、c_2——第一次、第二次夯扩工序中外管内步下沉至离桩底的距离，可取0.2m。

(5) 钻孔孔底压浆成桩

这种桩的特点是可以解决一般灌注桩在软土中的缩颈、地下水位以下粉细砂或粉土层产生流砂以及在卵石层中发生坍孔等难题。

孔底压浆成桩法步骤：①先用长螺旋钻头钻孔至设计深度，最深可达50m；②打开高压阀门，将高压水泥浆通过特制的钻头下部的喷嘴，喷入孔底，此高压水泥浆把长螺旋钢叶片连同叶片之间的虚土向上顶出，至无塌孔危险的高程终止；③停浆起钻；④吊放预制钢筋笼入钻孔内；⑤设置高压注浆管直通孔底；⑥投入定量粗骨料；⑦由高压注浆管从孔底注入水泥浆，使水泥浆液面升至孔口为止，称二次补浆。这项新技术已成功地应用在北京科技活动中心等几十项工程中。

3. 扩底桩(墩)

(1) 扩底桩(墩)的构造

上述一般灌注桩，桩身横截面面积上下一致，为等截面桩。扩底桩(墩)分桩身与扩底端两部分：桩身也是等截面桩；扩底端为变截面桩，最大的扩底直径 $D_{max}=3d$ 即3倍桩径。扩底端侧面的斜率，应据实际成孔及支护条件确定：$\frac{a}{h_c}=\frac{1}{3}\sim\frac{1}{2}$。砂土取约$\frac{1}{3}$，粉土、黏性土取约$\frac{1}{2}$。扩底端底面一般呈锅底形，矢高 $h_b=(0.10\sim0.15)D$，如图8.15所示。

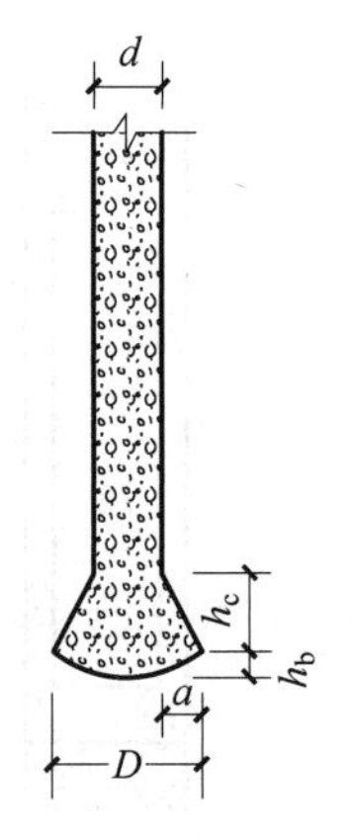

图8.15 扩底桩构造

(2) 扩底桩的优点

扩底桩底端扩大部分的混凝土量并不多，但单桩承载力比等截面桩身的桩，可成倍提高。这是近年发展的新桩型。

例如，黑龙江省采用的机扩短桩，桩身直径为350mm，扩底直径可达1 000mm，最大孔深为5m，在地下水位以上施工；广东省的扩孔桩，桩身直径420mm，扩底直径720mm，最大深度17m，可在地下水位以下施工。

(3) 扩底桩的施工方法

随着高层建筑的发展，扩底桩也相应地发展。根据工程的规模大小、施工进度快慢的要求和投资的多少，扩底桩有下列三种施工方法：

① 机械成孔人工扩底 如图 8.16 所示。1983—1984 年，北京中央彩色电视中心动工修建，主体的部分基础采用扩底桩。桩身直径 800mm，用机械成孔，人工用短把铁铲扩底，最大直径为 2 600mm，桩长 6.5m 左右，桩端持力层为卵石层。钢筋笼主筋采用 HPB300 级圆钢 12 Φ 16，箍筋用Φ 8@300，配筋率 0.48%，混凝土标号 C30。单桩承载力 R=5 000kN。使用 2 台钻机成孔。每台班完成 10 根桩，分两期施工，共完成播出区扩底桩 210 根，制作区扩底桩743 根。

图 8.16 中央彩电中心扩底桩施工全景

② 人工挖孔人工扩底 北京市 20 世纪 80 年代十大建筑之首——北京图书馆（现更名为国家图书馆），该馆的部分基础采用扩底桩。桩身直径 1.00m，桩长 8.5m，扩底直径 2.60m，全部采用人工成孔，人工扩底施工。2 人负责 1 个桩孔，1 人在孔下挖土装筐，另 1 人在地面摇辘轳提升、倒土。桩孔每天挖深 1.0m，支铁皮模板，浇 C20 素混凝土（掺早强剂）厚 10cm，衬砌护壁。桩底端进入持力层卵石 50cm，单桩承载力设计值为 R=5 000kN。与机械成孔相比，人工较便宜，几十人同时挖几十个孔，速度也不慢，而且做衬砌护壁更安全且经济。如图 8.17 所示。

③ 机械成孔机械扩底 北京京信大厦 32 层综合办公大楼，位于北京市东三环北路，大楼的基础采用扩底桩。桩身直径为 1.00m，桩长 10.5m，扩底直径为 2.60m，整幢大楼一共 198 根扩底桩，如图 8.18 所示。

图 8.19 为一种用于扩底的机械扩孔钻头。在一次技术鉴定会的演示中，从钻机开到现场，定桩位，机械成桩孔，吊下扩孔钻头，完成扩孔，一共只约半小时。在桩孔底部检验机械扩孔质量，可看到机械扩孔几何尺寸很规整。

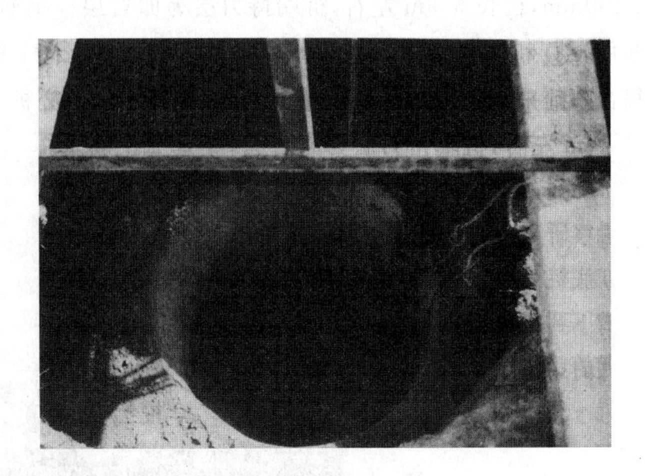

图 8.17 北京图书馆人工挖孔扩底桩施工

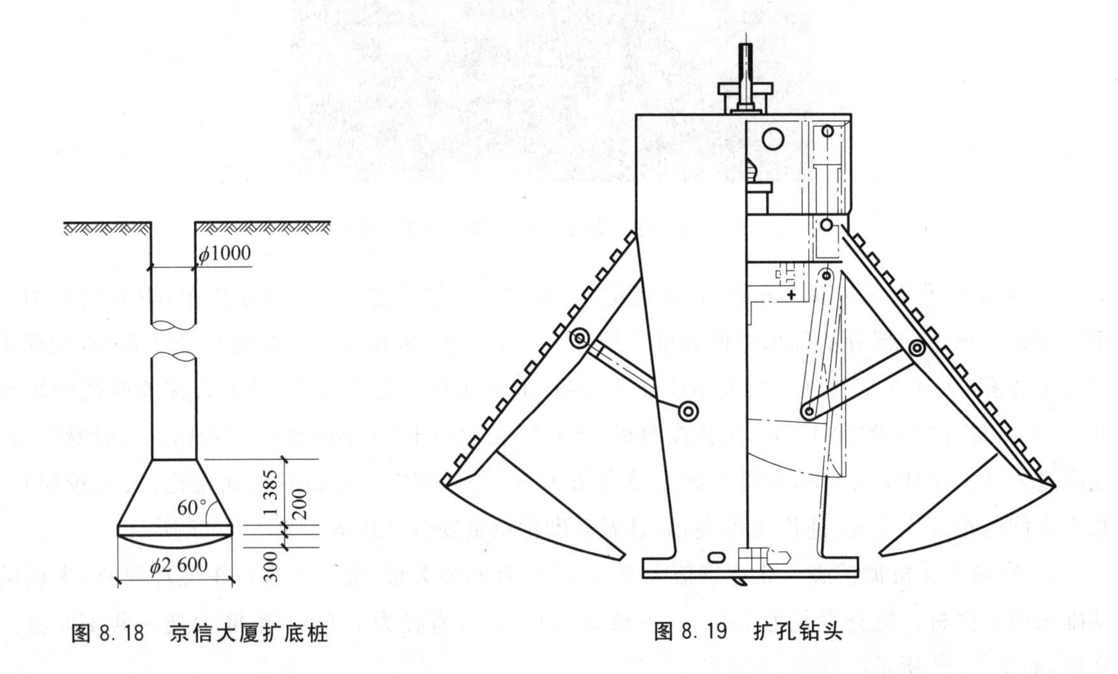

图 8.18 京信大厦扩底桩

图 8.19 扩孔钻头

京信大厦扩底桩底端持力层为中粗砂，经大规模扩底桩现场静载荷试验，单桩承载力设计值 $R \geqslant 5\,000$kN。

值得注意的是，这种扩底桩采用一柱一桩，不仅受力状况明确，而且可以节省桩承台。当地基中存在卵石、密实中、粗砂或硬塑状态黏性土厚土层时，可以考虑应用这种桩型。

4. 嵌岩桩

(1) 适用范围

当地面下不深处存在基岩时可采用嵌岩桩,包括岩溶地区和石笋密布地区均可采用嵌岩桩。

(2) 嵌岩深度

当岩面较为平整,且上覆土层较厚时,嵌岩深度宜采用 $0.2d$ 或不小于 0.2m。对大直径嵌岩桩,要求桩的周边实际嵌入岩体的深度大于 0.5m。

(3) 桩端岩体要求

桩底端以下 3 倍桩径范围内,无软弱夹层、断裂带及洞隙分布,桩端应力扩散范围内,无岩体临空面,以确保工程的安全。

8.2.5 按成桩方法分类

大量工程实践表明:成桩挤土效应对桩的承载力、成桩质量控制与环境等有很大影响,因此,根据成桩方法和成桩过程的挤土效应将桩分为下列三类:

(1) 非挤土桩

成桩过程对桩周围的土无挤压作用的桩称为非挤土桩,成桩方法有干作业法、泥浆护壁法和套管护法。这类非挤土桩施工方法是,首先清除桩位的土,然后在桩孔中灌注混凝土成桩,例如人工挖孔扩底桩即为这种桩。

(2) 部分挤土桩

成桩过程对周围土产生部分挤压作用的桩称为部分挤土桩,包括下列三种。

① 部分挤土灌注桩　如钻孔灌注桩局部复打桩。

② 预钻孔打入式预制桩　通常预钻孔直径小于预制桩的边长,预钻孔时孔中的土被取走,打预制桩时为部分挤土桩。

③ 打入式敞口桩　如钢管桩打入时,桩孔部分土进入钢管内部,对钢管桩周围的土而言,为部分挤土桩。

(3) 挤土桩

成桩过程中,桩孔中的土未取出,全部挤压到桩的四周,这类桩称为挤土桩。包括:

① 挤土灌注桩　如沉管灌注桩,在沉管过程中,把桩孔部位的土挤压至桩管周围,浇注混凝土振捣成桩,即为挤土灌注桩。

② 挤土预制桩　通常,预制桩定位后,将预制桩打入或压入地基土中,原在桩位处的土均被挤压至桩的四周,这类桩即为挤土预制桩。

应当注意:在饱和软土中设置挤土桩,如设计和施工不当,就会产生明显的挤土效应,导致未初凝的灌注桩桩身缩小乃至断裂,桩上抬和移位,地面隆起,从而降低桩的承载力,有时还会损坏邻近建筑物;桩基施工后,还可能因饱和软土中孔隙水压力消散,土层产生再固结沉降,使桩产生负摩阻力，降低桩基承载力，增大桩基的沉降。

挤土桩若设计和施工得当，可收到良好的技术经济效果，如在非饱和松散土中采用挤土桩，其承载力明显高于非挤土桩。因此，正确地选择成桩方法和工艺是桩基设计中的重要环节。

8.2.6 按桩径大小分类

依据桩的承载性能、使用功能和施工方法的一些区别，并参考世界各国的分类界限，桩可分为下列三类。

(1) 小桩

① 定义 桩径 $d \leqslant 250$mm 的桩，称为小桩。

② 特点 由于桩径小，沉桩的施工机械、施工场地与施工方法都比较简单。

③ 用途 小桩适用于中小型工程和基础加固，例如，虎丘塔倾斜加固的树根桩，桩径仅为 90mm，为典型小桩。某大学供应科墙体严重开裂，处理所用托换桩的 $d=180$mm，也是小桩。

(2) 中等直径桩

① 定义 桩径 d 为 250～800mm 的桩均称为中等直径桩。

② 用途 中等直径桩的承载力较大，因此，长期以来在工业与民用建筑物中大量使用。这类桩的成桩方法和施工工艺种类很多，为量大面广的最主要的桩型。

(3) 大直径桩

① 定义 桩径 $d \geqslant 800$mm 的桩称为大直径桩。

② 特点 因为桩径大，而且桩端还可扩大，因此单桩承载力高。例如，上海宝钢一号高炉采用的 $\phi 914$ 钢管桩，即大直径桩。又如北京中央彩色电视中心采用的钻孔扩底桩和北京图书馆应用的人工挖孔扩底桩都是大直径桩。大直径桩多为端承型桩。大直径可实现-柱-桩的优良结构型式。

③ 用途 通常用于高层建筑、重型设备基础。

④ 施工要点 大直径桩每一根桩的施工质量都必须切实保证。要求对每一根桩作施工记录，进行质量检验须将虚土清除干净，再下钢筋笼，并用商品混凝土一次浇成，不得留施工冷缝。

8.3 桩的承载力[18,42]

桩的承载力是设计桩基础的关键所在。我国确定桩的承载力的方法有两种：①根据《建筑地基基础设计规范》(GB 50007—2011)方法；②根据《建筑桩基技术规范》(JGJ 94—2008)。桩的承载力，包括单桩竖向承载力、群桩竖向承载力和桩的水平承载力。现主要介绍《建筑地基基础设计规范》方法。

8.3.1 单桩竖向承载力特征值的确定

1. 一般规定

(1) 单桩竖向承载力特征值应通过单桩竖向静载荷试验确定。在同一条件下的试桩数量，不宜少于总桩数的1%，且不应少于3根。

(2) 地基基础设计等级为丙级的建筑物，可采用静力触探及标贯试验参数确定单桩竖向承载力特征值。

(3) 初步设计时单桩竖向承载力特征值可按土的物理指标与承载力参数之间的经验关系确定。

2. 按静载荷试验确定

1) 试验目的

在建筑工程现场实际工程地质和实际工作条件下，采用与工程规格尺寸完全相同的试桩，进行竖向抗压静载荷试验，由此确定单桩竖向极限承载力，作为桩基设计的依据。这是确定单桩竖向承载力最可靠的方法。

2) 试验准备

①在建筑工地选择有代表性的桩位，采用与设计完全一致的工程桩的截面、长度及质量的试桩，用设计采用的施工机具与方法，将试桩沉至设计标高；②确定试桩加载装置，根据工程的规模、试桩的尺寸、地质情况及设计采用的单桩竖向承载力，以及经费情况，全面考虑后确定；③筹备荷载与沉降的量测仪表；④从成桩到试桩需间歇的时间，在桩身强度达到设计要求的前提下，对于砂类土不应少于10天，对于粉土和一般黏性土不应少于15天，对于淤泥或淤泥质土中的桩不应少于25天，用以消散沉桩时产生的孔隙水压力和触变等影响，才能反映真实的桩的端承力与桩侧摩擦力的数值。

3) 试验加载装置

通常试验采用油压千斤顶加载，千斤顶的反力装置常用下列三种形式：

① 锚桩横梁反力装置　这种装置如图8.20所示。试桩与两侧锚桩之间的中心距不小于4倍桩径，并不小于2.0m。如采用工程桩作锚桩时，锚桩数量不得少于4根，并应检测静载试验过程中锚桩的上拔量。

② 压重平台反力装置　这种装置如图8.21所示。要求压重平台的支墩边至试桩的净距，不应小于4倍桩径，并不小于2.0m。压重量不得少于预计试桩破坏荷载的1.2倍。压重应在试验开始前一次加上，并均匀稳固放置于平台上。

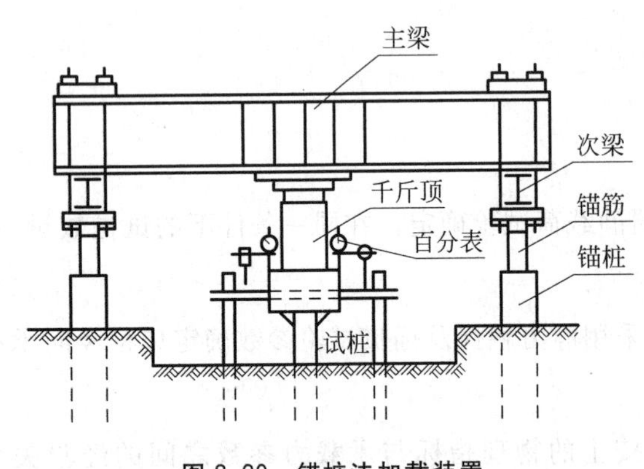

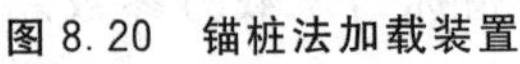
图 8.20 锚桩法加载装置

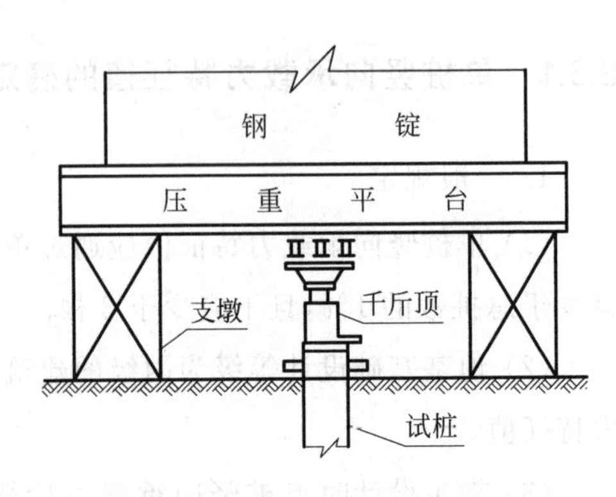

图 8.21 压重法加载装置

③ 锚桩压重联合反力装置 当试桩最大加载量超过锚桩的抗拔能力时，可在横梁上放置或悬挂一定重物，由锚桩和重物共同承受千斤顶加载反力。

千斤顶应平放于试桩中心，当采用2个以上千斤顶加载时，应将千斤顶并联同步工作，并使千斤顶的合力通过试桩中心。

4）荷载与沉降的量测（如图8.22所示）

① 桩顶荷载量测 可在千斤顶上安置应力环、应变式压力传感器直接测定，或采用连于千斤顶的压力表测定油压，根据千斤顶的换算曲线算出荷载。

② 试桩沉降量测 通常采用百分表或电子位移计量测试桩的沉降量。对于大直径桩，应在其2个正交直径方向对称安置4个位移测试仪表；中等或小直径桩径可安置2至3个位移测试仪表。

图 8.22 单桩静载荷试验

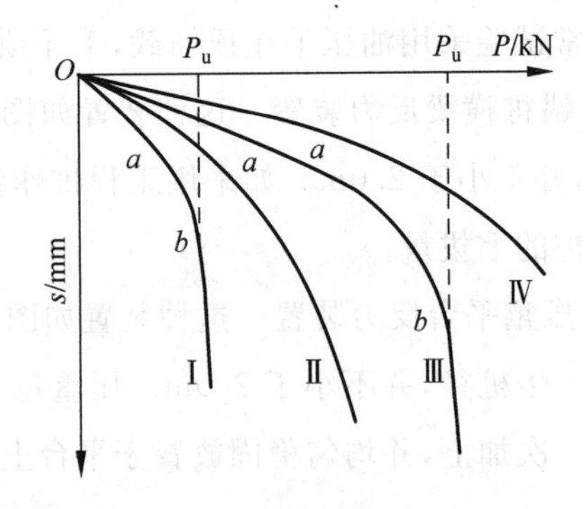

图 8.23 载荷试验 P-s 曲线

沉降测定平面离桩顶距离不应小于 0.5 倍桩径。固定和支承百分表的夹具和基准梁，在构造上应确保不受气温、振动及其他外界因素的影响而发生竖向变位。

5）静载荷试验要点

(1) 试验加载方式：采用慢速维持荷载法，即逐级加载。每级荷载达到相对稳定后，加下一级荷载，直到试桩达到终止加载条件，然后分级卸载到零。

(2) 加载分级

加载分级不应小于 8 级，每级加载量宜为预估极限荷载 P_u 的 1/8～1/10，即

$$\Delta P=\left(\frac{1}{8}\sim\frac{1}{10}\right)P_u$$

第一级可按 2 倍分级荷载，即 $2\Delta P$ 加荷。

(3) 桩顶沉降观测：每级加荷后间隔 5，10，15，15，15，30，30，30，…分钟测记一次沉降。

(4) 沉降相对稳定标准：每一小时的沉降不超过 0.1mm，并连续出现两次，认为已达到相对稳定，可加下一级荷载。

(5) 终止加载条件：当出现下列情况之一时，即可终止加载：

① 当荷载—沉降曲线上，有可判定极限承载力的陡降段，且桩顶总沉降量 $s>40$mm；

② 桩顶总沉降量 $s=40$mm 后，继续增二级或二级以上荷载仍无陡降段；

③ 某级荷载作用下，桩的沉降量为前一级荷载作用下沉降量的 5 倍，即 $s_i=5s_{i-1}$；

④ 某级荷载作用下，桩的沉降量大于前一级荷载作用下沉降量的 2 倍，即 $s_i>2s_{i-1}$，且经 24h 尚未达到相对稳定；

⑤ 桩底端支承在坚硬岩土层上，桩的沉降量很小时，最大加载量已达到设计荷载的 2 倍；

⑥ 已达到锚桩最大抗拔力或压重平台的最大重量时。

(6) 卸载与卸载沉降观测：①每级卸载值为每级加载值的 2 倍；②每级卸载后，间隔 15、15、30min 各测记一次后，即可卸下一级荷载；③全部卸载后，间隔 3～4h 再读一次。

6）单桩竖向极限承载力的确定

(1) 单桩竖向极限承载力实测值

取直角坐标，以桩顶荷载 P 为横坐标，桩顶沉降 s 为纵坐标（向下），绘制荷载—沉降（P-s）曲线，如图 8.23 所示：

① P-s 曲线有明显的陡降段，取陡降段起点相应的荷载值，如图 8.23 中曲线Ⅰ、Ⅲ中 b 点对应的荷载 P_u。

② 对于桩径或桩宽在 550mm 以下的预制桩，在某级荷载 P_i 作用下，其沉降增量与相应荷载增量的比值 $\frac{\Delta s_i}{\Delta P_i}\geqslant 0.1$mm/kN 时，取前一级荷载 P_{i-1} 之值为极限荷载 P_u。

③ 当 P-s 曲线为缓变型，无陡降段时，如图 8.23 曲线Ⅱ，则根据桩顶沉降量确定极限承载力：

- 一般桩可取 $s=40\sim60$mm 对应的荷载；
- 大直径桩可取 $s=(0.03\sim0.06)D$（D 为桩端直径）对应的荷载值；
- 对于细长桩（$l/d>80$）可取 $s=60\sim80$mm 对应的荷载；

- 根据沉降随时间变化特征确定极限承载力：取 $s-\lg t$ 曲线尾部出现明显向下弯曲的前一级荷载值。

(2) 单桩竖向极限承载力

参加统计的试桩，当满足其极差不超过平均值的30%时，可取其平均值为单桩极限承载力 P_u；极差超过平均值的30%时，宜增加试桩数量，并分析离差过大的原因，结合工程具体情况确定极限承载力。对桩数为3根及3根以下的柱下承台，取最小值。

7) 单桩竖向承载力特征值

将单桩竖向极限承载力 P_u 除以安全系数 K，即为单桩竖向承载力特征值：

$$R_a = \frac{P_u}{K} \tag{8.3}$$

式中 R_a——单桩竖向承载力特征值，kN；

P_u——单桩竖向极限承载力，kN；

K——安全系数，取2.0。

3. 按土的物理指标与承载力参数之间的经验关系确定

按这种方法估算单桩竖向承载力特征值可按下式进行：

$$R_a = q_{pa}A_p + u_p \sum q_{sia} l_i \tag{8.4}$$

式中 R_a——单桩竖向承载力特征值；

q_{pa}、q_{sia}——桩端端阻力、桩侧阻力特征值，由当地静载荷试验结果统计分析算得，当无资料时，可分别按表8.3至表8.7采用；

表8.3 预制桩桩端土(岩)承载力特征值 q_{pa}[18] kPa

土的名称	土的状态	桩的入土深度/m		
		5	10	15
黏性土	$0.5<I_L\leqslant 0.75$	400～600	700～900	900～1 000
	$0.25<I_L\leqslant 0.5$	800～1 000	1 400～1 600	1 600～1 800
	$0<I_L\leqslant 0.25$	1 500～1 700	2 100～2 300	2 500～2 7000
粉土	$e<0.7$	1 100～1 600	1 300～1 800	1 500～2 000
粉砂	中密、密实	800～1 000	1 400～1 600	1 600～1 800
细砂		1 100～1 300	1 800～2 000	2 100～2 300
中砂		1 700～1 900	2 600～2 800	3 100～3 300
粗砂		2 700～3 000	4 000～4 300	4 600～4 900
砾砂	中密、密实		3 000～5 000	
角砾、圆砾			3 500～5 500	
碎石、卵石			4 000～6 000	
软质岩石	微 风 化		5 000～7 500	
硬质岩石			7 500～10 000	

注：① 表中数值仅用作初步设计时估算；

② 入土深度超过15m时按15m考虑。

A_p——桩底端横截面面积；

u_p——桩身周边长度；

l_i——第 i 层岩土厚度。

当桩端嵌入完整及较完整的硬质岩中时，可按下式估算单桩竖向承载力特征值：

$$R_a = q_{pa} A_p \tag{8.4$'$}$$

式中 q_{pa}——桩端岩石承载力特征值。

表 8.4 沉管灌注桩桩端土承载力特征值 q_{pa}[46] kPa

土的名称	土的状态	桩的入土深度/m		
		5	10	15
淤泥质土		100～200		
一般黏性土与粉土	$0.40 < I_L \leqslant 0.60$	500	800	1 000
	$0.25 < I_L \leqslant 0.40$	800	1 500	1 800
	$0 < I_L \leqslant 0.25$	1 500	2 000	2 400
粉砂	中密、密实	900	1 100	1 200
细砂	中密、密实	1 300	1 600	1 800
中砂	中密、密实	1 650	2 100	2 450
粗砂	中密、密实	2 800	3 900	4 500
卵石	中密、密实	3 000	4 000	5 000
软质岩石	微风化	5 000～7 500		
硬质岩石	微风化	7 500～10 000		

表 8.5 钻、挖、冲孔灌注桩桩端土承载力特征值 q_{pa}[46] kPa

土的名称	土的状态	地下水位	桩的入土深度/m		
			5	10	15
一般黏性土与粉土	$0 < I_L \leqslant 0.25$	以上	300	450	600
	$0.25 < I_L \leqslant 0.75$	以上	260	410	570
	$0.75 < I_L \leqslant 1.0$	以上	240	390	550
		以下	100	160	220
粉细砂	中密	以上	400	700	1 000
		以下	150	300	400
	密实	以上	600	900	1 250
		以下	200	350	500
中砂、粗砂	中密	以上	600	1 100	1 600
		以下	250	450	650
	密实	以上	850	1 400	1 900
		以下	350	550	800

注：表列值适用于地下水位以上孔底虚土≤10cm；地下水位以下孔底回淤土≤30cm。

表 8.6 预制桩桩周土摩擦力特征值 q_{sia}[18] kPa

土的名称	土的状态	q_s
填土		9～13
淤泥		5～8
淤泥质土		9～13
黏性土	$I_L>1$ $0.75<I_L\leqslant1$ $0.5<I_L\leqslant0.75$ $0.25<I_L\leqslant0.5$ $0<I_L\leqslant0.25$ $I_L\leqslant0$	10～17 17～24 24～31 31～38 38～43 43～48
红黏土	$0.75<I_L\leqslant1$ $0.25<I_L\leqslant0.75$	6～15 15～35
粉土	$e>0.9$ $e=0.7\sim0.9$ $e<0.7$	10～20 20～30 30～40
粉细砂	稍密 中密 密实	10～20 20～30 30～40
中砂	中密 密实	25～35 35～45
粗砂	中密 密实	35～45 45～55
砾砂	中密、密实	55～65

注：① 表中数值仅用作初步设计时估算；
② 尚未完成固结的填土，和以生活垃圾为主的杂填土可不计其摩擦力。

表 8.7 灌注桩桩周土摩擦力特征值 q_{sia}[46] kPa

土的名称	土的状态	沉管灌注桩 q_s	钻、挖、冲孔灌注桩 q_s
炉灰填土	已完成自重固结		8～13
房碴填土、粉质黏土填土	已完成自重固结	20～30	20～30
淤泥	$w>w_L, e\geqslant1.5$	5～8	参考 5～8
淤泥质土	$w>w_L, 1\leqslant e<1.5$	10～15	参考 10～15
黏土、粉质黏土	软塑 可塑 硬塑	15～20 20～35 35～40	20～30 30～35 35～40
粉土	软塑 可塑 硬塑	15～25 25～35 35～40	22～30 30～35 35～45
粉细砂	稍密 中密 密实	15～25 25～40	20～30 30～40 40～60
中砂	中密 密实	35～40 40～50	

注：钻、挖、冲孔灌注桩 q_s 值适用于地下水位以上的情况。如在地下水位以下，可根据成孔工艺对桩周土的影响，参照采用。

【例题 8.1】 我国南方某饭店为一幢高度超过 100m 的高层建筑。经场地的工程地质勘察，已知建筑地基土层分以下 8 层：

表层为中密状态人工填土，层厚 1.0m；第②层为软塑粉质黏土，$I_L=0.85$，层厚 2.0m；第③层为流塑粉质黏土，$I_L=1.10$，层厚 2.5m；第④层为软塑粉质黏土，$I_L=0.80$，层厚 2.5m；第⑤层为硬塑粉质黏土，$I_L=0.25$，层厚 2.0m；第⑥层为粗砂，中密状态，层厚为 3.8m；第⑦层为强风化岩石，层厚为 1.7m；第⑧层为泥质页岩，微风化，层厚大于 20m。

因地表 8m 左右地基软弱，设计采用桩基础。桩的规格为：外径 550mm，内径 390mm，钢筋混凝土预制管桩。桩长 16m，以第⑧层微风化泥质页岩为桩端持力层，共计 314 根桩。

计算此桩基础的单桩竖向承载力特征值。

【解】 按《建筑地基基础设计规范》(GB 50007—2011)计算。采用公式(8.4)，计算单桩竖向承载力特征值：

$$R_a = q_{pa}A_p + u_P\sum q_{sia}l_i$$

式中 q_{pa}——桩端岩土承载力特征值，桩端为泥质页岩，查表 8.3 软质岩石微风化栏，取中值 $q_{pa}=6\ 250\text{kPa}$；

A_p——管桩的横截面面积，$A_p=\frac{(0.55)^2\times\pi}{4}=0.2376\text{m}^2$；

u_p——管桩周长，$u_p=0.55\times\pi=1.728\text{m}$；

q_{sia}——桩周土摩擦力特征值，根据工程地质勘察报告，各层土的名称与其状态，查表 8.6，用内插法可得各层土的 q_{sia} 值。表层人工填土不计入；

粉质黏土 $q_{s2a}=21\text{kPa}$，$q_{s3a}=15\text{kPa}$，$q_{s4a}=22\text{kPa}$，$q_{s5a}=38\text{kPa}$；中密粗砂 $q_{s6a}=40\text{kPa}$；强风化岩石 $q_{s7a}=65\text{kPa}$；

l_i——按土层划分的各段桩长，根据工程地质勘察报告可知：$l_2=2.0\text{m}$；$l_3=2.5\text{m}$；$l_4=2.5\text{m}$；$l_5=2.0\text{m}$；$l_6=3.8\text{m}$；$l_7=1.7\text{m}$。

将上述数值代入公式(8.4)可得：

$$\begin{aligned}R_a &= 6\ 250\times0.2376+1.728\times(21\times2+15\times2.5+22\times2.5\\&\quad+38\times2+40\times3.8+65\times1.7)\\&=1\ 485+817=2\ 302\text{kN}\end{aligned}$$

【例题 8.2】 对【例题 8.1】所述的高层建筑采用的管桩，进行现场静载荷试验。其中第 126 号桩的桩顶荷载与桩顶沉降的实测数据，如表 8.8 所示。据此静载荷试验确定单桩竖向承载力。试桩一共 10 根，结果差别不大。

表 8.8　第 126 号桩静载荷试验实测值

桩顶荷载[①] P/t	0	40	80	120	160	200	240	280	320	340	360	380	400	420	440
桩顶沉降 s/mm	0	0.94	2.48	4.20	6.38	7.87	12.69	18.60	27.28	30.97	33.07	35.49	38.23	41.06	44.78

① 本工程现场静载荷试验当时尚采用习用非法定计量单位：t。

【解】

（1）绘制荷载沉降 P-s 曲线

取直角坐标，以桩顶荷载 P 为横坐标，桩顶沉降 s 为纵坐标，绘制 P-s 曲线，如图 8.24所示。

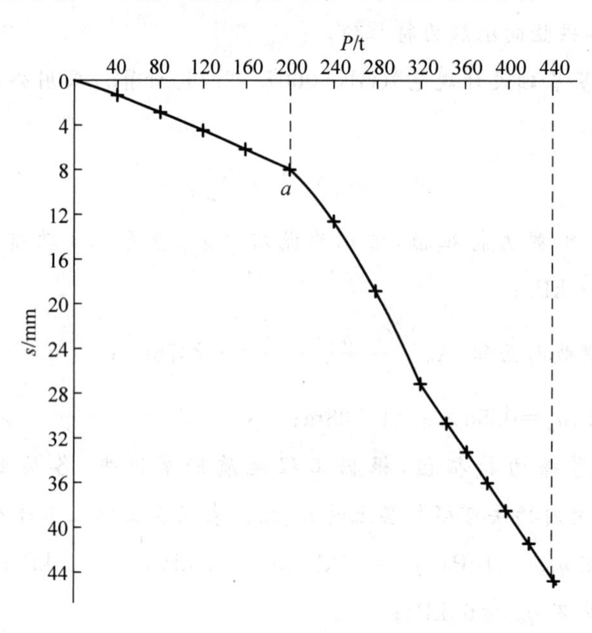

图 8.24　【例题 8.2】的 P-s 曲线

（2）确定试桩的极限荷载 P_u

由图 8.24 的 P-s 曲线可见：P-s 曲线的第一拐点 a 很明显，位于桩顶荷载 P=200t 处，相应的桩顶沉降量为 7.87mm。但试验终止时，P-s 曲线尚未到达第二拐点。这是因为原设计单桩承载力为 R=200t，安全系数采用 K=2.0，则极限荷载设计值为 400t。现载荷试验施加的桩顶荷载已超过极限荷载设计值二级，即 420、440t，故终止试验。从目前 P-s 曲线趋势分析，再加一级荷载即 460t，仍不会到达第二个拐点。因此，可取 440t 为极限荷载 P_u，且偏于安全。

（3）单桩竖向承载力特征值

$$R_a = \frac{P_u}{K} \tag{8.5}$$

式中　R_a——单桩竖向承载力特征值，kN；

P_u——单桩竖向极限荷载，本例为 440t，即 4 400kN；

K——安全系数，采用2.0。

将上列数值代入上式，得

$$R_a = \frac{4\ 400}{2.0} = 2\ 200\text{kN}$$

8.3.2 单桩抗拔承载力特征值

（1）一级建筑物应通过现场单桩上拔静载荷试验确定。试验要点参见《建筑地基基础设计规范》(GB 50007—2011)附录T。

（2）对于二级、三级建筑物可用当地经验或按下式计算：

$$U_k = \sum \lambda_i q_{sik} u_i l_i \tag{8.6}$$

式中 U_k——单桩抗拔极限承载力特征值，kN；

u_i——破坏表面周长，对于等直径桩，取 $u=\pi d$，对于扩底桩，自桩底起算的长度 $l_i \leqslant 5d$ 时，$u_i=\pi D$，其余 $u_i=\pi d$；

q_{sik}——桩侧表面第 i 层土的抗压侧阻力特征值，可按表8.6取值；

λ_i——抗拔系数：砂土 $\lambda=0.50\sim0.70$；黏性土、粉土 $\lambda=0.70\sim0.80$；桩的长径比 $\frac{l}{d}<20$ 时，λ 取小值。

8.3.3 单桩水平承载力

单桩的水平承载力取决于桩的材料强度、截面刚度、入土深度、桩侧土质条件、桩顶水平位移允许值和桩顶嵌固情况等因素。对于受水平荷载较大的一级建筑桩基，单桩水平承载力设计值，应通过单桩静力水平荷载试验确定。

实际工程中，通常设置斜桩来承受水平荷载。如前所述，上海宝钢在长江中深水栈桥桩基承受风浪水平荷载，采用斜桩来解决。

8.3.4 桩身材料验算

在桩基计算中，按土对桩的阻力确定单桩承载力后，还要验算桩身材料强度是否满足桩的承载力设计要求。对于混凝土桩而言，也就是要验算混凝土强度是否满足桩的承载力设计要求。《建筑地基基础计算规范》(GB 50007—2011)规定，按桩身混凝土强度计算桩的承载力时，应按桩的类型、成桩的工艺的不同将混凝土轴心抗压强度设计值乘以工作条件系数 φ_c，桩轴心受压时桩身强度应符合式(8.7)的规定：

$$Q \leqslant A_p f_c \varphi_c \tag{8.7}$$

式中 f_c——混凝土轴心抗压强度设计值，kPa；

Q——相应于作用的基本组合时单桩竖向力设计值，kN；

A_p——桩身横截面面积，m^2；

φ_c——工作条件系数，非预应力预制桩取 0.75，预应力桩取 0.55～0.65，灌注桩取 0.60～0.80（水下灌注桩、长桩或混凝土强度等级高于 C35 时用低值）。

对于预制桩，尚应进行运输、起吊和锤击等过程中的强度验算。预制桩运输与起吊的强度，特别要注意为抢工期，工厂现制现运，混凝土养护期龄短的情况，可以掺混凝土早强剂或高效减水剂来解决。至于桩锤击的强度，除了保证桩身混凝土达到设计强度等级以外，还应注意施工的工艺，如控制桩身垂直度，检查桩帽与锤垫是否合适，一旦打裂，必须修补后再打等。

8.3.5 群桩竖向承载力

1. 群桩的特点

当建筑物上部荷载远远大于单桩竖向承载力时，通常由多根桩组成群桩，共同承受上部荷载。群桩的受力情况与承载力计算，与单桩是否相同呢？下文将对此问题给出答案。

(1) 群桩效应

由图 8.25 的端承摩擦桩来加以说明。

图 8.25(a)为单桩受力情况，桩顶轴向荷载 N，由桩端阻力与桩周摩擦力共同承受。图 8.25(b)为群桩受力情况，同样地每根桩的桩顶轴向荷载 N，由桩端阻力与桩周摩擦力共同承受，但因桩的间距小，桩间摩擦力无法充分发挥作用，同时，在桩端产生应力叠加。因此，群桩的承载力小于单桩承载力与桩数的乘积，即：

$$R_n < nR \tag{8.8}$$

式中 R_n——群桩竖向承载力设计值，kN；

n——群桩中的桩数；

R——单桩竖向承载力设计值，kN。

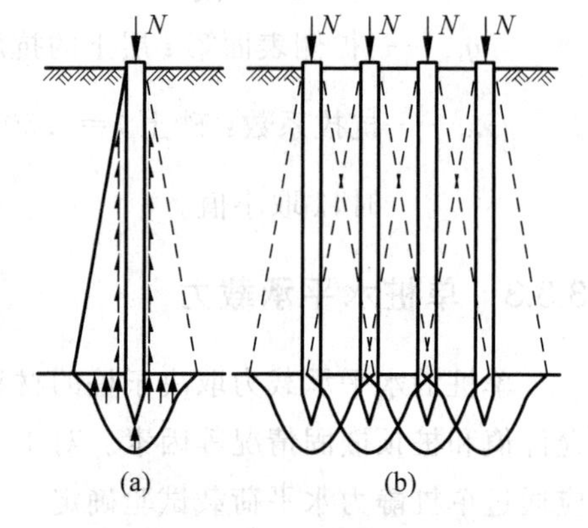

图 8.25 端承摩擦桩应力传布

R_n 与 nR 之比值称为群桩效应系数，以 η 表示：

$$\eta = \frac{R_n}{nR} \tag{8.9}$$

国内外进行的大量群桩模型试验和现场载荷试验表明，群桩效应系数与桩距、桩数、桩径、桩的入土长度、桩的排列、承台宽度及桩间土的性质等因素有关，其中以桩距为主要因素。

(2) 桩承台效应

传统的桩基设计中，考虑承台与地基土脱开，承台只起分配上部荷载至各桩并将桩联合成整体共同承担上部荷载的联系作用。大量工程实践表明，这种考虑是不合理的。承台与地基土脱空的情况是极少数特殊情况：例如，承台底面以下存在可液化土、湿陷性黄土、高灵敏度软土、欠固结土、新填土，或可能出现震陷、降水、沉桩过程产生高孔隙水压和土体隆起时。绝大多数情况承台为现浇钢筋混凝土结构，与地基土直接接触，而且在上部荷载作用下，承台与地基压得更紧。因此，这时可将桩基础视为实体基础来验算地基承载力和地基变形。

8.3.6 桩的负摩阻力

1. 负摩阻力的概念

(1) 定义　在固结稳定的土层中，桩受荷产生向下的位移，因此桩周土产生向上的摩阻力，称为(正)摩阻力。与此相反，当桩周土层的沉降超过桩的沉降时，则桩周土产生向下的摩阻力，称为负摩阻力。

(2) 产生负摩阻力的条件　①桩穿越较厚的松散填土、自重湿陷性黄土、欠固结土层，进入相对较硬土层时；②桩周存在软弱土层，邻近桩的地面承受局部较大的长期荷载，或地面大面积堆载、堆土时，使桩周土层发生沉降；③由于降低地下水位，使桩周土中的有效应力增大，并产生显著的大面积土层压缩沉降。

(3) 中性点　桩截面沉降量与桩周土层沉降量相等之点，桩与桩周土相对位移为零，称为中性点，即负摩阻力与正摩阻力交界点无任何摩阻力。中性点的位置：当桩周为产生固结的土层时，大多在桩长的70%～75%(靠下方)处。中性点处，桩所受的下拉荷载最大。

(4) 负摩阻力的数值　负摩阻力的数值与作用在桩侧的有效应力成正比；负摩阻力的极限值近似地等于土的不排水剪强度。

2. 单桩负摩阻力特征值

中性点以上单桩桩周第 i 层负摩阻力特征值可按下式计算：

$$q_{si}^{n} = \xi_{n}\sigma_{i}' \tag{8.10}$$

式中　q_{si}^{n}——第 i 层负摩阻力特征值，kPa；

ζ_{n}——桩周土负摩阻力系数，可按表8.9取值；

σ_{i}'——桩周第 i 层土平均竖向有效应力(kPa)，当填土、自重湿陷性黄土、欠固结土层产生固结和地下水降低时

$$\sigma_{i}' = \sigma_{\gamma i}' \tag{8.11}$$

当地面大面积堆载时

$$\sigma_{i}' = p + \sigma_{\gamma i}' \tag{8.12}$$

$\sigma_{\gamma i}'$——由土自重引起的桩周第 i 层土平均竖向有效应力(kPa)，桩群外围桩自地面算起，桩群内部桩自承台底面算起；

$$\sigma_{\gamma i}' = \sum_{e=1}^{i-1}\gamma_{e}\Delta Z_{e} + \frac{1}{2}\gamma_{i}\Delta Z_{i} \tag{8.13}$$

γ_{i}、γ_{e}——第 i 层计算土层和第 e 层计算土层的重度，地下水以下取浮重度(kN/m^3)；

ΔZ_{i}、ΔZ_{e}——第 i 层土、第 e 层土厚度，m；

p——地面均布荷载，kPa。

表 8.9 负摩阻力系数 ζ_n

土的种类	饱和软土	黏性土、粉土	砂土	自重湿陷性黄土
ζ_n	0.15～0.25	0.25～0.40	0.35～0.50	0.20～0.35

3. 单桩下拉荷载特征值

考虑群桩效应的单桩下拉荷载特征值按下式计算：

$$Q_g^n = \eta_n u \sum_{i=1}^{n} q_{si}^n l_i \tag{8.14}$$

$$\eta_n = \frac{S_{ax} S_{ay}}{\pi d\left(\dfrac{q_s^n}{\gamma_m} + \dfrac{d}{4}\right)} \tag{8.15}$$

式中 n——中性点以上土层数；

l_i——中性点以上第 i 层土层的厚度；

u——桩的周长；

q_s^n——中性点以上桩周土层厚度加权平均负摩阻力特征值；

γ_m——中性点以上桩周土层厚度加权平均重度(地下水位以下取浮重度)；

η_n——负摩阻力群桩效应系数，单桩基础或按式(8.15)计算的 $\eta_n>1$ 时取值 $\eta_n=1$；

S_{ax}、S_{ay}——纵、横向桩的中心距。

4. 中性点深度

中性点深度 l_n 应按桩周土层沉降与桩沉降相等的条件计算确定，也可参照表 8.10 确定。

表 8.10 中性点深度 l_n

持力层性质	黏性土、粉土	中密以上砂土	砾石、卵石	基岩
中性点深度比 l_n/l_0	0.50～0.60	0.70～0.80	0.9	1.0

注：① l_n、l_0——分别为自桩顶算起的中性点深度和桩周软土层下限深度；

② 当穿过自重湿陷性黄土时，l_n 可按表列值增大 10%，持力层为基岩除外；

③ 当桩周土层固结与桩基固结同时完成时，取 l_n 为零；

④ 当桩周土层计算沉降小于 20mm 时，l_n 应按表列值乘以 0.4～0.8 折减。

5. 考虑负摩阻力单桩承载力验算

(1) 摩擦型桩基

对于摩擦型桩基，可取桩身计算中性点以上侧阻力为零，按下式验算单桩承载力：

$$N_k \leqslant R_a \tag{8.16}$$

(2) 端承型桩基

对于端承型桩基，除满足式(8.16)外，尚应考虑负摩阻力引起的下拉力 Q_s^n 的影响，可按下式验算单桩承载力：

$$N_k + Q_g^n \leqslant R_a \tag{8.17}$$

式中 N_k——相应于作用的标准组合时,单桩承受的竖向力,kN;

R_a——单桩竖向承载力特征值,kN。

8.4 桩基础设计

桩基础设计包括以下几方面内容。

8.4.1 选择桩的类型

1. 确定桩的承载性状

根据建筑桩基的设计等级、规模、荷载大小,结合工程地质剖面图、各土层的性质与层厚,确定桩的受力工作类型。例如,温州市水心住宅区地表为粉质黏土,层厚为 1.50m,第②层为淤泥,层厚达 22m,第③层为坚实土层。如为低层房屋,可采用摩擦桩;如为大中型工程,可用端承摩擦桩,长桩穿透软弱层,桩端进入坚实土层。

2. 选择桩的材料与施工方法

根据当地材料供应、施工机具与技术水平、造价、工期及场地环境等具体情况,选择桩的材料与施工方法。例如,中小型工程可用素混凝土灌注桩,以节省投资。如为大工程则应采用钢筋混凝土桩,通常用锤击法施工。深基槽护坡桩有一次性混凝土灌注桩与多次使用的钢板桩两种类型供比较。北京医院新建的高级干部病房,因考虑打钢板桩噪声污染,影响住院病人休养,选择了混凝土灌注桩护坡。对于高层建筑与重型设备基础,则可考虑选用扩底桩。

8.4.2 确定桩的规格与单桩竖向承载力

1. 确定桩的规格

(1) 桩的长度

一般应选择较坚实土层作为桩端持力层。桩端全断面进持力层的深度:黏性土、粉土$\geqslant 2d$;砂土$\geqslant 1.5d$;碎石类土$\geqslant 1d$。桩顶嵌入承台,以此确定桩长。例如,天津市海滨保税区一公司筹建办公与库房综合楼。地基表层为人工填土层,层厚约 5m;第②层为海相沉积层淤泥与淤泥质土,层厚约 13m;第③层为中密状态的粉土与粉质黏土,层厚超过 10m。作者应邀到保税区工地现场技术咨询,根据以上条件,桩长定为 18m,考虑当地冻深,桩承台埋深 1.0m,用送桩器送入地面下 1m;桩端进入粉土层约 1m。

(2) 桩的横截面面积

桩的横截面面积根据桩顶荷载大小与当地施工机具及建筑经验确定。如为钢筋混凝土预制桩:中小工程常用 250mm×250mm 或 300mm×300mm,大工程常用 350mm×350mm 或 400mm×400mm。若小工程用大截面桩,则浪费;大工程用小截面桩,因单桩承载力低,需要桩的数量增多,不仅桩的排列难、承台尺寸大,而且打桩费工,不可取。

2. 确定单桩竖向承载力

根据建筑场地的地基土层性质和确定的桩型与规格,可按“8.3 桩的承载力”一节确定单桩竖向承载力。

8.4.3 计算桩的数量进行平面布置

1. 桩的数量估算

(1) 轴心竖向力作用时

$$n=\frac{F_k+G_k}{R_a} \tag{8.18}$$

(2) 偏心竖向力作用时

$$n=\mu\frac{F_k+G_k}{R_a} \tag{8.19}$$

式中 F_k——相应于荷载效应标准组合时,作用于桩基承台顶面的竖向力,kN;

G_k——桩基承台自重及承台上土自重标准值,kN;

R_a——单桩竖向承载力特征值,kN;

μ——偏心受压桩基增大系数,$\mu=1.1\sim1.2$。

其余符号意义同前。

2. 桩的平面布置

在桩的数量初步确定后,可根据上部结构的特点与荷载性质,进行桩的平面布置。

(1) 桩的中心距

通常桩的中心距宜取(3～4)d(桩径)。若中心距过小,桩施工时互相挤土影响桩的质量;反之,桩的中心距过大,则桩承台尺寸太大,不经济。桩的最小中心距应符合表8.11的规定。对于大面积桩群,尤其是挤土桩,宜按表列值适当加大。

表8.11 桩的最小中心距[42]

土类与成桩工艺	排列不少于3排且桩数 $n\geqslant9$ 根的摩擦型桩基	其他情况
非挤土和部分挤土灌注桩	3.0d	2.5d
挤土灌注桩穿越非饱和土	3.5d	3.0d
挤土灌注桩穿越饱和土	4.0d	3.5d
挤土预制桩	3.5d	3.0d
打入式敞口管桩和H型钢桩	3.5d	3.0d

注:d为圆桩直径或方桩边长。

对于扩底灌注桩，除应符合表 8.20 要求外，尚应满足表 8.12 的规定。

表 8.12 灌注桩扩底端最小中心距[42]

成桩方法	最小中心距
钻、挖孔灌注桩	1.5D 或 D+1m(当 D>2m 时)
沉管夯扩灌注桩	2.0D

注：D 为扩大端设计直径。

(2) 桩的平面布置

尽量使桩群承载力合力点与长期荷载重心重合；并使桩基受水平力和力矩较大方向即承台的长边，有较大的截面模量。桩离桩承台边缘的净距应不小于$\frac{1}{2}d$。

同一结构单元，宜避免采用不同类型的桩。同一基础相邻桩的桩底标高差：对于非嵌岩端承型桩，不宜超过相邻桩的中心距；对于摩擦型桩，在相同土层中不宜超过桩长的 1/10。

① 柱基——独立基础　梅花形布置，如图 8.26(a)所示，受力条件均匀；行列式布置，如图 8.26(b)所示，施工方便。

② 条形基础　通常布置成一字形：小型工程一排桩，大中型工程多排桩，如图 8.26(c)所示。

③ 烟囱、水塔基础　因烟囱、水塔基础通常为圆形，桩的平面布置成圆环形，如图 8.26(d)所示。

④ 桩箱基础　宜将桩布置于内外墙下。

⑤ 带梁(肋)桩筏基础　宜将桩布置于梁(肋)下。

⑥ 大直径桩　宜采用一柱一桩。

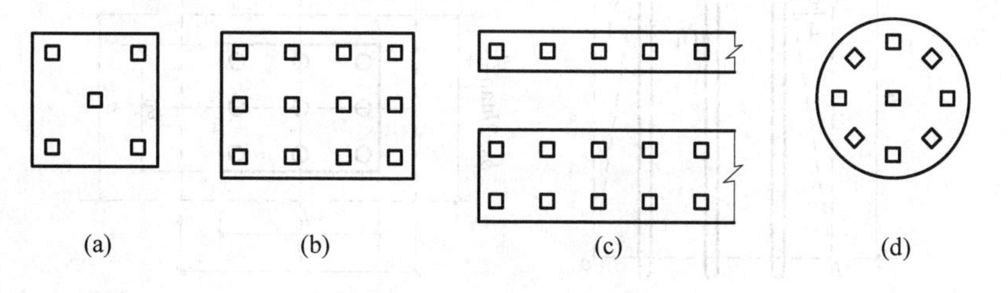

图 8.26 桩的平面布置

8.4.4 桩基础验算

1. 单桩承载力验算

(1) 轴心竖向力作用下

在轴心竖向力作用下，群桩中单桩承载力要求不大于单桩竖向承载力特征值，按下式验算。

$$Q_k = \frac{F_k + G_k}{n} \leqslant R_a \tag{8.20}$$

(2) 偏心竖向力作用下

偏心竖向力作用下,除满足式(8.20)外,尚应满足下式要求:

$$Q_{ik\,\min}^{\ \max} = \frac{F_k + G_k}{n} \pm \frac{M_{xk} y_{\max}}{\sum y_i^2} \pm \frac{M_{yk} x_{\max}}{\sum x_i^2} \leqslant 1.2R_a \tag{8.21}$$

式中 Q_k——相应于荷载标准组合时,轴心竖向荷载作用下单桩所承受的竖向力;

F_k——相应于荷载标准组合时,作用于桩基承台顶面的竖向力;

G_k——桩基承台自重及承台上土自重标准值;

$Q_{ik\,\min}^{\ \max}$——相应于荷载标准组合时,偏心竖向荷载作用下单桩所承受的最大或最小竖向力;

M_x,M_y——相应于荷载标准组合时,作用于桩群上的外力,对通过桩群形心的 x,y 轴的力矩,kN·m;

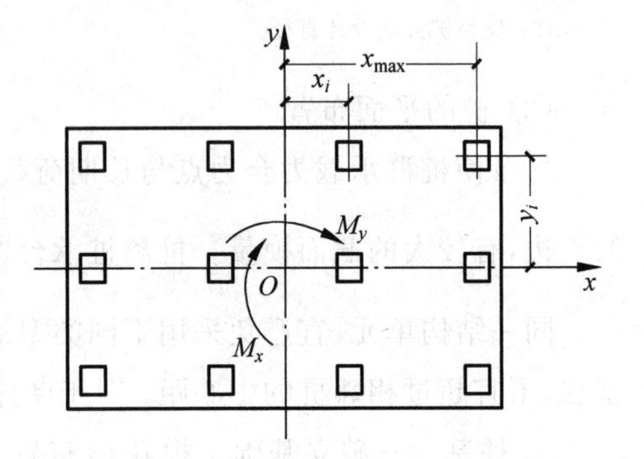

图 8.27 群桩中各桩受力验算

x_i、y_i——桩 i 至通过桩群形心的 y,x 轴线的距离,m,如图 8.27 所示;

$x_{\max}$、$y_{\max}$——自桩基主轴到最远桩的距离,m,如图 8.27 所示。

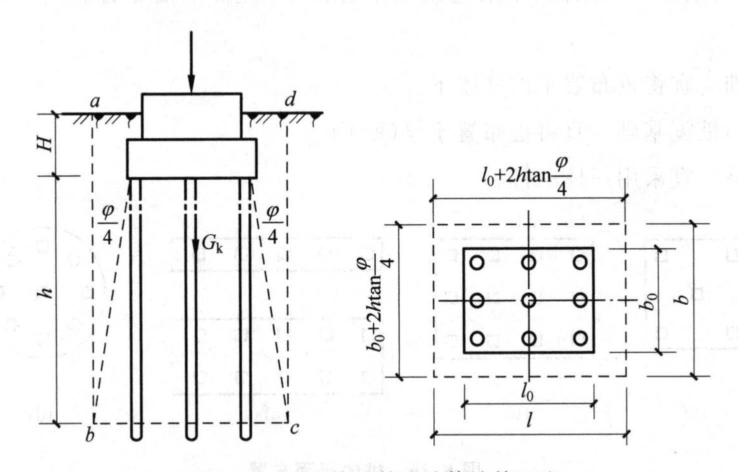

图 8.28 按实体深基础计算桩基沉降

注:φ 为桩长范围内各土层内摩擦角加权平均值。

2. 桩基沉降计算

1) 沉降计算范围

下列建筑的桩基应进行沉降验算:

(1) 地基基础设计等级为甲级的建筑桩基;

(2) 体型复杂、荷载不均匀或桩端以下存在软弱土层的设计等级为乙级的建筑桩基;

(3) 摩擦型桩基。

2) 计算方法

《建筑地基基础计算规范》(GB 50007—2011)规定,计算桩基沉降时可将桩基视为实体深基础(图 8.28)。并采用单向压缩分层总和法:

$$s = \psi_p \sum_{j=1}^{m} \sum_{i=1}^{n_j} \frac{\sigma_{j,i} \Delta h_{j,i}}{E_{sj,i}} \tag{8.22}$$

式中 s——桩基最终沉降量,mm;

m——桩端平面以下压缩层范围内土层总数;

$E_{sj,i}$——桩端平面下第 j 层土第 i 分层在自重应力至自重应力加附加应力作用段的压缩模量,MPa;

n_j——桩端平面下第 j 层土的计算分层数;

$\Delta h_{j,i}$——桩端平面下第 j 层土的第 i 分层厚度,m;

$\sigma_{j,i}$——桩端平面下第 j 层土第 i 分层的竖向附加应力,kPa;

ψ_p——桩基沉降计算经验系数,各地区应根据当地的工程实测资料统计对比确定。在不具备条件时,ψ_p 值可按表 8.13 选用。

桩基沉降不得超过建筑物的沉降允许值,并应符合表 3.21 的规定。

表 8.13 实体深基础计算桩基沉降经验系数 ψ_p

E_s/MPa	≤15	25	35	≥45
ψ_p	0.50	0.40	0.35	0.25

注:表内数值可以内插。

8.4.5 桩承台设计

1. 桩承台的作用

桩承台的作用包括下列三项:

(1) 把多根桩联结成整体,共同承受上部荷载;

(2) 把上部结构荷载,通过桩承台传递到各根桩的顶部;

(3) 桩承台为现浇钢筋混凝土结构,相当于一个浅基础。因此,桩承台本身具有类似于浅基础的承载能力,即桩承台效应。

2. 桩承台的种类

桩承台分高、低桩承台两类。

(1) 高桩承台 当桩顶位于地面以上相当高度的承台称为高桩承台。如上海宝钢位于长江上运输矿石的栈桥桥台,为高桩承台,如图 8.3 所示。

(2) 低桩承台 凡桩顶位于地面以下的桩承台称低桩承台,通常建筑物基础承重的桩承台都属于这一类。低桩承台与浅基础一样，要求承台底面埋置于当地冻结深度以下。

3. 桩承台的材料与施工

(1) 桩承台应采用钢筋混凝土材料，采用现场浇筑施工。因各桩施工时桩顶的高度与间距不可能非常规则，要将各桩紧密联结成为整体，故桩承台无法预制。

(2) 承台的混凝土强度等级不低于C15。

(3) 承台配筋按计算确定。矩形承台不宜少于ϕ8@200，并应双向均匀配置受力钢筋。

(4) 钢筋保护层厚度不宜小于50mm。

4. 桩承台的尺寸

(1) 桩承台的平面尺寸　桩承台的平面尺寸，依据桩的平面布置，承台每边由桩外围外伸不小于$d/2$，承台的宽度不宜小于500mm。

(2) 桩承台的厚度　桩承台的厚度要保证桩顶嵌入承台，并防止桩的集中荷载造成承台的冲切破坏。承台的最小厚度不宜小于300mm。对大中型工程承台厚度应进行抗冲切计算确定。我国西南一幢大楼采用桩基础，因桩承台厚度太小，承台发生冲切破坏，导致了整幢大楼倒塌的严重事故，应引以为戒。

5. 桩承台的内力

桩承台的内力可按简化计算方法确定，并按《混凝土结构设计规范》(GB 50010—2010)进行局部受压、受冲切、受剪及受弯的强度计算。防止桩承台破坏，保证工程的安全。

【例题8.3】 某工程位于软土地区，采用桩基础。已知基础顶面竖向荷载设计值$F=3900\text{kN}$，标准值$F_k=3120\text{kN}$，弯矩设计值$M=400\text{kN}\cdot\text{m}$，标准值$M_k=320\text{kN}\cdot\text{m}$。水平方向剪力设计值$T=50\text{kN}$，标准值$T_k=40\text{kN}$。工程地质勘察查明地基土层如下：

表层为人工填土，松散，层厚$h_1=2.0\text{m}$；

第②层为软塑状态黏土，层厚$h_2=8.5\text{m}$，承台底的地基土极限阻力特征值$q_{ck}=115\text{kPa}$；

第③层为可塑状态粉质黏土，层厚$h_3=6.8\text{m}$。

地下水位埋深2.0m，位于第②层黏土层顶面。地基土的物理力学性质试验结果，如表8.14所示。采用钢筋混凝土预制桩，桩的横截面面积为300mm×300mm，桩长10m。进行单桩现场静载荷试验，试验成果P-s曲线如图8.14所示。设计此工程的桩基础。

表8.14　某工程地基土的试验指标

编号	土层名称	土层厚度/m	w/%	γ/kN/m³	e	w_L/%	w_P/%	I_P	I_L	S_r	c/kPa	ϕ/(°)	E_s/MPa	f_{ak}/kPa
1	人工填土	2.0		16.0										
2	灰色黏土	8.5	38.2	18.9	1.0	38.2	18.4	19.8	1.0	0.96	12	18.6	4.6	115
3	粉质黏土	6.8	26.7	19.6	0.78	32.7	17.7	15.0	0.6	0.98	18	28.5	7.0	220

【解】 1) 确定桩的规格

据地质勘察资料，确定第③层粉质黏土为桩端持力层。采用与现场静载荷试验相同的规格：桩横截面 300mm×300mm，桩长 10m。桩承台埋深 2.0m，桩顶嵌入承台 0.1m，则桩端进入持力层 1.4m(图 8.30)。

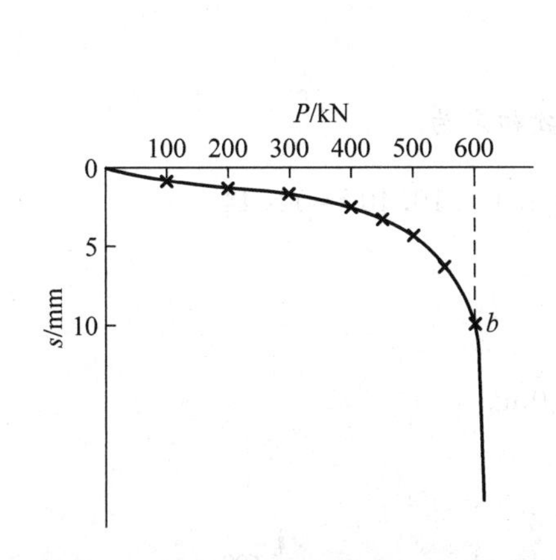

图 8.29 【例题 8.5】载荷试验 P-s 曲线

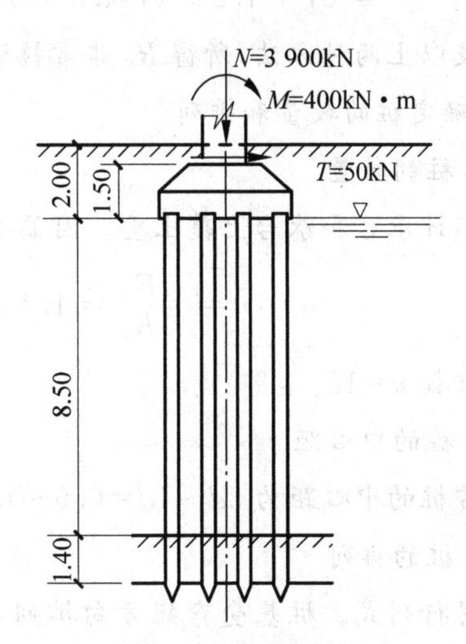

图 8.30 群桩承载力验算

2) 桩身材料

采用混凝土强度等级 C30；钢筋用 HPB300 级钢筋 4Φ16。

3) 单桩竖向承载力特征值计算

(1) 按现场静载荷试验 由图 8.29 中的 P-s 曲线，取明显的第二拐点 b 对应的荷载 600kN 为极限荷载 P_u。取安全系数 $K=2.0$。则单桩竖向承载力特征值为

$$R_a=\frac{P_u}{K}=\frac{600}{2.0}=300\text{kN}$$

(2) 按静力学公式(8.4)计算

$$R_{ka}=q_{pa}A_p+u_p\sum q_{sia}l_i$$

式中 q_{pa}——桩端土的承载力特征值，已知桩入土深 11.9m，粉质黏土 $I_L=0.6$，查表 8.3，内插，得 $q_{pa}=900\text{kPa}$；

A_p——桩身的横截面面积，$A_p=(0.3)^2=0.09\text{m}^2$；

u_p——桩身周长，$u_p=4\times0.3=1.2\text{m}$；

q_{sia}——桩周土摩擦力特征值，根据表 8.14 试验指标 I_L 值，查表 8.6，用内插法得：第②层黏土 $q_{s2a}=17\text{kPa}$；第③层粉质黏土 $q_{s3a}=28.2\text{kPa}$；

l_i——按土层划分的各段桩长，根据工程地质勘察与设计桩长可知：第②层黏土层中桩长

$l_2=8.5\text{m}$;第③层粉质黏土层中桩长 $l_3=1.4\text{m}$。

将上述数值代入公式(8.4),可得:

$$R_a=q_{pa}A_p+u_p\sum q_{sia}l_i=900\times0.09+1.2\times(17\times8.5+28.2\times1.4)$$
$$=81+1.2\times(144.5+39.48)\approx302\text{kN}$$

比较以上两种方法,所得 R_a 非常接近。应取较低值,即取现场载荷试验值:$R_a=300\text{kN}$。

4) 确定桩的数量和排列

(1) 桩的数量

先不计承台和承台上覆土重。因偏心荷载,桩数初定为

$$n=\mu\frac{F_k}{R_a}=1.1\times\frac{3\,120}{300}=1.1\times10.40=11.44$$

取桩数 $n=12$。

(2) 桩的中心距

通常桩的中心距为 $3d\sim4d=0.9\sim1.2\text{m}$,取 1.0m。

(3) 桩的排列

采用行列式。桩基受弯矩方向排列 4 根,另一方向排列 3 根,如图 8.31 所示。

(4) 桩承台设计

① 桩承台尺寸　据桩的排列,桩的外缘每边外伸净距为 $\frac{1}{2}d=150\text{mm}$。则桩承台长度 l 为 3 600mm;承台宽度 b 为 2 600mm。承台埋深设计为 2.0m,位于人工填土填层底、黏土层顶面。

② 承台及上覆土重　取承台及上覆土的平均重度 $\gamma_G=20\text{kN/m}^3$,则承台及上覆土重为

$$G=3.6\times2.6\times2.0\times20=374.4\text{kN}$$

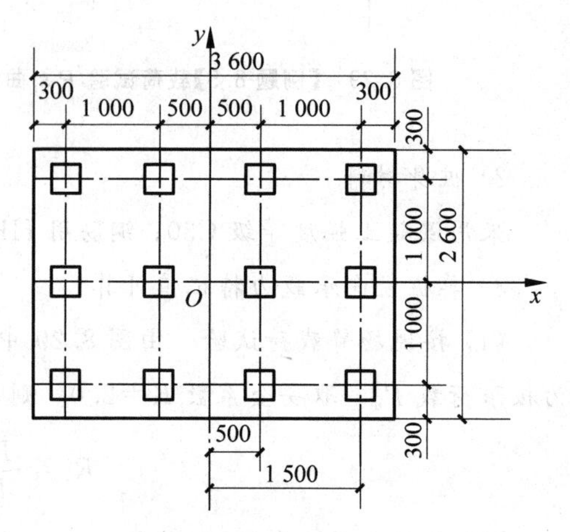

图 8.31 【例 8.5】桩的排列

5) 单桩承载力验算

按轴心受压计算　计算各桩平均受力,按公式(8.20)验算:

$$Q_k=\frac{F_k+G_k}{n}=\frac{3\,120+374.4}{12}=291.2\text{kN}<R_a=300\text{kN}$$

按偏心受压计算　按式(8.21)验算。

$$Q_{ik\,\min}^{\ \max}=\frac{F_k+G_k}{n}\pm\frac{M_y x_{\max}}{\sum x_i^2}=291.2\pm\frac{(320+4.0\times1.5)\times1.5}{6\times(0.5^2+1.5^2)}$$

$$=291.2\pm38=\begin{matrix}329.2\text{kN}\\253.2\text{kN}\end{matrix}$$

$$Q_{ik\max} = 329.2\text{kN} < 1.2R_{a} = 1.2 \times 300 = 360\text{kN}$$

$$Q_{ik\min} = 253.2\text{kN} > 0$$

安全。

8.5 深 基 础

8.5.1 沉井基础

1. 沉井的工作原理

在深基础工程施工中，为了减少放坡大开挖的大量土方量，并保证陡坡开挖边坡的稳定性，人们创造了沉井基础。这是一种竖向的筒形结构物，通常用砖、素混凝土或钢筋混凝土材料制成。

沉井施工过程：先在地面制作一个井筒形结构；然后从井筒内挖土，使沉井失去支承靠自重作用而下沉，沉至设计高程为止；最后封底，如图 8.32 所示。沉井的井筒，在施工期间作为支撑四周土体的护壁，竣工后即为永久性的深基础。

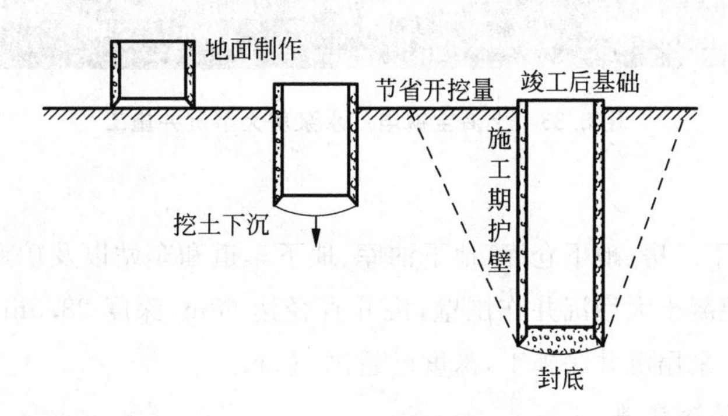

图 8.32 沉井的工作原理

2. 沉井的用途

沉井在工程中应用较广泛，主要用做以下几种结构物。

(1) 重型结构物基础

沉井常用于平面尺寸紧凑的重型结构物，如烟囱、重型设备的基础，作为承重的深基础。

(2) 江河上的结构物

沉井的井筒不仅可以挡土，也可挡水，因此也适用于江河上的结构物。例如，四川省岷江上修筑一座拦河挡水坝，即用大型沉井，几座大型沉井排成一列，垂直于岷江水流方向，沉井在施工期为挡水的围堰，竣工后为挡水坝。桥墩或边墩采用沉井更多，例如，南京长江大桥的桥墩基础，即为筑岛沉井。

(3) 取水结构物

当地面下不深处有含水的卵石层，常用沉井作为取水的水泵站。有时沉井装好抽水滤管并封底后，利用井筒内的空间，作为水泵房。大型取水结构物设在江河旁，如上海宝钢发电厂的水泵房位于长江岸边，即采用大型沉井(图8.33)：平面尺寸为39.80m×39.45m，深达16.2m，沉井井壁厚度达1 500～1 700mm，以抵御深厚淤泥质土的很大的土压力，由于沉井平面尺寸大，井内设置纵横隔墙7道，以增强沉井整体刚度，并便于挖土施工控制沉井均衡下沉。

图 8.33 上海宝钢电厂水泵房大型沉井施工

(4) 地下工程

地下工程包括地下厂房、地下仓库、地下油库、地下车道和车站以及矿用竖井等。例如，某地下热电厂，采用钢筋混凝土大型沉井作围壁，沉井直径达68m，深度28.5m，三节浇筑，一次下沉成功。又如矿用竖井，采用沉井法施工，深度已超过100m。

(5) 邻近建筑物的深基础

在原有建筑物附近，进行深基坑开挖时，将危及原有建筑物浅基础的稳定性，采用沉井，则可防止原有浅基础的滑动。例如，清华大学扩建发电厂，新建发电机的除氧气平台基础紧挨原发电厂厂房浅基础，且埋深更大，设计要求施工采取措施，防止原厂房基础滑动，采用沉井即解决了这一问题。

(6) 房屋纠倾工作井

近年来，在房屋纠倾方法中，行之有效的冲土法或掏土法需在房屋沉降小的一侧作一排工作井。工作井即用砖砌的小型沉井，工人在井内向房屋地基中冲土或掏土。这种工作沉井作为挡土护壁，可保护工人的人身安全，又可用作房屋地基土外流的临时储泥坑，效果良好。

由上可知，沉井在工程上应用范围广泛，而且往往比较经济。缺点是土层中存在严重障碍物时，难以施工下沉。

3. 沉井的类型

1）按沉井断面形状分类

沉井按断面形状的不同可分为以下三类。

(1) 单孔沉井

沉井只有一个井孔，这是最常见的中小型沉井。沉井的平面形状有：圆形、正方形、椭圆形和矩形等。沉井承受四周的土压力和水压力，从受力条件而言，圆形沉井较好，沉井的井壁可薄些；方形或矩形沉井，在水平向土压力和水压力的作用下，将产生较大的弯矩，井壁厚度要大些。但从运用角度来看，方形与矩形较好。为了减小沉井下沉过程中方形和矩形沉井四角的应力集中，常将四角的直角做成圆角，如图 8.34 所示。一些工厂抽取地下水的水泵站为单孔圆沉井。

(2) 单排孔沉井

这种沉井具有一排井孔。根据工程的用途，沉井的平面形状有矩形、长圆形等。沉井各井孔之间用隔墙隔开，这样既增加了沉井的整体刚度，又便于挖土和下沉。单排孔沉井适用于长度大的工程，如图 8.34 所示。

(3) 多排孔沉井

整个沉井由多道纵向隔墙与横向隔墙，把沉井隔成多排井孔，如图 8.34 所示。因此，多排孔沉井成为刚度很大的空间结构，这种沉井适用于大型结构物。在施工过程中，有利于控制各个井孔挖土的进度，保证沉井均匀下沉，不致发生倾斜事故。

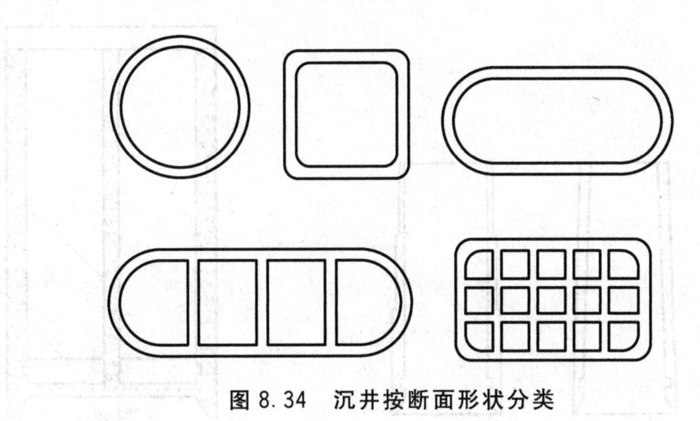

图 8.34　沉井按断面形状分类

2）按沉井竖向剖面形状分类

沉井按其竖向剖面形状的不同可分为以下三类。

(1) 柱形沉井

柱形沉井在竖直方向的上下剖面均相同，为等截面柱的形状，如图 8.35(a)所示，大多数沉井属于这一种。

(2) 锥形沉井

为了减小沉井施工下沉过程中，井筒外壁土的摩擦阻力；或为了避免沉井由硬土层进入下部软土层时,沉井上部被硬土层夹住,使沉井下部悬挂在软土中发生拉裂。可将沉井井筒制成非等截面结构,成为井筒上小下大的锥形,如图 8.35(b)所示。

(3) 阶梯形沉井

鉴于沉井所承受的土压力与水压力,均随深度而增大。为了合理利用材料,可将沉井的井壁随深度分为几段,做成阶梯形。下部井壁厚度大,上部厚度小,因此,这种沉井外壁所受的摩擦阻力可以减小,有利于下沉,如图 8.35(c)所示。

3) 按沉井所用材料分类

沉井按其所用材料的不同可分为以下三类。

(1) 砖石沉井

这种沉井适用于深度浅的小型沉井,或临时性沉井。例如,房屋纠倾工作井,即用砖砌沉井,深度约 4～5m。

(2) 素混凝土沉井

这种沉井适用于中小型永久工程。通常断面呈圆形。沉井底端的刃脚需配筋,便于下切土体,避免损伤井筒。

(3) 钢筋混凝土沉井

这种沉井适用于大中型工程。沉井可根据工程需要,做成各种形状、各种规格和深度较大的沉井,应用十分广泛。

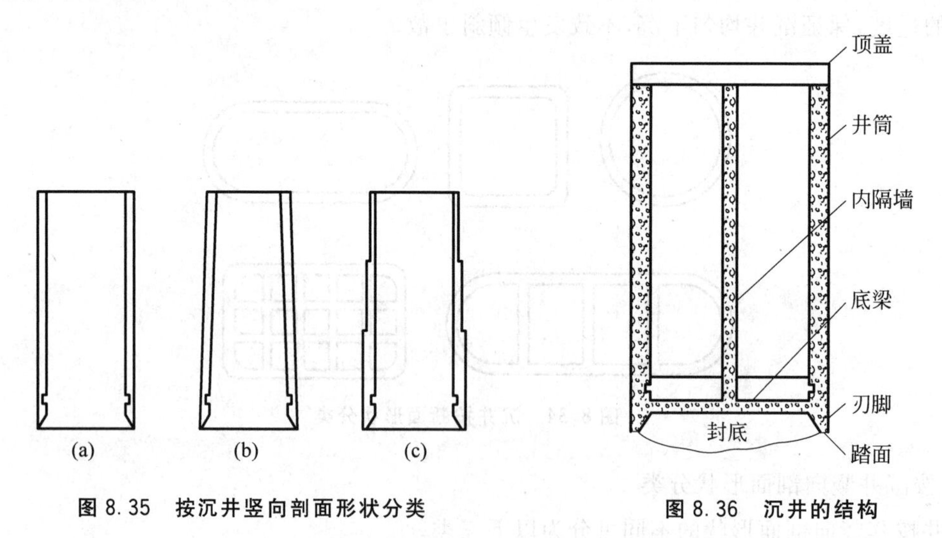

图 8.35 按沉井竖向剖面形状分类

图 8.36 沉井的结构

4. 沉井的结构

沉井的结构,包括:刃脚、井筒、内隔墙、底梁、封底与顶盖等部分,如图 8.36 所示。

(1) 刃脚与踏面

刃脚位于沉井的最下端,形如刀刃,在沉井下沉过程中起切土下沉的作用。刃脚并非真正的尖刃，其最底部为一水平面，称为踏面，踏面的宽度通常不小于150mm，当土质坚硬时，刃脚踏面用钢板或角钢加以保护。刃脚内侧的倾斜面的水平倾角通常为40°～60°。

(2) 井筒

沉井的井筒为沉井的主体。在沉井下沉过程中，井筒是挡土的围壁，应有足够的强度，承受四周的土压力和水压力。同时井筒又需要有足够的自重，以克服井筒外壁与土的摩擦阻力和刃脚踏面底部土的阻力，使沉井能在自重作用下徐徐下沉。另一方面，井筒内部的空间，要容纳挖土工人或挖土机械在井内工作，以及潜水员排除障碍的需要，因此，井筒内径不宜小于0.9m。

(3) 内隔墙和底梁

大型沉井为了增加其整体刚度，在沉井内部设置内隔墙，可减小受弯时的净跨度，以增加沉井的刚度。同时，内隔墙把整个沉井分成若干井孔，各井孔分别挖土，便于控制沉降和纠倾处理。有时在内隔墙下部设底梁，或单独做底梁。内隔墙与底梁的底面高程，应高于刃脚踏面0.5～1.0m，以免妨碍沉井刃脚切土下沉。

(4) 封底与沉井底板

当沉井下沉至设计标高后，需用混凝土封底，以阻止地下水和地基土进入井筒。为使封底的现浇混凝土底板与井筒联结牢固，在刃脚上方井筒的内壁预先设置一圈凹槽。

(5) 顶盖

当沉井作为水泵站等地下结构的空心沉井时，在沉井顶部需做钢筋混凝土顶盖。必要时，在水泵站等空心沉井顶面建造一间房屋为工作室。

5. 沉井的施工

1) 准备工作

(1) 平整场地

沉井施工场地要仔细平整，平整范围要大于沉井外侧1～3m。

(2) 放线定位

沉井的平面位置应仔细测量，把沉井的中轴线和外围轮廓线放好，定位要准确，并经验收合格才能正式施工，如图8.37所示。

2) 沉井制作

通常沉井在原位制作，可采用三种不同的方法。

(1) 承垫木方法

承垫木方法为传统方法。在经过平整、放线定位的场地上铺一层砂垫层，厚0.5m左右。在砂垫层上，于沉井刃脚部位，对称、成对地安置适当的承垫木。再在各垫木之间填实砂土，然后按照设计的尺寸立模板、扎钢筋、浇筑第一节沉井。如图8.38(a)所示。

(2) 无垫木方法

在均匀土层上，可采用无垫木方法。浇筑一层与沉井井壁等厚的混凝土，代替承垫木和砂垫

图 8.37 沉井的放线定位

层。浇筑的混凝土为圆环状,位于沉井刃脚的下方。其目的在于保证沉井制作过程与沉井下沉开始时,处于竖直方向。如图 8.38(b)所示。

(3) 土模法

如地基为均匀的黏性土,呈可塑或硬塑状态,则可采用土模法制作沉井。在定位放线的刃脚部位,按照设计的尺寸,仔细开挖黏性土基槽。利用地基黏性土作为天然模板,以代替砂垫层、承垫木及人工制作刃脚木模。因而,这种方法可节省时间和费用。如图 8.38(c)所示。

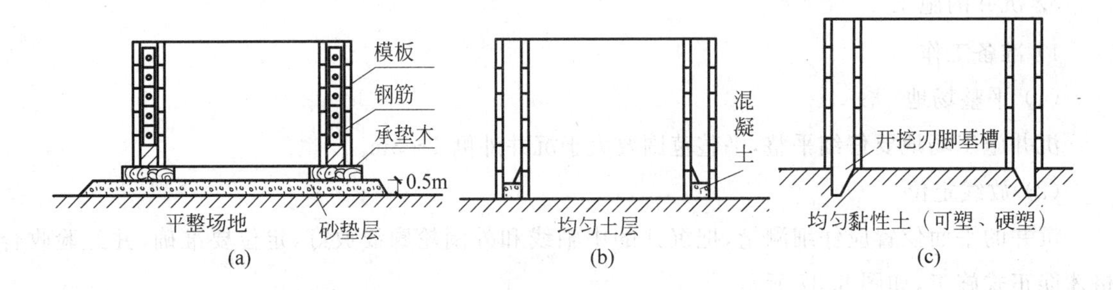

图 8.38 沉井制作的方法

应当注意:浇筑沉井混凝土时,要对称和均匀地进行,以防止沉井发生倾斜。当沉井采取分节制作时,第一节混凝土达到设计强度 70%后,方可浇筑其上一节沉井的混凝土。沉井制作的总高度,不宜超过沉井的短边或直径的尺度,并不应超过 12m。

3) 沉井下沉

(1) 材料强度要求

待沉井第一节的混凝土或砌筑的砂浆达到设计强度以后,且其余各节混凝土或砂浆达到设计强度的 70%后,方可下沉。

(2) 抽出承垫木的要求

沉井刃脚下的承垫木不能由一人顺次抽出，而必须由两人对称地、同步地抽出承垫木。在每次抽出承垫木以后，应立即用砂填实其空位。应严格防止由于抽承垫木不当，造成沉井倾斜。

(3) 沉井下沉方法

通常沉井在天然地面下沉。如在水面下沉，还需预先填筑砂岛或搭支架下沉。沉井在地面下沉的方法可分为下列几种。

① 人工挖土法

当场地无地下水，或地下水水量不大的小型沉井，可用人工挖土法。挖土应分层、均匀、对称地进行，使沉井均匀竖直下沉，避免发生倾斜。通常不应从沉井刃脚踏面下直接挖土，否则会造成局部沉井悬空。如土质较软，应先开挖沉井锅底中间部位，沿沉井刃脚周围保留土堤，使沉井挤土下沉。图 8.37 为人工挖土法施工，2 人一组，1 人在井下挖土，1 人在井上摇辘轳提升弃土，由图可见用水泵往外抽水施工。

② 排水下沉法

先用高压水枪，把沉井底部的泥土冲散(水枪的水压力通常为 2.5～3.0MPa)并稀释成泥浆，然后用水力吸泥机吸出井外。这种方法适用于地层土质稳定、不会产生流砂的情况。

③ 不排水下沉法

不排水下沉法要求将沉井内的水位始终保持高于井外水位 1～2m，采用机械抓斗，水下出土。当地层土质不稳定、地下水涌水量较大时可用此法，以防止井内排水产生流砂。

在大型多孔沉井挖土下沉时，要求各孔同步挖土，各井孔中的土面高差不应超过 1m，以利于沉井均匀下沉。

(4) 测量监控

为了保证沉井均匀下沉，测量监控十分重要。尤其对于平面尺寸大或深度大的沉井更为关键。通常，大中型沉井要求每班至少测量 2 次。若发现沉井倾斜，应立刻通报，并迅速采取相应措施，及时进行纠倾。

(5) 沉井封底

当沉井下沉至设计标高时，应进行沉降观测。若 8h 内沉井的下沉量不大于 10mm，方可进行封底。沉井封底方法分为干封法和水下封底法两种。

① 干封法

干封法适合于沉井底部无地下水的情况下浇筑底板混凝土，这种方法成本低、工期短、质量好。这是最常用的封底方法，具体做法如下所述。当沉井底部土层全部挖至设计标高后，清除虚土，并在底部挖一个深坑约 0.5～1.0m，作为集水井；用水泵在集水井中抽水，使地下水面下降至沉井底面以下；将集水井以外的全部底板一次浇筑混凝土，可以掺入早强剂，使底板混凝土尽快达到设计强度；最后快速封堵集水井。例如，上述清华大学发电厂扩建的沉井，即采用干封法。

沉井封底工程关键在快速封堵集水井。先计算好集水井的体积,按计算体积加20%余量准备好混凝土配合比所用各种材料,在沉井底部混凝土底板上将粗、细骨料和水泥粉拌均匀,称好加水量、加速凝剂快速搅拌后,一人从地面提起集水井中的水泵吸头,立即将搅拌好的混凝土填满集水井,仅3～5min混凝土即凝固不漏水,如图8.39(a),(b)所示。

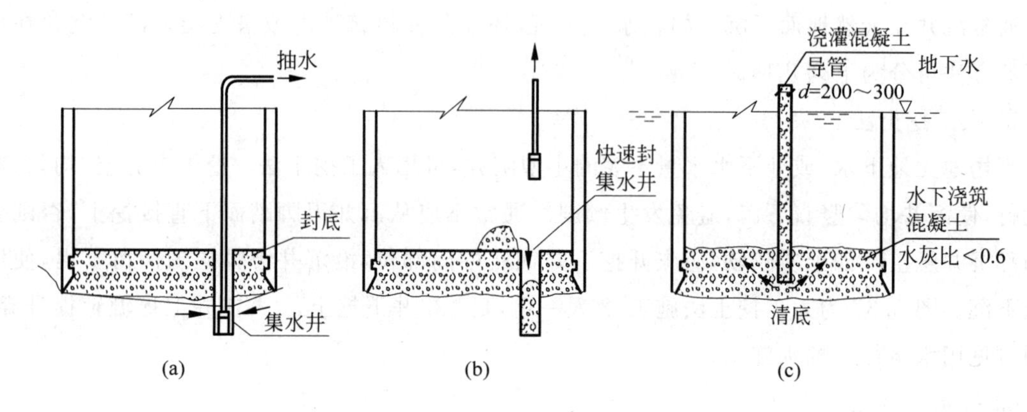

图8.39 沉井封底方法

② 水下封底法

如抽水时产生流砂,无法采用干封法时,可采用水下封底法。具体方法如下:在沉井开挖下沉至设计标高后,将井底的浮土清除干净,如为软土,则应铺碎石垫层厚200～300mm;安装水下浇筑混凝土的钢导管,导管的直径为200～300mm,具有足够的强度,且导管内壁表面光滑。各导管管段的接头应密封良好并便于装拆。导管浇筑混凝土的有效作用半径可取3～4m。根据沉井底面尺寸,计算与排列所需的导管。应当注意:水下浇筑混凝土的强度等级应比设计强度提高10%～15%;水灰比不宜大于0.6,并有良好的和易性;初期坍落度宜为14～16cm,以后应为16～22cm;水泥用量一般为350～400kg/m³。浇筑水下混凝土,要求导管插入混凝土的深度不小于1m,水下混凝土面平均上升速度小于0.25m/h,坡度不应大于1∶5。同时应在沉井全部底面积上连续浇筑、一次完成。待水下混凝土达到设计强度后,方可从井内抽水。

(6) 施工特殊问题处理

① 沉井突然大幅度下沉　在软土地基沉井施工中,常发生沉井突然大幅度下沉问题。如某工程的一个沉井,一次突沉达3m之多,分析突沉的原因,由于沉井井筒外壁土的摩擦阻力很小,当刃脚附近的土体被挖除后,沉井失去支承而剧烈下沉。这种突沉容易使沉井发生倾斜或超沉,应予避免。因此,在软土地区设计与制作沉井时,可以加大刃脚踏面的宽度,并使刃脚斜面的水平倾角不大于60°。必要时采用加设底梁等措施,防止沉井突然大幅度下沉。

② 沉井倾斜　沉井倾斜是沉井下沉过程中经常发生的问题,需注意防止并及时纠正。沉井倾斜应以预防为主,加强测量监控,发现倾斜及时通报并迅速采取措施,如在下沉较小的一侧加紧挖土(图8.40(a)),在沉井顶部加荷载等。例如,上海某研究所一个深达40m的钢筋混凝土沉

井，在沉井下沉只差几米时发生了较大的倾斜而停工处理。纠倾的第一项措施：在沉井下沉少的一侧井内，用高压水枪冲击，使井筒刃脚失去支承，但无效。第二项措施：在沉井沉降小的一侧井外挖土，以卸除部分土的摩阻力，仍无效。第三项措施：在沉井沉降小的一侧，挖土底部灌注膨润土泥浆，进一步减小沉井外壁土的摩擦力，还无效。常规的方法都用上了。因为沉井深达 40m，纠倾需克服极大的反向的被动土压力，最后采取用特制粗钢缆套在沉井下沉多的一边的顶部，采用往下沉少的方向扳拉的方法，才使沉井逐渐恢复至竖直位置，花费了大量时间，如图 8.40(b)所示。

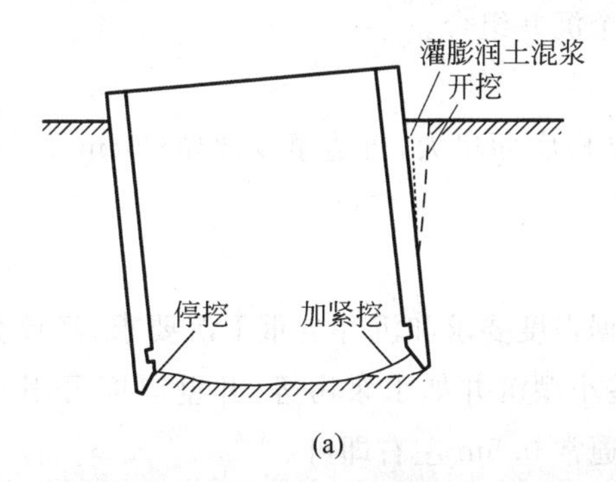

(a)

(b)

图 8.40 沉井倾斜后纠倾

③ 沉井不下沉 有时在沉井井内挖土后不下沉，甚至将刃脚底掏空还不下沉。遇到这类情况，应先调查分析其原因，再采取相应的措施。如因沉井外壁摩擦阻力太大，可采用在井筒外挖土、冲水或灌膨润土泥浆等方法，以减去其摩擦阻力。例如，北京某工厂一口沉井不下沉，最后租用大量钢轨压在沉井顶面，才解决了问题。若沉井刃脚遇到障碍物，则应让潜水员进行水下清理。

6. 沉井的设计

1) 沉井的高度

沉井底面标高，根据沉井的用途、荷载的大小，结合地基土层分布、性质和地基承载力确定。

沉井顶面，一般要求埋入地面以下0.2m，或在地下水位以上0.5m。沉井的顶面与底面两者标高之差，即为沉井的高度。

2）沉井的平面形状与尺寸

（1）沉井的平面形状

沉井的平面形状应根据上部结构物的平面形状和使用要求确定。如沉井作为烟囱的基础，应采用圆形；沉井作为桥墩基础，则为椭圆形。当建筑物的平面面积不大时，用一个沉井；否则应用多排孔大型沉井，或用多个沉井组合。

（2）沉井顶面尺寸

沉井顶面尺寸应比上部结构底面略大，每边至少要留20cm的余幅，以适应沉井下沉过程中可能发生的少量偏差。

（3）沉井的井壁厚度

通常沉井井壁的厚度，根据强度要求和沉井自重下沉要求，经计算确定。一般大中型沉井井壁厚度为0.5～1.0m。对一些小型沉井如水泵房等，井壁厚度可用0.3～0.4m。大型沉井内隔墙的厚度比外壁厚度可小些，通常0.5m左右即可。

3）地基承载力验算

沉井作为建筑物的深基础时，应验算地基承载力，满足以下条件：

$$N+G\leqslant fA+u_{\mathrm{p}}\sum f_{si}h_i \tag{8.23}$$

式中 N——沉井顶面上部荷载，kN；

G——沉井的自重，kN；

f——沉井底部地基承载力设计值，kPa；

A——沉井底部的面积，m^2；

u_{p}——沉井的周长，m；

f_{si}——各土层对井壁的摩擦力，按实际资料或按表8.15用，kPa；

h_i——沉井高度范围内，各土层的层厚，m。

考虑沉井四周地表土被松动，则此部分土的摩擦力不计。简化计算：地表5m范围的摩擦力可按三角形分布计算。

4）沉井自重验算

（1）沉井的下沉系数

为保证沉井施工时能顺利下沉，必须设计沉井的自重大于沉井外壁的摩擦阻力，即下沉系数应满足下式要求：

$$K_1=\frac{G}{R_{\mathrm{f}}}\geqslant 1.1\sim 1.25 \tag{8.24}$$

式中 K_1——沉井的下沉系数；

R_{f}——沉井外壁总摩擦阻力，kN。

表 8.15 沉井周围土对井壁的摩擦力 f_s

土的种类	砂土	砂卵石	砂砾石	流塑黏性土、粉土	软塑、可塑黏性土、粉土	硬塑黏性土、粉土	泥浆润滑套
摩擦力 f_s/kPa	12～25	18～30	15～20	10～12	12～25	25～50	3～5

注：① 本表适用于深度不超过 30m 的沉井；
② 泥浆套为灌注在井壁外侧的膨润土泥浆，是一种助沉材料。

(2) 沉井抗浮稳定

当沉井封底后，达到混凝土设计强度。井内抽干积水时，沉井内部尚未安装设备或浇筑混凝土前，此沉井类似置于地下水中的一只空筒，应有足够的自重，避免在地下水的浮托力作用下沉井上浮。即沉井的抗浮稳定系数应满足下式要求：

$$K_2=\frac{G+R_f}{P_w}\geqslant 1.05 \tag{8.25}$$

式中 K_2——沉井抗浮稳定系数；

P_w——地下水对沉井的总浮力，kN。

8.5.2 地下连续墙

1. 概述

1) 地下连续墙的优点

地下连续墙是 20 世纪中叶发展起来的一种新的深基础形式。它的施工要点为：修筑导墙，用机械在导墙内分段竖直挖槽，采用泥浆护壁，就地吊放钢筋笼，水下浇注混凝土，一段段联结成一堵地下钢筋混凝土连续墙，成为永久性深基础工程。

地下连续墙的优点：施工期间不需降水，不需挡土护坡，不需立模板与支撑，把施工护坡与永久性工程融为一体。因此，这种基础形式可以避免开挖大量的土方量，可缩短工期，降低造价。尤其在城市密集建筑群中修建深基础时，为防止对邻近建筑物安全稳定的影响，地下连续墙更显示出它的优越性。

2) 地下连续墙的发展

1950 年意大利首次建成地下连续墙，随后法国、墨西哥、日本及美、苏各国引进推广了这项新技术。目前地下连续墙已广泛应用于水库大坝地基防渗、竖井开挖、工业厂房设备基础、城市地下铁道、高层建筑深基础、船坞、船闸、码头、地下油罐、地下沉渣池等各类永久性工程。例如，墨西哥市区地层中，存在厚达 30m 的超高压缩性火山灰沉积土：孔隙比高达 7～12，天然含水率最高达 150%～600%，在如此软弱的地基中，采用地下连续墙，修建两条半地下铁道，全长 41.5km，前后仅 16 个月便建成通车。后来又在墨西哥第一国家城市银行大楼基础工程中，采用地下连续墙和 462 根满堂摩擦桩，以承受地上 22 层、地下 4 层、占地面积 42.8m×39.74m 的总荷载 475MN，五个月即完成全部基础工程。

3) 我国早期地下连续墙工程

早在 1958 年，地下连续墙已在北京郊区密云大型水库白河主坝中应用，作为大坝地基的防渗墙。白河主坝坝高66m，坝顶长度960m，河床地基为卵石层，层厚达35m左右，卵石的渗透系数为$k=10^{-1}$cm/s，严重漏水。如用常规方法，大开挖做截水墙，工程浩大，工期太长，无法满足大坝拦洪要求。水库工地试验研究用YKC-20型冲击钻打槽形孔，孔长为5m左右，宽80cm，泥浆护壁，就地浇混凝土的方法，获得成功。YKC-20型钻机铺上铁轨，打槽形孔比常规打圆孔减少了孔之间的接头，既提高了质量，又加快了进度，如图8.41所示一排钻机在施工。密云水库蓄水运行多年，大坝地基不漏水，情况良好。

图8.41 密云水库白河大坝地下连续墙施工

1979年，上海基础工程公司应用地下连续墙，建造上海港船厂港池试验成功。1980年又为上海钢铁一厂的一号高炉解决沉渣池难题，该高炉废渣污染环境，必须处理。工厂仅有一块空地可建沉渣池，但这块场地位于密集工程中：东边是工厂变电所的油库，南边是运行频繁的专用铁路，西边是高炉，北边是水泵房。四周都是生产设备，必须确保安全。修建沉渣池，按传统方法明槽开挖，必然影响四周邻近工程的稳定性。考虑用板桩锚杆，但没有地方锚拉。别的施工方法也都不行，最后用地下连续墙，完成了这项工程，如图8.42所示。

2. 地下连续墙的设计与施工

(1) 导墙

地下连续墙的第一道工序——修筑导墙，以此保证开挖槽段竖直作导向，并防止机械上下运行时碰坏槽壁。导墙位于地下连续墙的墙面线两侧，深度一般为1～2m，顶面略高于施工地面。导墙的内墙面应竖直。内外导墙墙面之间距为地下连续墙的设计厚度加施工余量，一般为40～60cm。

导墙的施工通常采用在现场开挖导沟，现场浇筑混凝土，成为对称的两个Γ形断面，并安放一层钢筋网。混凝土强度等级为C15，拆模后，应立即在导墙之间加设支撑，如图8.43所示。

(2) 槽段开挖

槽段开挖宽度，即内外导墙之间距，也即为地下连续墙的厚度。施工时，沿地下连续墙长度

图 8.42 上钢一厂地下连续墙施工全景

分段开挖槽孔。挖土机械国外用液压抓斗为多，如英国的履带吊车液压抓斗机，斗容为 0.19m³，抓斗机的液压压力为 18MPa，这种抓斗机适用于开挖深度为 8～15m。

图 8.44 所示为 SF-60 型多头钻成槽机。成槽宽度为 60cm，每次矩形切土长度为 1 992mm，弧形切土长度为 2 595mm，一般选取单元槽段开挖长度为 6m 时，可用三段式开挖，即可开出平正的槽形孔，这种方法可以提高质量，加快进度，在上钢一厂等工程中应用效果良好。

图 8.43 导墙

图 8.44 多头钻头

多头钻开挖槽段,采用反循环泥浆排弃土,即泥浆由导沟流入槽段,由多头钻切削下的土屑,悬混在泥浆中,经吸力泵由钻头中心吸入空心钻杆,排出槽外,平均钻深为6～8m/h。

(3) 泥浆护壁

泥浆起护壁作用,防止孔壁坍塌。在施工期间,槽内泥浆面必须高于地下水位 0.5m 以上,且不应低于导墙顶面 0.3m。

泥浆的材料应选用膨润土,要求黏粒含量大于 50%,$I_P>20$,含砂量小于 4%,比重为 1.05～1.25,胶体率大于 98%,pH 值 7～9,泥皮厚度 1～3mm/min。

由于泥浆比重大于地下水的比重,泥浆面高于地下水位,因此,泥浆压力足以平衡地下水的水压力和土压力,成为槽壁土体的液态支撑。同时泥浆还可渗入槽壁土的孔隙中,在槽壁表面形成一层致密的泥皮,增加槽壁的稳定性。泥浆经处理后,可回收大部分重复使用。

(4) 分段与接头

地下连续墙标准槽段为 6m 长,最大不超过 8m。分段施工,两段之间的接头可采用圆形或凸形接头管,使相邻槽段紧密相接;还可放置竖直塑料止水带防止渗漏。接头管应能承受混凝土的压力,在浇筑混凝土过程中,须经常转动及提动接头管,以防止接头管与一侧混凝土固结在一起。当混凝土已凝固,不会发生流动或坍落时,即可拔出接头管。地下连续墙的分段施工联结图如图 8.45所示。

(5) 钢筋笼制作与吊装

钢筋笼的尺寸应根据单元槽段的规格与接头形式等确定,并应在平面制作台上成型和预留插放混凝土导管的位置。为保证钢筋保护层的厚度,可采用水泥砂浆滚轮,固定在钢筋笼两面的外侧。同时可采用纵向钢筋桁架及在主筋平面内加斜向拉条等措施,使钢筋笼在吊运过程中具有足够的刚度,不致使巨大的钢筋笼变形而影响入槽。

钢筋笼应在清槽换浆合格后立即安装,用起重机整段吊起,对准槽孔,徐徐下落,安置在槽段的准确位置,如图 8.46 所示。

(6) 混凝土浇筑

混凝土配合比要求:水灰比不大于 0.6;水泥用量不少于 370kg/m^3;坍落度宜为 18～20;扩散度 34～38cm,应通过试验确定。混凝土的细骨料为中砂,粗砂,粗骨料的粒径不大于 40mm的卵石或碎石。

在槽段中的接头管和钢筋笼就位后,用导管法浇筑混凝土。要求槽内混凝土面的上升速度不应小于 2m/h;导管埋入混凝土内的深度在 1.5～6.0m 范围之内。一个单元槽段应一次连续浇筑混凝土,直至混凝土顶面高于设计标高 300～500mm 为止。凿去浮浆层后的墙顶标高应符合设计要求。

重复步骤(2)～(6),完成整体地下连续墙施工。

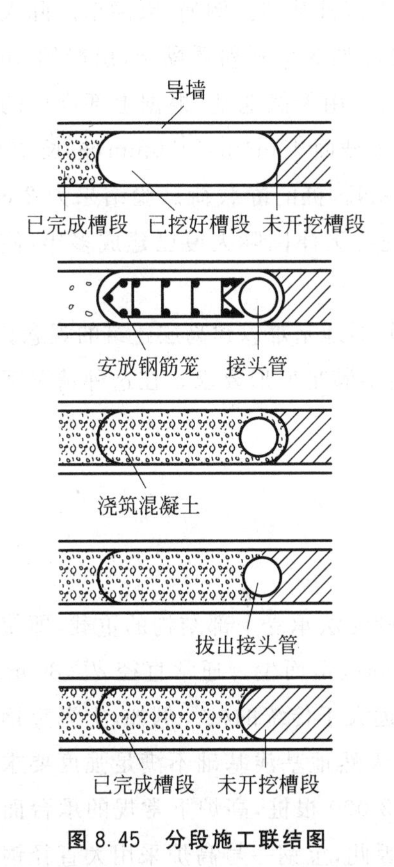

图 8.45 分段施工联结图

图 8.46 吊装钢筋笼

(7) 工效

上述地下连续墙施工方法是一种机械化的快速施工方法，工效高、成本低、安全可靠，且在地面工作，劳动条件得到改善。国际上采用综合指标，即每一日工完成地下连续墙(包括做导墙、挖槽、制作与吊放钢筋笼、浇筑混凝土全过程)的方量来计算工效。如上钢一厂的地下连续墙，该工程长 60m，宽 18m，深 12.5m，墙厚 0.6m，总体积 8 100m^3，施工队全队 48 人，只用 4 个多月时间，工效达到国际一般标准。据有关资料分析，如将大型沉井改用地下连续墙，可降低造价 25%～45%，值得推广。

8.5.3 箱桩基础

当高层建筑的地基土质较好时，通常采用箱形基础，不仅满足地基承载力的要求，而且同时满足地震区对基础埋深、即稳定性的要求。此外，箱形基础的埋深大，基坑开挖土方量大，箱基为空心结构，自重小于挖除的土重。因此，箱基为部分补偿性设计。箱基的空间，可作为人防及设备层等。

若高层建筑的地基土质软弱，仅用上述箱形基础，无法满足地基承载力的要求，则必须在箱形基础底板下做承重桩基础。这类箱基加桩基的基础，简称箱桩基础。例如，天津市国际大厦主楼38层，总高135.6m，地基表层为素填土，层厚约4m；第②层为可塑粉质黏土，层厚约3m；第③层为软塑粉质黏土，层厚约8m，由于地基承载力低，无法采用天然地基，根据上部高层的荷载与地质条件，在3层箱基埋深12m下，设置钢筋混凝土桩，桩截面450mm×450mm，桩长26m，桩端持力层为⑥a层细砂。计算单桩承载力设计值为2 500kN。桩的静载荷试验结果为2 800～3 300kN，共400根长桩，承受桩顶以上总荷载800MN。现此天津国际大厦已建成多年，使用情况良好。

箱桩基础这种新的基础形式，改变了过去认为地震区软弱地基难以建高层建筑的观念。

在一些工程中，箱形基础已能满足承载力要求，但可能不满足变形要求。在这种情况下采用箱桩基础，其中的桩主要起到控制变形的作用。

8.5.4 大直径桩墩基础

1. 特点

随着高层建筑与重型设备的兴建，不仅天然地基浅基础无法承受上部结构的重载，即使采用传统的中小型桩基也无法解决问题。因此，大直径桩墩基础应运而生。通常直径 $d \geqslant 800$mm 的桩称为大直径桩，这类桩的主要特点是其单桩墩的承载力远大于传统的桩。例如，上海宝钢一号高炉，高达120m，总荷重 5×10^5kN。地基为淤泥质软土，天然地基浅基础不满足强度要求。如用传统的钢筋混凝土桩，单桩承载力按250kN计算，则需2 000根桩，高炉下常规的承台面积内无法排列。如按群桩计算，又无法满足群桩承载力要求。因此，宝钢一号高炉采用大直径钢管桩 ϕ914.6mm，长60m，共144根桩，才满足地基承载力要求。又如广州某工程采用大直径混凝土墩，直径3.2m，深30m，单墩承载力达 7×10^4kN。

2. 大直径桩墩设计

大直径桩墩设计采用一柱一桩，不需承台。但如何确定单桩墩的承载力？通常这类工程为甲级建筑物，单桩承载力应由桩的静载荷试验确定。但因大直径单桩墩的单桩承载力很大，难以进行静载荷试验，通常采用经验参数法计算。鉴于大直径桩墩施工精细，通常每根桩成孔后，均需及时进行质量检验，合格后才能浇灌混凝土，这样桩的质量方可保证。因大直径桩为一桩(墩)一柱，如果桩出现危险，后果将不堪设想，所以大直径桩的安全系数 K 应比中小直径桩的安全系数高。

3. 大直径桩墩施工

大直径桩墩施工包括：准确定桩位，开挖成孔要规整、足尺，桩底虚土要清除干净，验孔，安放钢筋笼，装导管，浇筑混凝土连续不停一气呵成。若采用人工挖桩孔应注意安全，预防孔壁坍塌；同时应有通风设备，防止中毒。每一根桩都必须有施工的详细记录，确保质量。

8.5.5 深基槽护坡工程

根据高层建筑稳定性的要求，为减少建筑物的整体倾斜，防止倾覆及移滑，在地震区箱形基础埋深要求[62]：

$$d \geqslant \frac{1}{15} H_g \tag{8.26}$$

基坑的深度随着高层建筑的发展，越来越深。如何保持基槽边坡稳定是施工中的一个关键问题。常用的深基坑护坡工程有下列几种。

(1) 敞挖放坡

这种方法技术简单，施工方便，造价低廉。适用于下列条件：①相邻建筑有一定距离，允许敞挖放坡，不影响原有建筑的稳定性；②基坑开挖深度较浅，不大于 10m；③土质较好，无地下水，或地下水量不大。

工程实例：北京西苑饭店主楼，地上 23 层，地下 3 层箱形基础。地基土分 4 层：表层为人工填土，层厚 1.0m；第②层为粉质黏土，层厚约 5.0m；第③层为粉细砂，层厚 6m；第④层为卵石，厚达 5.5～10.6m。基坑开挖深 12.0m，以卵石层为箱形基础的持力层。

基坑施工采用敞挖放坡，边坡坡度按土质情况采用两种坡度：在第②层粉质黏土范围，坡度较陡，为 1∶0.5；第③层粉细砂的坡度较缓，为 1∶0.75；两段边坡变坡处，设 1.0m 宽平台，如图 8.47(a)所示。

由于高层建筑工程量大，工期长，基坑开挖一年后才能回填。坡面的粉细砂层，经受风吹、雨淋，将使粉细砂风扬散落和流失，影响边坡的稳定性。针对此问题，该工程采取在基坑坡面上敷设六角形 20 号铁丝网，在网上抹 M5 水泥砂浆，平均厚度 35mm，并以长 40cm 的Φ10 锚筋将铁丝网锚固在土坡上的办法，如图 8.47(b)所示。整个基坑边坡保护层，共 3 989m²，在 1986 年造价仅 2 万余元。增大了坡度，节省横向支撑，减少土方量，安全而经济[47]。

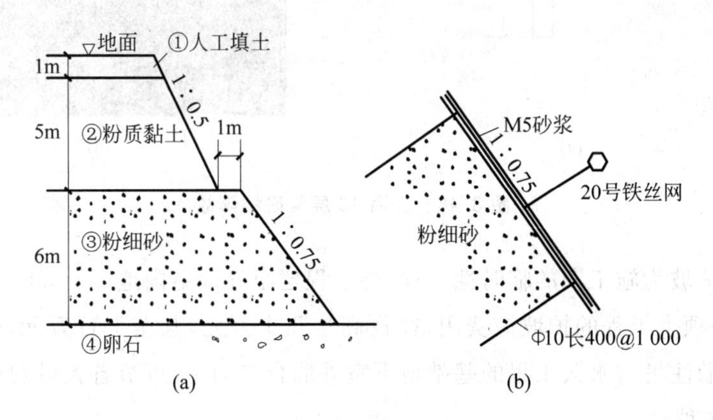

图 8.47 北京西苑饭店基槽边坡

(2) 灌注桩护坡

当建筑场地窄小,不允许敞挖放坡时,可考虑采用灌注桩护坡。这种方法适用于下列条件:①密集建筑,无法敞挖放坡;②高层建筑层数小于20层,基坑开挖深度小于10m;③周围环境不允许噪声污染。

工程实例:北京医院新建病房楼,地下3层,地上13层,总高50.6m。场地北侧为原有病房楼,东侧为市区公路,无法放坡敞挖基坑。若用钢板桩护坡,则打桩噪声使大量住院病人难以忍受,因而决定采用灌注桩护坡。护坡桩桩径800mm,桩中心距1.5m,效果良好。北京市很多工程,例如水利部办公楼、民航西单售票中心、隆福大厦等都采用这种方法护坡获得成功。

应当注意,灌注桩护坡工程的设计与施工不能掉以轻心。例如,上海徐家汇地区一幢18层科研楼,基坑开挖深5.4m,采用灌注桩护坡,桩径650mm,桩长10m,桩中心距950mm。于1988年10月基槽开挖后不久,灌注桩向基坑内倾斜,随着基槽西侧3幢楼房地坪发生3道裂缝,导致楼房墙体严重开裂事故,如图8.48所示。

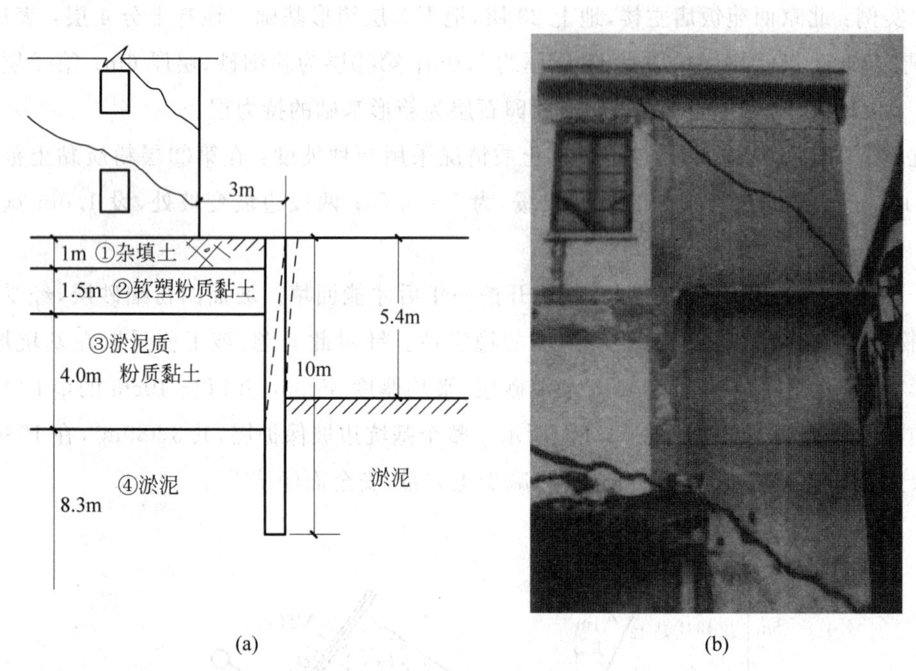

图8.48 上海18层科研楼事故

通常灌注桩护坡为施工期的临时性工程,待工程建至设计室内地坪±0.00后,此灌注桩已完成其历史使命,一项大工程的护坡桩费用,往往高达几十万元,甚至上百万元,全部报废,实在可惜。因而将护坡灌注桩与永久工程的基础地下室外墙合二为一,可节省大量费用。

(3) 钢板桩护坡

钢板桩通常采用刚度大的型钢,适用于下列条件:①高层建筑,层数超过30层,深基槽开挖超过 10m；②场地处于密集建筑中，无法敞挖放坡；③周围环境允许打钢板桩；④钢板桩一次投资，多次使用。

工程实例[9]：北京京广大厦，地上 52 层，总高 183.5m；地下 4 层，采用筏板基础，基础埋深达 23.5m。工程位于北京市东三环路西侧，场地北邻市区公路，南临亮马河，东、西两侧都有建筑物。因此，无法放坡敞挖基槽，采用钢板桩护坡工程。最初由日本设计 SMSOB300×488H 型钢为护坡桩，桩长均为 27m，桩距 1.1m，共 281 根。由于竖直向 23.5m 太深，H 型钢打入基槽底部仅3.5m，嵌固太浅，不稳定，加 5 道锚杆，5 道腰梁。后专家根据工程情况按地下室汽车坡道挖土深度不同，将大部分型钢桩长减小，其中 91 根钢桩改为 24m 长，124 根钢桩缩短为 18m；同时锚杆与腰梁都减去 2 道，改为 3 道，如图 8.49(a)所示。按 1986 年计，这项改进方案可节省投资 38 万元，并缩短工期数月。京广大厦已于 1991 年初竣工，运用情况良好。

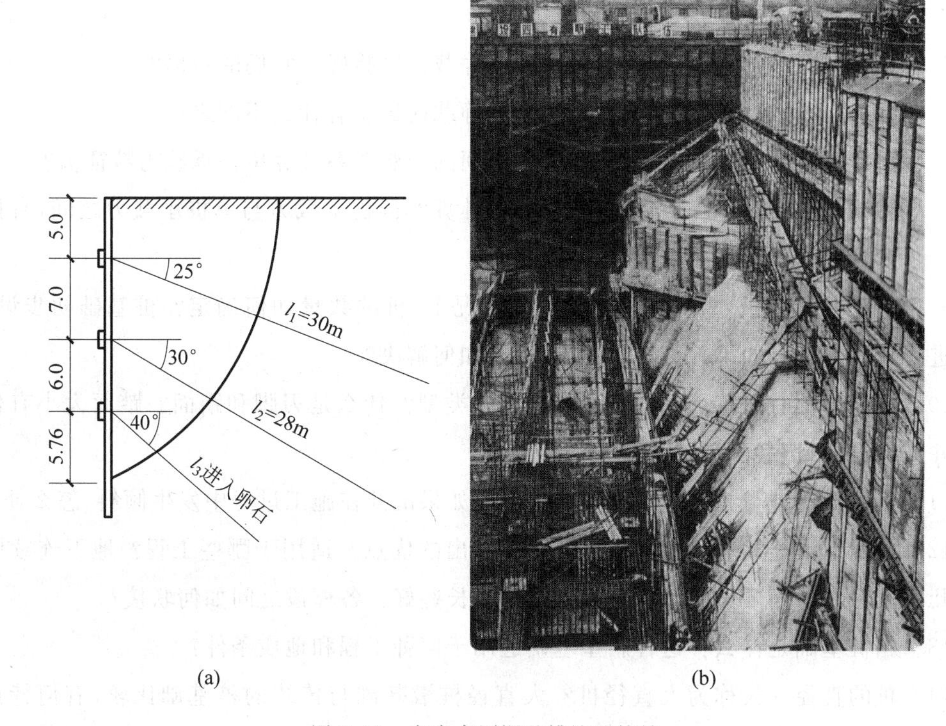

图 8.49 京广大厦深基槽施工护坡

(4) 地下连续墙

地下连续墙在施工期间是护坡工程，施工结束后可作为永久建筑的基础，两者相结合。因此，地下连续墙比单纯作施工护坡用的灌注桩或钢板桩方案更优越。但地下连续墙需专门技术与专门设备，还需要解决各槽段之间钢筋如何联结成整体性的问题。

(5) 深层搅拌桩

在软土地区，还可以采用深层搅拌桩进行护坡。这种方法将水泥浆由深层搅拌机注入地基土中，通过搅拌机的轮叶与地基土充分搅拌，固化后即成水泥土桩。一次可完成并列的8字形两根桩，详见第9章。

复习思考题

8.1 何谓深基础？深基础有哪些类型？在什么情况下需采用深基础？深基础与浅基础有何区别？

8.2 桩按承载性状分哪几类？端承摩擦桩与摩擦端承桩受力情况有什么不同？

8.3 预制桩有何优点？常用的预制桩有哪些规格？适用于什么条件？

8.4 灌注桩有何优点？按沉桩方法不同可分为哪几种？灌注桩施工可能发生什么质量问题？怎么防止？

8.5 何谓单桩竖向承载力特征值？怎样按静载荷试验确定它们的数值？

8.6 单桩竖向静载荷试验与浅基础的现场静载荷试验有什么不同之处？

8.7 怎样按土的物理指标与承载力参数之间的经验关系计算单桩承载力特征值？

8.8 何谓群桩？群桩效应与承台效应如何计算？群桩承载力与单桩承载力之间，有何内在联系？

8.9 桩基设计包括哪些内容？偏心受压情况下，桩的数量如何确定？桩基础初步设计后，还需要进行哪些验算？如果验算不满足要求，应如何解决？

8.10 沉井基础有何特点？如何选择沉井的类型？什么是刃脚和踏面？踏面大小有什么影响？沉井如何进行封底？

8.11 沉井的设计与施工应注意哪些问题？如果沉井在施工过程中发生倾斜，怎么处理？

8.12 何谓地下连续墙？地下连续墙有何突出的优点？适用于哪些工程？地下连续墙施工包括哪儿道工序？为何要做导墙？单元槽段是否长些好？各槽段之间如何联接？

8.13 箱桩基础是什么？这种新型基础适用于何种工程和地质条件？

8.14 桩的直径多大称为大直径桩？大直径桩墩基础与传统的桩基础比较，有何特点？这类基础的设计与施工中，需注意哪些问题？

8.15 扩底桩的优点是什么？扩底桩的桩身与扩底之间有何关系？为何最大扩底直径限桩身直径的3倍？扩底桩的施工有哪几种方法？扩底桩适用于什么条件？

8.16 高层建筑深基坑的护坡工程有哪几种？各适用于什么条件？哪一种方法最简单？哪一种方法最经济？

习　题

8.1　某宾馆为高层建筑，地基土软弱，采用预制桩基础。地基土层：表层为粉质黏土，$w=30.9\%$，$w_L=35.1\%$，$w_P=18.3\%$，层厚 $h_1=2.00$m；第②层为淤泥质土，$w=26.2\%$，$w_L=25.0\%$，$w_P=16.5\%$，$e=1.10$，层厚 $h_2=7.00$m；第③层为中砂，中密状态，层厚 5～80m。求预制桩桩周各层土的摩擦力特征值 q_s。　（答案：24kPa，10kPa，28kPa）

8.2　上题，求桩的极限侧阻力特征值 q_{sik}。　（答案：50kPa，27kPa，61kPa）

8.3　上述宾馆采用钢筋混凝土预制桩，桩端进入中砂 1.0m。问桩端土承载力特征值 q_p 是多少？桩的极限端阻力特征值 q_{pk} 为多大？　（答案：2 666kPa；5 270kPa）

8.4　上述宾馆采用钢筋混凝土桩，横截面为 300mm×300mm。桩承台底部埋深 1.00m，桩长为 9.00m，用送桩器送入地面下 0.90m。计算单桩竖向承载力特征值。　（答案：383kN）

8.5　某校教师住宅为 6 层砖混结构，横墙承重。作用在横墙墙脚底面荷载为 165.9kN/m。横墙长度为 10.5m，墙厚 37cm。地基土表层为中密杂填土，层厚 $h_1=2.2$m，桩周土的摩擦力 $q_{s1}=11$kPa；第②层为流塑淤泥，层厚 $h_2=2.4$m，$q_{s2}=8$kPa；第③层为可塑粉土，层厚 $h_3=2.6$m，$q_{s3}=25$kPa，第④层为硬塑粉质黏土，层厚 $h_4=6.8$m，$q_{s4}=40$kPa，桩端土承载力特征值 $q_p=1\ 800$kPa。试设计横墙桩基础。　（答案：采用预制桩，横截面 300mm×300mm，桩长 7.0m，进入第④层深度 $3d=0.9$m，用送桩器送入地面下 1.1m。承台宽 0.7m，高 1.2m。需桩 6 根）

8.6　某工程设计框剪结构，独立基础。作用在基础顶面的竖向荷载标准值 $F=2\ 000$kN，弯矩标准值为 $M_y=300$kN·m。地基表层为人工填土，层厚 $h_1=1.50$m；第②层为软塑黏土，$I_L=1.0$，层厚 $h_2=9.00$m；第③层为可塑粉质黏土，$I_L=0.50$，层厚 $h_3=7.40$m。试设计桩基础。（答案：采用钢筋混凝土预制桩，截面为 300mm×300mm，桩长 10m，桩端进入第③层 $3d=0.9$m。用送桩器，将桩送入地面下 1.4m。桩承台尺寸：长度 2.60m，宽度 2.40m，高 1.50m。共需桩 7 根）

8.7　某工程基础长度 8.00m，宽度 3.80m，基底荷载为 200kPa。地基表层为中密人工填土，层厚 $h_1=1.50$m；第②层为淤泥，$e=1.5$，层厚为 $h_2=8.30$m；第③层为粉土，$e=0.65$，层厚 $h_3=6.2$m。试设计预制桩基础。　（答案：采用钢筋混凝土预制桩，截面为 400mm×400mm，桩长 10m，桩端进入粉土层 $3d=1.20$m，用送桩器将桩送入地面下 1.00m。基础底面埋深 1.10m。需桩 12 根）

8.8　某高层建筑采用框架结构，单柱荷载 $N=5\ 000$kN。地基土分为 6 层：表层为中密杂填土，层厚 $h_1=1.0$m；第②层为中密粉土，层厚为 $h_2=0.9$m；第③层为可塑粉质黏土，层厚 $h_3=1.30$m；第④层为中密粉细砂，层厚 $h_4=0.9$m；第⑤层为中密中粗砂，层厚 $h_5=2.6$m；第⑥层为密实卵石，层厚 $h_6=6.7$m。按《建筑地基基础设计规范》(GB 50007—2011)设计大直径桩。

(答案：大直径桩桩身 ϕ=800mm，扩底直径 D=1 600mm，桩长 7.0m，以第⑥层为桩端持力层)

8.9 四川北部一幢住宅楼，经岩土工程勘察，地基土为6层：表层人工填土，松散，层厚 h_1=2.00m；第②层为黏土，可塑状态，I_L=0.54，层厚 h_2=4.00m；第③层为粉质黏土，可塑状态，I_L=0.74，层厚 h_3=3.00m；第④层为粉质黏土，流塑状态，I_L=1.14，层厚 h_4=2.00m；第⑤层为卵石，中密，N_{120}=7击，层厚 h_5=2.50m；第⑥层为砂质泥岩。设计沉管灌注桩，直径400mm，桩端进入卵石层500mm。设计采用了桩承台，承台埋深2.00m。计算单桩竖向承载力特征值。

8.10 上述住宅楼，岩土工程勘察报告提供各层土的桩周土摩擦力特征值：第②层黏土 q_{s2}=20kPa；第③层粉质黏土 q_{s3}=15kPa；第④层粉质黏土 q_{s4}=15kPa；第⑤层卵石 q_{s5}=55kPa 和卵石桩端土承载力特征值 q_p=3 500kPa。计算单桩竖向承载力特征值。

8.11 上述住宅楼，据四川省《振动冲击沉管灌注桩图集》川 92G315 号规定：成桩直径400mm，持力层为卵石，单桩竖向承载力标准值 R_k=450～550kN。由8.9题、8.10题，据国家规范计算结果，评论该住宅楼单桩竖向承载力设计值，科学的、切合实际的数值为多大？

注：本章部分习题为实际工程。其中习题8.9、8.10与8.11因当地取值是错误的，故未列出答案。

第9章

软弱地基处理[48,25,49]

9.1 概　　述

9.1.1 建筑物的地基处理目的与意义

各类建筑物的地基需要解决的技术问题,可概括为下列四个方面。

(1) 地基的强度与稳定性问题

若地基的抗剪强度不足以支承上部荷载时,地基就会产生局部剪切或整体滑动破坏,它将影响建筑物的正常使用,甚至成为灾难。如前述美国纽约水泥仓库与加拿大特朗斯康谷仓地基滑动,引起上部结构倾倒,即为此类典型实例。

(2) 地基的变形问题

当地基在上部荷载作用下,产生严重沉降或不均匀沉降时,就会影响建筑物的正常使用,甚至发生整体倾斜、墙体开裂、基础断裂等事故。如前述比萨斜塔、清华大学供应科库房墙体开裂、南京分析仪器厂职工住宅筏板基础断裂即为此类典型实例。湿陷性黄土遇水湿陷,膨胀土的胀缩,也属这类问题。

(3) 地基的渗漏与溶蚀

如水库地基渗漏严重,会发生水量损失。北京郊区房山区一座水库,地基为卵石,渗透系数很大,水库建成全部漏完,成为一座空坝。地基溶蚀会使地面坍陷,如徐州市区坍陷即为典型实例。

(4) 地基振动液化

在强烈地震作用下,会使地下水位下的松散粉细砂和粉土产生液化,使地基丧失承载力。日本新潟市3号公寓地基液化而倾倒,为典型实例。

凡建筑物的天然地基,存在上列四类问题之一时,必须进行地基处理,以确保工程安全。

地基处理的优劣,关系到整个工程的质量、造价与工期,地基处理的意义已被越来越多的人所认识。我国于2002年颁布《建筑地基处理技术规范》(JGJ 79—2002)[48],要求地基处理做到技术先进、经济合理、安全适用、确保质量。

9.1.2 地基处理的对象

地基处理的对象包括:软弱地基与不良地基两方面。

1. 软弱地基

软弱地基在地表下相当深度范围内存在软弱土。

(1) 软弱土的特性

软弱土包括淤泥、淤泥质土、冲填土、杂填土及饱和松散粉细砂与粉土。这类土的工程特性为压缩性高、强度低,通常很难满足地基承载力和变形的要求。因此,不能作为永久性大中型建筑物的天然地基。

淤泥和淤泥质土具有下列特性:①天然含水率高,$w>w_L$,呈流塑状态;②孔隙比大,$e\geqslant 1.0$;③压缩性高,一般$a_{1\text{-}2}=0.7\sim1.5\text{MPa}^{-1}$,属高压缩性土;④渗透性差,通常渗透系数$k\leqslant i\times10^{-6}\text{cm/s}$,这类建筑地基的沉降往往持续几十年才稳定;⑤具有结构性,施工时扰动结构,则强度降低。如沪、甬一带滨海相淤泥的灵敏度达4～10。

冲填土是疏浚江河时,用挖泥船的泥浆泵将河底的泥砂用水力冲填至岸上形成的土。含黏土颗粒多的冲填土往往是强度低、压缩性高的欠固结土。以粉土或粉细砂为主的冲填土容易产生液化。

杂填土是城市地表覆盖的、由人类活动堆填的建筑垃圾、生活垃圾和工业废料,结构松散,分布无规律,极不均匀。

(2) 软弱土的分布

① 淤泥和淤泥质土:广泛分布在上海、天津、宁波、温州、连云港、福州、厦门、广州等东南沿海地区及昆明、武汉等内陆地区,见表9.1。此外,各省市都存在小范围的淤泥和淤泥质土。

② 冲填土:主要分布在沿海江河两岸地区,例如天津市有大面积海河冲填土。

③ 杂填土:分布最广,历史悠久的城市,杂填土厚度大,市区多为建筑垃圾。例如,北京市西城区新建中小学教师住宅区,建筑垃圾厚达6～7m。北京西三旗精密陶瓷厂杂填土厚度超过9m。郊区的杂填土更复杂,还有城市的生活垃圾。例如,北京一房地产开发公司新建别墅区,2层小楼地基为5～8m厚的生活垃圾。

2. 不良地基

不良地基包括下列几类。

(1) 湿陷性黄土地基

由于黄土的特殊环境与成因,黄土中含有大孔隙和易溶盐类,使陇西、陇东、陕北、关中等地区的黄土具有湿陷性,导致房屋开裂。详见第10章。

(2) 膨胀土地基

膨胀土中有大量蒙特石矿物,是一种吸水膨胀,失水收缩,具有较大往复胀缩变形的高塑性黏土。在膨胀土场地上造建筑物处理不当,会使房屋发生开裂等事故,详见第10章。

(3) 泥炭土地基

凡有机质含量超过25%的土称为泥炭质土。泥炭土是在沼泽和湿地中生长的苔藓、树木等植物分解而形成的有机质土,呈黑色或暗褐色,具有纤维状疏松结构,为高压缩性土。前述清华大学供应科库房楼严重开裂,主要原因为地基中存在厚薄不均的泥炭土造成。

(4) 多年冻土地基

在高寒地区,含有固态水,且冻结状态持续二年或二年以上的土,称为多年冻土。多年冻土的强度和变形有其特殊性。例如,冻土中既有固态冰又有液态水,在长期荷载作用下具有流变性。又如建房取暖,将改变多年冻土地基的温度与性质,等等,故对此需专门研究。

(5) 岩溶与土洞地基

岩溶又称“喀斯特”(karst),它是可溶性岩石,如石灰岩、岩盐等长期被水溶蚀而形成的溶洞、溶沟、裂隙,以及由于溶洞的顶板塌落,使地表发生坍陷等现象和作用的总称。土洞是岩溶地区上覆土层,被地下水冲蚀或潜蚀所形成的洞穴。岩溶和土洞对建筑物的影响很大,前述徐州市区的坍陷即为典型实例。

(6) 山区地基

山区地基的地质条件复杂,主要为地基的不均匀性和场地的稳定性。例如,山区的基岩面起伏大,且可能有大块孤石,使建筑地基软硬悬殊导致事故发生。尤其山区常有滑坡、泥石流等不良地质现象,威胁建筑物的安全。前述南京江南水泥厂山坡滑动和香港宝城大厦被滑坡冲毁,应引以为戒。

(7) 饱和粉细砂与粉土地基

饱和粉细砂与粉土地基,在强烈地震作用下,可能产生液化,使地基丧失承载力,发生倾倒、墙体开裂等事故。

此外,如旧房改造和增层,工厂设备更新、加重,在邻近低层房屋开挖深坑建高层建筑等情况,都存在地基土体的稳定性与变形问题,需要进行研究与处理。

表9.1 我国主要软黏土地区不同

成因类型	地　区	土层埋深/m	含水率 w/%	天然重度 γ/kN/m³	孔隙比 e	液限 w_L/%
泻湖相	温州	1～35	63	16.2	1.79	53
	宁波	2～12 12～28	56 38	17.0 18.6	1.58 1.08	46 36
溺谷相	福州	3～19 1～3,19～25	68 42	15.0 17.1	1.87 1.17	54 41
滨海相	塘沽	8～17 0～8,17～24	47 39	17.7 18.1	1.31 1.07	42 34
	新港	1.9 18以上	79 58	15.5 16.5	2.05 1.66	67
	连云港		40～61	16.5～18.2	1.035～1.625	
三角洲相	上海	6～17 1.5～6,>20	50 37	17.2 17.9	1.37 1.05	43 34
	杭州	3～9 9～19	47 35	17.3 18.4	1.34 1.02	41 33
	广州	0.5～10	75	16.0	1.82	46
湖沼相	昆明		68 42	16.2 18.5	1.56 0.95	60 34
	水城		91 71	14.7 15.7	2.30 1.86	77 72
	盘县		83	14.7	2.16	75
漫滩相与废河道相	南京长江河谷		40～50	17.2～18.0	0.93～1.32	35～44
	苏北介首		48	17.4	1.31	39
	水城		81 49	14.9 16.7	2.061 1.323	78 52
坡积洪积相	水城		78 61	15.4 15.5	2.047 1.637	74 61
	盘县		75 65	15.4 15.1	1.89 1.81	69 78

成因类型黏性土物理、力学特征表

塑性指数 I_P	液性指数 I_L	有机质含量 /%	压缩系数 a/MPa^{-1}	固结快剪		快剪	
				ϕ/(°)	c/kPa	ϕ/(°)	c/kPa
30	1.5	5~8	1.93	12	5	6	2
19 15	1.23 1.11		2.50 0.72	1.2	10		
29 21	2.3 1.4	8~14	2.05 0.70	11 16	5 10		
22 15	1.1	5~10	0.97 0.65	37	17	2.1	12.7
36 26	1.33 1.09	5~10	1.23 0.88	2.1	17 13		
20~29			0.9~1.5	12~8	16~13		
20 13	1.16 1.05		1.24 0.72	15 18	5 6	6 11	16 14
19 15			1.30 1.17	14	6		
19			1.18				
18 12			0.90 0.40	12 19	22 15		
34 32	1.47 1.01	17.1	2.14 1.18	2 3	4 6		
32	1.32	19.7	2.25	2	9		
17~20	1.01~1.6		0.50~0.80	4~10	2~18		
16	1.56		1.09	5	11		
32 22	1.09 0.59	17.3 10.9	1.44 1.07	19 21	23 15		
33 28	1.16 1.00	17.9 9.6	1.44 1.20	10 12	11 16		
26 36	1.19 0.88	15.0 15.6	1.72 2.04	18 15	5 15	4 3	13 22

9.1.3 地基处理方案的确定

1. 准备工作

(1) 搜集详勘资料和地基基础设计资料。

(2) 论证地基处理的必要性：了解采用天然地基存在的主要问题；是否可用建筑物移位、修改上部结构设计或其他简单措施来解决；明确地基处理的目的、处理范围和要求处理后达到的技术经济指标。

(3) 调查本地区地基处理经验和施工条件。

2. 地基处理方法确定的步骤

(1) 初选几种可行性方案

根据结构类型、荷载大小及使用要求，结合地形地貌、地层结构、土质条件、地下水及环境情况和对邻近建筑的影响进行选择。

(2) 选择最佳方案

对初选的各方案，从加固原理、适用范围、预期处理效果、材料来源与消耗、机具条件、施工技术与进度和对环境的影响，进行全面技术经济比较，从中选择一个最佳的地基处理方案。通常集中各方案的优点，采用一个综合处理方案。

(3) 现场试验

对已选定的地基处理方法，按建筑物安全等级和场地复杂程度，选择代表性场地进行现场试验并进行必要的测试。检验处理效果，必要时修改处理方案。

9.1.4 地基处理施工注意事项

地基处理是一项技术复杂、难度大的非常规工程，必须精心施工，并注意以下几个环节。

(1) 技术交底与质量监理

在地基处理开始前，应对施工人员进行技术交底，讲明地基处理方法的原理、技术标准和质量要求。1996年5月作者应邀全权处理某幢高层建筑地基基础问题，其中一项需用级配碎石回填深坑。作者写出书面技术要求，并向施工全体技术人员当面交底，他们都说“明白了”。第二天现场施工，粗粒与细粒土怎么搅拌均匀？拌好的土怎么倒入深坑，不使粗细土分离？怎么控制铺土20cm一层？怎么具体压实？七手八脚，杂乱无章，实际“并不明白”。尤其有的深坑中存在软土，需用块石挤密，更不会做。因此，技术交底最好为示范处理，边干边讲，效果良好。施工处理应有专人跟班，负责质量监理。

(2) 做好监测工作

在地基处理施工过程中，应有计划地进行监测工作，根据测试数据来指导下一阶段地基处理工作，提高技术水平。

(3) 处理效果检验

在地基处理施工完成后，经必要的间隔时间，采用多种手段检验地基处理的效果。同一地点，用地基处理前后定量指标发生的变化加以说明，例如，地基承载力提高多少？c，ϕ 与 E_s 值增大多少？地基变形是否已满足设计要求？液化是否已消除等。

下面依次阐述国内外常用的各种地基处理方法。

9.2 机械压实法

如建筑地基土质疏松，最简便的处理方法是将天然土压实，该法不需挖土，不需填土，更不需用水泥等材料，因此是最经济的方法。

9.2.1 土的压实原理

大量工程实践证明：黏性土进行压实时，土太湿或太干都不能把土压实，只有在适当的含水率范围内才能压实。黏性土在某种压实功能作用下，达到最密时的含水率，称为最优含水率，对应的干密度称为最大干密度。各类土的矿物成分与粒径级配不同，其最大干密度与最优含水率也不相同；可用击实试验测定其数值[17]。

试验方法简述如下：①取代表性土样 20kg，制备 5 份不同含水率的试样，以 w_p 为中心，各含水率的差值为 2%；②分 3 层装入击实筒，每层 25 击；③称击实后试样总质量，测含水率，计算干密度；④用直角坐标纸，以干密度 ρ_d 为纵坐标，以含水率 w 为横坐标，绘制 ρ_d-w 关系曲线。取曲线峰值相应的纵坐标，为试样的最大干密度 ρ_{dmax}，其对应的横坐标，即为试样的最优含水率 w_{opt}，如图 9.1(a)所示。

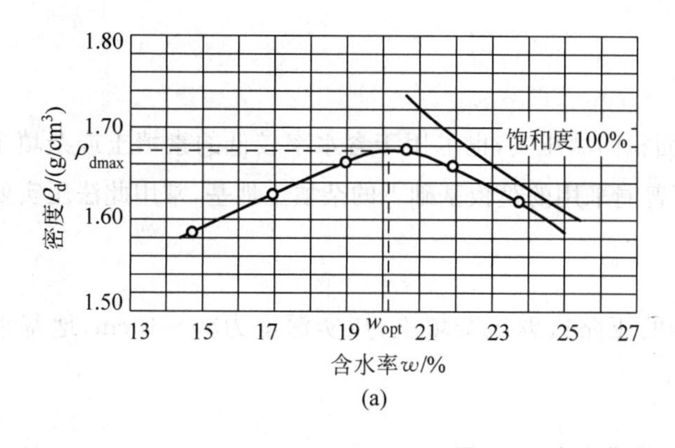

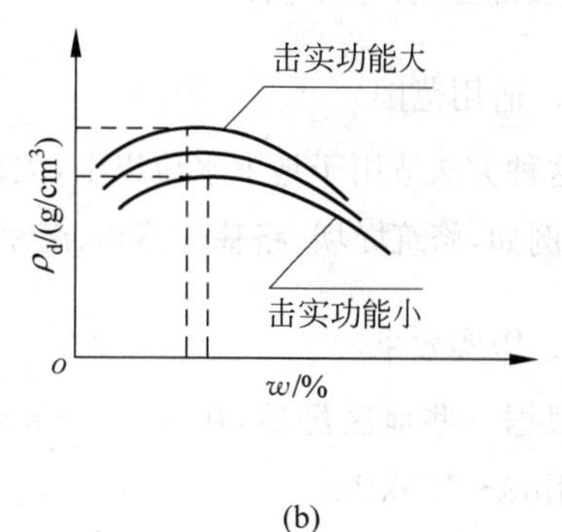

图 9.1 击实曲线

由图 9.1(a)可见：当土的含水率很低时，土的干密度 ρ_d 随着含水率 w 的增大而增大，ρ_d-w 曲线向上；但当 $w>w_{opt}$ 后，ρ_d 随 w 的增大反而降低，ρ_d-w 曲线向下弯曲。究其原因：当土中含水率很低时，土中只有强结合水，受电分子力的吸引，阻止土颗粒的移动，使土难以压实。当含水率适当增大时，土中的结合水变厚，电分子吸引力减弱，水起润滑作用，使土粒容易移动而压实。但当土中含水率较高时，土中存在不少自由水；在击实的短暂时间内，自由水无法排出而占有相当的体积，因而固体占有的体积相应减少，使土的干密度下降。根据研究，黏性土的最优含水率 $w_{opt}=w_p+(1\%\sim2\%)w_p$。

实践表明：影响黏性土压实的因素还有压实功能大小与土的粒径级配。同一种土的压实功能加大，则其最大干密度增大，相应的最优含水率降低，如图9.1(b)三条曲线所示。对黏粒含量高或塑性指数大的黏性土，其 ρ_{dmax} 较低，相应的 w_{opt} 较高。

土的压实原理具有极为重要的工程应用价值，例如，20世纪50年代，在我国辽宁省一座大型水库土坝施工中，坝体采用黏性土料，用羊足碾按设计碾压，测试结果未达到干密度的标准，反复增加碾压遍数后，干密度仍然没有提高，土层反而产生剪切破坏，类似“千层饼”形态。整个水库工程被迫停工，造成很大损失，原因在于该工程黏性土料天然含水率过高，限于当时历史条件，对土的压实原理缺乏认识所致。

砂土的击实性能与黏性土不同。由于砂土的粒径大，孔隙大，结合水的影响微小，总的说比黏性土容易压实。例如，干砂在压力与振动作用下容易压实；稍湿的砂土，因水的表面张力作用，使砂粒相互靠紧，阻止其移动，压实效果稍差，如充分洒水，饱和砂土表面张力消失，压实效果又变良好。

9.2.2　分层碾压法

1. 方法简介

分层碾压法是用压路机、推土机或羊足碾等机械，在需压实的场地上，按计划与次序往复碾压，分层铺土，分层压实。

2. 适用范围

这种方法适用于地下水位以上，大面积回填压实，也可用于含水率较低的素填土或杂填土地基处理，例如，修筑堤坝、路基。苏州、南京普遍采用的筏板基础下的杂填土地基，常用此法压实处理。

3. 压实效果

根据一些地区经验，用80～120kN的压路机碾压杂填土，压实深度为30～40cm，地基承载力可采用80～120kPa。

9.2.3　振动压实法

1. 方法简介

振动压实法是用振动机振动松散地基，使土颗粒受振移动至稳固位置，减小土的孔隙而压实。振动机自重为20kN,振动力为50～100kN,振动频率为1 160～1 180r/min,振幅为3.5mm。

振动压实所需时间：对碎砖瓦的建筑垃圾大于1～3min；含炉灰等细粒土时为3～5min。

2. 适用范围

振动压实法适用于松散状态的砂土、砂性杂填土、含少量黏性土的建筑垃圾、工业废料和炉灰填土地基。

3. 压实效果

振动压实法的有效深度可达1.5m,压实后的地基承载力为100～120kPa。

9.3 强 夯 法

9.3.1 概述

强夯法是1969年法国Ménard技术公司首创的一种地基加固方法。它用巨锤、高落距,对地基施加强大的冲击能,强制压实地基。

强夯法首次用于芒德利厄海围海造地,建造20幢8层住宅的地基加固。建筑场地为新近填筑的采石场弃土碎石层,厚约9m；其下为12m厚疏松的砂质粉土；底部为泥灰岩。工程起初拟用桩基,因负摩擦力占桩基承载力的60%～70%,不经济。后考虑预压加固,堆土高5m,历时3月,沉降仅20cm,无法采用。最后改为强夯：锤重100kN,落距13m,夯击一遍,夯击功能1 200kN·m/m^2,沉降量达50cm,满足工程要求。8层楼竣工后,基底压力为300kPa,地基沉降量仅13mm。

1978年11月至1979年初,我国交通部一航局科研所等单位,在天津新港3号公路首次进行强夯法试验研究。1979年8月至9月又在秦皇岛码头堆煤场的细砂地基进行试验,效果显著,正式采用强夯法加固该堆煤场地基。中国建筑科学研究院等单位于1979年4月在河北廊坊进行强夯法试验,处理可液化砂土与粉土,并于6月正式用于工程施工。

由于强夯法施工简单、快速、经济,在我国发展迅速。

9.3.2 强夯法的设备与施工

1. 强夯法的机具设备

强夯法的机具设备很简单,主要为夯锤、起重机和自动脱钩装置3种。

(1) 夯锤　①锤重,我国常用锤重为80～250kN,世界最大锤重为2 000kN,锤重大小根据加固要求由计算与现场试验确定；②夯锤的材料,因夯锤频繁重复使用,要求材料坚固、耐久、不变形,理想材料为铸钢,也可用厚钢板外壳,内浇筑混凝土制成；③夯锤底面构造,锤底形状宜采用圆形，锤底面积按土的性质确定，锤底静压力值可取 25～40kPa。锤的底面应对称设置若干个与其顶面贯通的排气孔，以消除高空下落时的气垫，且便于从夯坑中起锤，孔径可取 250～300mm。

(2) 起重机　西欧国家起重机大多采用履带式吊车，日本还采用轮胎式吊车。履带式起重机稳定性好，可在臂杆端部设置辅助门架，防止夯锤在高空自动脱钩时发生机架倾覆。吊车能力大于锤重。

(3) 自动脱钩装置　当起重机将夯锤吊至设计高度时，要求夯锤自动脱钩，使夯锤自由下落，夯击地基。自动脱钩装置有两种：一种利用吊车副卷扬机的钢丝绳，吊起特制的锁卡焊合件，使锤脱钩下落；另一种采用定高度自动脱锤索，效果良好。

2. 强夯法加固地基的机理

前已提及强夯法是用大吨位起重机，将巨型锤提至空中，从 $h=8\sim25\text{m}(h_{\max}=40\text{m})$高处自由下落，形成巨大的冲击能与冲击波。在夯锤接触地面的瞬间，强制压实与振密地基，如图 9.2 所示。

图 9.2　强夯法施工

通常强夯夯击第一锤，可使锤陷入地面达 1m 左右。这 1m 范围土的固体矿物的体积，大部分被强制性挤压至夯坑以下土的孔隙中，呈超压密状态。作者在北京剪板厂粉砂地基强夯工地调研时，跳入一米多深的强夯坑中，用手去抓粉砂，竟然坚硬得抓不动。

由此可见，强夯法加固地基的机理与重锤夯实法表面形式相似但有本质的差别。强夯法加固地基有三种不同的加固机理。

(1) 动力密实机理　强夯加固多孔隙、粗颗粒、非饱和土为动力密实机理，即强大的冲击能强制超压密地基，使土中气相体积大幅度减小。

(2) 动力固结机理　强夯加固细粒饱和土为动力固结机理，即强大的冲击能与冲击波破坏土的结构，使土体局部液化并产生许多裂隙，作为孔隙水的排水通道，加速土体固结土体发生触变，强度逐步恢复。

(3) 动力置换机理　强夯加固淤泥为动力置换机理，即强夯将碎石整体挤入淤泥成整式置换或间隔夯入淤泥成桩式碎石墩。

3. 强夯法的施工工艺

为了保证强夯加固地基的预期效果，需要严格的、科学的施工技术与管理制度。

(1) 夯前地基的详细勘察。查明建筑场地的土层分布、厚度与工程性质指标,如 γ, w, e, I_L, E_s, c, ϕ, N, N_{10} 等。

(2) 现场试夯与测试。在建筑场地内,选代表性小块面积进行试夯或试验性强夯施工。间隔一段时间后,测试加固效果,为强夯正式施工提供参数的依据。

(3) 清理并平整场地。平整的范围应大于建筑物外围轮廓线,每边外伸设计处理深度的 $\frac{1}{2}$～$\frac{2}{3}$,并不小于 3m。

(4) 标明第一遍夯点位置。对每一夯击点,用石灰标出夯锤底面外围轮廓线,并测量场地高程。

(5) 起重机就位,夯锤对准夯点位置,位于石灰线内。测量夯前锤顶高程。

(6) 将夯锤起吊到预定高度,自动脱钩,使夯锤自由下落夯击地基,放下吊钩,测量锤顶高程。若因坑底倾斜造成夯锤歪斜时,应及时整平坑底。

(7) 重复步骤(6),按设计规定的夯击次数及控制标准,完成一个夯点的夯击。

(8) 重复步骤(5)～(7),按设计强夯点的次序图,完成第一遍全部夯点的夯击。

(9) 用推土机将夯坑填平,并测量场地高程。标出第二遍夯点位置。

(10) 按规定的间隔时间,待前一遍强夯产生的土中孔隙水压力消散后,再按上述步骤,逐次完成全部夯击遍数,通常为 3～5 遍。最后采用低能量满夯,将场地表层松土夯实,并测量场地夯后高程。

(11) 强夯效果质量检测。全部夯击结束后,按下述间隔:砂土 1～2 周,低饱和度粉土与黏性土 2～4 周,进行强夯效果质量检测。采用两种以上方法,检测点不少于 3 处。对重要工程与复杂场地,应增加检测方法与检测点。检测的深度应不小于设计地基处理的深度。

9.3.3 强夯法设计

1. 有效加固深度

根据工程的规模与特点,结合地基土层情况,确定强夯处理有效加固深度,这与强夯的功能有关。据此选择锤重与落距。

(1) 公式计算

根据我国各单位的实践经验,修正了法国梅纳最初提出的公式,按下式计算:

$$H = \alpha \sqrt{Wh/10} \tag{9.1}$$

式中 H——强夯的有效加固深度,m;

W——夯锤重,kN;

h——落距,m;

α——与土的性质和夯击能有关的系数,一般变化范围为 0.5～0.9,细粒土、夯击能较大时取大值。

(2) 经验统计值

有效加固深度也可按表9.2预估。

表9.2 强夯法的有效加固深度[48]　　m

单击夯击能/kN·m	碎石土、砂土等粗颗粒土	粉土、黏性土、湿陷性黄土等细颗粒土
1 000	5.0～6.0	4.0～5.0
2 000	6.0～7.0	5.0～6.0
3 000	7.0～8.0	6.0～7.0
4 000	8.0～9.0	7.0～8.0
5 000	9.0～9.5	8.0～8.5
6 000	9.5～10.0	8.5～9.0
8 000	10.0～10.5	9.0～9.5

注：强夯法的有效加固深度应从起夯面算起。

(3) 现场试夯

按公式(9.1)与表9.2,初步确定强夯的有效加固深度与夯击功能的关系,选用强夯的锤重与落距,以进行现场试夯为准。

2. 强夯的单位夯击能

强夯的单位夯击能应根据地基土的类别、结构类型、荷载大小和要求处理的深度等综合考虑,并通过现场试夯确定。在一般情况下:

粗颗粒土可取1 000～3 000kN·m/m^2;

细颗粒土可取1 500～4 000kN·m/m^2。

3. 选用夯锤与落距

对当地强夯施工单位已有的夯锤与起重机型号作调查,根据所需有效加固深度与单击夯击能,最后选用夯锤与落距。在单击夯击能相同的情况下,实践表明:增加落距 h 比增加锤重 W 更有效。

4. 确定每个夯点重复夯击次数

通常每个夯点应多次重复夯击,才能达到有效加固深度。若击数太多,则费时费钱。由现场试夯所得夯击次数与夯沉量关系曲线确定最佳夯击次数,且应同时满足下列条件:

(1) 最后两击的平均夯沉量:当单击夯击能小于4 000kN·m时为50mm;当单击夯击能为4 000～6 000kN·m时为100mm;当单击夯击能大于6 000kN·m时为200mm;

(2) 夯坑周围地面不应发生过大的隆起;

(3) 不因夯坑过深而发生起锤困难。

5. 夯点平面布置

(1) 按设计起重机开行路线，顺序布置夯击点；

(2) 强夯夯击时，应力向外扩散，因此，夯击点必须间隔 5～9m 夯距，如图 9.3(a)所示的为正确布置。若夯点紧接，应力叠加，效率降低，如图 9.3(b)所示的为不正确的布置。

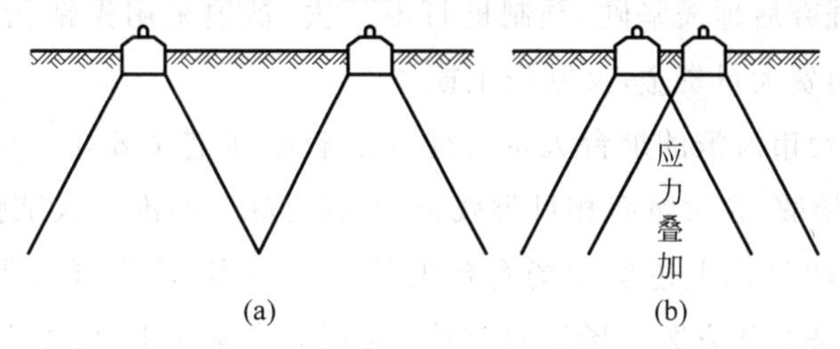

图 9.3 强夯夯击点布置图

通常夯击平面按行列式(正方形)布置施工方便，也可采用梅花形(等边三角形)布置。

(3) 确定夯击遍数。根据土的性质、夯击功能与有效加固深度确定，一般情况为 2～3 遍。最后再以低能满夯一遍。对于渗透性弱的细颗粒土，夯击遍数可适当增加。

第一遍夯击，如图 9.4 中[1]所示，两个夯击点相隔 7m。按行、按列将整个场地夯击完后，开始第二遍夯击，如图 9.4 中[2]所示。依此类推。图 9.4 采用强夯 4 遍的平面布置，空白处为最后低能量满夯(即平拍)的部位。

(4) 夯击范围。通常夯击范围应大于建筑物基础范围，每边超出基础外缘的宽度，宜为设计处理深度的 1/2～2/3，但不宜小于 3m。

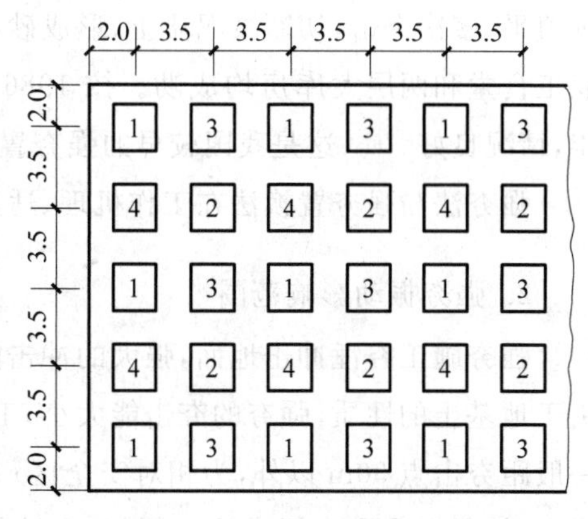

图 9.4 强夯平面布置图

6. 两遍夯击之间的时间间隔

两遍夯击之间的时间间隔，取决于土中超孔隙水压力的消散时间。对碎石与砂土可连续夯击；对渗透性差的黏性土，应不少于 3～4 周。

7. 现场试验测试调整

初定强夯参数，提出强夯试验方案，进行现场试验。经间隔时间后进行夯后测试并与夯前数据对比，检验强夯效果。调整后确定正式强夯参数。

9.3.4 强夯法的适用范围

1. 适用的地基土质

强夯法大多数工程应用动力密实机理，最适用于孔隙大而疏松的碎石土、砂土及建筑垃圾，也适用于低饱和度的粉土、黏性土、湿陷性黄土和素填土。

对高饱和度的粉土与黏性土地基，尤其对软黏土地基，采用动力固结机理强夯法要慎重。例如，北京一所大学修建运动场看台：长 178m，宽 18m，高 11.7m。地基中素填土与粉土承载力 100、120kPa，采用强夯加固(锤重 12t，落距 17m)后，承载力提高为 130kPa，不满足强度要求，又打钢筋混凝土桩。因强夯后地表坚硬，预制桩打不下去，被迫采用先钻孔，将预制桩放入钻孔再打桩的办法，这样，既浪费大量资金，又耽误工期。

与此相反，位于烟台市海滨的烟台大学筹建 5 层教师住宅文 8 楼。地基中存在一层淤泥质土，灰黑-深灰色，饱和松散，含大量海相贝类残壳，具腥臭味。标准贯入试验锤击数为 $N=1.6$，其中两次为零击，此地基明显比上述运动场看台地基软弱得多，按常规必须打桩。但因打桩费用高，需寻求既安全又经济的新方案。场地的土质：表层为中密粉土，层厚 1.6m；第②层为松散的细砂，层厚 1.6m；第③层即淤泥质土，不仅软弱，而且厚达 2.6m，不妥善处理，必为事故的隐患；第④层为密实卵石，层厚 2.1m；第⑤层即基岩，为元古界云英片岩。同时文 8 楼设计地面比天然地面高 1.0m，该大学附近开山扩建公路，有大量碎石废渣。根据上述情况，决定采用强夯法加固地基方案。先在场地上铺 1m 厚碎石，强夯夯击将碎石挤入地基形成深坑，再用碎石或中粗砂把坑填平，多次夯击，切断淤泥质土，形成砂石墩，获得成功。接着又用强夯法处理烟台大学两层教职工食堂和两层大库房均成功。按 1986 年计，三项工程节约资金十多万元。工程竣工使用多年，情况良好[50]。这是我国较早的强夯置换工程之一。

强夯法与强夯置换法在工作机理、适用土质范围和施工方法上都有明显的不同。

2. 强夯振动影响范围

强夯施工夯锤冲击地面，强大的冲击能产生的强烈振动，是否对邻近建筑物造成危害？它取决于地基土的性质，强夯的夯击能大小，工程的坚固程度，尤其是夯点离建筑物的距离。结论为：一般距夯击点 30m 以外，为相对安全区；15m 以内，为明显振动区，若必须在邻近建筑物处进行强夯时，可以采取防振措施。例如，上述烟台大学教职工食堂与已建成使用的二层学生食堂相邻，净距仅 6～7m，采用了挖隔振沟的办法，故在教工食堂地基强夯时，学生食堂安然无恙。

9.3.5 强夯加固地基的效果

强夯加固地基可产生以下几种优良效果。

(1) 提高地基承载力

强夯加固处理后，地基承载力通常可提高 1～5 倍，$f_{ak}=180\sim250$kPa。

(2) 深层地基加固

强夯法可使深层地基得到加固，国内有效加固深度一般为 5～10m。高能量强夯法加固深度可超过 10m。

（3）消除液化

饱和疏松粉细砂为可液化土，经强夯后可以消除液化。例如，北京剪板厂与北京面粉厂位于北京市大兴县黄村，地基为饱和粉砂，强夯加固后已消除液化。

（4）消除湿陷性

山西化肥厂地基为自重湿陷性黄土，采用锤重25t、落距25m、夯击能6 250kN·m夯击加固后，消除黄土湿陷性深度达12m。

（5）减少地基沉降量

强夯加固地基，使土的密度增大，孔隙比减小，压缩系数降低，因此，地基沉降量有时可减小数倍，并可解除不均匀沉降的危害。

9.3.6 对强夯法的评价

1. 优点

（1）设备简单、工艺方便、原理直观。

（2）应用范围广，加固效果好。

（3）需要人员少，施工速度快。

（4）不消耗水泥、钢材，费用低，通常可比桩基节省投资30％～70％。

2. 缺点

（1）振动大，有噪声，在市区密集建筑区难以采用。

（2）强夯理论不成熟，不得不采用现场试夯才能最后确定强夯参数。

（3）强夯的振动对周围建筑物的影响研究还不够。

今后还应深入总结经验，加强理论研究，不断提高强夯法的水平。

9.4 换填垫层法

9.4.1 概述

1. 换填垫层方法

这种方法先挖除基底下处理范围内的软弱土，再分层换填强度大、压缩性小、性能稳定的材料，并压实至要求的密实度，作为地基的持力层。

2. 换填垫层的材料

（1）理想材料为卵石、碎石、砾石、粗中砂。要求级配良好，不含杂质。使用粉细砂时，应掺入25％～30％的碎石或卵石，最大粒径不宜大于50mm。这类材料应用最广。

(2) 素土。土料中有机质含量不得超过5%,亦不得含有冻土或膨胀土。当含有碎石时,粒径不宜大于50mm。

(3) 灰土。灰与土的体积配合比,宜为2∶8或3∶7。土料宜用黏性土及塑性指数大于4的粉土,不得含有松软杂质,并应过15mm筛。灰料宜用新鲜的消石灰,颗粒不得大于5mm。

(4) 工业废料。如矿渣,应质地坚硬、性能稳定和无侵蚀性。其最大粒径及级配宜通过试验确定。

3. 换填垫层的作用

(1) 提高地基承载力

浅基础的地基承载力与基底土的强度有关。若上部荷载超过软弱地基土的强度,则从基础底面开始发生剪切破坏,并向软弱地基的纵深发展。如以强度大的砂石代替软弱土,就可避免地基剪切破坏,从而提高地基承载力。

(2) 减小地基沉降量

软弱地基土的压缩性高、沉降量大。换填压缩性低的砂石,则地基沉降量减小。湿陷性黄土换成灰土垫层,可消除湿陷性,也可减小地基沉降量。

(3) 加速软土的排水固结

砂、石垫层透水性大,软弱下卧层在荷载作用下,以砂、石垫层作为良好的排水体。可使孔隙水压力迅速消散,从而加速软土的固结过程。

(4) 防止冻胀

砂、石本身为不冻胀土,垫层切断了下卧软弱土中地下水的毛细管上升,因此可以防止冬季结冰造成的冻胀。

(5) 消除膨胀土的胀缩作用

在膨胀土地基中采用换填垫层法,应将基础底面与两侧的膨胀土挖除一定的范围,换填非膨胀性材料,则可消除胀缩作用。

4. 换填垫层的适用范围

换填垫层法适用于淤泥、淤泥质土、湿陷性黄土、素填土、杂填土地基及暗沟、古井、古墓等浅层处理。常用于多层或低层建筑的条形基础、独立基础、地坪、料场及道路工程。因换填的宽深范围有限,既安全又经济。

9.4.2 垫层的设计

垫层材料虽有不同,应力分布也有差异,但其极限承载力比较接近,建筑物沉降特点也基本相似。垫层设计主要内容:垫层的厚度、宽度与质量控制标准,分述如下。

1. 垫层的厚度

垫层的厚度 z，根据软弱下卧层的承载力确定。即垫层底面处的附加应力与自重压力之和不大于软弱下卧层的地基承载力，按公式(7.19)计算。垫层底面附加应力简化计算按公式(7.20)或公式(7.21)计算。垫层的压力扩散角 θ 可按表 9.3 取值。

表 9.3 垫层的压力扩散角 θ

z/b \ 换填材料	中砂、粗砂、砾砂 圆砾、角砾、卵石、碎石	黏性土和粉土 ($8<I_P<14$)	灰　土
0.25	20°	6°	28°
≥0.50	30°	23°	28°

注：① 当 $\frac{z}{b}<0.25$ 时，除灰土取 $\theta=28°$ 外，其余材料均取 0°，必要时，宜由试验确定；

② 当 $0.25<\frac{z}{b}<0.50$ 时，θ 值可内插求得。

垫层的厚度通常不大于 3m，否则工程量大、不经济、施工难。如垫层太薄小于 0.5m，则作用不显著、效果差。

2. 垫层的宽度

垫层的宽度应满足基底应力扩散的要求，根据垫层侧面土的承载力，防止垫层向两侧挤出。

(1) 垫层的顶宽　垫层顶面每边宜超出基础底边不小于 300mm，或从垫层底面两侧向上，按当地开挖基坑经验的要求放坡。

(2) 垫层的底宽　垫层的底宽按下式计算或据当地经验确定。

$$b' \geqslant b + 2z\tan\theta \tag{9.2}$$

式中 b'——垫层底面宽度，m；

z——基础底面下垫层的厚度，m；

θ——垫层的压力扩散角，可按表 9.3 采用；当 $\frac{z}{b}<0.25$ 时，仍按表中 $\frac{z}{b}=0.25$ 取值。

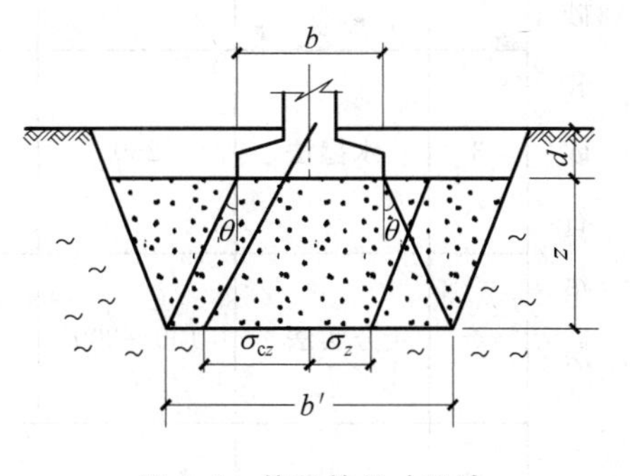

图 9.5 垫层的尺寸设计

整片垫层的宽度可根据施工要求适当加宽。

9.4.3 垫层的施工

垫层施工时应注意下列事项，以保证工程质量。

(1) 基坑保持无积水。若地下水位高于基坑底面时，应采取排水或降水措施。

(2) 铺筑垫层材料之前，应先验槽。清除浮土，边坡应稳定。基坑两侧附近如存在低于地基的洞穴，应先填实。

(3) 施工中必须避免扰动软弱下卧层的结构，防止降低土的强度、增加沉降。基坑挖好立即回填，不可长期暴露、浸水或任意践踏坑底。

(4) 如采用碎石或卵石垫层，宜先铺一层15～20cm的砂垫层作底面，用木夯夯实，以免坑底软弱土发生局部破坏。

(5) 垫层底面应等高。如深度不同，基土面应挖成踏步或斜坡搭接。分段施工接头处应做成斜坡，每层错开0.5～1.0m。搭接处应注意捣实，施工顺序先深后浅。

(6) 人工级配砂石垫层，应先拌和均匀，再铺填捣实。

(7) 垫层每层虚铺200～300mm，均匀、平整，严格掌握。禁止为抢工期一次铺土太厚，否则层底压不实，坚决返工重做。

(8) 垫层材料应采用最优含水率。尤其对素土和灰土垫层，严格控制$w \leqslant w_{opt} \pm 2\% w_{opt}$。

(9) 施工机械应根据不同垫层材料进行选择，如素填土宜用平碾或羊足碾；其余参见表9.4。机械应采取慢速碾压。如平板振捣器宜在各点留振1～2min。

表9.4 垫层的施工方法与铺土厚度

种类	项次	夯(压、振)实方法	每层铺筑厚度/mm	施工时最优含水率/%	施工情况	备注
砂和砂石垫层	1	平振法	200～250	15～20	用平板式振捣器往复振捣	不宜使用于细砂或含泥量较大的砂所铺筑的砂垫层
	2	插振法	振捣器的插入深度	饱和	用插入式振捣器，插入间距可根据机械振幅大小决定。不应插至下卧黏性土层，插入振捣完毕后所留孔洞，应用砂填实	
	3	水撼法	250	饱和	注水高度应超过每次铺筑面层，用钢叉摇撼捣实插入点间距为100mm，摇撼十几下，感觉砂子已沉实时，便将钢叉拔出	湿陷性黄土及膨胀土地区不得使用
	4	夯实法	150～200	8～12	用木夯(重0.04t)或机械夯，落距为40～50cm，夯时需一夯压半夯，全面夯实	
	5	碾压法	250～350	8～12	6～10t压路机往复碾压	适用于大面积垫层，不宜用于地下水位以下的砂垫层
灰土垫层	1	石夯、木夯	200～250		夯具重0.04～0.08t人力送夯，落高40～50cm，一夯压半夯	
	2	轻型夯实机械	200～250		蛙式或柴油打夯机	
	3	压路机	200～300		夯具重6～10t，双轮压路机	

(10) 进行质量检验。合格后,再上铺一层材料再压实,直至设计厚度为止,并及时进行基础施工与基坑回填。

9.4.4 垫层的质量控制标准

垫层的质量控制标准,根据承载力的要求,通常采用下列两种方法。

(1) 干密度 ρ_d

① 环刀法　素土、灰土和密砂用容积 $V \geqslant 200\text{cm}^3$ 的环刀,在垫层中取代表性试样,测定其干密度 ρ_d 。一般中砂 $\rho_d \geqslant 1.60\text{g/cm}^3$ 为合格;灰土 $\rho_d \geqslant 1.55\text{g/cm}^3$ 为合格。

② 灌水法　如为卵石或碎石垫层无法用环刀取样时,可采用灌水法。选代表性部位挖试坑:直径为 250mm,深度 300mm。挖出的卵石全部装入小桶,可得卵石的质量。用塑料薄袋平铺试坑内,注水入袋至试坑口齐平。注入水量为试坑体积。级配良好的卵石,要求 $\rho_d \geqslant 1.90\text{g/cm}^3$ 。

(2) 压实系数 λ_c

压实系数 λ_c 按下式计算:

$$\lambda_c = \frac{\rho_d}{\rho_{d\max}} \tag{9.3}$$

式中　λ_c ——压实系数,一般要求 $\lambda_c = 0.93 \sim 0.97$;

ρ_d ——垫层材料施工要求达到的干密度,g/cm^3;

$\rho_{d\max}$ ——垫层材料能够压密的最大干密度,由击实试验测定,g/cm^3。

9.4.5 换土垫层的承载力

经换土垫层处理后的地基承载力,重要工程宜通过现场试验确定,对一般工程可按表 9.5 选用。

表 9.5　各种垫层的承载力[48]

换 填 材 料	承载力特征值 f_{ak}/kPa
碎石、卵石	200～300
砂夹石(其中碎石、卵石占全重的 30%～50%)	200～250
土夹石(其中碎石、卵石占全重的 30%～50%)	150～200
中砂、粗砂、砾砂、圆砾、角砾	150～200
粉质黏土	130～180
石屑	120～150
灰土	200～250
粉煤土	120～150
矿渣	200～300

注:① 压实系数小的垫层,承载力特征值取低值,反之取高值;

② 原状矿渣垫层取低值,分级矿渣或混合矿渣垫层取高值。

【例题 9.1】 某中学一幢教学楼,采用砖混结构条形基础。作用在基础顶面竖向荷载为 $N=130\text{kN/m}$。地基土层情况：表层为素填土,$\gamma_1=17.5\text{kN/m}^3$,层厚 $h_1=1.30\text{m}$；第二层为淤泥质土,$f_{ak}=75\text{kPa}$,$w=47.5\%$,$\gamma_2=17.8\text{kN/m}^3$,层厚 $h_2=6.50\text{m}$。地下水位深 1.30m。设计此教学楼的砂垫层。

【解】 (1) 砂垫层材料采用粗砂,要求压实系数 $\lambda_c=0.95$,则承载力特征值 f_{ak} 取 150kPa。

(2) 考虑淤泥质土软弱,基础宜浅埋,基础埋深定为 $d=0.8\text{m}$。

(3) 计算墙基的宽度

$$b \geqslant \frac{N}{f-20d}=\frac{130}{150-20\times 0.8}=0.97\text{m},取\ b=1.0\text{m}。$$

(4) 设计粗砂垫层厚度 $z=1.20\text{m}$。

(5) 垫层底面土的自重应力

$$\sigma_{cz}=\gamma_1 h_1+\gamma_2'(d+z-h_1)=17.5\times 1.30+7.8\times 0.7=28.2\text{kPa}$$

(6) 垫层底面的附加应力　采用简化计算法,按公式(7.20)计算。附加应力扩散角 θ 采用 30°。

$$\sigma_z=\frac{p_0 b}{b+2z\tan\theta} \tag{7.20}$$

式中　p_0——基础底面附加力,kPa；

$$p_0=p-\gamma_1 d=\frac{N+\gamma_0 bd}{b}-\gamma_1 d=\frac{130+20\times 1\times 0.8}{1.0}-17.5\times 0.8$$
$$=146-14=132\text{kPa}$$

θ——为附加应力扩散角,粗砂 $\theta=30°$,$\tan\theta=\tan 30°=0.577$；

b——基础宽度,$b=1.00\text{m}$；

z——粗砂垫层厚度,$z=1.20\text{m}$。

将上述数值代入公式(7.20)得：

$$\sigma_z=\frac{132\times 1.00}{1.00+2\times 1.20\times 0.577}=\frac{132}{2.38}=55.5\text{kPa}$$

(7) 垫层底面淤泥质土的承载力特征值 f_{az}　由表 7.10 查得承载力修正系数 $\eta_b=0$,$\eta_d=1.0$。由公式(7.11)得：

$$f_{az}=f_{ak}+\eta_b\gamma_m(D-0.5)=75+1.0\times 14.1\times(2.0-0.5)$$
$$=75+21.15=96.15\text{kPa}$$

式中　f_{ak}——地基承载力特征值,取 75kPa；

γ_m——软弱下卧层顶面以上内土的加权平均重度,

$$\gamma_m=\frac{1.3\times 17.5+0.7\times 7.8}{2.0}=\frac{28.21}{2.0}=14.1\text{kN/m}^3$$

D——垫层底面埋深,$D=d+z=0.8+1.2=2.0\text{m}$。

(8) 验算垫层底面下卧层的强度

$$\sigma_z+\sigma_{cz}=55.5+28.2=83.7\text{kPa}<f_{az}=98.3\text{kPa}$$

满足要求，但过于安全，可将垫层厚度减小，采用 $z=0.8\text{m}$。重新计算：

$$\sigma_{cz}=\gamma_1 h_1+\gamma_2(d+z-h_1)=17.5\times1.30+7.8\times0.3=25.1\text{kPa}$$

$$\sigma_z=\frac{p_0 b}{b+2z'\tan\theta}=\frac{132}{1.0+2\times0.8\times0.577}=\frac{132}{1.92}=68.75\text{kPa}$$

$$\gamma_m=\frac{1.3\times17.5+7.8\times0.3}{1.6}=\frac{25.1}{1.6}=15.69\text{kN/m}^3$$

$$f_{az}=f_{ak}+\eta_d\gamma_0(D-0.5)=75+1.0\times15.69\times(1.6-0.5)$$
$$=75+17.26=92.26\text{kPa}$$

$$\sigma_{cz}+\sigma_z=25.1+68.75=93.85\text{kPa}\approx f_{az}=92.26\text{kPa}$$

满足要求。

(9) 确定垫层底宽 b'

按扩散角计算：

$$b'=b+2z\tan\theta=1.0+2\times0.8\times0.577=1.92\text{m}$$

考虑在淤泥质土中深度仅 0.3m，可以采用 1∶0.3 边坡，对表层素填土可以保持土坡稳定，如图 9.6 所示。

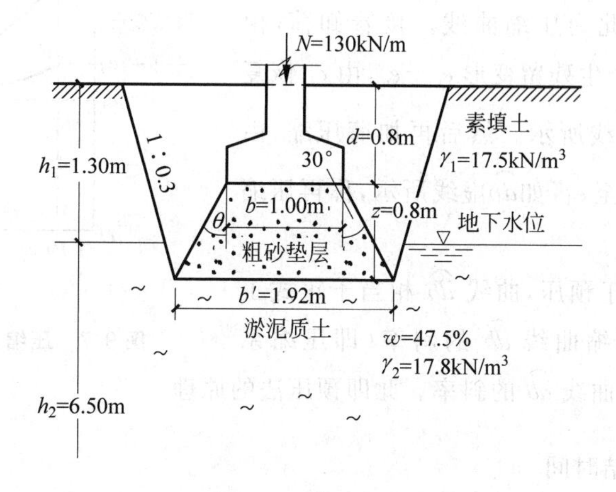

图 9.6 垫层设计

9.5 预压固结法

9.5.1 预压法的原理与作用

1. 预压法分类

预压法可分为以下两类：

（1）堆载预压法

1943年美国首次用于处理沼泽地段路基成功。堆载材料一般用砂石或填土；油罐通常用充水预压；堤坝以自重分级加载预压。

（2）真空预压法　因堆载需大量土石材料外运、费钱，1952年瑞典皇家地质学院提出真空预压法。1958年美国费城国际机场跑道扩建工程应用真空预压法成功，利用大气压力代替实际土石加压。

2．预压法适用土质

预压法适用于处理深厚的淤泥、淤泥质土和冲填土等饱和黏性土地基。

3．预压法原理

在建筑场地上正式修筑工程之前，先堆砂石等材料，对地基进行预压；使地基产生大量沉降而压密，从而提高地基的强度，减少实际工程的沉降量。

由室内固结试验结果 e-p 曲线可知：当固结压力由 p_0 增至 p_1，相应土的孔隙比由 e_0 减小至 e_1，如图9.7中$\widehat{ab}$曲线所示，此为压缩曲线。接着卸荷，由 p_1 减小至 p_0；因土体产生残留变形 e_0-e_d，由 e_1 恢复到 e_d，如$\widehat{bd}$卸荷回弹曲线所示。然后再加荷压缩，由 p_0 至 p_1；孔隙比由 e_d 至 e_1，如$\widehat{db}$虚线所示，称再压缩曲线。

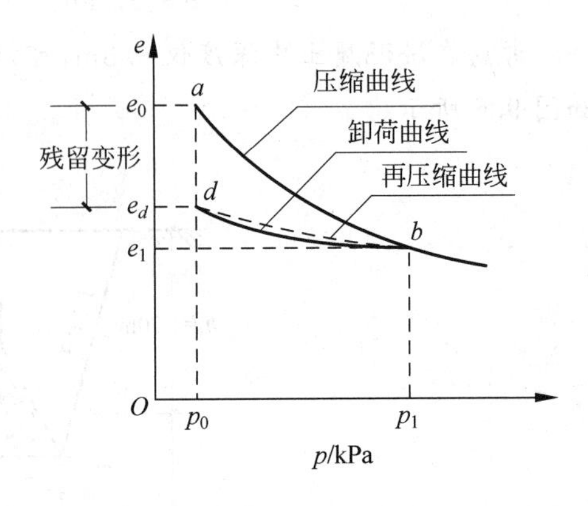

图9.7　压缩、回弹与再压缩曲线

上述曲线 $\widehat{ab}$ 相当于预压，曲线 $\widehat{db}$ 相当于正式工程压缩，由图可见再压缩曲线 $\widehat{db}$ 的斜率（即压缩系数 a），远小于原始压缩曲线 $\widehat{ab}$ 的斜率。此即预压法的原理。

4．打砂井加快固结时间

淤泥软土渗透系数 k 很小，土层很厚，预压荷载作用下孔隙中水排出所需时间很长。可在软土中先打竖向砂井再预压，可加速固结，称为砂井堆载预压法。

5．技术发展

（1）真空预压法代替堆载预压法，可节省大量工程量与造价。

（2）袋装砂井代替砂井，可节省几倍砂料，且可避免砂井成孔时缩颈，提高质量，加快进度。

（3）塑料排水带代替袋装砂井，使投资与工期进一步减小。

9.5.2 堆载预压法

1. 预压荷载的大小

(1) 通常预压荷载与建筑物的基底压力大小相同。

(2) 对于沉降有严格限制的建筑，应采用超载预压法。超载的数量根据预定时间内要求消除的沉降量确定，并使超载在地基中的有效应力不小于建筑物的附加应力。

(3) 预压荷载应小于极限荷载 p_u，以免地基发生滑动破坏。

2. 堆载的平面范围

堆载的平面范围应略大于建筑物基础外缘所包围的范围。

3. 加载的速率

应分级加载，控制加载速率与地基土的强度增长相适应。尤其在预压后期更应严格控制加载速率，各阶段均应进行地基稳定计算并应每天进行现场观测，一般每天沉降速率控制在 10～15mm，边桩水平位移每天控制在 4～7mm，孔隙水压力增量控制在预压荷载增量的 60%以下。

4. 排水砂井

(1) 砂井直径

① 普通砂井的直径 d_w =300～500mm。直径越小，越经济，但要防止颈缩。

② 袋装砂井直径 d'_w=70～100mm。

③ 塑料排水带的当量换算直径 D_p，可按下式计算：

$$D_p = \alpha \frac{2(b+\delta)}{\pi} \tag{9.4}$$

式中 α——换算系数，无试验资料时可取 α=0.75～1.00；

b——塑料排水带宽度，mm；

δ——塑料排水带厚度，mm。

(2) 砂井的平面布置

① 等边三角形布置 d_e =1.05 s

② 正方形布置 d_e =1.13 s

式中 d_e ——一根砂井的有效排水圆柱体的直径，mm；

s ——砂井的间距，mm。

(3) 砂井的间距 s

s 根据地基土的固结特性和预定时间内所要求达到的固结度确定。通常按井径比 $n=d_e/d_w$ 确定。

① 普通砂井的间距,可按 $n=6\sim8$ 选用;

② 袋装砂井或塑料排水带的间距,可按 $n=15\sim20$ 选用。

(4) 砂井的深度

砂井的深度应根据建筑物对地基的稳定性和变形的要求确定。

① 以地基抗滑稳定性控制的工程,砂井深度至少应超过最危险滑动面2m。

② 以沉降控制的建筑物,如压缩土层厚度不大,砂井宜贯穿压缩土层;对深厚的压缩土层,砂井深度应根据在限定的预压时间内应消除的变形量确定。

(5) 砂井的砂料

砂料宜用中粗砂,含泥量应小于3%。

(6) 砂井施工要求

① 砂井的灌砂量 按中密状态干密度计算砂井体积,实际灌砂量不得小于计算值的95%。

② 袋装砂井的质量 袋装砂井应用干砂灌实,袋口扎紧;底部置于设计深度,顶面高出孔口200mm,以便埋入砂垫层中。

③ 袋装砂井施工用钢管 钢管内径宜略大于砂井直径,以减小施工过程中对地基土的扰动。

④ 施工偏差 袋装砂井或排水塑料带施工要求:平面井距偏差应不大于井径;垂直度偏差宜小于1.5%。拔管后带上砂袋或塑料排水带的长度,不宜超过500mm。

5. 排水砂垫层

预压法处理地基必须在地表铺设排水砂垫层,厚度宜大于400mm,并设置相连的排水盲沟,把地基中排出的水引出预压区。

砂垫层砂料宜用中粗砂,含泥量应小于5%,砂垫层的干密度 $\rho_d>1.5\text{t/m}^3$。

9.5.3 真空预压法

1. 排水砂井

真空预压法处理地基,必须设置排水砂井;否则,地表密封膜下的真空度,难以传到地基深处,因而达不到预压的效果。

砂井与塑料排水带的直径与间距,同堆载预压法,采用“细而密”效果好。要求砂井采用洁净中粗砂,其渗透系数 $k>1\times10^{-2}\text{cm/s}$。

2. 真空预压面积

真空预压的总面积不得小于建筑物基础外缘所包围的面积。分块预压面积尽可能大,且相互联结。

3. 真空预压设备

(1) 抽气设备 宜采用射流真空泵,每块预压区至少设置两台真空泵。

(2) 真空管路 真空管路联结点应严格密封；并应设置止回阀和截门，以免膜下真空度在停泵后很快降低。

(3) 滤水管 水平向分布滤水管可采用条状、梳齿状或羽毛状等形式。滤水管一般设在排水砂垫层中，其上宜有 100～200mm 砂覆盖层。滤水管可采用钢管或塑料管；管外宜围绕铅丝，外包尼龙纱或土工织物等滤水材料。

4. 密封膜

密封膜为特制的大面积塑料薄膜，应采用抗老化性能好、韧性好、抗穿刺能力强的不透气材料。密封膜热合时宜用两条热合缝的平搭接，搭接长度应大于 15mm。

密封膜宜铺设 3 层。覆盖膜周边可采用挖沟折铺、平铺并用黏土压边、围埝沟内覆水以及膜上全面覆水等方法进行密封。图 9.8 为塘沽新港真空预压情景，该工程采用膜上全面覆水法进行密封。

图 9.8 真空预压法全景

5. 膜下真空度

膜下真空度应保持在 600mmHg 以上。

6. 平均固结度

平均固结度应大于 80%。

7. 地基变形计算

应进行真空预压和建筑荷载下两项地基变形计算。

9.5.4 质量检验

1. 地基强度检验

(1) 所有预压后的地基,应进行十字板抗剪强度试验及室内土工试验,以检验处理效果。

(2) 重要工程,在预压加载不同阶段对代表性地点不同深度进行原位与室内强度试验,以验算地基抗滑稳定性。

2. 地基变形检验

在预压期间应及时检验并整理下列工作:①变形与时间关系曲线;②孔隙水压力与时间关系曲线;③推算地基最终固结沉降量;④推算不同时间的固结度和相应的沉降量。以分析处理效果,并为确定卸载时间提供依据。

3. 真空度量测

真空预压法尚应量测膜下真空度和砂井不同深度的真空度,并应满足设计要求。

9.5.5 预压的效果

预压法的效果十分显著,以工程实例说明。

1. 中南某造船厂

该厂地基为房碴杂填土,厚5m;其下为淤泥,厚6m。采用砂井预压加固:堆土高3.5m,即加载50kPa。砂井直径48cm,间距5m(偏大),深度11~16m。预压时间4个月。

预压效果:计算沉降量 s=24.6cm,实际降为9cm;压缩模量 E_s 由2.3MPa增至5.6MPa,等于原来的244%。

2. 美国波士顿仓库

该仓库地基表层为松软杂填土,厚2.6m;其下为高压缩性泥炭土,厚1.7m。采用堆3.3m高的矿渣和砾石进行预压。预压时间4个月。

预压效果:计算地基沉降量 s=46~61cm,施工后实际沉降量为15cm以下。

3. 某冷库

该冷库地基为饱和淤泥质黏土,厚约17m。冷库采用筏板基础,基底压力120kPa,计算地基沉降量 s 达150cm。采用砂井预压加固,预压荷载120kPa,历时4个月,预压沉降110cm。

冷库投产运行多年,实测沉降量 s 小于40cm。

4. 某大型油罐

该油罐直径31.28m,高14.07m,容积1万 m^3。地基表层为硬壳层,厚1.6m;下为淤泥质黏土与淤泥质粉质黏土，深达 17.5m。采用砂井预压方案，砂井直径为 40cm，间距 2.5m，长 18m，共计 253 根，梅花形排列。油罐建成，分 4 级充水预压：充水水位高分别为 5，9，12 与 14.07m，历时 160 天。基底压力为 191.4kPa。计算稳定安全系数为 1.26。计算油罐基底中点沉降量 $s=190.26$cm，与实测沉降量接近，效果良好。

5. 连云港碱厂

该厂场地为厚层海相淤泥，含水率高达 60%，压缩系数 $a_{1-2}=1.0\text{MPa}^{-1}$，为高压缩性软土。由化工部沧州勘察公司进行袋装砂井真空预压法加固地基。抽气 3 天，膜下真空度达到 600mmHg，相当于加载 80kPa。共抽气 128 天，实测预压沉降量达 660mm。地基承载力由 40kPa 提高为 85kPa。一共完成电站等 8 块场地处理，总面积 6.7 万 m^2，并创造了一次真空预压面积达 2 万 m^2 的记录。采用真空预压法比堆载预压法节省投资 200 万元，缩短工期 3 个月，效益显著。

9.6 挤 密 法

9.6.1 砂石桩法

碎石桩最早在 1835 年由法国用来加固兵工厂车间海积软土地基。砂桩在 19 世纪 30 年代起源于欧洲；20 世纪 50 年代日本开发振动式和冲击式砂桩施工方法，提高了质量和效率。

1. 适用范围

砂石桩法适用下列地基工程：

(1) 挤密松散砂土、素填土和杂填土等地基；

(2) 置换饱和黏性土地基，主要不以变形控制的工程。

2. 加固机理

(1) 砂类土加固机理——挤密

疏松砂土为单粒结构，孔隙大，颗粒位置不稳定。在静力和振动作用下，土粒易位移至稳定位置，使孔隙减小而压密。

在挤密砂石桩成桩过程中，桩套管挤入砂层，该处的砂被挤向桩管四周而变密。挤密砂桩的加固效果包括：①使松砂地基挤密至小于临界孔隙比，以防止砂土振动液化；②形成强度高的挤密砂石桩，提高了地基的强度与承载力；③加固后大幅度减小地基沉降量；④挤密加固后，地基呈均匀状态。

(2) 黏性土加固机理——置换

砂石桩在黏性土地基中，主要利用砂石桩本身的强度及其排水效果。其作用包括：

① 砂石桩置换。在黏性土中形成大直径密实砂石桩桩体，砂石桩与黏性土形成复合地基，共

同承担上部荷载,提高了地基承载力和整体稳定性。

② 上部荷载产生对砂石桩的应力集中,减少黏性土的应力,从而减少地基的固结沉降量。经砂石桩处理淤泥质黏性土地基,可减少沉降量20%～30%。

③ 排水固结。砂石桩在黏性土地基中形成排水通道,因而加速固结速率。

3. 砂石桩设计

(1) 砂石桩直径与平面布置

砂石桩直径可采用300～600mm,根据地基土质和成桩设备等因素确定平面排列宜采用等边三角形或正方形布置。

(2) 砂石桩的间距

砂石桩的间距应通过现场试验确定,但不宜大于砂石桩直径的4倍。

(3) 砂石桩长度

①当地基中松软土层厚度不大时,砂石桩长度宜穿过松软土层;②当松软土层厚度较大时,桩长应根据建筑地基的允许变形值确定;③对可液化砂层,桩长应穿透可液化层。

(4) 砂石桩挤密地基的宽度

①挤密地基宽度应超出基础的宽度,每边放宽不应小于1～3排;②砂石桩用于防止砂层液化时,每边放宽不宜小于处理深度的1/2,并不应小于5m;③当可液化土层上覆盖有厚度大于3m的非液化土层时,每边放宽不宜小于液化土层厚度的1/2,并不应小于3m。

(5) 砂石桩孔内砂石的填量

填砂石量可按下式计算:

$$S = \frac{A_p l d_s}{1 + e_1}(1 + 0.01w) \tag{9.5}$$

式中 S——填砂石量(以重量计),kN;

A_p——砂石桩的截面积,m^2;

l——砂石桩的桩长,m;

d_s——砂石桩的比重;

w——砂石料的含水率,%。

(6) 砂石桩填料

砂石桩填料应采用粗粒洁净材料:砾砂、粗砂、中砂、圆砾、角砾、卵石、碎石等。填料中含泥量不得大于5%,并不宜含有大于50mm的颗粒。

(7) 砂石桩复合地基承载力

承载力应按现场复合地基载荷试验确定其标准值。

4. 砂石桩施工

1) 施工方法与要求

(1) 振动成桩法

用振动打桩机成桩的步骤如下：

① 钢套管在地面准确定位；

② 开动套管顶部的振动机，将套管打入土中设计深度；

③ 将砂石料从套管上部的送料斗投入套管中；

④ 向上拉拔套管，压缩空气将砂石从套管底端压出；

⑤ 振动套管振密底端下部砂石并挤密周围土体。

重复上述步骤，直至地面，即成砂石桩，如图 9.9 所示。

施工质量要求：控制每次填入的砂石量、套管提升的高度和速度、挤压次数和时间以及电机的工作电流等，以保证挤密均匀和砂石桩身的连续性。

(2) 锤击成桩法

锤击成桩法可采用双管法。成桩工艺与振动式成桩工艺基本相同，用内管向下冲击代替振动器，如图 9.10 所示。

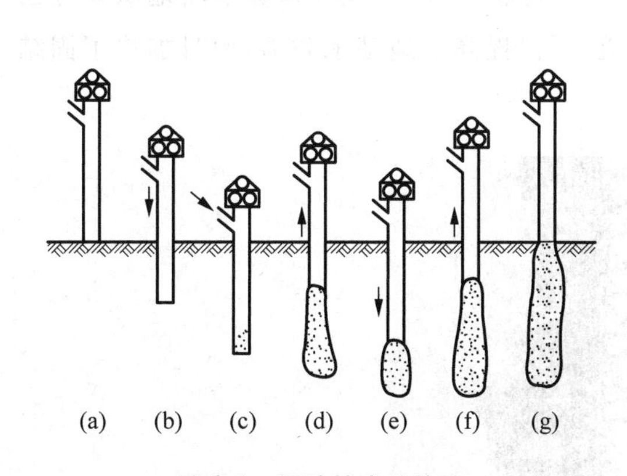

图 9.9 振动挤密法施工

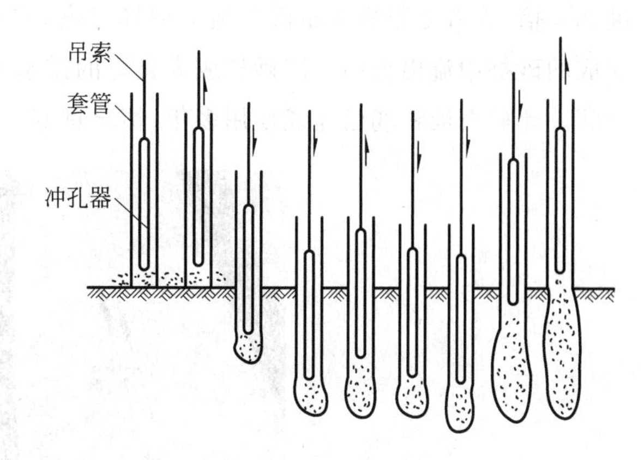

图 9.10 锤击挤密法施工

锤击挤密法应据锤击的能量，控制分段填入的砂石量和成桩的长度。

2) 成桩挤密试验

在砂石桩正式施工前进行现场挤密试验，试桩数宜为 7～9 根。如发现质量不能满足设计要求时，应调整桩的间距，填入的砂石量等有关参数，重新试验或改变设计。

3) 施工顺序

应从外围或两侧向中间进行成桩。以挤密为主的砂石桩施工顺序应间隔进行。

4) 质量检验

(1) 砂石桩的偏差：满堂布桩桩位偏差应不大于 $0.40D$，条基布桩桩位偏差应不大于 $0.25D$ (D 为桩径)；桩身垂直度偏差不应大于 1.5%；

(2) 实际填入的砂石量不应少于设计值的 95%；

(3) 桩及桩间土挤密质量，可采用标准贯入、静力触探或动力触探等方法检测。对于重要工程宜进行载荷试验。

砂石桩挤密承载力检测数量应不少于桩孔总数的0.5%，但不应少于3根。其他主控项目，应抽查总数的20%以上。检查结果如有占检测总数10%的桩未达到设计要求时，应采取加桩或其他措施。

进行质量检验间隔时间：对一般土层可在施工后7天进行，对饱和黏性土时间还要加长，可在施工后两周。

5. 砂石桩挤密法工程实例

上海宝钢矿石堆料场为砂桩挤密法的典型成功实例，如图9.11所示。料场位于长江口南岸，占地800m×700m。堆料高度12.4～13.0m，达320kPa。地基为饱和软塑-流塑软弱黏性土，实测强度41.5kPa，无法承受矿石荷载。采用砂桩挤密法，由日本引进KM2-12000A型砂桩机，砂桩最大直径700mm，间距1.85m，桩长20m，共10.5万根。采取三级堆矿石方案，提高地基强度2.5倍，作者专程到宝钢砂桩施工现场考察，看到软土地基中的孔隙水，源源不断地从邻近已完成的砂桩中流出地面。因砂桩成为良好的排水通道，不仅提高了地基承载力，而且加快了固结时间。此矿石堆料场已建成使用多年，情况良好。

图9.11 砂桩挤密法施工

9.6.2 土桩挤密法

土桩挤密法是由机械成孔，将素土分层填入孔中，用机械压实并挤密桩孔周围的土。

1. 适用范围

(1) 地基土的类别：地下水位以上的湿陷性黄土、素填土和杂填土等地基。

(2) 地基土的湿度：若地基土的含水率 $w>23\%$ 及饱和度 $S_r>0.65$ 时，难以挤密，不宜选用此法。

(3) 地基处理深度宜为 5～15m。

2. 土桩挤密法设计

(1) 桩孔直径宜为 300～600mm，并可根据所选用的成孔设备或成孔方法确定。

(2) 桩孔间距。桩孔宜按等边三角形布置，桩孔间距 s 按下式计算：

$$s=0.95d\sqrt[5]{\frac{\bar{\lambda}_c\rho_{dmax}}{\bar{\lambda}_c\rho_{dmax}-\bar{\rho}_d}} \tag{9.6}$$

式中 d——桩孔直径，m；

$\bar{\lambda}_c$—— 地基挤密后，桩间土的平均压实系数，宜取 0.93；

ρ_{dmax} ——桩间土的最大干密度，t/m^3；

$\bar{\rho}_d$——地基挤密前土的平均干密度，t/m^3。

(3) 桩孔内填料应根据工程要求或处理地基的目的确定。当用素土回填夯实时，压实系数 $\lambda_c\geqslant0.95$；用灰土回填夯实时，$\lambda_c\geqslant0.97$。

(4) 地基处理深度应根据土质情况、工程要求和成孔设备等因素确定。对非自重湿陷性黄土地基，处理深度在附加压力等于土的自重压力 25%的深度处。土桩桩长从基础底面算起，不宜小于 3m。

(5) 地基处理宽度应大于基础的宽度。局部处理时，对非自重湿陷性黄土、素填土、杂填土等地基，每边超出基础的宽度不应小于 $0.25b$（b 为基础短边宽度），并不应小于 0.5m；对自重湿陷性黄土地基不应小于 $0.75b$，并不应小于 1m。

整片处理宜用于Ⅲ、Ⅳ级自重湿陷性黄土场地，每边超出建筑物外墙基础外缘的宽度不宜小于处理土层厚度的 1/2，并不应小于 2m。

(6) 处理后地基承载力特征值应通过原位测试或结合当地经验确定。当无试验资料时，f_{ak} 不应大于处理前的 1.4 倍，并不应大于 180kPa。

3. 土桩挤密法施工

(1) 成孔方法：应按设计要求和现场条件选用振动沉管、锤击沉管或冲击等方法成孔，使素土向桩孔周围挤密。

(2) 地基土湿度宜接近最优含水率 w_{opt}，当含水率 $w<12\%$时，宜加水增湿至 w_{opt}。

(3) 孔内填料要求：向孔内填料前，孔底必须夯实；然后用素土在 w_{opt} 状态下分层回填夯实；压实系数 $\lambda_c \geqslant 0.95$。

(4) 施工顺序：成孔和回填夯实宜间隔进行。对大型工程可采取分段施工。

(5) 桩孔偏差：①桩孔中心点偏差，满堂布桩应不大于 $0.40D$，条基布桩应不大于 $0.25D$(D为桩径)；②桩孔垂直度偏差不应大于1.5%；③桩孔直径：对个别断面允许−20mm偏差；④桩孔深度：不应小于设计深度0.5m。

(6) 表层土处理：土桩挤密处理地基，在基础底面以上应预留0.7～1.0m厚的土层；待施工结束后，将表层挤松的土挖除，或分层夯压密实。

(7) 雨季施工应防雨，冬季施工应防冻。

(8) 质量检验。①施工结束后，应及时抽样检验。抽检数量同砂石桩。不合格处应采取加桩或其他补救措施；②一般工程主要应检查桩和桩间土的干密度、承载力和施工记录；③对重要或大型工程，尚应进行载荷试验或其他原位测试。

9.6.3 灰土桩挤密法

1. 适用范围

灰土桩挤密法以提高地基的承载力或水稳性为主要目的，适用于处理地下水位以上的湿陷性黄土、素填土和杂填土地基。当地基的含水率 $w>23\%$及其饱和度 $S_r>0.65$ 时，不宜用此法。

2. 加固机理

灰土桩是用石灰和土，按体积比2∶8或3∶7拌和均匀，并填入桩孔内分层夯实后形成的桩。这种材料在化学性能上具有气硬性和水硬性。由于石灰内带正电荷的钙离子与带负电荷的黏土颗粒相互吸附，形成胶体凝聚，并随灰土期龄的增长，土体固化作用提高，使灰土的强度逐渐增大。在力学性能上，可挤密地基，提高地基承载力，消除湿陷性，减小沉降并使均匀。

3. 灰土桩设计

(1) 灰土桩直径宜为300～600mm。桩孔宜按等边三角形布置，间距可按公式(9.6)计算。处理地基的宽度与深度与土桩挤密法相同。

(2) 桩孔内回填夯实灰土的压实系数 $\lambda_c \geqslant 0.97$。

(3) 灰土桩挤密处理后的地基承载力特征值 f_{ak}，应通过原位测试或结合当地经验确定。当无试验资料时，f_{ak}不应大于处理前的2倍，并不应大于250kPa。

(4) 灰土桩施工，注意将灰土拌和均匀，夯打密实。通常施工前都应在现场进行成孔、夯填和挤密效果等试验，以确定各施工参数。其余与土桩施工相同。

9.7 振 冲 法

振动水冲法简称振冲法，它是应用松砂加水振动后变密的原理，并填入碎石来加固松软地基的一种方法。此法于1936年发源于德国，早期用于加密松砂地基。20世纪50年代末开始用来加固黏性土地基。1977年以来，此法在我国应用并得到发展。

9.7.1 振动水冲法

1. 适用范围

(1) 振冲密实法：适用于处理疏松砂土和粉土等地基。不加填料的振冲密实法，仅适用于处理黏粒含量小于10%的粗砂、中砂地基。

(2) 振冲置换法：适用于处理不排水抗剪强度不小于20kPa的黏性土、粉土、饱和黄土和人工填土等地基。若地基强度太小，碎石桩难以成桩。

2. 处理范围

应根据建筑物的重要性和场地条件确定处理范围，通常都大于基底面积。振冲密实法处理时基础外缘每边放宽不少于5m。振冲置换法要求：①一般地基，在基础外缘宜扩大1～2排桩；②可液化地基，在基础外缘应扩大2～4排桩。

3. 桩位布置

(1) 大面积满堂处理，宜用等边三角形布置。

(2) 独立或条形基础，宜用正方形、矩形或等腰三角形布置。

4. 桩(振冲点)的间距

(1) 振冲置换法桩距可用1.5～2.5m。荷载或原土强度变低时，宜取较小的间距；反之，宜取较大的间距。对桩端未达相对硬层的短桩，宜取小间距。

(2) 振冲密实法振冲点间距与土的颗粒组成、要求达到的密实程度、地下水位、振冲器功率、水量等有关，应通过现场试验确定，可取1.8～2.5m。

5. 加固的深度(桩长)

(1) 振冲置换法桩长：当相对硬层的埋藏深度不大时，应按相对硬层埋深确定；否则，应按建筑物地基的变形允许值确定。桩长不宜短于4m。在可液化地基中，桩长应按要求的抗震处理深度确定。

(2) 振冲密实法的振冲深度：当可液化土层不厚时，应穿过可液化土层；否则，按要求的抗震处理深度确定。

6. 填入材料

(1) 振冲置换法可用含泥量不大的碎石、卵石、角砾、圆砾等硬质材料。常用碎石粒径为20～50mm,最大粒径不宜大于80mm。

(2) 振冲密实法宜用碎石、卵石、角砾、圆砾、砾砂、粗砂、中砂等硬质材料。

7. 桩径与填料量

(1) 振冲置换法桩径常为0.8～1.2m,可按每根桩所用的填料量计算。

(2) 振冲密实法每一振冲点所需的填料量,随地基土要求达到的密实程度和振冲点间距而定,应通过现场试验确定。

8. 复合地基承载力

复合地基承载力特征值 f_{sp_1k} ,应按现场复合地基载荷试验确定。

9. 振冲法施工

1) 主要设备

(1) 振冲器。常用型号如ZCQ13,ZCQ30,ZCQ55等,其功率分别为13、30、55kW。振动体直径351mm,长度2.15m。内装潜水电机,启动后带动偏心块,使振冲器产生高频振动,振密加固地基。

(2) 起重机。采用履带吊与汽车吊较方便;也可用自行井架式施工平车。起重力和提升高度按设计要求选用,一般起重100～150kN即可。

(3) 压力水管。压力水通过高压橡皮管,引入振冲器的中心水管,从振冲器底端喷出。水压可用400～600kPa,水量可用200～400L/min。

振冲法施工如图9.12所示。

2) 施工方法

(1) 施工顺序。"由里向外"或"由一边向另一边"较好。如有邻近建筑,则先从邻近建筑处开始,逐步外移。

(2) 设置排泥沟与沉泥池。

(3) 振冲成孔:将振冲器对准加固点。打开水源和电源;检查水压、电压和振冲器的空载电流是否正常。启动吊机,使振冲器在自重和高压水射流共同作用下,徐徐沉入土中。

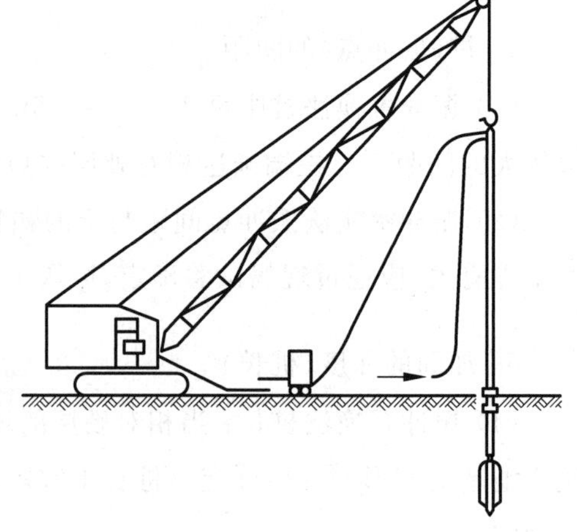

图9.12 振冲法施工

① 振冲密实法将振冲器以1～2m/min速率沉至

设计处理深度后，减小水压与水量，使孔口有一定回水量，但无大量细颗粒带出。

② 振冲置换法将振冲器沉至设计处理深度以上 0.3～0.5m。记录振冲器经各深度的电流值和时间。提升振冲器至孔口。将振冲器重复下沉与上提 1～2 次，使孔内泥浆变稀，便于碎石下沉。然后提振冲器出孔口。

(4) 填料与振密

① 振冲密实法：填料堆于护筒周围，在振冲器振动下，填料靠自重沿护筒周壁下沉至孔底受振。在电流升高到规定的控制值后，表明该段填料已振密，可将振冲器上提 0.3～0.5m。重复进行，直至完成全孔处理。

② 振冲置换法：向孔内倒入一批填料，将振冲器沉入填料中进行振密；电流随填料被振密而逐渐增大，并必须超过规定的密实电流，否则应向孔内继续加填料振密，记录此深度的最终电流量和填料量。将振冲器提出孔口，重复填料、振密、记录。自下而上分段制作桩体，直至孔口。

保证施工质量的关键：控制密实电流、填料数量和留振时间三项指标。

(5) 铺设垫层：整个场地处理完成后，应挖除桩顶的松散桩体或碾压密实，随即铺设一层 200～500mm厚的碎石垫层并压实。

10. 振冲法质量检验

(1) 检验间隔时间。黏性土地基可取 21～28d；粉土地基可取 14～21d，方可进行质量检验。

(2) 质检方法

① 振冲桩可用单桩载荷试验。试验用圆形压板的直径与桩的直径相等。检验数量为桩数的 0.5%，且不得少于 3 根。

② 对砂土或粉土层中的振冲桩，尚可用标准贯入、静力触探等试验，对桩间土进行处理前后的对比检验。

③ 对大型的、重要的或场地复杂的振动置换工程，应进行复合地基载荷试验 2～4 组，以检验处理的效果。

9.7.2 干法振动砂石桩

上述振动水冲法加固地基时，排出大量泥浆，污染环境，在市区难以施工。为此，河北省建筑科学研究所等单位从 1979 年开始研究干法振动砂石桩，获得成功。

1. 施工方法

(1) 用起重机悬吊特制振动成孔器(直径为 280～330mm，有效长度 6m，自重 20kN)就位；在成孔器产生的激振力(约 130kN)和自重作用下，破土成孔。

(2) 原孔位的土体，被挤压到周围土体中去。

(3) 提起振动成孔器；填入一定量的砂石料，至孔底约 1m 厚。

(4) 放下振动成孔器，将砂石料振密。

重复步骤(3)、(4)，直至将砂石桩完成。

2. 加固处理效果

(1) 地基承载力提高数值：杂填土为 1.3～2.25 倍；黏性土为 0.9～1.5 倍。

(2) 经济价值：据石家庄四个工程地基处理分析，干法振动砂石桩的造价是换土法的 16%～49.4%，是灌注桩的 32.3%～62.2%。

3. 适用土质

主要取决于是否能成孔。此法适用于孔隙比 $e>0.85$，液性指数 $I_L<0.8$ 的黏性土及炉灰、炉碴、建筑垃圾。$e<0.8$ 的黏性土不能穿透，$I_L>0.8$ 的软黏性土，因缩孔不适用，砂土无法成孔，也不适用。

9.7.3 水泥粉煤灰碎石桩(CFG 桩)[60]

1. 作用原理

水泥粉煤灰碎石桩复合地基是由水泥、粉煤灰、碎石(石屑)和砂加水拌和形成的高黏结强度桩(以下简称 CFG 桩)，通过在基础和桩顶之间设置一定厚度的褥垫层，保证桩、土共同承担荷载，使桩、桩间土和褥垫层一起构成复合地基。

CFG 桩与混凝土桩区别仅在于桩体材料的构成不同，而在其受力和变形特性方面没有什么区别。因此，CFG 桩复合地基的性状和设计计算理论，对其他刚性桩复合地基都适用。必须指出，褥垫层是刚性桩复合地基的重要组成部分，是保证桩、桩间土共同承担荷载的必要条件。

按复合地基的加固作用来划分，CFG 桩复合地基以置换加固为主。根据工程地质条件，CFG 桩一般采用长螺旋钻钻孔、管内泵压灌注成桩工艺和振动沉管灌注成桩工艺。

对地基土是松散的饱和粉细砂、粉土，以消除液化和提高地基承载力为目的，应选择振动沉管成桩，属挤土成桩工艺，对桩间土具有挤(振)密效应。此时复合地基的加固效果除了置换作用以外，尚有一定的挤密作用。

2. 适用范围

CFG 桩复合地基适用于处理黏性土、粉土、砂土和已自重固结的素填土等地基。对淤泥质土应按地区经验或通过现场试验确定其适用性。

CFG 桩应选择承载力相对较高的土层作为桩端持力层。

3. 主要技术规定

(1) 桩径：CFG 桩可只在基础范围内布置，桩径宜取 350～600mm。

(2) 褥垫层：厚度 150～300mm，当桩径大或桩距大时，褥垫层厚度宜取高值。材料宜用中砂、粗砂、碎石或级配砂石等，不宜选用卵石，最大粒径不宜大于 30mm。夯填度≤0.9。

(3) 桩间距：按设计要求的复合地基承载力、土性、施工工艺等确定，宜取 3～5 倍桩径。

(4) 工程检测：CFG 桩地基竣工验收时，承载力检验应采用复合地基载荷试验。

进行复合地基载荷试验时，必须保证桩体强度，满足试验要求。进行单桩载荷试验时，为防止试验中桩头被压碎，宜对桩头进行加固。

复合地基载荷试验所用载荷板的面板应与受检测桩所承担的处理面积相同。

4. 设计计算

1) 承载力计算

CFG 桩复合地基承载力特征值，应通过现场复合地基载荷试验确定，初步设计时按下式估算：

$$f_{spk} = m\frac{R_a}{A_p} + \beta(1-m)f_{sk} \tag{9.7}$$

式中 f_{spk}——复合地基承载力特征值，kPa；

m——面积置换率；

R_a——单桩竖向承载力特征值，kN；

A_p——桩的截面积，m^2；

β——桩间土承载力折减系数；

f_{sk}——处理后桩间土承载力特征值，kPa。

(1) R_a 的取值

当采用单桩载荷试验时，应将单桩极限承载力除以安全系数 2。

当无单桩载荷试验资料时，可按下式估算：

$$R_a = u_p\sum_{i=1}^{n} q_{si}l_i + q_pA_p \tag{9.8}$$

式中 u_p——桩的周长，m；

n——桩长范围的土层数；

q_{si}、q_p——桩周第 i 层土的侧阻力、桩端端阻力特征值(kPa)，可按现行国家标准《建筑地基基础设计规范》(GB 50007—2011)有关规定确定；

l_i——第 i 层土的厚度，m。

(2) 桩身强度等级

桩体试块抗压强度平均值应满足：

$$f_{cu} \geqslant 3\frac{R_a}{A_p} \tag{9.9}$$

式中 f_{cu}——桩体混合料试块(边长 150mm 立方体)标准养护 28d，立方体抗压强度平均值，kPa。

2）变形计算

地基处理后的变形计算应按现行国家标准《建筑地基基础设计规范》(GB 50007—2011)的式(5.3.5)执行。复合土层的分层与天然地基相同，各复合土层的压缩模量等于该层天然地基压缩模量的ζ倍，ζ值可按下式确定：

$$\zeta = \frac{f_{spk}}{f_{ak}} \tag{9.10}$$

式中 f_{ak}——基础底面下天然地基承载力特征值，kPa。

《建筑地基基础设计规范》(GB 50007—2011)中式(5.3.5)中的变形计算经验系数ψ_s，根据当地沉降观测资料及经验确定，也可采用表9.6的数值。

表9.6 变形计算经验系数ψ_s

$\overline{E}_s$/MPa	2.5	4.0	7.0	15.0	20.0
ψ_s	1.1	1.0	0.7	0.4	0.2

$\overline{E}_s$为变形计算深度范围内压缩模量的当量值，应按下式计算：

$$\overline{E}_s = \sum A_i / \sum \frac{A_i}{E_{si}} \tag{9.11}$$

式中 A_i——第i层土附加应力系数，沿土层深度的积分值；

E_{si}——基础底面下第i层土的压缩模量值(MPa)，桩长范围内的复合土层按复合土层的压缩模量取值。

地基变形计算深度应大于复合土层的厚度，并符合现行国家标准《建筑地基基础设计规范》(GB 50007—2011)中地基变形计算深度的有关规定。

5. 主要施工工艺和应用效果

CFG桩的主要施工工艺，是长螺旋钻钻孔、管内泵压灌注成桩，属排土成桩工艺，对地基的加固效应只有置换作用。该工艺具有穿透能力强，无泥浆污染、无振动、低噪声，适用地质条件广、施工效率高及质量容易控制等特点。

对地基土是松散的饱和粉细砂、粉土，以消除液化和提高地基承载力为目的，应选择振动沉管成桩。

但该工艺难以穿透较厚的硬土层、砂层和卵石层等。在饱和黏性土中成桩，会造成地表隆起，挤断已成桩，且振动、噪声污染严重，在城市居民区施工受到限制。

CFG桩复合地基技术与桩基相比，桩身不配筋并可以充分发挥桩间土的承载能力，因此处理费用远低于其他桩基础，其经济效益非常显著。

由于CFG桩复合地基成套技术在技术、经济、施工等方面的优势，该技术已在全国大部分省、市、自治区广泛推广应用，目前已成为北京及周边地区应用最普遍的地基处理技术。

9.8 化学加固法

9.8.1 概述

1. 化学加固法原理

上述各种地基加固处理方法，不论强夯法、预压法或振冲法，都是运用各类机具将土体加密，但并未改变原地基土的化学成分，都属于物理加固法。本节阐述的方法与前不同，是用各种机具将化学浆液灌入地基土中，并与地基土发生化学变化，胶结成新的坚硬的物质，从而提高地基强度，消除液化，减少沉降量。

2. 常用化学浆液材料

化学加固法加固地基的化学浆液种类很多，按主剂性质分无机系和有机系。常用材料如下：

(1) 水泥浆液

通常采用高标号的硅酸盐水泥，用水灰比为1∶1。为调节水泥浆的性能，可掺入速凝剂或缓凝剂等外加剂。常用的速凝剂有水玻璃和氯化钙，其用量为水泥用量的1%～2%；常用的缓凝剂有木质素磺酸钙和酒石酸，其用量约为水泥用量的0.2%～0.5%。

水泥浆液为无机系浆液，取材充足，配方简单，价格低廉又不污染环境，这是世界各国最常用的浆液材料。

(2) 以水玻璃为主剂的浆液

水玻璃($Na_2O \cdot nSiO_2$)在酸性固化剂作用下可以产生凝胶。常用水玻璃-氯化钙浆液与水玻璃-铝酸钠浆液。

以水玻璃为主的浆液也是无机系浆液，无毒，价廉，可灌性好，也是目前常用的浆液。

(3) 以丙烯酰胺为主剂的浆液

这是以水溶液状态注入地基，使它与土体发生聚合反应，形成具有弹性而不溶于水的聚合体。材料性能优良，浆液黏度小，凝胶时间可准确控制在几秒至几十分钟内，抗渗性能好，抗压强度低。但浆材中的丙凝对神经系统有毒，且污染空气和地下水。

(4) 以纸浆废液为主的浆液

这种浆液属于"三废利用"，源广价廉。但其中的铬木素浆液，含有六价铬离子，毒性大，可污染地下水。

3. 化学浆液注入地基的方法

根据地基土的颗粒大小、化学浆液的性状不同，常用压力灌浆法、高压旋喷法、深层搅拌法和电渗硅化法等方法。针对不同工程与土质条件选择最佳方案。

9.8.2 灌浆法

1. 灌浆设备

(1) 压力泵。根据不同的浆液可选用清水泵、泥浆泵或砂浆泵,并按设计要求选用合适的压力型号。

(2) 浆液搅拌机。

(3) 注浆管。常用钢管制成。选择合适的直径,并有一段带孔的花管。

2. 灌浆方法

灌浆方法通常分下列三种。

(1) 渗透灌浆

此法通常用钻机成孔,将注浆管放入孔中需要灌浆的深度,钻孔四周顶部封死。启动压力泵,将搅拌均匀的浆液压入土的孔隙和岩石的裂隙中,同时挤出土中的自由水。凝固后,土体与岩石裂隙胶结成整体。此法基本上不改变原状土的结构和体积,所用灌浆压力较小。灌浆材料用水泥浆或水泥砂浆,适用于卵石、中、粗砂和有裂隙的岩石。

(2) 挤密灌浆

此法与渗透灌浆相似,但需用较高的压力灌入浓度较大的水泥浆或水泥砂浆。注浆管管壁为封闭型,浆液在注浆管底端挤压土体,形成“浆泡”,使地层上抬。硬化后的浆土混合物为坚固球体。此法适用于黏性土。

(3) 劈裂灌浆

此法与挤密灌浆相似,但需采用更高的压力,超过地层的初始应力和抗拉强度,引起岩石和土体的结构破坏。使地层中原有的裂隙或孔隙张开,形成新的裂隙或孔隙,促成浆液的可灌性并增大扩散距离。凝固后,效果良好。

3. 工程应用

灌浆法最早由法国于1802年采用灌注黏土和水硬石灰浆修复一座受冲刷的水闸,此后逐步推广。我国水电、交通、铁道、冶金和建筑等部门广泛采用此法,效果良好,主要用于下列几方面。

(1) 地基防渗。例如,北京郊区密云水库白河主坝地基,为厚达40～50m的卵石。其中桩号0+291m至0+531m共240m长采用帷幕灌浆防渗处理。选用黏土水泥浆(其中水泥含量15%～25%,水灰比1:1),灌浆压力大于500～1 000kPa,深度越大需灌浆压力越大。共采用3排灌浆孔,排距3.5m,孔距4m,灌浆有效半径为3m。

(2) 护岸防冲。

(3) 整治坍方滑坡。

(4) 提高地基承载力,减小地基沉降量。

(5) 进行托换处理,加固原有建筑地基。

9.8.3 高压喷射注浆法

1. 加固地基的原理

此法是用钻机钻孔至需加固的深度后，将喷射管插入地层预定的深度，用高压泵将水泥浆液从喷射管喷出；使土体结构破坏并与水泥浆液混合。胶结硬化后形成强度大、压缩性小、不透水的固结体，达到加固目的。

2. 分类

(1) 按注浆形式分类

① 旋喷法　此法的喷射管边旋转、边喷射水泥浆液，同时缓慢提升，最后加固成圆柱形的水泥浆与土的混合体，称为旋喷桩。

② 定喷法　此法的喷射管不旋转，固定一个方向，边提升边喷射，固结体形如壁状，用于基坑防渗与稳定边坡等工程。

③ 摆喷法　此法的喷射管按一定的角度来回摆动，如电扇形式，边摆动、边喷射、边提升，最后形成的固结体为扇形柱体。通常用于托换工程，只托换旧基础下的部分，节省费用。

(2) 按喷射管的结构分类

① 单管法　此法在20世纪60年代末由日本首创，应用于加固黏性土；用200MPa左右的高压水泥浆喷射，桩径仅为0.6～1.2m。

② 二重管法　此法的旋喷管为内外二重管，内管喷射高压水泥浆，外管同时喷射0.7MPa左右的压缩空气。内外管的喷嘴位于喷射管底部侧面同一位置，这是一个同轴双重喷嘴。由高压浆液流和它外圈的环绕气流共同作用，使破坏土体的能量显著增大，使旋喷桩的直径加大。

③ 三重管法　三重管为三根同心圆的管子，内管通水泥浆，中管通高压水，外管通压缩空气。在钻机成孔后，把三重旋喷管吊放入孔底，打开高压水与压缩空气阀门，通过旋喷管底端侧壁上直径2.5mm的喷嘴，喷射出压力为20MPa的高压水和环绕一股0.7MPa压力的圆筒状气流，冲切土体，在土中形成大空隙。再由泥浆泵注入压力为2～5MPa的高压水泥浆液，从内管的另一喷嘴喷出，使水泥浆与冲散的土体拌和。三重旋喷管慢速边旋转、边喷射、边提升，可把孔周围地基加固成直径为1.2～2.5m的坚硬柱体，如图9.13所示。

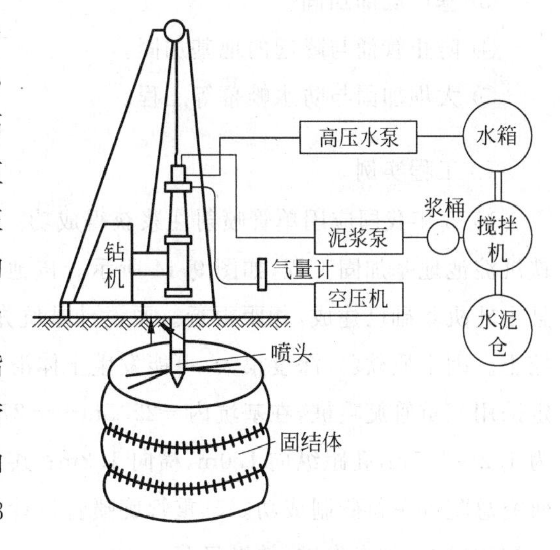

图9.13　三重管旋喷注浆示意图

（3）按加固形状分类

可分为柱状、壁状和块状三种。

3. 主要设备

（1）喷射管　为特制设备，耐高压，底部侧面带喷嘴。喷嘴由耐磨的钨钴合金制成，喷出口直径仅2.0～2.5mm。三重管三管之间互相密封，不漏气、不漏水、不串浆，制造精密。

（2）高压泵　为往复式活塞泵，如Y-2型高压泥浆泵、3XB型高压水泵等。工作压力在20～25MPa以上。

（3）空压机　压力0.7MPa，容量$3m^3/min$。

（4）泥浆搅拌机　搅拌量200L/min。

（5）钻机　可用工程地质钻机或振动钻机。

4. 适用范围

（1）适用土质

高压喷射注浆法适用于处理淤泥、淤泥质土、黏性土、粉土、黄土、砂土、人工填土和碎石土等地基。

（2）适用的工程

① 既有建筑和新建建筑的地基处理　尤其对事故处理，地面只需钻一个小孔，地下即可加固直径大于1m的旋喷桩，优点突出。陕西秦岭电厂有4个直径6m、高3.6m的大水箱严重倾斜，危及坡下化学水处理大车间，采用旋喷桩即加固好了水箱地基。

② 深基坑侧壁挡土或挡水工程。

③ 基坑底部加固。

④ 防止管涌与隆起的地基加固。

⑤ 大坝加固与防水帷幕等工程。

5. 工程实例

1975年我国应用单管喷射注浆获得成功。三重管旋喷法最早的工程是上海宝钢初轧厂氧化铁沉淀池地基加固工程，如图9.14所示。该池平面为45.3m×18.3m，深度17.2m。地基软弱，且主轧机基础已建成，相距很近。原设计基坑先顺坡明挖至－9.8m高程，再打钢板桩，降水支撑挖土。因土质软弱、深度很大，可能发生土体滑动、钢板桩内移，影响主轧机基础安全。经研究决定采用三重管旋喷桩，在基坑内－22.5m～－27.0m高程范围加固厚4.5m的底板。旋喷桩直径为1.2～1.5m，孔距纵向1.0m，横向1.2m；共719根桩。关键设备三重管旋喷管由冶金部建筑研究总院等单位研制成功。三重管旋喷管设计制造精密，在高压水、气作用下不漏水、不串浆，旋喷桩质量好，技术先进，效果显著。

图 9.14 宝钢初轧厂氧化铁沉淀池

目前旋喷法已在我国冶金、铁路、水利、建筑与机场等各类工程中推广应用。由冶金建筑研究总院王吉望教授等研制成功高压双管干喷法，可以克服在软弱黏性土地基中注入水泥浆，使黏性土含水率增加，造成加固体强度低、水泥用量大、费用高的缺点。干喷法的要点：用高压水切割破碎土体，同时用压缩空气喷射水泥粉、粗砂和小石子。这种方法形成的加固体强度高，直径 $d=0.95\sim1.30$m，同时可减少 30%的水泥用量，且工艺与设备简单。

9.8.4 深层搅拌法

1. 加固地基的原理

此法通过特制的搅拌轴的轮叶，从地面开始破土搅拌至需加固的深度，打开阀门将水泥浆或水泥粉由搅拌头注入地基中，用搅拌头强制搅拌均匀。固化后成为强度大、压缩性小的水泥土桩，与桩周土形成复合地基。水泥浆搅拌法由美国研制成功，日本引入后对此法做了改进。我国于 1978 年制成第一台 SJB-1 型双轴深层搅拌机，并于 1980 年应用于上海宝钢工程中。粉喷搅拌法由瑞典提出并于 1972 年加固路堤和深基坑护坡成功，我国于 1984 年首次成功应用于广东铁路工程软基加固。

2. 主要设备

水泥浆搅拌设备为深层搅拌机，由江阴市振冲器厂生产，包括电机、减速器、搅拌轴、搅拌头、中心管与单向球阀等部件。搅拌头带硬质合金齿的二组轮叶，轮叶外径 700～800mm。

3. 施工工艺

(1) 水泥浆搅拌法

水泥浆搅拌法的具体步骤如下：

① 用起重机悬吊深层搅拌机，将搅拌头定位对中。

② 预搅下沉。启动电机，搅拌轴带动搅拌头，边旋转搅松地基边下沉。

③ 制备水泥浆压入地基。当搅拌头沉到设计深度后，略为提升搅拌头，将制备好的水泥浆由灰浆泵通过中心管，压开球形阀，注入地基土中。提升、喷浆、搅拌。边喷浆、边搅拌、边提升，使水泥浆和土体强制拌和，直至设计加固的顶面，停止喷浆。

④ 重复搅拌。将搅拌机重复搅拌下沉、提升一次，使水泥浆与地基土充分搅拌均匀。

⑤ 清洗管道中残存水泥浆，移至新孔。

整个步骤如图9.15所示。

(2) 粉体喷搅法

① 移动钻机，准确对孔，主轴调直。

② 启动电机，逐级加速，正转预搅下沉并在钻杆内连续送压缩空气，以干燥通道。

③ 启动YP-1型粉体发送器，在搅拌头沉至设计深度并在原位钻动1～2min后，将强度等级为42.5的普通硅酸盐水泥粉呈雾状喷入地基。掺和量为180～240kg/m³。按0.5m/min的速度反转提升搅拌头，边喷粉、边提升、边搅拌，至设计停灰标高后，应慢速原地搅拌1～2分钟。

④ 重复搅拌：再次将搅拌头下沉与提升一次，使粉体搅拌均匀。

⑤ 钻具提升到地面后，移位进行下一根桩施工。

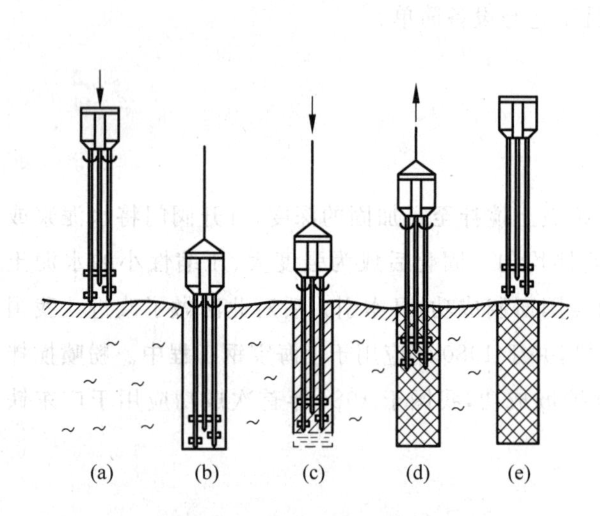

图9.15　深层搅拌法示意图

图9.16　深层搅拌法施工

4. 适用范围

(1) 适用土质

深层搅拌法主要适用于淤泥、淤泥质土、粉土和含水率较高且$f_{ak}\leqslant 120$kPa的黏性土等地基。

(2) 适用工程

该法适用的工程主要为原料堆场、港口码头岸壁、高速公路软土地基、工业厂房与民用建筑地基加固等。

水泥浆搅拌法因设备简单，无噪声与振动、价廉，逐步推广应用。南京某住宅区软土地基采用此法加固，比灌注桩方案节省100万元，效益显著。

某地土质为大面积深厚淤泥质土，$w=50\%\sim60\%$，$f_{ak}=50\text{kPa}$，采用粉体喷搅法加固。采用该法为正确选择，但工程施工质量不佳，加固后不满足设计强度要求，应引以为戒。

9.8.5 电渗硅化法

1. 加固地基原理

此法是用硅酸钠(水玻璃)为主的浆液，进行化学加固地基。适用于地基土颗粒细、孔隙小、渗透系数 $k<10^{-4}\text{cm/s}$ 的情况，压力灌浆灌不进去，可用电渗法。用带孔的注射管为阳极，以滤水管为阴极，将水玻璃为主的浆液由阳极注射管注入土中，通以直流电。化学溶液在电渗作用下随孔隙水由阳极流向阴极，注入土的孔隙中并生成硅胶，达到加固地基的效果。

2. 加固的效果

(1) 加固的半径一般为30～50cm。

(2) 加固后的强度，软黏土 $q_u=300\sim600\text{kPa}$。

3. 应用范围

电渗硅化法主要适用于局部处理工程，如制止流砂、堵塞泉眼以及局部地基加固等。加固作用快，工期短，造价高。

9.9 托换技术

9.9.1 托换技术的原理

托换技术(即基础托换)，是指解决原有建筑物的地基处理、基础加固或改建问题；解决在原有建筑物基础下，修建地下工程以及在原有建筑物邻近建造新工程而影响到原有工程的安全等问题的技术总称。可分为以下三类：

(1) 补救性托换

已有建筑物的基础因不符合要求，需加深或加宽的托换，称为补救性托换。古建筑基础加固和多层房屋增层常用此法。如英国Winchester大教堂为900年前建造的古建筑，20世纪初由一名潜水工在水下挖坑，穿过墙基下的粉土与泥炭到达坚实的砾石层，并用混凝土包填实进行托换，使该教堂免于倒塌，如图9.17(c)所示。

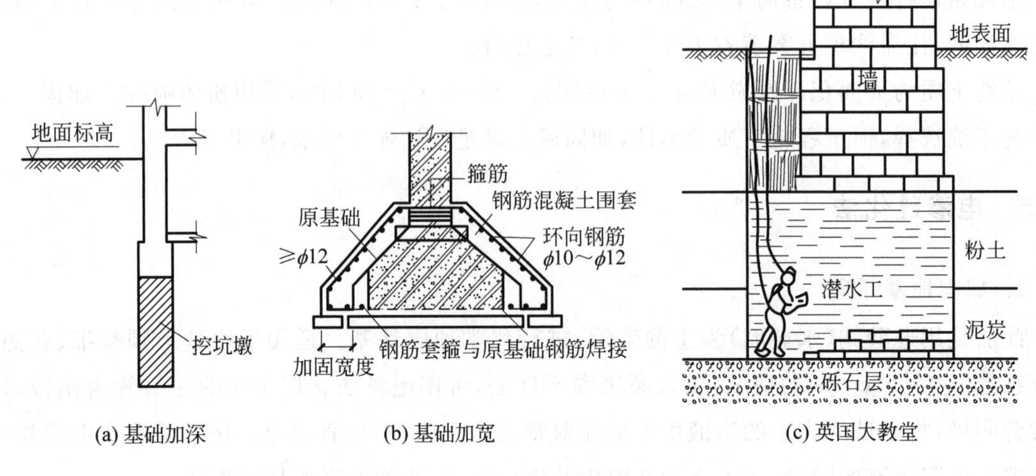

图 9.17 补救性托换技术

(2) 预防性托换

在旧城改造中常遇旧房旁挖深基坑建新楼,需将旧房基础加深,称为预防性托换。在旧房基础旁平行修筑较深的板桩墙、树根桩或地下连续墙等,称为侧向托换。

(3) 维持性托换

在新建工程基础下,预先设置顶升的措施,以适应今后地基沉降进行调整的需要,称为维持性托换。如在软黏土地基上建造油罐时,在环形基础中预留可埋设千斤顶的净空,即属此种托换。

9.9.2 托换前的准备工作

托换前需做如下几项准备工作:

(1) 掌握托换工程场地详尽的工程地质和水文地质资料;

(2) 掌握被托换建筑物的结构设计、施工、竣工、沉降观测和损坏原因分析等资料;

(3) 掌握场地内地下管线、调研邻近建筑物和周围环境对此托换施工或竣工后可能产生的影响。

(4) 根据被托换工程的要求与托换类型,制定托换具体方案。

9.9.3 基础加固托换

1. 基础加深托换

旧房增层、危房加固或邻近新建深基础预防性加固等情况,可加深原基础至下部坚实土层,如图 9.17(a),(c)所示。步骤如下:

(1) 开挖竖坑。开挖应贴近被托换基础,竖向深度深于原基底 1.5m 左右;竖坑宽 0.8m 左右,便于人工开挖。

(2) 扩挖基底。由竖坑横向扩挖至基础底面以下,并自基底向下开挖到要求的持力层。

(3) 浇注混凝土。现浇混凝土由基础下坑底至离基底 80mm 处。养护 1 天后,用干稠水泥砂浆填入 80mm 空隙,并用锤敲击短木,充分挤实填入的砂浆。可加膨胀剂并采用早强水泥。

(4) 分段施工。挖坑和浇注混凝土应分段进行,以防基底脱空太多引起不良影响。

2. 基础加宽托换

当旧房基础产生裂缝或基底面积需加大时可用此法,见图 9.17(b)。

(1) 基础加宽的尺寸。①采用混凝土套加固,基础每边可加宽 200~300mm;②采用钢筋混凝土套加固,基础每边可加宽 300mm 以上,加宽部分钢筋应与基础内主筋联结。

(2) 分段施工。条形基础加宽时,按 1.5~2.0m 长分段加固。

(3) 新老混凝土联结。传统方法将原基础混凝土凿毛和刷洗干净,并插入若干钢筋联结。新技术只需刷洗原混凝土面,不必凿毛,涂一层混凝土界面剂,可使新老混凝土牢固联结。

此外,在加宽部分基础下应铺设厚度为 100mm 的压实碎石层或砂砾层。

9.9.4 桩式托换

桩式托换主要分为以下四种方法。

(1) 顶承式静压桩托换

此法是利用建筑物上部结构自重作支承反力,用千斤顶将桩分节压至设计深度后,拆除千斤顶,用混凝土将桩与原有基础浇注成整体,如图 9.18 所示。

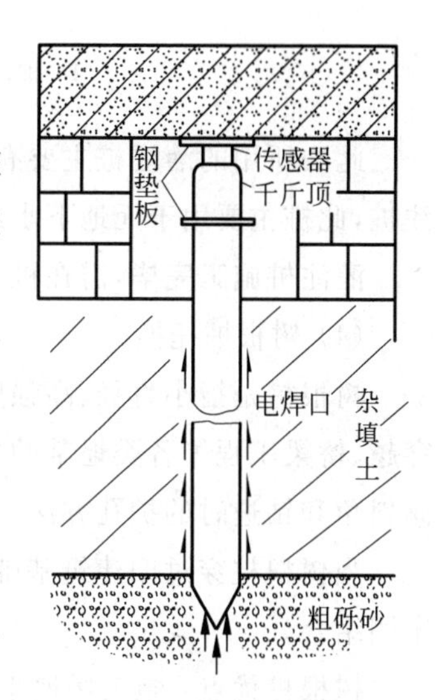

图 9.18 顶承式静压桩托换

(2) 锚杆静压桩托换

此法在基础上面施工,要点如下:①将桩位处基础凿一方孔,每边大于桩 20~30mm;②在基础顶面桩孔四周,用电锤打 4 个圆孔;插入长螺栓,用环氧砂浆固定作为锚杆;③用型钢制成反力架,底端固定在锚杆中;④用千斤顶将预制桩分节压入地基至设计深度,使桩顶低于基础底面约 10cm 左右。如图 9.19 所示;⑤拆去压桩设备,在桩顶放入钢筋,并浇筑混凝土至基础顶面。

工程实例:清华大学供应科办公库房楼因地基中泥炭层压缩导致墙体严重开裂,大裂缝 33 条,成为危房。用锚杆静压桩和树根桩托换获得成功,工程加固后使用多年情况良好。

(3) 灌注桩托换

此法要求托换工程具有沉桩设备所需净空条件。

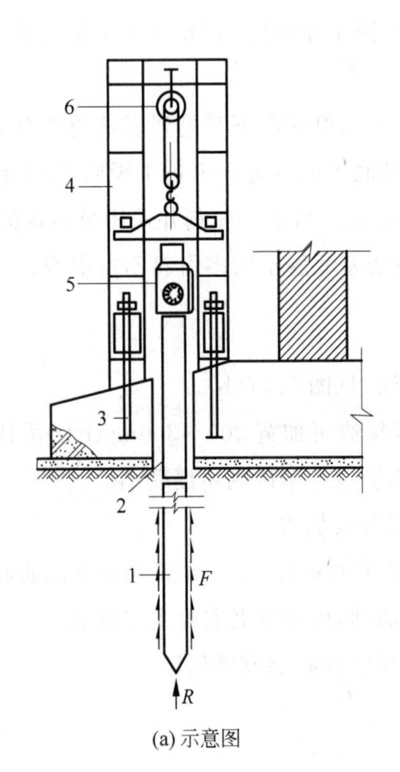

(a) 示意图

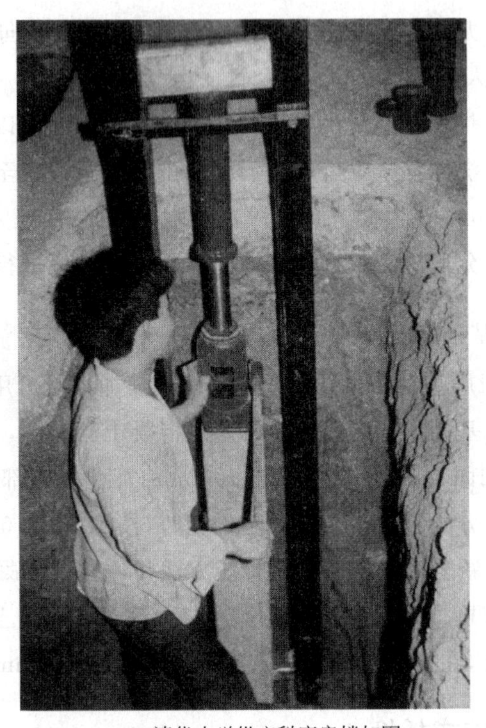
(b) 清华大学供应科库房楼加固

图 9.19 锚杆静压桩托换

1—桩；2—桩位孔；3—锚杆；4—反力架；5—千斤顶；6—滑轮

此法所用的灌注桩主要有三种：①螺旋钻孔灌注桩；②潜水钻孔灌注桩；③可用人工挖孔灌注桩，此桩主要用于无地下水或黏性土中。

灌注桩施工完毕，需在桩顶现浇托梁，以支承上部柱或墙。

(4) 树根桩托换

树根桩是指小直径、高强度的钢筋混凝土桩。它适用于旧房修复和加层、古建筑整修、地铁穿越、桥梁工程等各类地基的处理与基础加固，根据工程要求和地质情况，采用不同的钻头、桩孔倾斜角和钻进时的护孔方法。

当树根桩穿过旧建筑基础时，需凿开基础，将基础主筋与树根桩主筋焊接，并将两者混凝土牢固结合。

树根桩优点：施工场地小，噪声小，振动小，可做斜桩，各类土，增加旧建筑的安全系数并不损伤原建筑物外貌。

树根桩的发展：20世纪30年代由意大利F. Lizzi首创；日本称为RRP工法；英美列入地基处理中“土的加筋”范畴；我国最早由同济大学叶书麟教授等研究树根桩托换，并于1981年在苏州虎丘塔倾斜加固中应用，以后在旧房加层、地基加固、地铁穿越托换等工程应用成功，如图9.20所示。

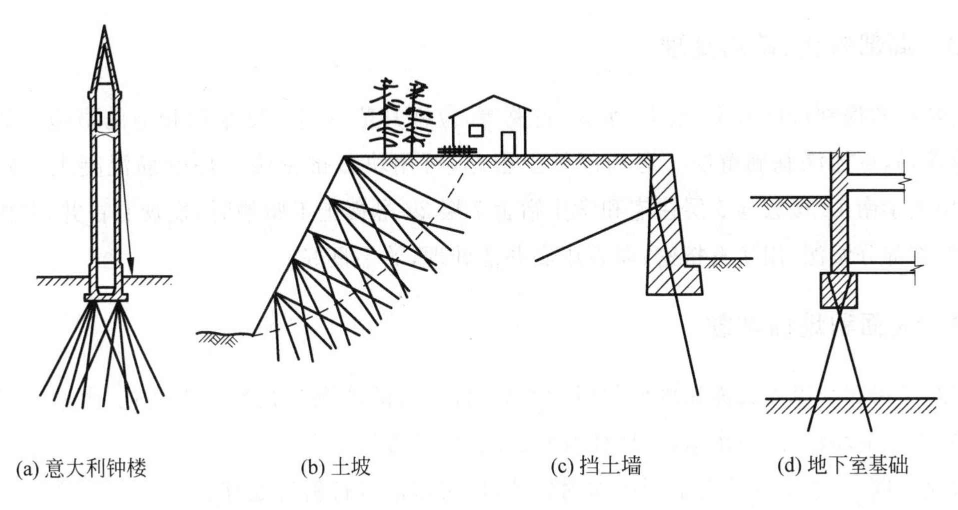

(a) 意大利钟楼　(b) 土坡　(c) 挡土墙　(d) 地下室基础

图 9.20 树根桩托换工程

此外还有灌浆托换、特殊托换、纠倾托换以及综合托换等方法，原理相同，限于篇幅，不再赘述。

9.10 几个常见问题的处理

9.10.1 吹填土地基

吹填土主要分布在我国上海黄浦江岸边、天津海河两岸、珠江三角洲等地。这种土的特点是含水率大，呈流塑状态，强度低，压缩性高为可液化土。处理方法：对含砂量少的吹填土可采用井点降水处理，使其固结，提高地基承载力。黏粒含量高的吹填土，用电渗井点降水处理，效果好。上述各类处理方法也可应用比较。含砂量高的吹填土，因土中水容易排出，可不处理。

9.10.2 杂填土地基

城市地表的杂填土是人类活动堆填的无规则填土，如前所述，成分复杂，厚薄不均，软硬不同，期龄不等，含腐殖质。薄层通常挖除。

厚层杂填土挖除工程量大，不经济。我国各地积累了很多宝贵经验：例如，江浙一带采用表层片石挤密桩；西安用灰土挤密桩；福建用重锤夯实；天津用振动压实等都有成效。近年来，苏州、南京等地大量采用不埋式筏板基础，在碾压后的杂填土上建 5～6 层住宅效果良好。不需开挖基坑外运杂填土，省劳力，节约资金，工期短，很受欢迎，值得推广。若在空旷地区，强夯法是经济可靠的方法。

9.10.3 局部软土、暗沟处理

地基中常遇到局部软土、暗沟、水井、古墓等，应视其范围与深度采取相应的措施。如局部软弱层较薄，则可加深基础解决。遇局部软土很厚，可用块石挤密法并用钢筋混凝土梁跨越。例如，清华大学南12楼教师5层住宅和学生宿舍7层22号楼施工验槽时，发现有古井，井内淤泥很深，经挖除部分淤泥，用块石挤密、卵石压实办法处理，效果良好。

9.10.4 大面积地面堆载

有时厂房和仓库需大面积堆放原料和产品，且堆放的范围与数量经常变化，由此造成地面凹陷，基础产生不均沉降、吊车卡轨、墙柱倾斜、开裂以及破坏地下管线。

对此问题，可采用砂井真空预压加固处理，厂房基础可打斜桩处理。

9.10.5 局部旧结构物

在城市建设中常遇到地基下有局部旧结构物，如压实的旧路面、旧基础、旧灰土及防空洞衬砌等，都必须认真处理。不能错误地认为这些旧结构物很坚实，超过周围地基承载力可不处理。由于软硬不同，若不处理，在旧结构物边缘处，基础可能开裂。通常处理方法是把旧结构物挖除。

清华大学学生宿舍21号楼地基中，存在一个钢筋混凝土大型废化粪池，直径6m，深度超过3.7m。为避免新建楼房地基软硬悬殊而开裂，应将化粪池钢筋混凝土清除干净。时值隆冬，槽底已到地下水位，石匠用人工凿钢筋混凝土艰难。因此，只将钢筋混凝土凿至槽底以下1m，从化粪池底部分层填卵石压实，处理成功。

复习思考题

9.1 何谓软弱地基？各类软弱地基有何共同特点和差别？

9.2 何谓不良地基？不良地基与软弱地基有何共同特点与差别？

9.3 为什么软弱地基和不良地基需要处理？选用地基处理方法的原则与注意事项有哪些？

9.4 为什么黏性土在含水率很低或很高时难以压实？何谓最优含水率？如何测定最优含水率、工程中有何用途？

9.5 强夯法的密实机理是什么？强夯法与强夯置换法有什么不同？各适用于什么土质？如需加固深度8m，如何选择锤重与落距？

9.6 换填垫层法的厚度与宽度如何确定？理想的垫层材料是什么？它起什么作用？

9.7 预压法处理软土的原理是什么？真空预压法比堆载预压法的优点在何处？如何确定预压荷载、预压时间以及砂井直径、间距与深度？

9.8 挤密法有哪几种？挤密法与振冲法有何相同之处与差别？

9.9 化学加固法常用的化学浆液有哪几种？把浆液注入地基中的方法有哪些？何谓三重管旋喷法？此法有何突出的优点？粉体喷搅法有何特点？适用于什么土质条件？

9.10 何谓托换法？托换法有哪几种？中等土质，3层住宅增高2层，如何进行托换？

习　　题

9.1 一办公楼设计砖混结构条形基础，作用在基础顶面中心荷载 $N=250\text{kN/m}$。地基表层为杂填土，$\gamma_1=18.2\text{kN/m}^3$，层厚 $h_1=1.00\text{m}$；第②层为淤泥质粉质黏土，$\gamma_2=17.6\text{kN/m}^3$，$w=42.5\%$，层厚8.40m，地下水位深3.5m。设计条形基础与砂垫层。　（答案：条形基础底宽 $b=1.50\text{m}$，埋深 $d=1.0\text{m}$；采用粗砂垫层：厚度 $z=2.00\text{m}$，垫层底面宽度为 $b'=3.30\text{m}$）

9.2 一海港扩建码头，地基为海积淤泥，厚达40m。规划在一年后修建公路、办公楼与仓库，需大面积进行地基加固，试选择具体地基处理方案。

9.3 某住宅区地基为粉土，承载力特征值 $f_{ak}=80\text{kPa}$，且为液化土层，层厚5.6m。第②层为粉质黏土，可塑状态，层厚7.8m。地下水位埋深仅0.2m。选择提高地基承载力并消除液化的地基处理方案。

9.4 某新建大型企业，经岩土工程勘察，地表为耕植土，层厚0.8m；第②层为粉砂，松散，层厚为6.5m；第③层卵石，层厚5.8m。地下水位埋深2.00m。考虑用强夯加固地基，设计锤重与落距，以进行现场试验。　（答案：锤重为100kN，落距15m）

9.5 天津市保税区某外资企业，拟建一幢3层办公楼与单层仓库。地基为淤泥质土，地基承载力特征值 $f_{ak}=40\text{kPa}$。层厚超过30m。选择地基处理方案，要求提高承载力并消除震沉。

9.6 上海机械学院动力馆为3层混合结构，地基表层为冲填土，层厚3.3m；第②层为淤泥层厚0.5m；第③层淤泥质粉质黏土，层厚7.0m；第④层为淤泥质黏土。设计软弱地基加固方案。

9.7 上海宝钢围厂河岸土坡。表层粉质黏土 $\gamma_1=18.6\text{kN/m}^3$，$e_1=0.99$，层厚 $h_1=2.50\text{m}$；第②层淤泥质粉质黏土，$\gamma_2=17.8\text{kN/m}^3$，$e_2=1.13$，$h_2=7.65\text{m}$；第③层淤泥质黏土，$\gamma_3=17.2\text{kN/m}^3$；$e_3=1.36$，$h_3=12.25\text{m}$。设计此河岸坡软弱地基加固。

9.8 珠海市石榴园综合楼，设计8层框架结构，十字交叉基础。场地原为低洼的塘、沟、水稻田填平，地基为黏性素填土、淤泥质粉质黏土和淤泥，总厚4.5～6.0m。地基承载力特征值 $f_{ak}=50\sim60\text{kPa}$。下卧好土为黏土质粗砂，$f_{ak}=160\text{kPa}$。要求加固后 $f_{ak}=200\text{kPa}$。设计软弱地基加固方案。

9.9 山东省龙口电厂位于渤海南岸沙滩。主厂房建筑面积107m×105.45m，框架结构；钢筋混凝土烟囱高180m，出口直径4.5m；储煤筒仓高36.74m，内径15m，钢筋混凝土结构。要求地基承载力分别为250、300、350kPa，并消除7度烈度的液化可能性。设计加固地基方案[25]。

9.10 某厂一座3万 m^3 大油罐，内径 $D=44$m，荷载196kPa。对地基不均匀沉降要求严格。在沉降稳定后沿罐壁周围局部倾斜不大于2.5‰；任意直径方向沉降差不大于3.5D。地基持力层为可塑性硬塑粉质黏土(或含砾)与密实粉砂，$f_{ak}=400$kPa，$E_s=15$MPa；其下软弱透镜体呈局部无规律分布，层厚1.0～3.6m。第③层即基岩，起伏较大。设计软弱地基处理方案[25]。

第 10 章

特殊土地基

由于我国地理环境、地形高差、气温、雨量、地质成因和地质历史的不同，加上组成土的物质成分和次生变化等多种复杂因素，形成了若干性质特殊性的土类，包括湿陷性黄土、膨胀土、红黏土及多年冻土等。

这些天然形成的特殊性土的地理环境分布有一定的规律性和区域性，因此，这些土也称为区域性土。以这些特殊土作为建筑地基时，应注意其特有性质，采取必要的措施，以防止发生工程事故。

10.1 湿陷性黄土地基[51]

10.1.1 湿陷性黄土概述

1. 特性

湿陷性黄土具有与一般粉土与黏性土不同的特性，主要是具有大孔隙和湿陷性。在自然界用肉眼即可见土中有大孔隙；在一定压力下浸水，土的结构则迅速被破坏，并发生显著的沉陷。

2. 湿陷性黄土的分区

湿陷性黄土在中国分布较广，面积约$4.5\times10^5 km^2$。按工程地质特征和湿陷性强弱程度，可将中国湿陷性黄土划为 7 个分区(湿陷等级的划分详见表 10.3)：

(Ⅰ)陇西地区。湿陷性黄土层厚通常 3～3.5m。地基湿陷等级多为Ⅲ、Ⅳ级。对工程危害性大。

(Ⅱ)陇东—陕北—晋西北地区。湿陷性黄土层厚通常 4～15m。地基湿陷等级多为Ⅲ、Ⅳ级。对工程危害性较大。

(Ⅲ)关中地区。湿陷性黄土厚 4～23m。地基湿陷等级为Ⅱ～Ⅲ级，对工程有一定危害性。

(Ⅳ)山西—冀北地区。湿陷性黄土厚2～20m。地基湿陷等级一般为Ⅱ、Ⅲ级。对工程有一定危害。

(Ⅴ)河南地区。湿陷性黄土厚4～8m。一般为非自重湿陷性,对工程危害性不大。

(Ⅵ)冀鲁地区。土层厚2～6m,非自重湿陷性。地基湿陷等级为Ⅰ级。

(Ⅶ)边缘地区。包括宁—陕区,为非自重湿陷黄土,土层厚度1～10m,地基湿陷等级为Ⅰ级或不具湿陷性;河西走廊区,为非自重性湿陷黄土,土层厚度2～5m,地基湿陷等级为Ⅰ—Ⅱ级;内蒙古中部—辽西区,一般为非自重湿陷黄土,土层厚度5～15m,地基湿陷等级为Ⅱ级;新疆—甘西—青海区,一般为非自重湿陷黄土,土层厚度2～10m,地基湿陷等级为Ⅰ—Ⅱ级,局部Ⅲ级。

3. 湿陷性黄土的物理力学性质(详见表10.2)

(1) 以粉土为主。粉粒含量一般大于60%;

(2) 含水率低,一般w为10%～20%;

(3) 天然密度小,ρ为1.40～1.65g/cm^3;

(4) 孔隙比大,通常$e>1.0$;

(5) 塑性指数中偏低,I_P为7～13,属粉土或粉质黏土;

(6) 压缩系数a为0.2～0.6MPa^{-1},属中、高压缩性。关键为遇水急剧下沉,具湿陷性;

(7) 富含碳酸钙盐类。

4. 黄土的地层划分

黄土为新生代第四纪的沉积物。按形成时代早晚,可分为四类地层,详见表10.1。

表10.1 黄土的地层划分[51]

时　代		地层的划分	说　明
全新世(Q_4)黄土	新黄土	黄土状土	一般具湿陷性
晚更新世(Q_3)黄土		马兰黄土	
中更新世(Q_2)黄土	老黄土	离石黄土	上部部分土层具湿陷性
早更新世(Q_1)黄土		午城黄土	不具湿陷性

注:全新世(Q_4)黄土包括湿陷性(Q_4^1)黄土和新近堆积(Q_4^2)黄土。

5. 黄土湿陷的原因

(1) 外因:主要为建筑物本身的上下水道漏水、大量降雨渗入地下,以及附近修建水库、渠道蓄水渗漏等,引起黄土的湿陷。

(2) 内因:黄土外观颜色呈淡黄至褐黄因而得名。没有层理,有肉眼可见大孔隙,又称大孔土。主要为黄土中含大量多种可溶盐,如硫酸钠、碳酸钠、碳酸镁和氯化钠等物质,受水浸湿后被溶化，土中胶结力大为减弱，导致土粒变形。黄土为欠压密土，薄膜水增厚，在压密过程中起润滑作用。这是黄土湿陷的内因。

10.1.2 黄土湿陷性的测定方法[17]

1. 室内浸水侧限压缩试验

取天然结构与天然含水率的原状试样数个，进行黄土湿陷试验。试验的设备与固结试验相同，环刀面积应采用 50cm^2。

(1) 测定湿陷系数 δ_s

测 δ_s 时应将环刀试样保持在天然湿度下，分级加荷至规定压力，待稳定后浸水，至湿陷稳定为止。浸水宜用纯水，湿陷稳定标准为：下沉量不大于 0.01mm/h。

分级加荷标准：在 0～200kPa 之内，每级加荷增量为 50kPa；在 200kPa 以上，每级加荷增量为 100kPa。

(2) 测定自重湿陷系数 δ_{zs}

测 δ_{zs}时将环刀试样保持在天然湿度下，采用快速分级加荷，加至试样的上覆土的饱和自重压力；待下沉稳定后浸水，至湿陷稳定为止。稳定标准为变形量不大于 0.01mm/h。

根据黄土湿陷试验结果绘制 e-p 关系曲线，如图 10.1 所示。试验开始分级加荷，如图 10.1(a)中$\overset{\frown}{ab}$曲线所示。待试样在设计荷载 p_d 作用下，压缩稳定后(即 b 点)，保持 p_d 不变；加水浸湿，土样下陷并至稳定(即 c 点)，如竖向直线$\overline{bc}$所示。b,c 两点孔隙比的差值 $e_m = e_1 - e_2$，称为大孔隙系数。如再继续分级加荷，则土样的压缩变形曲线如$\overset{\frown}{cd}$所示。p_{d1}，p_{d2}，p_{d3}…作用下浸水，测用同一地点相同深度取的几个试样，分别在不同荷载得各试样相应的大孔隙系数 e_{m1}，e_{m2}，e_{m3}，…，绘制 e_m-p 曲线，如图 10.1(b)所示。

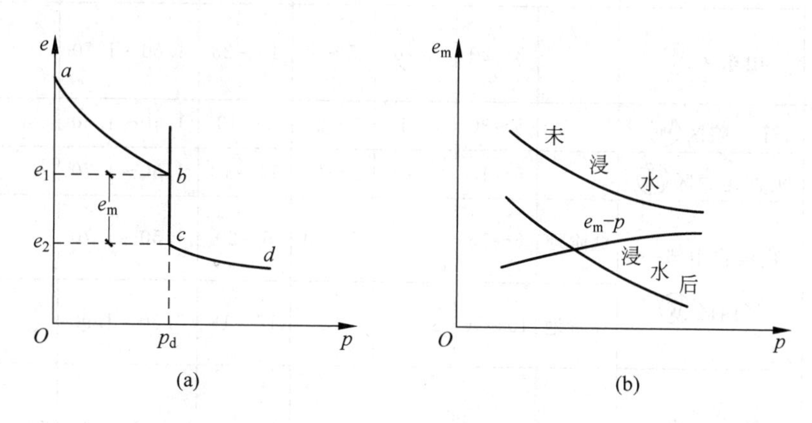

图 10.1 黄土湿陷试验

表10.2 湿陷性黄土的

分区	亚区	地貌	黄土层厚度/m	湿陷性黄土层厚度/m	地下水埋藏深度/m	物理		
						含水率 w/%	天然密度 ρ/(g/cm^3)	液限 w_L/%
陇西地区Ⅰ		低阶地	4～25	3～16	4～18	6～25	1.20～1.80	21～30
		高阶地	15～100	8～35	20～80	3～20	1.20～1.80	21～30
陇东—陕北—晋西地区Ⅱ		低阶地	3～30	4～11	4～14	10～24	1.40～1.70	20～30
		高阶地	50～150	10～15	40～60	9～22	1.40～1.60	26～31
关中地区Ⅲ		低阶地	5～20	4～10	6～18	14～28	1.50～1.80	22～32
		高阶地	50～100	6～23	14～40	11～21	1.40～1.70	27～32
山西—冀北地区Ⅳ	汾河流域区—冀北区Ⅳ$_1$	低阶地	5～15	2～10	4～8	6～19	1.40～1.70	25～29
		高阶地	30～100	5～20	50～60	11～24	1.50～1.60	27～31
	晋东南区Ⅳ$_2$		30～53	2～12	4～7	18～23	1.50～1.80	27～33
河南地区Ⅴ			6～25	4～8	5～25	16～21	1.60～1.80	26～32
冀鲁地区Ⅵ	河北区Ⅵ$_1$		3～30	2～6	5～12	14～18	1.60～1.70	25～29
	山东区Ⅵ$_2$		3～20	2～6	5～8	15～23	1.60～1.70	28～31
边缘地区Ⅶ	宁—陕区Ⅶ$_1$		5～30	1～10	5～25	7～13	1.40～1.60	22～27
	河西走廊区Ⅶ$_2$		5～10	2～5	5～10	14～18	1.60～1.70	23～32
	内蒙古中部—辽西区Ⅶ$_3$	低阶地	5～15	5～11	5～10	6～20	1.50～1.70	19～27
		高阶地	10～20	8～15	12	12～18	1.50～1.90	—
	新疆—甘西—青海区Ⅶ$_4$		3～30	2～10	1～20	3～27	1.30～2.00	19～34

物理力学性质指标[51]

力学性质指标					特征简述
塑性指数	孔隙比 e	压缩系数 a/MPa^{-1}	湿陷系数 δ_s	自重湿陷系数 δ_{zs}	
4～12	0.70～1.20	0.10～0.90	0.020～0.200	0.010～0.200	自重湿陷性黄土分布很广，湿陷性黄土层厚度通常大于10m，地基湿陷等级多为Ⅲ～Ⅳ级，湿陷性敏感
5～12	0.80～1.30	0.10～0.70	0.020～0.220	0.010～0.200	
7～13	0.97～1.18	0.26～0.67	0.019～0.079	0.005～0.041	自重湿陷性黄土分布广泛，湿陷性黄土层厚度通常大于10m，地基湿陷等级一般为Ⅲ～Ⅳ级，湿陷性较敏感
8～12	0.80～1.20	0.17～0.63	0.023～0.088	0.006～0.048	
9～12	0.94～1.13	0.24～0.64	0.029～0.076	0.003～0.039	低阶地多属非自重湿陷性黄土，高阶地和黄土塬多属自重湿陷性黄土，湿陷性黄土层厚度：在渭北高原一般大于10m；在渭河流域两岸多为4～10m，秦岭北麓地带有的小于4m。地基湿陷等级一般为Ⅱ～Ⅲ级。自重湿陷性黄土层一般埋藏较深，湿陷发生较迟缓
10～13	0.95～1.21	0.17～0.63	0.030～0.080	0.005～0.042	
8～12	0.58～1.10	0.24～0.87	0.030～0.070	—	低阶地多属非自重湿陷性黄土，高阶地(包括山麓堆积)多属自重湿陷性黄土。湿陷性黄土层厚度多为5～10m，个别地段小于5m或大于10m，地基湿陷等级一般为Ⅱ～Ⅲ级。在低阶地新近堆积(Q_4^2)黄土分布较普遍，土的结构松散，压缩性较高。冀北部分地区黄土含砂量大
10～13	0.97～1.31	0.12～0.62	0.015～0.089	0.007～0.040	
10～13	0.85～1.02	0.29～1.00	0.030～0.070	0.015～0.052	
10～13	0.86～1.07	0.18～0.33	0.023～0.045	—	一般为非自重湿陷性黄土，湿陷性黄土层厚度一般为5m，土的结构较密实，压缩性较低。该区浅部分布新近堆积黄土，压缩性较高
9～13	0.85～1.00	0.18～0.60	0.024～0.048	—	一般为非自重湿陷性黄土，湿陷性黄土层厚度一般小于5m，局部地段为5～10m，地基湿陷等级一般为Ⅱ级，土的结构密实，压缩性低。在黄土边缘地带及鲁山北麓的局部地段，湿陷性黄土层薄，含水率高，湿陷系数小，地基湿陷等级为Ⅰ级或不具湿陷性
10～13	0.85～0.90	0.19～0.51	0.020～0.041	—	
7～10	1.02～1.14	0.22～0.57	0.032～0.059	—	为非自重湿陷性黄土，湿陷性黄土层厚度一般小于5m，地基湿陷等级一般为Ⅰ～Ⅱ级，土的压缩性低，土中含砂量较多。湿陷性黄土分布不连续
8～12	—	0.17～0.36	0.029～0.050	—	
8～10	0.87～1.05	0.11～0.77	0.026～0.048	0.040	靠近山西、陕西的黄土地区，一般为非自重湿陷性黄土，地基湿陷等级一般为Ⅰ级，湿陷性黄土层厚度一般为5～10m。低阶地新近堆积(Q_4^2)黄土分布较广，土的结构松散，压缩性较高，高阶地土的结构较密实，压缩性较低
9～11	0.85～0.99	0.10～0.40	0.020～0.041	0.069	
6～18	0.69～1.30	0.10～1.05	0.015～0.199	—	一般为非自重湿陷性黄土场地，地基湿陷等级为Ⅰ～Ⅱ级，局部为Ⅲ级，湿陷性黄土层厚度一般小于8m，天然含水量较低，黄土层厚度及湿陷性变化大。主要分布于沙漠边缘，冲、洪积扇中上部，河流阶地及山麓斜坡，北疆呈连续条状分布，南疆呈零星分布

(3) 测定湿陷起始压力 p_{sh}

湿陷起始压力,系指湿陷性黄土浸湿后,开始发生湿陷现象的外来压力。若在非自重湿陷性黄土地基设计中,使基底压力 $\sigma < p_{sh}$,即使地基浸水,也不会发生严重湿陷事故。

室内试验测定 p_{sh} 可用下列两种方法:

① 单线法压缩试验 在同一取土点的同一深度处,至少取5个环刀试样;均在天然湿度下分级加荷,分别加至不同的规定压力,下沉稳定后浸水,至湿陷稳定为止。

② 双线法压缩试验 在同一取土点的同一深度处取两个环刀试样:一个在天然湿度下分级加荷;另一个在天然湿度下加第一级荷载,下沉稳定后浸水,至湿陷稳定,再分级加荷。

试验分级加荷标准:$p < 150\text{kPa}$,$\Delta p = 25 \sim 50\text{kPa}$;$p > 150\text{kPa}$,$\Delta p = 50 \sim 100\text{kPa}$。

加荷稳定标准:下沉量不大于0.01mm/h。

在 p-δ_s 曲线上,宜取 $\delta_s = 0.015$ 所对应的压力作为湿陷起始压力 p_{sh} 值。

2. 现场注水载荷试验

这项试验的装置与试验方法,与一般现场载荷试验相同。承压板面积不宜小于5 000cm^2,试坑边长(或直径)应为承压板边长(或直径)的3倍,试坑底部铺设5~10cm厚的砂石,以防注水时冲动黄土面。

每级加荷增量 $\Delta p \leqslant 25\text{kPa}$;试验终止荷载 $\sum \Delta p$ 不大于200kPa。

每级加荷后的稳定标准:下沉量不大于0.2mm/2h。

用载荷试验测定 p_{sh} 可选择下列方法之一:

(1) 双线法载荷试验:应在场地内相邻位置的同一标高处,做两个载荷试验,其中一个在天然湿度的土层上进行;另一个在浸水饱和的土层上进行。

(2) 单线法载荷试验:应在场地内相邻位置的同一标高处,至少做3个不同压力下的浸水载荷试验。

(3) 饱水法载荷试验:应在浸水饱和的土层上做1个载荷试验。

在压力与浸水下沉量 p-δ_s 曲线上,取其转折点所对应的压力作为 p_{sh} 值。

3. 现场试坑浸水试验

(1) 试坑尺寸

试坑宜挖成圆形(或方形),其直径(或边长)不应小于湿陷性黄土层的厚度,并不应小于10m。试坑深度一般为50cm,坑底铺5~10cm厚的砂石。

(2) 沉降观测

试坑内不同深度处,设置沉降观测标点;试坑外设置地面沉降观测标点。沉降观测精度为±0.1mm。

(3) 浸水观测

试坑内的水头高度应保持30cm;浸水过程中,应观测湿陷量、耗水量、浸湿范围和地面裂缝,试验进行至湿陷稳定为止。湿陷稳定标准为最后 5 天的平均湿陷量小于 1mm。

10.1.3 黄土地基湿陷性评价

1. 黄土湿陷性判别

(1) 湿陷系数 δ_s

根据室内浸水压缩试验结果,按下式计算:

$$\delta_s = \frac{h_p - h_p'}{h_0} \tag{10.1}$$

式中 h_p——保持天然湿度和结构的土样,加压至一定压力时下沉稳定后的高度,mm;

h_p'——上述加压稳定后的土样,在浸水作用下下沉稳定后的高度,mm;

h_0——土样的原始高度,mm。

(2) 测定湿陷系数的压力

①应自基础底面算起,初步勘察时自地面下 1.5m 算起;②10m 以内的土层,应用 200kPa;③10m以下至非湿陷性土层顶面,应用其上覆土的饱和自重压力(当大于 300kPa 时,仍应用 300kPa);④对压缩较高的新近堆积黄土,基底下 5m 以内的土层宜用 100～150kPa 压力,5～10m 和 10m 以下至非湿陷性黄土层的顶面,应分别用 200kPa 和上覆土的饱和自重压力。

(3) 黄土湿陷性判别标准

湿陷系数 $\delta_s<0.015$,应定为非湿陷性黄土;湿陷系数 $\delta_s \geqslant 0.015$,应定为湿陷性黄土。

(4) 湿陷性黄土的湿陷程度

湿陷性黄土的湿陷程度,可根据湿陷系数 δ_s 值的大小分为下列三种:

① 当 $0.015 \leqslant \delta_s \leqslant 0.03$ 时,湿陷性轻微;

② 当 $0.03 < \delta_s \leqslant 0.07$ 时,湿陷性中等;

③ 当 $\delta_s > 0.07$ 时,湿陷性强烈。

2. 建筑场地的湿陷类型

1) 实测自重湿陷量 Δ_{zs}'

自重湿陷量应根据现场试坑浸水试验确定。在新建地区,对甲、乙类建筑,宜采用试坑浸水试验。

2) 计算自重湿陷量 Δ_{zs}

(1) 自重湿陷系数 δ_{zs}

δ_{zs}应根据室内浸水压缩试验,测定不同深度的土样在饱和土自重压力下的 δ_{zs},可按下式计算:

$$\delta_{zs} = \frac{h_z - h_z'}{h_0} \tag{10.2}$$

式中 h_z——保持天然湿度和结构的土样,加压至土的饱和自重压力时,下沉稳定后的高度,mm;

h_z'——上述加压稳定后的土样,在浸水作用下下沉稳定后的高度,mm;

h_0——土样的原始高度，mm。

（2）计算自重湿陷量 Δ_{zs}

Δ_{zs}应按下式计算：

$$\Delta_{zs} = \beta_0 \sum_{i=1}^{n} \delta_{zsi} h_i \tag{10.3}$$

式中 δ_{zsi}——第 i 层土在上覆土的饱和（$S_r > 0.85$）自重压力下的自重湿陷系数；

h_i——第 i 层土的厚度，mm；

β_0——因土质地区而异的修正系数，对陇西地区可取 1.5，对陇东陕北地区可取 1.2，对关中地区可取 0.7，对其他地区可取 0.5。

计算自重湿陷量 Δ_{zs} 的累计，应自天然地面算起（当挖、填方的厚度和面积较大时，应自设计地面算起），至其下全部湿陷性黄土层的底面为止。其中自重湿陷系数 $\delta_{zs} < 0.015$ 的土层不应累计。

3）建筑场地湿陷类型判别

①当实测或计算自重湿陷量 Δ'_{zs}（或 Δ_{zs}）≤70mm 时，应定为非自重湿陷性黄土场地；②当 Δ'_{zs}（或 Δ_{zs}）>70mm 时，应定为自重湿陷性黄土场地。

3. 湿陷性黄土地基的湿陷等级

1）总湿陷量 Δ_s

湿陷性黄土地基，受水浸湿饱和至下沉稳定为止的总湿陷量 Δ_s，应按下式计算：

$$\Delta_s = \sum_{i=1}^{n} \beta \delta_{si} h_i \tag{10.4}$$

式中 δ_{si}——第 i 层土的湿陷系数；

h_i——第 i 层土的厚度，mm；

β——考虑地基土的侧向挤出和浸水几率等因素的修正系数。基底下 5m（或压缩层）深度内，可取 1.5；5～10m 深以内取 $\beta=1$，基底下 10m 以下至非自重湿陷性黄土层顶面，在自重湿陷性黄土场地，可按公式（10.3）中的 β_0 值取用。

总湿陷量 Δ_s 应自基础底面算起；初步勘察时，自地面下 1.5m 算起。累计深度按场地与建筑类别不同区别对待如下：

（1）非自重湿陷性黄土场地，累计至基底下 10m（或压缩层）深度止。

（2）在自重湿陷性黄土场地，累计至非自重湿陷性黄土层的顶面为止。其中湿陷性系数 δ_s 或自重性湿陷系数 δ_{zs} 小于 0.015 的土层不累计。

2）湿陷性黄土地基的湿陷等级

湿陷性黄土地基的湿陷等级，应根据基底下各土层累计的总湿陷量 Δ_s 和计算自重湿陷量 Δ_{zs} 的大小和场地湿陷类型，判为Ⅰ、Ⅱ、Ⅲ、Ⅳ四级，详见表 10.3。

表 10.3 湿陷性黄土地基的湿陷等级[51]

湿陷类型 / Δ_{zs}/mm / Δ_s/mm	非自重湿陷性场地	自重湿陷性场地	
	$\Delta_{zs}\leqslant 70$	$70<\Delta_{zs}\leqslant 350$	$\Delta_{zs}>350$
$\Delta_s\leqslant 300$	Ⅰ(轻微)	Ⅱ(中等)	—
$300<\Delta_s\leqslant 700$	Ⅱ(中等)	*Ⅱ(中等)或Ⅲ(严重)	Ⅲ(严重)
$\Delta_s>700$	Ⅱ(中等)	Ⅲ(严重)	Ⅳ(很严重)

*注：当湿陷量的计算值 $\Delta_s>600$mm、自重湿陷量的计算值 $\Delta_{zs}>300$mm 时，可判为Ⅲ级，其他情况可判为Ⅱ级。

10.1.4 湿陷性黄土地基计算

1. 地基承载力特征值

(1) 湿陷性黄土地基承载力特征值，可由勘察部门根据现场原位测试结果或结合当地经验与理论公式计算确定，并应符合以下规定：

① 地基承载力特征值应保证地基在稳定的条件下使建筑物的沉降量不超过允许值；

② 甲、乙类建筑的地基承载力特征值可根据静载试验或其他原位测试、公式计算，并结合工程实践经验等综合方法确定；

③ 当有充分依据时，对丙、丁类建筑，可根据当地经验确定；

④ 对天然含水量小于塑限含水量的土，可按土的塑限含水量确定土的承载力。

(2) 基础底面积应按正常使用状态下荷载效应的标准组合，并按修正后的地基承载力特征值确定。当偏心荷载作用时，相应于荷载效应标准组合，基础底面边缘的最大压力值，不应超过修正后的地基承载力特征值的 1.20 倍。

(3) 当基础宽度大于 3m 或埋置深度大小 1.5m 时，地基承载力特征值应根据《湿陷性黄土地区建筑规范》(GB 50025—2004)规定的方法进行修正。

2. 地基沉降计算

湿陷性黄土地基的沉降量，包括压缩变形和湿陷变形两部分。按下式计算：

$$s = s_h + s_w \tag{10.7}$$

$$s_w = \sum_{i=1}^{n} \frac{e_{mi}}{1+e_{1i}} h_i \tag{10.8}$$

式中 s——黄土地基总沉降量，mm；

s_h——天然含水率的黄土未浸水的沉降量，按公式(3.41)计算：

$$s_h = \psi_s \sum_{i=1}^{n} \frac{p_0}{E_{si}} (z_i \bar{\alpha}_i - z_{i-1} \bar{\alpha}_{i-1});$$

ψ_s——沉降计算经验系数,可采用表10.4的数值;

s_w——黄土浸水后的湿陷变形量;

n——受压层范围内黄土层的数目;

e_{mi}——在相应的附加压力作用下,第 i 层土样浸水前后孔隙比的变化,即第 i 层土样的大孔隙系数;

e_{1i}——第 i 层土样浸水前的孔隙比;

h_i——第 i 层黄土的厚度,mm。

表10.4 黄土沉降计算经验系数 ψ_s[51]

E_s'/MPa	3.3	5.0	7.5	10.0	12.5	15.0	17.5	20.0
ψ_s	1.80	1.22	0.82	0.62	0.50	0.40	0.35	0.30

注:E_s'为沉降计算深度范围内压缩模量的当量值,应按下式计算:

$$E_s' = \frac{\sum A_i}{\sum (A_i/E_{si})}$$

式中 A_i——基底以下第 i 层的附加应力系数,沿土层深度的积分值;

E_{si}——第 i 层土的压缩模量,MPa。

3. 地基稳定性计算

湿陷性黄土地基的稳定性计算,应符合现行国家标准《建筑地基基础设计规范》(GB 50007—2011)的有关规定,此外,尚应符合下列要求:

(1) 确定滑动面时,应考虑湿陷性黄土地基中可能存在的竖向节理和裂隙;

(2) 对有可能受水浸湿的黄土地基,土的强度指标应按饱和状态的试验结果确定。

10.1.5 湿陷性黄土地基处理

当湿陷性黄土地基的压缩变形、湿陷变形或强度不能满足设计要求时,应针对不同的土质条件和建筑物的类别,采取相应的措施。

1. 建筑物的类别[51]

建筑物应根据其重要性、地基受水浸湿可能性的大小和在使用上对不均匀沉降限制的严格程度,分为甲、乙、丙、丁四类。

(1) 甲类建筑:高度大于60m的高层建筑;高度大于50m的构筑物;高度大于100m的高耸结构;特别重要的建筑;地基受水浸湿可能性大的重要建筑;对不均匀沉降有严格限制的建筑。

(2) 乙类建筑:高度24~60m的高层建筑;高度30~50m的构筑物;高度50~100m的高耸结构;地基受水浸湿可能性较大或可能小的重要建筑;地基受水浸湿可能性大的一般建筑。

(3) 丙类建筑:除乙类以外的一般建筑和构筑物。多层住宅楼、办公楼、教学楼;高度不超过

50m 的烟囱；跨度小于 24m 和吊车额定起重量大于 30t 的机加工车间；食堂，县、区影剧院，理化试验室。

(4) 丁类建筑：1～2 层的简易住宅、简易办公房屋；小型机加工车间；小型工具、机修车间；小型库房等次要建筑。

2. 建筑工程的设计措施

(1) 地基处理措施：主要措施包括消除地基的全部或部分湿陷量；或采用深基础、桩基础穿透全部湿陷性土层，或将基础设置在非湿陷黄土层上。

(2) 防水措施

① 基本防水措施：在建筑物布置、场地排水、地面防水、屋面排水、散水、排水沟、管道敷设、管道材料和接口等方面，应采取措施防止雨水或生产、生活用水的渗漏。

② 检漏防水措施：在基本防水措施的基础上，对防护范围内的地下管道，应增设检漏管沟和检漏井。

③ 严格防水措施：在检漏防水措施的基础上，应提高防水地面、排水沟、检漏管沟和检漏井等设施的材料标准，如增设卷材防水层、采用钢筋混凝土排水沟等。

(3) 结构措施

结构措施包括设置封闭圈梁、采用变形适应性结构，减小或调整建筑物的不均匀沉降。

3. 各类建筑对地基处理的要求

(1) 甲类建筑

对甲类建筑进行地基处理时，应穿透全部湿陷性土层；或消除地基的全部湿陷量，或将基础设置在非湿陷层。处理厚度要求：

① 非自重湿陷性黄土场地，应将基础下湿陷起始压力小于附加压力与上覆土的饱和自重压力之和的所有土层进行处理；或处理至基础下的压缩层深度为止。

② 在自重湿陷性黄土场地，应处理基础以下的全部湿陷性土层。

(2) 乙类建筑

对乙类建筑进行地基处理时，应消除地基部分湿陷量。其最小处理厚度为：

① 非自重湿陷性黄土场地，不应小于压缩层厚度的 2/3，且下部未处理湿陷黄土层的湿陷起始压力值不应小于 100kPa。

② 自重湿陷性黄土场地，不应小于湿陷性土层厚度的 2/3，并应控制未处理土层的湿陷量不大于 150mm。

③ 如基础宽度大或湿陷性黄土层厚度大，处理地基压缩层深度的 2/3 或全部湿陷性黄土层深度的 2/3 确有困难时，在建筑物范围内应采用整片处理。其处理厚度：在非自重湿陷性黄土场地不应小于 4m，且下部未处理湿陷性黄土层的湿陷起始压力值不宜小于 100kPa；在自重湿陷性

黄土场地不应小于6m,且下部未处理湿陷性黄土层的剩余湿陷量不宜大于150mm。

(3) 丙类建筑消除地基部分湿陷量的最小处理厚度,应符合下列要求:

① 当地基湿陷等级为Ⅰ级时:对单层建筑可不处理地基;对多层建筑,地基处理厚度不应小于1m,且下部未处理湿陷性黄土层的湿陷起始压力值不宜小于100kPa。

② 当地基湿陷等级为Ⅱ级时:在非自重湿陷性黄土场地,对单层建筑,地基处理厚度不应小于1m,且下部未处理湿陷性黄土层的湿陷起始压力值不宜小于80kPa;对多层建筑,地基处理厚度不宜小于2m,且下部未处理湿陷性黄土层的湿陷起始压力值不宜小于100kPa;在自重湿陷性黄土场地,地基处理厚度不应小于2.50m,且下部未处理湿陷性黄土层的剩余湿陷量,不应大于200mm。

③ 当地基湿陷等级为Ⅲ级或Ⅳ级时,对多层建筑宜采用整片处理,地基处理厚度分别不应小于3m或4m,且下部未处理湿陷性黄土层的剩余湿陷量,单层及多层建筑均不应大于200mm。

(4) 丁类建筑

此类建筑的地基一律不处理。

4. 常用的地基处理方法

选择地基处理方法,应根据建筑物的类别、湿陷性黄土的特性、施工条件和当地材料,并经综合技术经济比较确定。常用地基处理方法可按表10.5选择。

表10.5 湿陷性黄土地基常用的处理方法[51]

名称	适用范围	一般可处理(或穿透)基底下的湿陷性土层厚度/m
垫层法	地下水位以上,局部或整片处理	1~3
强夯法	S_r<60%的湿陷性黄土局部或整片处理	3~12
挤密法	地下水位以上,局部或整片处理	5~15
桩基础	基础荷载大,有可靠的持力层	≤30
预浸水法	Ⅲ、Ⅳ级自重湿陷性黄土场地,6m以上尚应采用垫层等方法处理	可消除地面下6m以下全部土层的湿陷性
单液硅化或碱液加固法	一般用于加固地下水位以上的已有建筑物地基	≤10 单液硅化加固的最大深度可达20

5. 湿陷性黄土地基处理工程实例

(1) 渭南地区农技推广中心住宅楼

此住宅楼长55.44m,宽10.14m,高20.0m,为6层建筑。经岩土工程勘察,判定为Ⅱ级自重湿陷性黄土地基。采用灰土垫层法整片处理方案,普遍处理深度为2.0m。基槽开挖时,发现东段下水道漏水软化地基部分处理深度4.0m,如图10.2所示,整片处理基槽已挖好,准备分层回填灰土,图中左侧中部缺口为下水道入口,已废除。

图 10.2 整片换填灰土处理

(2) 渭南供电局家属5层11号楼 1988年7月竣工，因水管破裂湿陷，正中沉降缝拉开，如图10.3所示；全楼西半部向南错动5cm，北墙开裂。重修水管、清除浸湿软土，换三合土压实处理。

图 10.3 水管破裂湿陷事故

【例题 10.1】 陕北某招待所经勘察为黄土地基。由探井取3个原状土样进行浸水压缩试验。取样深度分别为2.0、4.0、6.0m,实测数据见表10.6。判别此黄土地基是否属湿陷性黄土?

表 10.6 黄土浸水压缩试验结果

试样编号	1	2	3
加200kPa压力后百分表稳定读数	40	56	38
浸水后百分表稳定读数	162	194	88

【解】 按公式(10.1)计算各试样的湿陷系数:

(1) $$\delta_{s1}=\frac{h_{p1}-h'_{p1}}{h_0}=\frac{19.60-18.38}{20.00}=\frac{1.22}{20.00}=0.061>0.015$$

判别:为湿陷性黄土;

(2) $$\delta_{s2}=\frac{h_{p2}-h'_{p2}}{h_0}=\frac{19.44-18.06}{20.00}=\frac{1.38}{20.00}=0.069>0.015$$

判别:为湿陷性黄土;

(3) $$\delta_{s3}=\frac{h_{p3}-h'_{p3}}{h_0}=\frac{19.62-19.12}{20.00}=\frac{0.50}{20.00}=0.025>0.015$$

判别:为湿陷性黄土。

式中 h_0——为土样的原始高度,即压缩试验环刀高,均为20mm;

h_p——原状土加压下沉稳定后的高度。土样深度分别为2.0、4.0与6.0m,均小于10m;故压力都应用200kPa。1号试样加压后百分表稳定读数为40,则土样高 $h_{p1}=20-0.4=19.60$mm。同理可得:$h_{p2}=20-0.56=19.44$mm;$h_{p3}=20-0.38=19.62$mm;

h'_p——上述加压稳定后的试样,在浸水下沉稳定的高度。1号试样浸水下沉稳定百分表读数为162,则 $h'_{p1}=20-1.62=18.38$mm。同理可得:$h'_{p2}=20-1.94=18.06$mm;$h'_{p3}=20-0.88=19.12$mm。

【例题 10.2】 山西地区某百货商场拟建新的百货大楼,地基为黄土,基础埋深为1.0m。岩土工程勘察结果如表10.7所示。判别该地基是否为自重湿陷性黄土场地,并判别该地基的湿陷等级。

表 10.7 百货商场新楼勘察结果

土层编号	1	2	3	4	5
土层厚度 h/cm	175	425	380	435	210
自重湿陷系数 δ_{zs}	0.013	0.020	0.019	0.016	0.009
湿陷系数 δ_s	0.016	0.028	0.026	0.021	0.014

【解】 (1) 应用公式(10.3)计算自重湿陷量

$$\Delta_{zs}=\beta_0\sum_{i=1}^{n}\delta_{zsi}h_i$$

式中 β_0——因土质地区而异的修正系数，山西地区可取0.5；

δ_{zs}——在上覆土的饱和自重压力下的自重湿陷系数，$\delta_{zs}<0.015$的不计入。

将表10.7中的数据代入公式(10.3)得：

$$\Delta_{zs}=\beta_0\sum_{i=1}^{n}\delta_{zsi}h_i=0.5(0.020\times425+0.019\times380+0.016\times435)$$

$$=0.5(8.50+7.22+6.96)=0.50\times22.68=11.34\text{cm}$$

因$\Delta_{zs}>7\text{cm}$，应判定为自重湿陷性黄土场地。

(2) 应用公式(10.4)计算总湿陷量

$$\Delta_s=\sum_{i=1}^{n}\beta\delta_{si}h_i$$

式中 δ_{si}——第i层土的湿陷系数，$\delta_{si}<0.015$的土层不应累计；

β——考虑地基土的侧向挤出和浸水几率等因素的修正系数。基底下5m深度内可取1.5；5m以下，在山西地区可取0.5。

将上列数据代入公式(10.4)可得：

$$\Delta_s=\sum_{i=1}^{n}\beta\delta_{si}h_i=1.5(0.016\times175+0.028\times425)+0.5(0.026\times380+0.021\times435)$$

$$=1.5\times14.7+0.5\times19.02=31.56\text{cm}$$

根据表10.3：总湿陷量$\Delta_s=31.56\text{cm}$，计算自重湿陷量$\Delta_{zs}=11.34\text{cm}$，判定该百货商场新楼黄土地基的湿陷等级为Ⅱ级(中等湿陷等级)。

10.2 膨胀土地基[52]

10.2.1 膨胀土及对建筑物的危害

1. 定义

膨胀土应是土中黏粒成分主要由亲水性矿物组成，同时具有显著的吸水膨胀和失水收缩两种变形特性的黏土。

2. 危害

膨胀土通常强度较高、压缩性低，易被误认为是良好的地基。

膨胀土对建筑物的损坏，主要由不均匀变形所引起。当最大胀缩变形超过1.5cm，就会引起墙体开裂。例如，某地建造96幢建筑物，其中82幢因膨胀土的胀缩作用而变形。另一地区200

多幢建筑物，几乎都发生开裂事故，其中损坏严重无法使用的有40多幢，被迫拆除的10多幢。湖南一座高架灌渠，因膨胀土胀缩作用，使支墩严重倾斜并开裂，如图10.4所示。

图10.4 膨胀土胀缩事故

3. 房屋开裂的特点

膨胀土上修建的房屋易出现开裂，其中以低层砖木结构民房最严重，房屋裂缝形态为：①山墙上呈倒八字形，裂缝上宽下窄；②外纵墙下部裂缝水平方向，同时墙体外倾，基础外转；③地基多次往复胀缩，使墙体裂缝斜向交叉；④独立砖柱水平断裂同时水平位移；⑤地坪隆起、开裂等。

4. 膨胀土的分布

膨胀土在地球上分布很广。我国膨胀土分布很广，以云南、广西、湖北、安徽、河北、河南等省区的山前丘陵和盆地边缘最严重。在美国，80%的州有膨胀土分布。

在膨胀土地基上建设工程，应切实做好勘察、设计与处理。

10.2.2 膨胀土的特征

1. 野外特征

膨胀土一般分布在Ⅱ级以上河谷阶地、丘陵地区及山前缓坡地带。旱季时地表常见裂缝，雨季时裂缝闭合。

我国膨胀土生成年代大多数为第四纪晚更新世 Q_3 及其以前，少量为全新世 Q_4。土的颜色呈黄色、黄褐色、红褐色、灰白色或花斑色等。土的结构致密，常呈坚硬或硬塑状态。这种土在地表1～2m内常见竖向张开裂隙，向下逐渐尖灭，并有斜交和水平方向裂缝。当地的地下水多为上层滞水的裂隙水，地下水位随季节变化大，易引起地基不均匀胀缩变形。

2. 矿物成分

膨胀土的矿物成分主要是次生黏土矿物蒙特土和伊利土。蒙特土亲水性强，浸湿后强烈膨胀。伊利土亲水性也较强。地基中含吸水性强的矿物较多时，遇水膨胀隆起，失水收缩下沉，对建筑物危害很大。

3. 物理力学特性

(1) 天然含水量接近塑限，$w \approx w_P$，为20%～30%，一般饱和度 $S_r > 0.85$。

(2) 天然孔隙比中等偏小，e 为0.5～0.8。

(3) 液限 w_L 为38%～55%，塑限 w_P 为20%～35%；塑性指数 I_P 为18～35，为黏土，多数 I_P 在22～35之间。

(4) $d < 0.005$mm的黏粒含量占24%～40%。

(5) 自由膨胀率 δ_{ef} 为40%～58%，最高可大于70%。膨胀率 δ_{ep} 为1%～4%。膨胀压力 p_e 为10～110kPa。

(6) 缩限 w_s 为11%～18%；红黏土类型的膨胀土 w_s 偏大。

(7) 抗剪强度指标 c，ϕ 值，浸水前后相差大；尤其 c 值可差数倍。

(8) 压缩性小，多属于低压缩性土。

4. 胀缩变形的主要内外因素

(1) 内因

膨胀土发生胀缩变形的内部因素主要有以下几个方面：①矿物及化学成分：如上所述膨胀土含大量蒙特土和伊利土，亲水性强，胀缩变形大。化学成分以氧化硅、氧化铝、氧化铁为主。如氧化硅含量大，则胀缩量大；②黏粒含量：黏粒 $d < 0.005$mm比表面积大，电分子吸引力大，因此黏粒含量高时胀缩变形大；③土的干密度 ρ_0：如 ρ_0 大即 e 小，则浸水膨胀强烈，失水收缩小，反之，如 ρ_0 小即 e 大，则浸水膨胀小，失水收缩大；④含水率 w：若初始 w 与膨胀后 w 接近，则膨胀小，收缩大。反之则膨胀大，收缩小；⑤土的结构：土的结构强度大，则限制胀缩变形的作用大，当土的结构被破坏后，胀缩性增大。

(2) 外因

膨胀土发生胀缩变形的外部因素主要有以下几个方面：①气候条件：包括降雨量、蒸发量、气温、相对湿度和地温等，雨季土体吸水膨胀，旱季失水收缩；②地形地貌：同类膨胀地基，地势低处比高处胀缩变形小，例如云南某小学3排教室条件相同，建在3个台阶形膨胀土上，结果高处教室严重破坏，低处教室完好无损；③周围树木：尤其阔叶乔木，旱季树根吸水，加剧地基土的干缩变形，使邻近树木房屋开裂；④日照程度：房屋向阳面开裂多，背阴面开裂少。

5. 工程地质分类

按地貌、地层、岩性、矿物成分等因素，我国膨胀土的工程地质分为三类，如表10.8所示。

表10.8 膨胀土工程地质分类

类别	地貌	地层	岩性	矿物成分	物理性指标				分布的典型地区
					w/%	e	w_L/%	I_P	
一类	分布在盆地的边缘与丘陵地	晚第三纪至第四纪湖相沉积及第四纪风化层	以灰白、灰绿的杂色黏土为主(包括半成岩的岩石)，裂隙特别发育，常有光滑面或擦痕	以蒙特石为主	20～37	0.6～1.1	45～90	21～48	云南蒙自、鸡街，广西宁明，河北邯郸，河南平顶山，湖北襄樊
二类	分布在河流的阶地	第四纪冲积、洪积坡洪积层(包括少量冰水沉积)	以灰褐、褐黄、红黄色黏土为主，裂隙很发育，有光滑面与擦痕	以伊利石为主	18～23	0.5～0.8	36～54	18～30	安徽合肥，四川成都，湖北拔江、郧县，山东临沂
三类	分布在岩溶地区平原谷地	碳酸盐类岩石的残积、坡积及其冲积层	以红棕、棕黄色高塑性黏土为主，裂隙发育，有光滑面和擦痕		27～38	0.9～1.4	50～100	20～45	广西贵县、来宾、武宣

10.2.3 膨胀土的工程特性指标

1. 自由膨胀率 δ_{ef}

自由膨胀率 δ_{ef} 为人工制备的烘干土，在水中增加的体积与原体积之比，按下式计算：

$$\delta_{ef}=\frac{V_w-V_0}{V_0} \tag{10.9}$$

式中 V_w——土样在水中膨胀稳定后的体积，ml；

V_0——土样原有体积，ml。

2. 膨胀率 δ_{ep}

膨胀率 δ_{ep} 为在一定压力下，浸水膨胀稳定后，试样增加的高度与原高度之比，按下式计算：

$$\delta_{ep}=\frac{h_w-h_0}{h_0} \tag{10.10}$$

式中 h_w——土样浸水膨胀稳定后的高度，mm；

h_0 ——土样的原始高度，mm。

3. 收缩系数 λ_s

收缩系数 λ_s 为原状土样在直线收缩阶段，含水率减少1%时的竖向线缩率，按下式计算：

$$\lambda_s = \frac{\Delta\delta_s}{\Delta w} \tag{10.11}$$

式中 $\Delta\delta_s$——收缩过程中与两点含水率之差对应的竖向线缩率之差，%；

Δw——收缩过程中直线变化阶段两点含水率之差，%。

4. 膨胀力 p_e

膨胀力为原状土样在体积不变时，由于浸水膨胀产生的最大内应力，由膨胀力试验测定。

10.2.4 膨胀土场地与地基评价

1. 膨胀土判别

具有下列工程地质特征的场地，且自由膨胀率 $\delta_{ef} \geqslant 40\%$ 的土，应判定为膨胀土。

(1) 裂隙发育，常有光滑面和擦痕，有的裂隙中充填着灰白、灰绿色黏土，在自然条件下呈坚硬或硬塑状态；

(2) 多出露于二级或二级以上阶地、山前和盆地边缘丘陵地带，地形平缓，无明显自然陡坎；

(3) 常见浅层塑性滑坡、地裂，新开挖坑(槽)壁易发生坍塌等；

(4) 建筑物裂缝随气候变化而张开和闭合。

2. 膨胀土的膨胀潜势

根据自由膨胀率 δ_{ef} 的大小，膨胀土的膨胀潜势可分为弱、中、强三类，见表10.9。

表 10.9 膨胀土的膨胀潜势分类[52]

自由膨胀率/%	膨胀潜势
$40 \leqslant \delta_{ef} < 65$	弱
$65 \leqslant \delta_{ef} < 90$	中
$\delta_{ef} \geqslant 90$	强

3. 膨胀土的建筑场地

根据地形地貌条件，膨胀土的建筑场地可分为下列两类：

(1) 平坦场地：地形坡度 $i < 5°$；地形坡度 $5° < i < 14°$，距坡肩水平距离大于10m的坡顶地带。

(2) 坡地场地：地形坡度 $i \geqslant 5°$；地形坡度虽然 $i < 5°$，但同一建筑物范围内局部地形高差大于1m。这类场地对建筑物更为不利。

4. 膨胀土地基的胀缩等级

根据地基的膨胀、收缩变形对低层砖混房屋的影响程度，膨胀土地基的胀缩等级可按表10.10分为Ⅰ，Ⅱ，Ⅲ级。等级越高其膨胀性越强，以此作为膨胀土地基的评价。

表10.10 膨胀土地基的胀缩等级[52]

地基分级变形量 s_c /mm	级别
$15 \leqslant s_c < 35$	Ⅰ
$35 \leqslant s_c < 70$	Ⅱ
$s_c \geqslant 70$	Ⅲ

注：地基分级变形量 s_c 应按公式(10.17)计算，式中膨胀率采用的压力应为50kPa。

10.2.5 膨胀土地基计算

1. 地基土的膨胀变形量 s_e

膨胀变形量 s_e 应按下式计算：

$$s_e = \psi_e \sum_{i=1}^{n} \delta_{epi} h_i \tag{10.12}$$

式中 ψ_e ——计算膨胀变形量的经验系数，宜根据当地经验确定，若无可依据经验时，三层及三层以下建筑物，可采用0.6；

δ_{epi} ——基础底面下第 i 层土在该层土的平均自重压力与平均附加压力之和作用下的膨胀率，由室内试验确定；

h_i ——第 i 层土的计算厚度，mm；

n ——自基础底面至计算深度内所划分的土层数，计算深度应根据大气影响深度确定，有浸水可能时，可按浸水影响深度确定。

2. 地基土的收缩变形量 s_s

收缩变形量 s_s 应按下式计算：

$$s_s = \psi_s \sum_{i=1}^{n} \lambda_{si} \Delta w_i \cdot h_i \tag{10.13}$$

式中 ψ_s ——计算收缩变形量的经验系数，宜根据当地经验确定，若无经验时，三层及三层以下建筑物，可采用0.8；

λ_{si} ——第 i 层的收缩系数，应由室内试验确定；

Δw_i ——收基土收缩过程中，第 i 层土可能发生的含水率变化的平均值，以小数表示，按公式(10.14)计算；

n ——自基础底面至计算深度内所划分的土层数，计算深度可取大气影响深度(当有热源影响时，应按热源影响深度确定)，应由各气候区土的深层变形观测或含水率观测及地温观测资料确定，无此资料时，可按表10.11取值。

表10.11 大气影响深度[52] m

土的湿度系数 ψ_w	大气影响深度 d_a	大气影响急剧层深度
0.6	5.0	2.25
0.7	4.0	1.80
0.8	3.5	1.58
0.9	3.0	1.35

注：① 大气影响深度是自然气候作用下，由降水、蒸发、地温等因素引起土的升降变形的有效深度；

② 大气影响急剧层深度系指大气影响特别显著的深度，采用 $0.45d_a$。

在计算深度内，各土层的含水率变化值 Δw_i 应按下式计算：

$$\Delta w_i = \Delta w_1 - (\Delta w_1 - 0.01)\frac{z_i - 1}{z_n - 1} \tag{10.14}$$

$$\Delta w_1 = w_1 - \psi_w w_P \tag{10.15}$$

$$\psi_w = 1.152 - 0.726\alpha - 0.00107c \tag{10.16}$$

式中 z_i ——第 i 层土的深度，m；

z_n ——计算深度，可取大气影响深度，m；

w_1、w_P ——地表下1m处土的天然含水率和塑限含水率，以小数表示；

ψ_w ——土的湿度系数，应根据当地10年以上土的含水率变化及有关气象资料统计求出；无此资料时，可按式(10.16)计算；

ψ_w ——膨胀土湿度系数，在自然气候影响下，地表下1m处土层含水率可能达到的最小值与其塑限之比；

α ——当地9月至次年2月的蒸发力之和与全年蒸发力之比值，可按文献[52]之附录二采用；

c ——全年中干燥度(干燥度=蒸发力/降水量)大于1.00的月份的蒸发力与降水量差值之总和，mm；

3. 地基土的胀缩变形量 s

胀缩变形量 s 应按下式计算：

$$s=\psi\sum_{i=1}^{n}(\delta_{epi}+\lambda_{si}\cdot\Delta w_i)h_i \tag{10.17}$$

式中 ψ——计算胀缩变形量的经验系数，可取0.7。

4. 膨胀土地基承载力

膨胀土地基承载力可用三种方法确定：

(1) 现场浸水载荷试验方法确定

对荷载较大的建筑物用此法。要求方形承压板宽度 $b\geqslant0.707$m，在离压板中心 $2b$ 距离的两侧钻孔各一排，2×14孔；或挖砂沟；充填中粗砂，深度不小于当地大气影响深度或 $4b$。载荷试验分级加荷至设计荷载沉降稳定后，由钻孔或砂沟两面浸水，使土体膨胀稳定后停止浸水，再分级加荷直至破坏。取破坏荷载的一半为地基土承载力基本值 f_0。

(2) 根据土的抗剪强度指标计算

根据公式(7.16)计算地基承载力设计值 f，应采用饱和三轴不排水快剪试验确定土的抗剪强度指标 c_u，ϕ_u 值。

(3) 经验法

有些地区已有大量试验资料，制定了承载力表，可供一般工程采用。无资料地区，可按表10.12数据选用。

表10.12 膨胀土地基承载力基本值 f_0/kPa[52]

孔隙比 e / $\alpha_w=\dfrac{w}{w_L}$	0.6	0.9	1.1	备注
$\alpha_w<0.5$	350	280	200	此表适用于基坑开挖时土的含水率等于或小于勘察取土试验时土的天然含水率
$0.5\leqslant\alpha_w<0.6$	300	220	170	
$0.6\leqslant\alpha_w\leqslant0.7$	250	200	150	

5. 膨胀土地基变形量

(1) 地基土的计算变形量应符合下式要求：

$$s_j\leqslant[s_j] \tag{10.18}$$

式中 s_j——天然地基或人工地基及采用其他处理措施后的地基变形量计算值，mm；

$[s_j]$——建筑物的地基容许变形值，可按表10.13取值，mm。

(2) 膨胀土地基变形量取值，应符合下列规定：①膨胀变形量应取基础某点的最大膨胀上升量；②收缩变形量应取基础某点的最大收缩下沉量；③胀缩变形量应取基础某点的最大膨胀上升量与最大收缩下沉量之和；④变形差应取相邻两基础的变形量之差；⑤局部倾斜应取砖混承重结构沿纵墙6～10m内基础两点的变形量之差与其距离的比值。

表 10.13 建筑物的膨胀土地基容许变形值[52]

结构类型	地基相对变形		地基变形量/mm
	种类	数值	
砖混结构	局部倾斜	0.001	15
房屋长度三到四开间及四角有构造柱或配筋砖混承重结构	局部倾斜	0.0015	30
工业与民用建筑相邻柱基			
①框架结构无填充墙时	变形差	0.001 l	30
②框架结构有填充墙时	变形差	0.0005 l	20
③当基础不均匀沉降时不产生附加应力的结构	变形差	0.003 l	40

注：l 为相邻柱基的中心距离，m。

10.2.6 膨胀土地区建筑工程措施

1. 建筑措施

(1) 建筑体型应力求简单，下列情况应设置沉降缝：

① 挖方与填方交界处或地基土显著不均匀处；

② 建筑物平面转折部位或高度(或荷重)有显著差异部位；

③ 建筑结构(或基础)类型不同部位。

(2) 屋面排水宜采用外排水；排水量较大时，应采用雨水明沟或管道排水。

(3) 散水设计要求：

① 散水面层采用混凝土或沥青混凝土，其厚度为 80～100mm；

② 散水垫层采用灰土或三合土，其厚度为 100～200mm；

③ 散水伸缩缝间距可为 3m，并与水落管错开；

④ 散水宽度不小于 1.2m，其外缘应超出基槽 300mm，坡度可为 3%～5%；

⑤ 散水与外墙的交接缝和散水伸缩缝，均应填以柔性防水材料；

⑥ 宽度大于 2m 的宽散水：面层可采用 C15 强度等级的混凝土，厚 80～100mm；并在面层与垫层之间做隔热保温层，可采用 1∶3 石灰焦渣，厚 100～200mm；垫层可采用 2∶8 灰土或三合土，厚 100～200mm。散水外端用 C15 混凝土包裹隔热层与垫层，至垫层底部深度。

(4) 室内地面设计应区别对待：要求不严的地面按通常方法；Ⅲ级膨胀土地基和使用要求特别严格的地面，可采用地面配筋或地面架空；大面积地面应做分格变形缝，分格尺寸可为 3m×3m；变形缝均应填嵌柔性防水材料。

2. 结构措施

(1) 基础形式：较均匀的弱膨胀土地基，可采用条形基础。基础埋深较大或基底压力较小时，宜采用墩基。

(2) 承重砌体结构：可采用拉结较好的实心砖墙，不得采用空斗墙、砌块墙或无砂混凝土砌体；不宜采用砖拱结构、无砂大孔混凝土和无筋中型砌块等对变形敏感的结构。

(3) 设置圈梁：圈梁部位为房屋顶层和基础顶部。多层房屋的其他各层可隔层设置；必要时也可层层设置。

砖混结构房屋圈梁应设置在外墙、内纵墙以及对整体刚度起重要作用的内横墙上，并在同一平面内闭合。圈梁的高度不小于120mm，纵向钢筋可采用$4\phi12$，混凝土强度等级为C15。

(4) 设置构造柱：Ⅲ级膨胀土地基必要时可适当设置构造柱，以加强上部结构整体性。

3. 膨胀土地基处理

根据土的胀缩等级、当地材料及施工工艺等，进行综合技术经济比较后确定处理方法，常用换土、砂石垫层与土性改良等方法。必要时可采用桩基础。

(1) 换土垫层：可采用非膨胀性土或灰土。换土厚度可通过变形计算确定。

(2) 砂石垫层：平坦场地上Ⅰ、Ⅱ级膨胀土地基可用此法，厚度不应小于300mm。垫层宽度应大于基底宽度，两侧宜用相同材料回填，并做好防水处理。

(3) 桩基础：桩基础应穿过膨胀土层，使桩尖进入非膨胀土层或伸入大气影响急剧层以下一定的深度。桩的下端可发挥锚固作用，抵抗膨胀土对上部桩的上拔力。

桩承台梁下应留有空隙，其值应大于土层浸水后的最大膨胀量，且不小于100mm。

此外，在施工中宜采用分段快速作业法，防止基坑(槽)曝晒或泡水。验槽后，应及时浇混凝土垫层。当基础施工出地面后，基坑应及时分层回填完毕。工程竣工使用期间还应加强维护管理。

(4) 其他方法[53]：美国用石灰浆灌入法加固膨胀土地区铁路路基；澳大利亚针对宅旁大树吸水与蒸发引起房屋破坏，采取移去树木或在树木与房屋中间设置竖直隔墙以及深基托换等方法。

10.3 红黏土地基[53]

10.3.1 红黏土的形成条件

红黏土是石灰岩、白云岩等碳酸盐类岩石，在亚热带高温潮湿气候条件下，经风化作用形成的高塑性红色黏土。一般$w_L>50\%$。经再搬运后，仍保留红黏土基本特征，$w_L>45\%$的土，应为次生红黏土。

红黏土分布：我国西南地区云南、贵州省和广西壮族自治区分布广泛；广东、海南、福建、四川、湖北、湖南、安徽等省也有分布，一般在山区或丘陵地带居多。

岩溶地区的基岩上常覆盖红黏土。由于地表水和地下水的运动引起的冲蚀和潜蚀作用，常造成红黏土中产生土洞。

除了碳酸盐岩类出露区的红黏土以外，还有玄武岩出露区红黏土、花岗岩出露区红土、红层出露区红土以及中更新世网纹红土等。

10.3.2 红黏土的特征

1. 主要特征

(1) 颜色：呈褐红、棕红、紫红及黄褐色。

(2) 土层厚度：一般厚 3～10m，个别地带厚达 20～30m。因受基岩起伏影响，往往在水平距离仅 1m 范围内，厚度可突变 4～5m，可能很不均匀。

(3) 状态与裂隙：沿深度状态上部硬，下部软。因胀缩交替变化，红黏土中网状裂隙发育，裂隙延伸至地下 3～4m，破坏了土体的完整性。位于斜坡、陡坎上的竖向裂隙，容易引起滑坡。

2. 典型红黏土的物理力学性质

(1) 天然含水率 w 为 20%～75%，w_L 为 50%～110%。

(2) 饱和度 $S_r>0.85$，多数处于饱和状态。

(3) 天然孔隙比很大，e 为 1.1～1.7。

(4) 塑性指数 I_P 为 30～50，为高塑性黏土。

(5) 黏粒含量高，$d<0.005\text{mm}$ 的黏粒含量高，达 55%～70%。土具高分散性。

(6) 强度高，$c=40\sim90\text{kPa}$，$\phi=8°\sim20°$。

(7) 中低压缩性，$a_{1-2}<0.3\text{MPa}^{-1}$。

(8) 地基承载力较高，一般 $f_{ak}=180\sim380\text{kPa}$。

10.3.3 红黏土地基的评价

(1) 红黏土的表层，通常呈坚硬-硬塑状态，强度高，压缩性低，为良好地基。可充分利用表层红黏土作为天然地基持力层。

(2) 红黏土的底层，接近下卧基岩面附近，尤其在基岩面低洼处，因地下水积聚，常呈软塑或流塑状态。该处红黏土强度较低，压缩性较高，为不良地基。

(3) 红黏土由于下卧基岩面起伏不平并存在软弱土层，容易引起地基不均匀沉降。应注意查清岩面起伏状况，并进行必要的处理。

(4) 岩溶地区的红黏土常有土洞，应查明土洞部位与大小，进行充填处理。

(5) 红黏土的胀缩特性与网状裂隙，对土坡和基础有不良影响，基槽应防止日晒雨淋。

10.4 冻土地基[54,55]

10.4.1 冻土地基的特点

1. 冻土的类别

冻土分为三类：

(1) 季节性冻土　指地壳表层冬季冻结而在夏季又全部融化的土(岩)。我国华北、东北与西北大部分地区为此类冻土。在基础埋深设计中，应考虑当地冻结深度。详见“7.3　基础的埋置深度”。

(2) 隔年冻土　指冬季冻结，而翌年夏季并不融化的那部分冻土。

(3) 多年冻土　指持续冻结时间在2年或2年以上的土(岩)。这种冻土通常很厚，常年不融化，具有特殊的性质。当温度条件改变时，其物理力学性质随之改变，并产生冻胀、融陷、热融滑塌等现象。

2. 多年冻土的分布

在我国年平均气温低于－2℃，冻期长达7个月以上的严寒地区有多年冻土分布。主要集中在东北大、小兴安岭北部、青藏高原，以及天山、阿尔泰山等地区，总面积约为215万km^2，约占我国面积的22%。

3. 冻土的描述和定名(见表10.14)

4. 冻土的分区与形态

(1) 按平面分布特征分区　①零星冻土区：冻土面积仅占5%～30%；②岛状冻土区：冻土面积占40%～60%；③断续冻土区：冻土面积占70%～80%；④整体冻土区：冻土面积>90%，厚度达30m以上。

(2) 竖向形态　①衔接的冻土：季节性冻层深度到达多年冻土顶面，如青藏高原的多年冻土属这类；②不衔接的冻土：季节性冻层深度较浅，达不到多年冻土层顶面。两者之间存在一层未冻结的融土层。东北地区的部分多年冻土属这类。

5. 多年冻土发展趋势

(1) 发展的冻土　冻土层每年散热多于吸热，则多年冻土厚度逐渐增大，属这类冻土。

(2) 退化的冻土　冻土层每年吸热多于散热，则多年冻土层逐渐融化变薄，以致消失。如清除地表草皮等覆盖，可加速多年冻土退化。

表 10.14 冻土的描述和定名

土类	含冰特征		冻土定名
Ⅰ 未冻土	处于非冻结状态的岩、土	按“GBJ 145—90”进行定名	—
Ⅱ 冻土	肉眼看不见分凝冰的冻土(N)	① 胶结性差,易碎的冻土(N_f)	少冰冻土 (S)
		② 无过剩冰的冻土(N_{bn})	
		③ 胶结性良好的冻土(N_b)	
		④ 有过剩冰的冻土(N_{bc})	
	肉眼可见分凝冰,但冰层厚度小于 2.5cm 的冻土(V)	① 单个冰晶体或冰包裹体的冻土(V_x)	
		② 在颗粒周围有冰膜的冻土(V_c)	多冰冻土(D)
		③ 不规则走向的冰条带冻土(V_r)	富冰冻土(F)
		④ 层状或明显定向的冰条带冻土(V_s)	饱冰冻土(B)
Ⅲ 厚层冰	冰厚度大于 2.5cm 的含土冰层或纯冰层(ICE)	① 含土冰层(ICE+土类符号)	含土冰层(H)
		② 纯冰层(ICE)	ICE+土类符号

10.4.2 冻土的物理力学性质

1. 按冻土中未冻水含量区分

① 坚硬冻土：土中未冻水含量很少,土粒被冰牢固地胶结。坚硬冻土的强度高,压缩性低;在荷载作用下呈脆性破坏。

② 塑性冻土：土中含大量未冻水,冻土的强度不高,压缩性较大。

③ 松散冻土：土的含水率较小,土粒未被冰所胶结,仍呈冻前的松散状态。

2. 冻土的构造与融陷性

(1) 冻土的构造

① 晶粒状构造：冻结时,水分就在原来的孔隙中结成晶粒状的冰晶。一般的砂土或冻结速率大、含水率小的黏性土,具有这种构造,如图 10.5(a)所示。

② 层状构造：土在单向冻结并有水分转移时,形成层状构造。冰和矿物颗粒离析,形成冰夹层。在冻结速率小,冻结过程中有水分迁移的饱和黏性土与粉土中常见,如图 10.5(b)所示。

③ 网状构造：土在多向冻结条件下,分水转移形成网状构造,也称为蜂窝状构造,如图 10.5(c)所示。

(2) 冻土的融沉性 这是评价冻土工程性质的重要指标。晶粒构造冻土融沉性小,网状构造冻土融沉性大。融沉性应由试验测定,并以融沉系数 A_0 表示：

$$A_0 = \frac{h - h'}{h} = \frac{e - e'}{1 + e} \tag{10.19}$$

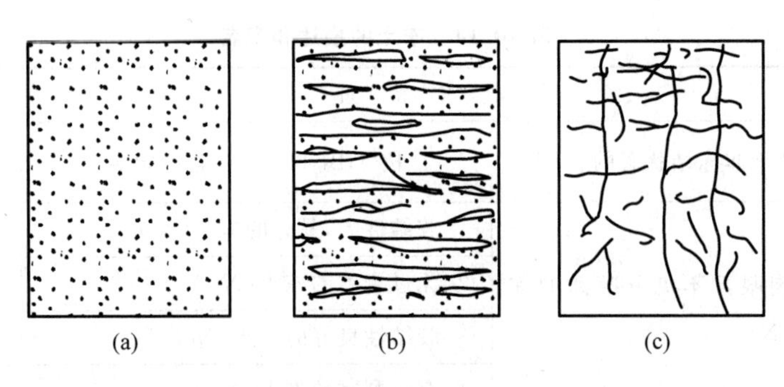

图 10.5 冻土的构造

式中 h、e——分别为冻土试样融化前的厚度与孔隙比；

h'、e'——分别为冻土试样融化后的厚度与孔隙比。

$A_0<3\%$，为弱融沉；A_0 $3\%\sim10\%$为融沉；A_0 $10\%\sim25\%$为强融沉；$A_0>25\%$为融沉。

多年冻土的融化下沉性，根据土的融化下沉系数 δ_0 的大小，按表 10.23 划分为不融沉、弱融沉、融沉、强融沉和融沉五级。冻土层的平均融沉系数 δ_0 按下式计算：

$$\delta_0=\frac{h_1-h_2}{h_1}=\frac{e_1-e_2}{1+e_1}\times100$$

式中 h_1、e_1——分别为冻土试样融化前的高度(mm)和孔隙比；

h_2、e_2——分别为冻土试样融化后的高度(mm)和孔隙比。

3. 冻土的特殊物理指标

(1) 相对含冰量 i_0(%)： $i_0=\dfrac{冰的质量}{全部水的质量}$

(2) 冰夹层含水率 w_b(%)： $w_b=\dfrac{冰夹层的质量}{土骨架的质量}$

(3) 未冻水含量 w_r： $w_r=(1-i_0)w$

(4) 饱冰度 V(%)： $V=\dfrac{冰的质量}{土的总质量}=\dfrac{i_0 w}{1+w}$

(5) 冰夹层含冰量 B_b(%)： $B_b=\dfrac{冰透晶体和冰夹层体积}{冻土总体积}$

(6) 冻胀量 V_p：土在冰冻过程中的相对体积膨胀以小数表示，按下式计算：

$$V_p=\frac{\gamma_r-\gamma_d}{\gamma_r} \tag{10.20}$$

式中 γ_r、γ_d——分别为冻土融化后和融化前的干重度，kN/m^3。

据冻胀量的大小，可将冻土分为三类：

$V_p<0$，为不冻胀土；

$0\leqslant V_p\leqslant0.22$，为弱冻胀土；

$V_p > 0.02$，为冻胀土。

4. 冻土的抗压强度与抗剪强度

(1) 冻土的抗压强度：由于冰的胶结作用，冻土的抗压强度大于未冻土，并随气温降低而增高。在长期荷载下，冻土具强烈的流变性，其极限抗压强度远低于瞬时荷载下抗压强度。

(2) 冻土的抗剪强度：在长期荷载下，冻土的抗剪强度低于瞬时荷载的强度。融化后土的黏聚力将大幅下降，由此可能造成事故。

5. 冻土地基的融沉变形

(1) 冻土融化前后孔隙比变化　短期荷载下，冻土压缩性很低，可不计其变形。但冻土融化时，结构破坏，有的成为高压缩性的土体，产生剧烈变形。由图 10.6(a)冻土的压缩曲线可见，当温度由 −0℃至 +0℃时，孔隙比突变 Δe；图 10.6(b)表示融化前后孔隙比之差 Δe 与压力 p 的关系。在 $p \leqslant 500$kPa 时，视为线性关系，以下式表示：

$$\Delta e = A + ap \tag{10.21}$$

式中 A ——Δe-p 曲线在纵坐标上的截距，称融化下沉系数；

a ——Δe-p 曲线的斜率，为冻土融化时的压缩系数。

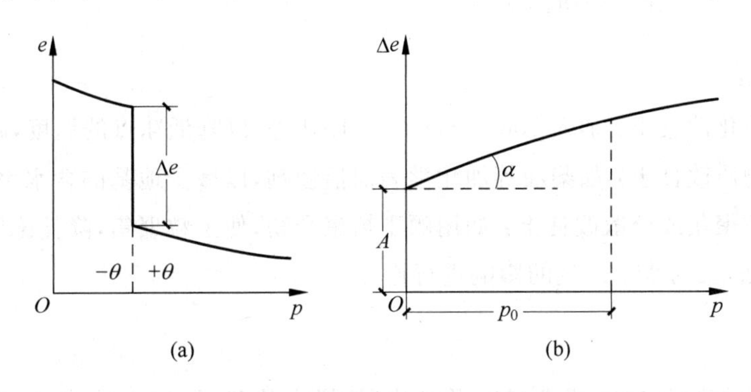

图 10.6　冻土融化前后孔隙比变化曲线

(2) 冻土地基的融沉变形 s 按下式计算：

$$s = \frac{\Delta e}{1+e_1}h = \frac{A}{1+e_1}h + \frac{ap}{1+e_1}h = A_0 h + a_0 ph \tag{10.22}$$

式中 e_1 ——冻土的原始孔隙比；

h ——土层融前的厚度，m；

A_0 ——冻土的相对融沉量(融沉系数)，$A_0 = \dfrac{A}{1+e_1}$；

a_0 ——冻土引用压缩系数，$a_0 = \dfrac{a}{1+e_1}$，MPa^{-1}；

p ——作用在冻土上的总压力，即土的自重压力和附加压力之和，kPa。

10.4.3 建筑物(构筑物)冻害的防治措施

俄罗斯、美国、加拿大等几个冻土大国为解决冻土技术难题付出了艰辛的努力。中国在冻土研究方面起步较晚,在20世纪80年代中期以前基本上继承了苏联在多年冻土研究方面的经验和理论。

我国在2006年7月1日建成并通车的青藏铁路,全线经过海拔4000m以上的地段965km,穿越多年冻土地段550km。青藏铁路的建成,使我国在冻土的研究、冻害的防治方面取得突破性的进展。

综合国内外的经验,防治建筑物(构筑物)冻害的方法,大致有以下几种。

1. 换填法

用粗砂、砾石等不冻胀材料填筑在基础底下。对不采暖建筑物换填深度为当地冻结深度的80%,对采暖建筑物换填深度为当地冻结深度的60%,宽度由基础每边外伸15～20cm。

青藏铁路在挖方地段或填土厚度达不到最小设计高度的低路堤地段,基底换填粗粒土,防止冻胀融沉。当基底为高含冰量冻土层时,换填厚度为1.3～1.4倍天然上限深度。为防止地表水下渗,换填时放置了复合土工膜防渗层。

2. 物理化学法

(1) 人工盐渍化改良土:加入NaCl,$NaCl_2$和KCl等,以降低冰点的温度,减轻冻害。

(2) 用憎水物质改良土:如柴油等加化学表面活性剂,以减少地基的含水率。

(3) 使土颗粒聚集或分散改良土:如用顺丁烯聚合物,使土粒聚集,降低冻胀。

使用上述方法,要对水土产生的影响进行论证。

3. 保温法

保温法即在建筑物基础底部或四周设隔热层,增大热阻,推迟土的冻结,提高土温,降低深度。如黑龙江四建公司用蜡渣做隔热材料,于1971年建成一幢办公楼,当地冻深为1.9m,基础埋深仅0.9m,办公楼使用情况良好。

4. 隔热降温法

隔热降温法是利用空气或其他介质的对流,加快地基的散热,保护冻土;或利用遮挡阳光的办法,减少太阳辐射对地基冻土的影响,从而保持冻土稳定的办法。

在青藏铁路中采取了多种措施对路基进行隔热降温。

1) 片石气冷措施

片石气冷措施是在路基垫层之上设置一定厚度的片石层,并留有适当空隙,以达到隔热降温效果。因片石层上下界面间存在温度梯度,引起片石层内空气的对流,利用高原冻土区负积温量值大于正积温量值的气候特点，可加快路基基底地层的散热，取得降低地温、保护冻土的效果。通过试验和测试分析，片石气冷路基的垫层厚度不小于0.3m，片石层设计厚度不小于1m(一般可在1.5m，粒径0.2～0.4m，强度不小于30MPa)，片石层上铺厚度不小于0.3m的碎石层，并加设一层土工布。这一措施在青藏铁路沿线117km的高温不稳定冻土区加以应用，起到了降低路基基底地温和增加地层冷储量的作用。

2) 碎石(片石)护坡措施

在路基一侧或两侧堆填碎石或片石，形成护坡或护道。碎石(片石)护坡空隙内的空气在一定温度梯度的作用下产生对流，寒季碎石(片石)内空气对流换热作用强烈，有利于地层散热，暖季碎石(片石)内空气对流作用减弱，对热量的传入产生屏蔽作用，从而增强了地层寒季的散热，达到了降低地温、保护冻土的效果。实测表明，厚度1.0～1.5m的碎石(片石)护坡都具有很好的降温效果。路基阴阳坡面上的护坡厚度不同，可调节路基基底地温场的不均衡性一般而言，阳坡面厚度1.6m，阴坡面厚度0.8m。这项措施对解决多年冻土区路基不均匀变形具有重要作用。

3) 通风管措施

在路基内横向埋设水平通风管，冬季冷空气在管内对流，加强了路基填土的散热，降低基底地温，提高了冻土的稳定性。青藏铁路在路基下部埋设钢筋混凝土管和PVC管，距地表不小于0.7m，其净距一般不超过1.0m，管径为0.3～0.4m，并在管口设置自动控制风门。当外界气温低时风门开启，以利于冷空气进入管内；当外界气温高时风门关闭，以防止热空气进入管内。

4) 热棒措施

热棒是利用管内介质的气液两相转换，依靠冷凝器与蒸发器之间的温差，通过对流循环来实现热量传导的系统。当大气温度低于冻土地温时，热棒自动开启工作，当大气温度高于冻土地温，热棒自动停止工作，不会将大气中的热量带入地基。针对青藏铁路多年冻土特性，建设者们研究了符合实际的热棒工作参数。青藏铁路有32km路基采用了热棒措施，达到了基底地温降低、冻土上限上升的良好效果。

5) 遮阳棚措施

在路基上部或边坡设置遮阳棚，可有效减少太阳辐射对路基的影响，减少传入冻土层的热量。在青藏铁路段，建设者们在风火山地段和唐古拉山越岭地段各设置了一处钢结构遮阳棚。现场测试表明，使用遮阳棚效果明显，降低了路基基底的地温，提高了多年冻土的稳定性。这种措施可在一定的条件下使用。

6) 隔热层降温措施

当路基高度达不到最小设计高度时，为减少地表热量向地基传递，采用挤塑聚苯乙烯等隔热材料，可起到当量路基填土高度同样的保温效果。实践表明，路基工程宜在地表以上0.5m处铺设隔热材料，铺设时间选择在寒季末为好。隔热层在暖季减少了向地基传递的热量，但在冬季也减少了向地基传递的冷量，属于被动型保暖措施。

5. 排水隔热法

水是冻土病害的最大根源。此法在建筑物周围设排水沟、截水沟、挡水埝，防止雨水渗入地基，同时在基础的两侧与底部填砂石料，保持排水通畅，防止积水造成基础冻融变形。

6. 结构措施

青藏铁路段采用如下三种结构措施。

(1) 采用深基础：埋于当地冻深以下。

(2) 锚固式基础：包括深桩基础与扩大基础。

(3) 回避性措施：包裹架空法、埋入法、隔离法。

在可可西里冻土区修建的全长11.7km的青藏铁路清水河特大桥，就是一种以桥代路的保护冻土措施，铁轨飞架而过可以不惊扰冻土。青藏铁路中这种以桥代路的桥梁达156.7km，占多年冻土地段的$\frac{1}{4}$。

青藏铁路冻土地段长，施工时采用了大量回避性方法以降低施工对冻土的不利影响，如在隧道衬砌中增加隔热层、在桥梁基础施工中采用旋挖钻孔灌注桩、在涵洞施工中采用矩形拼装式钢筋混凝土结构等隔离、埋入的方法，都收到了很好的效果。

复习思考题

10.1 特殊土包括哪些土？为何称它们为特殊土？

10.2 湿陷性黄土的主要工程性质是什么？如何判别黄土是否有湿陷性？

10.3 自重湿陷性黄土场地如何判别？计算自重湿陷量与总湿陷量有什么区别？如何判别湿陷性黄土地基的湿陷等级？

10.4 湿陷性黄土地基承载力计算，与一般土的地基承载力有何不同？

10.5 湿陷性黄土地基处理有哪些方法？什么条件适用换土垫层法？强夯法适用何类情况？

10.6 膨胀土有何特性？自由膨胀率与膨胀率有何区别？如何判别膨胀土地基的胀缩等级？

10.7 膨胀土地基的胀缩变形量如何计算？此胀缩变形量与膨胀地基容许变形值之间有什么关系？

10.8 膨胀土地基承载力如何确定？重要工程应采用哪种方法？一般工程可用哪种方法？膨胀土地基处理的工程措施包括哪几种？

10.9 红黏土是怎样形成的？具有何种特性？什么条件下的红黏土为良好地基？什么样的

红黏土为不良地基?

10.10　多年冻土与季节性冻土有何不同?冻土分哪些种类?建筑物冻害防治措施有哪些?如何选用最佳的冻害防治方案?

习　题

10.1　关中地区某住宅地基为黄土,天然重度 $\gamma=17.5\text{kN/m}^3$,浸水饱和后 $\gamma_{sat}=20.0\text{kN/m}^3$。现取深度5m处原状土样进行室内压缩试验。试样原始高度为20mm。加压至 $p=100\text{kPa}$ 时,下沉稳定后土样高度为19.80mm。然后浸水,下沉稳定后土样高度为19.40mm。另一原状土样,原始高度相同。加压至 $p=200\text{kPa}$ 时下沉稳定后,百分表长针正好走了半圈。然后浸水,至下沉稳定后,百分表长针累计走了一圈。试评价该地基是否为湿陷性黄土?并计算自重湿陷系数。　(答案:湿陷性黄土;0.02)

10.2　陇西地区某工厂地基为自重湿陷性黄土。初勘结果:第①层黄土的湿陷系数 $\delta_{s1}=0.013$,层厚 $h_1=1.0\text{m}$;第②层 $\delta_{s2}=0.018$,$h_2=3.0\text{m}$;第③层 $\delta_{s3}=0.030$,$h_3=1.50\text{m}$;第④层 $\delta_{s4}=0.050$,$h_4=8.0\text{m}$。计算自重湿陷量 $\Delta_{zs}=18.0\text{cm}$。判别该黄土地基的湿陷等级。　(答案:Ⅱ级)

10.3　某商店房屋地基为饱和黄土,经勘察,$\gamma=18.5\text{kN/m}^3$,$w=25.2\%$,$w_L=28.0\%$,$I_L=0.80$,$e=0.84$,$a_{1\text{-}2}=0.4\text{MPa}^{-1}$。基础底宽2.50m,埋深1.50m。计算此商店房屋修正后的地基承载力特征值 f_a。　(答案:140kPa)

10.4　甘肃省建工局木材厂五层办公兼单身宿舍楼,砖混结构,长42.9m,宽12.3m。场地为Ⅱ级自重湿陷性黄土,层厚7~8m。w 为8.7%~14.2%,天然 ρ_d 为1.26~1.32t/m²。决定采用土挤密桩处理消除湿陷性。设计桩径、间距、深度与 λ_c。

10.5　某单位三层办公楼地基为膨胀土,由试验测得第①层土膨胀率 $\delta_{ep1}=1.8\%$,收缩系数 $\lambda_{s1}=1.3$,含水率变化 $\Delta w_1=0.01$,土层厚 $h_1=1\,500\text{mm}$;第②层土 $\delta_{ep2}=0.7\%$,$\lambda_{s2}=1.1$,$\Delta w_2=0.01$,$h_2=2\,500\text{mm}$。计算此膨胀土地基的胀缩变形量并判别胀缩等级。　(答案:64mm,Ⅱ级)

10.6　广东韶关某医院三层医疗楼建在膨胀土地基上。土层厚10~15m,地下水位埋深14.29m。此医疗楼全长102m。采用条形基础。地基采用砂垫层,上部结构加圈梁处理。设计砂垫层尺寸、圈梁尺寸和构造。

第 11 章

地震区的地基基础

11.1 地 震 概 述

近半个世纪以来，我国发生了多次大地震，尤其是河北省唐山和四川省汶川地震造成极其严重的震害，如图 11.1 所示，促使人们真正认识到建筑工程抗震的必要性与重要性。为了避免和减轻今后的震害，每一位土木建筑工程技术人员，都应当了解有关地震对不同的建筑场地造成的灾害，并且掌握建筑地基基础的抗震设计原则、方法和新修订的国家标准《建筑抗震设计规范》(GB 50011—2010)的规定。

图 11.1　唐山地震造成的震害

地震，是由内力地质作用和外力地质作用引起的地壳振动现象的总称。据统计，全世界每年约发生 500 万次地震，其中破坏性的地震约 140 多次，造成严重破坏的地震平均每年约18次。

研究地震以我国为最早，远在公元前1177年已有文字记载。公元132年（东汉顺帝永和元年），我国科学家张衡发明了世界上第一台地震仪——候风地动仪，为地震研究作出了重要贡献。

11.1.1　地震的成因类型

地震按其成因，可分为下列4类：

1. 构造地震

由地壳的构造运动，使岩层移动和断裂，积累的大量能量释放出来，引起地壳振动，称为构造地震。这种地震的特点：震动强烈，时间长，具有突发性与灾害性，影响范围广，世界上有90%的地震属于此类地震。例如，我国1966年河北邢台地震、1970年云南通海地震、1975年辽宁海城地震、1976年河北唐山地震与1988年云南澜沧耿马地震、1999年台湾大地震，以及1994年美国北里奇地震和1995年日本阪神地震都属于构造地震。

2. 火山地震

由火山活动引起的地震，称为火山地震。当高温的岩浆与炽热的气体从火山口喷发出来时，也能引起地壳的振动。这类地震占世界地震次数的7%左右，多发生在日本、意大利和印尼等国家。火山地震能量有限，强度不大，影响范围较小。

3. 陷落地震

由地下溶洞塌陷、崩塌或大滑坡等冲击力引起的地震，称为陷落地震。这类地震次数少，只占世界地震次数的3%左右。陷落地震强度微弱，影响范围只有几千米。

4. 激发地震

由于人类活动破坏了地层原来的相对稳定性引起的地震，称为激发地震。例如，修大型水库蓄水（相当于库区地面大范围加水压力）。深井注水以及核爆炸等所引起的地震。广东省某大型水库蓄水后，常发生激发地震。

11.1.2　地震的分布

全世界的地震分布很不均衡，主要集中在两个大地震带上：

1. 环太平洋地震带：位于太平洋沿岸，包括日本本州、琉球、我国台湾省。这一环形区地震释放的能量占世界地震总能量的75%～80%。

2. 地中海南亚地震带：从印尼经缅甸、我国西南、帕米尔高原，直到地中海。这一带地震能量约占15%～20%。

我国位于上述两大地震带之间，是一个多地震的国家。地震在我国的主要活动区为：

东北地区：辽宁南部和部分山区。

华北地区：汾渭河谷、山西东北、河北平原、山东中部到渤海地区。

西北地区：甘肃河西走廊、宁夏、天山南北麓。

西南地区：云南中部和西部、四川西部、西藏东南部。

东南地区：台湾及其附近的海域，福建、广东的沿海地区。

11.1.3 震源、震中与地震波

1. 震源与震中

(1) 震源：地壳内部发生地震处。

(2) 震中：震源在地表的投影称为震中，这是地震影响最大的区域，又称为极震区。

(3) 震源深度：震源至震中的距离为震源深度 h。当 $h \leqslant 60$km 时，称为浅源地震。全世界95%以上的地震都是浅源地震。

例如，1976年7月28日凌晨3时42分，唐山、丰南地区发生7.8级大地震，震中位于唐山市内铁路以南的市区，震源深度为12～16km，属于浅源地震。

2. 地震波

震源的振动，以弹性波的形式传播。这种地震波由震源沿各个不同方向传播到地表各点，如图11.2(a)所示。在传播过程中，震波的能量逐渐消耗，因而离震源越远，则振动越弱。

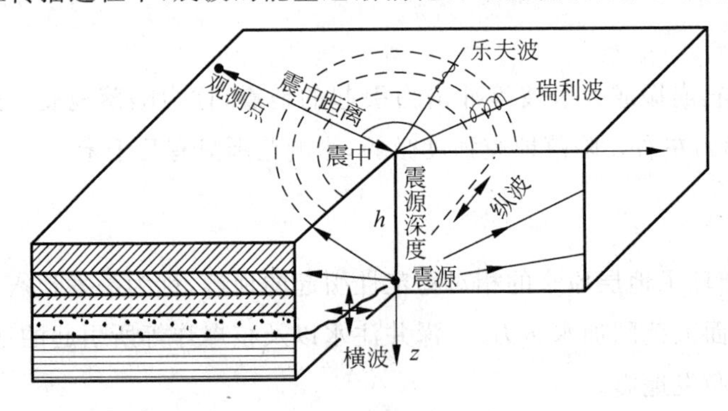

(a) 各种波的传播

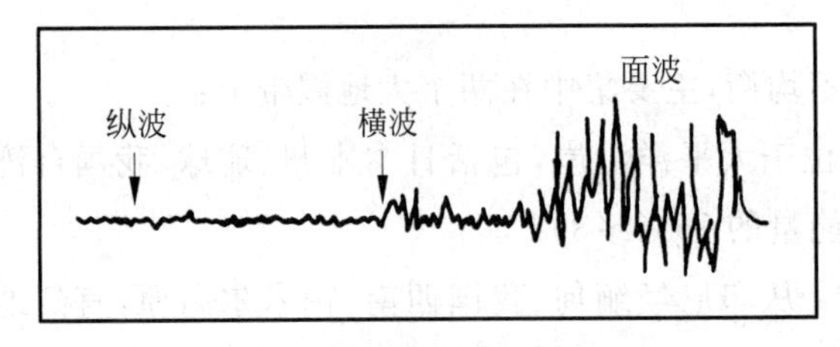

(b) 各种波的速度与振幅

图 11.2 地震波的运动示意图

地震波可分以下两类：

(1) 体波：是在地球体内传播的震波，包括：①纵波：又称为压力波或P波，这种波的传播速度最快，约5～6km/s，破坏力较小；②横波：又称为剪切波或S波，这种波的传播速度较小，约3～4km/s，破坏力较大。

(2) 面波：只限在地面附近传播。这种波的传播速度最慢，约3km/s；但振幅很大，破坏力也最大。主要为：①瑞利波，又称R波；②乐夫波，又称L波。

由于各种地震波的传播速度快慢不同，地震记录图上最先测出纵波，其次为横波，最后为面波，如图11.2(b)所示。

11.1.4 地震震级

地震震级是表示地震本身强度大小的等级，作为衡量震源释放出能量大小的一种量度。每一次地震，具有一个震级。地震震级与能量的关系和地震大小分类，见表11.1。

表11.1 地震震级、能量与分类

地震震级 M	1	2	3	4	5	6	7	8	8.5
能量/J	2.0×10^{6}	6.3×10^{7}	2.0×10^{9}	6.3×10^{10}	2.0×10^{12}	6.3×10^{13}	2.0×10^{15}	6.3×10^{16}	3.6×10^{17}
分类	微小地震		小地震		中地震		大地震		

由上表可知：震级每增加一级，能量约增加32倍。世界上已知的最大震级为8.9级。最早的原子弹爆炸所释放的能量与6级地震相当；氢弹爆炸则相当于7～8级地震。凡7级以上的浅源大地震，造成的灾害很大。

11.1.5 地震烈度、地震烈度表

1. 地震烈度

地震烈度指受震地区地面影响和破坏的强烈程度。地震烈度与震级为两个不同的含义，不可混淆。

地震烈度取决于震源释放能量的大小，并与震源深度、距震中的远近、震波传播的介质性质以及场地岩土情况等因素有关。如唐山地震震中的烈度为11度。

2. 地震烈度表

为确定各地区的地震烈度，各国均制定了“地震烈度表”，作为划分烈度的标准。此烈度表是根据人的感觉、器物动态、建筑物损坏情况及地表现象等宏观标志和水平向地震动参数而制定的。我国和美、俄世界上绝大多数国家将地震烈度划分为12度。我国现行地震烈度表(GB/T 17742—2008)，见表11.2。

表 11.2 中国地震烈度表(GB/T 17742—2008)

地震烈度	人的感觉	房屋震害			其他震害现象	水平向地震动参数	
		类型	震害程度	平均震害指数		峰值加速度 /(m/s²)	峰值速度 /(m/s)
Ⅰ	无感	—	—	—	—	—	—
Ⅱ	室内个别静止中的人有感觉	—	—	—	—	—	—
Ⅲ	室内少数静止中的人有感觉	—	门、窗轻微作响	—	悬挂物微动	—	—
Ⅳ	室内多数人、室外少数人有感觉,少数人从梦中惊醒	—	门、窗作响	—	悬挂物明显摆动,器皿作响	—	—
Ⅴ	室内绝大多数、室外多数人有感觉,多数人从梦中惊醒	—	门窗、屋顶、屋架颤动作响,灰土掉落,个别房屋墙体抹灰出现细微裂缝,个别屋顶烟囱掉砖	—	悬挂物大幅度晃动,不稳定器物摇动或翻倒	0.31 (0.22～0.44)	0.03 (0.02～0.04)
Ⅵ	多数人站立不稳,少数人惊逃户外	A	少数中等破坏,多数轻微破坏和(或)基本完好	0.00～0.11	家具和物品移动;河岸和松软土出现裂缝,饱和砂层出现喷吵冒水;个别独立砖烟囱轻度裂缝	0.63 (0.45～0.89)	0.06 (0.05～0.09)
		B	个别中等破坏,少数轻微破坏,多数基本完好				
		C	个别轻微破坏,大多数基本完好	0.00～0.08			
Ⅶ	大多数人惊逃户外,骑自行车的人有感觉,行驶中的汽车驾乘人员有感觉	A	少数毁坏和(或)严重破坏,多数中等和(或)轻微破坏	0.09～0.31	物体从架子上掉落;河岸出现塌方;饱和砂层常见喷水冒砂,松软土地上裂缝较多;大多数独立砖烟囱中等破坏	1.25 (0.90～1.77)	0.13 (0.10～0.18)
		B	少数中等破坏,多数轻微破坏和(或)基本完好				
		C	少数中等和(或)轻微破坏,多数基本完好	0.07～0.22			

续表

地震烈度	人的感觉	房屋震害			其他震害现象	水平向地震动参数	
		类型	震害程度	平均震害指数		峰值加速度/(m/s²)	峰值速度/(m/s)
Ⅷ	多数人摇晃颠簸，行走困难	A	少数毁坏，多数严重和（或）中等破坏	0.29～0.51	干硬土上出现裂缝，饱和砂层绝大多数喷砂冒水；大多数独立砖烟囱严重破坏	2.50 (1.78～3.53)	0.25 (0.19～0.35)
		B	个别毁坏，少数严重破坏，多数中等和（或）轻微破坏				
		C	少数严重和（或）中等破坏，多数轻微破坏	0.20～0.40			
Ⅸ	行动的人摔倒	A	多数严重破坏或（和）毁坏	0.49～0.71	干硬土上多处出现裂缝，可见基岩裂缝、错动，滑坡、塌方常见；独立砖烟囱多数倒塌	5.00 (3.54～7.07)	0.50 (0.36～0.71)
		B	少数毁坏，多数严重和（或）中等破坏				
		C	少数毁坏和（或）严重破坏，多数中等和（或）轻微破坏	0.38～0.60			
Ⅹ	骑自行车的人会摔倒，处不稳状态的人会摔离原地，有抛起感	A	绝大多数毁坏	0.69～0.91	山崩和地震断裂出现，基岩上拱桥破坏；大多数独立砖烟囱从根部破坏或倒塌	10.00 (7.08～14.14)	1.00 (0.72～1.41)
		B	大多数毁坏				
		C	多数毁坏和（或）严重破坏	0.58～0.80			
Ⅺ	—	A	绝大多数毁坏	0.89～1.00	地震断裂延续很大；大量山崩滑坡	—	—
		B					
		C		0.78～1.00			
Ⅻ	—	A	几乎全部毁坏	1.00	地面剧烈变化，山河改观	—	—
		B					
		C					

注：表中给出的“峰值加速度”和“峰值速度”是参考值，括号内给出的是变动范围。

现将新地震烈度表的内容和查表时应注意的事项简述如下：

1）地震烈度评定指标

新的烈度表规定了地震烈度的评定指标，包括人的感觉、房屋震害程度、其他震害现象、水平向地震动参数。

2）地震烈度等级

地震烈度仍划分为12等级，分别用罗马数字Ⅰ、Ⅱ、…、Ⅻ表示。

3）数量词的界定

数量词采用个别、少数、多数、大多数和绝大多数，其范围界定如下：

（1）个别为10%以下；

（2）少数为10%～45%；

（3）多数为40%～70%；

（4）大多数为60%～90%；

（5）绝大多数为80%以上。

4）评定烈度的房屋类型

用于评定烈度的房屋，包括以下三种类型：

（1）A类：木构架和土、石、砖墙建造的旧式房屋；

（2）B类：未经抗震设防的单层或多层砖砌体房屋；

（3）C类：按照Ⅶ度抗震设防的单层或多层砖砌体房屋。

5）房屋破坏等级及其对应的震害指数

房屋破坏等级分为：基本完好、轻微破坏、中等破坏、严重破坏和毁坏五类，其定义和对应的震害指数见表11.3。

表11.3 建筑破坏级别与震害指数

破坏等级	震害程度	震害指数 d
基本完好	承重和非承重构件完好，或个别非承重构件轻微损坏，不加修理可继续使用	$0.00 \leqslant d < 0.10$
轻微破坏	个别承重构件出现可见裂缝，非承重构件有明显裂缝，不需要修理或稍加修理即可继续使用	$0.10 \leqslant d < 0.30$
中等破坏	多数承重构件出现轻微裂缝，部分有明显裂缝，个别非承重构件破坏严重，需要一般修理后可使用	$0.30 \leqslant d < 0.55$
严重破坏	多数承重构件破坏较严重，非承重构件局部倒塌，房屋修复困难	$0.55 \leqslant d < 0.85$
毁坏	多数承重构件严重破坏，房屋结构濒临崩溃或已倒毁，已无修理可能	$0.85 \leqslant d < 1.00$

6）地震烈度评定

（1）评定地震烈度时，Ⅰ度～Ⅴ度应以地面上以及底层房屋中的人的感觉和其他震害现象为主；Ⅵ度～Ⅹ度应以房屋震害为主，参照其他震害现象，当用房屋震害程度与平均震害指数评定结果不同时，应以震害程度评定结果为主，并综合考虑不同类型房屋的平均震害指数；Ⅺ度和Ⅻ度应综合房屋震害和地表震害现象。

（2）以下三种情况的地震烈度评定结果，应作适当调整：

① 当采用高楼上人的感觉和器物反应评定地震烈度时，适当降低评定值；

② 当采用低于或高于Ⅶ度抗震设计房屋的震害程度和平均震害指数评定地震烈度时，适当降低或提高评定值；

③ 当采用建筑质量特别差或特别好房屋的震害程度和平均震害指数评定地震烈度时，适当

降低或提高评定值。

(3) 当计算的平均震害指数值位于表 1-1 中地震烈度对应的平均震害指数重叠搭接区间时，可参照其他判别指标和震害现象综合判定地震烈度。

(4) 农村可按自然村，城镇可按街区为单位进行地震烈度评定，面积以 1km^2 为宜。

(5) 当有自由场地强震动记录时，水平向地震动峰值加速度和峰值速度可作为综合评定地震烈度的参考指标。

7) 平均震害指数

由于建筑种类不同，结构类型各异，故如何评定某一地区房屋的震害程度，作出比较符合实际情况的数量统计，以便正确地应用地震烈度表评定出宏观烈度，这是一个十分重要的问题。

《中国地震烈度表》(GB/T 17742—2008)采用"平均震害指数"确定房屋的宏观烈度。所谓平均震害指数，是指同类房屋震害指数的加权平均值，即

$$D = \frac{1}{N}\sum_{i=1}^{5} d_i n_i \tag{11.1}$$

若令 $\lambda_i = \frac{n_i}{N}$，则平均震害指数又可写成：

$$D = \sum_{i=1}^{5} d_i \lambda_i \tag{11.2}$$

式中 d_i——房屋破坏等级为 i 的震害指数；

n_i——房屋破坏等级为 i 的房屋幢数；

N——房屋总幢数；

λ_i——破坏等级为 i 的房屋破坏比，即破坏等级为 i 的房屋幢数与总幢数之比。

由式(11.2)可见，平均震害指数亦可定义为破坏等级为 i 的房屋破坏比与其相应的震害指数的乘积之和。

求出平均震害指数后，即可由表 11.2 查得地震烈度。

11.1.6 地震基本烈度、地震烈度区划图

1. 地震基本烈度

强烈地震是一种破坏性很大的自然灾害，它的发生具有很大的随机性，采用概率方法预测某地区未来一定时间内可能发生的最大烈度是具有实际意义的。因此，国家有关部门提出了基本烈度的概念。

一个地区的基本烈度是指该地区在今后 50 年期限内，在一般场地条件下①可能遭遇超越概率为 10%的地震烈度。

---

① 一般场地条件是指地区内普遍分布的地基土质条件及一般地形、地貌、地质构造条件。

2. 地震烈度区划图

国家地震局和建设部于1992年联合发布了新的《中国地震烈度区划图(1990)》[①]。该图给出了全国各地地震基本烈度的分布,可供国家经济建设和国土利用规划、一般工业与民用建筑的抗震设防及制定减轻和防御地震灾害对策之用。

11.2 建筑抗震设防分类、设防标准和目标

11.2.1 建筑抗震设防分类

根据新版国家标准《建筑工程抗震设防分类标准》(GB 50223—2008)(以下简称《抗震分类标准》)规定,建筑抗震设防类别划分,应根据下列因素综合分析确定:

(1) 建筑破坏造成的人员伤亡、直接和间接经济损失及社会影响大小。

(2) 城镇的大小、行业的特点、工矿企业的规模。

(3) 建筑使用功能失效后,对全局的影响范围大小、抗震救灾影响及恢复的难易程度。

(4) 建筑各区段的重要性显著不同时,可按区段划分抗震设防类别。

(5) 不同行业的相同建筑,当所处地位及地震破坏所产生的后果和影响不同时,其抗震设防类别可不相同。

《抗震分类标准》规定,建筑工程应根据其使用功能的重要性和地震灾害后果的严重性分为以下四个抗震设防类别:

(1) 特殊设防类:指使用上有特殊设施,涉及国家公共安全的重大建筑工程和地震时可能发生严重次生灾害等特别重大灾害后果,需要进行特殊设防的建筑,简称甲类;

(2) 重点设防类:指地震时使用功能不能中断或需尽快恢复的生命线相关建筑,以及地震时可能导致大量人员伤亡等重大灾害后果,需要提高设防标准的建筑,简称乙类;

(3) 标准设防类:指大量的除1、2、4款以外按标准要求进行设防的建筑,简称丙类;

(4) 适度设防类:指使用上人员稀少且震损不致产生次生灾害,允许在一定条件下适度降低要求的建筑,简称丁类。

《抗震分类标准》指出,划分不同的抗震设防分类并采取不同的设计要求,是在现有技术和经济条件下减轻地震灾害的重要对策之一。《抗震分类标准》突出了设防类别划分是侧重于使用功能和灾害后果的区分,并更强调对人员安全的保障。

《抗震分类标准》对一些行业的建筑的设防标准作了调整,例如,教育建筑中,幼儿园、小学、中学的教学用房以及学生宿舍和食堂的抗震设防类别不应低于乙类。《抗震分类标准》并列出了

---

① 该图未包括我国海域部分及小的岛屿。

主要行业甲、乙、丁类建筑和少数丙建筑的示例，可供查用。

11.2.2 建筑抗震设防标准和目标

1. 建筑抗震设防标准

建筑抗震设防标准是衡量建筑抗震设防要求的尺度，由建筑设防烈度和建筑使用功能的重要性确定。抗震设防烈度是指，按国家规定的权限批准作为一个地区抗震设防依据的地震烈度。一般情况下，抗震设防烈度可采用中国地震烈度区划图的基本烈度。对已编制抗震设防区划图的城市，也可采用批准的抗震设防烈度。

《抗震分类标准》规定，各抗震设防类别建筑的抗震设防标准，应符合下列要求：

(1) 标准设防类，应按本地区抗震设防烈度确定其抗震措施和地震作用。达到在遭遇高于当地抗震设防烈度的预估罕遇地震影响时不致倒塌或发生危及生命安全的严重破坏的抗震设防目标。

(2) 重点设防类：应按高于本地区抗震设防烈度一度的要求加强其抗震措施；但抗震设防烈度为 9 度时应按比 9 度更高的要求采取抗震措施；地基基础的抗震措施，应符合有关规定。同时，应按本地区抗震设防烈度确定其地震作用。

对于划分为重点设防类而规模很小的工业建筑，当改用抗震性能较好的材料且符合抗震设计规范对结构体系的要求时，允许按标准设防类设防。

(3) 特殊设防类：应按高于本地区抗震设防烈度提高一度采取抗震措施；但抗震设防烈度为 9 度时应按比 9 度更高的要求采取抗震措施。同时，应按批准的地震安全性评价的结果且高于本地区抗震设防烈度确定其地震作用。

(4) 适度设防类：允许比本地区抗震设防烈度的要求适当降低其抗震措施，但抗震设防烈度为 6 度时不应降低。一般情况下，仍应按本地区抗震设防烈度确定其地震作用。

抗震设防烈度为 6 度时，除《建筑抗震设计规范》(GB 50011—2010)有具体规定外，对乙、丙、丁类建筑可不进行地震作用计算。

2. 建筑抗震设防目标

20 世纪 70 年代以来，世界不少国家的抗震设计规范都采用了这样一种抗震设计思想：在建筑使用寿命期限内，对不同频度和强度的地震，要求建筑具有不同的抗震能力。即对于较小的地震，由于其发生的可能性大，当遭遇到这种多遇地震时，要求结构不受损坏，这在技术上和经济上都是可以做到的；对于罕遇的强烈地震，由于其发生的可能性小，当遭遇到这种地震时，要求结构不受损坏，这在经济上是不合算的。比较合理的做法是，应允许损坏，但在任何情况下结构不应倒塌。

基于国际上这一趋势，结合我国具体情况，我国 1989 年颁布的《建筑抗震设计规范》(GBJ

11—1989)就提出了与这一抗震思想相一致的"三水准"抗震设防目标,《建筑抗震设计规范》(GB 50011—2001)并沿用了这一设防目标。

"三水准"抗震设防目标是:

第一水准:当遭受低于本地区抗震设防烈度的多遇的地震(简称小震)影响时,主体结构一般不受损坏或不需修理可继续使用。

第二水准:当遭受相当于本地区抗震设防烈度的设防地震(简称中震)影响时,可能损坏,经一般修理或不需修理仍可继续使用。

第三水准:当遭受高于本地区抗震设防烈度预估的罕遇地震(简称大震)影响时,不致倒塌或发生危及生命的严重破坏。

在进行建筑抗震设计,原则上应满足"三水准"抗震设防目标的要求,在具体做法上,为了简化计算,《建筑抗震设计规范》(GB 50011—2001)采取了二阶段设计法,即:

第一阶段设计:按小震作用效应和其他荷载效应的基本组合验算构件的承载能力,以及在小震作用下验算结构的弹性变形,以满足第一水准抗震设防目标的要求。

第二阶段设计:按大震作用下验算结构的弹塑性变形,以满足第三水准抗震设防目标的要求。

至于第二水准抗震设防目标的要求,《建筑抗震设计规范》(GB 50011—2001)是以抗震措施来加以保证的。

概括起来,"三水准、二阶段"抗震设防目标的通俗说法是:"小震不坏,中震可修,大震不倒。"

我国抗震设计规范所提出的"三水准"抗震设防目标,以及为实现这个目标所采取的二阶段设计法,已为震害所证明是正确的。例如,发生在2008年四川汶川"5·12"大地震,通过有关单位专家对此次所完成的震后房屋应急评估显示,严格按照现行建筑抗震设计规范设计、施工和使用的建筑,在遭受比当地设防烈度高1度的地震作用下(即地震作用比规定大1倍,相当于罕遇地震),没有出现倒塌破坏,有效地保护了人民的生命安全。

新版《建筑抗震设计规范》(GB 50011—2010)规定,一般情况下仍沿用"三水准"抗震设防目标,但建筑有使用功能上或其他的专门要求时,可按高于上述一般情况的设防目标进行抗震性能设计。

11.3 建筑场地类别与震害

11.3.1 建筑场地及其震害

建筑地基的震害大小与场地土的性质及类别有密切关系。在地震区常可发现同一小区内的同类建筑物,有的震害较重,有的震害却较轻,两者的地震烈度可相差1～2度,即重灾区里有轻灾的"安全岛",轻灾区中有重灾的"危险带"的烈度异常区,其主要原因是场地土的类型与场地类别不同造成的。

1. 建筑场地的类别

《建筑抗震设计规范》(GB 50011—2010)规定，建筑场地类别应根据土的剪切波速和场地覆盖层厚度按表 11.4 划分为四类，其中Ⅰ类分为Ⅰ_0(硬质岩石)、Ⅰ_1两个亚类。

表 11.4 建筑场地类别划分

<table>
<tr><th rowspan="2">岩石的剪切波速或土的等效剪切波速/(m/s)</th><th colspan="7">场地覆盖层厚度 d_{ov}/m</th></tr>
<tr><th>$d_{ov}=0$</th><th>$0<d_{ov}<3$</th><th>$3\leqslant d_{ov}<5$</th><th>$5\leqslant d_{ov}\leqslant 15$</th><th>$15<d_{ov}\leqslant 50$</th><th>$50<d_{ov}\leqslant 80$</th><th>$d_{ov}>80$</th></tr>
<tr><td>$v_s>800$</td><td>Ⅰ_0</td><td colspan="6"></td></tr>
<tr><td>$800\geqslant v_s>500$</td><td>Ⅰ_1</td><td colspan="6"></td></tr>
<tr><td>$500\geqslant v_{se}>250$</td><td colspan="3">Ⅰ_1</td><td colspan="4">Ⅱ</td></tr>
<tr><td>$250\geqslant v_{se}>150$</td><td colspan="2">Ⅰ_1</td><td colspan="3">Ⅱ</td><td colspan="2">Ⅲ</td></tr>
<tr><td>$V_{se}\leqslant 150$</td><td colspan="2">Ⅰ_1</td><td colspan="2">Ⅱ</td><td colspan="2">Ⅲ</td><td>Ⅳ</td></tr>
</table>

注：表中 v_s 为硬质岩石或坚硬土的剪切波速；v_{es}为土层的等效剪切波速。

1) 建筑场地覆盖层厚度的确定

《建筑抗震设计规范》(GB 50011—2010)规定，建筑场地覆盖层厚度的确定，应符合下列要求：

(1) 一般情况下，应按地面至剪切波速大于 500m/s 且其下卧各岩土的剪切波速均不小于 500m/s 的土层顶面的距离确定。

(2) 当地面 5m 以下存在剪切波速大于其上部各土层剪切波速 2.5 倍的土层，且该层及其下卧各层岩土的剪切波速均不小于 400m/s 时，可按地面至该土层顶面的距离确定。

(3) 剪切波速大于 500m/s 的孤石、透镜体，应视同周围土层。

(4) 土层中的火山岩硬夹层，应视为刚体，其厚度应从覆盖土层中扣除。

2) 土层剪切波速的测量和确定

《建筑抗震设计规范》(GB 50011—2010)规定，土层剪切波速应在现场测量，并应符合下列要求：

(1) 在场地初步勘察阶段，对大面积的同一地质单元，测量土层剪切波速的钻孔数量，不宜少于 3 个。

(2) 在场地详细勘察阶段，对单幢建筑，测试土层剪切波速的钻孔数量，不宜少于 2 个，测试数据变化较大时，可适量增加；对小区中处于同一地质单元的密集高层建筑群，测试土层剪切波速的钻孔数量可适量减少，但每幢高层建筑和大跨空间结构的钻孔数量均不得少于 1 个。

(3) 对丁类建筑和丙类建筑中层数不超过 10 层，高度不超过 24m 的多层建筑，当无实测剪切波速时，可根据岩土名称和性状，按表 11.5 划分土的类型，再利用当地经验在表 11.5 的剪切波速范围内估算各层土的剪切波速。

表 11.5　土的类型划分和剪切波速范围

土的类型	岩土名称和性状	土层剪切波速范围/(m/s)
岩石	较硬土、完整的稳定岩石	$v_s>800$
较坚硬或软质岩石	破碎和较破碎的岩石或软和较软的岩石，密实的碎石	$800\geqslant v_s>500$
中硬土	中密、稍密的碎石土，密实、中密的砾、粗、中砂，$f_{ak}>150$ 黏性土和粉土，坚硬黄土	$500\geqslant v_s>250$
中软土	稍密的砾、粗、中砂，除松散外的细、粉砂，$f_{ak}\leqslant 150$ 的黏性土和粉土，$f_{ak}>130$ 的填土，可塑新黄土	$250\geqslant v_s>150$
软弱土	淤泥和淤泥质土，松散的砂，新近沉积的黏性土和粉土，$f_{ak}\leqslant 130$ 的填土，流塑黄土	$v_s\leqslant 150$

注：f_{ak} 为由载荷试验等方法得到的地基承载力特征值(kPa)；v_s 为岩土的剪切波速。

表 11.4 中土层等效剪切波速，应按下列公式计算：

$$v_{se}=\frac{d_0}{t} \tag{11.3}$$

$$t=\sum_{i=1}^{n}\frac{d_i}{v_{si}} \tag{11.4}$$

式中　v_{se}——土层等效剪切波速，m/s；

d_0——计算深度(m)，取覆盖层厚度和 20m 两者的较小值；

t——剪切波在地面至计算深度之间的传播时间，s；

d_i——计算深度范围内第 i 土层的厚度，m；

v_{si}——计算深度范围内第 i 土层的剪切波速，m/s；

n——计算深度范围内土层的分层数。

等效剪切波速是根据地震波通过计算深度范围内多层土层的时间等于该波通过计算深度范围内单一土层的时间条件确定的。

设场地计算深度范围内有 n 层性质不同的土层组成(图 11.3)，它们的厚度分别为 $d_1, d_2, \cdots$，

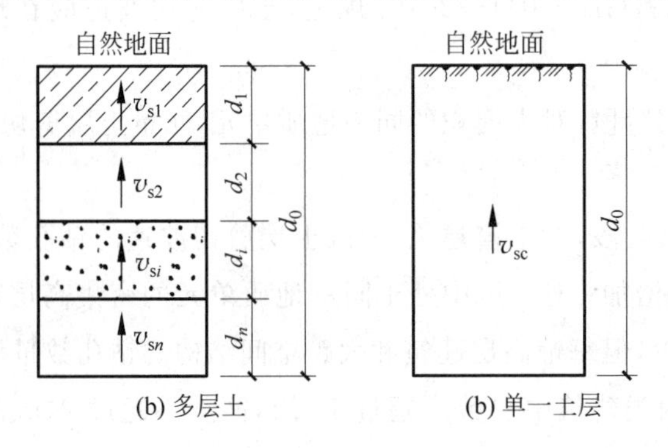

图 11.3　多层土等效剪切波速的计算

d_n，并设计算深度为 $d_0 = \sum_{i=1}^{n} d_i$，于是

$$t = \sum_{i=1}^{n} \frac{d_i}{v_{si}} = \frac{d_0}{v_{se}} \tag{11.4}$$

经整理后，即得等效剪切波速计算公式。

【例题 11.1】 表 11.6 为某工程场地钻孔地质资料，试确定该场地类别。

表 11.6 【例题 11.1】附表

土层底部深度/m	土层厚度 d_i/m	岩土名称	剪切波速 v/(m/s)
2.50	2.50	杂填土	200
4.00	1.50	粉土	280
4.90	0.90	中砂	310
6.10	1.20	砾砂	500

【解】 因为地面下 4.90m 以下土层剪切波速为 500m/s，所以场地计算深度 d_0=4.90m。

按式(11.3)计算：

$$v_{es} = \frac{d_0}{\sum_{1}^{n} \frac{d_i}{v_{si}}} = \frac{4.90}{\frac{2.50}{200} + \frac{1.50}{280} + \frac{0.90}{310}} = 236\text{m/s}$$

由表 11.4 查得，因为 250m/s＜v_{se}=236m/s＜150m/s 且 3m＜d_{ov}=4.90m＜5m，故该场地为Ⅱ类场地。

【例题 11.2】 表 11.7 为 8 层、高度为 24m 丙类建筑场地钻孔地质资料(无剪切波速资料)。试确定该场地类别。

表 11.7 【例题 11.2】附表

土层底部深度/m	土层厚度 d_i/m	岩土名称	地基土静承载力特征值/(kN/m²)
2.20	2.20	杂填土	130
8.00	5.80	粉质黏土	140
12.50	4.50	黏土	150
20.70	8.20	中密细砂	180
25.00	4.30	基岩	700

【解】 场地覆盖层厚度 d_{ov}=20.70＞20m，故取场地计算深度 d_0=20m。本例在计算深度范围内有 4 层土。根据杂填土静承载力特征值 130kN/m²，由表 11.5 取其剪切波速 v_s=150m/s，根据粉质黏土、黏土静承载力特征值 f_{ak}分别为 140kN/m² 和 150kN/m²，以及中密细砂，由表 11.5 查得，它们的剪切波速范围在 v_s=250～150m/s 之间，现取其平均值 v_s=200m/s。

将上列数据代入式(11-3),得

$$v_{se}=\frac{d_0}{\sum_{1}^{n}\frac{d_i}{v_{si}}}=\frac{20}{\frac{2.20}{150}+\frac{5.80}{200}+\frac{4.50}{200}+\frac{7.50}{200}}=192\mathrm{m/s}$$

由表11.4可知,该建筑场地为Ⅱ类场地。

2. 各类场地土的震害

(1) 坚硬场地土:稳定岩石是抗震最理想的地基,震害轻微。

(2) 中硬场地土:为粗粒的砂石,震害较小。

(3) 软弱场地土:尤其覆盖层厚度大时,震害最严重。

唐山地震时市内地震烈度高达10度,绝大多数房屋都倒毁,惟唐山陶瓷厂例外。该厂为具有80年历史的老厂,占地15公顷,厂内建筑类型很多,有单层砖木结构、两层框架结构、钢筋混凝土排架和隧道窑等,各类建筑震害都很轻,只有轻微裂隙。特别是该厂一幢两层办公楼,由毛石砌墙,强震后毛石没有塌裂,楼房完好。在极震区周围一片废墟中,唐山陶瓷厂建筑却保持完好。分析其原因:整个陶瓷厂位于唐山市内中部的一座丘陵——大城山上,基岩是微风化的古生代奥陶纪整片石灰岩;上覆坚硬状态的红黏土,承载力达250～300kPa。该厂建筑物基础有的直接做在基岩上;有的在红黏土中,其厚度仅数米,属坚硬场地土,故震害都很轻。强震后不久该厂即恢复正常生产。

最典型的实例为大城山上5幢3层住宅楼,其中两幢灰楼,震前新建尚未住人;震后只有轻微裂缝,仍可居住。但在灰楼东部约300m处,有3幢红楼震后严重破坏和倒塌。灰楼与红楼为何震害如此不同?主要原因为两者的场地类别不同。灰楼基础埋深2.0～2.5m,地基土3m下即为石灰岩基岩;红楼基础埋深1.4m,基底下覆盖层很深。灰楼属于Ⅰ类建筑场地,红楼属于Ⅳ类建筑场地,因此,房屋结构与层数相同,又同在10度烈度区,由于场地类别不同使震害差别悬殊。

11.3.2 地基液化失效

地基液化失效是造成震害的重要因素。绪论中已介绍的日本新潟市于1964年7.5级大地震中引起大面积地基液化,造成2 890幢房屋毁坏的实例足以说明问题。

1. 地基液化的条件

地基发生液化,需同时符合下列三个条件:

(1) 土质为疏松或稍密的粉砂、细砂或粉土;

(2) 土层处于地下水位以下,呈饱和状态;

(3) 遭遇大、中地震。

2. 地基液化的机理

饱和松砂与粉土主要是单粒结构,处于不稳定状态。在强烈地震作用下,疏松不稳定的砂粒与粉粒移动到更稳定的位置；但地下水位下土的孔隙已完全被水充满，在地震作用的短暂时间内，土中的孔隙水无法排出，砂粒与粉粒位移至孔隙水中被漂浮，此时土体的有效应力为零，地基丧失承载力，造成地基不均匀下沉，导致建筑物破坏。

3. 地基液化的实例

(1) 唐山柏格庄化肥厂

唐山地震时地基液化，办公楼东南角喷水冒砂(粉砂)，使楼房下沉 60cm，墙体严重开裂，最大缝宽 31cm。该厂的合成车间柱基不均匀沉降达 60～70cm，车间地坪中部隆起，地板开裂宽达 20～30cm。

(2) 李各庄中学

唐山地震地基液化，一教室喷水冒砂，造成地面开裂，宽度达 30～40cm，最大缝宽为 75cm，整个教室沉陷约 1m。

(3) 日本神户一大储罐

1995 年 1 月 17 日凌晨 5: 46 发生 7.2 级阪神大地震，地基液化，造成大储罐倾倒，如图 11.4 所示。

图 11.4 日本神户储罐倾倒[56]

11.3.3 软土地基震沉

1. 地基震沉的原因

软土地基在地震时，地基中的剪应力增大，软土的结构受扰动，使土的抗剪强度降低。因此地基土被剪切破坏，土体向基础周边挤出，导致建筑物发生严重沉降、倾斜甚至破坏。

2. 地基震沉的实例

(1) 唐山矿冶学院书库

该学院图书馆书库为 4 层楼房，唐山大地震时发生严重震沉，整幢大楼沉陷一层楼，参见“绪论”。

(2) 天津塘沽一航局宿舍

交通部第一航务工程局于 1974 年在塘沽建成 3、4 层宿舍楼 26 栋。地基为淤泥与淤泥质土，含水率高达 60%，超过液限；压缩系数 $a_{1\text{-}2}=0.7\sim1.8\text{MPa}^{-1}$，属高压缩性土；快剪试验结果：$c=7\text{kPa}$，$\phi=1.9°$，很低。宿舍楼采用筏板基础。1976 年 6 月实测地基沉降量：3 层楼 $s\approx20\text{cm}$；4 层楼 $s\approx30\text{cm}$。唐山地震时，塘沽地区地震烈度为 8 度，26 栋宿舍楼普遍发生震沉，3 层楼为 15～20cm；4 层楼为 17～25cm，其中 11 号楼震前倾斜 12.4‰，震后倾斜增加 1.5 倍，达 30.6‰。

11.3.4　地震滑坡和地裂

1. 地震滑坡和地裂的原因

一面临空的河岸、海滨与土坡，在地震加速度作用下产生附加惯性力，使边坡土体的下滑力增加，同时抗滑的内摩擦力降低。这两个不利因素叠加，可能破坏原来处于平衡状态的土坡的稳定性，发生失稳滑坡。滑坡体的坡顶由于土层错动，往往产生地裂。

2. 地震滑坡和地裂的实例

(1) 日本神户海港码头

1975年阪神大地震，当地地震烈度高达6～7度(日本烈度最高为7度)，大量建筑物毁坏。神户的海港码头大面积滑坡，如图11.5所示。

图11.5　神户海港码头滑坡[56]

(2) 汉沽蓟运河大桥

唐山地震时，两岸向河中滑移，汉方桥头向河心挤出2m，路面隆起0.7m。桥墩普遍倾斜；第一排桥墩于河底处断开10cm；整个桥面于每跨联结处竖向断开。该处烈度9度，地震使这座176.3m长的钢筋混凝土公路大桥严重破坏。

(3) 天津塘沽轮机车间

天津市塘沽海洋石油勘探指挥部在渤海岸建造轮机修造车间。厂房采用框架结构、独立基础。因地基础为淤泥质土很软弱，打钢筋混凝土预制桩。当桩与承台全部完工准备进行上部结构施工时，发生唐山地震，整个场地向渤海滑动，使桩与承台倾斜，如图11.6所示。

(4) 天津市结核病防治院

该防治院位于柳林区历史上海河故道东侧。唐山地震时防治院250m长范围向海河故道滑动。滑动面穿过围墙，使围墙折断；穿过办公房，使房屋从屋顶至基础整体断裂，外墙大幅度错开,如图 11.7 所示。残存的海河故道仅 1m 多宽,竟发生如此严重的滑坡。

图 11.6 塘沽轮机车间基础滑动

图 11.7 天津结核病防治院办公室破坏

(5) 甘肃大滑坡

1920 年甘肃发生大地震,造成黄土大规模滑坡,摧毁数百个村镇,死亡约 20 万人。

11.4 土的动力特性

为分析震害的原因,研究抗震措施,有必要研究土的动力特性。

地基土体所受的动力作用,包括地震、机器振动、爆炸、打桩以及车辆行驶等。其中地震引起的振动,属于不规则的、低频的 1~5Hz、有限次数的 10~30 次脉冲衰减振动,但其振幅很大,造成工程的破坏最严重。爆炸机遇少,其他的振动影响范围较小。

振动对土体的力学影响为:①土的强度降低;②地基产生附加沉降;③砂土与粉土产生液化;④黏性土产生触变。其根本原因为振动使土的抗剪强度降低。

11.4.1 振动对土的抗剪强度的影响

1. 仪器设备

为研究振动对土的强度的影响,需用专门的振动三轴剪切仪,它的试验原理和施加静载的装置与一般静三轴仪大体相同。施加动载的装置有多种型式:电磁振动式、气动压力式、液压脉冲式和惯性力式等。我国已研制与生产多种这类仪器。

2. 砂土的动抗剪强度

1）振动使土的强度降低

土的内摩擦系数 $\tan\phi$ 的大小与振动的振幅、频率、振动加速度有关，一般随振动强度增大而降低。如振幅为0.5～0.7mm时，与静载相比 $\tan\phi$ 的变化如下：干砂减小20%～30%，黏土只减小10%～15%。

(1) 振幅大，强度低：图11.8(a)为风干中砂相同静压的直剪试验结果：曲线1,3分别为振动前、后静载试验数据；曲线2,4为振动频率140次/s的结果；曲线2振幅为0.5mm，曲线4振幅为0.15mm。由图可见，曲线2,4低于1,3，表明砂土动强度降低；曲线2低于4，表明振幅大，强度低。

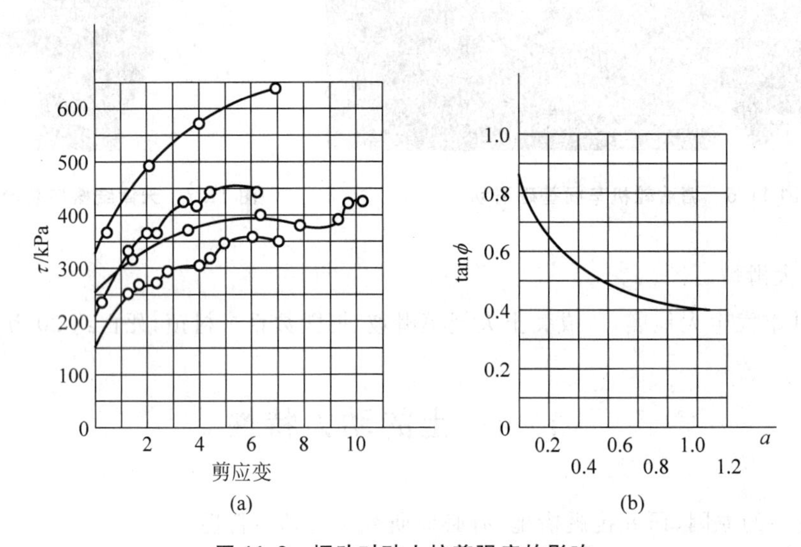

图11.8 振动对砂土抗剪强度的影响

(2) 砂土的 $\tan\phi$ 随振动加速度增大而减小：由图11.8(b)可见，随着振动加速度增大，$\tan\phi$ 减小一半以上。如砂土含水率大，则 ϕ 值降低更多。饱和砂土在一定条件下，$\phi\rightarrow 0$，即为砂土液化。

2）饱和砂土动三轴试验结果

土样在一定的静压力 σ_3 下固结，在不排水条件下施加脉动应力 $\pm\sigma_d$，振动频率为1～2Hz。结论如下：

(1) 砂土液化的主要影响因素：①动应力 σ_d 的大小与作用次数 N；②静侧压力 σ_3 的大小；③静最大与最小主应力的比值，σ_1/σ_3；④砂土本身特性、相对密度 D_r 和平均粒径 d_{50}。

(2) 引起土样破坏的动应力 σ_d，与作用次数的对数 $\lg N$，呈近似直线关系，见图11.9(a)。N 越大，σ_d 越小。又当周压力 σ_3 相同时，砂土相对密度 D_r 越大，在相同作用次数 N 时，σ_d 越高，即越不易破坏，如图11.9(b)所示。

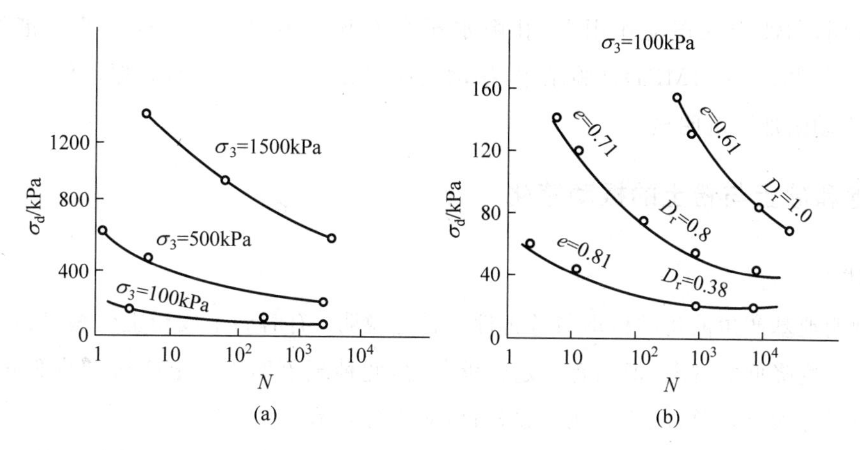

图 11.9　动应力 σ_d 和作用次数 N 关系

(3) 砂土相对密度 D_r 与 σ_d 关系：当 $D_r<0.5$ 时，为直线关系；当 $D_r>0.5$ 时，为曲线关系，如图 11.10 所示。

(4) 在循环荷载作用下的破坏应力远小于静载下的破坏应力。

(5) 相对密度相同，砾石的破坏动应力约为极细砂的 2 倍；夯实黏土约为极细砂的 3 倍。

(6) 土的平均粒径 d_{50} 为一良好指标。d_{50} 越大，则 σ_d 越大。当 d_{50} 为 0.07～0.15mm 时，动破坏强度最低。

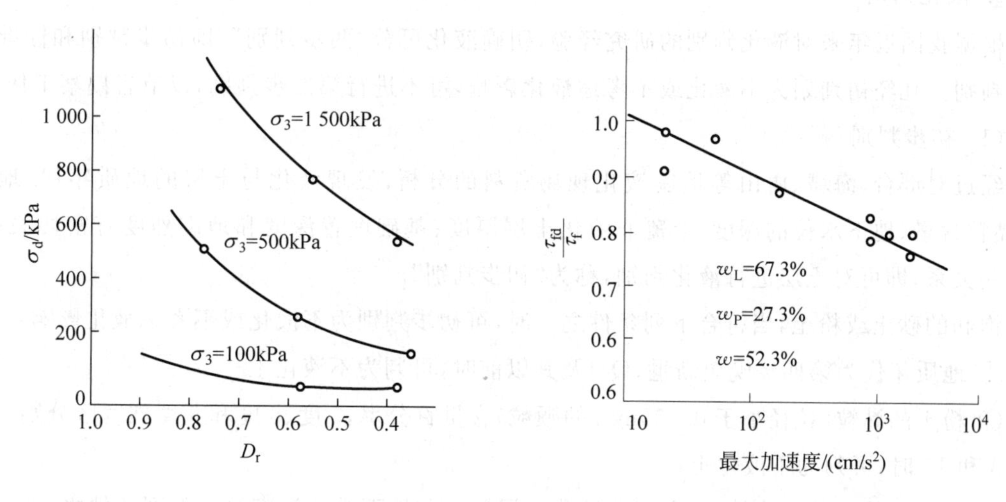

图 11.10　砂土 σ_d-D_r 关系

图 11.11　黏土动强度与振动加速度的关系

3. 黏性土的动抗剪强度

通常黏性土的抗剪强度受振动的影响比砂土小，但对灵敏度高的软黏土例外。

图 11.11 为一种黏土动抗剪强度试验结果。试验用双面直剪仪，静竖向压力为 28kPa，采用不同的竖向振动加速度，试验结果呈直线关系。

试验表明，黏性土在振动作用下，孔隙水压力上升并不明显。根据天津新港淤泥质黏土($w=50\%\sim60\%$，$E_0=1\text{MPa}$)试验结果，振动土样中 $\Delta u=0.03\sigma_1$，且在振动作用2分钟后就上升很慢，但振动附加下沉明显。

11.4.2 饱和砂土与粉土的振动液化

1. 概述

前已阐明地基产生液化的机理与危害性。补充说明：有时砂土或粉土受振，虽有孔隙水压力上升和抗剪强度降低的现象，但仍有一定的承载力，此种现象称为砂土或粉土的部分液化。无论完全液化或部分液化，都可能危及地面建筑物，应进行防治。

饱和砂土与粉土是否会产生液化，取决于土本身的原始静应力状态及振动特性。通过大量地震调查与研究证明：土粒粗、级配好、密度大、排水条件好、静载大、振动时间短、振动强度低等因素，有利于抗液化的性能。

我国近年来震害调查中总结的液化土的颗粒特征与地震烈度的关系：①地震烈度高，孔隙水压力大，可液化的粒径区间也大，9度烈度，粗砂也可喷出地面；②平均粒径 d_{50} 为 0.05～0.09mm 的粉砂、细砂最容易液化。

2. 液化判别

根据我国近年来对液化判别的研究经验，明确液化可分"两步判别"，即初步判别和标准贯入试验判别。凡经初判划为不液化或不考虑液化影响，可不进行第二步判别，以节省勘察工作量。

(1) 初步判别

经过对邢台、海城、唐山等地震液化现场资料的分析，发现液化与土层的地质年代、地貌单元、黏粒含量、地下水位的深度、上覆非液化土层厚度、基础埋置深度和地震烈度有密切关系，利用这些关系，即可对土层进行液化判别，称为"初步判别"。

饱和的砂土或粉土，当符合下列条件之一时，可初步判别为不液化或不考虑液化影响：

① 地质年代为第四经晚更新世(Q_3)及其以前时，可判为不液化土；

② 粉土的黏粒(粒径小于0.005mm的颗粒)含量百分率，7度、8度和9度烈度区分别不小于10，13和16时，可判为不液化土；

③ 采用天然地基的建筑，当上覆非液化土层厚度和地下水位深度符合下列条件之一时，可不考虑液化影响：

$$d_u > d_0 + d_b - 2 \tag{11.5}$$

$$d_w > d_0 + d_b - 3 \tag{11.6}$$

$$d_u + d_w > 1.5d_0 + 2d_b - 4.5 \tag{11.7}$$

式中 d_u——上覆非液化土层厚度，m 计算时宜将淤泥和淤泥质土层扣除；

d_w——地下水位深度，m，宜按建筑使用期内年平均最高水位采用，也可按近期内年最高水位采用；

d_b——基础置深度，m，不超过2m时应采用2m；

d_0——液化土特征深度，m，可按表11.8取值。

表 11.8 液化土特征深度 d_0

饱和土类别	烈度		
	7	8	9
粉土	6	7	8
砂土	7	8	9

(2) 标准贯入试验判别法

当饱和砂土、粉土的初步判别认为需进一步进行液化判别时，应采用标准贯入试验判别法判别。

标准贯入试验设备，主要由贯入器、触探杆和穿心锤组成(图6.9)。触探杆一般用直径42mm的钻杆，穿心锤重63.5kg。操作时，先用钻具钻至试验土层标高以上150mm；然后，在锤的落距为760mm的条件下，每打入土中300mm的锤击数记作$N_{63.5}$。

《建筑抗震设计规范》(GB 50011—2010)规定，一般情况下，应判别地面下20m深度范围内土层的液化。当饱和土标准贯入锤击数$N_{63.5}$(未经杆长修正)小于或等于液化判别标准贯入锤击数临界值时，应判为液化土。对于可不进行天然地基及基础的抗震承载力验算的各类建筑，可只判别地面下15m范围内土的液化，15m以下的土层视为不液化。当有成熟经验时，尚可采用其他判别方法。

在地面下20m深度范围内，液化判别标准贯入锤击数临界值可按下式计算：

砂土

$$N_{cr}=N_0\beta[\ln(0.6d_s+1.5)-0.1d_w] \tag{11.8}$$

粉土

$$N_{cr}=N_0\beta[\ln(0.6d_s+1.5)-0.1d_w]\sqrt{\frac{3}{\rho_c}} \tag{11.9}$$

式中 N_{cr}——液化判别标准贯入锤击数临界值；

N_0——液化判别标准贯入锤击数基准值；可按表11.9采用；

d_s——饱和土标准贯入点深度，m；

d_w——地下水位深度，m；

ρ_c——黏粒含量百分率；当小于3或砂土时，应采用3。

β——调整系数，设计地震第一组取0.80；第二组取0.95；第三组取1.05①。

---

① 震害与震中距有关。因此，《建筑抗震设计规范》(GB 50011—2010)将震中距不同的地区划分成三组，即第一组、第二组和第三组。第一组震中距较近，第三组震中距较远。

表 11.9 液化判别标准贯入锤击数基准值 N_0

设计基本地震加速度(g)	0.10	0.15	0.20	0.30	0.40
液化判别标准贯入锤击数基准值	7	10	12	16	19

3. 地基的液化等级

已判别为液化土的地基，还需要进一步判别其液化等级，以便区别对待，选用不同的抗液化措施。

(1) 液化指数 I_{lE}

为了鉴别场地土液化危害的严重程度，《建筑抗震设计规范》(GB 50011—2010)给出了液化指数的概念。

在同一地震烈度下，液化层的厚度越厚埋藏越浅，地下水位越高，实测标准贯入锤击数与临界标准贯入锤击数相差越多，液化就越严重，带来的危害性就越大。液化指数是比较全面反映了上述各因素的影响。

液化指数按下式确定：

$$I_{lE}=\sum_{i=1}^{n}\left(1-\frac{N_i}{N_{cri}}\right)d_iW_i \tag{11.10}$$

式中 I_{lE}——液化指数；

n——在判别深度范围内每一个钻孔标准贯入试验点总数；

N_i、N_{cri}——i 点标准贯入锤击数的实测值和临界值，当实测值大于临界值时应取临界值；当只需要判别 15m 范围以内的液化时，15m 以下的实测值可按临界值采用；

d_i——i 点所代表的土层厚度(m)，可采用与该标准贯入试验点相邻的上、下两标准贯入试验点深度差的一半，但上界不高于地下水位深度，下界不深于液化深度；

W_i——i 土层单位土层厚度的层位影响权函数值(单位为 m^{-1})。当该层中点的深度不大于 5m 时应采用 10，等于 20m 时应采用零值，5～20m 时应按线性内插法取值。

式(11.10)中的 d_i、W_i 等可参照图 11.12 所示方法确定。

现在来进一步分析式(11.10)的物理意义。

$$1-\frac{N_i}{N_{cri}}=\frac{N_{cri}-N_i}{N_{cri}}$$

上式分子表示 i 点标准贯入锤击数临界值与实测值之差，分母为锤击数临界值。显然，分子差值越大，即式(11.10)括号内的数值越大，表示该点液化程度越严重。

显然，液化层的厚度越厚，埋藏越浅，它对建筑的危害性就越大。式(11.10)中的 d_i 和 W_i 就是反映这两个因素的。我们可将 d_iW_i 的乘积看做是对 $\left(1-\frac{N_i}{N_{cri}}\right)$ 值的加权面积 A_i。其中，表示土层液化严重程度的值 $\left(1-\frac{N_i}{N_{cri}}\right)$ 随深度对建筑的影响，是按图 11.12 的图形的 W 值来加权计算的。

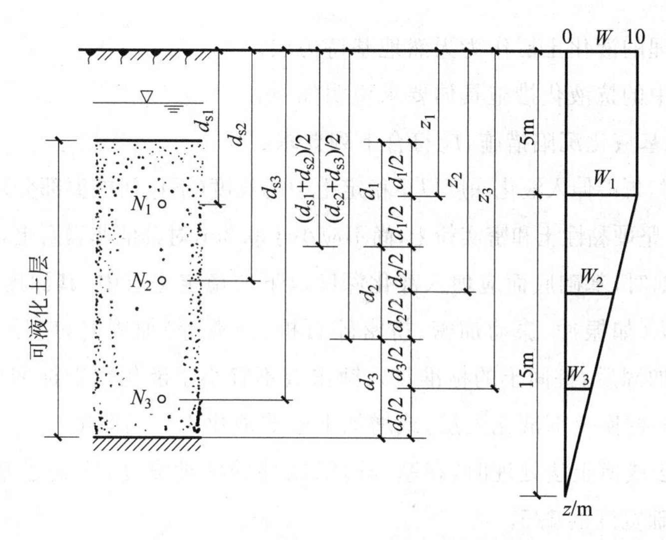

图 11.12 确定 d_i、d_{si} 和 W_i 的示意图

(2) 地基液化的等级

存在液化土层的地基，根据其液化指数按表 11.10 划分液化等级。

表 11.10 液化等级与液化指数的对应关系

液化指数 I_{lE}	$0<I_{lE}\leqslant 6$	$6<I_{lE}\leqslant 18$	$I_{lE}>18$
液化等级	轻微	中等	严重

4. 地基抗液化措施

地基抗液化措施应根据建筑的抗震设防类别、地基的液化等级，结合具体情况综合确定。当液化土层较平坦且均匀时，可按表 11.11 选用抗液化措施；尚可考虑上部结构重力荷载对液化危害的影响，根据液化震陷量的估计适当调整抗液化措施。

表 11.11 抗液化措施[29]

建筑抗震设防类别	地基的液化等级		
	轻微	中等	严重
乙类	部分消除液化沉陷，或对基础和上部结构处理	全部消除液化沉陷，或部分消除液化沉陷且对基础和上部结构处理	全部消除液化沉陷
丙类	对基础和上部结构处理，亦可不采取措施	对基础和上部结构处理或更高要求的措施	全部消除液化沉陷或部分消除液化沉陷且对基础和上部结构处理
丁类	可不采取措施	可不采取措施	基础和上部结构处理，或其他经济的措施

不宜将未经处理的液化土层作为天然地基持力层。

现将表11.11中的抗液化措施具体要求说明如下：

1）全部消除地基液化沉陷措施，应符合下列要求：

(1) 采用桩基时，桩端伸入液化深度以下稳定土中的长度(不包括桩尖部分)，应按计算确定，且对碎石土，砾、粗、中砂，坚硬黏性土和密实粉土，尚不应小于0.8m，对其他非岩石土，尚不宜小于1.5m。

(2) 采用深基础时，基础底面应埋入液化深度以下的稳定土层中，其深度不应小于0.5m。

(3) 采用加密法(如振冲、振动加密、挤密碎石桩、强夯等)加固时，应处理至液化深度下界；振冲或挤密碎石桩加固后，桩间土的标准贯入锤击数不宜小于液化判别标准贯入锤击数临界值。

(4) 用非液化土替换全部液化土层，或增加上覆非液化土层的厚度。

(5) 采用加密法或换土法处理时，在基础边缘以外的处理宽度，应超过基础底面下处理深度的1/2且不小于基础宽度的1/5。

2）部分消除地基液化沉陷措施，应符合下列要求：

(1) 处理深度应使处理后的地基液化指数减少，其值不宜大于5；大面积筏形基础、箱形基础的中心区域①。处理后的液化指数可比上述规定降低1；对独立基础和条形基础，尚不应小于基础底面下液化土特征深度和基础宽度的较大值。

(2) 采用振冲或挤密碎石桩加固后，桩间土的标准贯入锤击数不宜小于液化判别标准贯入锤击数临界值。

(3) 基础边缘以外的处理宽度，应超过基础底面下处理深度的1/2且不小于基础宽度的1/5。

(4) 采取减小液化震陷的其他方法，如增厚上覆非液化土层的厚度和改善周边的排水条件等。

3）减轻液化影响的基础和上部结构处理，可综合采用下列各项措施：

(1) 选择合适的基础埋置深度。

(2) 调整基础底面积，减少基础偏心。

(3) 加强基础的整体性和刚度，如采用箱形基础、筏形基础或钢筋混凝土交叉条形基础，加设基础圈梁等。

(4) 减轻荷载，增强上部结构的整体刚度和均匀对称性，合理设置沉降缝，避免采用对不均匀沉降敏感的结构形式等。

(5) 管道穿过建筑处应预留足够尺寸或采用柔性接头等。

4）在故河道以及临近河岸、海岸和边坡等有液化侧向扩展或流滑可能的地段内不宜修建永久性建筑，否则应进行抗滑动验算、采取防土体滑动措施或结构抗裂措施。

---

① 中心区域是指位于基础外边界以内，沿长宽方向距外边界大于相应方向1/4长度的区域。

11.4.3 黏性土的触变现象

1. 定义

饱和黏性土在遭受外力扰动下，土的强度急剧降低，甚至发生流动；静置后，随时间的增长，强度又逐渐恢复的现象，称为触变。

对此现象最简要的解释为：原来黏性土的矿物颗粒表面带负电荷，与阳离子和定向水分子处于静平衡状态，土受扰动后，破坏了平衡，定向水分子被打乱，土的结构被破坏，因而土的强度降低。当静置一段时间后，土粒与水分子重新排列，土的结构恢复，因而强度又重新恢复。这是黏性土结构性的表现，与砂土液化有本质不同。

2. 实例

上海某地软黏土试验天然结构的强度为 $c_0=25\text{kPa}$；用十字板连续转动，测得扰动土的强度为 $c_0'=4.5\text{kPa}$。土的灵敏度 $S_t=\dfrac{c_0}{c_0'}=\dfrac{25}{4.5}=5.6>4.0$，属高灵敏度的土。扰动后，静置 0.1、1 和 6h，分别测得其强度为 $c_{0.1}=8.3\text{kPa}$，$c_{1.0}=12.5\text{kPa}$，$c_{6.0}=16\text{kPa}$。由此可知，静置时间越长，强度恢复越多，但总比天然结构未经扰动的原始强度要低。

3. 应用

软弱地基处理中，如软土基槽下夯入碎石、砂垫层或灰土垫层压实或重锤夯实过程中，可能产生土的触变现象。在黏性土中打桩，可利用触变现象一气呵成打到设计高程；若中途停顿，则阻力会大大增加。此外，在地震或其他振动作用下，可能使黏性土强度降低引起边坡滑塌等现象，都应注意。

11.4.4 砂土振动压密

砂土受振动，使不稳固的颗粒落到稳固的位置，因而减小孔隙比，得到压密。用振动台进行饱和砂土振动压密试验，采用五种不同法向压力，以纵坐标为孔隙比 e，横坐标为 $\eta=\dfrac{a}{g}$ 比值，试验结果如图 11.13 所示。

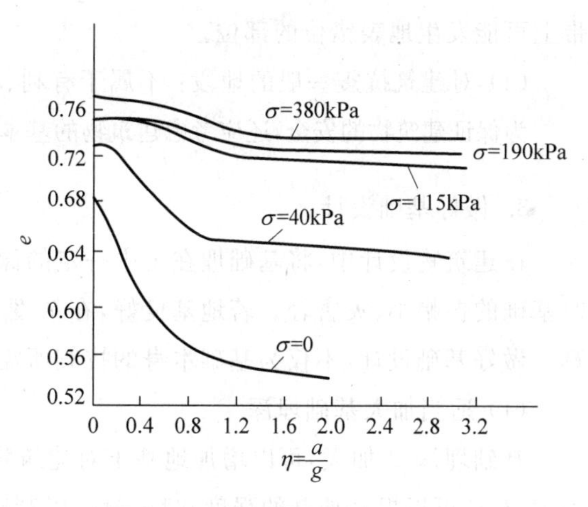

图 11.13 饱和砂土振动压密曲线

由此图可见：最下面一条曲线为法向压力 $\sigma=0$ 的压密曲线，随着振动加速度 a 的增大，孔隙比 e 迅速减小；其余四条曲线表明，σ 越大，e 减小越少，这是因为 σ 增大，使土粒之间内摩擦力增大，阻止砂土颗粒移动压密。

由以上砂土振动压密试验，可得如下规律：

(1) 作用在砂土上的法向压力 σ 越大，其振动压密程度越小；$\sigma=0$ 时，压密最大。

(2) 当振动加速度 $a\geqslant 2.0g\left(\left(\text{即}\frac{a}{g}\geqslant 2.0\right)\right.$时，饱和砂土与干砂的压密程度相近；含水率为 $w=6\%\sim 8\%$时，压密程度最小。

(3) 砂土的级配越良好，或 e_{min}越小，则振动压密程度越大。

(4) 法向压力 $\sigma>40\text{kPa}$ 时，振动压密曲线形态相似，后段曲线接近水平。

11.5 地基基础抗震设计

11.5.1 抗震设计基本原则

1. 方针

抗震设计应贯彻执行“以预防为主”的方针，使建筑经抗震设防后，减轻建筑的地震破坏，避免人员伤亡，减少经济损失。

2. 选择有利场地

尽量选择对抗震有利的地段，避开不利的地段，禁止在危险地段建设。

(1) 对建筑抗震有利的地段：坚硬土或开阔平坦密实均匀的中硬土等。

(2) 对建筑抗震不利的地段：软弱土，液化土，条状突出的山嘴，高耸孤立的山丘，非岩质的陡坡，河岸和边坡边缘，平面分布上成因、岩性、状态明显不均匀的土层(如故河道、断层破碎带、暗埋的塘浜沟谷及半填半挖地基)等。

(3) 对建筑抗震危险的地段：地震时可能发生滑坡、崩塌、地陷、地裂、泥石流等以及震断裂带上可能发生地表错位的部位。

(4) 对建筑抗震一般的地段：不属于有利、不利和危险的地段。

为保证建筑物的安全，还应考虑建筑物的基本周期，应避开地层的卓越周期，以防止共振危害。

3. 做好基础设计

在建筑物设计中，将基础埋在土中一定的深度，周围土体会对基础起约束的作用，因此，地震时基础的振幅小、灾害轻。若地基良好，在7度与8度地震烈度区，基础本身的强度可不进行核算。做好基础设计，不仅为基础本身的抗震所需要，而且可以减轻上部结构的震害。

(1) 适当加大基础埋深

基础埋深 d 加大，可以增加地基土对建筑物的约束作用，从而减小建筑物的振幅，减轻震害。加大 d，还可以提高地基的强度和稳定性，以利减少建筑物的整体倾斜，防止滑移及倾覆。高层建筑箱形基础,在地震区埋深不宜小于建筑物高度的$\frac{1}{15}$,即 $d \geqslant \frac{1}{15} H_g$ (H_g为室外地面至主要屋面的设计高度)。

实践表明,地下结构物具有良好的抗震性能。例如,唐山地震后,唐山市各类地下人防建筑都基本完好,未发生坍塌现象。唐山市区开滦煤矿的地下车库、地下通讯和小水电系统在震后仍可照常使用,在当地救灾工作中发挥了良好的作用。

(2) 选择较好的基础类型

基础类型不同,产生的震害可能不同。地震区的软土地基上应选择刚度大、整体性好的箱形基础或筏板基础。箱基与筏基能有效地调整并减轻震沉引起的不均匀沉降,从而减轻对上部结构的破坏。例如,唐山市中心新华路和文化路拐角处,新建一幢 8 层新华旅社,这是当时唐山市最高的建筑。新华旅社西侧 3、4 层老楼和单层唐山饭店,大楼以东劳动日报社两栋 3 层宿舍楼以及邻近大量平房住宅,无一例外全都震塌到底,唯独这 8 层大楼反而未倒。经查明:倒塌的房屋多为条形基础;8 层新楼为箱形基础,上部为现浇钢筋混凝土框架结构,整体性强,抗震性能良好。又如天津市一幢 5 层混合结构为筏板基础,在唐山地震后完好无损;相距仅 30m 建在条形基础上的一幢 4 层混合结构,地震时发生严重裂损。

除上述的箱基与筏基以外,桩基础的震沉小,动力反应也不敏感,是一种良好的抗震基础形式。设计时注意桩基应穿过液化土层并插入非液化的坚实土层一定深度,以保持稳定。

4. 加强建筑物整体性

在设计中加强基础与上部结构的整体性,对建筑物抗震十分有利。例如,砖混结构条形基础,在基础上面设置一道钢筋混凝土地梁,把内外墙的基础连成整体。必要时在楼房层与层之间设置钢筋混凝土圈梁,或隔层设一道圈梁。同时,在建筑物的四角与内外墙交接设置竖向钢筋混凝土构造柱,并与地梁和各层之间的圈梁牢固联结,将上部结构与基础连成整体,这对抗震极为有效。

11.5.2 天然地基抗震验算

1. 地基土抗震承载力

天然地基基础抗震验算时,在荷载组合中应计入地震作用。据国外有关资料分析,考虑地基土在有限次循环动力作用下,动强度一般较静强度略高;同时考虑地震作用属于特殊荷载,作用时间短,在地震作用下可靠度允许降低。因此,除淤泥与可液化土等软弱土以外,地基土抗震承载力高于静承载力,应按下式计算:

$$f_{aE} = \zeta_s f_a \tag{11.11}$$

式中 f_{aE}——调整后的地基土抗震承载力,kPa;

ζ_s——地基土抗震承载力调整系数,应按表 11.12 采用;

f_a——地基土静承载力特征值，已经过基础宽度和埋深修正，按公式(7.15)计算，kPa。

表 11.12 地基土抗震承载力调整系数

岩 土 名 称 和 性 状	ζ_s
岩石，密实的碎石土，密实的砾、粗、中砂、$f_{ak}\geqslant 300$kPa 的黏性土和粉土	1.5
中密、稍密的碎石土，中密和稍密的砾、粗、中砂，密实和中密的细、粉砂，150kPa$\leqslant f_{ak}<300$kPa 的黏性土和粉土，坚硬的黄土	1.3
稍密的细、粉砂、100kPa$\leqslant f_{ak}<150$kPa 的黏性土和粉土，可塑黄土	1.1
淤泥，淤泥质土，松散的砂，杂填土，新近堆积的黄土及流塑的黄土	1.0

2. 天然地基抗震承载力验算方法

验算天然地基地震作用下的竖向承载力时，应符合下列各项要求：

(1) 基础底面平均压力

$$p \leqslant f_{aE} \tag{11.12}$$

(2) 基础底面边缘最大压力

$$p_{max} \leqslant 1.2 f_{aE} \tag{11.13}$$

式中 p——按地震作用效应标准组合的基础底面平均压力值，kPa；

p_{max}——按地震作用效应标准组合的基础边缘的最大压力值，kPa。

(3) 高宽比大于 4 的建筑，在地震作用下不宜出现零应力区域，其他建筑基础底面与地基土之间零应力区面积，不应超过基础底面积的 15%；烟囱基础零应力区，应符合现行国家标准《烟囱设计规范》的要求。

3. 不需进行抗震承载力验算的建筑

历次震害调查表明，一般天然地基上的下列一些建筑很少因为地基失效而破坏的。因此，《建筑抗震设计规范》(GB 50011—2010)规定，建造在天然地基上的以下建筑，可不进行天然地基和基础抗震承载力验算：

1) 地基主要受力层①范围内不存在软弱黏性土层的下列建筑：

(1) 一般单层厂房和单层空旷房屋；

(2) 砌体房屋；

(3) 不超过 8 层且高度在 24m 以下的一般民用框架和框架-抗震墙房屋；

(4) 基础荷载与(3)项相当的多层框架厂房和多层混凝土抗震墙房屋。

2) 6 度时的建筑（不规则建筑及建造于Ⅳ类场地上较高的高层建筑②除外）。

---

① 地基主要受力层是指条形基础底面下深度为 $3b$(b 为基础底面宽度)，独立基础底面下深度为 $1b$，且厚度均不小于 5m 的范围(二层以下的民用建筑除外)。

② 较高的高层建筑是指，高度大于 40m 的钢筋混凝土框架、高度大于 60m 的其他钢筋混凝土民用房屋及高层钢结构房屋。

3）7 度Ⅰ、Ⅱ类场地，柱高不超过 10m 且结构单元两端均有山墙的单跨和等高多跨厂房（锯齿形除外）。

4）7 度时和 8 度（0.2g）Ⅰ、Ⅱ类场地的露天吊车栈桥。

软弱黏性土层指 7 度、8 度和 9 度时，地基承载力特征值分别小于 80、100 和 120kPa 的土层。

11.5.3 软弱黏性土地基抗震设计

当建筑物地基主要受力层范围内存在软弱黏性土层时，应结合具体情况，综合考虑，采用下列抗震措施。

1. 桩基

如软弱黏性土层不厚时，桩基应穿过软弱土层，进入坚实土层适当的深度。若软弱土层很厚，则设计经济的桩长。

2. 地基加固处理

软弱黏性土地基处理，应根据建筑物的规模、上部结构与基础形式，选择有效的处理方法，详见第 9 章。

3. 改进基础和上部结构设计

（1）选择合适的并适当加大基础埋置深度；

（2）调整基础底面积，减少基础偏心；

（3）加强基础的整体性和刚度：如采用箱基、筏基或钢筋混凝土交叉条形基础，加设基础圈梁等；

（4）减轻荷载，增强上部结构的整体刚度和均匀对称性，合理设置沉降缝，避免采用对不均匀沉降敏感的结构形式等；

（5）管道穿过建筑处，应预留足够尺寸或采用柔性接头。

【例题 11.3】 某中学拟建 3 层教学楼，经岩土工程勘察，已知地基土为第四纪全新世的沉积层。自上而下可分为 7 层：第①层为素填土，中密，$N_{10}=30$，层厚 $h_1=2.50$m；第②层为可塑粉土，层厚 $h_2=0.80$m；第③层为粉质黏土，$N_{10}=25$，层厚 $h_3=3.10$m；第④层为粉土，中偏软，层厚 $h_4=2.80$m；第⑤层为粉质黏土，可塑状态，层厚 $h_5=3.50$m；第⑥层为中密细砂，层厚 0.75m；第⑦层为卵石，密实状态，层厚 $h_7>4.80$m，未穿透。地下水位埋深 5.53m，位于第③层粉质黏土下部。当地设防烈度为 8 度区，判别该地基是否会产生液化？

【解】 初步判别：由地质年代第四纪全新世沉积层，晚于更新世，不能判别为不液化土。

考虑公式（11.5）即：

$$d_u > d_0 + d_b - 2$$

式中 d_u——上覆非液化土层厚度,m;由勘察结果知第4层粉土为液化土。上覆第1～3层厚度为 $d_u=2.5+0.8+3.1=6.4\text{m}$;

d_0——液化土特征深度,根据烈度为8度,液化土为粉土,查表11.8,为 $d_0=7$;

d_b——基础埋置深度,考虑教学大楼为3层建筑,$d_b<2\text{m}$,取 $d_b=2\text{m}$。

因为
$$d_0+d_b-2=7+2-2=7\text{m}>6.4\text{m}=d_u$$

不满足公式(11.5)。需按下式进行判别

$$d_w > d_0 + d_b - 3$$

由勘察结果:地下水位深度 $d_w=5.53\text{m}$

因为
$$d_0+d_b-3=7+2-3=6.0\text{m}>5.53\text{m}=d_w$$

不符合公式(11.6)要求,再按下式判别

$$d_u + d_w > 1.5d_0 + 2d_b - 4.5$$

$$d_u + d_w = 6.4 + 5.53 = 11.93m > 1.5d_0 + 2d_b - 4.5$$
$$= 10.5 + 4 - 4.5 = 10m$$

符合公式(11.7)要求,该教学楼可不考虑液化影响。

【例题11.4】 某企业计划兴建5层职工住宅,经岩土工程勘察,已知该住宅地基为第四纪全新世冲积层,自上至下分为5层:表层为素填土,天然重度 $\gamma_1=18.0\text{kN/m}^3$,层厚 $h_1=0.80\text{m}$;第②层为粉质黏土,$\gamma_2=19.0\text{kN/m}^3$,层厚 $h_2=0.70\text{m}$;第③层为中密粉砂,$h_3=2.30\text{m}$;标准贯入试验实测值,深度2.00～2.30m,$N=12$,$f_{ak}=156\text{kPa}$;深度3.00～3.30m,$N=13$,$f_{ak}=164\text{kPa}$;第④层为中密细砂,层厚 $h_4=4.30\text{m}$;深度5.00～5.30m,$N=15$;深度7.00～7.30m,$N=16$,$f_{ak}=174\text{kPa}$;第⑤层为可塑-硬塑粉质黏土,层厚 $h_5=5.60\text{m}$。地下水位埋深2.50m,位于第③层粉砂层的中部。当地的设防烈度为8度,设计基本地震加速度0.20g,设计地震分组为第一组。设计考虑砖混结构、条形基础,基础底面宽度 $b=1.2\text{m}$,基础埋置深度 $d=1.5\text{m}$,位于第③层粉砂顶面。要求:(1)判别地基是否会发生液化?(2)计算地基承载力;(3)计算地基土抗震承载力。

【解】 1) 地基液化判别

(1) 初步判别

根据勘察结果,该职工住宅地基为第四纪全新世冲积层,在更新世 Q_3 以后。据地质年代无法判为不液化土。当地8度烈度,液化土特征深度对砂土为 $d_0=8$;上覆非液化土层厚度仅为 $d_u=2.50\text{m}$;地下水位深度 $d_w=2.50\text{m}$。按公式(11.5)、公式(11.6)与公式(11.7)判别,都不符合要求,必须进一步判别。

(2) 标准贯入试验判别法

① 深度2.00～2.30m,位于地下水位以上,为不液化土;

② 深度3.00～3.30m,$N=13$。标准贯入临界锤击数 N_{cr} 按式(11.9)计算:

$$N_{cr}=N_0\beta\left[\ln(0.6d_s+1.5)-0.1d_w\right]\sqrt{\frac{3}{\rho_c}}$$

式中 N_0——液化判别标准贯入锤击数基准值，由设计基本地震加速度0.20g，查表11.9得$N_0=12$；

β——调整系数，设计地震分组为第一组，$\beta=0.8$；

d_s——饱和土标准贯入点深度，取中点值3.15m；

d_w——地下水位深度，为2.50m；

ρ_c——砂土黏粒含量百分率，取$\rho_c=3$。

将上述数据代入公式(11.6)得：

$$N_{cr}=12\times0.8\times\left[\ln(0.6\times3.15+1.5)-0.1\times2.5\right]\sqrt{\frac{3}{3}}=9.32$$

已知$N=13$，$N>N_{cr}$，不会液化。

③ 深度5.00～5.30m，$N=15$；同理计算N_{cr}值为

$$N_{cr}=12\times0.8\times\left[\ln(0.6\times5.15+1.5)-0.1\times2.5\right]\sqrt{\frac{3}{3}}=12.23<N=15$$

不会液化。

④ 深度7.00～7.30m，$N=16$；

$$N_{cr}=12\times0.8\times\left[\ln(0.6\times7.15+1.5)-0.1\times2.5\right]\sqrt{\frac{3}{3}}=14.46<N=16$$

不会液化。

2）地基承载力计算

采用基础底面最小值$f_{ak}=156$kPa，偏于安全。

地基承载力特征值按式(7.11)计算：

$$f_a=f_{ak}+\eta_b\gamma(b-3)+\eta_d\gamma_0(d-0.5)$$

式中 b——基础宽度，设计$b=1.2\text{m}<3\text{m}$，取3m，故第二项为零；

η_d——基础深度承载力修正系数，查表7.10粉砂为3.0；

γ_0——基础埋深范围平均重度，为18.5kN/m^3；

d——基础埋深，设计采用1.5m。

将上述数据代入公式(7.15)得：

$$f_a=156+3.0\times18.5\times(1.5-0.5)=156+55.5=211.5\text{kPa}$$

3）地基土抗震承载力计算

按式(11.11)计算

$$f_{aE}=\zeta_s f_a$$

式中 ζ_s——地基土抗震承载力调整系数，根据中密粉砂，查表11.11，得$\zeta_s=1.3$；

f_a——地基土静承载力特征值，已计算为211.5kPa。

将上述数据代入公式(11.11)得：

$$f_{aE} = 1.3 \times 211.5 = 275\text{kPa}$$

【例题 11.5】 一房地产公司，计划在北京潮白河一级阶地购置地皮，新建别墅小区。小区大部分为两层别墅，埋置深度 $d=1.5$，其中有一幢 14 层综合大楼，埋置深度 $d=4.8$m。岩土工程勘察钻孔深度为 15m，了解地层为第四纪全新世冲积层及新近沉积层，自上至下为 5 层：第①层为粉细砂，稍湿-饱和，松散，层厚 $h_1=3.50$m；第②层为细砂，饱和，松散，层厚 $h_2=3.70$m；第③层为中粗砂，稍密-中密，层厚 $h_3=3.10$m；第④层为粉质黏土，可塑-硬塑状态，层厚 $h_4=3.20$m；第⑤层为粉土，硬塑状态。地下水位埋深 2.80m。当地地震烈度为 8 度，设计基本地震加速度 $0.20g$，设计地震分组为第一组。在现场进行标准贯入试验，数值如下(表 11.13)：

表 11.13 【例题 11.5】附表

编 号	1	2	3	4	5	6	7
深度 /m	2.15～2.45	3.15～3.45	4.15～4.45	5.65～5.95	6.65～6.95	7.65～7.95	8.65～8.95
实测 N	6	2	2	4	8	13	18

根据此勘察结果，要求：(1)判别此地基砂土是否会液化？(2)若为液化土，判别液化等级；(3)应采取何种抗震措施？

【解】 1) 液化判别

(1) 初步判别

① 从地质年代判别：当地为第四纪全新世冲积层及新近沉积层，在第四纪晚更新世之后。因此不能判别为不液化土。

② 场地表土即为粉细砂，地下水位埋深为 2.80m，上覆非液化土层即 2.80m。液化土特征深度，砂土，烈度 8 度。因而按公式(11.5)、公式(11.6)与公式(11.7)计算都不符合要求，必须进一步判别。

(2) 标准贯入试验判别法

① 试验 1 点：深度 2.15～2.45m，位于地下水位 $d_w=2.80$m 以上，因此不会液化。

② 试验 2 点：深度 3.15～3.45m，位于地下水位以下，需要判别。按式(11.9)计算标准贯入锤击数临界值 N_{cr}：

$$N_{cr} = N_0\beta\left[\ln(0.6d_s + 1.5) - 0.1d_w\right]\sqrt{\frac{3}{\rho_c}}$$

式中 N_0——液化判别标准贯入锤击数基准值，由表 11.9 查得，设计基本地震加速度为 $0.20g$，$N_0=12$；

β——调节系数，设计地震分组为第一组，$\beta=0.8$；

d_w——地下水位深度，为 2.80m；

ρ_c——黏粒含量百分数，砂土取 $\rho_c=3$。

将上述数据代入式(11.9)，得：

$$N_{cr}=12\times0.8\times[\ln(0.6\times3.30+1.5)-0.1\times2.80]\sqrt{\frac{3}{3}}=9.28$$

标准贯入锤击数 $N=2<N_{cr2}=9.28$，为液化土。

③ 同理，可得其余各试验点的数据：

试验 3 点：$N_{cr3}=10.81>N=2$，为液化土。

试验 4 点：$N_{cr2}=12.72>N=4$，为液化土。

试验 5 点：$N_{cr2}=13.82>N=8$，为液化土。

试验 6 点：$N_{cr2}=14.80>N=13$，为液化土。

试验 7 点：$N_{cr2}=15.69<N=18$，为不液化土。

2）液化等级

(1) 计算液化指数 I_{lE}：按式(11.10)计算：

$$I_{lE}=\sum_{i=1}^{n}\left(1-\frac{N_i}{N_{cri}}\right)d_iW_i$$

式中 d_i——i 点所代表的土层厚度，m；由图 11.14 可知：$d_2=1.0$m；$d_3=1.25$m；$d_4=1.25$m；$d_5=1.0$m；$d_6=1.0$m；

W_i——i 土层考虑单位土层厚度的层位影响权函数值：因第②层、第③层中点深度均小于 5m，故 $W_2=10$，$W_3=10$。其余各值按图 11.15 内插得：$W_4=9.55$，$W_5=8.80$，$W_6=8.13$。

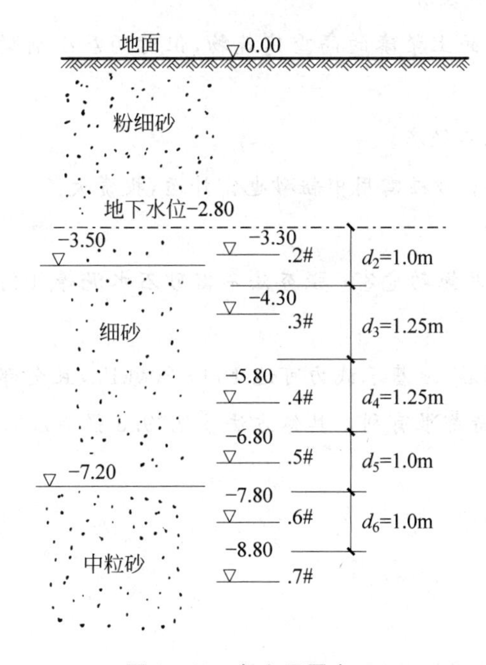

图 11.14 各土层厚度 d_i

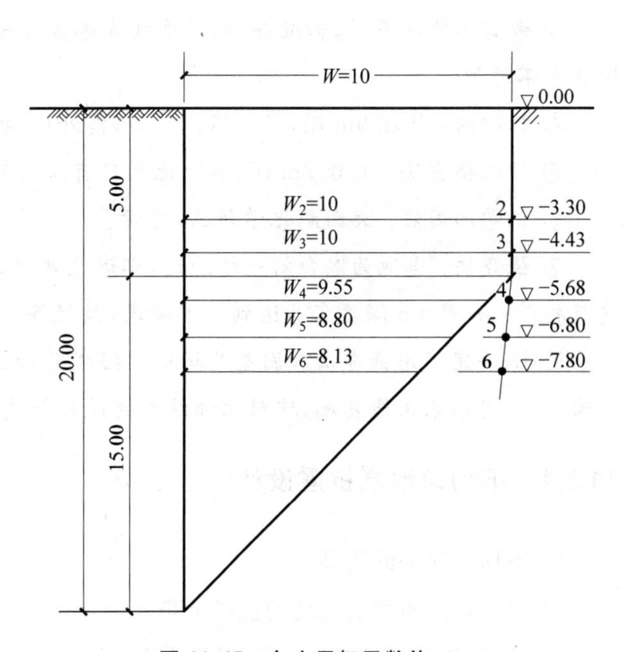

图 11.15 各土层权函数值 W_i

将上列数据代入式(11.10),可得:

$$I_{lE}=\sum_{i=1}^{n}\left(1-\frac{N_i}{N_{cri}}\right)d_iW_i=\left(1-\frac{2}{9.28}\right)\times 1.0\times 10+\left(1-\frac{2}{10.81}\right)\times 1.25\times 10+$$

$$\left(1-\frac{4}{12.72}\right)\times 1.25\times 9.55+\left(1-\frac{8}{13.82}\right)\times 1.0\times 8.80+\left(1-\frac{13}{14.80}\right)\times 1.0\times 8.13$$

$$=30.91$$

(2) 液化等级:根据表11.9,由计算所得 $I_{lE}=30.91>15$,为严重液化等级。

3) 应采取的抗震措施

(1) 抗液化措施要求

该别墅小区建筑类别为丙类,地基严重液化,抗液化措施要求:全部消除液化沉陷,或部分消除液化沉陷且对基础和上部结构处理。

根据岩土工程勘察结果:场地第①层粉细砂与第②层细砂,均为松散状态。标准贯入锤击数实测值 $N=2,2,4,8$,远小于标准贯入锤击数临界值 $N_{cr}=9.5,10.5,12.0,13.0$,故部分消除液化不安全;第③层中粗砂在深度8.65m处,已为不液化土,因此,应全部消除液化沉陷。

(2) 各种工程措施分析

① 采用桩基:桩长9m,进入第③层不液化中粗砂层,技术上可靠。但对两层别墅打9m桩,费用太贵。

② 挖除全部液化土层,需挖除8.65m深度土层,不仅工程量浩大,而且地下水位2.80m,水下开挖5~6m深,会产生流砂;若人工降水则投资大,不经济。

③ 考虑其他深基础,如沉井、地下连续墙等适合平面上紧凑的高重建筑物,但对两层小别墅同样也不适用。

④ 振冲法:处理9m深,当地不产碎石,需外运,也不经济。

⑤ 砂桩挤密法:处理9m深,当地地表只有粉细砂;砂桩需用中粗砂也需外运,投资大。

⑥ 化学加固法:大面积化学药品,更贵。

⑦ 强夯法:当地为潮白河一级阶进,邻近无建筑,无振动危害;强夯法不需砂石水泥等任何建筑材料;加固9m深度容易达到技术要求,最经济。

因此,决定采用强夯法加固整片场地。经强夯加固后,地基承载力可达180~200kPa,且全部消除液化,可以采用浅基础,这对上部结构的设计与建造都很有利。具体方法参见“9.3 强夯法”。

11.5.4 不均匀地基抗震设计

1. 不均匀地基的类型

(1) 故河道、暗藏的沟坑的边缘地带;

(2) 边坡地的半挖半填地段,地形起伏,大面积平整场地地区;

(3) 山区岩层与土层交界地段;

(4) 局部的或不均匀的液化土层及其他成因,土质或状态明显不同的严重不均匀土层;

(5) 河岸、山坡、海滨,在基础一侧具有临空面的地带。

2. 不均匀地基的震害

(1) 产生不均匀沉降,引起建筑物的开裂、倾斜等事故;

(2) 具有临空面的地带,可能引起边坡滑动,使建筑物倾倒。

3. 不均匀地基抗震设计

(1) 基本原则:避开不均匀地段;

(2) 若无法避开时,应采取下列措施:

① 详细勘察,查明不均匀地基的范围和性质;

② 建筑物周围的沟坑应认真填平、压实,邻近的沟渠应作坚实的支挡或改为暗渠;

③ 软硬相差悬殊的地基应认真处理,尽可能使软硬差别缩小,如采用局部换土、重锤夯实,必要时可设置沉降缝。若不处理,即使采用钢筋混凝土筏板基础,也将发生基础断裂事故。

11.5.5 基础工程抗震设计

为了避免震害,确保建筑物的安全,除了在地基的设计中采取必要的抗震措施外,同时也应当在基础工程设计中采用有利于抗震的类型。

(1) 高层或多层建筑,尽量扩大基础底面面积,减小单位面积荷载,如采用箱形基础与筏板基础等有利于抗震的基础类型。

(2) 多层或低层建筑,如采用砖混结构、条形基础,则设计时应加强建筑物的整体性,如设置水平方向的封闭式地梁、各楼层之间的圈梁和竖直方向在外墙四角和内外墙交接处设置钢筋混凝土构造柱,并使构造柱的钢筋与地圈与上部层间圈梁的钢筋相联结。

(3) 不良地基可采用桩基与石灰桩,以深层坚实土层作为持力层,有利于抗震。例如,天津市某工厂地基为海河故道,唐山地震引起该厂地基液化,两层办公楼整体向西倾斜,沉降差达200mm。但该厂容量为60m^3 的水塔,高度为28.81m,震后结构出乎意料的基本完好,分析其原因:水塔采用筏板基础,埋深2m;并用石灰桩,桩长24m,直径150cm,间距25cm,取得良好的抗震效果。如用混凝土或钢筋混凝土桩,则抗震性能优良;必要时,还可以打斜桩,以承受水平荷载。

(4) 加强基础与上部结构的联结,在唐山震害调查中,发现很多工厂车间的房屋在柱根处折断,这不仅是因为柱子的截面面积比基础小得多,而且截面是突变的。在地震水平荷载作用下,基础周围有土支挡,而桩子四周无支挡,因此在柱根处发生剪切破坏。为解决此问题,在框架结构独立基础设计中,可在柱底端做水平向连梁,并与基础相联结,形成空间整体结构,以利抗震。

(5) 抗震工程的材料应有足够强度,不同材料应满足不同的要求,具体如下:

① 烧结普通黏土砖和烧结多孔黏土砖的强度等级不应低于MU10；其他砌筑砂浆强度等级不应低于M5。

② 混凝土砌块的强度等级，小型空心不应低于MU7.5，其砌筑砂浆强度等级不应低于M7.5。

③ 混凝土的强度等级：框支架、框支柱及抗震等级为一级的框架梁、柱、节点核芯区，不应低于C30；构造柱、芯柱、圈梁及其他各类构件不应低于C20。

(4) 钢筋的强度等级：抗震等级为一级、二级的框架结构，其纵向受力钢筋采用普通钢筋时，钢筋的抗拉强度实测值与屈服强度实测值的比值不应小于1.25；且钢筋的屈服强度实测值与强度标准值的比值不应大于1.3。普通钢筋的强度等级，纵向受力钢筋宜选用HRB400级和HRB335级热轧钢筋，箍筋宜选用HRB335、HRB400和HPB235级热轧钢筋。

复习思考题

11.1 何谓地震？地震按其成因可分为哪几类？其中哪类地震危害最大？为什么？

11.2 地震波分哪几种？其中哪一种地震波破坏力最大？何故？

11.3 地震震级与地震烈度的物理意义有何不同？有何联系？地震震级多大称为大地震？我国烈度分多少度？烈度为8度时人的感觉、器物的动态、建筑物的损坏情况是怎样的？

11.4 我国国家标准《建筑抗震设计规范》(GB 50011—2010)将场地土分为哪几类？哪一类场地土震害最轻？哪一类场地土震害最重？试举例说明。

11.5 建筑场地分哪几类？建筑场地的类别与场地土的类别有何内在联系？建筑场地的类别与震害轻重有何关系？

11.6 何谓地基液化？产生地基液化的条件有哪些？哪种土最容易产生液化？哪种土不会液化？举例说明地基液化的危害性。

11.7 地基液化如何判别？初步判别用什么方法？其依据是什么？进一步判别用什么方法？标准贯入锤击数的实测值、临界值与基准值三者的含义是什么？如何确定这三者的数值？

11.8 地基的液化等级分哪几等？如何确定液化等级？不同的液化等级采取的抗液化措施有何不同？如建筑类别为丙类，地基为严重液化等级，应当采取什么抗液化措施？

11.9 何谓地基震沉？震沉的原因是什么？如何防止严重的震沉？

11.10 抗震设计的基本原则是什么？对建筑场地应如何选择？

11.11 何谓天然地基土抗震承载力？如何计算？地基土抗震承载力特征值与地基土静承载力特征值两者谁的数值大？为什么？

11.12 软弱黏性土地基抗震设计的目的是什么？有哪些行之有效的措施？

11.13 不均匀地基包括哪些类型？应当采取哪些抗震措施？

11.14 基础工程抗震设计中，采用哪几种基础形式对抗震有利？为什么？

11.15 何谓圈梁？圈梁应设置在何处？何谓构造柱？构造柱应设置在什么部位？圈梁与构造柱两者有何联系？设计中应注意什么问题？

习　题

11.1 某工厂厂房建筑场地，经岩土工程勘察结果：表层为杂填土，$\gamma_1=17.0\mathrm{kN/m^3}$，层厚 $h_1=1.0\mathrm{m}$；第②层为素填土，松-中密，轻型触探 $N_{10}=20$，$\gamma_2=18.0\mathrm{kN/m^3}$，层厚 $h_2=1.30\mathrm{m}$；第③层为有机土，松软，$N_{10}=15$，$w=35\%$，$\gamma_3=16.2\mathrm{kN/m^3}$，层厚 $h_3=0.50\mathrm{m}$；第④层粉砂，中密，$N=16f_{ak}=180\mathrm{kPa}$，层厚 $h_4=1.60\mathrm{m}$；第⑤层为卵石，密实，$N_{63.5}=34$，层厚 $h_5=3.00\mathrm{m}$；第⑥层为细砂，密实，$N=31$，层厚 $h_6=2.50\mathrm{m}$；第⑦层卵石，密实，$N_{63.5}=35$，层厚 $h_7=1.00\mathrm{m}$；第⑧层粉质黏土，硬塑，层厚 $h_8>4.2\mathrm{m}$。地下水位埋藏深度 5.00m。试判断该场地属于几类建筑场地？　(答案：Ⅱ类)

11.2 上题工厂建筑场地，当地烈度为 8 度，判别第④层粉砂和第 6 层细砂是否会产生液化？　(答案：都不液化)

11.3 上述工厂厂房以第④层粉砂为地基持力层。基础底宽 $b=3.00\mathrm{m}$，埋深 $d=2.80\mathrm{m}$。进行抗震强度验算。地基土抗震承载力为多少？　(答案：391kPa)

11.4 某住宅地基表层为素填土，层厚 $h_1=1.5\mathrm{m}$；第②层为粉土，深 3.50m 处，$N=8$，层厚 $h_2=4.5\mathrm{m}$；第③层为粉砂，深 8.00m 处，$N=9$，层厚 $h_3=3.2\mathrm{m}$；第④层为细砂，深 11.00m 处，$N=15$，层厚 $h_4=5.4\mathrm{m}$；第⑤层为卵石，层厚 $h_5=4.80\mathrm{m}$。地下水位深度 2.20m。判别地震烈度为 8 度区，设计基本地震加速度为 $0.20g$，设计地震分组为第一组。地基是否会发生液化？
(答案：第②、③、④层均为液化土)

11.5 烟台大学教师住宅文 8 楼地基土经勘察分⑤层：表层粉土，中密，$N_{10}=16$，层厚 $h_1=1.60\mathrm{m}$；第②层细砂，$\gamma_2=15.8\mathrm{kN/m^3}$，$N=4.5$，层厚 $h_2=1.60\mathrm{m}$；第③层为淤泥质粉细砂，$N=1.6$，层厚 $h_3=2.6\mathrm{m}$；第④层卵石，密实，层厚 $h_4=2.10\mathrm{m}$；第⑤层为基岩。地下水深度 2.00m。判别建筑场地类别。　(答案：Ⅱ类)

11.6 上题，当地烈度按 7 度考虑，设计基本地震加速度为 $0.10g$，设计地震分组为第一组。地基是否液化？若液化，如何处理？　(答案：液化、强夯[9])

11.7 山东龙口电厂场地岩土工程勘察，地基土分④层：表层中粗砂，$N=22$，层厚 5.5m；第②层粉土，$N=4$，层厚 3.0m；第③层中粗砂，$N=22$，层厚 2.5m；第④层粉质黏土与黏土，$N=13$，层厚大于 30m。判别建筑场地类别。　(答案：Ⅱ类)

11.8 上题，当地烈度为 7 度，设计基本地震加速度为 $0.10g$，设计地震分组为第一组。地下水位深 2.5m。判别地基是否液化？若液化，如何处理？　(答案：液化；振冲碎石桩[25])

11.9 新疆乌鲁木齐市一大厦场地，经岩土工程勘察结果，地基土分5层：表层杂填土，松散，层厚 $h_1=0.50\text{m}$；第②层为密实碎石，$N_{63.5}=13$，层厚 $h_2=7.00\text{m}$；第③层粉土，$N=11$，层厚 $h_3=2.5\text{m}$；第④层碎石，$N_{63.5}=22$，层厚 $h_4=6.00\text{m}$；第⑤层为砂岩。地下水位深6.5m，当地烈度为8度，设计基本地震加速度为 $0.20g$，设计地震分组为第一组。判别建筑场地类别，是否会液化？若液化，应采取什么措施？ （答案：Ⅱ类；因为轻微液化，且液化土层不厚，双面排水，可不处理）

参考文献

[1] 陈希哲.土力学及基础工程[M].北京：中央广播电视大学出版社,1995.

[2] 顾晓鲁,钱鸿缙,刘惠珊,等.地基与基础[M].2版.北京：中国建筑工业出版社,1993.

[3] 华南理工大学,东南大学,浙江大学,等.地基及基础[M].2版.北京：中国建筑工业出版社,1991.

[4] 黄文熙.土的工程性质[M].北京：水利电力出版社,1983.

[5] 郭继武.建筑地基基础[M].北京：高等教育出版社,1990.

[6] 陈仲颐,叶书麟.基础工程学[M].北京：中国建筑工业出版社,1990.

[7] 陈希哲.土力学地基基础工程实例[M].北京：清华大学出版社,1982.

[8] 陈希哲.国内外地基基础事故原因分析与处理[M].建筑技术,1986(12).

[9] 陈希哲.地基事故与预防——国内外建筑工程实例[M].北京：清华大学出版社,1994.

[10] HUANG W X,CHEN X Z. The Tiger Hill Pagoda of Suzhou,the Pisa of China[M],1981.

[11] LAMBE T W,ROBERT V W. Soil Mechanics. New York：Wiley,1969.

[12] SZECHY C. Foundation failures[M]. London：[s. n.],1961.

[13] FANG H Y. Analysis and design of building Foundations[M]. Bethlehem：Lehigh University.

[14] 许年金,糜崇蓉.上海某研究所高层建筑基坑边坡事故分析[C]//第二届全国岩土工程实录交流会.岩土工程实录集.北京：中国工程勘察协会,1990.

[15] 上海市建设和管理委员会.GB 50202—2002 中华人民共和国国家标准 地基基础工程施工质量验收规范[S].北京：中国计划出版社,2002.

[16] 华北水利水电学院北京研究生部.GBJ 145—1990 中华人民共和国国家标准 土的分类标准[S].北京：中国计划出版社,1992.

[17] 中华人民共和国水利部.GB/T 50123—1999 中华人民共和国国家标准 土工试验方法标准[S].北京：中国计划出版社,1999.

[18] 中华人民共和国建设部.GB 50007—2011 中华人民共和国国家标准 建筑地基基础设计规范[S].北京：中国建筑工业出版社,2012.

[19] 清华大学地质基础教研组.应用放射性同位素测土密度.水利水电建设,1959(12).

[20] WU T H. Soil mechanics[M]. 2nd ed.[s. l.]：[s. n.],1976.

[21] 北京市勘察院,北京市建筑设计研究院.DBJ 01—501—92 中华人民共和国北京市标准 北京地区建筑地基基础勘察设计规范[S].北京：北京市勘察设计管理处,1992.

[22] 建筑地基基础规范选编(上海、天津、浙江、福建、深圳)[G].北京：中国建筑工业出版社,1993.

[23] 陈希哲.粗粒土的强度与咬合力的研究[J].工程力学,1994(4).

[24] 江见鲸,陈希哲,崔京浩.建筑工程事故处理与预防[M].北京：中国建材工业出版社,1995.

[25] 《地基处理手册》编写委员会.地基处理手册[M].2版.北京：中国建筑工业出版社,2000.

[26] 陈希哲,黄绍常,牛幼芳.北京昆仑饭店深基槽滑坡与加固处理[J].岩土工程学报,1995,17(3).

[27] BRAND E W, BRENNER R P. Soft clay engineering[M]. New York：Elsevier Scientific Pub. Co.,1981.

[28] 建设部综合勘察研究设计院.GB 50021—2001(2009年版) 中华人民共和国国家标准 岩土工程勘察规范[S].北京：中国建筑工业出版社,1995.

[29] 中华人民共和国建设部.GB 50011—2010 中华人民共和国国家标准 建筑抗震设计规范[S].北京：中

国建筑工业出版社,2011.
[30] 陈希哲.验槽与防止事故处理[J]//中国土力学及基础工程学会.第五届全国土力学及基础工程学术会议论文摘要汇编.厦门,1987.
[31] 陈希哲.城市杂填土与软弱地基处理方法——无埋深板式基础[M].北京：北京市土木建筑学会土工专业委员会,1983.
[32] 朱亚文.寒冷地区天然浅埋基础研究[J].建筑技术,1986(12).
[33] 中国建筑科学研究院.TJ 21—1977 工业与民用建筑工程地质勘察规范[S].北京：中国建筑工业出版社,1977.
[34] 郭继武.偏心受压基础直接解法[J].冶金建筑,1979(3).
[35] 中华人民共和国建设部.GB 50010—2010 中华人民共和国国家标准 混凝土结构设计规范[S].北京：中国建筑工业出版社,2011.
[36] 中国建筑科学研究院.JGJ 6—1980 国家建筑工程总局标准 高层建筑箱形基础设计与施工规程[S].北京：中国建筑工业出版社,1980.
[37] 机械电子工业部勘察研究院.JGJ 72—1990 中华人民共和国行业标准 高层建筑岩土工程勘察规程[S].北京：中国建筑工业出版社,1991.
[38] 苏立仁.北京高层建筑基础设计概况[M].北京：北京市建筑设计院,1983.
[39] 陈希哲.浅基础[M]//林宗元.岩土工程勘察设计手册.沈阳：辽宁科学技术出版社,1996.
[40] 陈希哲.箱形基础和筏板基础[M]//林宗元.岩土工程勘察设计手册.沈阳：辽宁科学技术出版社,1996.
[41] 周兰芳.箱形基础[M].北京：北京建筑工程学院,1979.
[42] 中国建筑科学研究院.JGJ 94—1994 中华人民共和国行业标准 建筑桩基技术规范[S].北京：中国建筑工业出版社,1995.
[43] CHEN X Z, YE P. The Application of the Caisson in China[C]//4th I. C. P. &D. F. Italy,1991.
[44] 陈希哲.灌注桩的革新——孔底压浆法[M]//中国建筑学会地基基础学术委员会.地基基础新技术(专辑).南京,1989.
[45] 顾宝和,冯惠民,陈茂祺.中央彩色电视中心工程岩土工程实录[C]//全国岩土工程实录交流会.岩土工程实录集.北京：中国工程勘察协会,1988.
[46] 中国建筑科学研究院.JGJ 4—1980 国家建筑工程总局标准工业与民用建筑灌注桩基础设计与施工规程[S].北京：中国建筑工业出版社,1980.
[47] 王达如,周兰芳.深基坑铅丝网水泥护坡的应用[J].建筑技术,1986(12).
[48] 中国建筑科学研究院.JGJ 79—2002 中华人民共和国行业标准 建筑地基处理技术规范[S].北京：中国建筑工业出版社,2002.
[49] 叶书麟,韩杰,叶观宝.地基处理与托换技术[M].2版.北京：中国建筑工业出版社,1994.
[50] 陈希哲.软弱地基浅层处理[J].施工技术,1986(4).
[51] 陕西省建筑科学研究设计院.GBJ 50025—2004 中华人民共和国国家标准 湿陷性黄土地区建筑规范[S].北京：中国计划出版社,1992.
[52] 中国建筑科学研究院.GBJ 112—1987 中华人民共和国国家标准 膨胀土地区建筑技术规范[S].北京：中国计划出版社,1991.
[53] 膨胀土选译文集编译组.国外膨胀土研究新技术——第五届国际膨胀土大会论文选译集[C].成都：成都科技大学出版社,1986.
[54] 童长江,管枫年.土的冻胀与建筑物冻害防治[M].北京：水利电力出版社,1985.
[55] 林宗元.岩土工程勘察设计手册[M].沈阳：辽宁科学技术出版社,1996.
[56] 孙慧中,杨晓鸥.日本阪神地震[M].北京：中国建筑科学研究院科技干部培训中心,1995.
[57] 中华人民共和国建设部.GB 50003—2011 中华人民共和国国家标准 砌体结构设计规范[S].北京：中

国建筑工业出版社，2012.

[58] 郭继武. 建筑抗震设计(按新规范 GB 50011—2010)[M]. 北京：中国建筑工业出版社，2011.

[59] 中国建筑科研研究院. JGJ 6—1999 中华人民共和国行业标准 高层建筑箱形与筏形基础技术规范[S]. 北京：中国建筑工业出版社.

[60] 李建民，滕延京. 从不同土的室内压缩回弹试验分析基坑开挖回弹变形的特征[J]. 建筑科学，2011(1).

[61] 住房和城乡建设部工程质量安全司. 建筑业 10 项新技术(2010)[M]. 北京：中国建筑工业出版社，2011.